中国树木文化图考系列

岱岳树木文化图考

钟　蓓　冯广平
包　琰　樊守金　等　著

科学出版社
北　京

内 容 简 介

植物文化是指人类和植物的选择关系和协同演化，以及由此而形成的以植物为载体和诱因的成果类型和行为方式。我国的植物文化具有鲜明的诗礼特征，在命名、食用、药用、用材、阅赏、图腾等方面，植物选择具有鲜明的指向性，处处体现礼制特征和儒家精神。岱岳地区是我国礼天崇儒的核心区域，是我国历代有为的君主祭天告功的圣地，也是儒家文化的发祥地。以泰山、沂山、岱庙、三孔、三孟为代表的礼天崇儒园林建筑群和古代疏林虽迭经天灾人祸，却幸存至今，成为凝聚人心的磁场、联络古今的通途和文化复兴的依据。岱岳地区因此而成为我国自然资源和文化遗产资源最为富集的区域之一。本书以岱岳地区的一级古树群为纵贯古今、横连内外的经纬线索，全景式地解译古树所目击和亲历的人文活动、家族演化、聚落变迁和社会变革。全书分总论和分论2部分，共7个章节。总论部分3章，概要介绍了岱岳地区的自然生态、造园成就、植物造景等。分论部分4章，分种类、分个体描述了岱岳地区527株古树所承载的植物文化，条目列作释名、性状、身历、记事、汇考、附记6项。全书图文互证，图求精确，文以简洁，力求实现以图说史、以物证史的目的。

本书可供植物、园林、建筑、本草、历史、文学等领域的研究和教育人员参考，也可供从事文化创意、旅游规划、景观规划、自然保护和建筑设计等领域的工程技术人员参考。

图书在版编目（CIP）数据

岱岳树木文化图考／钟蓓等著. —北京：科学出版社，2014.6

（中国树木文化图考系列）

ISBN 978-7-03-040944-7

Ⅰ.①岱… Ⅱ.①钟… Ⅲ.①园林树木－文化研究－泰安市－图解 Ⅳ.①S68－64

中国版本图书馆CIP数据核字（2014）第121067号

责任编辑：张会格　王　静　王　好／责任校对：郑金红

责任印制：钱玉芬／书籍设计：北京美光设计制版有限公司

科学出版社 出版

北京东黄城根北街16号

邮政编码：100717

http:// www.sciencep.com

中国科学院印刷厂 印刷

科学出版社发行　各地新华书店经销

*

2014年6月第 一 版　开本：889×1194 1/16

2014年6月第一次印刷　印张：33 1/2

字数：777 000

定价：348.00元

（如有印装质量问题，我社负责调换）

《中国树木文化图考系列》丛书
编辑委员会

《岱岳树木文化图考》
编辑委员会

主　笔：钟　蓓　冯广平　包　琰　樊守金　李文清

执　笔：任昭杰　刘海明　张　伟　马生平　申卫星
孟宪磊　张建勇　王瑞霞　王培晓　衣同娟
赵建成　赵志军　袁顺全　张学杰　张　红

参　编：（以姓氏拼音为序）

鲍远毅　付卫杰　胡柏林　黄士良　李福昌
梁东田　刘华国　刘晓丽　刘小莉　刘艳菊
刘允泉　马学民　孟宪鹏　邱　波　宋　磊
孙　肖　王　彪　王　腾　王丽媛　王树芝
王振杰　肖贵田　胥彦玲　张秀萍　禚柏红

Preface 前言

冯广平在ICPCE大会上

植物文化是指人类和植物的选择关系和协同演化，以及由此而形成的以植物为载体和诱因的成果类型和行为方式。先秦时期，“国之大事，在祀与戎”，祭祀天地和祖先，植物都是不可或缺的要素，不同时期、不同类型的祭祀场所——“社稷”，都要选择种植不同的植物，“夏后氏以松，殷人以柏，周人以栗”。“太社唯松，东社唯柏，南社唯梓，西社唯栗，北社唯槐”。孔子提出君子比德于松柏，植物被赋予鲜活的个性。同时，植物成为表达人们精神境界的重要媒介。《诗经》中涉及136种植物，大多是人们熟悉的草木类型，而这些普通的草木，却被诗人通过“赋、比、兴”的手法提炼和升华，用以表达内心丰富的情感。孔子非常推崇《诗经》，认为诗经不仅可以表达个人情趣爱好和内心感受，还有助于培养崇尚亲情、热爱祖国的情怀，更重要的是可以开阔眼界，能够更好地理解自然和顺应自然。“《诗》可以兴，可以观，可以群，可以怨。迩之事父，远之事君。多识于鸟兽草木之名”（《论语·阳货》）。植物不仅仅是一种生命类型，更是一种文化现象。

岱岳地区是我国礼天崇儒的核心区域，是我国儒家文化的发祥地。在我国社会经历的数次大分裂、大统一变革当中，岱岳地区迭经天灾人祸，很多优秀的物质文化成果被摧毁，但以岱庙、三孔、三孟为代表的礼天崇儒园林建筑群和古代疏林却在劫难中幸存下来，且历代重修补植，足见信仰和精神力量的强大。在岱岳地区，植物尤其是古树像横穿时间和空间的经纬线，准确地记述着它所亲历人类社会的内部结构变化和时空形态变迁。例如，岱庙汉柏列队参与了历代帝王封泰山的庄重礼仪和盛大场面；孔庙唐银杏和宋槐，以及孟庙的宋柏，记载了唐宋以来，历代王朝尊崇孔孟和儒家文化的崇高礼遇；而散落在岱岳地区无数村落当中的古槐则亲历元末明初、明末清初，一群群来自山西洪洞、河北枣强的外乡人在兵戈之后的齐鲁大地上相地而居、繁衍生息的过程。岱岳地区古树所亲历的是一卷卷家族演化史，是一部部聚落变迁史，是一个个王朝兴衰史。作《岱岳园林》为记：“礼天巍巍封禅台，崇圣穆穆大成宫。主人气度何所似？俯览天下第一峰。”

和岱岳地区似乎有不解之缘！在香港回归前夕，按照导师李承森研究员的安排，到山旺化石保护区的“万卷书”中新世（35Ma）地层采集植物化石，顺道拜访山东师范大学李法曾先生，先生学问道德，为一院典范。虽则一晤，忧思难忘。2003年，初到上海开拓出版业务，首选山东师范大学。在李先生与安立国、王宝山、郑新奇等诸学长的鼎力支持下，上海工作如火如荼。此间，协助李先生与樊守金相继出版了

包琰和Dianne Edwards教授在ICPCE大会上

钟蓓在ICPCE大会上

《泰山植物志》、《山东植物精要》等著作。岱岳地区的植物面貌清晰可摹。2010年，开始提出植物文化的研究设想，与包琰、樊守金、钟蓓先后三次与李法曾先生会面，提及植物文化研究，共识颇多。2012年，与包琰、卢龙斗、赵建成、赵志军、樊守金等提出举办首届“植物·文化·环境国际论坛”（ICPCE）的创意，得到了中国科学院植物研究所李承森研究员、英国威尔士大学卡迪夫学院Dianne Edwards教授、印度萨尼古植物研究所N. C. Mehrotra教授、日本京都大学Takao Itoh教授的肯定和支持。大会很成功，参会中外专家200余人，收到会议论文60余篇，择其翘楚者在《科学通报》[58（增刊）]上发表。《中国科学报》、《科技日报》作专版报道。京华网辟专栏作深度追踪报道。同时，《中国树木文化图考系列》丛书发布式也在此次ICPCE大会上举行。ICPCE大会将植物文化研究推向新的高度，《科技日报》和《人民日报》相继了做了大篇幅深度报道，提出了植物文化研究的社会责任和历史使命“为无言的植物书写多彩的历史，为悠久的文明寻找鲜活的坐标”。在快速城市化的大背景下，仅仅是保持住现有的地面和地下文化遗产已然接近政府和学者所能承受张力的边缘，更毋宁说发掘传统文化的深邃内涵以使其造福当世和后人了。古树作为珍贵的文化遗产资源，与其所赋存的环境是密不可分的，一旦毁坏或盗掘，它所见证的历史将从此断层。在利益驱动下，盗掘和毁坏古树大有愈演愈烈的趋势。日前，惊闻曲阜一中古槐和古建筑并被毁没，痛心不已。古槐所在原为孔氏家学“四氏学”，原在孔庙旁，明万历十年（1582）迁今址，古槐植于此时，于今已有431年，胸径达到1.06米。1925年，废四氏学，创办“阙里孔氏私立明德中学堂”，末代衍圣公孔德成曾任名誉校长。可惜，这样存世四百余年的古树和古建筑没有毁于天灾兵燹，却毁于利欲熏心！此情此景，怎能不让人扼腕痛心！1794年（乾隆五十九年），近代化学之父拉瓦锡（Antoine Lavoisier）无罪被诛，拉格朗日（J.L. Lagrange）满怀悲愤地说：“砍掉他的脑袋只需一瞬，但再长出一颗这样的头颅也许要等一百年！”曾作《古寺》告诫蠹国病民者，录以为纪：“山阳形胜处，立寺远追隋。当庭古柯茂，临池华殿颓。檐残家雀闹，柱朽蠹中肥。皆为速利故，一旦尽飞灰。”学者能做的，是在一切都还来得及的时候，赶

李法曾教授在ICPCE大会上

樊守金在章丘考察

快记录下这些珍贵的文化遗产资源，以慰后世思念和追慕之情。

《岱岳树木文化图考》旨在发掘鲁中山地及其周边的文化遗产资源，解译古树这一存活了数百年甚至上千年的生命群体所目击和亲历的人物活动、家族演化、聚落变迁和社会变革，重点考证人和植物之间的选择关系和协同演化，以及由此而形成的物质财富和精神财富。全书分总论和分论两部分，包括7个章节。第一部分为总论，包括3章，概要介绍了岱岳地区的自然地理和生态环境概况，阐述了岱岳地区造园历史和重要成就，描述了岱岳地区植物造景的特点、类型和成因。第二部分为分论，包括4章，按照克朗奎斯特系统，分种类、分个体描述了岱岳地区古树的文化现象和文化事件。每种树木的考证包括8个方面：①“释名”，主要考释该树种汉名的内涵、别名及其出处、拉丁名涵义；②“性状”，主要描述该树种的分类特征，尤其是花、果等生殖器官特征；③“分布”，主要介绍该树种的自然地理分布及引种栽培情况；④“起源”，主要阐述该树种的亲缘类群的最早化石记录，包括属和代表种的最早化石记录；⑤“入药”，介绍该树种用作中药的最早文献记载，以及其药理药性；⑥“入园”，描述该树种用作园林树木的最早记载；⑦“入诗”，介绍该树种成为诗歌咏颂题材的最早记载，以及咏颂该种树木的名篇佳句；⑧“汇考”，枚举与该树种相关的传说故事、成语典故、文化名人、历史事件。若所列树种在《北京皇家园林树木文化图考》中已有记述，考虑到丛书的内在联系，在此略去，不再赘述。每株古树的考证分6个方面：①“释名”，记述古树的绰号来源；②“性状”，描述该古树的地理位置、海拔高度、树高、胸径、冠幅、树龄，以及树形特征等；③“身历”，介绍与古树相关的造园活动，包括坛庙、宫殿、府邸、衙署、学院、寺观、宗祠、宅第、花园等，兼记村落、家族的重要人物事迹；④“记事”，介绍古树所亲历的社会变革、园林兴废、重要兵事等历史事件和名人活动；⑤“汇考”，记述古树及其所在园林的赋存环境及其发展变化；⑥“附记”，兼记古树周边地区的其他同种或异种古树。古树的文化内涵考证以古树附近的建筑、碑刻记载及方志记载为首选，与正史和民间口口相传的历史相参考，辨识真伪，谨慎落笔。本着溯源惟远的原则，大多选择胸径超过1米、树龄超过500年的古树为考证的主体。同时，兼顾多样性，收录了一些树龄较小而有重要历史、文化和科学价值的古树如栗、乌桕、柿树等，以及一些古灌木如荆条、柽柳等。

本书的野外调查工作历时两年，在山东省文物局游少平副局长、山东省博物馆郭科馆长的帮助下完成。野外调查工作由樊守金、申卫星、王瑞霞、王培晓、衣同娟、张伟等组织协调，由钟蓓、包琰、冯广平、

ICPCE大会上《中国树木文化图考系列》新书发布式

任昭杰、刘海明、孟宪磊等完成。第一章由冯广平、樊守金执笔，第二章由冯广平、孟宪磊执笔，第三章由包琰执笔，第四章、第五章由冯广平执笔，第六章由钟蓓执笔，第七章由任昭杰执笔；全书由冯广平统稿。照片由刘海明、张建勇、张伟、禚柏红、申卫星、王培晓、王瑞霞、衣同娟、肖贵田、王腾等拍摄或提供。书中引用了《淄博古树名木》、《潍坊古树名木》、《青州古树名木》、《临沂古树名木》、《济宁古树名木》的部分图片，因出版时间前后不一，与原书作者联系不上，并致衷心感谢。本书出版得到国家自然科学基金项目（No.30370237）、（No.31070184），以及中央2012年国家基本药物所需中药原料资源调查和检测项目（HBZYZYPC-03）等项目的支持。由于涉及领域庞博，作者水平有限，更兼时间紧迫，未暇细究，书中错讹难免，恳请读者批评指正。

冯广平

2013年立冬于天坛

CONTENTS 目录

第五章　裸子植物（二）

5.1　柏科 CUPRESSACEAE / 272

第一部分 总论

第一章
岱岳概论

“岱”特指泰山，又名“岱宗”。东汉·许慎《说文解字》：“岱，大山也。”清·段玉裁注：“大作太者，俗改也。域中冣大之山，故曰大山。作太，作泰皆俗”。从三皇五帝开始，泰山就成为天子巡视东方，祭祀天地的名山。《尚书·虞书·舜典》：“岁二月，东巡守，至于岱宗，柴。望秩于山川，肆觐东后”。“岱”还被释为四季更替、万物变代的代表；东汉·班固《白虎通·巡狩》：“东方为岱宗者，言万物更相代于东方也”。“岱”演绎到社会管理，又成为朝代更迭、祭天申诰之处；南朝宋·范晔《后汉书·安帝纪》注：“太山，王者告代之处，为五岳之宗，故曰岱宗”。

以泰山为中心的岱岳地区是我国古代文明的起源中心之一。沂源县土门镇发现中更新世（50万BP－40万BP）(BP，距今，以1950年为起点）的沂源猿人（*Homo erectus yiyuanensis*）。淄博市临淄区后李遗址、济南市章丘小荆山和月庄遗址等地曾发现了前8500－前7500年的“后李文化”。滕县北辛遗址、泰安大汶口遗址、邹平苑城遗址等发现了前5300－前4300年的“北辛文化”（图1.1）。滕县岗上村遗址、曲阜西夏侯遗址、淄博桐林遗址、董褚遗址、济宁玉皇顶遗址等发现有前4300－前2500年的“大汶口文化”（图1.2）。章丘城子崖遗址、临淄田旺村城址等发现有前2500－前2000年的“龙山文化”（图1.3a、b）。青州郝家庄遗址、章丘王推官庄遗址和泗水尹家城遗址发现有前1900－前1500年的“岳石文化”（夏文化）。

周代，岱岳地区由原来的夷族杂居区一跃成为京畿地区以外的经济中心和文化中心。周武王采用武装殖民的方法统驭商族的核心区，封太公姜尚于齐，封周公姬旦于鲁，另外尚有曹、滕诸国。齐国采用因地制宜的方法，“通商工之业，便鱼盐之利”，迅速成为东方大国。鲁国则直接嫁接周族文化，“变其俗，革其礼”，成为首都之外的文化中心。齐鲁文化在岱岳地区居主导地位，对后世影响深远。岱岳地区的古代文化发展脉络连贯有序，历代积累的文化资源丰富，是研究我国古代文化的代表性区域。

图1.1　北辛文化红陶折腹鼎（冯广平 摄）

图1.2　大汶口文化红陶兽形壶（阮浩 摄）

本研究所指的岱岳地区主要是指海拔50米以上的鲁中南山地和丘陵，东界潍河、沭河，南至枣庄，西起东平湖，北至临淄（图1.4）。域内主要山脉有东北－西南走向的泰山、徂徕山、鲁山、沂山，以及西北－东南走向的蒙山、尼山。自本区发源的河流主要有大清河、小清河、弥河、潍河、沭河、沂河、祊河、泗河。

图1.3a 龙山文化灰陶罐形鼎（钟蓓 摄）

图1.3b 龙山文化鸟喙足黑陶鼎（阮浩 摄）

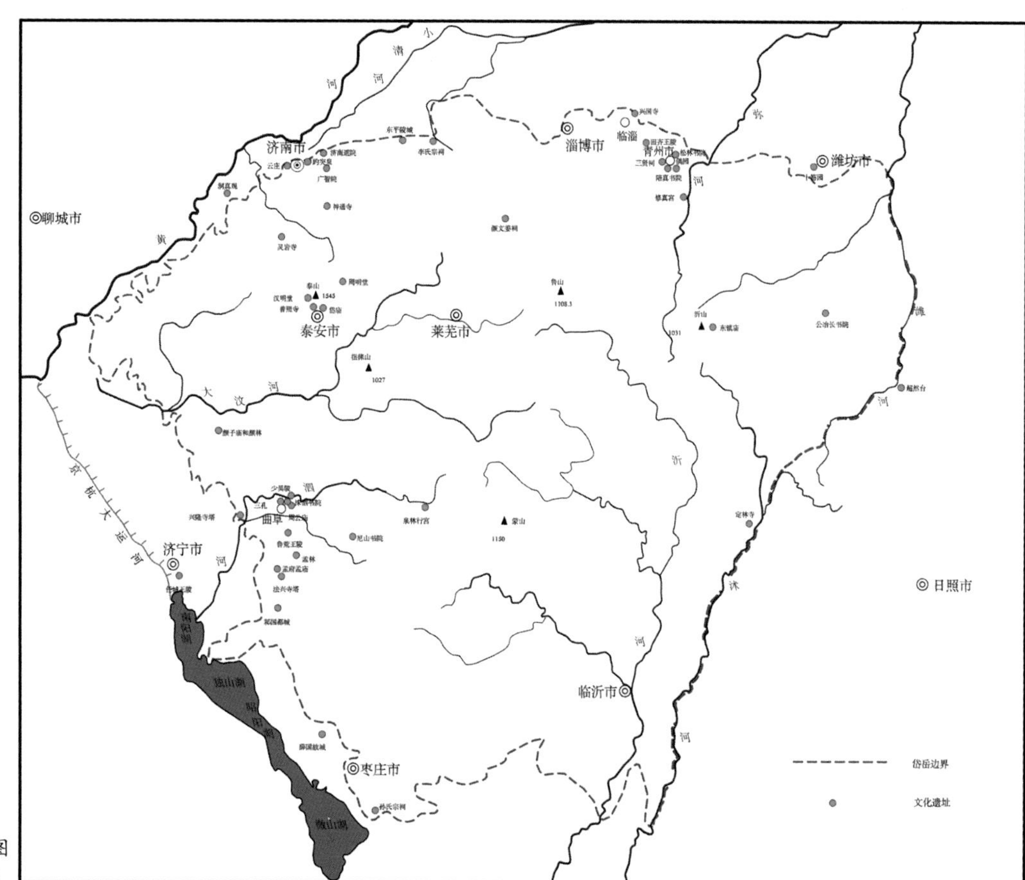

图1.4 岱岳地区略图（袁顺全 绘）

1.1 建置沿革

1.1.1 先秦时期

岱岳地区自然区划始于上古时期的九州，包括青州、兖州、徐州各一部。《尚书·禹贡》："禹别九州，随山浚川，任土作贡……济、河惟兖州。九河既道，雷夏既泽，灉、沮会同……海、岱惟青州。嵎夷既略，潍、淄其道……海、岱及淮惟徐州。淮、沂其乂，蒙、羽其艺，大野既猪，东原厎平"。夏代，岱岳地区为东夷族控制，主要包括畎夷、于夷、方夷、黄夷、阳夷、蓝夷等部落，主要方国有薛（今滕州市南）、根牟（今沂水县）、墨胎（今滕州、费县）、牟娄（今诸城）、鄫（今苍山县）、费（今费县）、斟邿（今潍坊市西南）、斟灌（今安丘市）、於陵、方夷国、蕃（今滕州）、有仍（今济宁市中区）、寒（今潍坊市寒亭区）等。

商族始兴于岱岳地区（图1.5a、b），《左传·定公四年》："因商、奄之民，命于伯禽，而封于少昊之墟"。注："少昊之墟，曲阜也"。商的始祖都于蕃（在今滕州境内），一说在山西南部。《世本·居篇》："契居蕃，相土徙商邱"。商族不断西进，先有八次迁都，与中原部落竞争。但也有反复，第五次迁都是由西而东迁至庇（今郓城），第六次迁到奄（今曲阜）。商代，岱岳地区主要有奄（今曲阜）、诸（今诸城）、蒙（今蒙山）、东灌（今安丘市）、莱侯（今临朐县）、逄（今青州）、画（今临淄）、蜀（今泰安一带）等方国。

周代，为藩屏周室，周天子将周朝的奠基人姜尚和周公分别封于齐（都营丘、丰）和鲁（都曲阜）。还有数十个小诸侯国也封在岱岳地区，主要包括洙（今曲阜）、邹（今曲阜）、邹侯（今济南市）、危（今东平县）、宿（今东平县）、莒（今莒县）、滕（今滕州市西南）、錞于（今安丘

图1.5a　商代亚丑钺（冯广平 摄）

图1.5b　商代举方鼎（阮浩 摄）

市）、州（今安丘市）等。周定王元年、越王勾践二十九年（前468），勾践灭吴，北上与齐争霸，迁都琅琊。今本《竹书纪年》："贞定王元年癸酉，于越徙都琅琊"。岱岳地区成为齐、鲁、越三种文化的交汇融合区。

1. 齐国

齐国始建于公元前十一世纪，以姜太公为始祖。姜太公辅佐周武王灭商立周，"迁九鼎，修周政，与天下更始。师尚父谋居多"。继而，辅佐周公旦平定三监叛乱，获得征伐权，"东至海，西至河，南至穆陵，北至无棣，五侯九伯，实得征之"。同时，姜太公"修政，因其俗，简其礼，通商工之业，便鱼盐之利，而人民多归齐"（西汉·司马迁《史记·齐太公世家》）。齐国政治、经济实力雄厚，成为东方大国。齐国都营丘（今淄博市临淄区齐国故城遗址）（图1.6a、b），疆域西起黄河，北、东至海，南界齐长城，齐长城在平阴－肥城－泰安－莱芜－沂源－沂水－莒县－五莲一线。

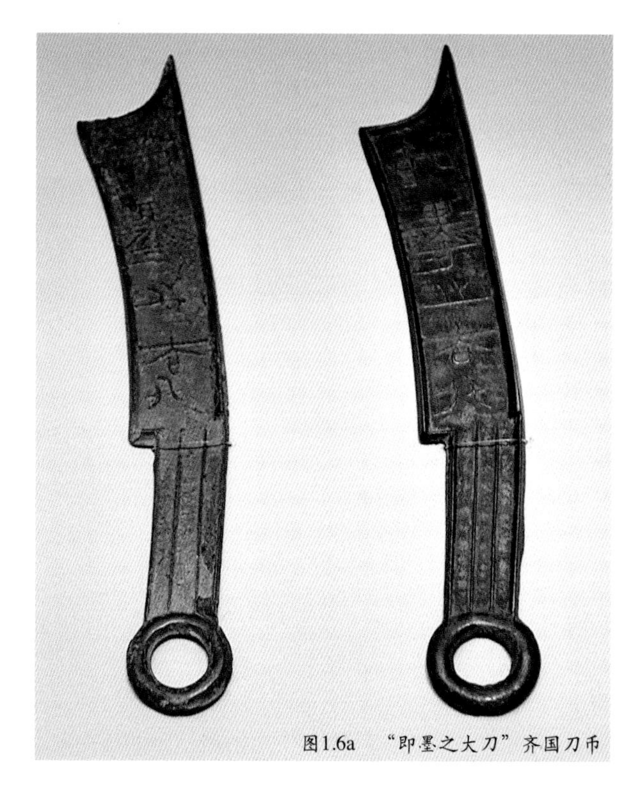
图1.6a "即墨之大刀"齐国刀币

姜太公之后传20世、32国君，享国660余年。至齐桓公（姜小白，前716－前643）时，任用管仲（管夷吾，字仲，谥敬，？－前645）为相，"与鲍叔、隰朋、高傒修齐国政，连五家之兵，伸轻重鱼盐之利"，实行军政合一、兵民合一的制度，齐国日渐强盛。周釐王三年、齐桓公七年（前679）齐国与宋、陈等四国会盟于甄（今山东

图1.6b 齐国故城遗址（冯广平 摄）

鄄城），开始称霸。《史记·齐太公世家》："七年，诸侯会桓公于甄，而桓公于是始霸焉"。周襄王元年、齐桓公三十五年（前651），齐桓公于诸侯会盟于葵丘（今河南兰考、民权县境），成为"九合诸侯，一匡天下"的第一位中原霸主。《史记·齐太公世家》："三十五年夏，会诸侯于葵丘。周襄王使宰孔赐桓公文武胙、彤弓矢、大路，命无拜"。周敬王四十年（前480），田常（妫恒，又称田成子）发动政变，弑齐简公，立简公弟姜骜为君，是为平公。《史记·齐太公世家》："甲午，田常弑简公于徐州。田常乃立简公弟骜，是为平公。平公即位，田常相之，专齐之政，割齐安平以东为田氏封邑"。田氏专权于平公、宣公、康公三代。周安王十六年（前386），齐相田常为诸侯，迁康公姜贷于海上，姜姓齐亡。周安王二十三年（前379），康公卒，姜齐绝祀。

田姓齐国始于齐威王田因齐（前378－前320），传5世5王。周显王三十九年（前330），齐威王命田忌（字期，又期思）伐魏救赵，大败魏国，齐国成为战国七雄之首。《史记·田敬仲完世家》："（齐威王）二十六年，魏惠王围邯郸，赵求救于齐……于是成侯言威王，使田忌南攻襄陵。十月，邯郸拔，齐因起兵击魏，大败之桂陵。于是齐最强于诸侯，自称为王，以令天下"。周赧王二十七年（前288），秦昭王称西帝，遣使立齐湣王为东帝。《史记·田敬仲完世家》："（齐湣王）三十六年，王为东帝，秦昭王为西帝。苏代自燕来，入齐……'释帝而贷之以伐桀宋之事，国重而名尊，燕楚所以形服，天下莫敢不听，此汤武之举也。敬秦以为名，而后使天下憎之，此所谓以卑为尊者也。原王孰虑之'。于是齐去帝复为王，秦亦去帝位"。周赧王二十九年（前286），齐灭宋，侵夺楚、韩、赵、魏，疆域达到极盛，引起诸侯恐惧。《 史记·田敬仲完世家》："于是齐遂伐宋，宋王出亡，死于温。齐南割楚之淮北，西侵三晋，欲以并周室，为天子。泗上诸侯邹鲁之君皆称臣，诸侯恐惧"。周赧王三十一年（前284），燕将乐毅（子姓，乐氏，名毅，字永霸）率5国联军伐齐，破临淄，齐湣王出逃。《史记·乐毅列传》："燕昭王悉起兵，使乐毅为上将军，赵惠文王以相国印授乐毅。乐毅于是并护赵、楚、韩、魏、燕之兵以伐齐，破之济西。诸侯兵罢归，而燕军乐毅独追，至于临菑……尽取齐宝财物祭器输之燕……乐毅留徇齐五岁，下齐七十馀城，皆为郡县以属燕，唯独莒、即墨未服"。周赧王三十六年（前279），田单行反间计，乐毅疑惧，出奔赵国，田单破骑劫所将燕军，复齐国。《史记·田敬仲完世家》："襄王在莒五年，田单以即墨攻破燕军，迎襄王于莒，入临菑。齐故地尽复属齐。齐封田单为安平君"。秦始皇二十六年（前221），秦始皇命王贲率军伐齐。王贲军经燕国故地南下临淄，齐军猝不及防，败降；齐王建被迁到共（今河南修武县）。《史记·田敬仲完世家》："四十四年，秦兵击齐。齐王听相后胜计，不战，以兵降秦。秦虏王建，迁之共。遂灭齐为郡"。

2. 鲁国

周初，为稳定东方局势，周王室封周公为鲁公，而周公受顾命辅佐成王，不就封，以长子伯禽（姬伯禽，有称禽父）就封奄国（商奄）故地。《史记·鲁周公世家》："封周公旦于少昊之虚曲阜，是为鲁公。周公不就封，留佐武王。周公卒，子伯禽固已前受封，是为鲁公"。伯禽治理鲁国完全照搬周王室典章制度的方法，移风易俗（图1.7），周公慨叹为政繁难，民心不服。《史记·鲁周公世家》："鲁公伯禽之初受封之鲁，三年而后报政周公。周公曰：'何迟也？'伯禽曰：'变其俗，革其礼，丧三年然后除之，故迟。'太公亦封于齐，五月而报政周公。周公曰：'何疾也？'

图1.7　西周颂簋（阮浩 摄）

曰：‘吾简其君臣礼，从其俗为也。’及后闻伯禽报政迟，乃叹曰：‘呜呼，鲁後世其北面事齐矣！夫政不简不易，民不有近；平易近民，民必归之。’”鲁国为宗周的重要藩屏，有千数乘战车、数万步兵，享有征伐的特权，对蒙山以东、东海以西、淮河以北的地方都有控制力。《诗经·周颂·閟宫》：“王曰叔父，建尔元子，俾侯于鲁。大启尔宇，为周室辅……公车千乘，朱英绿縢。二矛重弓。公徒三万，贝胄朱綅。烝徒增增，戎狄是膺，荆舒是惩，则莫我敢承……泰山岩岩，鲁邦所詹。奄有龟蒙，遂荒大东。至于海邦，淮夷来同。莫不率从，鲁侯之功……徂徕之松，新甫之柏。是断是度，是寻是尺。松桷有舄，路寝孔硕，新庙奕奕”。鲁国地位显赫，周宣王曾亲自指定鲁懿公为太子。周宣王三十二年（前796），周宣王率军伐鲁，杀鲁君伯御，立鲁懿公弟姬称为鲁君即鲁孝公。伯御为鲁懿公兄子，弑君自立。周庄王十一年（前686），齐国公子纠流亡鲁国。翌年，公子纠在与齐桓公争位中失利，鲁国杀公子纠而囚禁管仲送齐国。《史记·鲁周公世家》：“八年，齐公子纠来奔。九年，鲁欲内子纠于齐，后桓公，桓公发兵击鲁，鲁急，杀子纠……庄公不听，遂囚管仲与齐。齐人相管仲”。鲁文公十二年（前608），东门襄仲（姬姓，东门氏，名遂，字襄仲，？－前600）杀文公长子恶而立宣公倭，三桓始强。《史记·鲁周公世家》：“冬十月，襄仲杀子恶及视而立倭，是为宣公。哀姜归齐，哭而过市，曰：‘天乎！襄仲为不道，杀適立庶！’市人皆哭，鲁人谓之‘哀姜’。鲁由此公室卑，三桓彊”。“三桓”指鲁桓公庶长子庆父、公子牙、公子友的后代孟氏、叔孙氏、季氏。三桓左右鲁国大政，鲁侯反而如小侯。《史记·鲁周公世家》：“悼公之时，三桓胜，鲁如小侯，卑于三桓之家”。鲁顷公二十四年（前256），楚灭鲁，鲁顷公卒于柯（今东阿县）。《史记·鲁周公世家》：“二十四年，楚考烈王伐灭鲁。顷公亡，迁于下邑，为家人，鲁绝祀”。

鲁国传国25世、36国君，历时800余年；都曲阜（图1.8）；疆域主要在泰山以南，包括今鲁南、豫苏晚革一隅，大体包括今泰安、济宁、菏泽、临沂、商丘、徐州等市的辖区。

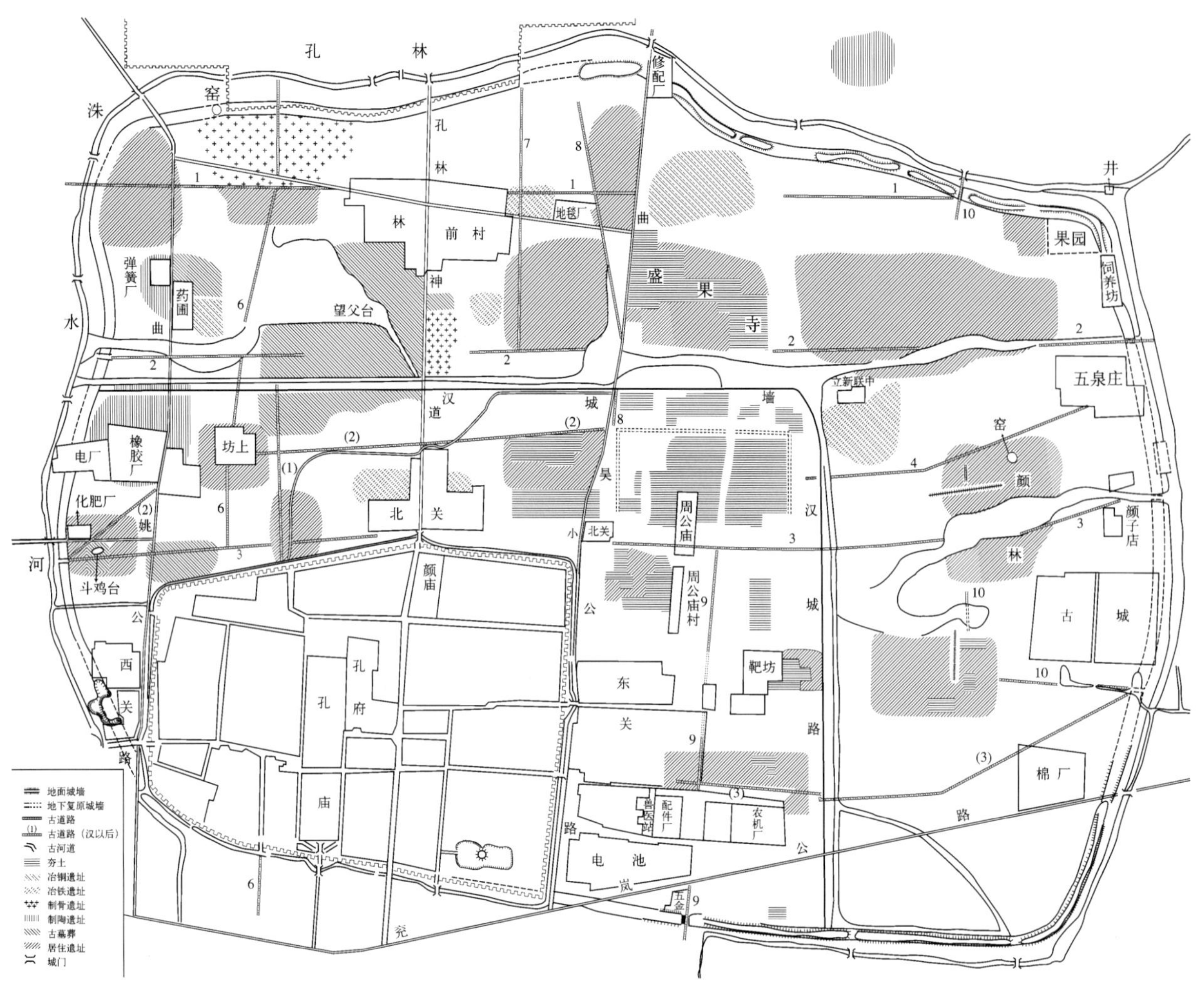

图1.8　鲁国故城平面图（裘柏红 提供）

3. 越国

古国名，又称于越，始祖为大禹后裔无余。《越绝书·记地传》：“越之先君无余，乃禹之世，别封于越，以守禹冢”。周成王二十四年，“于越来宾”（今本《竹书纪年》）。春秋早期，越国开始兴起。周敬王二十三年（前497），勾践（？－前465）继位为越王。翌年，败吴王阖闾。周敬王二十六年（前494），吴王夫差败越国，勾践入质于吴，直至周敬王三十年（前490）获释回国。周元王三年（前473），越灭吴，继而北上中原争霸，勾践成为春秋时期最后一位霸主。《史记·越王句践世家》：“勾践已平吴，乃以兵北渡淮，与齐、晋诸侯会于徐州，致贡于周。周元王使人赐句践胙，命为伯……当是时，越兵横行于江、淮东，诸侯毕贺，号称霸王”。周定王元年（前606），越迁都琅琊。琅琊地望众说不一，有山东胶南、山东临沂、山东诸城、安徽滁县、江苏赣榆、江苏连云港等说，以山东胶南说证据较为充足。周威烈王十一年（前415），灭滕国（今滕县西南）（今本《竹书纪年》）。翌年，灭郯国（今临沂市郯城）。周威烈王十四年（前412），灭缯国（今枣庄市）。越国疆域至此达到鼎盛，北起琅琊，东至于海，南抵福建，西赣东。秦始皇二十五年（前222），秦灭越，置会稽郡。《史记·秦始皇本纪》：“二十五年，王翦遂定荆江南地；降越君，置会稽郡”。

1.1.2 秦汉时期

1. 秦四郡

秦王政二十六年（前221），秦始皇嬴政统一六国，建立秦朝，成为我国第一个一统皇朝（图1.9）；版图西起黄河、北界长城、东南皆至海。秦子婴元年（前207），项羽、刘邦联军攻入秦都咸阳，项羽杀子婴，秦亡。

秦实行郡县制，分天下为36郡。岱岳地区包括济北郡（治博阳）南部、临淄郡（治临淄、今淄博市临淄区）大部、琅琊郡（治琅琊、今胶南县西南）西部、东海郡（治郯县、今郯城县北）西北部、薛郡（治鲁县、今曲阜市）大部，包括邹县、平阳、鲁县、瑕丘、博阳、卢县、历城、嬴县、临淄、东安平、高密、莒县、缯县、兰陵等14县。泰山在济北郡，前221年置博阳县（今泰安市岱岳区邱家店镇后旧县村）。

2. 汉十郡国

汉高祖元年（前206），刘邦称帝，建立汉朝。汉五年（前202），汉初定天下。汉武帝刘彻时期，大事恢拓，疆域西起妫水（今阿姆河）、北界长城、东及日本海、南到交趾南（今越南南部）。新莽始建国元年（9），王莽篡汉，西汉亡。东汉建武元年（25），光武帝刘秀称帝，建立东汉。建武十三年（37），恢复统一。建安二十五年（220），魏文帝曹丕篡汉，东汉亡。

汉因秦制，实行郡县制。汉高祖十二年（前195），分封同姓诸侯9国，异姓诸侯1国。汉景帝前元三年（前154），平定吴楚七国之乱，悉收诸侯国支郡，一国只有一郡，郡、国等级。元朔二年（前127），汉武帝推行“推恩令”，允许诸侯分封子弟为列侯，诸侯国日益缩小。元封五年（前106），设“部刺史”，刺察部内官吏与强宗豪右。岱岳地区隶青州、徐州刺史部，域内有齐王、济南王、济北王、城阳王、菑川王、鲁王等6王国，主要包括泰山郡（治奉高、今泰安市东）、济南郡（治东

图1.9　秦诏陶量（阮浩 摄）

平陵、今章丘区龙山镇）南部（图1.10）、齐国（都临淄）、菑川国（都剧、今寿光县南）、北海郡（治营陵、今昌乐县南）西南隅、琅琊郡（治东武、今诸城市）西部、城阳国（都莒、今莒县）、东海郡（治郯、今郯城县北）西北部、鲁国（都鲁、今曲阜市）、山阳郡（治昌邑、今金乡县西北）东北隅等10郡国，下辖50余县。

东汉时期，岱岳地区分封有齐王、鲁王、菑川王、城阳王、济南王、济北王、北海王、琅琊王、城阳王等9王，包括泰山郡、济北国（都卢县、今长清区南）大部、山阳郡东北隅、济南国南部、齐国、北海国西南隅、琅琊国西部、东海国西北隅、鲁国、东平国（都无盐、今东平县东）东部等10郡国，所辖县与西汉略同。

（1）泰山郡

泰山在泰山郡。汉高祖六年，分济北郡东南地置博阳郡。汉文帝后元二年（前87），济北王刘宽自杀，国除，地属泰山郡。元狩元年（前122），济北王刘勃闻武帝东封泰山，献封国内泰山及附近城邑，汉置泰山郡，治博县（今泰安市岱岳区旧县村）。元封元年（前110），新筑奉高（今岱岳区范镇旧县村），移治于此，领奉高、博、牟（治今莱芜东）、嬴（治今莱芜西北）、莱芜（治今淄博市南）、盖（治今沂源县东南）、东平阳（治今新泰区）、蒙阴（治今蒙阴西南）、华（治今费县东北）、南武阳（治今平邑县南）、钜平（治今岱岳区大汶口镇）、蛇丘（治今肥城东南）、肥城、富阳（治今肥城境）、刚（治今宁阳东北）、宁阳（治今宁阳县南）、乘丘（治今巨野县西南）、桃上（治今汶上县东北）、卢（治今济南市长清区境）、茬（治今长清区东南）、式（治今宁阳县境）、桃山（治今宁阳东北）等24县。

泰山郡东起东泰山（今沂山），南至蒙山，西界泲水，北达泰山北，为两汉时期岱岳地区最大的郡。其西部原为济北国，汉武帝后元二年（前87），国除为郡。东汉建武元年（25），为豪强张步所

图1.10 东平陵城遗址（冯广平 摄）

踞，光武帝虽封济北王，未就国而薨。泰山郡东部有城阳国，东汉初为张步所踞，汉封城阳王未就国而薨，国除为郡。

（2）齐国

西汉齐国最初大略为田齐故地，齐悼惠王刘肥时为东方大国，西起黄河，东至于海，南界泰山（图1.11）。《汉书·高五王传》：“齐悼惠王肥，其母高祖微时外妇也。高祖六年立，食七十余城。诸民能齐言者皆与齐。孝惠二年，入朝……于是齐王献城阳郡以尊公主为王太后……后十三年薨，子襄嗣”。汉惠帝七年（前188）传国哀王刘襄。高后元年（前187），吕后封侄吕台为吕王，割齐国济南郡为其采邑。高后七年（前181），吕后割齐国琅琊郡，立刘泽为琅琊王。孝文帝前元元年（前179），“尽以高后时所割齐之城阳、琅邪、济南郡复与齐”。汉文帝前元元年（前179）齐国传文王刘则。汉文帝前元二年（前178），汉以城阳郡立悼惠王次子、硃虚侯刘章（？－前177）为城阳王；以齐济北郡立悼惠王子、东牟侯刘兴居（？－前177）为济北王。翌年，“济北王反，汉诛杀之，地入于汉”。

图1.11　“齐卫士印”封泥（阮浩 摄）

汉文帝前元十五年（前165），齐文王薨，“无子，国除，地入于汉”。翌年，汉文帝分齐地，立悼惠王诸子为王，包括齐王刘将闾、济北王刘志、济南王刘辟光、菑川王刘贤、胶西王刘卬、胶东王刘雄渠及城阳王，齐地共有7王。《史记·齐悼惠王世家》：“后一岁，孝文帝以所封分齐为王，齐孝王将闾以悼惠王子杨虚侯为齐王。故齐别郡尽以王悼惠王子：子志为济北王，子辟光为济南王，子贤为菑川王，子卬为胶西王，子雄渠为胶东王，与城阳、齐凡七王”。经过此次推恩分封，齐国仅有利县、巨定、临淄、西安、昌国、广县等6县，成为一个小国。

汉景帝前元三年（前154），吴王刘濞、楚王刘戊等反叛，胶西、胶东、菑川、济南4王响应，胁迫齐国，齐孝王自杀。汉景帝立懿王刘寿；“而胶西、胶东、济南、菑川王咸诛灭，地入于汉”。汉武帝元光二年（前133），“（齐懿王）子次景立，是为厉王”。元光九年（前129），主父偃相齐，以厉王与姐通奸治罪，厉王自杀，国入汉。齐地仅有城阳、菑川二国。

东汉齐国比西汉齐国更小，其北部两县割为乐安国。东汉齐王始于齐哀王刘章，下传两系五王，即炀王刘石（46－70）、刘晃（70－78）；章和元年（87），贬为芜湖侯，国除为郡；永元二年（90）立齐惠王刘无忌（90－142），传顷王刘喜（142－147）刘承（147－206）；建安十一年（206），国除。

（3）鲁国

两汉鲁国范围大体相同，北接泰山郡，主要包括鲁县、邹县、薛县、蕃县、汶阳、卞县等县。西汉鲁王分前后两系。前系鲁王为鲁元公主子张偃。高后元年（前187），封鲁王。汉文帝前元元年（前

图1.12　西汉鲁王墓龙形佩饰（冯广平 摄）

图1.13　“东平陵丞”封泥（阮浩 摄）

179），废鲁国，改南宫侯。后系鲁王始于汉景帝子、鲁恭王刘余（？－前128）（图1.12）。汉景帝前元二年（前155）立为淮阳王。翌年，迁鲁王。下传安王刘光（前128－前88）、孝王刘庆忌（前88－前51）、顷王刘封（前51－前23）、文王刘睃（前23－前4）、刘闵，王莽时绝。东汉鲁王刘兴，光武帝仲兄刘仲养子，建武二年，封鲁王。建武二十八年（52），徙封北海王。

（4）济南国

两汉济南国都东平陵（今章丘市龙山镇东北）（图1.13）。范围大体相同，位于泰山郡以北，主要包括历城、台县、东平陵、于陵、土鼓、阳丘、梁邹、猇国、邹平、朝阳等县。西汉济南王始于吕台。前187年，吕后封侄吕台为吕王，都济南郡。前164年，汉文帝封刘辟光（？－前154）为济南王，都济南郡。前154年，刘辟光参与七国之乱，兵败被杀，国除为郡。东汉济南王始于济南安王刘康（41－100）、简王刘错（100－106）、孝王刘香（105－124）、厘王刘显（126－128）、悼王刘广（128－153）。

（5）济北国

两汉济北国范围大体相同，位于泰山郡西部，主要包括卢县、肥城、蛇丘、刚县等县（图1.14）。西汉济北王始于刘志（？－前129），始封于汉景帝前元二年（前178）。汉景帝前元三年（前154），吴楚七国之乱起，济北王坚守不与七国谋。平乱之后，徙封菑川王。前元四年（前153），汉景帝徙封衡山王刘勃（？－前151）于济北，是为济北贞王。前元七年（前150），子式王刘胡（？－前97）嗣。天汉四年（前97），子刘宽（？－前87）嗣。汉武帝后元二年（前87），刘宽以乱伦和诅咒皇上获罪自杀，国除。《汉书·济北王传》：“十二年，宽坐与父式王后光、姬孝儿奸，悖人伦，又祠祭祝诅上，有司请诛。上遣大鸿胪利召王，王以刃自刭死。国除为北安县，属泰山郡”。

东汉济北王始于济北惠王刘寿（90－121）下传六王：节王刘登（121－136）、哀王刘多（136－139）、刘安国（139－146）、孝王刘次（146－163）、刘鸾（163－198）、刘政（198－206）。

（6）菑川国

汉文帝前元十六年（前184），分临淄郡东部置菑川国，封武成侯刘贤为菑川王，都剧县（今寿光市纪台镇纪台村）。前154年，刘贤参与七国叛乱，被诛。同年，济北王刘志改为菑川懿王，下传七王：靖王刘建（前129－前109）、顷王刘遗（前109－前74）、思王刘终古（前74－前46）、考王刘尚（前46－前40）、孝王刘横（前40－前9）、怀王刘友（前9－前3）、刘永（前3－9）。汉武帝实施推恩令之后，菑川国先后析出21个王子侯国，仅余剧县、东安平县、楼乡县等3县。东汉建武二年（26），光武帝封族父刘歙子刘终（？－34）为菑川王，未就国而薨，国除并入北海郡。

（7）城阳国

前178年，汉文帝立城阳景王刘章，国在泰山郡东部，都莒县（今莒县），主要有东安、卢县、阳都等县。景王下传九王：共王刘喜（前176－前143）、顷王刘延（前143－前123）、敬王刘义（前123－前114）、惠王刘武（前114－前103）、荒王刘顺（前103－前51）、戴王刘恢（前52－前44）、孝王刘景（前44－前20）、哀王刘云（前20－前19）、刘俚（前19－9）。东汉建武二年，光武帝封族兄刘敞子刘祉为城阳王。建武十一年国除。

（8）琅琊国

汉高后七年（前181），吕后析齐国琅琊郡为琅琊国，封汉高祖刘邦从祖昆弟营陵侯刘泽为琅琊王，都琅琊（今青岛市黄岛区琅琊镇）。孝文帝元年（前179），徙封刘泽为燕王，国除。东汉建武十五年（39），光武帝子刘京（？－72）封琅琊公。建武十七年（41），封琅琊王，再立琅琊国。建初五年（80），琅琊孝王刘京上书汉章帝，以华、盖、南武阳、厚丘、赣榆5县，换东海郡的开阳、临沂两县，迁都开阳（今临沂城）（图1.15）。下传六王：夷王刘宇（72－92）、恭王刘寿（92－109）、贞王刘尊（109－127）、字王刘据（127－174）、顺王刘容（174－206）、刘熙（206－217）。

图1.14　西汉济北王陵铜簋（禚柏红 提供）

图1.15　琅琊国“千秋万岁”瓦当（冯广平 摄）

1.1.3　六朝时期

1. 曹魏三州九郡国

东汉光和七年（184），黄巾起义爆发，动摇了东汉的统治。建安五年（200），曹操（字孟德，155－220）败袁绍（字本初，？－202）于官渡，成为北方霸主。建安十二年（207），北定乌桓，统一了北方。建安十三年（208），孙权、刘备联军与曹操军战于赤壁，曹军败，自此再无力南征。建安十九年（214），刘备降刘璋，魏、吴、蜀开始对峙。建安二十五年（220），魏文帝曹丕代汉称帝。翌年，刘备称汉昭烈帝。黄初三年（222），孙权建年号黄武。三国分立的局面最终形成。咸熙二年（265），晋武帝司马炎篡魏，曹魏亡。

曹魏时期，鉴于前代诸侯尾大不掉的教训，对于封王的宗室防范甚严。《三国志·武文世王公传》："魏氏王公，既徒有国土之名，而无社稷之实，又禁防壅隔，同于囹圄；位号靡定，大小岁易；骨肉之恩乖，常棣之义废。为法之弊，一至于此乎！"裴松之注："于是封建侯王，皆使寄地空名，而无其实……王侯皆思为布衣而不能得。既违宗国藩屏之义，又亏亲戚骨肉之恩"。岱岳地区封有4王。魏太祖曹操三子、任城威王曹彰（189－223）子曹楷封济南王，孙曹芳（字兰卿，232－274）封齐王。曹芳为魏明帝曹叡养子，赤乌二年（239）继位为帝；五凤元年（254），被司马师废为齐王。魏文帝曹丕子曹蕤（？－233）于黄初七年（226），封阳平县王。太和六年（232），改封北海王。魏太祖孙、樊安公曹均子曹敏，出继范阳闵王曹矩，初封范阳王，后改封琅琊原王。子曹焜袭封。

曹魏时期，继承了东汉末的州级行政单位，实行州、郡、县3级行政区划体系。岱岳地区隶兖州、青州和徐州，主要包括泰山郡（治奉高）、济南国（治东平陵）南部、乐安郡西南隅、齐国（都青州、今临淄区）、北海国西南部、城阳郡（治东武、今诸城）西北部、东莞郡（治东莞、今沂水东北）、琅琊国（都开阳、今临沂诸葛城）、鲁郡（治曲阜）。

2. 西晋三州九郡国

曹魏景云四年、蜀汉炎兴元年（263），晋公司马昭（字子上，211－265）遣钟会、邓艾、诸葛绪三路伐蜀，虏蜀后主刘禅，蜀亡。晋泰始元年（265），司马炎废魏帝曹奂，建立晋朝。咸宁六年（280），晋灭吴，完成统一。永安元年（304），氐人李雄（字仲俊，274－334）自立成都王，建元建兴；永兴三年（306）称帝，国号"大成"。永安元年，匈奴人刘渊（字元海，？－310）自立汉王，国号"汉"，后改为"赵"（前赵）；永嘉二年（308）称帝；五胡之乱起。永嘉五年（311），前赵刘聪（字玄明，？－318）军攻陷晋都洛阳，虏晋怀帝。建兴四年（315），刘聪杀晋愍帝，西晋亡。

西晋时期，晋武帝先后封济南王、任城王、齐王、琅琊王、乐安王于岱岳地区，经"八王之乱"，仅有乐安、琅琊2王国，余皆为郡，建置范围、治所大多因从前代。济南惠王司马遂，晋宣帝弟司马恂子，泰始元年封。泰始二年，司马耽嗣。咸宁三年（277），徙中山王。任城景王司马陵，晋宣帝弟司马通子，泰始元年封北海王。泰始三年（267），徙任城王。咸宁五年（279），司马济立，后为石勒所害。齐献王司马攸，司马昭次子，过继于司马师，泰始元年封。太康四年（283），司马冏（字景治，？－302）嗣。永宁二年（302），司马冏立清河王司马覃为太子，为长沙王司马乂攻灭。乐安王司马鉴（字大明），司马昭子，泰始元年封，薨，无子。

西晋因曹魏旧制，有州、郡、县3级行政区划。岱岳地区隶兖州、青州、徐州，包括泰山郡、济南郡（治东平陵）南部、乐安郡西南隅、齐郡（治临淄）、北海郡西南部、城阳郡西北部、东莞郡、琅琊国、鲁郡等9郡国，辖地范围与曹魏同。

琅琊国

曹魏时期，琅琊国仅有阳都、临沂、开阳、缯县、即丘5县。西晋时，割东莞郡南部与琅琊国，其北界、西界得以拓展，增加华县、费县、东安、蒙阴4县。琅琊国范围大体西起蒙山、北至沂水南、东界沭水，南过今苍山县。两晋琅琊王始于司马伦（字子彝，？－301），为司马懿第九子，泰始元年封琅琊郡王，咸宁三年（277）改封赵王。永康元年（300），司马伦与齐王司马冏发动政变，剪除贾皇后一党。永宁元年（301），废晋惠帝自立；同年兵败被杀。咸宁三年，东莞王司马伷（字子将，227－283）改封琅琊武，是为琅琊武王。太康元年（280），受吴主孙皓降。太康四年（283），长子恭王司马觐（字思祖，256－290）嗣。太熙元年（290），子司马睿（字景文，276－323）嗣，是为晋元帝。永嘉元年（307），渡江至建康（今南京市）。建武元年（317），自立晋王；翌年即帝位。建武元年，次子孝王司马裒（字道成，300－317）袭封，寻薨。子哀王司马安国立，未逾年薨。大兴元年（318），晋元帝复立子司马焕（字耀祖，317－318），是为悼王，俄而薨。永昌元年（322），复立子司马昱（字道万，320－372）；咸和二年（327），改封会稽王；兴宁三年（365），复徙封琅琊王；太和六年（371），被桓温拥立为帝，是为简文帝。晋康帝司马岳（字世同，322－344），晋明帝司马绍子，咸和元年（326）封吴王；咸和二年，徙封琅邪王；咸康八年（342）即帝位，封晋成帝二子司马丕（字千龄，341－365）为琅邪王、司马奕（字延龄，342－386）为东海王。隆和元年（362），褚太后和琅琊王司马昱迎立司马丕为帝，是为晋哀帝。同年，改封东海王司马奕为琅琊王。兴宁三年，褚太后和琅琊王司马昱迎立司马奕为帝，太和六年被桓温废，咸安二年（372）降为海西公。咸安二年，简文帝子司马道子（字道子，364－402）封琅琊王；太元十年（385）为徐州、扬州刺史、录尚书事、假节、都督中外诸军事；太元十七年（392），徙封会稽王。太元十七年，孝武帝子司马德文（386－421）封琅琊王。元熙元年（419），刘裕（字德舆，小名寄奴，363－422）杀晋安帝，立司马德文为帝。翌年，禅位于刘裕，废为零陵王。

琅琊国在两晋的政治生活中地位极其重要，东晋11帝，6任出身琅琊王。

3. 北朝六州十五郡

西晋亡后，岱岳地区陷于五胡之乱，先后属后赵（319－351）、前燕（337－370）、前秦（351－394）、后燕（384－407）、南燕（398－410）。

东晋隆安元年、北魏皇始二年（397），北魏灭后燕，后燕将慕容德（后改慕容备德，字玄明，336－405）南徙滑台（今河南滑县东），自称燕王，东略青、兖，入据广固城（今青州市东北尧王山南）。南燕建平元年（400），称帝。建平六年（405），兄子慕容超（字祖明，384－410）继位，改元太上。太上三年（407），向后秦称藩，后秦归其母段氏、妻呼延氏。东晋义熙五年、南燕太上五年（409），慕容超侵东晋。东晋中军将军、录尚书事刘裕率部北伐。翌年，破广固城，俘慕容超。南燕时岱岳地区包括琅琊郡、东莞郡、东安郡、高密郡、北海郡、齐郡、济南郡、乐安郡、泰山郡。鲁郡时已归东晋。

北魏登国元年（386），拓跋珪（又名涉珪、什翼圭、翼圭、开，371－409）称王，建国号“魏”，都平城（今山西大同市）。皇始二年，灭后燕。始光四年（427），灭夏。神䴥二年（429），破柔然。延和元年（432），灭北燕。太延五年（439），降北凉。至此统一北方，与南朝形成南北隔江对峙的局面。太和十八年（493），孝文帝元宏（拓跋宏，467－499）迁都洛阳，行汉制。普泰二年（532），高欢（贺六浑，496－547）立孝武帝元修。永熙三年（534），孝武帝出奔宇文泰于长安；高欢立孝静帝元善见，迁都邺城（今河北临漳）。北魏分裂为西魏和东魏。东魏武定八年（550），高洋（字子进，529－559）废孝静帝，代魏自立，建立北齐。西魏于恭帝三年（557），宇文觉（字陀罗尼，542－557）废孝静帝，建立北周。北魏至此灭亡。

皇兴三年（469），慕容白曜（？－570）破青州，岱岳地区尽属北魏（图1.16）。东魏武定八年，高洋建立北齐，岱岳地区属北齐。北齐承光元年（577），北周将宇文邕（字祢罗突，543－578）破青州，俘获北齐后主高纬、幼主高恒，北齐亡。岱岳地区又属北周，直至大定元年（581）隋代周。

图1.16　北魏贾智渊造像（阮浩 摄）

北朝时期，岱岳地区地分为6州，包括济州（治卢县）东隅、齐州（治历城）南部、青州（治东阳城）西部、南青州（治南青州）西北部、徐州（治彭城）东北部、兖州（治瑕丘）东部，所辖有泰山郡（治博平）、济北郡（治卢子城、今东阿县）、东太原郡（治山茌）、济南郡（治历城）、东清河郡（治贝丘）、广川郡（治武强）、高阳郡（治高阳）、齐郡（治临淄）、青州、北海郡（治平寿）、平昌郡、东安郡、琅琊郡（治即丘）、东泰山郡（治南城）、鲁郡、兖州等15郡。北魏沿置泰山郡，领钜平 （治今宁阳县东太平村）、奉高、博平、嬴、牟、梁父（治今新泰宫里镇里村）6县。北齐天保七年（556）改泰山郡为东平郡，并钜平县入博县，废奉高县，改梁父县为岱山县，领博、梁父（治今新泰天宝古城）、岱山（治今新泰镇里）3县。

1.1.4 隋唐时期

1. 隋七郡

隋开皇元年（581），隋文帝代周，建立隋朝。开皇九年（589），隋灭南陈，统一全国。大业五年（609），平定吐谷浑，增置西海、河源、鄯善、且末4郡。大业十三年（617），徐圆朗反隋，破兖州、东平郡，踞泰山一带。大业十四年（618），李渊（字叔德，566－635）废隋恭帝，隋亡。

隋朝，岱岳地区仅封齐王杨暕（585－618），隋炀帝子，大业元年（605）封，未就藩；大业十四年（618）死于江都政变。

隋废弃州、郡、县3级行政区划制，实行州、县2级行政体系。开皇三年（583），废郡，以州统县。大业三年（607），改州为郡。岱岳地区分为7郡，包括鲁郡大部、济北郡东北部、齐郡南部、北海郡（治益都、今青州市）南部、高密郡（治诸城）西南部、琅琊郡（治临沂）西部、彭城郡（治彭城、今徐州市）北部。泰山称岱山，在鲁郡博城县（治今泰安市东南）。开皇元年，废北齐置东平郡，嬴县、博城、梁父等县改隶鲁郡。

2. 唐一道八州

唐武德元年（618），唐高祖李渊代隋，建立唐朝。武德二年（619），夏王窦建德破黎阳（今河南浚县），徐圆朗归附。武德四年（621），窦建德败死，徐圆朗臣唐，至武德六年（623）为唐军所灭。贞观二年（628），攻灭梁师都，以其地治夏州（治今陕西靖边县东北白城子），完成全国统一。贞观四年（630），灭东突厥，俘颉利可汗；“西北诸蕃咸请上尊号为‘天可汗’”（《旧唐书·太宗本纪下》）。贞观十四年（640），灭高昌，以其地置西州。贞观二十年（646），破薛延陀。永徽元年（650），俘西突厥车鼻可汗；显庆二年（657），破降西突厥。显庆五年（660），降百济。龙朔元年（661），置波斯都督府。龙朔二年（662），破铁勒，定天山。总章元年（668），灭高丽。唐至此成为空前强大的、统一的多民族国家（图1.17）。版图西起濛池（今咸海）、北逾小海（今贝加尔湖）、东至日本海、南界林邑（今越南南部）。安史之乱（755－763）起，唐国力受重创，内地分为数十个方镇，吐蕃侵吞西域，回纥得突厥故地，南诏叛唐独立。天祐四年（907），朱温废唐哀帝，唐亡。

唐代，岱岳地区封有鲁王、齐王。鲁王李灵夔（？－688），唐高祖第十九子，贞观五年（631）封魏王，贞观十四年（640），徙鲁王，任兖州都督。永徽六年（655），转任隆州刺史，武则天时遇害。齐王李元吉（603－626），唐高祖第四子，武德初封；武德九年（626），死于玄武门之变。齐王李祐（？－643），唐太宗第五子。武德八年，封宜阳王，后徙封齐王，任齐州都督。贞观十七年（643），以谋反赐死。隋唐两代，就藩于岱岳地区的仅有唐鲁王李灵夔、齐王李祐。

唐代行政区划突出的特点是“道”的出现。贞观元年（627），因山川形便，分天下为10道，为临时性巡视、监察区域。开元二十年（732），置十道处置使，如汉刺史，定为常制；翌年，分天下为15道。道下设州（郡）、县两级区划单元。武德初，改郡为州，仍行州、县两级行政区划。天宝元年（742），改州为郡；乾元元年（758），复改郡为州。此外，唐代还出现了军政、民政合一的节度

图1.17　唐三彩鹰首执壶（冯广平 摄）

使。景云二年（711）始置节度使以防四夷，开元天宝之际增至10个。安史之乱后，节度使拥兵自立，形成藩镇割据局面。

唐代，岱岳地区隶河南道，分8州，包括兖州（治瑕丘）大部、济州东部、齐州（治历城）南部、淄州（治淄川）南部、青州（治益都）南部、密州（治诸城）东北部、沂州（治临沂）大部、徐州东北隅。泰山在兖州乾封县。武德五年（622），置东泰州、岱县，领博城、梁父、肥城、岱（治今泰安市东南）。麟德三年（666），唐高宗封禅泰山，改元乾封，并改博城县为乾封县。总章元年（668），复改为博城县。神龙元年（705），又改为乾封县。

唐中晚期，岱岳地区有4方镇，包括兖州观察使（治兖州）辖区大部、天平节度使辖区东北隅、平卢节度使（治青州）辖区南部、武宁节度使辖区东北一隅。平卢镇为第一大藩镇。宝应元年（762），唐代宗任命侯希逸（704－765）为平卢、淄青节度使，统领青、淄、齐、沂、密、海等6州。广德元年（763），平灭史朝义叛军，安史之乱结束。永泰元年（765），士兵哗变，推举李正己（原名李怀玉，732－781）为帅，朝廷任命李怀玉为平卢淄青节度使，治益都。大历十年（775），平卢军拓地登州、莱州、德州、棣州，有十州地。大历十一年（776），与河北诸镇平灭汴宋镇，拓地曹、濮、兖、郓、徐等5州，迁治于郓州（治今山东东平西北）。建中二年（781），淄青、魏博、成德三镇反叛，为唐军击溃；同时，李正己病死，李纳自立；德州、棣州、徐州归顺朝廷。建中三年（782），李纳自称齐王，与朱滔、李希烈等叛唐。贞元八年（792），李纳病死，李师古立。元和元年（806），李师古死，其弟李师道立。元和十三年（818），唐宪宗诏令宣武、魏博、义成、武宁、横海五镇联伐平卢镇。翌年，平定平卢镇，分其地3镇。泰山隶兖海沂密观察使。

唐天祐四年，朱温篡唐，全国开始进入分裂时期。岱岳地区先后受后梁、后唐、后晋、后汉、后周管辖，主要有齐州、淄州、青州、兖州、沂州等5州，有平卢节度使、泰宁节度使，分别治青州和兖州。

1.1.5　宋元时期

1. 北宋京东路

北宋建隆元年（960）年，宋太祖赵匡胤代周称帝，建立北宋，至太平兴国七年（982），相继平灭十国，完成统一。全国开始进入统一繁荣的时期。靖康二年（1127），金兵陷汴京，掳走徽宗、钦宗及宋宗室、大臣，北宋亡。同年，康王赵构于南京应天府（今河南商丘市南）登基，建立南宋。

北宋实行路、州（府、军、监）、县3级行政区划制。州级行政单位较重者称府，一般者称州，较轻者成军，管理官营工矿业兼理民政者称监。岱岳地区隶京东西路（治应天府）和京东东路（治益都，今青州市），包括兖州（治瑕县）、郓州（治须城、今东平县）东北隅、齐州（治历城）南部、淄州（治淄川）南部、青州（治益都）南部、密州（治诸城）西北部、沂州（治临沂）大部、徐州（治彭城）东北隅。州的范围与唐、五代略同。泰山在兖州。开宝五年（972），公元972年（北宋），乾封县移治岱岳镇（今泰安城），以就岱庙。大中祥符元年（1008），宋真宗封禅泰山，改乾封县为奉符县。大中祥符五年（1012年），宋真宗以黄帝生于寿丘（曲阜城东旧县村），诏改曲阜为仙源县，徙治寿丘，起景灵宫奉祀黄帝为赵氏始祖（图1.18）。

2. 金山东路

金收国元年（1115），完颜阿骨打称帝，建国号金。天会三年（1125），金灭辽。天会五年（1127），灭北宋。南宋绍兴十一年、金皇统元年（1141），宋金议和，以秦岭淮水为界。贞祐元年（1213）、二年，蒙古军破泰安并岱岳地区诸县。兴定五年（1221），金无力经营山东，降蒙豪强严实（？－1284）于须城设行台，父子相袭50余年。天兴三年（1234），蒙古、宋联军攻金，金哀宗自缢于蔡州（今河南汝南县），金亡。

金因宋制，采用路、府（州）、县3级行政区划制。天会五年（1127），改京东路为山东路，分山东西路和山东东路，岱岳地区隶山东东路和山东西路，包括泰安州（治奉符）、东平府（治须城）东部、济南府（治历城）南部、淄州（治淄川）南部、益都府（治益都，今青州市）南部、密州（治诸城）西北部、莒州（治莒县）西北部、沂州（治临沂）大部、邳州（治下邳）西北隅、滕州（治滕州、今滕县）大部。泰山在泰安州。天会八年（1130），伪齐刘豫于奉符县置泰安军。大定二十二年

图1.18　宋景灵宫庆寿碑（冯广平 摄）

（1182），泰安军改为州，领奉符、莱芜、新泰3县。天会七年（1129），改仙源县为曲阜县。

3. 元中书省

至元八年（1271），元世祖改国号大元（图1.19）。至元十三年（1276），灭南宋，完成旷古未有的大一统。版图西起大盐池（咸海），北至北冰洋，东抵鲸海（日本海），南界万里石塘（今南海诸岛）。

元代沿用金代后期施行的行省制度，并发展为定制，形成行省、路、府（州、军、安抚司）、县4级行政区划体系。《元史·地理志》："立中书省一，行中书省十有一……路一百八十五，府三十三，州三百五十九，军四，安抚司十五，县一千一百二十七"。中书省号"腹里"，有29路、94府（州）、346县。《元史·地理志》："中书省统山东西、河北之地，谓之腹里，为路二十九，州八，属府三，属州九十一，属县三百四十六"。

岱岳地区在元立国前，一直处于地方自治状态。金兴定五年，金据泰山天胜寨，蒙古据东平，南宋据益都，金将战死，蒙古南撤，地方豪强严实、石珪占据东平，开始地方自治。蒙古太祖十五年（1220），严实降蒙古，蒙古立为东平行台。《元史·地理志》："元太祖十五年，严实以彰德、大名、磁、洺、恩、博、浚、滑等户三十万来归，以实行台东平，领州县五十四"。太祖十七年（1222），蒙古东平行台以严谨部守泰山天胜寨。宋大名忠义军彭义斌（？－1225）遣于江攻灭严谨。太祖二十年（1225），红袄军李全、彭义斌先后围攻东平，严实伪降。彭义斌旋即为蒙古军所破，严实复据东平，以境内较安定，四方民众争赴东平。翌年，蒙古以刘瑀知泰安州。至元四年（1267），征东平路总管严忠范入朝。岱岳地区自此纳入中书省管辖。包括泰安州（治奉符）、济南路（治历城）南部、般阳府路（治淄川）南部、益都路（治益都）西部、济宁路（治滋阳、今兖州市）东北部。①泰山在泰安州，因金旧制，元初隶东平路，至元五年（1268）改隶中书省；至元二年（1265），割济南路长清县入泰安州，撤新泰县，并入莱芜，至正三十一年（1294）重置新泰县；州领奉符、长清、莱芜、新泰4县。《元史·地理志》："泰安州，本博城县，唐初于县置东泰州，后废州，改为乾封县，属兖州。宋改奉符县。金置泰安州。元初属东平路。至元二年，省新泰县入莱芜县。五年，析隶省部。三十一年，复立新泰县。东岳泰山在焉"。②济南路原为宋齐州、金济南府。至元二年大加调整，并入淄州淄莱路、陵州河间路、淄州邹平县，割出临邑县、长清县、禹城县、齐河县，东北至海，置总管府。③般阳府路原为唐淄州。蒙古拖雷监国元年

图1.19　元青白釉暗花玉壶春瓶（阮浩 摄）

（1228）以元太宗窝阔台潜邸所在置新城县（今桓台县西）。中统四年（1263），并入滨州蒲台。翌年，升淄州路，置总管府。至元二十四年（1287）改般阳路。《元史·地理志》："般阳府路，唐淄州……元初太宗在潜，置新城县。中统四年，割滨州之蒲台来属……五年，升淄州路，置总管府……二十四年，改般阳路，取汉县以为名"。④益都路原为唐青州、卢龙军，宋改镇海军。金为益都路总管府。元因之。⑤济宁路原为唐麟州，至元八年升济宁府，治任城。至元十二年（1275）立济州，属济宁府。至元十五年（1278），府治徙巨野，济州为散州。至元十六年（1279），济宁升为路，置总管府。

至元二年（1337），恢复山东行省。自至正十一年（1351）起，先后置济宁行省、胶东行省、陵州行省、山东行省等，并设置中央各机构。

1.1.6 明清时期

明洪武元年（1368），明太祖朱元璋称帝，建立明朝。同年，明军克元大都，元顺帝北逃。洪武十五年（1382），平云南。洪武二十年（1386），定辽东，完成统一。崇祯十七年，李自成军破京师（今北京），明毅宗朱由检自缢，明亡。

明万历四十四年（1616），清太祖努尔哈赤即汗位，建国号金。崇祯九年、清崇德元年（1636），皇太极即皇帝位，改国号清。顺治元年（1644），清军入北京，顺治帝登基。康熙二十二（1683），清军入台湾，肃清明残余势力。乾隆二十四年（1759），清军平定回部，西北底定。版图超迈前代，西起巴尔喀什湖、北至外兴安岭、东达鄂霍茨克海、南到千里石塘（今南沙群岛）。道光二十年（1840），英国发动鸦片战争，强迫清政府签订第一个不平等条约《南京条约》；西方列强自此开始侵入中国。光绪二十六年（1900），八国联军攻陷北京，中国首都首次被列强攻破。宣统三年（1911），辛亥革命爆发，清帝退位，清亡。

明代实行省（承宣布政使司）、府、州、县4级行政区划制度。洪武九年（1376），改元行中书省为承宣布政使司，民间俗称省。洪武十三年（1380），罢中书省，所领州县直隶六部，称直隶。永乐元年（1403），罢北平布政使司，改直隶。终明一代，有直隶二、布政使司十三，俗称十三省。岱岳地区属山东布政使司，洪武元年置山东行省，九年改山东布政使司（《明史·地理志二》）。地分3府，包括济南府（治历城）南半部、青州府（治益都）大部、兖州府（治滋阳）东部，所辖有泰安州、肥城县、长清县、新泰县、莱芜县、历城县、邹平县、章丘县、淄川县、长山县、临淄县、益都县、临朐县、安丘县、昌乐县、潍县、诸城县、莒州、沂水县、蒙阴县、沂州、峄县、费县、邹县、滋阳县、曲阜县（图1.20）、泗水县、宁阳县、平阴县等30县。①济南府为元济南路，太祖吴元年（1367）改为府。洪武二年，并入长清、肥城、新泰、莱芜等县和泰安州。《明史·地理志二》："济南府，元济南路，属山东东西道宣慰司。太祖吴元年为府。领州四，县二十六"。泰山所在泰安州领莱芜、新泰2县。②兖州府元代属济宁路，洪武十八年（1385）升为府，领4州、23县。③青州府为元益都路，1367年改为府，领1州、13县。清代改直隶为直隶省、布政使司为省，所领州县因从明旧。岱岳地区政区稍有变化：①雍正二年（1724），升泰安为直隶州，领泰安、莱芜、长清3县。雍正十三年（1735），升泰安为府，领6县。②雍正十二年（1734），升沂州为府，治兰山（今临沂市），

图1.20　明鲁荒王镶宝石金带扣（冯广平 摄）

领兰山、日照、郯城、沂水、蒙阴、费县等6县。

1.2　自然地理

1.2.1　地质地貌

1. 地层

岱岳地区主要由北东向和北西向山地丘陵组成，前者自西而东依次为泰山、鲁山、沂山，后者自西而东依次为尼山、蒙山。岱岳地区最早固结成陆于30亿年前（3000Ma），沂水城东石山官庄-后棱庄汞丹山同位素年龄30.3亿－29.2亿年。其大面积地层基底为元古界泰山群（Ar）(图1.21），为一套巨厚而复杂的深变质岩系，通常称为“泰山杂岩”，同位素年龄25亿年（2500Ma），总厚度12 000米以上，主要由黑云母片麻岩、斜长角闪岩、黑云母变粒岩、混合岩和混合花岗岩组成；自下而上分为万山庄、太平顶、雁翎关、山草峪4组；在泰山、沂山、徂徕山、蒙山及莱芜、新泰、肥城一带的高山脊轴地区出露较好。泰山群与冀东迁西群、太行山阜平群、阴山桑干群、辽西鞍山群等同属构成我国华北地区基底的最古老的岩层。

古生界地层不完整，仅有早古生界寒武系、奥陶系；志留系、泥盆系缺失；晚古生界石炭系、二叠系完整。寒武－奥陶系石灰岩，以角度不整合接触覆盖于泰山群上。寒武系分布很广，在泰山穹窿两翼均有大面积出露，自下而上分为下统、中统和上统，主要由石灰岩、泥质石灰岩、鲕状石灰岩、竹叶状石灰岩以及紫色、黄绿色砂质页岩所组成，厚600－800米。泰山西北坡张夏、崮山、炒米店一带的灰岩和砂页岩发育典型，是中国北方寒武系标准地层剖面。奥陶系分上、中、下统，主要由厚层状的石灰岩、薄层状的泥质石灰岩及白云质石灰岩组成，厚700－800米。石炭系分布较广，是北方区重要含煤地层，主要由一套海相和过渡相的砂岩、砂质泥岩、粉砂岩、泥岩、黏土岩及薄层石灰岩组成，厚度200－229米。上石炭系太原组在莱芜、肥城、宁阳等矿区出露较多，含8－20层中厚至薄的煤层，其中4－8层有开采价值，是山东省重要的含煤地层。二叠系为最主要含煤地层，下部多为中细砂岩和砂质泥岩，上部除砂岩外，则主要是黏土岩，厚400－500米。下二叠系山西组是重要含煤层位。

图1.21　泰山杂岩中的小褶皱（冯广平 摄）

中生界缺失三叠系和早侏罗系。中新界侏罗系分布很广泛，主要是一套灰绿或紫红色的河湖相沉积物，有砾岩、砂岩和砂质泥岩，厚度超过1000米。白垩系为巨厚火山岩系地层，主要为凝灰质砂岩和火山角砾岩，厚度变化很大。

新生界古近系自下而上分为官庄组、大汶口组，前者厚度较大，下部主要为红色砂岩和砾岩，间夹泥岩和黏土岩，上部主要为紫、褐色泥岩和黏土岩；后者上部岩性主要为灰白、灰至灰褐色泥岩、钙质泥岩和泥灰岩，并夹石膏层和盐矿。新近系少见，西南部平原地区有少量的棕、黄色微固结-半固结比较松软的砂质泥岩，厚度不大。第四系分布于现代河谷和山间盆地之中，主要是现代沉积，厚者可达200米。

2. 构造运动

岱岳地区受北北东向、北东向、北东东向、北西向构造的影响，域内北东向、北西向山脉、沟谷交汇。断裂构造交汇处形成鲁西旋卷构造体系，包括肥城弧形断裂、莱芜弧形断裂、新泰弧形断裂、汶泗弧形断裂等。①东部为北北东向沂沭断裂带是环太平洋带构造带的典型构造，极为发育，自太古代晚期至今一直活动，由主构造及其伴生派生的断裂、隆起、拗陷组成。主构造沂沭断裂带南部为郯庐大断裂，北入渤海湾；自西向东依次为鄌郚-葛沟断裂、沂水-汤头断裂、安丘-莒县断裂、昌邑-大

店断裂。四条断裂组成“二堑夹一垒”构造格局，中间为汞丹山地垒，西侧为马站地堑，东侧为安丘-莒县地堑，此地堑自新构造期以来强烈活动。②西部最为重要的是北东东向泰前大断裂，为中生代构造，在莱芜-泰安方向延展100余千米，宽几十米至上百米，以断层带的形式出现，成为泰山与泰莱盆地的天然分界线。中生代燕山运动以后，泰山开始抬升成山，形成泰山穹窿，长轴呈北东向；喜马拉雅运动以后快速抬升，形成南部高，西北、北部低的倾斜块山。③南部尼山穹隆北起泗河谷地，南到枣陶盆地和苍山洼地，西起峄山断层以西的南四湖，东到平邑费县祊河谷地，长轴北西向，长100千米，短轴北东向，长90千米，总面积7000平方千米。穹隆顶位于曲阜市尼山至邹县城前镇凤凰山（648.8米）。尼山基底为泰山群山草峪组变质岩，上覆寒武、奥陶系石灰岩和页岩，断裂构造发育，地形破碎，凤凰山以南盖层剥蚀殆尽，基底外露。④南部边缘有东西向构造带，为秦岭东西向复杂构造带北支，西起枣庄，经苍山、临沂，交于沂沭断裂，北移指莒南洙边-坪上一带，东没于海。构造带由断裂及褶皱组成，中生代活动较强烈。

元古代早期发生泰山运动（2400Ma），岱岳地区隆起成山，同时岩浆活动和变质作用强烈，形成变质岩和混合岩基底。早元古代末期，岱岳地区西南部沉降成胶辽边缘海。经震旦纪（800－570Ma），沿北东向古沂沭断裂带有3次南北贯通的大规模海侵。寒武纪（570－510Ma）早期，沿古沂沭断裂带两端开始海侵过程。寒武纪晚期，海侵规模加大，除泰山、尼山外，大部地区成为浅海，章丘、新泰、费县、安丘、枣庄成为沉降核心区。进入奥陶纪（510－439Ma），海侵完全覆盖岱岳地区，章丘、费县、淄博成为沉降核心区，沉积厚度超过300米。中奥陶纪末，受加里东构造运动影响，岱岳地区开始抬升。奥陶纪晚期，邹城-宁阳一带隆起成陆。进入志留纪（439－408.5Ma），岱岳地区完全抬升成陆地。晚石炭纪至二叠纪，岱岳地区经历了短暂的海侵，沉积

图1.22 泰山玉皇顶（董丽娜 摄）

有中、晚石炭世海陆交互相含煤地层；随后再次进入抬升过程。中生代晚期，受燕山运动（134－65Ma）影响，除淄博周边尚有内陆湖盆之外，泰山、鲁山、沂山、徂徕山、蒙山和尼山穹窿相继隆起；泰山南麓产生北东东向正断层，断层北盘上的泰山在隆起过程中不断受剥蚀，露出元古代基底。进入新生代，喜马拉雅山运动（36.5－2.6Ma）促使泰山继续抬升，至古近纪晚期（30Ma）形成今日轮廓。喜马拉雅运动时，泰前断裂加深，形成内陆湖盆，泰山和徂徕山最终分离。此外，曲阜-平邑以北发育有北西向纵长的大湖盆，莱芜、沂源也有小规模湖盆，进入新近纪，岱岳地区所有内陆湖盆消失，完全成陆地。

3. 地貌类型

岱岳地区地貌类型主要可分为中山、低山、丘陵和山前倾斜平原，此外有本区最为典型的岱崮地貌。中山集中分布于北部，低山、丘陵以东部和南部最多，山前倾斜平原主要分布于蒙山、尼山东西两侧，泰山与徂徕山间有泰莱盆地。山地和丘陵为岱岳地区的主体地貌类型，以泰安市为例，中山和低山总面积4981.7平方千米，占全区总面积的39.3%，海拔700米以上的山峰有30余座。丘陵面积3004.2平方千米，占全区总面积的23.7%。平原面积3295.8平方千米，占全区总面积的26%，其中泰莱肥宁平原面积2158.75平方千米，占全区平原总面积的65.5%。

（1）中山

海拔700米以上的中山，按照外营力类型可分为强烈切割的中山地貌和切割较弱的中山地貌。前者包括泰山主峰玉皇顶（1545米）（图1.22）、望府山（1463米）、天烛峰（1198米）、老平台、黄石崖和黄崖山一带，鲁山主峰观云峰（1108.3米），蒙山主峰龟蒙顶（1150米）、挂心橛子（1026米）、望海楼（1001.2米），沂山主峰玉皇顶（1031米），徂徕山主峰太平顶（1027米）等主要山峰及其周围山地，海拔超过1000米，峰高谷深，尖顶山头、锯齿状山脊和深谷广泛发育。后者包括泰山傲徕峰、中天门、摩天岭及西北部歪头山、尖顶山、灵岩山、蒋山顶一带，鲁山、嵩山、摩天岭，沂山泰薄顶、三山朵子，蒙山玉皇顶、塔山、太平顶、老虎洞山、华皮岭、五彩山，海拔700－1000米，侵蚀切割程度较泰山主峰一带稍弱。鲁山观云峰峰周围有喀斯特地貌发育，溶洞规模大、数量多，为华北地区所罕见。

（2）低山

低山地貌主要包括泰山鸡冠山至青山及滑石山，徂徕山大部山峰，鲁山嶲山、奶奶顶、凤凰山，沂山马鬐山、五台山、卞山、仙姑顶、大山、梁甫山（图1.23）、尼山四海山、母子山、娘娘顶等地，海拔500－700米，侵蚀切割强度不大，多形成分散的圆顶缓脊的山峦，沟谷不够发育，地形相对平。

（3）丘陵

丘陵是岱岳地区地貌的主体。临沂市有丘陵7118平方千米，占总全区面积的31.26%。丘陵海拔200－500米，地形低矮平缓，侵蚀作用微弱，以剥蚀堆积为主。尼山穹隆区以丘陵为主。

（4）山前倾斜平原

主要分布于泰山南部大汶河谷地，岨崃山南部大清河谷地，蒙山南部祊河谷地，尼山北部泗河谷地等，海拔200米以下，以堆积作用为主，谷口冲积洪积扇发育，坡度 3°－ 5°，其中还分布有少数剥蚀残丘。其中，泰莱肥宁平原面积最大，达2158.75平方千米。

图1.23　梁甫山（申卫星　摄）

（5）岱崮地貌

岱崮地貌又称“方山地貌”，当地习称“崮”，是指以岱崮为代表的山峰顶部平展开阔如平原，峰巅周围峭壁如刀削，峭壁以下是逐渐平缓山坡的地貌景观（图1.24）。2007年8月21日，被中国地理学会正式命名，与张家界地貌、喀斯特地貌、嶂石岩地貌、丹霞地貌并称我国五大造型地貌。岱崮地貌是中生代和新生代构造运动中形成的无数地垒式断块山，经过上亿年的剥蚀而形成的方山。沂蒙山区有崮200余座，其中，海拔超过500米的有座，包括摩云崮（1025米）、茅草崮（777.5米）、南岱崮（705米）、龙须崮（701.1米）、马家崮（690.5米）、北岱崮（679米）、松崮顶（662米）、油篓崮（658米）、和尚崮（656米）、晨云崮（632.8米）、大崮（628米）、天桥崮（624.4米）、尖崮（618米）、卢崮（610.3米）、歪头崮（607.4米）、透明崮（603.9米）、对崮（597米）、石崇崮（596.6米）、抱犊崮（580米）、纪王崮（577.2米）、龙头崮（575.9米）、拔垂子崮（575米）、安平崮（560.6米）、孟良崮（536米）、窦家崮（536米）、太皇崮（505米）等26座。蒙阴县岱崮镇驻地西北7千米有南、北岱崮，南岱崮海拔705米，面积1平方千米；崮顶四周悬崖陡峭，高20余米。北岱崮海拔679米，面积2平方千米；此崮顶部四周悬崖峭壁，高达20余米，易守难攻。传崮顶可望泰山，故名望岱崮，后演变为岱崮。1943年和1947年，曾先后在此发生两次著名的岱崮保卫战。摩云崮，俗名大歪歪，在平邑县城略偏东北18.5千米处；海拔1025米，面积1.5平方千米，为沂蒙山区群崮中最高者。因山势险峻而倾斜，故名。山体由太古代泰山群系变质岩构成。抱犊崮，又名抱犊山、君山、豹子崮。汉称楼山，魏称仙台山。在苍山县城西北33千米，唐《元和郡县志》称，昔有一隐者抱犊上山垦种，故名。此崮

图1.24　长清灵岩山（冯广平 摄）

属尼山山系，山体呈南北走向，由石灰岩、砂岩构成，主峰海拔580米，面积13.5平方千米，为诸崮之最。山北麓为西泇河发源地之一。山势陡峭如壁，登山仅一石径。崮顶有平田数顷，水池两处，深数尺。立崮顶可东眺黄海，称“君山望海”。因此崮险峻，历来被视为军事要地。

1.2.2　气候水文

1．气候特征

岱岳地区的气候类型属典型的东亚季风气候，四季分明，冬季干冷，夏季湿热，春秋短暂。年均温11－14℃，1月均温-2.5℃－4℃，7月均温24－27℃。无霜期184－225天，年积温4922℃。年均日照时数2290－2890小时；1月日照时间最短，一般为172－191小时；5月日照时间最长，一般为240.3－273.3小时。年均降水量642－900毫米，1月平均降水量4－12毫米；7月平均降水量190－280毫米，60%－70%集中于夏季。受地形影响，泰山东西部、山顶和山麓降水有显著变化，东部新泰市年均降水量753.8毫米，比西部东平县多111.7毫米；泰山顶气象站年均降水量为1124毫米。

2．河流水系

岱岳地区是众多河流发源地，按照流域类型，可分为黄河水系、小清河水系、潍河水系、骆马湖水系、南四湖水系。黄河水系包括大清河、大汶河。小清河水系包括小清河、淄河。弥河水系主要指弥河及其支流。潍河水系主要指潍河及其支流。骆马湖水系包括沂河、祊河、沭河。南四湖水系包括洸河、泗河、白马河、新薛河等。其中小清河、弥河、潍河、沂河、沭河都是源出岱岳地区，独立入海的河流。

（1）大汶河

大汶河又名汶水（图1.25），起源于沂源县松崮山南麓的沙崖子村，上游有牟汶河、嬴汶河、石汶河、泮汶河、柴汶河（淄水）。北魏·郦道元以嬴汶为汶水正源，《水经注·汶水》：“汶水出泰山莱芜县原山西南，过其县南……又西南迳嬴县故城南”。今考证，牟汶河最长，以为正源。《水经注·汶水》：“汶出牟县故城西阜下，俗谓之胡卢堆……俗谓是水牟汶也”。牟汶河西流至泰安市岱岳区范镇渐汶河村接纳嬴汶河（上游名汇河）、石汶河，西南流至北集坡镇北店子村接纳泮汶河（北汶水）。《水经注·汶水》：“（牟汶）西南迳奉高县故城西，西南流注于汶。汶水又南，右合北汶水”。牟汶河再于大汶口镇接纳柴汶河，以下西流河段称大汶河；西流至东平县接山乡南城子村北接纳汇河，彭集镇尚流泽村以下河段称大清河，至州城镇董庄入东平湖。大汶河由东向西

图1.25　泰安大汶口（碹柏红 提供）

流经莱芜、新泰、泰安、肥城、宁阳、汶上、平阴、东平8县（市），注入东平湖，尔后经清河门、陈山口出湖闸泄入黄河。大汶河全长208千米，总流域面积8543平方千米。

（2）小清河

小清河始凿于金天会八年（1130）至十五年（1137），由伪齐主刘豫开凿。元·于钦《齐乘》："古泺水自华不注山东北入大清河，伪齐刘豫乃导之东行，为小清河"。小清河源于济南西郊睦里闸，纳玉符河下游分流之水，东西向流至济南北园，又汇市内诸泉，流经历城区、章丘区、邹平县、高青县、桓台县、博兴县、广饶县、寿光县，由羊角沟入海，是岱岳地区独立入海的最大河流。明·刘敕《历乘》："小清河，水出大明湖，环城而东，合黑虎泉诸泉之水，东北绕华不注山，经章丘、邹平、新城诸县入海。此刘豫之运河，今迷其故道"。小清河全长237千米，流域面积10 336平方千米。

淄河，又名淄水，为小清河最大支流，发源于莱芜莱芜市碌碡顶鲁山，东南流经埠东村，纳黄家湾、马家峪之水，又东流至和庄、青石关，汇荣庄水，至东车辐经石马水库入淄博市境，至淄河镇东西石门村如太和水库，流经博山区、临淄区、青州市、广饶县，至大营北入小清河。淄河全长122.55千米，流域面积329平方千米。

（3）弥河

弥河古称巨洋水。《水经注·巨洋水》："巨洋水出朱虚县泰山北，过其县西，泰山，即东小泰山也……巨洋水东北径望海台西，东北流"。弥河发源于临朐沂山西麓天齐湾，西流至临朐九山附近折向东北流，过冶源水库，流经临朐县、青州市、寿光县、寒亭区，于寿光广陵乡南半截河村，分为3股入渤海。其中东北流一股为主河道，在寿光北宋岭东，纳丹河，至潍坊市寒亭区央子港入海。其余两股为弥河入海岔流，均由南半截河村北流入海。弥河全长河长206千米，流域面积3925.5平方千米。

（4）潍河

潍河，古称潍水，发源于莒县箕屋山。《水经注·潍水》："潍水出琅邪箕县。东北迳箕县故城西，又西，析泉水注之……又东北过都昌县东。又东北入于海"。潍河流经莒县、沂水、五莲、诸城、高密、安丘、坊子区、寒亭区、昌邑市，在昌邑下营镇入渤海莱州湾。潍河全长246千米，支流143条，流域面积6376平方千米，是山东省最长、流域面积最广的河流。其所经流的峡山水库面积为山东省之最。

图1.26 沂河（包玻 摄）

（5）沂河

沂河原名"沂水"（图1.26），发源于沂源县西部，有3源：①徐家庄河源出沂源县、新泰市交界处黑山交岭龙子峪（石疙瘩山西），于鲁村西南接纳草埠河，东流入田庄水库，河长23.5千米。《水经注》、清《沂水县志》、《清史稿·地理志》

皆作沂水正源。②大张庄河源出沂源、蒙阴、新泰三县（市）交界处老松山北麓，于店门南接纳南岩河（仁里庄河），入田庄水库，长30千米。此源在众源中河最长，流域面积最大，清《沂水县志》定为沂河东源。③高村河（田庄河）源出狼窝山北麓，古称桑预水，东北流入田庄水库，长20.5千米。沂水东流至沂源县城南埠下村接纳螳螂河（沧浪河），至石桥镇茶峪村西折而南流，于泉庄镇连旺村入跋山水库，于河洼村出水库南流，于沂南县大庄镇王家新兴村接纳汶河，于古临沂城北接纳祊河，至刘道口村东南一支入沭河，主流西南流，至江苏邳州市棋盘镇臭橘园村西入骆马湖，于桥北镇唐庄南出骆马湖，东流至连云港市燕尾港入黄海。沂河流经山东沂源县、蒙阴县、沂水县、沂南县、临沂市、郯城市，江苏邳州市、沭阳市、灌云县，全长500余千米，流域面积1.16万平方千米。

祊河，《水经注》称洛水，为沂河最大支流，发源于邹县东部南王村西山，上游分南、北两支，北支浚河，南支温凉河。流经邹城市、平邑县、费县、临沂市，全长158千米，流域面积3376.32平方千米。

（6）沭河

沭河，原名沭水，俗名茅河，原为泗水支流。《汉书·地理志》："术水南至下邳入泗"。唐·颜师古注："术水即沭水也"。沭河发源于沂水县东于沟乡沂山泰薄顶，上游分东西二源，西源石槽峪河，东源寺峪河，两源于霹雳石村东汇合后始称沭河。金明昌五年（1194），黄河决口，南夺淮河口入海，沭河无入淮通道，尾闾在苏北游荡数百年。1949－1953年，导沭整沂工程中于临沭县大官庄北建沭河拦河大坝、向东南开挖新沭河，经江苏石梁河水库，于连云港市云台区临洪口入黄海；另一支循沭河故道南流，至曹庄镇河口村接纳沂河支流，南流至邵店镇汇入沂河入海。沭河流经沂水县、莒县、莒南县、临沂市、临沭县、郯城市、新沂市，全长273千米，流域面积6003.5平方千米。

（7）泗河

泗河和洙河是鲁国重要的河流，串联孔林、孟林、洙泗书院等重要文化遗产。《水经注·泗水》："泗水出鲁卞县北……泗水自卞会于洙水也……泗水又西南流，迳鲁县分为二流，水侧有一城，为二水之分会也。北为洙渎，南则泗水"。泗河因有趵突、响水、洗钵、红石4泉汇流，故名。发源于蒙山太平顶西麓上峪一带，上游河段为放城河，西流至下峪村西转向南流，至贺庄水库进入泗水县，又西流汇泉林水后始称泗河。流经新泰市、泗水县、曲阜市、兖州市、济宁市，于济宁马坡西注入南阳湖。泗河境内全长70千米，流域面积200多平方千米。

（8）洸河

洸河古称阐水，又名洸府河，发源于宁阳县土罡城镇泉头村，西流至伏山镇北转向南流，流经宁阳县、兖州市2县（市），于兖州南南阳湖农场入南阳湖；全长75千米，流域面积1367平方千米。

1.2.3　土壤植被

1. 土壤类型

岱岳地区土壤可分为6个土类，14个亚类，主要有棕壤、褐土、砂姜黑土、潮土、山地草甸土、风沙土等6类；以棕壤与褐土为主，受母质影响强烈，酸性岩区基本发育为棕壤，石灰岩及黄土分布区基本发育成褐土。棕壤土分棕壤、潮棕壤和棕壤性土3个亚类，广泛分布于低山丘陵及山区下部的阶地、谷地、山前冲积扇地带。褐土分褐土、淋溶褐土、潮褐土、褐土性土4亚类，主要分布于平原及岭坡地带，以及于钙质岩低山丘陵上部。砂姜黑土主要分布于沂沭河冲积平原、平原洼地及山前交接洼地上。潮土分潮土亚类、湿潮土、脱潮土、盐化潮土4亚类，主要分布于沿河河滩地带。山地草甸型土仅在泰山1300米以上有小面积分布，土层深厚，质地粗，多砾石，面积0.38万亩[①]。

泰山土壤有一定的垂直地带性分异。潮棕壤分布于海拔200米以下的山前洪积冲积平原和山间沿河阶地上。普通棕壤分布于海拔200－400米的近山阶地上。酸性棕壤分布较广，海拔200－1000米随处可见，是泰山的主要土壤类型。白浆化棕壤零星分布于海拔200－800米。山地暗棕壤分布于海拔1000－1300米。山地灌丛草甸土分布于海拔1300米以上。

2. 植被类型

岱岳地区现有维管植物1402种（包括变种及亚种），隶属151科644属。其中，蕨类植物17科27属69种，裸子植物7科21属51种，被子植物127科596属1282种。种数超过50种的优势科有禾本科、菊科、蔷薇科、豆科、百合科、莎草科。温带成分273属，占总属数的42%，居优势地位；其中北温带成分151属，占温带成分的55%，是温带成分的主体。温带成分构成了岱岳地区植被的乔木层和灌木层主体，乔木层主要包括栎属（*Quercus*）、杨属（*Populus*）、椴属（*Tilia*）、槭属（*Acer*）、盐肤木属（*Rhus*）等，灌木层主要包括绣线菊属（*Spiraea*）、蔷薇属（*Rosa*）、胡颓子属（*Elaeagnus*）、荚蒾属（*Viburnum*）、忍冬属（*Lonicera*）等。热带亚热带成分在岱岳地区也占相当大的比例，共有189属，占总属数的29%；其中尤以泛热带分布型为主，共117属，占热带亚热带成分的62%，大多为草本类型，包括白茅属（*Imperata*）、益母草属（*Leonurus*）、马兜铃属（*Aristolochia*）、鸭嘴草属（*Ischaemum*）等，是山地灌草丛的建群种或优势种。

岱岳地区植被的特有特征明显，总计23属，占总属数的3.6%。其中，中国特有属包括山茴香属（*Carlesia*）、青檀属（*Pteroceltis*）、假贝母属（*Bolbostemma*）3属，每属各一种。岱岳地区特有的种类24种，包括鲁山假蹄盖蕨（*Athyriopsis lushanensis*）、蒙山粉背蕨（*Aleuritopteris mengshanensis*）、蒙山鹅耳枥（*Carpinus mengshanensis*）、泰山花楸（*Sorbus taishanensis*）、蒙山附地菜（*Trigonotis tenera*）、单叶黄荆（*Vitex simplicifolia*）、泰山韭（*Allium taishanense*）等。岱岳地区共有国家三级重点保护植物4种，包括狭叶瓶尔小草（*Ophioglossum themale*）、青檀（*Pteroceltis tatarinowii*）、野生大豆（*Glycine soja*）、黄芪（*Astragalus membranceus*）。稀有濒危植物9种，包括青岛老鹳草（*Geranium tsingtauense*）、山东万寿竹（*Disporum smicacina*）、全叶延胡索（*Corydalis repens*）、白木乌桕（*Sapium japonicum*）、玫瑰（*Rosa rugosa*）、紫草（*Lithospermum erythrorhizon*）、天目琼花（*Viburnum sargentii*）、迎红杜鹃（*Rhododendron mucronulatum*）、山茴香（*Carlesia sinensis*）。

岱岳地区开发历史较早，人类对自然植被的干扰强烈，原始林和天然次生林破坏殆尽，仅在泰山、鲁山、沂山和蒙山有少量残余，其余大多为人工林。大体可分为森林、灌草丛、山地草甸、竹林等4类。

---

① 一亩≈666.67平方米，后同。

（1）森林

主要分布于泰山、徂徕山、鲁山、沂山、蒙山等中高山和高丘陵区，分落叶阔叶林和温带针叶林2类。落叶阔叶林又可分为五小类。①麻栎林，以麻栎（*Quercus acutissima*）为建群种，为岱岳地区典型的地带性植被，分布上限可达海拔1000米。②栓皮栎林，零星分布于泰山、沂山、蒙山、艾山等地，以栓皮栎（*Quercus variabilis*）为建群种（图1.27a），分布上限达海拔1200米，但在海拔700米以下发育良好。③槲树（*Quercus dentata*）、槲栎（*Quercus aliena*）、短柄枹（*Quercus serrata*）林，零星分布于海拔500米以上山坡，或单种小片出现，或与麻栎混生。④枫杨林，以枫杨（*Pterocarya stenoptera*）为建群种，分布于山谷、溪边或河滩上，常成纯林。⑤杂木林，以水榆花楸（*Sorbus alnifolia*）、紫椴（*Tilia amurensis*）、千金榆（*Carpinus cordata*）为建群种，小片分布于海拔500米以上阴坡谷地。温带针叶林主要分为两小类：①油松林，以油松（*Pinus tabulaeformis*）为建群种（图1.27b），分布于海拔700米以上的山地，泰山对松山和后石坞有天然林，树龄超过200年。②侧柏林，以侧柏（*Platycladus orientalis*）为建群种（图1.27c），为石灰岩山区面积最大的林地；长清灵岩山和青州庙子镇有保存较好的天然侧柏林。

图1.27a　栓皮栎雄花序（冯广平　摄）

图1.27b　油松雌球果（包琰　摄）

图1.27c　侧柏雌球果（冯广平　摄）

（2）灌草丛

主要分布于低山丘陵坡地和河谷，多呈小片分布。灌木层常见种类有胡枝子（*Lespedeza bicolor*）、连翘（*Forsythia suspensa*）、卫矛（*Euonymus alatus*）、黄荆（*Vitex negundo*）、酸枣（*Ziziphus jujuba* var. *spinosa*）等。草本层常见种类有白茅（*Imperata cylindrica*）、白羊草（*Bothriochloa ischaemum*）、黄背草（*Themeda japonica*）、野古草（*Arundinella anomala*）等。

（3）山地草甸

多分布于泰山、徂徕山、鲁山、蒙山等中高山高海拔地带，呈小片分布。常见种类有节节草（*Equisetum ramosissimum*）、白茅、地榆（*Sanguisorba officinalis*）、蓬子菜（*Galium verum*）、拳参（*Polygonum bistorta*）、野菊（*Dendranthema indicum*）等，另有少量胡枝子、黄荆等灌木与其混生。

（4）竹林

主要分布于河谷和泉源丰富的地方，南部沂蒙山区有较大面积的分布，以淡竹（*Phyllostachys*

图1.28 沂南竹泉村淡竹林（冯广平 摄）

glauca）为主（图1.28）。

此外，岱岳地区还有较大面积的刺槐（*Robinia pseudoacacia*）林、泡桐（*Paulownia tomentosa*）林等。南部有小片马尾松（*Pinus massoniana*）林。

1.3 名山名泉

岱岳地区历史悠久，文化遗产丰富，同时山峰众多，不仅自然风景秀美，更是人类活动和文化遗产赋存的重要载体，著名的山峰多达111处。此外，岱岳地区以泰山杂岩为基底，是良好的隔水层，以泰山穹窿和尼山穹窿为代表的隆起地区成为重要的集水区，在其周边形成丰富的泉群，仅济南一地就有4大泉群、72名泉。

1.3.1 名山

岱岳地区有各级各类历史遗迹的名山111处，其中海拔超过500米的山峰有44处，包括泰山、龟蒙顶、鲁山、沂山、岨崃山太平顶（1027米）、望海楼（1001米）、莲花山（925米）、香山（918米）、仰天山（848米）、长白山（826米）、蒙山太平顶（813米）、原山（798米）、唐三寨（785米）、神仙门山（670米）、凤凰山（648.8米）、九顶凤凰山（612米）、凤仙山（608米）、夹子山（600米）、连青山（593米）、琪山（585米）、抱犊崮（584米）、尧山和峄山（582米）、玲珑山（576米）、孟良山（575.2米）、娘娘顶（568米）、锦屏山（563.5米）、劈山（546米）、大贤山（532米）、艾山（531米）、雀山（528米）、石门山（526米）、玉函山（523米）、唐山（516米）、花雨山（509米）、鼓山（503.8米）、陶山（502.4米）、杓山（501.8米）、天宝山（501米）等。在空间上以泰安周边、曲阜周边、青州周边最为集中，这与三地的历史渊源是分不开的，泰安是历代封禅之所，青州和曲阜则是齐鲁故都所在，曲阜和邹城更是孔子和孟子陵庙所在地。

1. 东岳泰山

泰山，古称东岳，又名岱山、岱岳、岱宗、泰岳，别名天孙，自古以岱宗为正名，意为“群岳之长”（图1.29）。唐·徐坚《初学记》：“泰山，五岳之东岳也。《博物志》云：泰山一曰天孙，言为天帝孙也。主召魂。东方万物始成，故知人生命之长短。《五经通义》云：一曰岱宗，言王者受命易姓，报功告成，必于岱宗也。东方万物始交代之处。宗，长也，言为群岳之长”。

泰山位于泰安、济南、淄博三市之间，东西长约200千米，南北宽约50千米（图1.30）。主峰玉皇顶，海拔1545米，位于36° 16′ N，17° 6′ E。泰山地质基底为太古代泰山杂岩，经历中生代和新生代构造运动，隆起成山。西北麓张夏、崮山、炒米店一带有我国北方寒武系地层标准剖面。泰山有名泉30处，大汶河、淄河皆发源于泰山。泰山温带季风性气候，垂直变化明显，山顶年均气

图1.29 泰山一天门（冯广平 摄）

图1.30 岱顶探海石（申卫星 摄）

温5.3℃，比山麓泰城低7.5℃；年均降水量1124.6毫米，相当于山下的1.5倍。泰山国家森林公园总面积为18万亩，植维管植物1037种，主要乔木类型有银杏、油松、赤松、落叶松、麻栎、槐等；古树名木6000余株，较著名的有望人松、三义柏、卧龙槐、姊妹松、五大夫松、摩顶松、六朝松等。植被垂直地带性明显，自下而上依次为落叶阔叶林、温带针阔混交林、针叶林、高山灌草丛、高山草甸。

泰山为历代封禅祭天之所，以岱庙为代表的礼制建筑群布局严整、气势恢宏。同时，泰山也是道、佛、回诸教较为昌盛之地，道观有碧霞元君祠（图1.31）、灵应宫、红门宫、青帝宫、神憩宫、王母池庙、元始天尊庙、关帝庙、玉皇庙、后石坞庙、三皇庙、天齐庙、蓬莱观、三阳观、洞真观、张良祠等，以上、中、下碧霞元君祠最为严整庄严、富丽堂皇；佛寺有灵岩寺、普照寺、斗母宫、玉泉寺、光化寺、龙居寺、四禅寺、双泉庵、衔草寺等，以灵岩寺规模最大，历史最长；回教寺院主要有清真寺。泰山神崇拜在平安时代（794－1192）传入日本，对日本社会影响深远。泰山为历代文人崇奉、登临之地，以泰山为题的作品不可胜计，代表作如孔子《丘陵歌》、曹植《飞龙篇》、李白《登岱六首》、杜甫《望岳》、苏辙《灵岩寺》、姚鼐《登泰山记》。泰山今存历代摩崖碑碣2516处，名著者如秦始皇二十八年《泰山刻石》、东汉建宁元年（168）《汉故卫尉卿衡府君之碑》（衡方碑）、东汉中平三年（186）《汉故谷城长荡阴令张君表颂》（张迁碑）、晋泰始八年（272）《晋任城太守孙氏之碑》（孙夫人碑）、南北朝《经石峪金刚经》、唐开元十四年（726）《纪泰山铭》（图1.32）、北宋大中祥符元年（1008）《青帝广生帝君赞》、大中祥符六年（1013）《大宋东岳天齐仁

图1.31　泰山碧霞元君祠（禚柏红 提供）

图1.32　唐《纪泰山铭》摩崖石刻（申卫星 摄）

圣帝碑》（图1.33）、宣和六年（1124）《宣和重修泰岳庙碑》、金大定二十二年（1182）《大金重修东岳庙之碑》、元至元元年（1264）《天门铭》、明洪武三年（1370）《东岳去封号碑》、清乾隆十三年（1748）《咏朝阳洞》碑等。泰山石窟造像创作时间早，数量众多，代表性作品有黄石崖北朝造像、莲花洞北朝石窟造像、玉函山隋朝石窟造像、王泉隋唐摩崖造像、佛峪隋唐石窟造像、千佛崖唐代造像（图1.34）、阴佛寺唐代石窟造像、灵鹫山唐代造像、方山唐代造像、黄花山金代石窟造像等。1982年，被国务院公布为第一批国家重点风景名胜区。1987年，被联合国教科文组织列为世界自然遗产和文化遗产。

泰山礼天的规制可追溯到三皇五帝时期，《史记·封禅书》载：黄帝、颛顼、帝喾、帝尧、帝舜、夏帝禹、商汤皆曾封禅泰山。“封”在岱顶聚土筑圆台祭天帝，增泰山之高以表功归于天；“禅”在岱下小山丘积土筑方坛祭地神，增大地之厚以报福广恩厚之义。氏族首领往往通过封禅泰山来证明其受命于天的权力合法性。《史记·封禅书》：“自古受命帝王，曷尝不封禅？盖有无其应而用事者矣，未有睹符瑞见而不臻乎泰山者也”。《河图·真纪》：“王者封泰山，禅梁甫，易姓奉度，继兴崇初也”。“封”礼是在泰山上建土坛，烧柴告天；“禅”礼是岨崃山上建土坛，告地。《史记正义》：“此泰山上筑土为坛以祭天，报天之功，故曰封。此泰山下小山上除地，报地之功，故曰禅”。

名山大川崇拜自然崇拜发展成为礼制。舜帝每五年巡视四方，望祭各地12州的12山，包括岱、南、西、北等四岳。《尚书·虞书·舜典》：“肆类于上帝，禋于六宗，望于山川，遍于群神……岁二月，东巡守，至于岱宗，柴。望秩于山川，肆觐东后……五月南巡守，至于南岳，如岱礼。八月西巡守，至于西岳，如初。十有一月朔巡守，至于北岳，如西礼。归，格于艺祖，用特。五载一巡守，群后四朝……肇十有二州，封十有二山”。周代，九州各有镇山，泰山为兖州镇山。《周礼·职方

图1.33 《大宋东岳天齐仁圣帝碑》（冯广平 摄）

图1.34 千佛崖造像（肖贵田 摄）

氏》：“东南曰扬州，其山镇曰会稽；正南曰荆州，其山镇曰衡山；河南曰豫州，其山镇曰嵩山；正东曰青州，其山镇曰沂山；河东曰兖州，其山镇曰岱山（泰山）；正西曰雍州，其山镇曰华山；东北曰幽州，其山镇曰医巫闾；河内曰冀州，其山镇曰霍山；正北曰并州，其山镇曰恒山”。

周朝建立后，周成王姬诵封泰山，禅社首山（今蒿里山东侧），建明堂（今泰山区大津口附近之周明堂），封禅活动开始有严格的规制和礼仪。齐桓公三十五年、秦缪公九年（前651），齐桓公霸诸侯，拟封泰山，为管仲谏止。《史记·封禅书》：“秦缪公即位九年，齐桓公既霸，会诸侯于葵丘，而欲封禅。管仲曰：‘古封泰山、禅梁甫者七十二家。而夷吾所记者十有二焉。昔无怀氏封泰山禅云云；虙羲封泰山，禅云云；神农氏封泰山，禅云云；炎帝封泰山，禅云云；黄帝封泰山，禅云云；颛顼封泰山，禅云云；帝喾封泰山，禅云云；尧封泰山，禅云云；舜封泰山，禅云云；禹封泰山，禅会稽；汤封泰山，禅云云；周成王封泰山，禅社首。皆受命然後得封禅’”。

秦始皇二十八年，秦始皇封泰山、禅梁父（今新泰市西北），开创封禅大典的先例。《史记·秦始皇本纪》：“（二十八年）立石，封，祠祀。下，风雨暴至，休于树下，因封其树为五大夫。禅梁父”。

西汉元封元年（前110），汉武帝刘彻东巡，登封泰山，禅肃然山（今莱芜市寨里镇王许村），诏割嬴、博二县地置奉高县，以祀泰山。翌年，祀泰山，令奉高于汶水上建明堂（今岱岳区邱家店石碑）。元封五年（前106），修封，祭高祖于明堂。太初元年（前104），祀上帝于明堂，禅高里山（后俗作蒿里山）。太初三年（前102）、太始四年（前93）、征和四年（前89年），封泰山，禅石闾山（今泰安城南40里）。汉武帝封禅凡5次。《初学记》：“汉武帝封泰山，禅梁甫。肃然及蒿里石闾，后又凡五修封泰山。神爵元年（前61），宣帝刘询诏以东岳泰山、中岳嵩山、南岳潜山、西岳华山及北岳恒山为五岳；祀东岳于博。东汉建武三十二年（56），光武帝刘秀登封泰山，禅梁父山。光武帝封禅凡3次。《后汉书》曰：光武封泰山，禅梁甫凡三，云亭。肃然、蒿里、社首、梁甫，皆泰山下小山也”。元和二年（85），汉章帝刘炟东巡，柴祭泰山，祀明堂，立行宫于汶阳。延光三年（124），汉安帝刘祜东巡，柴祭泰山。

东汉末至隋初，国家陷于分裂，战乱不止，封禅活动一度停止。隋朝建立后，祭祀泰山礼制开始恢复。开皇十四年（594），隋文帝杨坚遣使送石像于泰山神祠。翌年，在泰山下设坛祭祀，未登山而还。开皇二十年（600），文帝下诏：“五岳四镇，节宣云雨，江、河、淮、海，浸润区域，并生养万物，利益兆人，故建庙立祀，以时恭敬。敢有毁坏偷盗岳镇海渎神形者，以不道论”。

唐太宗创造“贞观之治”，群臣一度上书封禅，被唐太宗阻止。乾封元年（666），唐高宗李治封泰山，禅社首山；祭地以皇后武则天为亚献；改博城县为乾封县。新罗、百济、耽罗、高句丽、波斯、乌苌、倭国等皆遣使侍祠。唐高宗创造了外国使节陪同封禅的先例。开元十三年（725），唐玄宗李隆基封泰山，禅社首山，日本、新罗、大食等数十国遣使陪祀。同年，诏封泰山神为天齐王，命拓修泰山庙，创造为泰山神加封号的先例。翌年，御制《纪泰山铭》摩刻于岱顶峭壁。开元十九年（731），敕五岳各置真君祠，东岳之祠建于岱顶。

北宋大中祥符元年（1008），宋真宗赵恒建天贶殿，封泰山，禅社首山；诏封泰山神“仁圣天齐王”，改乾封县为奉符县。同时，改岱顶玉女池石像为玉像，碧霞元君崇拜始兴；加青帝懿号“广生帝君”，御制《青帝广生帝君赞》碑。大中祥符四年（1011），诏封泰山神“天齐仁圣帝”，东岳夫人为“淑明后”。泰山封禅礼制臻于完备。

北宋以后，历代帝王只祭祀泰山，不再封禅。至元二十八年（1291），元世祖忽必烈诏封泰山神“天齐大生仁圣帝”，遣官致祭。

明洪武三年（1370），明太祖朱元璋以“岳渎之灵受命于上帝，非国家封号所可加”，诏去泰山神封号，改称东岳泰山之神，立碑岳庙（图1.35）。永乐十四年（1416），礼部祠祭郎中周讷请封泰山，成祖以四方多水旱、疫疾而不允。泰山封禅自此彻底终结。有明一代，遣使祭祀泰山42次。清代，遣使祭祀41次。

图1.35　明《去东岳封号碑》（钟蓓 摄）

2. 东镇沂山

沂山地跨潍坊、临沂两市（图1.36a）。古为齐鲁边境，穆陵关扼其要冲。汶、弥、沂、沭四水皆源出沂山。沂山总面积65平方千米，有大小山峰达200余座，海拔700米以上的著名山峰29座，包括玉皇顶、狮子崮、扁崮、掉花崖、花枝台、圖崖、笔架山等。主峰玉皇顶，36° 11′ 45″ N，118° 37′ 55″ E，海拔1032米。沂山为典型的温带季风气候，四季潮湿多雨雪，年平均温度为9.8℃，年均降水量850毫米。沂山植被丰茂，林木覆盖率达91.2%，植物有137科480属1000多种。沂山集自然景观与人文景观于一体，分十景区：东镇庙、百丈崖、大寨河、法云寺、玉皇顶、五崮、槐谷、郭雀寨、天齐湾、穆陵关。

沂山祭祀，传始于舜帝时期。《嘉靖临朐县志》载：舜帝封十二山，“高山大川，沂山其一也”；沂山有百丈崖有顺风石（古称舜封石）、舜登石、有虞洞等景观，皆源自此传说。沂山，古名东泰山，立祠最早始于西汉太初三年（前102），汉武帝令祠官在东泰山顶建祠庙。《史记》：“（太初三年）天子既令设祠具，至东泰山，东泰山卑小，不称其声，乃令祠官礼之，而不封禅焉”。魏文帝曹丕曾封祭沂山；明嘉靖《青州府志》：“魏文帝瘗沉圭璋”。

隋唐时期，朝廷开始列沂山为东镇，形成封祭沂山的规制。开皇十四年（594），隋文帝诏令在四镇山上立祠，就近选择巫师一人于祠内种植松柏。东镇原为山东沂山，以山神为“东镇沂山之主”；开皇十六年（596），东镇改为山西霍山。《隋书·礼仪志二》：“开皇十四年闰十月，诏东镇沂山，南镇会稽山，北镇医无闾山，冀州镇霍山，并就山立祠……并取侧近巫一人，主知洒扫，并命多莳松柏……十六年正月，又诏……东镇晋州霍山镇”。原有“隋文帝诏东镇沂山碑”，今佚。隋东镇祠推测为上寺院村明道寺的下院，明道寺有北朝至隋代造像。大业七年（611），诏令齐郡郡丞张须陀代祀

图1.36a 东镇庙大门（包琪 摄）

沂山，开封祀沂山之先河。

唐贞观十年（636），唐太宗诏封沂山为“东安公”。明·王居易《东镇沂山志》载：沂山有唐太宗贞观十年诏封沂山为东安公碑，此碑今佚。天宝十年（751），唐玄宗加沂山为“东安公”。原有加封碑，今佚。唐代规定祭祀五岳、四镇、四海、四渎，每年一次；东镇仍在沂山。《旧唐书·礼仪志四》：“五岳、四镇、四海、四渎，年别一祭，各以五郊迎气日祭之。东岳岱山，祭于祇州；东镇沂山，祭于沂州；东海，于莱州；东渎大淮，于唐州”。长安四年（704）、天宝元年（742），重修东镇庙；原有长安四年《重修东镇沂山祠记》碑和天宝元年（742）《修东镇沂山记》，今佚。

宋元时期，沂山神晋封为王，封祭规格超迈前代，游赏活动也盛况空前。东镇庙至于鼎盛，为三跨三进式院落；明·王居易《东镇沂山志》载：宋元东镇庙中轴线上有山门、将军殿、御香亭、大殿。将军殿祀宋太祖赵匡胤，明太祖废祀赵匡胤，并将宋太祖御碑磨平重刊。大殿祀东镇沂山之神。北宋建隆三年（962），宋太祖重建东镇庙，由隋唐旧址移至山下九龙口（今东镇庙村）北朝佛寺遗址；东镇庙祭台前殿柱础有北朝覆莲纹。政和三年（1113），宋徽宗封沂山神为东安王。《宋史·礼志五（吉礼五）》：“其五镇，沂山旧封东安公，政和三年封王”。原有诏封沂山东安王碑，今佚。宋代，东镇沂山祭祀游赏达到高潮，宋仁宗御制祭告文，大臣代祀达8次，范仲淹、苏轼、富弼、王曾等名士的游赏诗篇众多。宋代碑碣多达30余通。

金代，东镇祭祀式微。元代，东镇祭祀再兴。大德二年（1298），元成宗加封沂山为元德东安王。《元史·成宗本纪》：“（大德二年）壬子，诏加封东镇沂山为元德东安王”。东镇庙今存大德二年《大元增封东镇元德东安王感应之碑》，碑文蒙汉双语对照。原有元碑29通，今多毁佚。

明清时期，明太祖诏定沂山神称号，多次重修东镇庙，沂山封祭形成定制，现存文物多为明清遗存。明洪武三年（1370），明太祖去岳镇海渎称号，称沂山为"沂山之神"。《明史·礼志三（吉礼）》："（洪武）三年，诏定岳镇海渎神号……今依古定制，并去前代所封名号。五岳称东岳泰山之神……五镇称东镇沂山之神"。洪武九年（1376），重修东镇庙。成化三年（1467），临朐县重修，此次重修"工善才良，既坚既好。自正殿及东西序，凡一十五楹……神库、神厨、披兵房、宰牲房、门楼，凡二十五楹；我太祖高皇帝御制碑文楼于其上，及香亭、三门凡五楹……粉以丹饰，缭以周垣"。成化八年（1474），重修，建东镇沂山寝殿，祀沂山山神元配夫人。正德八年（1513），沂水、临朐两县筹资重修东镇庙。嘉靖五年（1256），临朐令王舜民重修。嘉靖二十八年（1549），正殿倒塌，临朐令王家士新建小殿。隆庆二年（1568），临朐令张体乾，改寝殿为正殿，新建寝殿。《东镇沂山志》："嘉靖五年知县王舜民重修。嘉靖二十八年，正殿倾圮，知县王家士建小殿三间，以覆神像。隆庆二年，知县张体乾改寝殿为正殿，复为殿五间作寝殿，规则虽不及旧，而因陋就简颇足壮雅观焉"。明廷对东镇极为重视，重修7次，御制碑文48篇，大臣代祀达60余次。东镇庙原有明碑122通。

清康熙二年（1663），重修，"凡添瓦五万余个，用灰七万余斤，易椽千有余根"。康熙四十年（1701），重修。光绪《临朐县志》："康熙元年（1662）知县□赐牧、四十年（1701）知县陈霆万相继修"。康熙五十三年（1714），清圣祖御书《灵气所钟》碑。乾隆二十一年（1756），清高宗祭告东镇，御书《大东陪岳》碑（图1.36b）。嘉庆五年（1800）、嘉庆十一年（1806），重修。清代，沂山祭祀不如前代，大臣代祀39次，祭告10次。原有清碑69通。

清末至民国间，东镇庙规模大幅度萎缩。民国二十九年（1940），重修寝殿。1989年重修元代鼓楼；1992年复修钟楼、院墙；1993年复修东镇庙正殿。

图1.36b　东镇庙《大东陪岳碑》亭及碑廊（冯广平 摄）

东镇庙背负凤凰岭，面临汶河，南望笔架山，南北长180米，东西宽210米，占地总面积37 800平方米，其中建筑面积3900平方米。院落分东、西、中三路，中院中轴线建筑依次为“东镇庙”牌坊、山门、钟鼓楼、御香亭、大殿、更衣殿、寝殿。大殿为主体建筑，面阔五间，进深三间，黄琉璃瓦顶，前有祭台；台东有洪武碑亭，西有大德碑亭；大殿内奉祀东镇沂山神，当地俗称“东镇爷爷”。御香亭三间，四面出厦，灰瓦封顶，建于成化间。西院为公馆，馆内有净风轩三间，轩前花园，后有会云斋、道舍、皂隶房、厨房。东院为公馆，前有花圃，后有客厅五间，再后是宰牲房、披兵房、神库、神厨、道舍。东镇庙规模为明洪武朝奠定，盛时共有殿宇170余间，规模为古青州之最。东镇庙原存历代碑碣360余通，历兵燹人祸，毁坏严重。侵华日军毁碑建大关桥，碑林毁坏严重。1958年“大跃进”时，毁碑炼钢；随后的“文化大革命”间，毁坏严重。今有碑目可查者281通，修复89通，较为重要的有：宋太祖赵匡胤乾德三年（965）御碑暨明洪武三年《大明诏旨》碑、元大德二年《诏封沂山为元德东安王》蒙汉御碑、成化三年《重修庙记碑》、成化八年《东镇沂山寝庙成记碑》、乾隆二十年《大东陪岳碑》等。明太祖《大明诏旨》碑，通高6.8米，宽2.2米，厚0.34米。额题“大明诏旨”篆书，碑身正楷阴刻，539字。1979年，东镇碑林被列为临朐县文物保护单位。院内尧松、汉柏（桧）、唐槐、宋银杏等。庙西南有上寺院舍利塔遗址、北魏石佛、牛仔石、龙爪石。

百丈崖有百丈瀑布、吕祖洞、雨师台、万年松、放光石、雨神庙，以及“瀑布泉”、“海岳”、“中”等历代摩崖石刻30余处。五崮指歪头崮、狮子崮、扁崮、花枝台崮、龙头崮，山体呈环状耸立，形成半封闭状弧圈，中间横岭为“小天台”。 穆陵关位于沂山东麓，齐长城基址保留良好，是齐长城的重要关隘。玉皇顶有泰山祠，俗称“玉皇阁”，始建于汉武帝太初三年（102），1995年重修。祠后“楼观台”遗址，汉称观景台，传筑于周代。东有望海台，台上有亭，亭侧有探海石；“沂山晚翠接云端”为临朐古八景之一。法云寺，又称古寺，位于玉皇顶东侧，始建于东汉，历晚唐“会昌法难”后渐衰，久圮；1998年重建。有迎客松、蟠龙松、母子松、栗抱松、神叠松、连理松、探人松、览寺松、透明松、姊妹松等“十大奇松”。

1.3.2　名泉

岱岳地区泉群分布于济南市、章丘市、长清区、平阴县、章丘市、泰安市、淄川区和博山区、沂源县、沂南县、临沂市、枣庄市、滕州市、邹城市、临朐县等地。较为著名的有济南古城区四大泉群、济南南部山区泉群、章丘明水泉群、平阴洪范池泉群、薛城区邹坞泉群、临朐老龙湾泉群、泰山泉群、泗水泉林泉群、沂南铜井泉群等。

1. 济南古城泉群

金《名泉碑》录济南72名泉：“历下名泉有：曰金线，趵突东。曰皇华、曰柳絮、曰卧牛，金线东。曰东高、曰漱玉，金线南。曰无忧、曰石湾，趵突南。曰酒泉、曰湛露，无忧西。曰满井、曰北煮糠，趵突北。曰北珍珠，白云楼前。曰散水、曰溪亭，北珍珠东。曰濯缨，北珍珠西。曰灰泉，濯缨西北。曰知鱼，灰泉东南。曰朱砂，灰泉西。府城内灰泉最大，自北珍珠以下皆汇于此，周围广数亩，当是大明湖之源也”。济南古城连同市郊有泉700余处，知名泉池有200余处。

（1）趵突泉群

位于济南市历下区坤顺门桥南，有泉池20余处，趵突泉号“天下第一泉”，又名娥英水，因水势汹涌，故名（图1.37）。《水经注·济水二》：“泺水出历城县故城西南，泉源上奋，水涌若轮，俗谓之为娥姜水也，以泉源有舜妃娥英庙故也”。

图1.37 趵突泉（冯广平 摄）

（2）黑虎泉群

位于济南古城南护城河两岸，有泉池10余处，流量为济南四泉群之最。黑虎泉出天然洞穴内，洞深3米、高2米、宽1.7米，“水激柱石，声如虎啸”，出水量41 000立方米/天。明嘉靖间，泉上建黑虎庙。明·晏壁《七十二泉·黑虎泉》：“石水府色苍苍，深处浑如黑虎藏。半夜朔风吹石裂，一声清啸月无光”。

图1.38 珍珠泉（任昭杰 摄）

（3）五龙潭泉群

位于泺源桥北，古城护城河西侧，有泉池20余处。五龙潭又名乌龙潭、龙居泉。金《名泉碑》称“灰湾泉”，潭池长70米，宽35米，水深4米余，溢水标高25.80米，涌水量8 600－43 000立方米/天，居本泉群诸泉之首。元初潭侧建庙，内塑五方龙神，遂名“五龙潭”。

（4）珍珠泉群

位于古城中部，历代为建园首选，明清山东巡抚衙署所在。珍珠泉泉池长42米、宽29米，周砌雪花石栏，岸边植柳，泉水清澈如碧，涌泉时白色连串气泡升腾如珍珠，故名（图1.38）。泉水流西北汇为濯缨池，再北经百花洲入大明湖。

2. 泗水泉林泉群

位于泗水县泉林镇陪尾山下，为泗水源头，泉旁原立有“原泉祠”。《水经注·泗水》：“自此连冈通阜，西北四十许里，冈之西际，使得泗水之源也。《博物志》曰：泗出陪尾。盖斯阜者矣。石穴吐水，五泉俱导，泉穴各径尺余。水源南侧有一庙，栝柏成林，时人谓之原泉祠，非所究也”。泉林因泉多如林而得名，有名泉七十二，小泉无数。清·光绪《泗水县志》：“泉群有名泉七十二，大泉数十，小泉多如牛毛。现陪尾山侧，黑虎、趵突、珍珠、红石、双晴、淘米等诸多的泉珠联星列，喷雪涌玉，或出于石窦间，或隐见于沙土内，或为浅地，或成深潭；泉大如虎口，泉小如豆粒。波涛潆洄，如流烟之作阵；涌腾怒吼，如翻云之成堆。五步成溪、百步成河。穷古至今，滔滔不绝，汇为巨流成泗河。泉水涌珠喷玉，澄清如晶。泉中水藻，青翠如梳，随波飘荡，如绘如织”。泉群总涌量12万吨/天，水温常年保持14－18℃，泉水富含锶、钙、锌等微量元素，水量、水质均为江北前列。《山东通史》称“山东诸泉之冠”。清·乾隆帝《泗水源》：“《括地》志泗源，在兖州陪尾。稽古有宿志，而况亲临是？瀿瀿翻趵突，不知凡有几。云以四得名，举其大者耳。导淮自桐柏，东会入于海。淮已让河兮，泗亦济运矣。均非《禹贡》故，今古异如此。安得奏底绩，吾民免垫圮。”

泉源所在原为清代泉林行宫（图1.39），始建于清康熙二十三年（1684），康熙二十三年至乾隆五十五年（1790），康熙帝、乾隆帝九次东巡，皆驻跸泉林行宫。卞桥村东有古卞桥，因泉林一带古为卞国，故名“卞桥”，又名双月桥，桥呈弧形，东西走向，长24米，宽6米，两端引桥各35米，3孔拱形师券，中孔高5米，东西两孔各高4米。桥面两边原来各有望柱14根，栏板13块。望柱为长方条石柱，顶部刻方莲图案，栏板四周饰平面线刻云水花纹。中间刻有人物、花卉、珍禽、异兽、云水、山石、建筑等浮雕，内容丰富多彩。桥两端各有石狮1对，神态威猛，形象逼真。桥墩水平面上雕刻的莲花座，花瓣肥厚圆润，独具一格，传中秋夜，水中月印双影，名为“卞桥双月”，旧为“泗水十景”之一。卞桥始建于唐代，桥东孔石壁刻有篆字“敬德监造”；金代重修，中孔券顶有铭：“卞桥镇重修石桥，自大定二十一年把月一日起工，至二十二年四月八日讫”。明万历九年（1581）重修。造形雅朴，雕饰精美，为山东省现存最古老的桥梁。2006年，被公布为全国重点文物保护单位。

图1.39　泉林行宫（刘海明 绘）

第二章
造园简史

上古时期，泰山成为礼天告成之所，至迟在周初形成规制，历代兴建，逐渐形成规模庞大、制度严整、气势恢宏的礼制园林建筑群落，有72景，包括秦松挺秀、汉柏凌寒、唐槐抱子、百鸟朝岳、龙升凤落、麒麟望月、挂印封侯、灰鹤展翅、云列三台、风月无边、卧龙翘首、石坞盘松、劲松迎客、双妹高洁、石经红叶、柏洞幽径、万松烟云、古松筛月、莲台幽洞、明堂故址、老翁弄孙、摩崖万丈、灵岩胜境、壶天琼阁、岱宗北嶂、天门云梯、三潭叠瀑、瑶池春色、云桥飞瀑、高山流水、万笏朝天等。

岱岳地区以齐鲁初封为标志，开始成为我国文化的重心之一。春秋（前770－前476）晚期，孔子创立儒学。周敬王三十六年、鲁哀公十一年（前484），孔子祥三代相因之礼、损益之制；序《书》，上纪唐虞之际，下至秦穆，编次其事；古诗三千去重复，正其纷乱，上自殷周，下及幽厉，删为三百零五篇。周敬王四十年、鲁哀公十五年（前480），孔子删定鲁国史记，创作第一部编年体史书《春秋》，以达到尊崇周天子、警告乱臣的目的。《史记·孔子世家》：“子曰：‘弗乎弗乎，君子病没世而名不称焉。吾道不行矣，吾何以自见于后世哉？’乃因史记作春秋，上至隐公，下讫哀公十四年，十二公。据鲁，亲周，故殷，运之三代……春秋之义行，则天下乱臣贼子惧焉”。

西汉元光元年（前134），汉武帝“罢黜百家，独尊儒术”，确立了儒家学说的正统地位。历代尊孔，府邸、坛庙、林陵大规模兴建，形成了以“三孔”、“三孟”为代表的崇儒园林群落。

岱岳地区的造园活动围绕礼天、崇儒两条主线展开，在与佛、道教园林和南方文人山水园互动中逐渐发展成为礼制特征显著、类型复杂多样的园林景观系统。

2.1 先秦时期

先秦造园起自齐、鲁始封，终于秦灭齐，统一六国。园林类型以诸侯国宫殿、禁苑、坛庙、学宫、陵林为代表。齐、鲁两国成为造园的主体。

2.1.1 都城

1. 齐国都城

齐国都临淄，遗址在今淄博市临淄区辛店镇北7.5千米。经考古发掘，临淄城分大小两城，大城为郭城（图2.1a），南北近4.5千米，东西3.5千米余；小城为宫城，在大城西南部，南北2千米余，东西近1.5千米。小城内已发掘出“桓公台”及宫殿遗址。桓公台俗称梳妆台、点将台（图2.1b）。秦汉时称“环台”；魏晋时称“营丘”。唐长庆间（821－824），建齐桓公和管子庙于其上，故名“桓公台”。遗址高14米、南北长86米、东西宽70米，三层夯土台基。台顶有两层，东、西、北三面陡峭，南坡稍缓。东、北两面150米处有排水管道围绕。台基上发现宫殿建筑遗址1处。台基周边发现战国时期建筑遗址十余处。遗址北1000米，有6000平方米夯土台基，高出地面约50厘米，俗称“金銮殿”。桓公台周边应为齐都宫殿区，桓公台为中心建筑。小城西门外有“歇马台”遗址，推测为禁苑所在。

齐宫中植槐，有古槐颇受齐景公欣赏，立令保护。《晏子春秋》：“齐景公有所爱槐，使人守之，令曰：犯槐者刑，伤槐者死，有醉而伤槐者，且加刑焉”。

2. 鲁国都城

鲁国都曲阜，遗址在今曲阜市及其东、北近郊，孔林二门“至圣林”门即为鲁国北门（图2.2），沿用800余年，居周代各诸侯国都城之最。“曲阜”之名始见于《礼记·明堂位》：“成王以周公有勋劳于天下，是以封周公于曲阜”。曲阜城平面呈不规则长方形，东西最长3.5千米，南北最宽2.5 千米，周长12千米，面积约10平方千米。城有城门11座，南面2座，其余3面各3座。

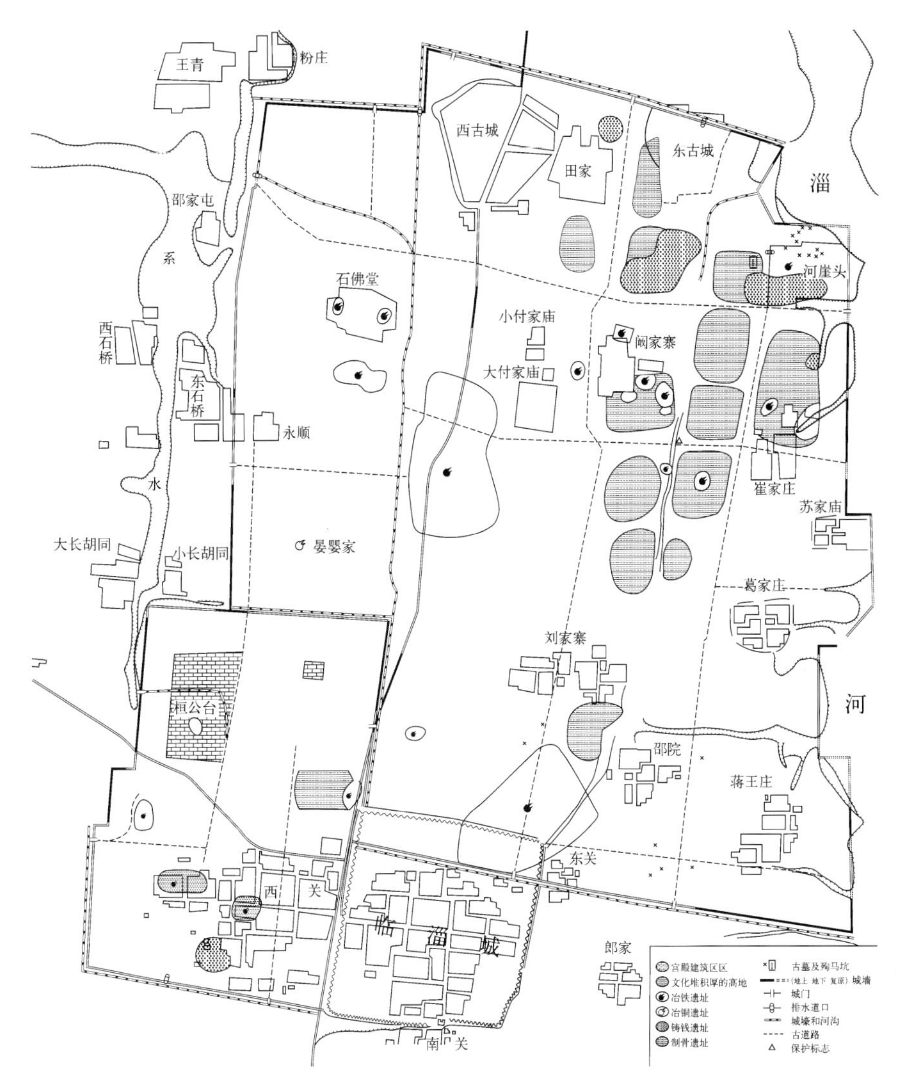

图2.1a　齐国故城平面图（糕柏红 提供）

图2.1b　桓公台（冯广平 摄）

图2.2　至圣林门（冯广平 摄）

宫城居中部偏北，平面近方形，东西长约550米，南北长约500米。宫城周围有衙署及手工作坊。城西部有“斗鸡台”遗址。城内建筑、街道呈轴线对称布局，与《考工记》所载相吻合。1961年，曲阜城被公布为全国重点文物保护单位。

3. 薛国都城

薛国故城遗址在今滕州市张汪镇与官桥镇之间。薛国始于妊阳，为颛顼帝少子。南宋·郑樵《通志·氏族》：“薛氏，妊姓，黄帝之孙，颛帝少子阳封于此，故以为姓”。大禹时期，妊阳十二世孙奚仲为车正，封立薛国，“地以薛河名，河因薛山名”（《滕县志》），故都在今滕州市薛城区陶庄镇后奚村（又名后湾）附近；后迁都邳（今微山县欢城镇）。《左传·定公元年载》：“薛之皇祖奚仲居薛，以为夏车正。奚仲迁于邳”。寒浞篡夏时，邳助夏为寒浞所灭。商汤时，汤左相仲虺复立邳国。河亶甲三年，彭伯灭邳。商王武丁时，祖己因功封薛（今滕州市张汪镇）。武王灭商时，奚仲裔孙妊畛封于薛。《左传·昭公元年》：“复封其后于邳，为薛侯”。周敬王三十九年（前481），齐国陈恒（即田常）灭薛。《春秋·哀公十四年》：“齐陈恒执其君，置舒州”。舒州即徐国（《史记·索隐》）。周赧王十六年（前299），齐湣王封孟尝君田婴于薛。《史记·孟尝君列传》：“田婴相齐十一年，宣王卒，湣王即位。即位三年，而封田婴於薛”。孟尝君时，薛国达到鼎盛，超过齐国都城临淄。钱穆《先秦诸子系年》卷四：“其时孟尝君在齐固已戴震主之威名，天下知有薛，不知有齐矣”。

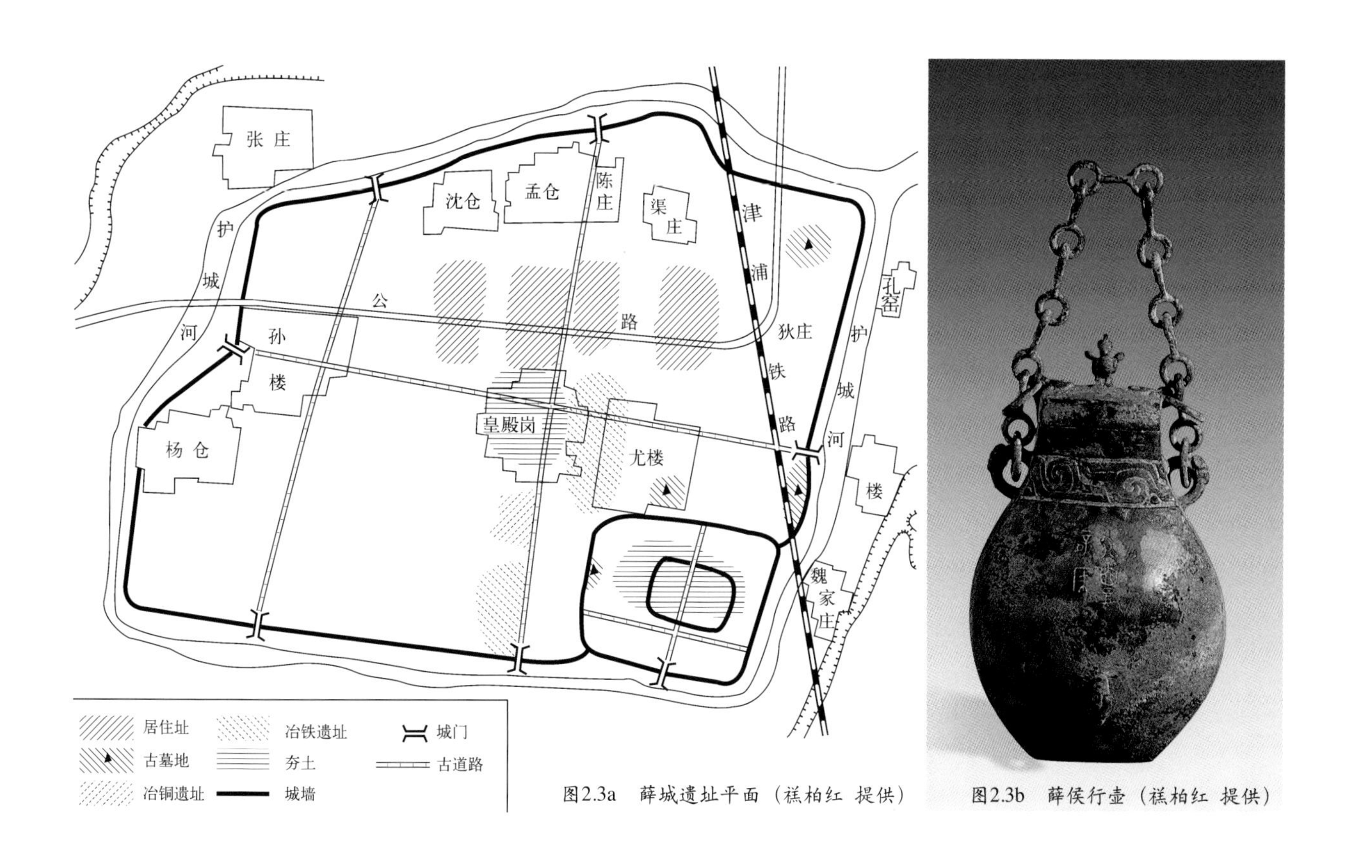

图2.3a　薛城遗址平面（禚柏红 提供）　　图2.3b　薛侯行壶（禚柏红 提供）

薛国故城平面呈东西向（图2.3a、b），地势东高西低，东西长约3.4千米，南北宽2.3千米，周长10.615千米，城内东南隅有小城，小城周长2.75千米。外城城墙断续可见，残存城墙基宽20－30米，高约7米。城门8座，其中南门3座，东门、北门各2座，西门1座。官桥镇北辛村有“北辛文化”遗址（7300BP－6300BP）。官桥镇前掌大村有薛国贵族墓地。1977年，薛国故城被公布为全国重点文物保护单位。

4. 邾国都城

邾，又称“邾娄”，战国后称“邹”，始于曹安，传为颛顼帝子。周初，裔孙侠始封曹，得曹姓，为鲁附庸。周宣王（前827－前782）时，曹侠六世孙夷父（字伯颜）有功于王室，封于邾，史称邾武公；封其次子友于郳（今枣庄市山亭区东江村），是为小邾国，以颜为姓。王献唐《春秋邾分三国考》：“夷父颜生子夏父及友，颜公当周宣王时），有功于王室，封友于倪……邾颜居邾，肥徙郳。宋仲子注云：邾颜别封小子肥于郳，为小邾子。则颜是邾君，肥始封郳”。周平王四十九年（前722），邾武公孙克（？－前678）与鲁结盟。《左传·隐公元郳年》：“三月，公及邾仪父盟于蔑，邾子克也。未王命，故不书爵。曰‘仪父’，贵之也”。其后，周天子以鲁所请，封克为子爵，称“邾子”。周庄王八年（前689），郳君犁来朝鲁。《左传·庄公五年》：“五年秋，郳犁来朝，名，未王命也”。周釐王四年（前678），克因拥齐背鲁被诛。《左传·庄公十六年》：“邾子克卒”。周襄王（前651－前619）时，邾文公蘧蒢（？－前615）封叔术于滥（今滕州市羊庄镇土城村）。至此，邾国三分为邾、郳、滥三国。周顷王五年（前614），邾文公迁都绎（今邹城市西北）。周惠王二十四年

（前653），周天子封小郳国君为子爵，小郳子朝鲁。《左传·僖公七年》：“夏，小郳子来朝”。周敬王九年（前511），鲁灭滥。《左传·昭公三十一年》：“冬，邾黑肱以滥来奔，贱而书名，重地故也”。楚宣王（369－前340）灭邾、小邾，迁邾民于邾城（今湖北黄冈西北十里）。此后小邾国一度复国，终亡于鲁。

邾国都城位于邹城市峄山镇纪王城村附近，为古邹城治所，在峄山南、邹山北（《汉书·地理志》）。汉·刘会《邹山记》：“邾城在山南，去山二里……邾城在鲁国驺县，《左传》卜迁于绎，即此地也”。故城平面近似长方形，南北长2500米，东西长2530米，城周9200米；存城墙4000米，残高3－4米，最高处约7米，墙基宽20－30米。城内中部偏北有一高地，东西长约500米，南北宽约240米，俗称“皇台”（图2.4），发现大片夯土、础石、花纹砖等，据考为邾国宫殿区。故城东北有邾国贵族墓地。西南角金张庄村附近为制陶作坊区；东北城墙处有两个周长10多米的土台，俗称“炮台”，台上发现有东周陶片，据考为防御设施。故城内外出土有大量文物，其中东周陶文3000余件，以及春秋“弗敏父”铜鼎、秦陶量等。1977年，被列为山东省文物保护单位。

小邾国都城位于枣庄市山亭区山亭镇东江村南。宋·乐史《太平寰宇记》：“郳城在承县，土人曰小灰城，在滕县东南五十里，为郳城故址”。今东江村南高台上有小邾国首任国君颜友及其亲属墓，出土青铜器24件，青铜鬲勒铭：“邾友父媵其子爽曹宝鬲，其眉寿永宝用”、“郳庆鬲”；青铜壶铭：“邾君庆壶”；青铜匜铭：“郳庆作秦饪匜鼎，其用宝用”。颜友墓所在俗称“城顶”、“靴头城”。《滕县志·古迹志》：“靴头城，在滕县东六十里东江村南。俗以其形如靴头也”。故城平面近似长方形，东西2530米，南北2500米，周长约10千米。遗址旁立“梁王城遗址”、“小邾国古城遗址”“郳国故城遗址”、“郳犁来城遗址”碑。

图2.4　邾国故城皇台遗址（綦柏红 提供）

滥国都城为汉昌虑城治所，在今滕州市羊庄镇土城村北。万历《滕县志·古迹》：“（昌虑城）亦曰滥城，城周十里有子城”。古城东西长约1000米，南北长约600米，村南残存一段墙基。遗址常见汉代陶器残片，有罐、盆、豆等。

2006年，郳国故城被公布为全国重点文物保护单位。

2.1.2　禁苑

禁苑制度至迟在周文王时期已经出现。周代，岱岳地区诸侯国很多，应多有禁苑，皆漫灭无考。惟齐国海隅和申池有较详细的记载。

海隅和申池为齐国重要的两处禁苑。《淮南子·地形训》：“齐有海隅”。高诱注：“海隅非具体泽数名，申池在海隅”。据考，申池遗址在临淄区路山镇以申桥为中心的乌河流域地带，方圆数十里。申桥西北数步有“马跑泉”，其边缘大体起自矮槐树村（原名宣王店），止于愚公山。齐懿公刖仆人邴歜父、夺阎职妻，二人弑懿公，弃竹中（《左传·文公十八年》）。鲁襄公十八年（前555），晋平公会盟鲁、宋、卫、郑、曹、莒等诸侯军伐齐，焚毁申池树木（《左传·襄公十八年》）。齐国禁苑植桑，晋国公子重耳舅狐偃曾与群臣谋于桑下（《左传·僖公二十三年》）。禁苑也植桃，晏子曾二桃杀三士。

2.1.3　坛庙

1. 周明堂

明堂之制传始于黄帝，夏称“世室”，商谓“重屋”，周则“明堂”，为天子礼天祭祖、养老尊贤之所，可颁布教令、朝见诸侯、宴飨、射箭、献俘。《礼记·明堂位》：“明堂也者，明诸侯之尊卑也”。

周成王曾封禅泰山，立明堂，遗址泰安市泰山区大津口乡明家滩村。金明昌三年（1192）《安升卿游览记》刻石：“到谷山下，观天津河，盘旋古明堂基”。明·董说《七国考·齐宫室·明堂》：“昔成王封周公于曲阜，令鲁世世祀周公以天子之礼乐。故泰山下有明堂，相传为周公朝诸侯之处。盖鲁封内有泰山，后尝以为齐所代，故齐南有泰山云”。清·宋思仁《泰山述记·东北麓》：“周明堂遗址，在大津口西北……今有废基。逼近周明堂处有明堂村，俗讹明家滩”。1921年，村中出土玉鼎一、玉盘五、玉碗五。民国李东辰《胆云轩随笔·明堂近事》：“周明堂在泰山东北址，地极平旷，群峰环峙，林木郁葱。双溪交流其间，今地讹呼曰明家滩……日久年湮，其遗址已难示矣。有韩富甲者，世居明堂近之李家泉庄……民国十年夏，坝堰为山洪冲毁，田侧向有土埠，其顶平而白沙灼灼，藓苔弗生，雨霁，富甲偕诸弟铲白沙以填田堰，约尺许，掘出盘五、碗五、鼎一，白玉雕成，银斑夺目……售于小布政司街茹古斋”。

明堂规制，基方形，边长一百一十二尺，合21.39米（1周尺＝19.1厘米），辟4门，中央立太庙。《逸周书·明堂解》：“明堂方百一十二尺，高四尺，阶广六尺三寸。室居中方百尺，室中方六十尺，户高八尺，广四尺。东应门，南库门，西皋门，北雉门。东方曰青阳，南方曰明堂，西方曰总章，北方曰玄堂，中央曰太庙。左为左介，右为右介。”

周明堂实为接见诸侯的坛庙。清·阮元《明堂论》："此明堂即坛也，与他处明堂异制。《周礼·春官·司仪》云：'将合诸侯，则令为坛三成，宫旁一门。《仪礼·觐礼》云：'诸侯觐于天子，为宫方三百步，四门，坛有十二寻，深四尺，加方于其上'。郑氏注云：'王巡守至于方岳之下，诸侯会之，亦为此宫以见之。'即指此也。泰山在齐州，齐居天下之中，有王者起，于山下朝诸侯，即于山上刻石纪号，行封禅之礼"。

2. 蒙祠

蒙祠名古蒙祠、蒙山祠、蒙山神祠，位于蒙阳河东，始建于公元前11世纪；周成王封太昊后裔建颛臾国，附庸于鲁，主祭蒙山。原为一长方形夯土台基，今残存长短边各3米。《水经注》："治水东流迳蒙山下，有蒙祠"。祠前原有北齐天统五年（569）《蒙山祠》碑、唐天宝五年（746）《蒙山祠记》八棱碑，两碑俱在北宋·赵明诚《金石录》。唐碑晚清时尚存，今亡佚。北宋熙宁八年（1075），宋神宗封古颛臾王为灵显潜应侯，蒙祠改称"灵显庙"。宣和五年（1123），宋徽宗封其为英烈昭济惠民王。自此，蒙祠改祀颛臾王，祠名"英烈昭济惠民王庙"；民间称"颛臾王庙"、"大王庙"。明洪武三年（1370），明太祖诏去历代"岳镇"、"海渎"封号，复改"古蒙祠"。万历三十三年（1605）重修。《重修英烈昭济惠民王庙记碑》："距费西北八十里蒙山之麓，父老相传有大王庙者，其神不知何主。考诸碑记，盖创自宋之雍熙间。能为民御灾捍患，降福迎祥。岁时雨旸无愆伏，旋祈旋应，一致远迩。居民皆竭诚奉礼，香火不绝。至宣和癸卯显灵平寇，邑赖以安。邑宰上闻朝庭，赠以'英烈昭济惠民王'以崇奖之……至万历元年，殿堂门庑颓敝无遗，神像不免风日之患。乡民陈君讳仲表、杜君讳守功、刘君讳廷凤者，触于目而激于中，欲新之而力不能也。遂相与捐资立会，鸠工庀材，凡厥庙费悉取资于会中。工肇于万历三十三年三月二十日，告成于本年九月终。其祠宇之整肃，壮丽惊人，神像之藻绘，金碧夺目"。清乾隆十九年（1754）重修。

3. 孔庙

位于曲阜城内，始建于周敬王四十二年（前478）。孔庙北四里有周公台，东北有季武子故宅。北魏·郦道元《水经注·泗水、沂水、洙水》："阜上有季氏宅，宅有武子台，今虽崩夷，犹高数丈……台之西北二里，有周公台，高五丈，周五十步。台南四里许，则孔庙，即夫子之故宅也"。孔庙西北二里为颜母庙，内原有古圆柏（*Juniperus chinensis*）5株（《水经注·泗水、沂水、洙水》）。

鲁哀公十六年（前479），孔子逝世。翌年，鲁哀公以孔子故宅立庙祭祀。南宋·孔传《东家杂记·历代崇奉》："鲁哀公十七年，立庙于旧宅"。一说立于周威烈王二十四年（前402）或其后。孔庙原为孔子旧居，内陈列夫子平生衣冠琴书。《史记·孔子世家》："故所居堂，弟子内，后世因庙藏孔子衣冠、琴、车、书。至于汉二百余年不绝"。汉高祖十二年（前195），汉高祖以太牢祀孔子，开帝王祭孔先河。东汉永平十五年（72），汉明帝祭孔。元和二年（85），汉章武帝祭孔。延光三年（125），汉安帝祭孔。东汉末，庙毁。汉代孔庙有庙屋三间，中间奉孔母，西祀孔子，东祀孔子夫人。寝堂中供奉孔子所用几、席、剑、履、砚及所乘之车。汉明帝永平间（58－75），鲁相钟高意命人修孔子车，奉堂前发现的玉璧七枚于庙中。汉献帝时期，庙火毁。《水经注·泗水、沂水、洙水》："宅大一顷，所居之堂，后世以为庙……献帝时，庙遇火，烧之。永平中，钟离意为鲁相，到官，出私钱万三千文，付户曹孔䜣治夫子车，身入庙，拭几席剑履。男子张伯除堂下草，土中得玉璧七枚。伯怀其一，以六枚白意。意令主簿安置几前"。曹魏黄初元年（220），魏文帝封孔子二十一世孙孔羡为宗圣侯，诏修孔庙，勒立《鲁孔子庙碑》（又名《修孔子庙碑》、《封孔羡碑》），陈思王曹植（字子建，192－232）亲自撰文，书法家梁鹄（字孟皇）书丹，号八分书典范。《鲁孔子庙碑》："维黄初元年，大魏受命……其以议郎孔羡为宗圣侯，邑百户，奉孔子之祀。令鲁郡修起旧庙，置百石吏卒以守卫之。又于其外，广为屋宇，以居学者"。魏文帝所修孔庙内奉孔子像，庙内有碑7通，庙内古侧柏（*Platycladus orientalis*）、圆柏丰茂（《水经注·卷二十五泗水、沂水、洙水》）。北魏太和十九年（495），孝文帝祭孔。唐武德九年（626），唐太宗封孔子三十三世孙孔德伦为褒圣侯，重修孔庙。虞世南（字伯施，558－638）《孔子庙堂碑》："武德九年十二月廿九日，有诏立隋故绍圣侯孔嗣哲子德伦为褒圣侯，乃命经营，惟新旧址。万雉斯建，百堵皆兴，揆日占星，式规大壮"。乾封元年（666），唐高宗祭孔。开元七年（719），扩建孔庙。开元十三年（725），唐玄宗祭孔。大历八年（773）、咸通十一年（870）重修。北周广顺二年（952），周太祖祭孔，谒孔子墓。北宋初，宋太祖诏孔庙门立十六戟。太平兴国八年（983），敕修孔庙（吕蒙正《重修孔子庙碑》）。大中祥符元年（1008），宋真宗祭孔，加谥孔子为至圣文宣王，谒孔子墓，诏令扩修孔庙。天禧间（1017－1021）扩建为三路布局四进院落，正殿北移，改为七间重檐歇山顶，孔子讲堂改作杏坛。北宋末，庙毁。金明昌二年（1191）扩建，增建衍圣公府、庙学、大中门，正殿外柱改用雕龙石柱。承安二年（1197）重修。金元之际，孔庙毁坏严重。元大德元年（1298）至六年（1302），重建。明洪武间扩建二门到大中门间院落；永乐间扩建大门到二门间院落。成化四年（1468）、成化十九年（1483）至二十三年（1487）重修。弘治十二年（1499），孔庙火灾。弘治十三年（1500），重修，增扩寝殿、奎文阁，修建御碑亭2座。嘉靖间，立金声玉振坊与太和元气坊（图2.5a）。隆庆间，重建杏坛。万历年间，建圣迹殿。清康熙二十三年（1684），清圣祖祭孔。雍正间，孔庙火毁。雍正三年（1725）至雍正八年（1730），重建。乾隆十三年（1748）至五十五年（1790），清高宗八次祭孔。

孔庙南北长东侧637米、西侧651.7米，东西宽南侧141米、中部153米，分左、中、右三路，共九进院落，有殿、堂、坛、阁等104座、466间，占地约96 000平方米。建筑群疏密有致，布局严谨，中贯轴线，左右对称。轴线建筑自南而北依次为金声玉振坊、棂星门、太和元气坊、至圣庙坊、圣时门、璧水桥、弘道门、大中门、同文门、奎文阁、十三碑亭、大成门、杏坛、大成殿、寝殿、圣迹殿。正殿大成殿始建于北宋天禧二年（1018），清雍正二年（1724）火后重建；座落于双层石栏、须弥座台基上，台高2.1米，殿通高24.8米，面阔十一间、45.78米，进深五间、24.89米，重檐歇山顶（图2.5b），下檐用重翘重昂七踩斗拱，上檐用重翘三昂九踩斗拱，脊兽十，外廊有28根石檐柱，前檐10根深浮雕二龙斗宝珠，余18根八棱水磨，浅雕九团龙；殿内神龛内祀孔子坐像，高3.35米。大殿建筑规格最高，与故宫太和殿、岱庙宋天贶殿并称东方三大殿。庙内现存历代碑碣1000余通。1961年，被公布为全国重点文物保护单位。1994年，孔庙、孔府、孔林被列入世界文化遗产名录。

图2.5a　孔庙棂星门（张伟 摄）

图2.5b　孔庙大成殿（张伟 摄）

孔庙古树林立，共有古树1181株，以明清时期的柏树为主，包括圆柏653株、侧柏503株、槐17株、黄连木3株、桑3株、银杏1株、栗1株。圆柏和侧柏占绝对优势。东路有唐槐、宋银杏，中路大成门有先师手植柏、龙柏、凤柏。

2.1.4 学宫

1. 泮宫

泮宫为诸侯创办的最高学府，三面环水。《礼记·王制》："大学在郊，天子曰辟雍，诸侯曰泮宫"。郑玄笺："泮之言半也，半水者，盖东西门以南通水，北无也"。鲁国泮宫始建时间不祥，重建于鲁僖公时期（前659－前627）。季孙行父请命于周天子，为此事作颂。《诗经·鲁颂·泮水》："明明鲁侯，克明其德。既作泮宫，淮夷攸服。矫矫虎臣，在泮献馘。淑问如臯陶，在泮献囚。济济多士，克广德心。桓桓于征，狄彼东南。烝烝皇皇，不吴不扬。不告于訩，在泮献功"。《毛序》："《泮水》，颂僖公能修泮宫也"。清·王谟《汉唐地理书钞·郑氏诗谱·鲁颂谱》："（僖公）遵伯禽之法，养四种马，牧于坰野，尊贤禄士，修泮宫，崇礼教。十六年，会诸侯于淮上……二十年新作南门，又修姜源之庙，至于复鲁旧制，未遍而薨，国人美其功，季孙行父请命于周而作其颂"。

泮宫三面环水，建筑基址呈矩形，南北长四百步，合741.6米（1步＝6尺，北魏铜尺1尺＝30.9厘米），东西宽一百步，合185.4米。主体建筑座落于石砌高台上，台高八十尺，合24.72米。台基、水池均石砌，水池宽六十步，合111.24米。《水经注·泗水、沂水、洙水》："殿之东南，即泮宫也，在高门直北道西。宫中有台，高八十尺，台南水东西百步，南北六十步，台西水南北四百步，东西六十步，台池咸结石为之，《诗》所谓思乐泮水也"。古泮池遗址在曲阜城东南隅、孔府东南（图2.6）。汉景帝初元三年（前154），鲁恭王刘馀创建灵光殿，泮池成为殿内建筑一部分，在灵光殿东南、双阙以北。鲁恭王曾于此处钓鱼，俗称"太子钓鱼池"。魏晋时期，灵光殿毁，泮池亦废。明宪宗成化五年（1469），六十一代衍圣公孔弘绪（字以敬，号南溪，1448－1503）整修为别墅，旋即因宫室逾制，废为庶人。清乾隆二十年（1755），衍圣公孔昭焕（字显文，号尧峰，1742－1782）改作乾隆帝行宫，分东中西3路，5进院落。宫前池上筑亭、桥多处，植奇花异木。清末，泮池废。光绪二十年（1894），衍圣公孔令贻（字谷孙，号燕庭，1872－1919）立文昌祠于池北，今废。古泮池今存大门、正房、

图2.6 曲阜古泮池（冯广平 摄）

东厢房基址。古泮池东西长196米，南北宽73.4米。1986年被列为曲阜市文物保护单位。

2. 稷下学宫

稷下学宫位于临淄城稷门附近，为世界第一所官办高等学府。学宫创建于齐威王（前378－前320）初年。徐干《中论·亡国篇》：“齐桓公立稷下之宫，设大夫之号，招致贤人而尊宠之”。郭沫若以为桓公实为威王误写。齐宣王（前350－前301）时期，稷下学宫再次兴盛。《史记·田敬仲完世家》：“宣王喜文学游说之士，自如驺衍、淳于髡、田骈、接予、慎到、环渊之徒七十六人，皆赐列第，为上大夫，不治而议论。是以齐稷下学士复盛，且数百千人”。齐湣王（？－前284）后期，燕昭王令乐毅攻齐，齐几乎亡国，稷下学宫开始衰落。齐襄王（？－前265）曾极力发展，不能复现以往盛况。秦王政二十六年（前221），秦灭齐，学宫毁。

稷下学宫允许学者自由讨论治国方略，崇尚学术争鸣，兴盛时几乎容纳了诸子百家各个学派，汇集了天下名士数千人，如淳于髡、邹衍、鲁仲连、荀况等。荀况曾三次任学院祭酒（校长）。他集战国学术之大成，创立“礼法结合”的政治理想，对后世影响深远。稷下学者在战国的政治生活中举足轻重。《史记·孟子荀卿列传》：“自驺衍与齐之稷下先生，如淳于髡、慎到、环渊、接子、田骈、驺奭之徒，各著书言治乱之事，以干世主，岂可胜道哉”。《战国策·齐策四》：（齐宣王）“于是举士五人任官，齐国大治”。

3. 洙泗书院

位于曲阜市书院街道办事处书院村泗河南岸，原名先师讲堂，为最早私学（图2.7a、b）。周敬王三十六年（前484），孔子（名丘，字仲尼，前551－前479）周游列国后返回鲁国，开始删诗书，订礼乐，系周易，教授子弟。《史记·孔子世家》：“孔子以诗书礼乐教，弟子盖三千焉，身通六艺者七十有二人”。东汉初，光武帝过曲阜，曾坐孔子讲堂。清·孔继汾《阙里文献考》：“汉时诸弟子房舍、井瓮尤存，光武帝击破董宪于昌虑还，过鲁，坐孔子讲堂，顾指子路室诣左右曰：‘此吾太仆之室也’”。金末，废毁。元至元三年（1337），衍圣公、曲阜令孔克坚（字璟夫，1316－1370）于旧址重建，改“洙泗书院”。明弘治七年（1494），衍圣公孔弘泰（？－1503）重修。正德六年（1511），门毁于刘六、刘七农民军。嘉靖三年（1524）、天启七年（1627）重修。清顺治八年（1651）、顺治十三年（1656）、康熙三十八年（1699）、雍正十二年（1734）、道光二十九年（1849）重修。民国间重修。1988年大修。

书院南北长136米，东西宽99.4米，占地约19 388平方米；分东、中、西三区，中区分两进院落，轴线建筑南起依次为洙泗书院坊、大门、讲堂、大成殿。大成殿面阔五间、25.8米，进深三间、12.15米，高10.20米，单檐悬山顶，施绿琉璃瓦，檐下施一斗二升交麻叶斗拱。书院内古柏参天，以侧柏、圆柏为主。1985年，书院被列为济宁市文物保护单位。1992年，被列为山东省文物保护单位。

图2.7a 洙泗书院（禚柏红 提供）

图2.7b 洙泗书院大门（张伟 摄）

2.1.5 陵林

1. 莒国国君墓

图2.8 沂水莒国墓“公簋”（禚柏红 提供）

莒国国君墓在沂水县院东头乡刘家店子村。两墓呈南北排列，1号墓在北，南北长12.8米、东西宽8米，竖穴土坑，两椁一棺，随葬11鼎、7簋、9鬲，殉人约40人，车马坑殉马4匹、车6辆。簋底铭文“公簋”（图2.8），壶腹铭文“公铸壶”，147号戈铭文“莒公”，盆和编钟均有铭文，推测为莒国国君墓。2号墓规制小于1号墓，推测为莒国国君夫人墓。

2. 田齐王陵

田齐王陵位于淄博市临淄区齐陵镇和青州东高镇接合部，共有王陵9座，因附近“女水”而得名，二王冢、三王冢、四王冢分别号二女坟、三女坟、四女坟。二王冢位于齐陵镇小淄河店村东的鼎足山上。三王冢位于东高镇南辛村南。四王冢位于齐陵镇朱石羊村西的牛山上。二王冢东西长320米，南北宽190米，方基圆冢。西冢最大，高12米，东西长190米。推测为齐桓公、齐侯田剡墓。四王冢自西而东排列（图2.9），总长700米，方基圆冢。西起第一冢规模最大，高8米，边长东西155米、南北245米。除第二冢外，均有陪葬墓一座。四冢推测为齐威王、宣王、湣王、襄王陵。陵区内已探明墓葬300余座，其中有封土墓30座、无封土墓70余座，为田齐国王、贵族聚葬区。1988年1月13日，二王冢和四王冢被公布为全国重点文物保护单位。淄河店村南、四王冢东发现

图2.9 田齐王陵“四王冢”（禚柏红 提供）

有4座战国墓，2号墓呈“甲”字形，随葬陶礼器7鼎6簋，车马坑殉马40余匹、葬车22辆。

青州市普通乡程家沟村南高岭上有齐国国君墓，现存封土东西190米，南北84米，高30米，三级梯田状，夯土层厚10厘米，封土曾出土石门一扇。墓西南300米处有一小型封土，俗称“皇冢”，为陪葬墓。程家沟古墓据记载为齐太公田和墓。光绪《益都县图志·古迹》：“田和墓，在城西北十二里程家沟庄前。《旧志》谓在普通店者。普通，乃乡社之总名”。1992年，程家沟古墓被列为山东省文物保护单位。2013年，被公布为全国重点文物保护单位。

3. 孔林

孔林（Confucius Cemetry），又称至圣林，是孔子及其后裔的墓地；位于曲阜县城北2千米，周围有围墙7.5千米，占地3000亩，是我国规模最大、持续年代最长、保存最完整的氏族墓葬群和人工园林。孔林始建于鲁哀公十六年（前479），孔子葬后，弟子及鲁国人聚集墓所，渐成村落，号“孔里”。《史记·孔子世家》：“孔子葬鲁城北泗上，弟子皆服三年。三年丧毕，相诀而去，则哭，各复尽哀；或复留。唯子贡庐於冢上，凡六年，然后去。弟子及鲁人往从冢而家者百有余室，因命曰孔里”。东汉永寿元年（15），鲁相韩勑修孔墓，作墓前造神门一间、墓东南斋宿一间。孔子墓方圆一里，墓前有石兽，北魏时尚存，墓周原有弟子守孝时带来的四方异木，北魏时已不存。《水经注·泗水、沂水、洙水》：“《孔丛》曰：夫子墓茔方一里，在鲁城北六里泗水上。诸孔氏封五十余所，人名昭穆，不可复识。有铭碑三所，兽碣具存。《皇览》曰：弟子各以四方奇木来植，故多诸异树，不生棘木刺草，今则无复遗条矣”。北宋宣和元年（1119），命工镌刻石仪（石象生），五年（1123）成，峙于墓所（清·孔继汾《阙里文献考》）（图2.10a）。元·杨奂《东游记》：“夹路石表二，石兽四，石人二，兽作仰号之状”。宣和间重修，规制齐备，有思堂、神门、享殿。元至顺二年（1331），曲阜令、孔子五十四代孙孔思凯“以樵林难禁，始作周垣，建重门”（至顺三年《重修宣圣林神门碑记》）。明洪武十年（1684），孔林恢拓至3000亩。永乐十二年（1414），五十九代衍圣公孔彦缙扩建思堂，“又作墓门三间”。永乐二十一年（1423），曲阜令孔克中修葺、增扩周垣至十余里。弘治七年（1494），六十一代衍圣公孔宏泰重修周垣、驻跸亭，增建享殿、至圣林坊、二林门，改洙水桥为石券拱桥。嘉靖二年（1523），御史陈凤梧（字文鸣）重修，建子贡庐墓处瓦房三间、洙水桥坊。嘉靖十年（1531），重建文津桥，改为石拱桥。崇祯七年（1634），重修，立石狮两对于至圣林坊和二林门前。万历二十二年（1594），巡抚郑汝璧（字邦章，号昆岩、愚公，1546－1607）、巡按连标重修，建万古长春坊及两侧碑亭，夹道植柏数百株。清康熙五十一年（1712），创建楷亭、驻跸亭。雍正八年（1730），大修孔林，重修了各种门坊，并派专官守卫；雍正十年（1732），重修，重建享殿，改用黄琉璃瓦，将宋代翁仲移至孔伋（字子思，前483－前402）前，享殿前另立新刻翁仲。之后再无大修。1967年，文津桥被毁。

万古长春坊为六柱五间五楼石牌坊，坊顶横排五层飞檐，上雕瓦拢，下饰斗拱，庑殿顶，额题“万古长春”。遍雕云龙、凤鸟，石鼓抱柱，前后雕蹲狮。坊两侧有方形、重檐歇山顶碑楼各一座。东碑楼有万历二十二年《大成至圣先师孔子神道碑》，山东巡抚郑汝璧、巡按连标立石。西侧碑亭有万历二十三年《阙里重修孔子林庙碑》，礼部尚书、东阁大学士、国史总裁、文学家于慎行（字可

图2.10a 孔林神道（冯广平 摄）

远，更字无垢，号谷山，1545－1608）撰。大林门为孔林头道大门，面阔三间，进深二间，八梁十二柱，五脊六兽，门槛断砌建造，中为空间落地，屋顶高挑，为宋元建筑基本形制，断砌门台与木架为明代重修时更换。二林门原为元代孔林周垣上一门，弘治七年，六十一代衍圣公孔宏泰（字以和，1450－1503）以其“神门隘陋也，架以楼观”（《圣祖林庙落成记功碑》）。门分上下两层，下层砖砌券拱门，南面额题“至圣林”。上部为五间五檩重檐歇山顶门楼。洙水桥石牌坊为孔子墓甬道第一道大门，三间四柱冲天式，柱头立望天犼，额题“洙水桥”，吏部尚书，兼太子太师，严嵩（字惟中，1480－1567）题。墓门始建于明永乐十二年，清雍正间重修，改红漆大门为八十一枚金黄梅花钉。门屋三间，悬山顶，绿琉璃瓦，中开三门。墓门东有思堂，为独立三合院，上房五间，悬山顶。始建时间不详，金大定二十五年（1185），孔子五十一世孙孔元措重修，为孔氏后裔祭祀时更衣、备祭所用。享殿始建于弘治七年，雍正十年重建。面阔五间，进深三间，六梁二十四柱，歇山顶，脊兽五，黄琉璃瓦；殿存乾隆帝御书《谒孔林酹酒碑》。享殿后西侧为孔子嫡孙孔伋墓。东侧甬道高台上，自南而北为康熙五十一年楷亭，南侧为子贡手植楷（黄连木）（*Pistacia chinensis*）残桩，亭内有《楷图碑》（图2.10b）。其北为乾隆驻跸亭，再北为康熙驻跸亭，最北为宋真宗驻跸亭，内立《宋真宗驻跸亭碑》。甬道尽头为孔鲤墓其西为孔子墓（图2.10c），墓西为子宫庐墓处。孔子墓前立明正统八年（1443）太常少卿黄养正（名蒙，字养正，1389－1449）篆书《大成至圣文宣王墓》碑。孔林中除孔子墓外，规格最高者为于氏坊，于氏为第七十二代孙、衍圣公孔宪培正妻，为乾隆帝义女、文华

图2.10b　子贡手植楷（冯广平 摄）

图2.10c　孔子墓（冯广平 摄）

殿大学士于敏中（字叔子，一字仲常，号耐圃，1714－1779）女。

孔子林道南北长1266米，自南而北依次是：文津桥、万古长春坊、古柏夹道、至圣林坊、大林门、二林门；进而过辇路折向西至孔子墓中轴线，自南而北依次是：洙水桥坊、墓门、望柱、文豹、角端、石翁仲、享殿等。孔林今存坟冢10万余座，有历代碑碣4000余块。1961年，被公布为全国重点文物保护单位。1994年12月，被列入世界遗产文化遗产名录。

自汉以来，历代对孔林重修、增修过13次，增植树株5次，扩充林地3次。孔林今有树木111种、50 000余株，其中百年以上古树36种、8983株，包括侧柏4510株、圆柏2864株、麻栎825株、黄连木747株、合欢8株、朴树7株、栾树6株、紫藤5株、槐3株、楸3株、沙枣（*Elaeagnus angustifolia*）2株、桑1株、榔榆1株、君迁子1株。

2.2　秦汉时期

秦朝分齐鲁故地为4郡。两汉因从秦制，实行郡县制，但封同姓王以藩屏汉室，至汉景帝时，诸侯势力做大，爆发“七国之乱”。汉武帝推行“推恩令”，诸侯势力逐渐削弱。两汉时期，岱岳地区先后有10余位刘姓诸侯王，共有10郡国。秦汉时期，岱岳地区的造园活动围绕以泰山封禅和刘姓诸侯国兴衰为主线，仿照首都长安地区的崇台高殿、“一池三山”模式建造。鲁国灵光殿成为汉代皇家园林在首都以外的翻版，在长安、洛阳兵毁之后，成为汉代皇家园林的孤例，一直延续使用到南北朝，为汉文化的继承和发展做出了不可估量的贡献。

东汉时期，佛教开始传入岱岳地区，主要在青州地区发展。道教则在东汉末、三国时期在岱岳地区兴起。

2.2.1 王宫

1. 东平陵城

为两汉济南国都城，位于章丘市龙山街道阎家村北50米，为山东地面遗迹较为完整的汉代郡国都城。原为谭国属邑，周庄王十三年、齐桓公二年（前684），齐灭谭，地并入齐。汉文帝十六年置济南国。汉景帝三年改为济南郡。汉昭帝时改“东平陵”。王莽时改“乐安”。《水经注·济水二》：“又北，迳东平陵县故城西。故陵城也，后乃加平。谭国也。齐侯之出，过谭，谭不礼焉。鲁庄公九年即位，又不朝，十年灭之。城东门外，有乐安任先碑，济南郡治也。汉文帝十六年，置为王国。景帝二年为郡。王莽更名乐安”。

东汉济南王传五世六王，济南国始于建武十七年（41），终于永兴元年（153），都东平陵112年。唐元和十年（公元815年），济南郡移治历城县。东平陵城渐废。宋时已完全废弃，但城垣保存完好。宋·陈师道《后山丛谈》：“齐之龙山镇有平陵故城，高五丈四，方五里。附城有走马台，其高半之”。

济南王城平面呈正方形，边长约2000米，总面积约360万平方米，有4座城门；南面和西面城墙保存较好，最高处6米，墙基宽40米，墙体厚24米。城内中部偏北为宫殿区，已发掘的一号建筑基址东西长约50米，南北宽30米，夯土台基外围散水保存较好，推测始建于西汉中晚期，一直沿用到东汉。城中发现汉代冶铁遗址。1992年，被列为山东省文物保护单位，2006年，被公布为全国重点文物保护单位。

2. 卢子城

济北国在泰山郡境内，都卢子城，原为周首邑，子爵国。《汉书·地理志》：“卢，都尉治，济北王都也”。北魏·郦道元《水经注》：“济水又北，迳周首亭西……今世谓之卢子城，济北郡治也。京相璠曰：今济北所治卢子城，故齐周首邑也”。清·叶圭绶《续山东考古录》：“汉文帝前元元年，于卢县西南筑城，为济北国治。国除后为北安县城”。今平阴县安城镇安城村北安故城。故城遗址为两面临沟的长方形高台地，当地俗称“东台子”，南北长134米，东西宽75米，总面积12 000平方米。文化层深5－7米，暴露有灰坑、窑坑及红灰陶、夹沙陶片、兽骨、鹿角、蚌壳等少量磨制石器等遗物；出土有青铜器、秦汉时期钱币，为商周至汉的邑城遗址。《续山东考古录》：“（北安故城）在县东十里，今安城铺……（济北国）为北安县，后并入卢。卢，西汉为卢县，在今长清，济北国除，为北安县，则王宽所都”。1973年，被列为平阴县文物保护单位。

济北国始于刘志（？－前129），始封于汉景帝前元二年（前178）。汉景帝前元三年（前154），吴楚七国之乱起，济北王坚守不与七国谋。平乱之后，徙封菑川王。前元四年（前153），汉景帝徙封衡山王刘勃（？－前151）于济北，是为济北贞王。前元七年（前150），子式王刘胡（？－前97）嗣。天汉四年（前97），子刘宽（？－前87）嗣。汉武帝后元二年（前87），刘宽以乱伦和诅咒皇上获罪自杀，国除（《汉书·济北王传》）。东汉永元二年（90），析泰山郡，重置济北国，都卢城（《后汉书·郡国志》）。

3. 灵光殿

灵光殿遗址在曲阜城内泮池以北偏东一带，始建于汉景帝初元三年（前154），约于中元元年（前149）建成；《鲁北陛刻石》："鲁六年九月所造北陛"。灵光殿正殿位于汉魏孔庙北百余步，约185.4米，双阙位于孔庙东南五百步，合927米。《水经注·泗水、沂水、洙水》："孔庙东南五百步，有双石阙，即灵光之南阙。北百余步，即灵光殿基"。殿东北二里为曲阜县治。北宋·乐史《太平寰宇记》："灵光殿高一丈，在鲁城内县西南二里，鲁恭王余立"。正殿西南有古泮池。孔庙东庑"汉五凤二年（前56）刻石"于金明昌二年（1191）出土于太子钓鱼池（古泮池）（图2.6），高德裔题记："鲁灵光殿西南卅步，曰太子钓鱼池。盖刘余以景帝太子封鲁，故土俗以太子呼之"。东汉末，灵光殿尚保存完整。刘桢《鲁都赋》："应门岩岩，朱扉含光，路殿岿其隆崇，文陛巇其高骧。听迅雷于长徐，若有闻而复亡。其园囿苑沼，骈田接连，渌池分浪，以带石垠"。至北魏时，"遗基尚整"。唐乾封间（666－668），霍王李元轨（？－688）扩修孔庙时，毁灵光殿基。《赠太师鲁国孔宣公碑记》："兖州都督霍王元轨大启藩维，肃承纶诰，庀徒揆日，疏闲薙远，接泮林之旧壝，削灵光之前殿"。

灵光殿规模浩大，建制宏丽，至东汉时仍保存良好，成为西汉宫殿建筑的代表。东汉·王延寿《鲁灵光殿赋》："鲁灵光殿者，盖景帝程姬之子恭王馀之所立也。初，恭王始都下国，好治宫室，遂因鲁僖基兆而营焉。遭汉中微，盗贼奔突，自西京未央、建章之殿皆见隳坏，而灵光岿然独存"。灵光殿建筑群与汉建章宫相仿，殿前立双阙，阙后门楼高大，可两车并行。《鲁灵光殿赋》："崇墉冈连以岭属，朱阙岩岩而双立。高门拟于阊阖，方二轨而并入。于是乎乃历夫太阶，以造其堂。俯仰顾眄，东西周章。彤彩之饰，徒何为乎？……于是详察其栋宇，观其结构，规矩应天，上宪觜陬。倔佹云起，钦离搂，三间四表，八维九隅，万楹丛倚，磊砢相扶"。古泮池也纳入灵光殿范围，位于双阙东北，池中有钓鱼台。《水经注·泗水、沂水、洙水》："阙之东北有浴池，方四十许步。池中有钓台，方十步，台之基岸悉石也"。正殿立于高大台基上，台基东西二十四丈，合74.16米，南北十二丈、37.08米，高一丈、3.09米；外立回廊，楹柱林立，号千门万户；东西两厢廊庑前展，中庭七百余步见方，边长合1297.8米。《水经注·泗水、沂水、洙水》："孔庙东南五百步，有双石阙，即灵光之南闭。北百余步，即灵光殿基，东西二十四丈，南北十二丈，高丈余。东西廊庑别舍，中间方七百余步"。正殿与其他别馆以悬空的复道相连。殿后园林模仿太液池，池方四十余步，边长合74.14米。池边有渐台，高九层。《鲁灵光殿赋》："于是乎连阁承宫，驰道周环。阳榭外望，高楼飞观。长途升降，轩槛曼延。渐台临池，层曲九成"。

2.2.2 坛庙

1. 封禅台

秦始皇二十八年（前219），秦始皇登泰山，建土坛祭天，封五大夫松；在梁父山立坛祭地。《史记·秦始皇本纪》：“二十八年，始皇东行郡县……乃遂上泰山，立石，封，祠祀。下，风雨暴至，休于树下，因封其树为五大夫。禅梁父。刻所立石”。《史记集解》：“积土为封。谓负土于泰山上，为坛而祭之”。秦封禅台今无迹可寻，存刻石。刻石分两部分，前半部分刻于前219年，原有144字；后半部分刻于秦二世元年（前209），原有78字，均为丞相李斯篆书。今存秦二世诏书中“斯臣去疾昧死臣请矣臣”10字。清道光八年（1828）《泰安县志》载：宋政和四年（1114），刻石在岱顶玉女池，可识读146字。明嘉靖间，移置碧霞元君宫东庑，仅存二世诏书29字。清乾隆五年（1740），碧霞祠火毁，刻石遂失。嘉庆二十年（1815），泰安令蒋因培、柴兰皋于玉女池中搜得残石两块，存10字，嵌岱顶东岳庙壁。道光十二年（1832），东岳庙墙坍塌，泰安令徐宗干搜得残石，嵌岱庙碑墙内，作跋为记。光绪十六年（1890），石被盗，泰安令大索十日，得石于城北门桥下，重置于岱庙院内。宣统二年（1910），泰安令俞庆澜造石屋一所置残石、徐跋及自作序。1928年，迁于岱庙东御座内，修筑碑龛。

汉元封元年（前110），汉武帝封禅泰山。封禅台高九尺，方圆一丈二尺。《汉书·郊祀志》：“封泰山下东方，如郊祠泰一之礼。封广丈二尺，高九尺，其下则有玉牒书，书秘。礼毕，天子独与侍中奉车子侯上泰山，亦有封……丙辰，禅泰山下址东北肃然山，如祭后土礼”。终汉武帝一朝，封禅8次。

图2.11　岱顶古登封台（申卫星 摄）

汉封禅台圆形（图2.11），高九尺，合2.1米（1汉尺＝23.1厘米），方圆三丈，合6.9米；台上有方坛，边长一丈二尺，合2.8米；坛上有方石。《后汉书·祭祀志》注：“东北百余步，得封所，始皇立石及阙在南方，汉武在其北。二十余步得北垂圆台，高九尺，方圆三丈所。有两陛，人不得从上，从东陛上。台上有坛，方一丈二尺所，上有方石，四维有距石，四面有阙”。

2. 明堂

元封二年（前109），汉武帝按照济南人公玉带图示，于泰山下东北扩修明堂。殿以茅草为顶，四面开敞，周垣环以水。《史记·封禅书》：“初，天子封泰山，泰山东北址古时有明堂处，处险不敞。上欲治明堂奉高旁，未晓其制度。济南人公玉带上黄帝时明堂图。明堂中有一殿，四面无壁，以茅盖，通水，水环宫垣，为复道，上有楼，从西南入，名曰昆仑。天子从之入，以拜祀上帝焉。于是上令奉高作明堂汶上，如带图”。

汉明堂遗址在今泰山主峰东南麓西城村东，东有明堂河，西有明堂泉。遗址东西长180米，南北宽80米，高17.6米，东北侧有石壁。一说汉明堂故址在今泰安郊区故县村旁临汶水处；一说在故县南石碑村石汶河侧。

3. 颜庙

又称复圣庙，位于曲阜市颜庙街西首，祀颜回（图2.12a）。颜庙始建于东汉。永平十五年（72），汉明帝“东巡至鲁，幸孔子宅，祠及颜子”。东汉末，弥衡（字正平，173－198）撰《颜子庙碑》。北齐天保元年（550），文宣帝诏令鲁郡修葺坊内颜庙。唐贞观二年（628），唐太宗诏升孔子为先圣，颜子为先师。总章元年（668），唐高宗赠颜子为太子少师。太极元年（712），唐睿宗加赠颜子为太子太师。开元八年（720），唐玄宗追封颜子为亚圣。开元二十七年（739），诏封颜回为“兖国公”，颜路为“杞伯”，并依制立碑，建享殿于墓前。后周广顺二年（952），周太祖幸曲阜，以颜子四十六代孙颜涉为曲阜县主薄，敕兖州府修葺颜庙，禁止在颜子墓侧樵采。北宋大中祥符二年（1009），宋真宗下诏追封颜回为“兖国公”。 崇宁四年（1105），宋徽宗赠颜子九旒冕服。南宋绍定三年（1230），宋理宗作《兖国公赞》。金大定十五年（1175），颜子庙在鲁故城东北隅落成。大定二十四年（1184年），衍圣公兼曲阜县令孔摠立《先师兖国公墓》碑。金明昌四年（1193），大修。金末兵毁。蒙古初年，颜子五十二代孙颜泉重建。元大德末，复毁。延祐四年（1317），南台监察御史段杰奏请移建于曲阜城北门内东侧陋巷故宅处。天历二年（1329）动工，至顺元年（1330）落成。清乾隆《曲阜县志》：“（延佑四年）秋七月，南台监察御史段杰疏请修颜子庙……（天历二年）秋八月建陋巷颜子庙……（至顺元年）颜子庙成”。至顺元年，元文宗封颜子为兖国复圣公，庙又名“复圣庙”。至正九年（1349）立碑记成。明洪武十五年（1382），曲阜知县等捐俸维修。景泰三年（1452），衍圣公孔彦缙举颜子后裔颜希惠、孟子后裔孟希文赴京，俱授翰林院五经博士，子孙世袭。颜、孟二氏袭职自此始。同年，修葺颜子庙。天顺六年（1462），于复圣庙东侧兴建颜翰博府。成化二十二年（1486）、正德二年（1507），大修，明武宗御制碑文纪成。万历二十二年（1594），增建“陋巷”石坊。万历三十九年（1611），重修曲阜颜庙门前“卓冠贤科”及“优入圣域”二石坊。清乾隆三十五年（1770），重修。嘉庆十三年（1808），大修。光绪间，两次维修。1930年，中原大战，颜子庙兵毁严重。1934年，重修复圣殿。1979年大修。

颜庙占地36亩，建筑面积3080平方米，分东西三路，有五进院落，现存元、明、清建筑24座，殿、堂、亭、库、门坊有159间，历代碑碣53通。庙中有树木500余株，其中古树154株，包括侧柏144株、圆柏6株、槐1株、厚壳树（*Ehretia thyrsiflora*）1株、栾树1株等。中路中轴线建筑自南而北依次为陋巷坊、优入圣域坊、卓冠贤科坊、复圣庙坊、复圣门、陋巷 井亭、归仁门、仰圣门、乐亭、复圣殿、寝殿。正殿复圣殿始建于元代，明正德间重建（图2.12b）；面阔七间、31.22米，进深五间、17.01米，通高17.48米，重檐歇山顶，施绿琉璃瓦，檐下施重翘重昂七踩斗拱，戗脊兽7，前檐正中

图2.12a　曲阜颜庙（冯广平 摄）

图2.12b　颜庙复圣殿（冯广平 摄）

图2.12c　颜庙杞国公殿（冯广平 摄）

有深浮雕云龙石柱4根；殿内祀颜回像，悬乾隆帝“粹然体圣”匾。杞国公殿建于元代，为颜庙最早建筑，面阔五间、15.6米，进深二间、7.33米，单檐庑殿顶，檐下施重翘重昂七踩斗拱，典型宋代风格（图2.12c）。殿前有古厚壳树、桧柏各一株。1977年，颜庙被列为山东省文物保护单位；1994年，被列入世界文化遗产名录；2001年，被公布为全国重点文物保护单位。

2.2.3　寺观

岱岳道教起源甚早。秦代有著名方士安期生（一名安期，人称千岁翁，安丘先生），“秦始皇东游，请与语三日三夜，赐金璧直数千万”。（晋·皇甫谧《高士传》）。安期生一系为多为岱岳隐者名士。《史记·乐毅列传》中记载：“乐巨公学黄帝、老子，其本师号曰河上丈人。河上丈人教安期生，安期生教毛翕公，毛翕公教乐瑕公，乐瑕公教乐巨公，乐巨公教盖公，盖公教于齐高密、胶西，为曹相国师”。东汉晚期，道教兴起于东部沂山、蒙山地区。东汉汉安元年（142），张道陵（本名张陵，？－156）创立“五斗米道”，又称天师道，道教开始脱巫成教。汉顺帝时（126－144），道教在琅琊兴起。于吉（一作干吉、干室，？－200）得《太平经》。《后汉书·襄楷传》：“顺帝时，琅邪宫崇诣阙，上其师干吉于曲阳泉水上所得神书百七十卷，皆缥白素朱介青首朱目，号《太平青领书》”。约在东汉建宁间（168－172），张角（？－184）以《太平清领书》创立太平道，十余年间，信徒发展至数十万。中平元年（184），发动黄巾起义。黄巾军起义失败后，太平道仍持续发展了一段时间。东汉末，天师道、太平道向西、西南传入泰山周边、峄山周边。泰山道教始兴。

岱岳地区佛教从东部兴起。东汉永平元年

（58），敕建诸城虹栾寺，为岱岳地区最早佛寺。永平十年（67）潍城旧县署东北敕建观法寺（嘉靖《山东通志》）；汉明帝时，盘阳建洪福寺（清光绪《山东临朐县志》）；汉章帝元和间，沂山建法云寺。东汉佛寺今皆湮灭无存。

1. 虹栾寺

位于诸城市百尺河镇白龙山巅，古称虹霓山，始建于东汉永平元年（58）。唐贞观元年（627）重修。宋天圣七年（1029），敕改"白龙山寿圣寺"。清乾隆《诸城县志》："白龙山寿圣寺，康熙八年重修，碑云'东汉明帝永平戊午，敕封虹霓山虹栾寺，唐太宗贞观丁亥重建，宋仁宗天圣己巳敕封白龙山寺，改今名'"。寺中有汉代古塔。"白龙山塔，东汉明帝永平戊午敕封"（明万历《诸城县志》）。清末，寺兵毁。1959年，古塔毁。

虹栾寺今已不存，据耆老回忆，寺院以古塔为中心，坐西朝东，四向有殿，南为罗汉殿、北为元君殿、东为弥勒殿、西为佛殿。古塔通高20余米，五层六角砖塔。每年农历二月一日、四月八日、六月八日和十月十五日有"山会"，南北药材毕集，号"东方药都"。乾隆《诸城县志·疆域考》："百尺河之北为白龙山，每岁二月朔日、十月望日，百货毕集，即地列肆，五日而罢。土人云'山会'也"。

2. 法云寺

原名"发云寺"，又称古寺，位于沂山玉皇顶东侧，始建于汉章帝元和间（84－87），为山东最早梵刹之一。永和间（136－141），扩修，改名"法云寺"。两晋时期重修，寺分东、西两院，西院中轴线主要建筑有山门、影壁、天王殿、大佛殿、大雄宝殿等东院建山门、云海阁、说法厅、藏经楼。隋代，立东镇祠于寺中，改称"东镇神庙"。《隋书·礼仪》"开皇十四年（594）闰十月，（隋文帝）诏封东镇沂山，并就山立祠"。唐会昌五年（845），唐武宗毁天下佛寺，佛教史称"会昌法难"。岱岳地区佛寺多毁，而法云寺幸存。宋初，宋太祖移东镇山庙于九龙口，道家独大，以后历代因之。法云寺渐次废毁，清初时仅有大佛殿残墙和破旧僧舍数间。清·光绪《临朐县志·山水·汶水》："法云寺今已颓废，仅余三楹。破堵中有康熙间重修本寺石碣。一头陀守寺，暮则扃之，下山宿于东镇庙"。1950年以后，废寺设沂山林场。1998年于原址重建。寺西有圣水泉，为汶水源，传孔子入齐过穆陵关，曾饮此泉水，故名。

2.2.4 陵林

1. 汉齐王陵

位于淄博市临淄区大武镇窝托村南，俗称"淳于髡墓"、窝托冢"、"驸马冢"、"相公冢"。村碑："初名窝铺庄。战国时齐之赘婿淳于髡葬于此"。墓冢封土高32米，南北200米，东西250米，占地面积5万余平方米；"中"字型竖穴墓，口长约42米，宽约41米，墓室深17－20米；南墓道长63米，北墓道长39米，道口宽15米。北墓道两侧各有一个陪葬坑。1978年发掘，出土文物12 100余件，中有秦朝宫廷的遗物，铜器数量最多，达6751件；推测为西汉齐悼惠王刘肥或齐哀王刘襄墓。

2. 城阳王陵

位于莒县陵阳镇西上村接家岭最高处，俗称“大王坟”。《莒县志·墓葬篇》：“历代相传为刘章墓”。附近原有封土冢多座，俗称“官家林”，今皆不存。嘉庆《莒州志·古迹》：“官家墓在州东二十里上庄社，二墓对峙，土人犹称官家或汉代王者墓。昔有盗掘者，内得磁马千百，随掩之”。墓冢封土高60米，东西145米，南北145米，占地21 000平方米。冢上新植小片油松、侧柏。墓冢西500米有封土墓，俗称“小王坟”，墓高52米，东西105米，南北92米，总面积9600平方米，传为莒子墓。1992年，大小王坟被列为山东省文物保护单位。

诸城县百尺河镇高家朱村村北岭上有汉墓群，1973年有29座，1980年仅存19座。封土皆高1米余，周长25米余；东西向横列6行。1号墓最大，高4米，周长60米。推测为汉城阳王或平昌侯墓。

3. 汉鲁王陵

位于曲阜市小雪镇武家村北九龙山麓（图2.13）。因山而凿，共5座，出土车12辆，马50匹，随葬器物1900余件。1970年发掘西面2－5号4座墓。2号墓长64.9米、最宽22.5米、最高18.1米，3号墓长72.1米、最宽24.3米、最高18.4米，4号墓长70.2米、最宽23.5米、最高16.9米，5号墓长53.5米、最宽19.8米、最高18米。3号墓形制最大，结构最为典型，墓南北向，墓道近墓门处开凿东西2个耳室，放置车马。墓门后有甬道直通前厅，放置家具用品；前厅前左右开东西耳室，储存食物；前厅左右开侧室，后厅放置棺椁。3号墓出土有“王庆忌”铜印、“王陵塞石广四尺”，推测为鲁孝王墓。

图2.13 九龙山汉墓（张伟 摄）

图2.14 章丘危山汉墓及危音寺塔（冯广平 摄）

4. 济南王陵

又称危山汉墓（图2.14），位于章丘市圣井镇寨子村南危山风景区，俗称铁顶墓。墓区内发现陪葬坑2座，墓10座，陶窑3座，出土有200余件排列整齐的彩绘陶兵马俑、陶车、侍女俑等。1号墓为双重石棺。墓主人推测为济南王刘辟光。刘辟光为齐悼惠王子，前164年封济南王。前154年，参与七国之乱，兵败被杀，国除为郡。

吕王墓据考在章丘市枣园街道洛庄村西，封土高4米，直径90米，为“中”字形墓，有陪葬坑、祭祀坑36座，出土文物3000余件，有大量青铜器、漆器、石器，出土乐器数百件及“吕大官印”印泥。墓主人推测为吕台。2000年，被列为章丘市文物保护单位。

图2.15a 济北王陵出土铜方壶（糕柏红 提供）

图2.15b 双乳山汉墓一号墓（糕柏红 提供）

5. 济北王陵

位于济南市长清区归德镇双乳村。双乳山汉墓位于山顶（图2.15a、b），为“甲”字形石圹竖穴木椁墓，封土封石无存。1号墓坐南朝北，总长85米，总深度22米，总面积1447.5平方米；自南而北依次为墓道、通道、外藏椁室、阙门、椁室、墓室；墓室、墓道均设有二层台，墓道总长60米，最深18米，面积840平方米，底部为北高南低斜坡状，墓室南北25米、东西24.5米，高5米；外椁内三重漆棺。共出土各类随葬品2000余件，主要铜器100余件，主要有鼎、壶、钫、灯等；玉器50余件，主要有覆面、枕、璧、手握、九窍塞等。其他有铁器、漆器、陶器、金饼、钱币、车马器及家畜家禽等。外藏椁内随葬车马4辆、车马饰品共40余件。墓主为西汉济北王刘宽。2号墓形制结构与1号墓基本一致，规模略小。福禄山汉墓位于双乳山汉墓东北约1千米处，山顶东西并列两座墓葬，现存封土高约13米，面积1.2万平方米。东辛汉墓位于双乳山汉墓西北1千米处的东辛村，现残存封上呈方形，面积约2500平方米。2001年，三处汉墓群被为全国重点文物保护单位。福禄山汉墓遍植侧柏。

6. 任城王陵

位于济宁市李营镇肖王庄村南，原有九冢，俗称“九女堆”，今存其四。一号墓位于济宁市传染病防治院内北端，1992－1995年考古发掘。二号墓位于肖王庄东南约600米处，“文化大革命”间被毁，文物流失，仅存封土。三号墓在肖王庄东南驻军院内，封土高约6米，直径约40米。四号墓现保护完整，位于医院南约400米处，墓高6米，直径约40米。五、六号墓分别在医院东南角和南墙外，封土无存。一号墓封土高10米，直径约80米，半地下窟窿式砖室券顶结构，由墓道、东西耳室、过厅、回廊、前室、后室组成，室内面积700余平方米，高12米，墓室四周叠黄肠石。后室长10.9米、宽8.1米，置棺、椁。前室长8.5米、宽1.6米，置冥器。墓主为东汉第一代任城国王刘尚（？－102），施玉匣（银镂玉衣）、梓宫、黄肠题凑葬制。一号墓共出土陶器、石器、铜器、玉器等近200件，黄肠石及封石800块。有题记4000字，多为民间隶书，出自50多位刻手，诸如“东平陆唐子”、“邹石治章”、“富成曹文”、“金山乡吴伯石”、“平陆孙少”、“薛颜别徐文”、“无盐逢”、“孙子石”等。萧王庄墓群分布集中、保存较好，1977年被列为山东省文物保护单位；2006年被公布为全国重点文物保护单位。

7. 琅琊王陵

位于临沂市区水田路与琅琊王路交会处，残存封土高7米，底径35米，整体为砖石结构、拱顶发券式地面建筑。墓室南北长16.4米，东西13.12米，高5.2米，平面略呈“井”字形，分2个独立前室，1个联通的中室，3个独立的后室和3个独立的耳室；西墙外壁和东耳室外壁均使用石块垒砌。1997年发掘，出土文物金缕玉衣、青铜器、车马器、陶器等。

2.3 六朝时期

东汉末年，国家开始陷于分裂，经过西晋的短暂统一，又陷于五胡之乱。永嘉间（311－313），北方士族大规模南渡，南迁人口达90余万，原世居北方的大家世族和名士几乎迁徙殆尽，儒学重心也随之而南移，北方文化开始衰落。同时，战争频仍，人们迫切需要摆脱兴衰倏忽的痛苦现实，寻求精神慰籍。佛教则在前秦、南燕、北魏、北齐等统治者的直接推动下兴盛起来。六朝时期，以宣传“空”为中心的般若思想与玄学思想相结合，形成般若学，成为中国佛教基础理论。泰山经石峪《金刚般若波罗密经》为其经典。六朝时期的造园突出表现在佛教园林的兴盛和石窟造像的发展。

2.3.1 都城

1. 开阳城

开阳城即今临沂老城，东汉至东晋时期为琅琊国国都，东临沂河（《水经注・沂水》）。开阳古名启阳，始建于周敬王二十八年（前492）。《春秋・哀公三年》：“季孙斯、叔孙州仇帅师城启阳”。汉初，置启阳县，汉景帝初元元年，避景帝讳改名“开阳”。东汉建初五年（80），琅邪王刘京上书求徙封开阳，以琅邪国华、盖、南武阳、厚邱、赣榆五县易东海郡开阳、临沂二县。开阳自此为琅琊国都城。

西晋末，开阳为晋元帝潜邸。两晋时期，琅琊国包括开阳、临沂、阳都、缯、即丘、华、费、东安、蒙阴等9县。东晋义熙五年，刘裕北伐南燕，开阳城毁坏严重，撤县，并入即丘县（治今临沂河东区汤河乡故县村北）。北魏永安二年（529），即丘县移治今临沂市兰山区兰山街道办事处古城村。同年，于即丘故地置北徐州。北周宣政元年（578），改北徐州为沂州，移治开阳城。

2. 广固城

广固城为南燕都城，位于今青州市东北尧王山南，西临北阳河，东至402医院到青州市食品厂的公路，南到北西关村与402医院，东北达青州市食品厂。南北约600米，东西约800米，面积约48万平方米。古城遗址曾出土晋殿中司马印、晋安北将军长史印、晋别屯司马印等晋代印玺3枚。光绪《益都县图志·金石志》："以上三印并于郇、杜二村出土，即广固城旧址地也。村人云，掘地数尺有瓦砾，厚尺许，是其证"。永嘉五年（311），前赵将领曹嶷（？－323）筑广固城，迁青州、临淄、齐郡百姓入居。东晋太宁元年（323），后赵石虎陷广固，坑杀居民三万。隆安三年（398），南燕王慕容德破广固。隆安五年（401），称帝，都广固。义熙六年，晋将刘裕灭南燕，毁广固城。《益都县图志·疆域志（上）》："永嘉五年，于广县西北筑广固城，为青州治，后改为幽州治。东晋隆安间，南燕慕容德都此，复改为青州，而徙刺史治东莱。义熙六年，灭南燕，夷其城，别于南阳水北筑东阳城，为刺史治"。

2.3.2 学院

六朝所建学院最早为"四氏学"。始建于曹魏黄初二年（221）；魏文帝诏修孔庙，并于庙外"扩建屋宇，以居学者"，此为孔氏家学之始。北宋大中祥符三年（1010），曲阜令孔勖于庙侧建学，始称庙学。元祐元年（1086），改建于孔庙东南，始设教授1员，又增颜、孟2姓生员；四年（1089），增设孔氏学正、学录各1员。元延祐六年（1319），议准颜、孟两氏可任学官。明洪武元年（1368），改为三氏子孙教授司，设孔、颜、孟三氏教授各1员。嘉靖六年（1527），准照州学例，额定廪、增生员各30人，每3年贡2人。万历十年（1582），迁古泮池北。万历十五年（1587），增曾氏生员，始定名为四氏学，并改铸四氏学印信。四氏学设教授1员，官秩正七品。万历四十年（1612），准照府学例，廪、增生员额进至各40人，岁贡1人。万历四十二年（1614），迁于孔庙西侧观德门外。清雍正二年（1724），乡试中式名额增至3名。光绪三十年（1904），四氏学停考；而四氏学教授承袭至1920年。

四氏学学宫前有重门，门外有泮池，池上有桥，桥南有状元坊和进士题名碑。中有明伦堂5间，东西厢各5间，东为启蒙斋，西为养正斋。堂后是尊经阁，左为教授署，右为学录署，阁后为公子学舍。民国间曾为孔教会驻所，今为曲阜一中校址。

2.3.3 寺观

西晋时期，青州成为岱岳地区的佛教中心。晋太安元年（302），青州建有宁福寺，此寺影响很大，一直延续到明代。西晋灭亡后，佛教向东进入泰山、徂徕山地区，向南进入沂蒙山区。前秦皇始元年（351），佛图澄弟子竺僧朗最早在泰山地区传法建寺。《高僧传》："竺僧朗，京兆人也……以伪秦苻坚皇始元年移卜泰山……于金舆谷昆嵛山中别立精舍，犹是泰山西北一岩也"。南燕主慕容德授僧朗"东齐王"，赐以奉高、山茌两县俸禄。永兴元年（357）以后，僧朗先后建灵岩寺、神通寺、神宝寺、华岩寺、白马寺等。南朝宋时，罽宾国王子功德铠（求那跋摩）于泰安崮山镇人头山创建衔草寺。北魏时，僧志湛继之。《续高僧传》："（释志湛）住人头山邃谷中衔草寺。寺即宋求那跋摩之所立也”。晋元帝南迁之后，舍宅建寺，为琅琊建寺之始。金皇统四年（1144）仲汝尚《集柳碑》：“昔晋祚中缺，元帝渡江，临沂诸王去乱南迁，乃舍宅为梵宫”。费县荆山寺始建于东晋。

北魏太平真君七年（446），太武帝灭佛，但彼时北魏势力尚未进入岱岳地区，岱岳佛教未受影响。皇兴三年，岱岳地区完全纳入北魏统辖范围。明元帝崇佛，鼓励佛教发展。兴安元年（452），文成帝诏令“诸州郡县，于众居之所，各听建佛图一区”。北魏永兴四年（412），高僧法显（俗姓龚，334－420）西行求法，于海道回国时曾驻锡青州，影响岱岳地区佛教。岱岳地区的佛寺集中分布于以沂山为中心的青州地区，较为著名的寺院有：兴国寺（508以前）、吉祥寺（526）、石佛寺（530）、延祥寺和七级寺（532－534）、白玉庵、柳泉寺、朝阳寺、石门山石门寺、仰天山白云寺、嵩山白茅寺、玲珑山淩云寺、孤山悬泉寺等。泰安、济宁、济南、淄博等地也有佛寺兴建。泰山周边有谷山寺（500－503）、丹岭寺等。北魏太和间（477－499），黎阳郡守羊烈（字儒卿，？－586）于瑕丘城（今兖州），城东北五里古城村创建尼寺一所，为岱岳地区最早尼寺。

北齐佞佛，有佛寺4万余所，僧尼200余万。北齐佛造像大盛，诸城、临朐、青州、潍坊都发现有大规模的佛教造像，其风格祖述河洛地区永宁寺造像。诸城体育中心佛教窖藏遗址发现有东魏武定三年（546）至北齐天保六年（555）造像400余件。青州龙兴寺也发现有北魏至北齐佛造像400余件。泰山地区创建于北齐时期的佛寺有徂徕山四禅寺和安禅寺（563）、乡义寺（570－576）、涌泉庵等。北周建德三年（574），周武帝宇文邕下诏禁佛、道，经像悉毁。但北周灭北齐不久，周武帝去世，对原北齐地的佛教发展影响不大。

东晋时，沂山道教已见式微。佛教乘虚而入，盛于道。北魏时期，北天师道兴起。北魏太武帝始光元年（424），道士寇谦之（名谦，字辅真，365－448）道书于太武帝，倡改革道教，去除三张伪法，制订乐章，建立诵戒新法，后人称“北天师道”。太平真君元年（440），太武帝以寇谦之谏言，改元，亲至道坛受箓，封寇为国师。北天师道大盛。北魏平山东后，寇谦之到东镇沂山泰山祠传道，至东魏时，建道观10余所，较著者如浮山庙、紫云观、灵山庙等。

1. 泰山王母池

原名瑶池，又名群玉庵（图2.16）。位于泰安市虎山水库南，在古天门下溪水（梳妆河）西岸，始建时间不详。传为黄帝建岱岳观时，遣使迎西王母。《泰山道里记》：“按宋李谔记称：‘昔黄帝建岱岳观，遣女七人云冠羽衣修奉香火，以迎西王母。’其说荒远不可稽”。《岱揽·分揽二·岱阳中》：“群玉庵祠王母，西厢为药王殿，东厢为观澜亭，辟东牖梳洗河，潺湲其下。庵前有幡竿，石上有宋人题名。重门外石□丈所，下临方塘一鉴”。但至迟在三国时期已经有祠。曹植（字子建，192－232）《仙人篇》：“仙人揽六着，对博太山隅……东过王母庐，俯观五岳闲”。《水经注·汶水》：“右合天门下溪水，水出泰山天门下谷，东流。古者帝王升封，咸憩此水。水上往往有石窍存焉，盖古设所跨处也”。唐大历七年（772），唐代宗遣使投告王母池。彼时王母池应是虎山水库所没“虬在湾”，原南北长30余米，东西宽25米，大盈亩。北宋元祐八年（1093），重修王母殿并置办花园一所。李谔《王母池办置花园记》：“元佑八年，岱岳观重修王母殿，及砌垒山子，办置花园一所”。建中靖国元年（1101），祠庙毁于泰山山洪，后重修。李谔《重修王母瑶池记》：“建中靖国元年，泰山大雨，涧谷

图2.16 泰山王母池（孟宪磊 摄）

水溢，王母池亭宇砌石皆被冲去，后由道士募工重修”。金正隆（1156－1161）末，王母池东岩亭毁于兵燹，后重修。元至元二十九年（1292），泰安州吏立禁约碑，禁止在池上下泼洒污秽。明嘉靖间重修，殿庑亭阁方具规模。清代多次重修。嘉庆二十三年（1818），泰安知府廷璐改修王母池。光绪六年（1880），邑宰曹钟彝以郡城乏水，开渠引涧水，亭前作双龙池以蓄水，商民便之。

王母池坐北朝南，平面呈长方形，南北长73.6米，东西宽53米，面积3900平方米，分三进院落，中轴线建筑南起依次为大门、王母池、王母殿、悦仙亭、七真殿、蓬莱阁。正殿王母殿，始建于于北宋（宋《重修王母殿碑》），面阔三间、9.76米，进深二间、7.33米，通高6.4米，硬山顶。殿前为“王母池”，东西长7.3米，南北宽3.45米。前廊面阔五间、15.6米，进深二间、7.2米，通高5.3米，卷棚悬山顶。后殿面阔三间、9.1米，进深 5.35米，通高6.8米，硬山顶。1987年，被列入世界自然和文化遗产名录。

2. 神通寺

神通寺，古称“朗公寺”，位于济南市柳埠镇柳埠林场朗公谷（古称金舆谷），左右有青龙、白虎二山夹峙，谷口面金舆山（琨瑞山）。僧朗（俗姓李）创建于皇始元年（351）。《水经注·济水》：“济水又东北，右会玉水。水导源泰山朗公谷，旧名琨瑞溪。有沙门竺僧朗，少事佛图澄，硕学渊通，尤明气纬，隐于此谷，因谓之朗公谷。故车频《秦书》云‘苻坚时沙门僧朗，尝从隐士张巨和游，巨和常穴居，而朗居琨瑞山，大起殿舍，连楼累周”。南朝梁·慧皎《高僧传》：“（竺僧朗

图2.17　四门塔（冯广平 摄）

京兆人）以伪秦皇始元年移卜泰山，与隐士张忠为林下之契，每共游处。忠后为苻坚所徵，行至华阴山而卒。朗乃于金舆谷琨瑞山中，别立精舍……坚后沙汰众僧，乃别诏曰：‘朗法师戒德冰霜，学徒清秀，琨瑞一山，不在搜例’”。南燕时，慕容德以朗公为国师，“燕主以三县民调用给于朗，并散营寺，上下诸院十有余所，长廊延袤，千有余间，三度废教，人无敢撤”（《续高僧传》）。隋开皇三年（583），敕改“神通寺”。开皇十四年（594），敕令太子杨广之子河南王为神通寺檀越，兴工恢复。隋神通寺中轴线有大雄殿、千佛殿、方丈、法堂等建筑（《泰山道里记》）。仁寿元年（601），敕令僧法瓒主持神通寺，并主持建四门塔供奉佛舍利；大业七年落成。唐代，神通寺至于鼎盛。五代以后，神通寺转而衰败，金末毁于兵燹。元代中期重修。有下院27处；元泰定三年（1326）《敬公碑》：“即得大殿、旁庑、僧舍俱一新之……侣众盈千”。明成化间，德王朱见潾倡议重修。弘治八年（1496）张天瑞《神通寺纪略》：“面山曰金舆，桥梁曰通圣。东一台，台之上有浮图，为门四，为方五。西一台，台之上有钟鼓楼、转轮藏，殿凡若干楹，相传为古戒坛也。尚有大殿二：一以供佛及十八罗汉二十四诸天；一以供五百阿罗。天王殿四楹。伽蓝、祖师二殿亦如之。殿之后为方丈，左为禅堂，又其后为法堂，两廊翼列”。明末衰落，至清乾隆间，住持兴寿和尚“放荡淫逸，无所不至”，当卖土地近三百亩，盗卖树木不可胜数；寺至此衰败。

神通寺久废，今存四门塔、龙虎塔、千佛崖摩崖造像、唐塔基、小宋塔、塔林、神异井。①四门塔建于隋大业七年（611），以青石砌成的亭阁式单层塔，平面作方形，边长7.4米。四面各有拱门（图2.17）。塔檐下出挑叠涩五层，檐上叠筑23层，逐层收缩至顶部，构成四角攒尖式塔顶；顶端露盘上，四角置山华、蕉叶，中筑项轮至刹部。塔墙厚0.8米，墙壁刻几何花纹。塔心正中有石砌空心方形柱，柱上擎16条三角石梁，上置石板拱起，形成方形廊道。形体雄伟浑厚，线条简洁古朴，为单层塔之早期范例。塔心柱四面台上有四尊东魏武定二年（544）圆雕佛像，南面谓保生佛，北面谓微妙声佛，东面谓阿閦佛，西面谓无量寿佛。四尊造像神情端庄自然，造型洗练，刻工精湛。1961年3月4日，公布为全国首批重点文物保护单位。1971－1973年，大修，依据拓本重刻东魏武定二年造像记。②龙虎塔位于白虎山东麓的千佛崖下，神通寺祖师林南面，与四门塔隔谷相望。砖塔平面正方，通高10.8米，塔基三层，每层出挑三层。塔身采用四块石板雕成，雕龙虎纹，每面中央各开一宝珠券门。南北两门两侧雕四大天王；东西两侧，雕迦叶和阿难。塔身还雕有佛、菩萨、飞天、龙、虎、云等。塔身内有方形石柱，四角各雕盘龙，中雕佛像一躯，上雕飞天等。塔檐仿木重檐，檐下有双跳华拱承托，上置复莲、项轮、宝顶为塔刹。龙虎塔优美造型与绝妙超群的高浮雕相辅相成，显示着盛唐雕刻、造型艺术的独特风格，是雕塑家们的宝贵研究资料，亦为我国稀有之建筑。1988年1月13日，国务院公布其为全国第三批重点文物保护单位。③千佛崖摩崖造像位于白虎山腰石壁上，作于初唐，南北长约60多米，大小石窟100多个，现存佛像210多尊，造像题记46则，年号有武德、贞观、显庆、永淳、文明等。最大者有五窑，一号窟窟顶作仿椽屋檐，内有跏趺坐佛一尊，高约1.78米；显庆二年（657），南平长公主为父皇唐太宗祈福而造。二号窟作于显庆三年（658），内有坐佛一尊，高约2.75米，底宽1.29米，为千佛崖造像之最。三号窟内有坐佛三尊，高约1.75米。四号窟窟门中央雕有石柱，内造坐佛二尊，高约2.6米，为唐太宗十三子赵王李福所造，题记为：“大唐显庆三年，行青州刺史，清信佛弟子赵王福，为太宗文皇帝敬造弥陀像一躯，愿四夷顺命，家国安宁，法界众生，普登佛道”。五号石窟内有坐佛一尊，高约2.6米。千佛崖造像为我国唐初造像中保存最完整的珍品之一。1988年，公布为全国重点文物保护单位。④塔林始建于金代，有墓塔46座，墓碑15通，誉称“中国古代博物馆”。以石塔为主，辅之砖塔，造型各异，丰富多彩。其中元代泰定二年《清惠明德大师敬公山主寿塔》，明代嘉靖五年《成公山主塔》是汉代阙式之风格，在我国现存塔林中为之仅见。

3. 灵岩寺

灵岩寺位于济南市长清区万德镇、泰山西北麓，古时与浙江天台国清寺、南京栖霞寺、湖北当阳玉泉寺并称“海内四大名刹”，位居首位（图2.18a）。灵岩寺始建于前秦永兴间（357－358），开山祖师为朗公和尚；元·佚名《神僧传》：“朗公和尚说法泰山北岩下，听者千人，石为之点头。众以告，公曰：此山灵也，为我解化。他时涅槃当理于此”。北魏太平真君七年（446）灭佛、寺毁。北魏孝明帝正光间（520－525），法定和尚重建。唐代贞观间（627－649）重建，臻于全盛，张公亮《齐州景德灵岩寺记》和卞育《游灵岩记》：“寺之殿堂廊庑厨僧房，间总五百四十，僧百，行童百有五十，举全数也”。唐·李吉甫《十道图》中将其与浙江天台国清寺、湖北江陵玉泉寺、江苏南京栖霞寺并称“刹中四绝”。北宋景德间（1004－1007），敕赐额“景德灵岩禅寺”。景祐间（1034－1038），拓建，重修五花殿。嘉祐六年（1061），扩建，重修千佛殿。明成化四年（1468）重修，敕赐额“崇善禅寺”。嘉靖间（1522－1566），复名“灵岩寺”。清代重修。中轴线依次为山门、天王殿、大雄宝殿、五花殿、汉柏、御书阁。五花殿右为摩顶松、千佛殿、辟支塔、证盟殿，再右有塔

图2.18a　灵岩寺千佛殿（冯广平 摄）

图2.18b　灵岩寺塔林（冯广平 摄）

林，左有石窟造像。塔林有北魏、唐、宋、金、元、明、清历代石质墓塔160余座。各墓塔形式各异，雕刻精湛，精美细腻，塔林面积居全国第二（图2.18b）。千佛殿单檐庑殿顶，始建于大唐贞观年间，历代重修，今存为明代建筑，唐宋时为大雄宝殿；殿内有40尊宋代彩塑罗汉像，号称“海内第一名塑”。大雄宝殿原为献殿，始建于北宋政和间，明正德间（1506－1521），改作大雄宝殿，今存为清代建筑辟支塔为八角九层楼阁式砖塔，始建于宋淳化五年（994），通高55.7米。宋·曾巩：“法定禅房临峭谷，辟支灵塔冠层峦。”。寺内古树众多，有侧柏、圆柏、银杏、青檀等种。1982年，被公布为全国重点文物保护单位。

4. 明道寺

位于临朐县沂山镇上寺院村，岱岳谷口（百丈瀑布谷）、汶水北岸，始建于东晋咸安元年（371）。历北魏、东魏、北齐，数加拓址扩建。东魏武定间（543－550），寺有殿堂楼阁200余间，石佛400余躯，僧众百余人。隋开皇十四年（594）重修，规模为沂山之最。唐“会昌法难”中毁。北宋景德元年（1004），僧觉融、守宗募资建舍利，地宫藏坏像三百余尊。景德元年《沂山明道寺新创舍利塔壁记》：“今有讲法花经僧觉融，本霸州人也，听学僧守宗，本莫州人也，早悟浮生，偶游斯地，睹石镌坏像三百余尊，收得感应舍利可及千锞。舍衣建塔，为过去之遗形化诏。缘冀当来之佛会此，乃地穿及泉，甃若玉坚，垒成金藏，熔宝作棺，固至地平，方命良工砌垒。塔形虽小，胜事甚多”。

明道寺遗址于1982年文物普查时发现，面积约5000平方米。2010年重建。寺坐北面南，中轴线建筑南起依次为影壁、山门、天王殿、大雄宝殿、法堂、藏经楼。1984年，舍利塔地宫出土石雕佛像300余尊千余块，其卢舍那佛法界人中像尤精。

5. 龙兴寺

龙兴寺位于青州南城西北隅、范公亭东，始建于南朝宋元嘉二年（425）。南朝宋北海太守刘善明故宅，后舍宅建寺。宋元嘉二年止呼佛堂。元·于钦《齐乘》：“（龙兴寺）祥考图志，实非孟尝君宅也，乃《南史》刘善明宅耳。碑阴金人刻曰：‘宋元嘉二年但呼佛堂……唐开元十八年始号龙兴’。今寺内有饭客鼓架，寺东有淘米涧。《南史》：‘刘善明仕宋为北海太守，元嘉中（424－453），青州饥荒，人相食，善明家有积粟，自作饘粥，开仓赈救，乡里皆获全济。百姓呼其家为续命田，图志相传刘善明宅饭客鼓、淘米涧皆当时事，岂善明亦尝事佛，故在宋止呼佛堂，后因舍以为寺’”。北齐武平四年（574），临淮王娄定远主持重修，前塔后殿，格局与洛阳永宁寺相仿佛，敕赐额“南阳寺”；《司空公青州刺史临淮王像碑》：“南阳寺者，乃正东之甲寺也……前望窟磐，却邻沘瀰。层图迈于涌塔，秘于齐于化宫……（临淮王娄定远）遂于此爰营佛寺”（图2.19a）。隋开皇元年（581），改“长乐寺”、“道藏寺”。唐天授二年（691），改“大云寺”；开元十八年（730），重修，改“龙兴寺”。“龙兴”之名始于唐神龙元年（705），张景源上疏中宗改天下“中兴”寺观为“龙兴”寺观，得到中宗的诏准；《唐会要》：“咸请除中兴之字，直以唐龙兴为名……上纳之。因降敕曰……其天下大唐中兴寺观，宜改为龙兴寺观”。开成四年（840），日本僧人圆仁被安置

图2.19a　龙兴寺出土北魏贴金背屏三尊像（冯广平 摄）

图2.19b　驼山石窟（冯广平 摄）

在龙兴寺新罗院。北宋景祐四年（1039）重建（《青州龙兴寺重建中佛殿记》碑）。元末，兵毁（《嘉靖青州府志》）。明洪武元年（1368），改龙兴寺为城隍庙。洪武五年（1372）建齐王府和弘治间（1488－1505）建衡藩府，龙兴寺遗址被湮没。清光绪三十二年（1906）《益都县图志》："（龙兴寺）宋元以来代为名刹，明洪武初，拓地建齐藩，而寺址遂堙"。1984年，于龙兴寺北部建青州博物馆。

龙兴寺有古柏院，青州人张在有《龙兴寺老柏院》诗。北宋皇祐（1049－1054）建，潞国公文彦博（字宽夫，1006－1107）知青州府时，题此诗于古柏院西廊。元丰六年（1083），毕仲甫再题刻于龙兴寺后天宫院石柱。宋·王辟之《渑水燕谈录》："青州布衣张在，少能文，尤精于诗，奇蹇不遇，老死场屋。尝题《龙兴寺老柏院》诗云：'南邻北舍牡丹开，年少寻芳日几回。惟有君家老柏树，春风来似不曾来。'大为人传诵。文潞公皇祐中镇青，诣老柏院，访在所题，字已漫灭。公惜其不传，为大字书于西廊之壁。后三十余年，当元丰癸亥，东平毕仲甫将叔见公于洛下，公诵其诗，嘱毕往观。毕至青，访其故处，壁已圮毁，不可得，为刻于天宫石柱，又刊其故所题之处"。

龙兴寺今重建于青州城东南王家庄，背倚驼山，山中崖壁有驼山石窟（图2.19b）。石窟含5窟1龛和摩崖造像，共有大小造像638身，开凿于北周末年至唐长安三年（703）。南起第一窟平顶，高1.9米，宽2.3米，深4.1米；凿佛、二弟子、四菩萨、二胁侍、二力士像。窟左右侧有 4龛，题记3处：①长安二年（702）青州刺史尹思贞"谨施净财于驼山寺敬造石佛像"；②长安二年任玄览造观音像；③长安三年李怀膺造像。第四窟破坏严重，风格为唐代。第二窟窟高4米，宽3米，深3.5米，基座仅0.1米。主体造像为本尊、二胁侍、二力士，窟壁有千佛像。第五窟窟高1.2米，宽1米，深0.8米，主体造像为本尊、二胁侍，窟壁有10佛像。第二、五窟开凿于隋代。第三窟窟高7.5米，宽4.5米，深6米，基坛高1.2米，尖拱形顶。主体造像为本尊、二胁侍，以及341尊千佛像。开凿于北周末年。刀法为平刀直切式，为典型北朝风格。坛基上有 6处题名，其中有"大象主青州总管柱国平桑公"。平桑公即北周丞相韦操（字元节）（《隋书·韦世康传》）。唐末以后，驼山寺废。元大德间（1297－

1307），驼山寺旧址改作昊天宫，明成化元年（1465）、嘉靖二十一年（1542）重修。清乾隆三十八年（1773）重修。驼山东南有巨佛头像，全长约2600余米，由9个山头组成。传为青州人、北海太守刘善明（431－480）主持，依托山势，人工修饰而成。1988年，驼山石窟被公布为全国重点文物保护单位。

6. 兴国寺

位于淄博市临淄区齐都镇西关三村，始建于后赵石虎时期（335－349），原立有阿育王塔，今仅塔中级，又名八棱碑，八面刻汉隶佛经。北魏重建，造“无量寿佛”，为山东最大单体石佛，高5.6米，宽1.8米，厚1米。宋初重修，改“广化寺”。元至正间（1341－1368）毁。明初重建，称西寺，又名西天寺。万历间重修。明时，寺内有正殿九间，殿东院有八角七级僧舍利塔6座。寺南也有僧舍利塔6座。清康熙间，于寺东隅创建稷门书院。光绪三十二年（1896），改作高等小学堂。1912年，改作桑蚕职业学校。1930年，改县立第二小学。1938年兵毁。“文化大革命”间，碑塔尽毁。今存石佛、石狮和阿育王塔经幢。石佛螺髻丰面，袈裟通肩，袒胸赤足，手施无畏与愿印（图2.20）。1984年，石佛被列为淄博市文物保护单位。1985年，围绕石佛创建临淄石刻艺术陈列馆。2006年，西天寺造像被公布为全国重点文物保护单位。

7. 光化寺

位于徂徕山东南麓蓝溪畔，创建于北魏，隋代称“光化寺”。蒙古定宗元年（1246）《重修光化寺碑》：“徂徕光化寺者，其来远矣，始创基于后魏，至隋朝而有光化之名。唐有天下三百余年，衣钵相传，宗派不泯”。寺址出土有北魏太和三年（479）羊银光造像题记刻石。寺北门外东侧“将军石”有北齐武平元年（570）《大般若波罗密多经》刻石。光化寺东南映佛岩有武平元年《般若波罗蜜经》刻石。五代时期，寺废。北宋大中祥符七年（1014），重修，敕赐额“崇庆寺”，成为与灵岩寺齐名的大刹。金贞祐间（1213－1217），兵毁（《重修光华寺碑记》）。蒙古定宗元年重修。清乾隆九年（1744）、光绪十年（1884），重修。今存大雄宝殿及其两侧配殿，以及历代重修碑3通。大雄宝殿面阔三间，进深一间，硬山顶，四壁上有二十余幅清代壁画，传与岱庙《泰山神启跸回銮图》出自同一画师。寺内有古油松一株，形如丹凤展翅，号“蔽寺松”、“一亩松”；另有古圆柏一株，主干分

图2.20　兴国寺无量寿佛石像（冯广平 摄）

图2.21 光化寺北朝《般若波罗蜜经》刻石（蔡柏红 提供）

3股，号“三义柏”。寺东南二里有墓塔林，“文化大革命”间多被毁坏。映佛岩高5.5米。刻石高约8米，宽约5米，状如巨佛踞坐。《般若波罗蜜经》刻石分上中下三层（图2.21），隶书，共131字：“般若波罗蜜经。冠军将军梁父县令王子椿。文殊师利白佛言：世尊，何故名般若波罗蜜？佛言：般若波罗蜜，无边无际、无名无相、非思量、无皈依、无洲渚、无祸、无福、无□无明如凡界，无古今□亦无（缺三十二字）普忆。武平元年僧齐大众造，维那慧游、普禧”。将军石高1.9米，宽2.4米，厚1.2米。《大般若波罗密多经》刻石，隶书，共89字：“内空外空，内外空。空空大空第一义。空有为空，无为空。□□无如空，□空、性空，诸法空，□□□□，法空无法，空有法，空无法有法空。冠军将军梁父县令王子椿造。道慧、道升、道昂、道恂僧真共造”。东侧题：“中正胡宾。武平元年”。两刻石结体端庄，笔法古朴，气韵高逸，为历代书法家所推崇。北宋金石学家赵明诚躬自拓片，收入《金石录》。金明昌间，安升卿徂徕题记有“得冠军石经于佛谷”语。清·冯云鹏、冯云鹓《金石索》也全文收录两石刻。两刻石与泰山经石峪《金刚经》、邹县四山刻石齐名，今被列为山东省文物保护单位。

8. 经石峪刻石

位于泰山斗母宫东北经石峪，刻石面积2064平方米，是中国现存规模最大的佛经摩崖刻石。自东而西刻鸠摩罗什译《金刚般若波罗密经》，计44行，凡2799字，字径50厘米；今存经文41行、1069字。刻者、年款无考，学者多认同为北齐人书。书法纵逸遒劲，以隶为主，兼有篆、行、楷、草意态，结体宏阔自然，用笔苍劲古拙，神采潇洒安闲。历来被视为“大字鼻祖”、“榜书之宗”。今被列为山东省文物保护单位。

斗母宫位于岱阳登山盘道东侧。明以前称“龙泉观”，嘉靖二十一年（1542），德王重建中院大殿。清康熙十二年（1673），建观音殿，塑观音像，新装斗母神像。乾隆四十四年（1779），重修中院正殿，建后院东侧听泉山房。乾隆五十三年（1788），建钟鼓楼。今存为清代建筑。斗母宫分前、中、后三院。中院大门西向，两侧分列钟鼓楼，院中有正殿、东配殿、南穿堂。正殿以祀斗母而名，面阔三间、10米，进深二间、8米，通高8.2米，灰瓦硬山顶。殿内原奉斗母像，毁于“文化大革命”间，今置地藏菩萨铜像。

9. 崇觉寺

崇觉寺又名释迦禅寺，位于济宁市内铁塔寺街路北，始建于北齐皇建元年（560）。北宋崇宁四年（1105），徐永安之妻常氏，捐资建七级铁浮屠塔，寺改称“铁塔寺”（图2.22）。万历九年（1581）、清光绪七年（1881）重修。今存大雄殿、声远楼、汉碑室、铁塔。铁塔原为八角七层楼阁式，未造塔顶。明朝万历九年，济宁道龚勉主持募资，增建为九层。塔通高23.8米；塔身呈八角形，塔基高1.9米，内有塔室南向，砖砌藻井，奉碑状大悲观音千手千眼佛。塔身外有铸铁壳，内填砖，每层设塔檐、平座、勾栏等，塔檐和平座施饰重昂五铺作和单抄重昂六铺作斗拱；塔刹鎏金宝瓶式。一层外壁铸瘦金书塔铭：“大宋崇宁乙酉常氏还夫徐永安愿谨铸”。

图2.22 崇觉寺铁塔和声远楼（禚柏红 提供）

10. 颜文姜祠

颜文姜祠，又名灵泉庙、顺德夫人祠，位于淄博市博山区山头镇西神头村，始建于北周，奉祀孝妇颜文姜，原名孝妇庙。乾隆《博山县志》：颜文姜祠“后周时建，唐天宝年间重建”。颜文姜纯孝感天、泉出室内的传说始于西晋。晋·郭缘生《续述征记》：“梁邹城西有笼水，云齐孝妇诚感神明，涌泉发于室内，潜以缉笼覆之，由是无负汲之劳。家人疑之，时其出，而搜其室，试发此笼，泉遂喷涌，流漂居宇，故名笼水”。南神头村北有颜文姜墓，1949年、1956年、1960年，修建新博煤矿宿舍、公路、民宅时拆毁。颜文姜墓仅有木牌，传说疑似杜撰无实据。唐天宝五年（746），重建颜文姜祠。万历四十二年（1614）《重修顺德祠》：“唐天宝征辽，兵经笼水，神以七箸饷军。今城南营栏，尚其故处。后复助阴兵成功，天子特命汾阳郭公创建祠庙”。北宋，民间附会颜文姜为复圣颜回后裔。咸平六年（1003）重修。熙宁八年（1075），宋神宗敕封颜文姜“顺德夫人”，扩建祠宇，赐额“灵泉庙”。明万历四十二年重修。崇祯三年（1630）重修，俗称“龙泉寺”。孙霁《修白衣庙记》：“颜神城，古笼水也。孝川、范河潆洄，而龙刹、珠泉潺潺于乾位”。清康熙十一年（1672）增建。乾隆三十四年（1769）、道光八年（1828）重修。1982年重修。

颜文姜祠为现存最早一座敕建平民祠。祠内今存历代碑碣79通。祠坐西北朝东南，占地约3660余平方米，建筑面积1368.34平方米，有殿宇83间，分前后4进院落。轴线建筑自南而北依次为山门、香亭、灵泉、正殿、寝殿。前院正中是灵泉，又名孝泉。甃石为正方形池，边长7.5米，深3米，四周石雕围栏。正殿位于泉北台基上，单檐歇山顶，施绿琉璃瓦，面阔三间、13米，进深三间、14.5米，高约15米，梁架全部用斗拱攒成，斗拱重翘三昂十一踩，俗称“无梁大殿”（图2.23）。正殿

图2.23 颜文姜祠（冯广平 摄）

为国内仅存3座唐代建筑之一。祠前有2株毛白杨，山门内和大殿西分别列植两株银杏。祠后增建孝园建筑群，主要建筑11座，轴线建筑依次为姊妹殿、二十四孝蜡像馆大门、水池、八角亭。

11．圣佛莲花洞

又名“千佛洞”，位于济南市长清县五峰山乡石窝村东、五峰山聚仙峰西侧峭壁，开凿于东魏。石窟坐东朝西，窟平面呈“凸”字形，宽4米，深3.98米，高3.10米。洞口垒石成券，额题“圣佛莲花洞”，镌于明天启六年（1626）三月。北、东、南三壁有宽0.30米、高0.40米的二层台。正面东壁有一佛二弟子二菩萨五躯造像，佛高2.12米，结跏趺坐于束腰须弥座上，螺髻，面部端祥，袈裟袒右，作禅定印像，身后为舟状火焰形背光，内饰莲花。南北壁及其他壁上凿259座佛龛，刻千佛211尊。窟外有14龛，造像31尊。洞口北壁下方有北朝时期铭文（无年款）和“大宋嘉□九年”题记二则。洞中有东魏至北宋造像题记50余处，大多漫漶不可识。清嘉庆《山左金石志》：“（隋）莲花洞造像题字三十种，在洞外东壁者五种，在洞内北壁者二十三种，在洞内南壁者二种，每种五六字至二十余字不等，向未著录，此段赤亭亲至五峰搜得之”。清·孙星衍《寰宇访碑录》：“五峰山莲花洞大像主钟崔等五十四人题名，盖又有出三十种之外者矣”。所见题记有东魏武定五年（547）、北齐乾明元年（560）造像题记等。1992年，被列为山东省文物保护单位。2013年，被公布为全国重点文物保护单位。

12. 定林寺

位于莒县浮来山镇邢家庄一村西北，始建于北魏（图2.24）。同治十三年（1874）《万古流芳》碑："为六朝北魏时期创建无疑"。《重修莒志》卷五十录北齐《定林寺六人造像记》佛座残石。创始人有两说，一说为晋京师瓦官寺高僧竺法汰（320－387）和南朝高僧释僧远（俗姓皇，413－484），东山口原有石坊，正面有联："浮丘公驾鹤来山曰浮来乡人尽信，竺法汰传禅定寺名定林远客鲜知"；背面有联："鲁公莒子会盟处，法汰僧远坐禅山"。此说不可靠，《高僧传·僧远》："（大明六年，462）即日谢病仍隐迹上定林山……以齐永明二年（484）正月卒于定林上寺"。僧远出家、圆寂的定林寺为南京钟山上定林寺，与莒山定林寺无关。另一说为南朝梁通事舍人、步兵校尉、文学批评家刘勰（字彦和，465－532？）。《南史·刘勰传》："有敕与慧震沙门于定林寺撰经证。功毕，遂启求出家，先燔鬓发以自誓。敕许之，乃于寺变服，改名慧地"。刘勰出家推测于北魏普通元、二年间（520－521）。《重修莒志》（1935）卷十九："彦和于钟山校经后回莒，以浮来形胜，创立寺宇，名以定林"。光绪元年（1875）《浮丘八观碑》刻张竹溪浮来八景诗，李厚恺小记称"考史，定林寺实萧梁刘舍人彦和所创建"。怪石峪康熙十年（1671）摩崖："铁佛悯莒归地府，彦和碑碎遗荒坟"。《彦和碑》于康熙七年（1668）毁于地震，今存龟趺碑座。1996年，定林寺发现北魏时期佛塔塔基，疑似刘勰墓。民国间，定林寺最后一任主持佛成指认彦和墓塔在寺左近。

北周建德六年（577），周武帝灭北齐、灭佛，定林寺毁。隋文帝开皇（581－600）间，重建。仁寿（601－604），诏令释昙观奉送佛舍利于寺内。唐·道宣《续高僧传·昙观传》："昙观，莒州人……仁寿中，奉敕送舍利于本州定林寺"。唐会昌五年，唐武宗灭佛，寺毁。北宋靖康元年（1126）大修，修三门、建关帝殿。《重修莒志》载：寺出土石柱，落款"靖康元年十一月　日，修三门，住持僧道英建记"。明洪熙元年（1425），"钦赐定林寺僧理用等二十一人度牒"（《重修莒志》卷四十六）。宣德五年（1430），定制景德镇瓷香炉，款"坐禅人定"。嘉靖二十四年（1545）重修，建毗卢阁，铸铁佛十九尊。万历七年（1579）、万历三十五年（1607）、天启元年（1621）重修。清康熙四年（1666）重修，合毗卢殿、校经楼为一，上层塑毗卢像。康熙五十六年（1717），重修泰山行宫。同治十三年大修。1929年，毁佛像。

图2.24　定林寺（冯广平 摄）

定林寺坐北朝南，南北长约95米，宽52米，占地4940平方米；分前、中、后三进院落，轴线建筑南起依次为山门殿、大雄宝殿、校经楼三教堂。大雄宝殿面阔三间，

图2.25 晋琅琊王墓（冯广平 摄）

灰瓦硬山顶。大雄宝殿西有泰山行宫、菩萨殿、三爷殿；其东为关帝殿。寺存明代重修碑4通。定林寺大雄宝殿前有“天下银杏第一树”，列为浮丘八观之一：“饱咽星霜岁几更，拿云心迹尚分明。豫章橘李应师友，汉柏秦松或弟兄。老干夜深闻魈语，虬枝风戛作鸾声。参天黛色何年值，岩石无言水自明。”三教堂前有唐代古银杏，树旁有明代重修三教堂碑、清代莒进士庄瑶游浮来观银杏碑和浮丘八观碑等。

2.3.4 陵林

岱岳地区六朝时期的王一级墓葬发现很少，仅有临沂洗砚池墓群一例，为东晋琅琊王陵墓。墓葬位于王羲之故居公园东北部，西晋晚期至东晋早期墓葬。1号墓两墓并列（图2.25），长方形，坐北朝南，砖石双室券顶墓，东西7.55米，南北4.6米，高3.4米，共用南墙，墙长8.2米，高3.4米。墓室内壁长3.75米，宽2.95米，高2.45米。东室葬2岁幼儿，西室葬6－7幼儿。随葬器物273件，其中金银器23件；瓷器22件，有鸡首壶、盘口壶等；铜器12件，铜弩机勒铭：“正始二年五月十日左尚方造”等30余字铭文；漆器9件，底部有款：大康七年李平上牢、大康八年王女上牢、十年李平上牢等。2号墓位于1号墓西，南北长13米，东西宽6.8米，高4.6米。1号墓东室墓主推测为琅琊悼王司马焕，西室为琅琊哀王司马安国。2号墓主推测为琅琊孝王司马裒（字道成，300－317）。《晋书·元四王列传》：“更封裒琅邪，嗣恭王后……建武元年薨，年十八……子哀王安国立，未逾年薨”。1号墓为山东已发掘汉晋墓中保存最完整的一座大墓，也是惟一未被盗掘的墓葬。2006年，洗砚池墓群被公布为全国重点文物保护单位。

2.3.5 公共园林

1. 趵突泉和大明湖

位于济南市历下区西北，趵突泉泉位于古历县城外西南隅，北有五龙潭，再北入古城内，即为大明湖西岸。大明湖位于古城内北部，东西长，南北窄，呈长方形，面积81公顷，水陆各半；湖水面积46公顷[①]，水深平均3米，湖中岛6个。大明湖形成与古泺水水系有关，泺水源为娥姜水（今趵突泉），在汉历城县城（今济南老城西南角）西南。娥姜水北流入古大明湖（今五龙潭），一旁支东

① 1公顷=10 000平方米，后同。

流，主干北向接纳历城陂水、历水枝津、听水，北流入济水。《水经注·济水二》：“（泺水）北为大明湖……（历祀下泉）左水西迳历城北，西北为陂，谓之历水，与泺水会……（历水枝津）迳东城西而北出郭，又北注泺水。又北，听水出焉。泺水又北流，注于济，谓之泺口也”。汉历城县北有人工湖名“历城陂”，水源有两支，一支为源自古大明湖的人工河，东去至汉历城西墙，沿城北流注陂。另一支为历祀下泉（古舜井），沿汉历城县城北流，引为流杯池（今珍珠泉），再北分为分为历水、历水枝津，历水西北入历城陂；历水枝津东北流，沿晋历城县城（今舜井街以东、大明湖路以南老城部分）西墙北流，折而东北，再北汇入泺水。《水经注》：“（历城陂）水上承东城历祠下泉，泉源竞发。其水北流，经历城东，又北引水为流杯池。分为二水，右水北出，左水西迳历城北，西北为陂，谓之历水……历水枝津首受历水于历城东，东北迳东城西而北出郭，又北注泺水”。西晋永嘉末（308－313），济南郡移治历城，新筑历城东城，夹历水与汉历城相对。唐元和十五年（820），筑齐州城，拓展外郭，将西城和东城圈入其中，历水成为城中河。城中泉水左路受阻，渐于城北蓄积成湖，即为今大明湖（图2.26a）。

大明湖造园起始时间不详，早期有趵突泉旁的娥皇女英祠和舜井旁的历祀。北魏孝文帝早期（472－487）间，冠军将军、齐州刺史、魏昌侯韩麒麟（432－488）于古大明湖畔建大明寺。唐·段成式《酉阳杂俎·语资》：“历城县魏（大）明寺中有韩公碑，太和中所造也。魏公曾令人遍录州界石碑，言此碑词义最善，常藏一本于枕中，故家人名此枕为麒麟函。韩公讳麒麟”。大明寺以古大明湖为净池，湖中建客亭，亭左右植梧桐（*Firmiana platanifolia*）、楸（*Catalpa bungei*），湖色林池绝胜。《水经注·济水二》：“其水，北为大明湖，西即大明寺，寺东、北两面侧湖，此水便成净池也。池上有客亭，左右楸桐，负日俯仰，目对鱼鸟，水木明瑟，可谓濠梁之性，物我无违矣”。约与大明寺创建同期，汉历城内开挖流杯池。流杯池为东晋皇家园林园池名。南朝宋·刘道荟《晋起居注》：“海西泰和六年三月庚午朔，诏曰：三日临流杯池，依东堂小会”。正始间（504－508），齐州刺史郑惪于汉历城北造园，号“使君林”。《酉阳杂俎·酒食》：“历城北有使君林。魏正始中，郑公惪三伏之际，每率宾僚避暑于此”。北宋熙宁五年至六年（1072－1073），曾巩（字子固，世称南丰先生，1019－1083）知齐州，造历山堂、泺源堂、汇波楼、百花洲（在今鹊华桥附近）、百花台、百花林、北渚亭、阅武堂、环波亭、芍药厅、水香亭、静化堂、仁凤厅、凝香斋、芙蓉台等亭台楼阁，以及百花、芙蓉等七桥，形成以大明湖为中心的公共园林景区。熙宁六年，曾巩《齐州二堂记》：“齐滨泺水，而初无使客之馆，使客至，则常发民调材木为舍以寓。去则撤之，既费且陋。乃为之徙官之废屋，为二堂于泺水之上，以舍客……今泺上之北堂，其南则历山也，故名之曰历山之堂……而有泉涌出，高或至数尺，其旁之人，名之曰趵突之泉”。金末，园池尽毁于兵燹。金·元好问《济南行记》：“大概承平时，济南楼观天下莫与为比，丧乱二十年，唯有荆榛瓦砾而已”。元代，大明湖周边造园重兴。至元十七年（1280）于北渚亭遗址修造北极阁。戴元表《寄赵子昂济南诗》：“济南官府最风流，闻是山东第一州”。明代，重修鹊华桥，于大明湖东北部修筑晏公祠（今南丰祠）、晏公台，祀水神晏戌子。乾隆五十七年（1792），建铁公祠，祀明兵部尚书铁铉（字鼎石，1366－1402）；建佛公祠，祀山东巡抚佛伦（舒穆禄氏，？－1701）。乾隆间，仿苏州沧浪亭建小沧浪亭（图2.26b）。嘉庆五年（1800），重修汇泉寺（今汇泉堂）。道光间，历城令捐资于晏公

图2.26a　大明湖（任昭杰 摄）

图2.26b　大明湖小沧浪亭（包琰 摄）

图2.26c　大明湖历下亭（刘海明 摄）

台东建曾公祠，祀曾巩。光绪间，山东巡抚于晏公台西建张公祠，祀张曜（字朗斋，号亮臣，1832－1891）。元清时期的“济南八景”，其四在大明湖，包括历下秋风、鹊华烟雨、汇波晚照、明湖泛舟，其中尤以鹊华桥最繁华。清朝晚期，大明湖水面萎缩厉害。光绪末，修筑乾建门里街直通鹊华桥，西南水域被隔，后被填平。同治、光绪年间，增修湖南岸贡院，向北填湖拓地。1904年，贡院内立李公祠，为李鸿章生祠。1905年，废湖南岸贡院，参照宁波天一阁建遐园（山东省图书馆）。1928年，遐园建筑多毁于日军炮击。1937年，韩复榘撤离济南，火烧遐园。济南解放后，大规模整修大明湖。1955年，辟为公园。1961年，改李公祠作稼轩祠，纪念辛弃疾。

大明湖沿岸古迹有十余处。南岸有南门牌坊、鹊华桥、百花洲、遐园、明湖居、辛稼轩纪念祠。遐园占地9600平方米，园内有假山、拱桥、读书堂、宏雅堂、海岳楼、明漪舫、博艺堂、汉画堂、罗泉堂，其间以曲廊相连。园内景色秀丽，誉称“济南第一标准庭院”。大明湖西北岸有铁公祠、佛公祠、小沧浪亭。湖东北岸有北极阁，又名“北极庙”、“真武庙”，至元十七年建。明永乐间、嘉靖间重修。正殿三间，殿内祀真武大帝。“文化大革命”间，殿中神像毁。1980年修复。东北岸另有南丰祠、月下亭。西南门内照壁为毛泽东词碑。湖中东南隅清凉岛上有汇泉堂、秋柳园。大明湖建筑以历下亭最古，原为古大明湖上的客亭，唐代改“历下亭”（图2.26c）。唐天宝四年（745），杜甫（字子美，自号少陵野老，世称杜少陵，712－770）游历城，与北海太守李邕（字泰和，世称李北海，678－747）饮宴亭中，作《陪李北海宴历下亭》：“东藩驻皂盖，北渚凌清河。海右此亭古，济南名士多。云山已发兴，玉佩仍当歌。修竹不受暑，交流空涌波。蕴真惬所欲，落日将如何？贵贱俱物役，从公难重过！”唐末，亭毁。北魏时在五龙潭附近，北宋时迁建大明湖南岸。清康熙三十二年（1693）移建今址湖心岛。历下亭红柱碧瓦，八角重檐，内悬乾隆帝御题“历下亭”，亭前楹联“海右此亭古，济南名士多”。亭前有乾隆御制诗碑。亭北大厅为“名士轩”。2009年，获“中国第一泉水湖”誉称。

2. 鹊山湖

又名莲子湖，位于济南市历城区天桥街道鹊山村附近、黄河北岸。湖在唐齐州城北二里，湖面方圆二十里，湖中莲花（*Nelumbo nucifera*）甚盛。清河王元怿（字宣仁，487－520）曾于湖中宴集。《酉阳杂俎·语资》：“历城北二里有莲子湖，周环二十里。湖中多莲花，红绿间明，乍疑濯锦。又渔船掩映，罟罾疏布，远望之者，若蛛网浮杯也。魏袁翻曾在湖醼集，参军张伯瑜谘公，言：‘向为血羹，频不能就。’公曰：‘取泺水必成也。’遂如公语，果成。时清河王怪而异焉，乃谘公：‘未审何义得尔？”公曰：‘可思湖目。’清河笑而然之，而实未解”。唐代，莲子湖为游赏胜景，李白有《陪从祖济南太守泛鹊山湖三首》，赞叹湖面广大，“初谓鹊山近，宁知湖水遥？此行殊访戴，自可缓归桡”。北宋时期，修建鹊山亭。曾巩《鹊山亭》：“大亭孤起压城颠，屋角峨峨插紫烟。泺水飞绡来野岸，鹊山浮黛入晴天。少陵骚雅今谁和，东海风流世谩传。太守自吟还自笑，归来乘月尚留连。”金天会八年至十五年（1130－1137），伪齐刘豫开凿小清河，鹊山湖水被泻。明代，“翠屏丹灶”为历下十六景之一。明·刘敕《鹊山》有诗句“桃李春开日，楼船水涨时。许多寻胜者，到此好衔卮”，足见当时鹊山湖仍然是游赏名胜。清朝中晚期，鹊山湖废涸。清·徐子威《鹊山湖怀古：“瘦牛耕废堰，境僻松风长。鹊湖余古迹，秋色晚苍茫”。

2.3.6 私宅园墅

六朝私宅园墅见诸记载者甚少。除北魏使君林之外，尚有北齐房家园。

北齐亡后，博陵太守房豹（字仲干）弃官归故里，筑山池自娱。房家园因泉造池，掇石为山，杂树繁茂，与晋石崇的金谷园可媲美。《酉阳杂俎·语资》："历城房家园，齐博陵君豹之山池。其中杂树森竦，泉石崇邃，历中祓禊之胜也。曾有人折其桐枝者，公曰：'何谓伤吾凤条。'自后人不复敢折。公语参军尹孝逸曰：'昔季伦金谷山泉何必逾此。'孝逸对曰：'曾诣洛西，游其故所。彼此相方，诚如明教。'"

2.4 隋唐时期

隋统一全国后，隋文帝励精图治，南北文化交融、补充，至大业年间开始繁荣起来。隋炀帝集合了南北造园的精华，继承并发展了汉代的"一池三山"造园思想，创造了全新的皇家园林类型——西苑。隋文帝鼓励佛教发展，并规范了各州官方立寺制度。大业末，全国寺院3985所。佛教园林得到进一步发展。

唐前期，经过唐太宗、唐高宗和武则天、唐玄宗时期的着力发展，达到空前强盛的状态，儒学、佛学、道家等进入空前繁盛的时期。儒学以孔颖达（字冲远、仲达，574－648）、颜师古（字籀，581－645）为代表，为儒家经典作正义注疏。李白（字太白，号青莲居士，701－762）、杜甫（字子美，自号少陵野老，712－770）、王维（字摩诘，701－761）成为唐诗的三座奇峰。韩愈（字退之，768－824）、柳宗元（字子厚，773－819）倡导古文运动，创造全新的文风。佛学开始进入本土化发展过程，三藏法师玄奘（俗姓陈，名祎，602－664）、义净（俗姓张，字文明，635－713）在佛经翻译上创造新的高峰，慧能和神秀引领了南北禅宗的发展。岱岳地区以礼天和崇儒为代表的造园活动达到新的高潮，造就了以岱庙、东镇庙为代表的礼制园林群落。佛寺和道观也因官方的鼓励而快速发展。开元末，全国有寺院5358所。唐武宗灭佛，毁天下佛寺4600余所，佛教园林大部被毁。唐以老子为祖，道教成为国教。道家以司马承祯（字子微，法号道隐，自号白云子，647－735）、玉真公主（字玄玄，692－762）为代表，厘定了天下道家七十二洞天。

2.4.1 衙署

隋唐两代，岱岳地区设有七八个州（郡）。较重要的州城平面方形，周长约10千米，街道四纵、四横，分十六坊。一般州城平面方形，州长4－6千米，街道一纵、一横，分四坊。隋唐州郡衙署今皆漫灭不存。

唐代，青州一直是东方重镇。青州城北城，又名东阳城，始建于东晋义熙五年，一说刘裕筑，一说羊穆之筑，《水经注·淄水》："阳水又东迳东阳城东南。义熙中，晋青州刺史羊穆之筑此，以在阳水之阳，即谓之东阳城。世以浊水为西阳水故也”。唐武德四年（621），置青州总管府，不久立都督府，命亲王镇之，贞观元年罢。天宝元年（742），改青州为北海郡。乾元元年（758），复改青州。至德（756－758），平卢节度使治青州东阳城。

青州节度使衙署按前朝后寝制度建设，前部为办公区，有诸曹部门。后为内宅。衙门设有毬场。唐·圆仁《入唐求法巡礼行记》：“廿二日，朝衙入州，见录事、司法，次到尚书押两蕃使衙门前。缘迟来，尚书入毬场，不得参见。却到登州知后院，送登州文牒一通。晚衙时入州，到使衙门……都使出来传语，唤入使宅”。

北宋末，东阳城兵毁。明洪武十一年（1378），于东阳城故址复修土城，不久废。今城垣大部已平，仅西北有城门残存。残墙长27米，高20米，门洞宽14米，夯筑而成。

2.4.2 坛庙

1. 封禅台

隋唐时期，皇帝至泰山祭祀一次，封禅两次。隋开皇十五年（595），隋文帝东巡，在泰山南设立祭坛，以南郊礼祭祀泰山。《旧唐书·礼仪三》：“隋开皇十四年，晋王广率百官抗表，固请封禅……至十五年，行幸兖州，遂于太山之下，为坛设祭，如南郊之礼，竟不升山而还”。

唐麟德二年（665），唐高宗诏命封禅。在泰山下南四里设“封祀坛”，坛呈圆形、三级，台阶十二，坛四面分别为东青、南红、西白、北黑，中央为青色，上设有燎坛。《旧唐书·礼仪三》：“有司于太岳南四里为圆坛，三成、十二阶，如圆丘之制。坛上饰以青，四面各依方色，并造燎坛及壝三重”。坛上藏玉策三枚、玉匮一、金匮二、玉玺一枚，“用方石再累，各方五尺，厚一尺，刻方石中令容玉匮”。在泰山顶造“登封坛”，坛高九尺，合2.66米（1唐尺＝29.5厘米），直径五丈，合14.75米，四面立台阶，颜色如封祀坛，中藏玉牒、玉匮等。《旧唐书·礼仪三》：“泰山之上，设登封之坛，上径五丈，高九尺，四出陛。坛上饰以青，四面依方色。一壝，随地之宜。其玉牒、玉匮、石磩、石检、距石，皆如封祀之制”。又于社首山作“降禅坛”，八角形，坛面黄色。《旧唐书·礼仪三》：“又为降禅坛于社首山上，方坛八隅，一成八陛，如方丘之制。坛上饰以黄，四面依方色。三壝，随地之宜。其玉策、玉匮、石磩、石检、距石等，亦同封祀之制”。社首山遗址位于泰城西南隅，与蒿里山相连。1951年，因凿石被毁。

乾封元年（666），唐高宗以五色土封“封祀坛”，高九尺，径一丈二尺。进而封岱顶“登封坛”、社首山“降禅坛”，改元乾封，改三坛名为鹤舞台、万岁台、景云台。《旧唐书·礼仪三》：“三年正月，帝亲享昊天上帝于山下，封礼之坛，如圆丘之仪。祭讫，亲封玉策，置石磩，聚五色土封之。圆径一丈二尺，高九尺……又诏名封祀坛为舞鹤台，介丘坛为万岁台，降禅坛为景云台，以纪当时所见之瑞焉”。

神龙元年（705），改博城县为乾封县。景云二年（711），重修泰山封禅坛。开元十三年（725），唐玄宗率百官、贵戚及外邦客使至泰山封禅，封禅礼沿袭乾封旧制。岱顶封坛于乾封间稍异，四层圆台，台上用方石累两层，内藏玉牒、玉策、玉匮。《旧唐书·礼仪三》：“山上作圆台四阶，谓之封坛。台上有方石再累，谓之石磩、玉牒、玉策，刻玉填金为字，各盛以玉匮，束以金绳，封以金泥，皇帝以‘受命宝’印之。纳二玉匮于礴中，金泥礴际，以‘天下同文’之印封之。坛东南为燎坛，积柴其上。皇帝就望燎位，火发，群臣称万岁，传呼下山下，声动天地”。开元十四年（726），玄宗御制《纪泰山铭》，勒于岱顶大观峰。

《纪泰山铭》又称《东岳封禅碑》、《泰山唐摩崖》，刻于唐开元十四年（726）九月，摩崖高1320厘米，宽530厘米。额题“纪泰山铭”，正文隶书24行，满行51字，现存1008字。

唐玄宗于社首山封禅玉册，北宋太平兴国（976－984）间曾出土，宋太宗诏令埋于旧所。《宋史·礼志七·吉礼七》：“初，太平兴国中，有得唐玄宗社首玉册、苍璧，至是令瘞于旧所。其前代封禅坛址摧圮者，命修完之”。

2. 东镇庙

东镇庙位于沂山（图2.27）。沂山立祠始于西汉太初三年，《史记》：“（太初三年）天子既令设祠具，至东泰山，东泰山卑小，不称其声，乃令祠官礼之，而不封禅焉”。隋开皇十四年，隋文帝诏令在四镇山上立祠。大业七年，诏令齐郡郡丞张须陀代祀沂山，形成封祭沂山的规制。唐长安四年、天宝元年，重修东镇庙。北宋建隆三年，宋太祖重建东镇庙，由隋唐旧址移至山下九龙口（今东镇庙村）北朝佛寺遗址。明洪武九年、成化三年、成化八年、正德八年、嘉靖五年、嘉靖二十八年、隆庆二年，重修。清康熙二年、康熙四十年、嘉庆五年、嘉庆十一年，重修。民国二十九年（1940），重修寝殿。1989年重修元代鼓楼；1992年复修钟楼、院墙；1993年复修东镇庙正殿。

东镇庙规模为明洪武朝奠定，盛时共有殿宇170余间，规模为古青州之最。东镇庙南北长180米，东西宽210米，占地总面积37 800平方米，其中建筑面积3900平方米。院落分东、西、中三路，中院中轴线建筑依次为“东镇庙”牌坊、山门、钟鼓楼、御香亭、大殿、更衣殿、寝殿。大殿为主体建筑，

图2.27　东镇庙（冯广平 摄）

面阔九间，进深五间，重檐庑殿瓦顶，前有祭台；台东有洪武碑亭，西有大德碑亭；大殿内奉祀东镇沂山神，当地俗称“东镇爷爷”。御香亭三间，四面出厦，灰瓦封顶，建于成化间。西院为公馆，馆内有净风轩三间，轩前花园，后有会云斋、道舍、皂隶房、厨房。东院为公馆，前有花圃，后有客厅五间，再后是宰牲房、披兵房、神库、神厨、道舍。东镇庙原存历代碑碣360余通，历兵燹人祸，毁坏严重。侵华日军毁碑建大关桥，碑林毁坏严重。1958年“大跃进”时，毁碑炼钢；随后“文化大革命”间，毁坏严重。今有碑目可查者281通，修复89通，院内尧松、汉柏（桧）、唐槐、宋银杏等。庙西南有上寺院舍利塔遗址、北魏石佛、牛仔石、龙爪石。

3. 岱庙

岱庙又名“东岳庙”（图2.28a），为历代帝王举行封禅大典和祭祀泰山处；始建于汉代，原址在岱宗坊西南升元观前，有专职人员守护。东汉·应劭《风俗通义》：“岱宗庙在博县（今泰安郊区旧县镇）西北三十里，山虞长守之”。武周时期（690－705），武则天命将岱岳庙由汉址移建于今址。明·查志隆《岱史》：“按岱岳观至元碑云，岳庙在岳之南麓。岱岳升元二观前当为汉址，唐武则天篡唐时改今地，或云宋改今地，其后历代废兴修葺，详其诸记石”。北宋大中祥符二年（1009）增扩为宫殿式庙宇。“殿、寝、堂、阖、门、亭、库、馆、楼、观、廊、庑八百一十有三楹”（《重修泰岳庙记碑》）。元·杜翱《延禧殿堂庑记》：“岱宗有祠，实自唐始。宋大中祥符肇建今祠庙，大其制一如王者居”。绍圣四年（1097），宋哲宗诏令重修东岳庙，建大殿“嘉宁殿”（曾肇《东岳庙碑》）。三株宋代古银杏应植于重修时。《岱庙政和嘉宁殿残碑》、《宣和重修泰岳庙碑》载：宋政和五年（1115）、宣和六年（1124）两次修葺嘉宁殿。金大定十九年（1179），重修，改“嘉宁殿”为“仁安殿”。《大金重修东岳庙碑》：“大定十八年，岁在戊戌春，岳庙灾，虽门墙俨若，而堂室荡然……明年……择尚方良工偕往营之……二十一年辛丑冬告成，凡殿、寝、门、闼、亭、观、廊、庑、斋、库虽仍旧制，加壮丽焉”。金·张暐《大金集礼》：“（金大定二十一）闰三月一日，奏定（东岳庙）正殿曰仁安”。金贞祐年（1216），岱庙毁于盗（《延禧殿堂庑记》）。元至元三年（1266），重修；元·杜翱《东岳别殿重修堂庑碑》：“创构仁安殿，以妥岳灵”。明永乐元年（1403）（《明太宗实录》）、天顺五年（1461）（李贤《重修东岳庙记》）、弘治三年（1490）（明《泰山志》）、弘治十五年（1502）（明孝宗《重修东岳庙碑》）、嘉靖三十三年（1554）（《明世宗实录》）等数次重修仁安殿。万历三十五年（1607）至天启五年（1625），敕会重修东岳庙（黄克缵《重修东岳庙碑》）。“仁安殿”在此次大修后改名为“峻极殿”，取义《诗经》“峻极于天”。清康熙六年（1667）（朱彝尊《重修东岳庙碑》）、康熙十六年（1677）（施天裔《重修东岳庙碑》）、康熙三十八年（1689）（《孔府档案》）、康熙五十二年（1712）（蒋陈锡《重修岳庙碑记》）、雍正九年（1731）（《岱宗坊碑》）、乾隆三十五年（1770）（清高宗《重修岱庙碑》）、嘉庆十九年（1814）（《重修泰安县志》）、嘉庆二十三年（1818）（蒋大庆《岱工增修小记》）等数次重修。民国十七年（1928），孙良诚以山东省政府名义下令将岱庙改为中山公园和中山市场，峻极殿牌匾易为“人民大会场”（王价藩《兵事日记》）。民国二十年（1931），山东省政府发布公文《岱庙天贶殿启事》，改岱庙正殿为“宋天贶殿”，直沿用至今。耿静吾《说岱》：“廿年

图2.28a　岱庙正阳门（冯广平 摄）

图2.28b　岱庙天贶殿（冯广平 摄）

（1931）省主席韩复榘补葺之，丹雘藻丽，额曰‘宋天贶殿’”。

岱庙宫城南北长406米，东西宽237米，周长1500余米，占地面积96222平方米。中轴线自南向北依次为遥参亭、正阳门、配天门、仁安门、天贶殿、寝宫、厚载门；东路为钟楼、汉柏院、东御座；西路为鼓楼、唐槐院、道舍院。天贶殿建高台上（图2.28b），台高2.65米，周围雕栏玉砌，亭阁环抱；正殿面阔九间、43.67米，进深四间、17.18米，通高22.3米，重檐歇山顶，施黄琉璃瓦，檐下施重翘重昂九踩斗拱；正间宽5.3米，次间4.5米，顶设藻井，周围施斗拱。祀东岳泰山神，东、北、西三壁绘有巨幅《启跸回銮图》，长62米，高3.3米。殿前两侧有乾隆御碑亭。岱庙内古柏林立，列入世界文化遗产和自然遗产的有“汉柏连理”、“赤眉斧痕”等。“汉柏凌寒”为泰安八景之一。1988年，岱庙被公布为全国重点文物保护单位。1987年，列入世界文化遗产名录。

2.4.3 寺观

隋唐时期是岱岳道教发展的兴盛期。隋开皇十四年，诏建东镇庙，东镇的国家祭祀开始形成规制。唐代以道教为国姓教，武德八年（625）宣布三教地位：道一、儒二、佛三。贞观十一年（637），唐太宗诏令道士、女冠在僧尼之上。贞观十年，诏封沂山神为“东安公”，沂山神有封号自此始。武周时期，武则天迁岱岳庙于今址。显庆六年（661），唐高宗李治及皇后武则天，诏令东岳先生郭行真（？－664）到泰山岱岳观建醮造像。此后，唐中宗、睿宗、玄宗、代宗、德宗皆遣使建醮造像（《岱岳观碑》）。乾封元年（666），高宗追封老子“太上玄元皇帝”，诏令岱岳观祀老子，称“老君堂”。仪凤三年（678），令道士隶宗正寺。开元十三年，唐玄宗封泰山，拓修泰山庙，封泰山神为“天齐王”。泰山神封王自此始。开元十九年，诏建岱顶东岳祠。泰山、沂山、蒙山为3个道教中心。天宝间，李白“请北海高天师授道箓于齐州紫极宫”。天宝四年（745），李白、杜甫结伴到蒙山寻访元丹邱、范隐士等道友，杜甫作《与李白同寻范十隐居》、《元都坛歌寄元逸人》。

隋代鼓励佛教发展。隋开皇元年，“三月诏于五岳各立一寺”。开皇十三年（593）又“令于诸州名山之下各置僧寺一所，并赐庄田”。开皇三年（583），隋文帝诏令扩建为神通寺，大业七年（611）建四门塔，为中国现存最早单层石塔。开皇间建泰山竹林寺、普照寺、冥福寺等，并广造神像，如《罗宝奴造像》、《弥勒寺造像》、《三教寺造像》、《金刚经幢》以及岱阴摩崖大型造像等。泰山遂成山东中部佛教中心。隋代佛寺见诸名录者有：鲁郡泰山神通寺、静默寺、灵岩寺、岱岳寺、瑕丘普乐寺，济北郡卢县崇梵寺，琅琊郡临沂善应寺、莒县定林寺，高密郡诸城茂胜寺，北海郡益都道藏寺和福胜寺等12座。按照“州别一寺”的原则，岱岳地区的隋代新立佛寺不少于7座，而《方志》载岱岳地区有隋代佛寺19座。石窟寺开凿也是隋代佛教发展的特点。青州驼山石窟、云门山石窟，济南千佛崖始凿于隋代。

唐代也鼓励佛教发展。麟德二年（665），高宗李治和武则天曾到灵岩寺礼佛。天授元年（690），僧法明作《大云经》，称武则天为弥勒佛下凡。武则天诏令颁行《大云经》，各州建“大云寺”。龙朔间（661－663），禅宗北派创始人神秀（俗姓李，606－706）来沂山说经，信徒剧增。《古骈邑志》载：沂山有寺院10余座，其周边有大小寺院124座。长安四年（704），诏修沂山寺院十余处。会昌五年，唐武宗灭佛，大部佛寺被毁，著名大寺未遭毁坏。唐文宗复兴佛。中和三年（883）

唐僖宗赐僧大行“常精进菩萨”，赐爵“开国公”。唐代佛寺见诸名录者有齐州灵岩寺、开元寺、华林寺、正觉寺、太平寺、南泉寺、盘泉寺、永清寺、寿逢寺、宝峰寺，沂州蒙山宝真院，密州诸城茂盛寺、宁义寺、龙兴寺、玉泉寺、李丈东洪禅寺、皇姑庵，青州弥勒寺、白佛禅院、石佛寺，兖州瑕丘法集寺、封峦寺、非烟寺、重云寺。据《方志》所载，岱岳地区有佛寺63座，以青州、齐州、兖州最多，青州有寺21所，其益都3座、临淄1座、临朐2座皆在岱岳地区，齐州15座，12座在岱岳地区。

1. 兴国寺

兴国寺位于济南千佛山山腰，始建于隋开皇间（581－600），龙泉洞有隋开皇七年（587）刘景茂造弥勒像；寺始名“千佛寺”。唐贞观间（627－649）扩建，改名“兴国禅寺”，为千佛山首刹。金熙宗时期（1136－1149）重修。元末，兵毁，“殿堂蓁芜，无存一砖一瓦”（《重修千佛山寺永远千年碑》）。明成化四年（1468），德王府内官苏贤捐资重建。清乾隆五十七年（1792）重修，建洞天福地坊。嘉庆至咸丰间（1796－1860）重修，增建观音殿。1918年、1927年重修。20世纪50年代维修。1959年辟为公园。“文化大革命”间，佛像毁，大雄宝殿拆除。1983年，被确定全国重点寺院。1985年，恢复佛事活动。

兴国寺依山而建，有4个院落，习称“东庙”、“西寺”。东庙有大舜庙、文昌阁、鲁班祠、碑廊。西寺起自唐槐亭，向南依次为齐烟九点坊、云径禅关坊，至山门，寺左东朝西，山门西向，向东依次为天王殿、大雄宝殿。大雄宝殿北侧为玉佛殿，坐北朝南。大雄宝殿南侧为菩萨殿，坐南朝北。

图2.29 千佛山隋刻阿弥陀佛（冯广平 摄）

大雄宝殿后有长廊，内有董必武、郭沫若、赵朴初诗碑。长廊南侧为千佛崖，由西向东依次为龙泉洞、极乐洞、黔娄洞、洞天福地坊、对华亭等。隋唐时期开凿9座石窟，有佛像130余尊。极乐洞造像最精，有佛像87尊，开凿于隋开皇十年至十三年（590－593），主佛阿弥陀佛高达 3 米，左右侍立观世音、大势至二大士像，各高2.5米；三圣佛神态安详，雕工精细，线条优美，为隋代石刻精品（图2.29）。龙泉洞在极乐洞西，内有泉，水深3米，洞内悬岩浮雕佛像20余尊。黔娄洞高2米，深10米余，三折；传为齐国道学家黔娄（稷下先生、黔娄子）隐居之处，洞内黔娄坐像和6尊残缺不全的佛像。寺存墓塔7座，历代碑刻10通。

兴国寺植物造景以银杏、侧柏、槐、臭椿（*Ailanthus altissima*）为主，唐槐亭有唐槐，原树已枯死，树洞补植幼树。明·刘敕《咏兴国寺》：“数里城南寺，松深曲径幽。片湖明落日，孤蜂插清流。云绕山僧室，苔侵石佛头。洞中多法水，为客洗烦愁”。

2. 兴隆寺

兴隆寺原名普乐寺、龙兴寺，始建时间不详，一说其前身为北魏瑕丘尼寺。隋仁寿二年（602），隋文帝诏全国五十三州寺建塔安置佛舍利，普乐寺为其一。唐·释道宣《续高僧传》：“释法性，兖州人……仁寿之年，敕召送舍利于本州普乐寺”。唐神龙元年（705），敕改“中兴寺”；翌年改“龙兴寺”。五代后梁乾化二年（912）重修。北宋太平兴国七年（982）重修，成为兖州。王禹偁《宋龙兴寺新修三门记》：“龙兴寺者，东兖招提之甲也”。嘉祐八年（1063），重建龙兴寺塔。熙宁五年（1072）重修，建弥勒佛殿。蒙元初，寺毁，“龙兴焚荡之余”（元好问《告山赟禅师塔铭》）。明初重建，改“兴隆寺”。明·李贤、彭时《明一统志》卷二十三：“兴隆寺，在府城东北隅。唐建，旧名普乐，本朝改今名”。清康熙七年（1668），寺毁于地震。康熙三十一年至五十九年（1692－1720），重建兴隆寺塔（康熙五十九年《重修兴隆寺塔》碑）。清末，寺废毁。今存兴隆寺塔（图2.30），始创于隋仁寿二年，一说北齐武平三年（572）， 北宋嘉祐八年、清康熙间两度重建。塔为八角十三层楼阁式砖塔，塔高54米，塔身边长6米；塔身分为两节，下面七层宽大，上面六层骤缩，形成“塔上塔”奇观。塔檐叠涩，除基层双檐外，均为为单檐，塔身四面开门。2013年，被公布为全国重点文物保护单位。

图2.30　兴隆寺塔（肖贵田 摄）

3. 义净寺

义净寺原名双泉庵，为四禅寺下院，位于济南市长清区张夏镇张夏村东通明山山腰，始建时间不详，传唐贞观十四年（640），“药王”孙思邈于此采药医人。武则天时期，当地人捐资修药王庙。明万历六年（1578），四禅寺僧洪亮与二徒弟重建。万历六年《重修四禅寺下院双泉庵记》：“有四禅一老僧洪亮号徹空者，率其徒深禄、深荣，修葺以居……今师徒渐次芟辟，即山中伐木为材，断石为垒，乃于北台上建佛殿，东泉建佛阁”。万历九年（1581）重修，建南配殿。明末，寺废。清康熙四年（1665）、康熙十四年（1675）、雍正七年（1729）、雍正十年（1732）、嘉庆七年（1802），重修。双泉庵原于每年二月十五日庙会，与马山庙会、泰山庙会并称“齐鲁三会”。“文化大革命”间，庙毁。2011年原址重建，改名义净寺。

双泉庵面西北，今存门楼、正殿、南配殿等清代建筑，及历代重修碑8通。正殿通明阁坐东朝西，面阔三间，进深一间，硬山顶。正殿前2米并列双泉成两方池。《重修通明山双泉庵碑》：“阁前有涌绿喷珠，名曰双泉，钟山之秀，钟山之灵，尽萃始斯矣，昔贾岛有咏林泉诗，其辞曰：山色推窗看，泉声隔殿闻，鸟宿池边树，僧敲月下门。非既此景也？”长清令杨弘业赞：“岫色与钟磬而共芳，林枫偕乐声以同清，今日之双泉庵，非犹旧日之双泉庵也”。池旁有2株古圆柏，一株已枯死。

双泉庵传为唐三藏法师义净驻锡处。义净为唐代齐州山茌县（今济南市长清区张夏镇）人，七岁出家土窟寺（今四禅寺）；僧义净《南海寄归内法传》：“于土窟寺式修净居，即齐州城西四十里许”。咸亨二年（671），义净由海路入天竺求法。证圣元年（695），返回洛阳。历时24年，经历30余国，求得梵本三藏近400部，译经61部，239卷。

四禅寺原名永庆寺，位于张夏镇车厢村，始建时间不详，唐代重修。北宋大中祥符七年（1014），敕修。治平间（1064－1067），刻石造像。熙宁二年（1069）重修，刻立经幢。今存大殿及历代碑碣6通。大殿面阔三间，进深一间，卷棚顶。寺址另有石钟亭一座。寺北山上有石砌单层塔，方形，南面开半圆形拱门，塔檐叠涩三层，屋顶锥形，由十九层石板收叠而成，顶部置石制仰莲塔刹，形制略类四门塔。塔旁立《证盟塔舍财之记》碑。寺久废，今辟为小学校。永庆寺为唐义净出家处，宋人有考证。苏辙《游泰山四首・四禅寺》：“山蹊容车箱，深入遂有得。古寺依岩根，连峰转相揖。樵苏草木尽，佛事亦萧瑟。居僧麋鹿人，对客但羞涩。双碑立风雨，八分存法则。云昔义靖师，万里穷西域。蜕骨俨未移，至今存石室。遗文尽法界，广大包万亿。变化浩难名，丹青画京邑。粲然共一理，眩晃莫能识。末法渐衰微，徒使真人泣。”

4. 普照寺

普照寺位于泰山南麓凌汉峰下，传创建于六朝时期，无稽可考（图2.31）。唐代兴起，奉临济宗。临济宗属南禅宗，始于镇州（今河北正定）临济院义玄禅师（？－867）。金大定五年（1165），奉敕重修，额题“普照禅林”。金末兵毁。元贞元元年（1295），僧法海（字东原，国师海云和尚赐号“明慧大师”）重修。明洪武间（1368－1398），泰安府僧纲司设于寺中。宣德三年（1428），高丽僧满空禅师（俗姓刘，名信云，字满空，1389－1463）重建普照寺。正德十六年（1521），重修。清康熙九年（1670），僧元玉建石堂、戒坛。道光间，建佛阁（摩松楼）。光绪六年（1880），重修。今存为清代建筑，4进院落，中轴线依次为双重山门、大雄宝殿、摩松楼。大雄宝殿，面阔三间，硬山顶，内奉鎏金铜佛像。殿前有两株对生松，分列左右，传为满空禅师手所植。对生松南有古银杏两株，植于明代。摩松楼后有六朝松，枝密盘曲四伸，树冠如盖。寺存明正德十六年《重开山记碑》和清光绪《重修普照寺碑记》。寺西南有泉，冯玉祥开凿，并隶书“大众泉”。林荫路旁有“云门”、“界尘”题刻。再南路西有“三笑处”题刻。三笑处西南为民国知名教育家范明枢（名昌麟，又名炳辰，字明枢，1866－1947）墓。1987年，列入世界文化遗产名录。

图2.31　泰山普照寺（冯广平　摄）

竹林寺与普照寺关系密切，遗址位于泰山西溪长寿桥北，创建年代无考。唐以降，屡兴屡废。元贞元初。僧法海重修，遂为泰阳名刹。元·李谦《重修竹林宝峰寺记》：“东振齐鲁，北抵幽燕，西逾赵魏，南距大河，莫不闻风趋赴，其送施者朝暮不绝”。元明之际，火毁。明宣德三年，僧满空禅师拓建。后废毁，寺中古银杏、竹林尽毁。万历三十年（1602），吴维城《重修竹林寺碑记》：“其时绿竹千杆，银杏双挺，今荡然也”。1925年，兖州镇守使张培荣于遗址建无极庙。

5. 玉皇庙

位于岱顶天柱峰顶，内有极顶石，是泰山最高建筑群。庙址原为秦汉封禅台，庙内有清乾隆三十五年（1770）《古登封台碑》。清光绪《泰安县志》：“古登封台在岳极巅，为七十二君封台，台右有碣，题此四字”。玉皇庙古称“东岳真君祠”，又称太清宫、玉帝观，始建于唐代。开元十五年（727），道士司马承祯请立祠祀五岳神，玄宗敕令五岳各建真君祠，东岳祠建于岱顶。《旧唐书·司马承祯传》：“玄宗从其言，因敕五岳各置真君祠一所，其形象制度，皆令承祯推按道经，创意为之”。蒙古太宗六年（1234）重修。明成化十九年（1483）重建。隆庆六年（1572），都御史万恭将玉皇殿后移，露出极顶石。万历四十二年（1614）重修，建岱顶玉皇殿。1955年、1978年、1982年重修。清顺治十二年（1655），山东巡抚耿焞重修。由泰安武举张所存主持工役。康熙二十三年（1684）重修，建乾坤亭，勒《孔子小天下处碑》。雍正九年（1731），雍正帝诏令重修。民国建，乾坤亭毁。1967年，《孔子小天下处碑》毁。玉皇庙南北23.5米，东西28.5米，面积669.75平方米；由山门、玉皇殿、迎旭亭、望河亭和东西禅房组成。玉皇殿面阔三间、10米，进深二间、8米，通高6.1米，硬山顶，筒瓦、板瓦、螭吻、垂脊、垂兽等均铁铸，殿内祀明代铸玉皇大帝铜像及二侍童像。庙前有无字碑，传为汉武帝封禅碑。1987年，玉皇庙被列入世界文化遗产名录。2006年，被公布为全国重点文物保护单位。

2.5 宋元时期

五代时期（907－960），国家再度陷于分裂。建隆元年，北宋建立，至太平兴国七年，宋平灭十国，统一全国。宋太祖矫晚唐五代武夫当政之弊，裁抑武将，崇尚文治，提出“宰相须用读书人”和“不杀士大夫”，开创了文治的盛世。两宋哲学、经学、科学、文学、艺术、宗教等方面都取得了超迈前代的成就。在哲学和经学领域，出现了邵雍（字尧夫，自号安乐先生、伊川翁，1077－1077）、周敦颐（字茂叔，号濂溪，1017－1073）、程颢（字伯淳，学者称明道先生，1032－1085）、程颐（字正叔，1033－1107）、朱熹（字元晦、仲晦，号晦庵、晦翁、考亭先生、云谷老人、沧洲病叟、逆翁，113－1200）等理学和新儒学大家。在文学领域涌现出欧阳修（字永叔，号醉翁，1007－1072）、苏洵（字明允，1009－1066）、苏轼（字子瞻，和仲，号东坡居士，1037－1101）、苏辙（字子由，1039－1112）、王安石（字介甫，号半山，1021－1086）、曾巩（字子固，世称南丰先生，1019－1083）等“古文六家”。其中，欧阳修、苏轼、苏辙、曾巩都曾在岱岳地区任职，对本区文化有一定的推动作用。金在军事上灭北宋，但在文化上追摹北宋。宋金文化有一定的连续性，在泰山祭祀和崇儒尊孔方面表现突出。从天会六年（1128）起，金开始在岱岳地区的统治，但统治基础并不牢固。民众抗金斗争不断。贞祐元年（1213），蒙古军破泰安。岱岳地区开始形成汉、女真、蒙古三股势力对峙的局面。至元四年以后，元廷将山东纳入中书省，开始较为稳定的统治。

五代后周显德二年，周世宗诏废无敕额寺院3万余所，毁佛像铸钱。宋太祖兴佛，大量佛寺得以重兴。终宋、金、元三代，岱岳地道教、佛教发展得到朝廷鼓励，达到全盛状态。佛教的世俗化过程最终完成，突出表现为观音菩萨身世和造像的再造，成为完全本土化的女身形象。北宋早期的泰山玉女崇拜兴起和金元时期的全真道兴起，成为岱岳佛道发展的两个重大事件。

泰山玉女崇拜始于曹魏时期，曹操《气出唱》：“行四海外，东到泰山。仙人玉女，下来翱游”。其根源在于两汉时期兴起道家思想，以人世间的伦理关系套用山川神祇。明·顾炎武《日知录》卷二十五：“自汉以来，不明乎天神地祇人鬼之别，一以人道事之。于是封岳神为王，则立寝殿，为王夫人，有夫人则有女，而女有婿，又有外孙矣”。西晋时期，玉女身世被创造为泰山神之女。晋·张华《博物志》：“文王以太公为灌坛令，期年，风不鸣条。文王梦见有一妇人当道而哭，问其故，曰：‘我东海泰山神女，嫁为西海妇。欲东归，灌坛令当吾道。太公有德，吾不敢以暴风疾雨过也。’”北宋，玉女身世再造为黄帝所遣西迎西昆真人的玉女。宋·李谔《瑶池记》：“黄帝尝建岱岳观，谴七女，云冠羽衣，焚修以迎西昆真人，盖玉女为七女中之一，其修而得道者”。大中祥符元年（1008），宋真宗封禅泰山，雕玉女像，凿龛供于玉女池旁，并御制《玉女像记》。泰山玉女崇拜由此大兴。《日知录》卷二十五：“泰山顶碧霞元君，宋真宗所封，世人多以为泰山之女，后之文人知其说之不经，而撰为黄帝遣玉女之事以附会之；不知当日所以褒封，固真以为泰山之女也。今考封号虽自宋时，而泰山女之说则晋时已有之”。玉女形象被描述为苗龄少女。北宋·王山《盈盈传》载：东山妓吴盈盈“梦玉女命掌奏牍”而卒，王山吊于玉女池畔，见玉女情致宛若高唐之神女。金明昌间（1190－1196），濮国公主曾入泰山拜玉仙，题刻：“敬诣岱岳，焚香致礼毕，明日遂登顶，拜于玉仙祠下”。元代，称玉女为“岱岳太平顶玉仙娘娘”（元·秦了晋《新编连相搜神广记》）。泰山道士张志纯（字布山，号天倪子，又号布金山人，1220－1316）重葺泰山祠宇，扩建玉女祠，改“昭真观”。玉女崇拜正始纳入道教范畴。元·杜仁杰《泰安阜上张氏先茔碑》：“自绝顶大新玉女祠，倍于故殿三之二；取东海白玉石，为像如人然，一称殿之广袤”。

金元时期，全真道创立。金大定元年（1161），京兆咸阳人王喆（原名中孚，字允卿、知明、德威，道号重阳子，1112－1170）揉合儒、道、释诸家，创立全真教，主张“三教合一”、“全精、全气、全神”和“苦己利人”。大定七年（1167），东行至山东宁海州昆嵛山建全真庵传道，收邱处机（字通密，号长春子，1148－1227）、谭处端（字通正，号长真子，1123－1185）为徒。至大定九年（1169），先后收马钰（字玄宝，号丹阳子，1123－1183）、王处一（号玉阳子，1142－1217）、郝大通（号恬然子，1140－1212）、孙不二（号清净散人，1119－1182）、刘处玄（字通妙，号长生子，1147－1203），共为“全真七子”。明昌元年（1190），金章宗以“惑众乱民”禁绝全真道。元太祖十四年（1219），成吉思汗派使臣刘仲禄征召丘处机，先谒见尹志平于玉清观。翌年，尹志平随丘处机西行见成吉思汗。元太祖二十二年（1227），丘处机去世，遗命尹志平嗣教。元定宗三年（1249），赐尹志平号“清和演道玄德真人”，并赐金冠法服。宪宗元年（1251）去世。中统二年（1261），元世祖诏赠“清和妙道广化真人”。至大三年（1310），元武宗加赠“清和妙道广化崇教大真人”。

元代，伊斯兰教传入岱岳地区。至大元年（1308），元武宗诏令回回屯田军随地入社、编户为民。伊斯兰教随之传入泰山、沂山、蒙山地区。元末始传入尼山地区。元代伊斯兰教以青州和济南为中心。

宋元时期，岱岳地区的造园仍然以礼天、崇儒为主流。泰山封禅自宋真宗后不再举行，而派员祭祀却历朝坚持。赵宋祖述黄帝，新置仙源县，造景灵宫奉祀黄帝，修少昊陵。《曲阜县志·古迹》：“宋大中祥符元（五）年闰十月，宋真宗以始祖黄帝生于寿丘之故，下诏改曲阜县名为仙源县，并徙治所于寿丘。诏建景灵宫于寿丘，以奉祀黄帝”。宋代，孟子墓被发现，三孟园林建筑群开始形成。同时，由于宋代鼓励官学和私学发展，书院园林也广泛兴起。

2.5.1 府邸衙署

宋元时期，岱岳地区封王仅有元代益王买奴一位，泰定三年（1326）封宣靖王，镇益都。至顺二年（1331），开府邸，置王官，府邸在东阳城（今青州八中附近）。后至元二年（1336），封益王。至正十七年（1357），毛贵起义，投井死。《益都县图志·人物》：“益王买奴，烈祖神元皇帝弟答里真之六世孙也。泰定帝三年正月封宣靖王，镇益都……至顺二年，命置王傅等官。顺帝至元二年二月，进封益王，仍镇益都。至正十七年三月，毛贵陷益都路，买奴偕马睦火，并投东关井中死”。

宋金时置8州（府），元时置5州（府），迭经战乱，诸州府衙署皆不存。惟孔府、孟府经历代保护、重修，留存至今。鲁郡因置仙源县而升为府，并置泰宁大都督。《宋史·地理志》袭庆府下：“鲁郡，泰宁军节度；本兖州。大中祥符元年，升为大都督。政和八年，升为府……仙源（县），中上，魏曲阜县，大中祥符五年改”。

1. 密州府衙

北宋熙宁七年至九年（1074－1076），苏轼知密州，政绩卓著，熙宁八年丰收之后开始整治衙署。苏轼《超然台记》："于是治其园圃，洁其庭宇，伐安邱，高密之木，以修补破败，为苟完之计"。衙署大堂为黄堂，黄堂北建"盖公堂"，为二堂，以纪念汉代胶西大贤盖公。苏轼《盖公堂记》："治新寝于黄堂之北，易其弊陋，达其壅蔽，重门洞开，尽城之南北，相望如引绳，名之曰盖公堂。时从宾客僚吏游息其间，而不敢居，以待如公者焉"。堂前有照壁，壁上苏轼亲自临摹南朝宋宫廷画师陆探微的狮子图，并作赞。清《乾隆诸城县志》："署之中为盖公堂，所云'治新寝于黄堂之北'也。堂中有照壁，摹陆探微画狮子，而自为之赞，所云'置之高堂护燕几'也。堂宜为今之二堂，顾久湮其名"。衙署西辟花园，名"西园"，园中建筑有西斋、西轩、流杯石等，花木有油松、桑、枣、石榴（*Punica granatum*）、淡竹等。《乾隆诸城县志》："尝以苏轼诗文考之，其时署西北有园，所云'治其园圃，洁其庭宇'也。园曰西园，所云'起行西园中，草木含秋香也'。斋曰西斋，所云'西园深且明，中有六尺床'……其轩曰西轩，所云'西轩月色夜来新'也。园中之有竹，所云'褰衣竹风下'也。有桑、枣，有榴花，所云'榴花开一枝，桑枣沃以光'，又云'安石榴开最迟'也。有流杯石，石上有草书诗，石旁有双松，《别流杯》诗所云'惟有双松识使君'也"。衙署东侧也辟建花园，内建勾栏，栏前有梨花（*Pyrus bretschneideri*）两株。《乾隆诸城县志》："署之东有栏，栏有梨花，所云'惆怅东栏二株雪'也"。衙署北建山堂，熙宁九年建，取东武城故址中乱世，掇为五座假山，山上植油松、侧柏、桃等花木。苏轼《山堂铭（并叙）》："熙宁九年夏六月，大雨，野人来告故东武城中沟渎圮坏，出乱石无数。取而储之，因守居之北墉为山五，成列，植松柏桃李其上，且开新堂北向，以游心寓意焉。其铭曰：谁裒斯坚，土伯所储。潦流发之，神以畀予。因庑为堂，践城为山。有乔苍苍，俯仰百年"。《乾隆诸城县志》："堂宜在今署后，铭云'因废为堂'也。而山石今无一拳存"。

宋密州府衙一直延续到明代，仍然完好无损。万历二十七年（1599），诸城知县在衙署东侧建"后盖公堂"，堂东开挖人工湖，湖中种植莲、菱（*Trapa bispinosa*）。《乾隆诸城县志》："明万历二十七年，知县颜悦道于县治东隙地建后盖公堂，堂之东建水心亭，浚地环之，荷芰牣焉，今皆圮"。清前期，密州衙署废。

2. 曲阜孔府

位于曲阜孔庙东侧，是孔子嫡长子孙府第，即衍圣公府（图2.32a）。北宋至和二年（1055），宋仁宗接受文宣公孔宗愿（字子庄）建议，封孔子嫡长孙为衍圣公，孔宗愿为首任衍圣公。《宋史·仁宗本纪》：至和二年（1055）三月"丙子，封孔子后为衍圣公"。孔府立基自此始。明洪武十年（1377），明太祖朱元璋诏令衍圣公设置官署，阙里故宅以东重建府第。弘治十六年（1503），敕修阙里孔庙和衍圣公府。嘉靖间，"曲阜移城卫庙"，建曲阜新城以护卫孔府孔庙。清道光二十三年（1843），原样重修。光绪九年（1883），孔府火灾。光绪十一年（1885），重建。1936年，重修。孔府占地7.5万平方米，九进院落，原有170多座，560余间，现存152座，480间，号"天下第一家"。分左中右三路，东路为家庙，西路学院，中路前为衙署后为内宅，自南而北依次为大门、二门、重光门（图2.32b）、大堂（图2.32c）、二堂、三堂、内宅门、前上房、迎恩门、前上房、前堂楼、后堂

图2.32a　孔府大门（包琰 摄）

图2.32b　孔府重光门（包琰 摄）

图2.32c　孔府大堂（冯广平 摄）

楼，最后为花园。孔府今为全国重点文物保护单位。1994年，列入世界文化遗产名录。孔府有古树82株，包括侧柏33株、圆柏12株、石榴9株、枣8株、西府海棠5株、槐3株、紫丁香3株、紫藤3株、蜡梅1株、朴树、黄荆、酸枣、皂荚各1株。大堂前有古圆柏3株，树龄约500年，明弘治十六年重建时所植。后花园又名“铁山园”，始建于明弘治十六年，为扩建孔府时修建。清嘉庆年间，七十三代衍圣公孔庆熔置铁矿石，形似陨石，改名“铁山园”，自号“铁山园主”。铁山园呈轴线布局，南端植柏台与北端新花厅遥相呼应，新花厅西有六角重檐亭，亭西有花房，新花厅东为旧花厅，南侧有荷花池和鱼池，池上有曲桥、扇亭。园内有古枣树2株，五柏抱槐1株。孔庆熔有诗：“五干同枝叶，凌凌可耐冬。声疑喧虎豹，形欲化虬龙。曲径阴遮暑，高槐翠减浓。天然君子质，合傲岱岩松。”

3. 邹城孟府

又称亚圣府，位于邹城南关（图2.33a），东与孟庙比邻，始建于北宋，原址不详。景祐四年（1037），孔子四十五代孙、龙图阁学士、兖州知府孔道辅（字原鲁，初名延鲁，985－1039）于邹县西北二十里凫村访得孟子裔孙孟宁，请于朝廷，授邹县主簿。金大安三年（1211），孟润《孟子世家谱》序：“迨仁宗景佑四年，孔公道辅守兖州，访亚圣坟炎于四基山之阳，得四十五代宁公，荐于朝，授迪功郎，邹县主簿”。熙宁七年（1074），宋神宗封孟子为“邹国公”，冠服如兖国公颜回。《宋史·礼志八·吉礼》：“诏封孟轲邹国公……自国子监及天下学庙，皆塑邹国公像，冠服同兖国公”。元丰六年（1083），孟宁重修故宅，发现壁中家谱，重编成《孟子世家谱》，以是号“中兴祖”。孟宁《孟子世家谱》序：“逮元丰六年，家人拆毁古屋，得烂简于壁，拾其鼠啮蠹蚀之余，祥视辨认，历代族祖名字，有存有遗，事迹有详有略，姑缀辑遗谱藏于家，以俟将来”。孟宁卒，葬孟母林，墓前原有元至顺四年（1333）墓碑，碑阴刻“世系之图”，今已不存。崇宁二年（1103），宋徽宗诏令孟氏设族长（康熙五十四年《邹县志》）。宣和三年（1121），孟庙三迁至邹城南关，孟府约在此时迁今址。元延祐三年（1316），元仁宗封孟子父为邾国公，母为邾国宣献夫人。至顺元年（1330），元文宗加孟子为邹国亚圣公。《元史·祭祀志五》：“（延祐三年）封孟子父为邾国公，母为邾国宣献夫人……（至顺元年）（加）颜子，兖国复圣公；曾子，国宗圣公；子思，沂国述圣公；孟子，邹国亚圣”。孟府重修后，改“亚圣府”。明景泰二年（1451），明代宗赐孟子五十六代孙孟希文世袭翰林院五经博士，孟府又称“博士府”。天启初，毁于“闻香教”农民军。天启四年（1624）重修。清康熙七年（1668），复毁于地震。康熙十二年（1673）重建。道光七年（1827），孟子七十代孙孟广均奉旨重修。1982年，重修延禄楼。

孟府坐北朝南，南北长226米，东西宽99米，占地60余亩；分七进院落，有楼、堂、阁、室共148间；中轴线建筑自南而北依次为大门、二门、仪门（图2.33b）、大堂、内宅门、世恩堂、赐书堂、延禄楼。大堂面阔五间，进深三间（图2.33c），前出廊，单檐硬山顶，正厅悬雍正帝御书“七篇贻矩”匾，堂前露台东南角置日晷，西北角置嘉量。翰林院五经博士于此开读诏旨、举行重要仪式及办理公务。以大堂为界，前为官衙，后为内宅。大堂西有四合院，为“前学”。 延禄楼西也有四合院，为“后学”。道光间，孟广均曾在“前学”、“后学”办学教育孟氏子弟，称“三迁书院”。清末民初，世恩堂西侧建2层楼，办“孟氏子弟学校”，教育孟氏嫡系后裔，1949年前停

图2.33a　孟府大门（冯广平　摄）

图2.33b　孟府仪门（冯广平　摄）

图2.33c　孟府大堂（冯广平　摄）

办。延禄楼后有花园，占地十余亩，清晚期已荒芜，景观不可考，今存古柽柳（*Tamarix chinensis*）一株，胸径0.29米，树龄约300年。孟府有古树16株，其中圆柏3株，石榴3株、侧柏、木香（*Rosa banksiae*）、流苏树（*Chionanthus retusus*）各2株，桑（*Morus alba*）、木瓜（*Chaenomeles sinensis*）、柽柳、丁香（*Syringa oblata*）各1株。大堂前3株古圆柏，胸径最大者0.96米，树龄800余年。流苏树胸径0.45米，树龄约600年，是流苏作为造园树种的较早代表。1988年，孟府被公布为全国重点文物保护单位。

2.5.2 坛庙

1. 景灵宫和少昊陵

少昊陵位于曲阜市书院镇旧县村北（图2.34a）。传为黄帝子少昊墓，少昊传为帝喾祖父。《史记・五帝本纪》："帝喾高辛者，黄帝之曾孙也。高辛父曰蟜极，蟜极父曰玄嚣，玄嚣父曰黄帝。自玄嚣与蟜极皆不得在位，至高辛即帝位"。少昊氏为东夷重要支系，农业、手工业发达，以鸟为图腾，其部落兴于大汶口时期，一直延续到龙山文化末期。少昊氏曾帮助中原的颛顼部落。《山海经・大荒东经》："东海之外大壑，少昊之国，少昊儒帝颛顼，弃其琴瑟"。少昊氏原都都穷桑，后徙曲阜，陵在寿丘东北云阳山（今万石山北），号"亵丘"。元・杨奂《东游记》："由曲阜西复东行一里，入景灵废宫，观寿陵，陵避讳而改也。东北至亵丘，少昊葬所。寿陵、于宋时叠石而饰之也。前有白石像，为火爆裂。坛之石栏，穷工极巧，殆神鬼所刻也"。

寿丘传为黄帝出生地，今考寿丘在河洛地区。晋・皇甫谧《帝王世系》："黄帝生于寿丘，寿丘在鲁东门之北。北宋大中祥符五年（1012），宋真宗以轩辕皇帝为赵姓始祖，改曲阜为"仙源"，迁于寿丘之西；垒石饰寿丘，雕黄帝石像。乾隆《曲阜县志・通编》："帝言：轩辕黄帝降于延恩殿，谕群臣曰：朕梦天尊命之曰：吾人皇九人中一人也。是赵之始祖再降，乃轩辕黄帝。黄帝生寿丘，寿丘在曲阜。乃改曲阜为仙源县，徙治寿丘"。同时，诏建景灵宫奉祀黄帝，形制如太庙。元・周伯琦《重修景灵宫碑文》："帝建宫祠轩辕曰圣祖，又建太极宫祠其配曰圣祖母。越四年宫成。总千三百二十楹。其崇宏壮丽无比。琢玉为像，龛于中殿，以表尊严。岁时朝献，如太庙仪。命学老氏者侍祠，而以大臣领之"。天圣间（1024－1032），景灵宫火毁，旋即修复。政和元年（1111），重修景灵宫、少昊陵，以万余石砌陵坛，号"万石山"（图2.34b）。金大定间（1161－1189）重修。蒙古定宗皇后称制二年（1250）、元至正七年（1347）重修。元末火毁。

明洪武间，曲阜县以寿丘为少昊陵，进呈御览；后世虽讹传寿丘为少昊陵。清乾隆间，于万石山建成祀少昊建筑群。乾隆三年（1738），辟建陵园，建周垣及园内建筑。《曲阜县志》："乾隆三年，知县孔毓琚于陵前建宫门三间、享殿五间、东西配殿各三间。门外建石坊曰少昊陵。筑土垣，四周长二百丈有奇"。乾隆六年（1751），重修，建少昊陵坊。乾隆十二年（1747），曲阜县以乾隆帝翌年祭孔，改土垣为砖制，毁宋无字碑及元重修碑。《曲阜县志・通编》："毁无字碑及元人《重修景灵宫碑》"。乾隆十三年（1748），乾隆帝谒陵，诏令曲阜令植柏421棵、桧4棵。乾隆三十五年（1770），重修，乾隆帝御书"少昊金天氏神位"木主。

今存少昊陵建筑群及景灵宫宋碑2通。少昊陵占地24 700平方米，内存古建筑17间，碑22通，古树

395株。中轴建筑自南而北依次为大门、少昊陵坊、陵门、享殿、万石山。享殿面阔五间，悬山顶，施绿琉璃瓦；殿内祀少昊金天氏木主，悬乾隆帝手书“金德贻祥”匾。万石山方圆1124平方米，面阔28.5米，高8.73米，形如金字塔，俗称“中国金字塔”。陵前碑院有宋元碑两通，西为元末“庆寿”碑，碑长约7米，宽3.6米，厚0.6米，勒款“至圣五十五代孙世袭曲阜县尹”监刻，所指至元四年（1338）就任的孔克钦或至正十四年（1354）就任的孔克昌。东为“万人愁”碑（图2.34c），碑高16.95米，宽3.74米，厚1.14米，连龟趺总重约140吨，为中国石碑之最。《重修景灵宫记》：“大碑四通，谚云：‘万人愁’者是也，其中二碑广二十三尺，阔半之，厚四尺；赑屃高十有三尺，阔半之，厚四尺，龟趺十有八尺。另二碑广二十有四尺，阔半之，厚四尺，赑屃高十有八尺，阔十有六尺，厚四尺，龟趺十有九尺，无文字，意者未成而金兵至也”。宋碑原有四通，刻于北宋宣和间（1119－1125）；清康熙间击毁，碎为140余块，埋入土中。乾隆《曲阜县志》：“清圣祖东巡，山东大吏因碑无字，恐触圣怒，击碑埋土中”。少昊陵有古侧柏395株。1986年，被列为曲阜市文物保护单位。1991年，修复。2013年，被公布为全国重点文物保护单位。

图2.34a　曲阜少昊陵（冯广平 摄）

图2.34b　寿丘“万石山”（冯广平 摄）

图2.34c　北宋“万人愁”碑（冯广平 摄）

图2.35 周公庙元圣殿（冯广平 摄）

2. 周公庙

又称元圣庙，位于曲阜城东北约500米处高阜上，奉祀周公姬旦，始建于北宋。北宋大中祥符元年（1008），宋真宗追封周公为文宪王，于原太庙旧址为之立庙，并令本州正官于每年春秋二季致祭。元至大间（1308－1311）重修。明成化二十二年（1486年）、正德十三年（1518年）重修，置祭田祭器。嘉靖二年（1524）重修，建经天纬地坊和制礼作乐坊。万历二十二年（1594）重修。清康熙二十五年（1686），扩建。乾隆二年（1737）、乾隆三十五年（1770）两度重修，建御碑亭。嘉庆、道光年间及民国时期相继修葺。“文化大革命”间，破坏严重。1978年重修。1961年，被公布为全国重点文物保护单位。2013年，再度被公布为全国重点文物保护单位。

庙坐北面南，南北长230米，东西宽68.2－71.2米，占地16 000余平方米，存殿、门、亭、庑13座、57间。庙前原有神道，长540米，两侧植柏树。庙有3进院落，中轴线建筑南起依次为棂星门、承德门、达孝门、御碑亭、元圣殿。元圣殿始建于元代，面阔五间、23.70米，进深三间、12.60米，高11.81米，单檐歇山顶，施绿琉璃瓦，檐下重翘重昂五踩斗拱（图2.35）。殿内祀周公，正中悬乾隆帝御笔“明德勤施”匾。庙内存历代碑刻35通。达孝门有1961年勒立“鲁国故城”残碑，碑上刻山东省原副省长李予昂诗，作于1980年。周公庙有古树143株，其中古侧柏119株、黄连木17株、圆柏4株、槐3株。

3. 碧霞祠

位于泰山极顶之南，为碧霞元君上庙，北依大观峰，东靠驻跸亭，西连振衣岗，南临宝藏岭。碧霞祠始建于北宋，大中祥符元年（1008），宋真宗封泰山，雕玉女像，凿龛供于玉女池旁。元祐间，立玉女祠。元初，扩建，改称昭真观。明洪武间重修，号碧霞元君祠。天顺五年（1461）年、正统十年（1445），朝廷斥资重修。成化、弘治间重修，改名“碧霞灵应宫”，又称“碧霞灵佑宫”。嘉靖间拓建，正殿施铜瓦，万历四十三年（1615）铸铜亭（当时称金阙，现存岱庙）。清顺治间重修。康熙间毁于洪水。乾隆三十五年（1770）重建，改称“碧霞祠”。道光十五年（1835）重修。同治间建香亭。碧霞祠为泰山最大的高山古建筑群，南北长76.4米，东西宽39米，总面积2979.6平方米，2进院落，中轴线建筑自南而北依次为照壁、金藏库、南神门、大山门、香亭、大殿。大殿面阔五间、24.7米，进深三间、15.1米，通高13.7米，歇山顶，檐下施重翘重昂七踩斗拱，盖瓦、鸱吻、戗兽、大脊等均铜铸，额匾为乾隆帝御笔“赞化东皇”，殿内正间内斗拱相围呈八角形藻井，中间高浮雕盘龙戏珠，下设石雕仰覆莲纹须弥座神台，上装木构雕花神龛，供碧霞元君贴金铜坐像和二侍女铜铸像。东奉眼光奶奶及二侍女铜像，西奉送子娘娘和二侍女铜像。正殿内悬康熙帝御书“福绥海宇”匾。大殿东、西配殿覆铁瓦，院中原有重檐八角铜铸香亭（金阙），铸于明万历间，今移入岱庙。亭东侧为万历《敕建泰山天仙金阙碑记》，西为天启《敕建泰山灵佑宫碑记》。1987年，被列入世界文化遗产名录。2006年，被公布为全国重点文物保护单位。

4. 孟庙

又称“亚圣庙”（图2.36a），位于邹城市南关，南临大沙河，东倚文贤岗，始建于北宋。孟庙初建于孟子墓旁，景佑四年（1037）建。元丰间（1078－1085），迁邹县旧城东门外。宣和三年（1121），避水害，迁今址。孙傅《先师邹国公孟子庙记》：“孟子葬邹之四基山，旁冢为庙……而庙距城三十余里，先是尝别营庙于邑之东郭，以便礼谒……（宣和三年）徙庙于南门之外道左”。宋以降，重修38次。金明昌五年（1194）、泰和九年（1209）重修。金贞祐二年（1214），毁于兵燹。元至元九年（1272）、元贞元年（1295）、大德间（1297－1307）、泰定五年（1328）、至顺二年（1331）、至元二年（1336）重修。元末，府毁于兵火。贞元元年建郝国公祠堂。至顺二年建致严堂。明天顺二年（1458）重修，建亚圣木坊。弘治十年（1497）重修，改郝国公祠堂作寝殿，增建启圣殿、孟母殿。万历初重修，建亚圣庙石坊。清康熙七年（1668），毁于地震。乾隆元年（1736）重修，建康熙碑亭，内竖康熙二十六年（1687）钦赐《御制孟子庙碑》。康熙十一年（1672）重建，修天震井。乾隆二十六年（1761）重修，建乾隆碑亭，内竖乾隆十三年（1748）钦赐《亚圣孟子赞碑》。道光十年（1830）重修，建祧主祠。道光十一年（1831）、同治十二年（1873）重修。1968年，殿内神龛、塑像、匾联祭器被毁。1985年，整修复原。孟庙平面呈长方形，南北长458.5米，东西宽95米，占地4.36万平方米，规模仅次于孔庙；分东、中、西三路，中路有五进院落，起自棂星门，自南而北依次为棂星门、亚圣庙石坊、泰山气象门、承圣门、亚圣殿、寝殿。正殿亚圣殿面阔七间、27.7米，进深五间、20.48米，高17米，重檐歇山顶，施绿琉璃瓦，下檐施重翘重昂七踩斗拱，上檐施重翘三昂七踩斗拱，四周竖八棱石柱26根，殿前廊下8根柱上阴刻浅线游龙，正中门楣悬乾隆帝钦赐“道阐尼山”匾（图2.36b）；殿内正中奉孟子塑像，衮冕九旒九章，神龛上有团龙彩绘承尘藻井，殿正中悬雍正三年（1725年）钦赐“守先待后”匾。东路起自承圣门东侧的启贤门，其北有启圣殿、孟母殿。启贤门至启圣殿甬路两侧，有历代碑刻350余通，号“孟庙碑林”。西路起自启贤门西侧的致敬门、斋戒

图2.36a　邹城孟庙（冯广平 摄）

图2.36b　亚圣殿（冯广平 摄）

门、致严堂、焚帛池。孟庙有殿宇64楹，碑亭2座，木门坊4座，石坊1座。庙内存由秦至清历代碑碣280通，篆、隶、行、草、楷等书兼备，有汉、蒙两种文字。另有县境内出土画像石、石人、石羊、石造像等。孟庙有古树316株，其中圆柏194株，侧柏107株，银杏4株，木瓜4株，槐3株，紫藤（*Wisteria sinensis*）2株，君迁子（*Diospyros lotus*）、梓（*Catalpa ovata*）各1株。致严堂前列植银杏两株，最大者胸径1.2米，树龄800余年。东墙外有最大古侧柏，胸径1.3米，主干中空，内生槐树，树龄600余年，号“古柏抱槐”。东墙外有最大古圆柏，胸径1.28米，树龄700余年。寝殿前有古圆柏，胸径0.99米，树龄900余年，树干3处空洞寄生3丛枸杞（*Lycium chinense*），号“桧寓枸杞”。焚帛池院内有最大古槐，胸径1.83米，树龄1100年，号“洞槐望月”。养气门和知言门间路东有古圆柏，胸径1.02米，树高19.8米，树龄800余年。抗日战争时期，树身拦阻日军飞机投弹，树下人群幸免于难，号“功臣树”。天震井旁古圆柏胸径0.9米，树龄800余年，基部有树瘤如耳形，号“侧耳听泉”。1988年，被公布为全国重点文物保护单位。

2.5.3 府学书院

北宋建立后，鉴于前代武夫当政、兵戈不息，大力倡导文治。吕祖谦《白鹿洞书院记》：“国初，斯民新脱五季锋镝之厄，学者尚寡，海内向平，文风日起，儒生往往依山林，即闲旷以讲授，大率多至数十百人”。一些书院甚至代替了府学的功能，成为两宋培养人才的重要场所。王应麟《玉海》：“（应天府书院）景德二年以书院为府学，给田十倾”。岱岳地区创建于五代迄宋的书院主要有尼山书院（后周显德间）、泰山书院（北宋初）和峒峡书院（1038）三所。泰山书院引领了全国新儒学发展。全祖望《宋元学案》：“宋世学术之盛，安定、泰山为之先河，程朱二先生皆以为然”。北宋仁宗朝，以府学和县学为骨架的官学体系开始占据主导地位，书院发展相对迟缓。

元代，为笼络汉人，加强统治，朝廷鼓励书院发展。岱岳地区有书院11所，包括曲阜洙泗书院（1278）和尼山书院（1336）、邹县中庸书院（1297－1307）、费县东山书院（1313）和思圣书院（1341－1368）、滕县性善（道一）书院（1314）、历城闵子书院（1328－1330）、沂州王氏书院、蒙阴北麓书院、肥城牛山书院和育英书院。元末，书院多毁于兵燹。明初修复的仅有洙泗书院和尼山书院两所。

1. 齐州文庙

位于济南历城区，大致为明湖路以南，文庙影壁以北，西花墙子街以东，东花墙子街以西，始建于北宋。北宋熙宁九年（1076）至元丰二年（1079），李常（字公择，1027－1090）任齐州太守，平盗患，兴文教，仿照曲阜孔庙规制创建文庙。政和四年（1114），宋徽宗取《孟子》之“孔子之谓集大成”语义，颁定天下文庙大殿为“大成殿”，内祀至圣先师孔子像，左右有颜子、曾子、子思、孟子像。文庙时有生员80名，廪生、增生各40名。金贞祐间，毁于兵燹。元至元（1335－1340），倾废。明洪武二年（1369）重建。成化十年（1474），知府蔡晟重修。成化十三年（1477），巡按御史梁泽拓大殿、两庑，建戟门、棂星门、明伦堂等。清康熙二十五年（1686）、康熙二十八年（1689）、同治间、光绪二十二年（1896）重修。1946年，就其址创建山东省立第二实验小学。1949

图2.37　齐州文庙大成殿（任昭杰 摄）

年以后，改芙蓉街小学。1964年，拆除明伦堂等建筑，新建教学楼。1965年，改大明湖路小学。2005年大修。文庙坐北朝南，长247米，最宽66米，泮池以南折向西南。轴线建筑南起依次为影壁、棂星门、泮池、屏门、戟门、御碑亭、大成殿、明伦堂、环碧亭和尊经阁。大成殿面阔九间、34.5米；进深四间、13.9米；通高13.86米，面积约480平方米。单檐庑殿顶，施黄琉璃筒，檐下施重翘重昂五踩斗拱，殿周东、西、北三面围以檐墙，南面前檐居中各间均为六抹头菱花隔扇门，唯两端尽间为菱花窗。大殿为山东省现存最大单檐庑殿顶建筑（图2.37）。1992年，被列为山东省文物保护单位。

2. 矮松园

矮松园即松林书院，位于青州一中院内（图2.38）。书院始建于北宋仁宗朝，为右相沂国公王曾（字孝先，978－1038）幼年读书处，初名“矮松园”，因园中的古油松（*Pinus tabulaeformis*）得名；王曾《矮松园赋并序》：

图2.38　松林书院（冯广平 摄）

"齐城西南隅矮松园，自昔之闲馆，此邦之胜概。二松对植，卑枝四出。高不倍寻，周且百尺。轮囷偃亚，观者骇目。盖莫知其年祀，亦靡记夫本源，真造化奇诡之绝品也"。后为佛寺。明成化五年（1469），知府李昂（字文举）撤佛寺，将府治仪门西"名宦祠"移建于此，改名"名贤祠"，又称"十三贤祠"；复在此外建二轩，题额"松林书院"，延师教授。清·张承燮《益都县图志》："名贤祠，亦曰十三贤祠，在松林书院。明成化五年，知府李昂奏请立祠，祀宋青州守寇忠愍公准、曹武穆公伟、王文正公曾、庞庄敏公籍、程文简公琳、范文正公仲淹、李文定公迪、富文忠公弼、欧阳文忠公修、吴文肃公奎、赵清献公抃、张文定公方平（张文定齐贤）、刘忠肃公挚，岁时致祭"。弘治十八年（1505），知县金禄重修。正德十年（1515），知府朱鉴移先贤堂于松林书院。先贤堂最早由知府赵伟于天顺三年（1459）建于青州府学之左；成化三年（1467）、弘治十二年（1499）、嘉靖四十三年（1564），重修，阳明心学代替程朱理学成为主导思想。隆庆间，改名"凝道书院"。万历八年（1580），张居正废天下书院，伐其松树，后易之以柏。清康熙三十年（1691），观察使陈斌如、知府金标重建。知府张连登重修。康熙四十三年（1704）、乾隆十四年（1749）、嘉庆二十五年（1820）及道光二十六年（1846），重修。康熙末，改名"张公书院"。道光间，云门书院并入。光绪二十八年（1902），废书院，改为青州公立中学堂。民国三年（1915），改名山东省第十中学，教育总长蔡元培题"勤朴公勇"牌匾为校训。1949年以后，改名山东省立青州中学。此后数易其名。1986年，定名青州市第一中学。松林书院保存完整，二进院落，中轴线自南而北依次为大门、十三贤祠（前讲堂）、求索亭、后讲堂。今为山东省文物保护单位。

松林书院坐北朝南，分2进院落，中轴线建筑自南而北依次为"松林书院"大门、十三贤祠（前讲堂）、四照亭（求索亭）、后讲堂。书院人才辈出。康熙五十一年（1712），山东12人中进士，书院2名。翌年，山东7人中进士，书院2名。有清一代，共有进士10名。

3. 尼山书院

又名尼山诞育书院，位于曲阜市尼山镇夫子洞村尼山五老峰东麓，其前为孔庙，二者为完整的建筑群。尼山书院和孔庙始建于五代后周显德间（955－959）。《曲阜县志》："周显德中，兖州赵某以尼山为孔子出生地，始创庙祀"（图2.39）。北宋庆历三年（1043），仙源令孔宗愿（字子庄）扩建祠庙，立学舍，置祭田，形成庙学合一的建筑群。宋仁宗朝晚期，州学和县学兴起，书院没落，仅供祭祀。金明昌五年（1194），衍圣公孔元措重修尼山孔庙，增建寝殿。金末，庙毁。元至元二年（1336），中书左丞王懋德（字仁父，1151－1213）奏请创建尼山书院，荐彭璠为山长。至元四年（1338），彭璠主持重建尼山书院。《尼山创建书院碑》："作大成殿、大成门、神厨，作明伦堂、东斋、西斋、东塾、西塾，作毓圣侯庙，作观川亭……学堂在庙之西，仿国子监之制也"。元末，毁于兵燹。明洪武十年（1377）重建。永乐十五年（1417），衍圣公孔彦缙主持大修，重建大成殿、毓圣侯殿、启圣王殿、启圣王夫人殿等，并建庙垣。弘治七年（1494）、万历十七年（1589）重修。清康熙十四年（1675年）、康熙十三年（1674）、雍正二年（1724）、乾隆二十年（1755）重修。道光二十六年（1846），衍圣公孔繁灏（字文渊，号伯海，1804－1860）主持大修，增建棂星门、神庖厨、坤灵洞、碑亭、北门和尼山书院，勒立《重修尼山书院纪恩碑》；

图2.39　尼山书院棂星门（张伟 摄）

孔庙和书院自此分开。1925年重修。

尼山孔庙占地16 000平方米，分三路，五进院落，有殿堂80余间；中轴线建筑南起依次为棂星门、大成门、大成殿、寝殿。大成殿始建于至元二年，历代重修；清道光年间复建。殿面阔五间，进深三间，重檐歇山顶，施黄琉璃瓦，殿内祀孔子及诸贤。棂星门前东侧临崖处有观川亭，传为孔子五川汇流处。亭东侧崖下有石室，原名“坤灵洞”，又称“夫子洞”，传孔子诞生于此。庙内存历代碑碣10余通。尼山书院在孔庙北百米处，座北朝南，由大门、照壁、正殿、两厢组成四合院，正殿面阔三间、10.1米，进深二间、6.24米，灰瓦硬山顶。1977年，被列为山东省文物保护单位。2006年，尼山孔庙和书院被公布为全国重点文物保护单位。

4. 泰山书院

又名泰山上书院，原在岱庙东南隅，名信道堂。后移泰山凌汉峰下，名泰山书院，始建于北宋景祐间（1034－1038）。创始人孙复（字明复，号富春，992－1057），时称“泰山先生”，与石介（字守道、公操，1005－1045）、胡瑗（字翼之，993－1059）并称“宋初三先生”，为两宋理学的先驱。景祐元年（1034），孙复与石介相识。石介在泰山筑室，邀孙复讲学，以弟子礼事之。庆历二年（1042），孙复赴京任校书郎、国子监直讲，书院停办。明嘉靖十一年（1532），泰安知州许应元（字子春，1506－1565）拓修泰山书院，延名师讲学；佥事卢问之（字宗审）建仰德堂，祀孙复、石介、胡瑗，称三贤祠。清道光九年（1829），泰安令徐宗干（字伯桢，又字树人，1796－1866）重修，于祠中奉祀明御史宋焘（字岱倪，号绎田，又号青岩，1572－1614）、清文华殿大学士赵国麟（字仁圃，号拙庵，?—1751），改称“五贤祠”。光绪二十六年（1900），泰安令朱钟琪就其地创办仰德书院。

乾隆二十九年（1764），泰安知府姚立德（字次功，？－1783）在泰城上河桥西创办泰山下书院。乾隆四十六年（1781），邀唐仲冕（字云枳，号陶山居士，1753－1827）为书院山长。唐仲冕参与泰安令黄钤主持的《泰安县志》编纂工作，实地勘察泰山地理历史。翌年，效仿《史记》、《汉书》笔法，编撰《岱览》32卷，乾隆五十八年（1793）完成。

5. 青州府学

位于今青州市偶园街与东门大街交叉口西北，原青州府治西南。青州府学始建始建于唐贞观四年（630）。元·何异孙《十一经问对·论语》：贞观四年，唐太宗“诏州、县皆立孔子庙”。原有会昌五年重修碑，清代已亡佚。清·段松苓《益都金石记·附已亡金石目录》：“修文宣王庙碑，《宝刻丛编》引《金石录》曰：‘唐裴坦撰，卢匡正书并篆额。会昌五年十月立。’按《金石录》目不云卢匡篆额，亦未云在青州”。元大德间，于青州城西北隅建文庙。元·于钦《齐乘·亭馆》：“益都宣圣庙，府城西北隅，有摹峄山秦碑极精制”。1995年，范公亭水库东岸（即旧城西北隅）出土有元代《皇元加□大成至□文宣王□》矩形碑额。明洪武五年（1372），因拓建齐王府而迁府治西南。光绪《益都县图志·学校志》：“金元以来，宣圣庙本在城西北隅。明初，拓建齐藩。洪武五年，知府李仁就元之太虚宫改建，即今学也”。正统十四年（1449），知府陈勋拓建东西庑二十四楹。天顺三年（1459），知府赵伟于原齐王府隙地建号舍为会食退息之所，将大成殿西北文昌祠移于戟门东，又于戟门西建先贤祠。弘治十二年（1499），知府杜源重建斋舍四十楹作为生员居所。正德十四年（1519），知府杜鑑移乡贤堂、文昌祠于松林书院。嘉靖四十三年（1564），知府杜思重修。万历初，知府李学道、张世烈、王世能相继修葺。万历三十四年（1606），山东巡抚徐梦麟、知府赵乔年重建。清康熙七年（1668），毁于地震，仅存大成殿。康熙十年（1671），海防道郑牧民重修，不久废毁。康熙三十八年（1699），知府张连登扩修，重建乡贤祠、名宦祠，至康熙四十五年（1706）始竣工。康熙五十四年（1715），知府陶锦堂重建棂星门，增建德配天地坊、道冠古今坊。康熙五十八年（1719），重修明伦堂。乾隆十四年（1749）、乾隆五十四年（1789）、嘉庆十九年（1814）、道光二十年（1840）重修。“文化大革命”间，青州府学毁。

青州府学坐北朝南，中轴线建筑南起依次为德配天地坊、道冠古今坊、棂星门、泮池、大成门、大成殿、崇圣祠、明伦堂。大成殿前有古柏数十株。光绪《益都县图志·学校志》：“府学在县治西南，外为宫墙，前为德配天地、道冠古今二坊，中为棂星门，内为泮池，上跨弓桥，三石栏绕之，北为大成门，门之左为名宦祠，右为乡贤祠，入门为大成殿，翼以两庑，各九楹，殿前露台七级，台下古柏覆历代碑刻，殿之后为崇圣祠，为明伦堂”。

2.5.4 寺观庙宇

宋元时期，岱岳地区佛教以泰山、沂山为中心。灵岩寺成为岱岳首座，北宋八帝曾敕命住持。金代，泰山有“敕建”或“奉敕”寺院40余座。青州周边仅宋仁宗一朝就兴建的佛寺就有安丘开明寺（1023）、青州石佛寺（1024）、诸城寿圣寺石塔（1029）、青州重兴寺（1040）、青州兴吉寺、兴国寺和重兴寺（1050）等。宋真宗之后，出现佛道融合趋势。佛造像集中在济南佛慧山、柳埠、黄花山、云台山、赵八洞等处。宋末，佛寺兵毁很多，泰山周边僧众千余人参与了耿京、辛弃疾领导的抗金斗争。金大定间，青州一带新建寺院10座，主要有青州铁佛寺、安丘洪济禅院、潍坊观音寺等。

元代，僧人来泰山附近寺院研习传法者颇多。元贞间，泰山竹林寺“东振齐鲁，北抵幽燕，西逾赵魏，南距大河，莫不闻风趋赴，其送施者朝暮不绝”。泰山北麓寺院集聚，济南周边有月阳寺、云台寺、灵鹫寺、福圣寺、兴国寺、龙居寺等。沂山地区佛教兴盛，建寺院35座，如青州普照寺、白佛寺、苏峪寺、竹林寺、松严寺、圣水寺、定慧寺、积福院等，寒亭崇宁寺、报国寺、寿圣院，临朐宝积寺等。

北宋道教以正一道为主流。宋真宗以赵玄朗为圣祖，号：“圣祖上灵高道九司命保生天尊上帝”，圣母号曰“元天大圣后”；改老子封号为“太上老君混元上德皇帝”。后又尊上玉皇大帝圣号曰“太上开天执符御历含真体道玉皇大天帝”。宋徽宗自称道君皇帝，颁赐名道，对岱岳地区道教发展影响很大。泰山、沂山、蒙山成为3个道教中心。泰山周边以泰山神和玉女崇拜为主。大中祥符元年，宋真宗封泰山神“仁圣天齐王”；大中祥符四年，封泰山神“天齐仁圣帝”。元至元二十八年，元世祖封泰山神“天齐大生仁圣帝”。泰山神崇奉到无以复加的程度。宋真宗召见泰山道士秦辨，赐号“贞素先生”。泰山被列为道教三十六小洞天第二洞天，称作“蓬元之天”。著名道观如泰安关帝庙，历城长春观、吕祖庙，长清真相院等。沂山道教兴盛，宋太祖重建东镇庙，制度严整。沂山和崂山并称为道家洞天福地，相继建道观60余座，较著者如东镇庙、常山神庙、紫云观、将军庙、灵泽庙等。蒙山地区道教也得到宋皇帝的鼓励。宣和元年（1119），徽宗赵佶赐蒙山玉虚观住持道士贾文度牒紫衣。沂蒙山区著名道观有蒙山玉虚观、万寿宫、清虚观、玉皇庙和凌云宫，苍山玉虚宫，青牛山神清宫，大贤山的女洞、迎仙观等。

元代，全真道勃兴，沂山周边建有玉清宫、东镇庙、昊天宫。尹志平在沂山全真道兴盛中功绩最著，“自古教法之盛，功德之隆，惟清和（志平）师为最”。元天历元年（1328），重修紫微观碑载：“羽士散居境内者五百七十，信奉者万余计”。较著的道观有：青州积福院、重兴院、玄帝观、灵宫庙，潍城天仙宫、东岳庙，诸城三宫殿、天清观，安丘寿圣院等。泰山周边全真道也较为兴盛。声名最著者为道士崔道演（字元甫，号真静，1140－1221），他是王重阳再传弟子，以医术闻名，活人无数。其弟子为张志纯。杜仁杰《真静崔先生传》：“去家为道士，师东海刘长生，甚得其传……假医术筑所谓积善之基，富贵者无所取，贫者反多所给，是以四远无夭折，人成德之”。金泰和年间，丘志园、范志明创建洞真观，为全真道最著名道观。金代道观还有历城林泉观、神山玉皇庙、章丘三清观等。元代对泰山全真道更为重视，张志纯得元顺帝赐号“崇真保德大师”，又称“宣授冲虚至德通玄大师”，住持岱庙，任东岳提点监修官兼东平路道教都提点，募资岱顶南天门，重修蒿里山神祠。此期，全真道设道官机构，其所辖庙观占有田园、山场、河泊，并经营 店铺、油坊、磨坊等业，朝廷均予保护。

图2.40 邹城重兴塔（禚柏红 提供）

1. 法兴寺

法兴寺遗址位于邹城市旧城北门内（今古塔住宅区内），始建于北宋初。元至元间（1335－1340）重修，改名“崇兴寺”。康熙《邹县志》：“崇兴寺，原名法兴寺。元至元间改名重兴寺”。明天启二年（1622）残毁。崇祯间（1628－1644）重修。《邹县志》：“崇祯间，知县黄应祥重修，复于寺之殿南建观音堂。有砖塔一座”。今存重兴砖塔（图2.40），八角形楼阁式，九层十檐，通高27.4米。最下层为木回廊，基座正北辟门，东、南、西三面置方形龛室。每层檐下有砖雕仿木斗拱，二层为重檐，三至九层为单檐下砖雕仰莲承托。转角部位有砖砌半圆倚柱。四面辟门，一至三层为园券门，四至九层为尖券门。塔刹为铜铸镀金葫芦形。古塔气势雄伟，“禅塔祥云”为古邹八景之一。1985年，被列为济宁市文物保护单位。2006年，被列为山东省文物保护单位。2013年，被公布为全国重点文物保护单位。

2. 玉虚观

玉虚观位于临沂市平邑县柏林镇蒙祠东。北宋晚期，里人贾文（？－1144）道士创建。宣和元年（1119），宋徽宗召见贾文，赐度牒、紫衣。宣和元年《蒙山道德院帖碑》：“奉圣旨特给赐度牒、紫衣，今来本人礼金，坛郎凝神殿授经。签书右街道德院事，知在京神霄玉清万寿宫丁安行为师……道士贾文赴神霄宫安下”。金代，观改名“佑德观”。皇统二年（1142），贾文主持修建三清殿（《玉虚观三清殿榜文碑》）。当时，玉虚观规模宏伟，殿阁错落，碑石林立，气象非凡。正殿三间，奉祀玉皇大帝。皇统四年（1144），贾文羽化成，谥“清虚文逸成公先生”，史称贾成公，弟子为立祠奉祀。明代，复称玉虚观，亦名“玉虚万寿宫”。清代，称“万寿宫”，康熙间大盛，有玉皇殿、七星殿、药王殿、土地祠、娃娃殿、成公祠、纯阳阁等，道众300多人，居鲁南道院之冠。光绪二十年（1895）重修玉皇殿、白衣殿，创修七真宝殿。1938年，仍有道士百人。“文化大革命”间，观毁。1996年，重修玉皇殿。2008年重修，轴线建筑依次为万寿坊、山门、山神殿、玉皇殿。万寿宫正殿前院落有古文冠果树和古槐各一株，古槐树龄500余年。

图2.41 华阳宫（冯广平 摄）

3. 华阳宫

华阳宫位于济南市历城区华山镇（图2.41）。华山海拔197米，孤峙于济南北部平原。华山，又名“华不注”。“华不”指花苞片，言山如花蕾注于水中。光绪八年《山东考古录》：“伏深《三齐记》云：‘不’音‘跗’，读如《诗》‘鄂不韡韡’之‘不’，谓花蒂也。言此山孤秀，如花跗之注于水也”。鲁成公二年（前589），齐顷公伐鲁、卫，晋将郤克率军救援，两军在鞌（济南东北）发生战斗，齐顷公轻敌大败，绕华不注山三周，逢丑父假冒齐顷公，使顷公免于被俘（《左传·成公二年》）。华山南原有鹊山湖，又称莲子湖，与大明湖相连。金代以后消失。

华阳宫始建时间不详。元张起岩（字梦臣，号华峰，1281－1349）所撰《迎祥宫碑》碑称：金代兴定四年（1220），全真教邱处机弟子陈志渊拓建华阳宫。有道士元阳子曾于观中修行，并注解了秦朝博士伏生墓中出土《金碧潜通》一书。明·王象春《齐音》所录《元阳子》诗注：“晋元阳子，长白山人，得《金碧潜通》一书于伏生墓中，细为注解，携之修真于华阳宫”。历城区柳埠镇石匣村原有有金天眷元年（1138）《泰山元阳子张先生坐化碑记》。明嘉靖十一年（1532），山东巡抚袁崇儒改建为崇正祠。万历时，复改“华阳宫”。明清两代，增建泰山行宫、关帝庙、棉花殿、龙王庙、三皇宫、三元宫、净土庵等关联建筑。华阳宫建筑群成为历城现存较完整、规模最大的古代建筑群，占地9万平方米，现存古建筑34座，其中祀神殿宇21座，号称“历下胜景”、“济南巨观”。华阳宫中轴线建筑的建筑依次为山门（废毁）、二宫门、四季殿，在诸寺观中规模最大。四季殿始建始建不详，明嘉靖十一年（1532）、万历六年（1578）重修。清光绪三十一年（1905）重修。2000年重建卷棚。原面阔七间，今面阔五间，进深三间，单檐硬山顶。两侧山墙有古代壁画。殿中祀玉皇大帝、托塔李天王、太白金星、列春（句芒）、夏（祝融）、秋（蓐收）、冬（玄冥）四季神。华阳宫西侧为泰山行宫，正殿元君殿创建于明崇祯二年（1629），清康熙二十六年（1687）、光绪二十二年（1896）重修；面阔三间，进深一间，前出廊厦，主祀碧霞元君。华阳宫、泰山行宫间为净土庵，正殿三圣殿建于民国期间。净土庵西院为单间观音殿。观音殿后三教堂，祀孔子、老子、佛祖。建筑群东部有三皇殿，始建于明代，面阔三间，进深一间，单檐硬山顶。建筑群西部为关帝庙，二进院落。创建年代不详，清康熙十八年（1679）、民国三十年（1941）重修。前后殿均面阔三间，进深三间，单檐硬山顶。前殿祀关公。建筑群北部为三元宫，正殿三官殿，面阔三间，进深三间，单檐硬山顶，祀天、地、水三官。华阳宫建筑群，以华阳宫创建时间最早，其他建筑陆续增建。华山山腰有吕祖庙，山门为文昌阁，庙正殿面阔三间，硬山顶。1979年9月3日，华阳宫建筑群被列为济南市重点文物保护单位。2006年12月7日，被列为山东省政重点文物保护单位。

4. 洞真观

又名神虚宫、北观，俗称大庵，位于济南市长清区五峰山志仙峰下，始建时间不详。“考历代创建，大宋封为洞真观”（顺治七年《重修五峰山碑记》）金大定二年（1162），金世宗敕赐额“万寿院”。泰和间（1201－1208），全真教道士邱志圆、范志明创为道观。贞祐间（1213－1217）重修，金宣宗敕赐额“洞真观”。金·元好问《重修洞真观记》：“泰和中，全真师丘志圆、范志明剧地于此，屋才数椽而已。丘、范而没，同业王志深、李志清辈增筑之，始有道院之目。堂庑既成，贞祐初，入□粟县官，得为洞真观”。元代重建，敕赐额“护国神虚宫”。元定宗三年（1248）重修，后敕赐额“护国神虚宫”。明正统十三年（1518）重修。万历二十七年（1599）、万历三十七年（1609），重建，赐额“保国隆寿宫”，敕建“保国隆寿宫石坊”和三元殿，御赐《道藏》一部。清顺治七年（1650）、嘉庆二年（1797）、道光二十四年（1844）重修。洞真观座北朝南，分东西两路，东路轴线建筑自南而北依次为：山门、照壁、皇宫门（木牌坊）（图2.42a）、更鸡桥、玉皇殿。皇宫门始建于金代，四柱三间木坊，基石高浮雕卧狮8只。正殿玉皇殿面阔三间、10.9米，进深三间、9米，单檐硬山顶，施绿琉璃瓦（图2.42b）。殿前有古柏13株，号“十三太保”。殿后有古银杏1株，

图2.42a　洞真观皇宫门（刘海明 摄）

图2.42b　洞真观玉皇殿（任昭杰 摄）

树东为清泠泉，泉上有听泉台，台上筑清泠亭。观内存历代碑碣60余通。玉皇殿后依次为娘娘庙、真武庙。娘娘庙正殿紫霄殿始建于宋代，面阔三间，单檐硬山顶，中间置窗，两侧辟门，内祀五峰山奶奶，传为东岳大帝三女之一。真武殿面阔三间，单檐硬山顶，真武殿始建于明万历间，内祀真武大帝。真武殿东有保国隆寿宫石坊，坊后有91级“百丈石阶”，再上为三元殿遗址。三元殿东500米为清帝宫遗址，今存隐仙洞、栖真洞、崇玄洞。2013年，洞真观被公布为全国重点文物保护单位。

5. 修真宫

位于青州市弥河镇上院村（图2.43）。修真宫原名“修真观”，始建时间不详，正德八年（1513）、万历十六年（1588）、万历三十三年（1605）、明末重修碑皆言“不知起于何时，建于何代”。而方志和残碑记载则众说不一，一说始于宋代，光绪《临朐县志》：“修真宫，在县北十里养老院，宋建，元时修”；修真宫原有“万岁牌位”又称“龙牌”，传为宋太祖所赐。清乾隆九年（1744）重修碑：“视殿宇，观神像，谒龙牌”。20世纪50年代，牌毁。一说始于金贞祐元年（1213），贞祐元年残碑：“谷道士陈……贞祐元年”。一说始于元代（嘉靖《临朐县志》），嘉靖《临朐县志》：“修真宫，在县北十里，元时建”；清嘉庆十二年（1807）《重修玉皇殿序碑》：“余（魏国升）弱冠时，受业于锡侯聂夫子，暇则世兄西园公华翰偕余游之。读其碑，知元奉勅重修，明衡府捐银重修，其曰肇自炎宋，盖传语也”。元至元（1260－1294）或大德间（1297－1307）、至顺间（1330－1332）奉敕重修。元统元年（1333）、元统二年（1334）重修。元末废。明正德八年重修，改“修真宫”。万历十六年，高唐王朱翊镶主持重修。明万历三十二年重修，增建大门；翌年，重修玉皇殿。明末大修。清康熙四十年（1701）、康熙五十二年（1713）、乾隆九年（1744）重修。嘉庆十二年重修玉皇殿，增建逄山殿、龙王庙。光绪二十七年（1901）重修。嘉庆十九（1813）建卧龙桥。自正德八年至嘉庆十二年，修真宫全真道龙门派自第八代传至第二十代。嘉庆间开始，全真嵛山派住持。“文化大革命”间，观毁坏严重，古柏被伐。2001年重修。修真宫坐北朝南，南北长44米，东西宽18.75米，轴线建筑南起依次为山门、三清殿、玉皇殿、老君堂。正殿三清殿面阔三间，进深一间，灰瓦硬山顶。观门口有古槐一株，观内存历代碑刻16通。青州修真宫原有数株古柏，传为汉柏。明末《重修碑》：“秦松汉柏，古碣龙碑，盖不知建于何时”。嘉庆十二年《重修玉皇殿序碑》：“老院庄西有观曰修真宫，宫内有玉皇殿，殿前有三清殿，又有青龙、白虎殿，大松数十，皆与观前清泉、四围山光相映成趣”。

图2.43 修真宫（冯广平 摄）

6. 昊天宫

位于青州市云门街道驼山极顶（图2.44），海拔408米，始建时间不详。嘉靖二十一年（1542）《重修驼山昊天宫记》："独西南四、五里许，望之隆隆然，如驼之峰者，曰驼山，像其形也。山之巅有祠，曰昊天上帝。不知肇自何代，无论宋元"。元初，辟为全真道道场。至元二十七年（1290）重建。至元二十七年《重建昊天宫碑》载：驼山道场由安然子李守正创立，

图2.44　昊天宫三清殿（冯广平 摄）

李守正二十七岁拜济南阳丘紫微宫弘阳郭真人为师，后至青州驼山创建昊天宫，并授徒传道。紫微宫即长清张夏莲台山娄敬洞，道场由丘处机再传弟子曹志冲开创。大德二年（1298），元成宗遣使降御香。明成化元年（1465）、嘉靖二十一年、万历二十一年（1593）、崇祯十四年（1641）重修。其中，嘉靖间重修为太子太保、兵部尚书胡宗宪（字汝贞，号梅林，1512－1565）知青州时主持修建。清康熙三十三年（1694）、康熙五十二年（1713）、康熙五十七年（1718）、乾隆三年（1738）、乾隆三十年（1765）、乾隆四十年（1775）、乾隆四十三年（1778）、道光十一年（1831）、同治五年（1866）、光绪八年（1882）重修。1986年以后渐次重修。

昊天宫坐北朝南，南北长150米，东西宽100米。中轴线建筑南起依次为牌坊、天桥、大门、玉皇殿、七宝阁。七宝阁始建于元代，为石质无梁双拱阁式建筑，风格别致，分上下两层，下层为老君殿，上面为三清殿，奉祀玉清元始天尊、上清灵宝天尊、太清道德天尊。

7. 真教寺

位于青州市益都镇昭德街，始建于元大德六年（1302）（图2.45）。元中书平章政事、淮王伯颜（Bayan，1236－1295）后裔所立。清康熙二十三年（1684）《青州真教寺建寺碑》："青州府东南隅有古刹清真回回礼拜寺，自大元大德六年元相伯颜后裔所立"。立寺人疑为青州赵氏一世祖赵明远，赵明远为伯颜第三子，洪武二年（1369）南迁青州。明万历五年（1577）《赵氏先茔碑》："始姐伯颜，西域人也，仕元，赐姓赵，出将入相五十余载，忠绩班班，可谓勋臣，实录在册。追其子明远始奉我朝，命徙青，为编户"。明成化二年（1466）、成化二十三年（1487），增修。弘治五年（1492）、正德元年（1506），增修。嘉靖十年（1531）扩建。清康熙二十九年（1690）增修。雍正九年（1731），修后殿阁楼、左右二厢房并建二门（仪门）。雍正十二年（1734），修寺门及影壁。乾隆二十三年（1758），仪门扩为3间。乾隆二十五年（1760），建"百字赞"碑亭。道光二十五年

图2.45　明太祖至圣百字赞碑（冯广平　摄）

（1845），重修后阁楼。“文化大革命”间，毁坏严重。1986年重修。

真教寺坐西朝东，占地6000余平方米，分3进院落，中轴线建筑依次为大门、仪门、《至圣百字赞》碑亭、礼拜殿、望月楼。大门为单檐歇山式砖石结构，拱卷式门洞，正面石刻额题“真教寺”，背面横额砖雕阿文“麦斯吉德”，意为“礼拜真主的地方”。仪门单檐硬山式，面阔三间。礼拜殿由前殿、中殿和望月楼三个相连的部分组成，周围三十六根立柱。前殿面阔五间，进深五间，中殿面阔五间，进深二间。望月楼重檐歇山式二层楼阁式，正脊高大，鸱吻风铃，属宋、元代建筑形式。2013年，被公布为全国重点文物保护单位。

2.5.5　陵寝林墓

1. 孟林

位于邹城市大束镇西山头村北四基山麓（图2.46）。景祐四年（1034），孔道辅访得四基山孟子墓，于墓旁立庙祭祀，勒立《新建孟子庙记》碑。孙复（字明复，号富春，992－1057）《新建孟子庙记》：“景佑丁丑岁夕…（孔道辅）访其墓而表之，新其祠而祀之，以旌其烈。俾其官吏博求之。果于邑之东北三十里有山曰四基，四基之阳得其墓焉。遂命去其榛莽，肇其堂宇，以公孙丑、万章之徒配。越明年春，庙成”。此后，孟庙两迁至邹县城内，而墓旁仍然立庙。元丰七年（1084），重修墓庙，购置祭田。政和四年（1114），宋徽宗诏令重修孟林，列戟于庙门。宣和四年（1122）《先师邹国公孟子庙记碑》：“孟子葬邹之四基山，傍冢为庙，废久弗治。政和四年部使者以闻，赐钱三百万新之，列一品戟于门。又赐田百亩，以给守者”。元至元十四年（1277），霍天祥立“先师邹国公墓”碑。元贞元年（1295），邹县尹司居敬重修孟子墓。至正二年（1342），孟子五十二代孙孟惟让重修亚圣墓前祭堂，“其制四楹，不壁中室，置巨石鼎，以陈俎豆”。明宣德九年（1434），鲁惠王重修。嘉靖四十一年（1562），邹县令章时鸾重修享殿，并植柏、桧三千余株。隆庆元年（1567）、万历八年（1580）、万历三十六年（1608）重修。清康熙三十六年（1697）、雍正十年（1723）、嘉庆二年（1797）、道光十四年（1834）、宣统二年（1910）重修。1935重修享殿。1953年、1977年、1992年、1994年、2000年、2005年、2006年重修。孟林面积915亩，中轴线南起依次为神道、“亚圣林”御桥、享殿、“亚圣孟子墓”碑。享殿始建于北宋景祐间，后毁；明嘉靖四十一年重建，隆庆元年重修；面阔五间、18.7米，进深二间、8米，高10米，单檐硬山灰瓦顶，殿内有历代碑刻8通。林内有树木20000余株，古树7078株，包括侧柏7000株、毛白杨（*Populus tomentosa*）78株，为全国面积较大的人工侧柏林之一。孟子墓甬道西有最大古侧柏，胸径1.02米，树龄970余年。孟林神道两旁列植毛白杨，最大古树胸径1.31米，树龄300余年。1992年，孟林被列为山东省文物保护单位。2006年，被公布为全国重点文物保护单位。

图2-46 孟林（任昭杰 摄）

2. 颜盛林

位于山东费县方城镇诸满村西北。颜盛（字书台，一字书震），复圣颜子第二十四代孙，汉尚书郎，曹魏青、徐二州刺史，始自鲁国陋巷迁徙琅琊孝悌里（今诸满村）。晋泰始八年（272），葬“临沂县西七里，今属费县”（《陋巷志》）。明·邵以仁《二颜林碑记》：“余因考邑乘，公十六世祖盛，为魏青、徐二州刺史，居琅琊，葬临沂县”。后裔皆葬此地，渐成林墓。唐天宝十四年（755），安禄山、史思明叛乱。颜盛十六代孙、常山太守颜杲卿（字昕，692－756）、平原太守颜真卿（字清臣，709－785）兄弟组织抗击。杲卿父子并不屈而死。颜真卿坚守平原，成为河北砥柱。建中四年（783），颜真卿以太子太师宣慰平卢淄青节度使李希烈，为其所害。颜氏族人建衣冠冢，称“二颜墓”，于村中立庙为祀。唐末，颜真卿四世孙颜君杰，奉父宏式命回乡守林，以“祭扫先人之灵墓”（清嘉庆二十一年兰邑《颜氏族谱》）。元祐六年（1091）年，宋哲宗将颜真卿墓列入祀典。元祐七年（1092），诏禁樵采。《宋史·礼志·吉礼八》记载：“元祐六年，诏相州商王河亶甲冢、沂州费县颜真卿墓并载祀典”。明代，护林人渐成聚落，称颜林村。明万历间，山东布政使司左参议邵以仁重修林庙，恢复林地82亩。1949年前，林墓面积54 668平方米，有古柏28株，宋、元、明、清、民国碑刻5通。1949年后，古柏仅余4株。“文化大革命”间，古树、巨冢、墓碑皆毁。1996年，重修颜盛、颜杲卿、颜真卿三墓修。翌年勒立《重修颜林记》。2003年，被列为临沂市文物保护单位。

3. 颜子庙和颜林

颜子庙位于宁阳县鹤山乡泗皋村西北，始建于元至元十二年（1275）。《颜氏族谱》：“颜氏五十二代孙颜仙、颜俊、颜和徙居宁阳泗皋村，五十四代孙元代泰安州太平镇巡检颜伟，于元至元

图2.47a 宁阳颜庙（冯广平 摄）

图2.47b 宁阳颜林“颜氏之门”（冯广平 摄）

十二年奉敕监修泗皋祖庙。” 颜子庙座北朝南，占地5000多平方米。轴线建筑自南而北依次为影壁、庙门、仪门、复圣殿。正殿复圣殿面阔三间，进深之间，灰瓦悬山顶，重翘单昂三踩斗拱，梁架结构特别，平梁由横在大梁上的顺梁承托（图2.47a）。颜子庙西约百米为颜林，平面呈椭圆形，占地120亩，为颜仙及其后裔墓群。林内有“颜氏之门”石坊，两柱一梁，梁上阴刻小楷“五十五代孙从化郎益都路滕县尹颜府立石”（图2.47b）。林内有古树上千株，以侧柏为主，间有黄连木86株，最大者胸径1.05米，树龄1000年；榔榆（*Ulmus parvifolia*）40余株。1988年，颜林被列为宁阳县文物保护单位。1992年，被列为山东省文物保护单位。2013年，被公布为全国重点文物保护单位。

2.5.6 公共园林

1. 范公亭和三贤祠

位于青州市范公亭路，东临青州博物馆，始建于北宋皇祐四年（1052）。皇祐二年至四年（1050－1052），范仲淹（字希文，989－1052）知青州，政绩卓著，受民拥戴，“青民因立像祠焉”（《宋朝事实类苑》）。阳溪旁甘泉涌出，他构亭其上，离任后，青州人命名井亭为“范公亭井”，于亭旁建范公祠。北宋·王辟之《渑水燕谈录》：“皇佑中，范文正公镇青州，龙兴僧舍西南阳溪中有醴泉涌出，公构一亭泉上，刻石记之。其后青人思公之德，名之曰范公泉。环泉古木茂密，尘迹不到，去市廛才数百步而如在深山中”。范公亭在宋代已成游赏名胜，多有题刻碑碣。皇祐四年至五年（1052－1053），文彦博（字宽夫，1006－1097）继任。熙宁元年至三年（1068－1070），欧阳修（字永叔，号醉翁，1007－1072）知青州，为政宽简。熙宁五年（1072），欧阳修卒，青州民为立欧公祠。范仲淹的前任富弼（字彦国，1004－1083）于庆历七年（1047）至皇祐二年（1050）知青州，也有惠政，青州民为立生祠。富公祠和欧公祠故址均在青州城西瀑水涧侧。明天顺五年（1461），英宗命内臣汲泉水制药，于亭后建范公祠。成化至嘉靖间，范公祠兴建、游赏大盛，今存成化六年（1470）《□范公泉诗》碑、成化十三年（1477）《吊古山城》碑、正德七年（1512）《范公井记》碑、正德十五年（1520）《范公井记》碑、嘉靖八年（1529）《井铭》碑、嘉靖四十三年（1564）残碑等明代碑刻7通。明末，范公亭损毁严重，“欧阳文忠诸贤赋诗刻石，明末荒圮殆尽”（光绪《益都县图志》）。清顺治十八年（1661）、康熙四十五年（1706）重修范公祠。乾隆三年（1738），移建富公祠、欧公祠于范公亭内，扩建为“三贤词”，于祠后构“乐亭”。乾隆五十七年（1792）重修。清末民初，乐亭南武公祠、报公祠废。1964年，改名“范公亭公园”，后改“青年公园”。1978年，恢复原名。祠内原有碑刻30余通，“文化大革命”间，多毁。

图2.48　范公亭井（包琰 摄）

范公亭为石柱砖木结构，六角飞檐，亭顶宙开，与泉井相对（图2.48）。迎门两石柱有联：“井养无穷兆民允赖，泉源不竭奕世流芳”。亭西、东南有古楸两株，号“唐楸”，亭北有古槐一株，胸径1.53米，树龄1000余年，号“宋槐”。澄清轩后范公台上、三贤祠外各有古槐一株，胸径分别为1.15米、1.17米。祠中有“范公台”石刻，原在青州府衙，衙内古槐为范仲淹手植，明人于树下勒立“希范堂”和“范公台”。

2. 超然台

超然台，为诸城旧八景之一。北魏永安二年（529）筑北城以置胶州治时，两厢各置一台，东西对峙。熙宁八年（1075），密州太守苏轼因废台旧址新建楼阁式崇台，苏辙为其命名为“超然台”。苏轼《超然台记》：“而园之北，因城以为台者旧矣，稍葺而新之。时相与登览，放意肆志焉……方是时，予弟子由适在济南，闻而赋之，且名其台曰‘超然’，以见余之无所往而不乐者，盖游於物之外也”。熙宁九年，苏轼离任。密州民于台山真武庙侧建苏公祠。在873年的岁月中，多有遗失与复刻。原建台时，苏轼之《超然台记》、苏辙之《超然台赋》等，均刻石置于台上，还有苏轼手书三个大字刻石嵌于台前。十年之后的元丰八年（1085）。元至治二年（1322），密州同知庚伯麟重修超然台、苏公祠。至元四年（1338），密州达鲁花赤真间修超然台，并留刻石于台上（后失）。明洪武二十六年（1393）重修。景泰六年（1455），知县黄武重修，于台南建慕贤堂。嘉靖元年（1522），知县张瑶迁真武神于北极台，超然台专祀苏东坡。万历七年（1579），知县李观光重修苏公祠。万历十九年（1591），知县宁嘉猷重修苏公祠。清康熙二十九年（1690），知县马翀重修超然台及苏公祠。康熙六十年（1721），知县罗廷璋重修台祠，规模为历代之最，加固台壁，扩大台面，“方广倍之”，于台前立坊表，补刻《超然台记》、《雪夜书北台壁》等；广集邑内名士诗文辞赋，刻石20余方。乾隆二十四年（1759），知县张师赤重修。道光九年（1829）、道光十六年（1836），重修。咸丰二年（1852），知县王廷荣重修台祠。光绪十五年（1889），重修台祠。1919年，县知事尹祚章修台。1924年，东三省陆军步兵第三十二旅旅长毕庶澄修台。1948年，超然台被拆毁。超然台共有修台记、赋刻石8方，画像、竹、小记、跋等刻石8方，诗111首（件）刻石50余方。1948，拆除城墙及超然台，大部石刻分被埋入城壕，亡佚无存，目前仅有6通存诸城市博物馆。

2.5.7 私宅园墅

金元时期，官僚、学士造园蔚然成风，济南城内郊外，私园密布。小清河开凿后，济南城北郊稻畦莲荡，水村渔舍，风景如画，为造园佳处。郊外代表性园林有砚溪村、云庄、万竹园等。

1. 砚溪村

遗址位于济南市历城区北园镇臧家屯村附近，始建于元初。至元二十九年至三十一年（1292－1294），赵孟頫（字子昂，号松雪，松雪道人，1254－1322）出任济南路总管兼署府事，多有惠政。戴表元《寄赵子昂济南》："济南官府最风流，闻是山东第一州。户版自多无讼狱，儒冠相应有宾游。"赵孟頫在泺口以东创建砚溪村，依托天然泉眼，号"洗砚泉"，园中修竹成林，林中造亭；园四周皆稻田。清·王士祯《香祖笔记》："历下孙氏有别墅在济南郡城西北十里，而近其地四面皆稻塍，与鹊、华两山相望。圃中有泉，相传赵松雪洗砚泉也。一日，园丁治蔬畦，得石刻于土中，洗剔视之，乃松雪篆书二诗：（一）抱膝独对华不注，孤吟四面天风来。泉声振响暗林壑，山色滴翠落莓苔。散发不冠弄柔翰，举杯白月临空阶。有时扶筇步深谷，长啸袖染烟霞回。（二）竹林深处小亭开，白鹤徐行啄紫苔。羽扇不摇纱帽侧，晚凉青鸟忽飞来。同知济南路总管府事赵孟頫题。"松雪篆不多见，此石刓缺处惜为石工以意修补，寖失古意。今其地名砚溪，在泺口之北"。"赵孟兆页篆书诗刻碑"今存山东博物馆。今臧家屯村中街旁原有"一品泉"，直径约2米，井口覆以大青石，开"品"字形三眼，俗称"三眼井"，疑似洗砚泉。

图2.49 张养浩墓"麟石"（禚柏红 提供）

2. 云庄

遗址位于济南市天桥区北园街道柳云小区，村原名"张公坟"。东望华不注山，南临大明湖，西有标山。云庄始建于元至大间（1308－1311），由监察御史张养浩（字希孟，号云庄，1269－1329年）创建。至大三年（1310），张养浩以《时政疏》得罪权贵，罢官，归隐故里，造云庄别墅，内有云锦池、雪香林、挂月峰、待凤石、遂闲堂、处士萧，以及绰然、拙逸、乐全、九皋、半仙五亭。绰然亭又名翠阴亭，亭后为遂闲堂，园内有十块太湖石，名为"十友"，以龙、凤、龟、麟（图2.49）最著，号四大灵石。别墅内风光秀丽，野趣横生。张养浩《胡十八》："自隐居，谢尘俗，云共烟，也欢虞。万山青绕一茆庐，恰便似画图中间里。著老夫对着无限景，怎下的又做官去”。天历二年（1329），起为陕西行台中丞赴关中救灾；途中作著名的《潼关怀古》。病逝任上，次子张引袭官，扶柩归葬，立祠为祀，初名“张公祠”，后改“七聘堂”。明代，别墅渐衰，十名石亦多流散。殷士儋移四灵石至万竹园。民国初，散落民间。龟石原存文庙泮池北侧，今存趵突泉公园。

3. 万竹园

位于济南市西青龙街17号、趵突泉公园内（图2.50），始建于元代。明隆庆五年（1571），武英殿大学士、太子太保殷士儋（字正甫，又字棠川，1522－1581）辞官归里，隐居万竹园；理水掇山，筑泉亭“蒙斋亭”，植嘉卉，取名“通泺园”。万历九年（1581）去世。清康熙间，康熙四十五年进士、诗人王苹（字秋史，号蓼谷山人，自称七十二泉主人，1661－1720）得此园，以蒙斋亭临望水泉，望水泉为济南名泉第二十四，遂改蒙斋亭为“二十四泉草堂”。1913－1916年，保定留防总司令官、陆军中将张怀芝（字子志，1861－1933）辞官隐居济南，于万竹园旧址置地四十余亩，征集南北名匠，斥巨资建宅邸，其设计宏伟、格调古雅、工艺精湛。今万竹园为济南市文物保护单位。

万竹园占地1.2公顷，建筑面积3752.10平方米，园内有3处庭院，13个院落，房屋186间。望水、东高、白水等名泉俱出园中，置4亭5桥1花园，是一处集南方庭院、北京王府和北方四合院建筑风格于一体的古庭院建筑。园中植侧柏、玉兰、石榴、丁香、木香（*Rosa banksiae*）、木瓜（*Chaenomeles sinensis*）、梧桐等树木。

图2.50　万竹园（鸿广平　摄）

2.6 明清时期

明洪武元年（1368），朱元璋称帝，建立明朝，定都南京。同年，明军攻克大都，元顺帝北逃，元亡。永乐十九年（1421），明成祖迁都北京。崇祯十七年（1644），李自成义军攻入北京，崇祯帝自缢；同年，满清军队败李自成军，进入北京，明亡。清顺治元年（1644），顺治帝登基，开始清朝在全国的统治。道光二十年（1840），清军在鸦片战争中战败，清政府被迫与英国签订《南京条约》，外国势力开始进入中国。宣统三年（1911），辛亥革命成功，清帝退位，清亡。1912年，中国民国成立。

明代，岱岳地区归山东省管辖，主要包括济南府中南部、青州府大部、兖州府东部，所辖县域与现代大体相同。有明一代，岱岳地区共有秦王5系即鲁王、齐王、衡王、德王、泾王。除齐王系、泾王系仅一世一王，其他三系均延续至明末清初。三王系有亲王25位、郡王88位、将军400余位，其衙署、陵墓超迈唐宋，成为岱岳园林的重要组成部分。清因明制，岱岳地区行政区域无太大变化。

明清时期，尤其是明中叶至清前期，儒学的在思想领域的正统地位进一步巩固，佛教、道教也呈现繁荣发展的局面。岱岳地区以祭天、崇儒为特征的造园活动繁盛，重修和新建的园林往往符合礼制要求，严整肃穆。园林类型以敕建坛庙寺观为主，出现了孔庙大成殿、岱庙天贶殿这样最高规格的建筑类型。

明清时期，泰山碧霞元君崇奉一统天下，对岱岳地区佛教和道教产生深刻影响。泰山玉女身世再造为天仙神女、黄帝女使、民女石玉叶等。明·王之纲《玉女传》："泰山玉女者，天仙神女也。黄帝时始见，汉明帝时再见焉"。《玉女卷》载：汉明帝时，西牛国孙宁府奉符县善士石守道女，名玉叶……尝礼西王母。十四岁忽感母教，欲入山，得曹仙长指，入天空山黄花洞修焉。天空盖泰山，洞即石屋处也。洪武间，重修玉女祠，赐号"碧霞元君"。天顺五年（1461），重修碧霞祠，（《重修玉女祠记》）。碧霞元君全称"天仙玉女泰山碧霞元君"，俗称泰山娘娘、泰山老奶奶、泰山老母等。成化元年（1465），明宪宗继位后，"每遇登极，遣廷臣以祀方岳，又时命中贵有事于（昭真）祠"（《重修泰山顶庙记》），开碧霞元君国家祭祀先河。成化十九年（1483）重修后，宪宗赐额"碧霞灵应宫"。此后，碧霞元君崇拜达到极盛，甚至超过了泰山神的崇拜。明·谢肇淛《五杂组·地部二》："古之祠泰山者为岳也，今之祠泰山者为元君也"。岱顶碧霞元君祠为主庙，岱麓遥参亭、红门宫和灵应宫皆是元君行宫。岱岳地区碧霞元君行宫多不可数。碧霞元君崇拜由岱岳地区扩展至整个北方。明·刘侗、于奕正《帝京景物略》："后祠日加广，香火自邹鲁齐秦以至晋冀，祠在北京者，称泰山顶上天仙圣母"。

2.6.1 行宫王府

明代，岱岳地区有亲王、郡王、将军府邸500余处，府、县衙署30余处。清代，岱岳地区不再设亲王、郡王府邸，前代府邸毁坏殆尽；府县衙署大体因从前代。近代百年来，列强入侵，岱岳地区迭经战火兵燹，府邸衙署毁灭无存。

1. 鲁王府

鲁荒王朱檀（1370－1389），明太祖第十子，洪武三年（1370）封王，洪武十八年（1385）就藩兖州。洪武二十二年（1389）薨。其后传十世十一王，历靖王肇煇（1389－1466）、惠王泰堪（1466－1471）、庄王阳铸（1471－1523）、端王观烷（1523－1549）、恭王颐坦（1549－1594）、敬王寿鐘（1459－1597）、宪王寿鋐（1597－1636）、肃王寿镛（1636－1638）、安王以派（1640－1642）。崇祯十五年（1642），以海嗣。清康熙元年（1662），以海薨，葬金门。

鲁王就藩后，兖州城得以拓建，周长14华里（1华里＝500米）又200 步。鲁王府前有府河，又称御河，两岸遍植桃（*Prunus persica*）、柳（*Salix babylonica*）。御河上建九仙侨、中御桥、东御桥、西御桥；中御桥上有培英坊。桥北御道正对王城大门。王城内有宫城和坛庙，建筑规制如皇宫，直至规模稍小。鲁王府建造严格执行明代的规定。洪武四年（1371），规定王城城墙高二丈九尺，辟四门，城内东首有社稷坛，西首有山川坛，又立宗庙。洪武七年（1375），规定宫城辟体仁、端礼、广智、遵义4门。宫城内按照前朝后寝布局，前朝三殿分别承运殿、圜殿、存心殿；正殿承运殿面阔十一间。后三宫按前中后排列。《明史·舆服志四》：“其制，中曰承运殿，十一间，后为圜殿，次曰存心殿，各九间。承运殿两庑为左右二殿，自存心、承运，周回两庑，至承运门，为屋百三十八间。殿后为前、中、后三宫，各九间。宫门两厢等室九十九间。王城之外，周垣、西门、堂库等室在其间，凡为宫殿室屋八百间有奇”。鲁王府于洪武十二年（1379）建成，“鲁府宫闱城垣备极宏敞，埒如禁苑”（《兖州府志》）。

兖州府衙在王城西侧（今西关驻军处），分五进院落。府衙后为府学和文庙，建筑壮丽宏伟。滋阳县衙在培英坊西南，其东侧为县学。

鲁王府位于古兖州城北部。明亡，鲁王府渐成废墟，后垦为农田，俗称“皇城园”。今鲁王府、兖州府衙、滋阳县衙皆无存。

2. 齐王府

齐恭王朱榑（1364－1428），明太祖庶七子，洪武三年封。洪武十五年（1382），就藩青州。建文元年（1399），废为庶人。永乐元年（1403），复封。永乐四年（1406），夺爵，封除。

齐王府位于青州城中部，大体在青州一中以北、范公亭西路以南、玲珑山南路以西、驼山南路以东。洪武五年（1372）始建。永乐四年废。景泰二年（1451），毁于火。王府内建筑布局如明代舆服志规定。府内以松林书院为社稷坛，其右立山川坛。永乐五年（1452），知府赵麟尽移城外。嘉靖《青州府志·祀典、祠庙》：“社稷坛旧在城西五里，国初徙齐王府内，以宋矮松园为之，即今松林书院是也。逮齐庶人国除，永乐五年，知府赵麟复移城外……风云雷电山川坛旧在城南三里，国初徙齐国城内社稷坛右。国初，知府赵麟于永乐五年复以城外”。齐王府山川坛原为龙兴寺，洪武元年改为城隍庙。嘉靖十二年《山东通志·祠祀》：“（青州府）城隍庙，一在西门外，一在城西隅，改齐藩旧坛为之”。齐王府北门与青州城北门筑横墙连为一体，青州城北门外有王府花园。《明太宗实录》："（永乐三年）今闻青州城北门守以护围之人，内通广智门，外接花园，筑墙横截"。

青州府原在青州城西北元益都路总管府旧址，齐王府创建时，迁建城东南；洪武十四年（1381），迁城东北（今青州市政府所在地）。嘉靖《青州府志》："国朝洪武五年，诏建齐藩，知府张思问移城东南。十四年，知府程彦皋又移城东北，即今治也"。青州府学原在城西北，洪武五年，知府李仁迁城西南。

3. 衡王府

衡王朱祐楎，为明宪宗第七子，成化二十三年（1487），封衡王。弘治十二年（1499），就藩青州。衡王共传六世七王。下传依次是：庄王朱厚燆（1538－1572）、康王朱载圭（1572－1579）、安王朱载封（1579－1586）、定王朱翊镬（1589－1592）、朱常㴋（1595－1632）、朱由棷（1632－1646）。清顺治元年（1644），朱由棷降清，软禁京城。安致远《青社遗闻》："继甲申以后，衡王已被逮北上"。顺治三年（1646），衡王世子谋反被害。《益都县图志·大事记》："夏五月，衡王世子与其宗鲁王、荆王谋反，皆伏诛"。康熙初，吏部侍郎冯溥奏称衡王后裔不法，康熙帝下令抄没衡府。《青社遗闻》："不数年间，奉符拆毁，铲夷盖造兵房，仅占一隅，余则瓦砾成堆，禾黍苍然。回首繁华，已成昔梦。奇花怪石，尽归侯门，画栋朱梁，半归禅刹"。康熙十一年（1654）、十二年（1655），周有德拆毁衡王府木石建山东巡抚衙门，衡王府遂废。清·王士祯《池北偶谈·谈异·故藩址》："后（康熙）丙午、丁未间，周中丞有德另建抚署，乃即德藩废宫故址，移衡藩木石以构之，落成，壮丽甚，衡藩废宫鞠为茂草矣"。

衡王府位于青州城中部偏南，其西北隅与齐王府相重叠。衡王府经历代修葺扩建，规模日益宏大。宫殿区主要在今山东省荣复军人休养院一带。王府有四门，东新华门旧址在偶园街南段，西新华门旧址在冠街南段、中心医院西南侧的卜家巷口，后宰门旧址在朝阳街中段的辘轳把巷，南门，也叫午朝门，旧址在山东省益都卫生学校校门的南侧。衡王府占地面积，约1.3平方千米，东西600米，南北800米。王府东西有戍军东营和西营。午朝门西侧（今益都卫生学校内）有"祈年鉴"。东新华门东有东花园。衡王府非常壮丽，正殿有七级台阶，丹墀前甬道两侧种植紫薇（*Lagerstroemia indica*）。府内拱北亭周边遍植名花。望春楼下有曲水流觞池，旁植柑橘（*Citrus reticulata*）、绣球（*Hydrangea macrophylla*），楼旁有数百年的古油松。《青社遗闻》："青郡衡藩故宫，最为壮丽……其政殿七级，王座尚有朱髹金龙椅在其上。西甬道旁，紫薇成行，垂露招风，红紫映日。拱北亭外，名花周匝。望春楼下，清沼回环。楚王章华之盛，梁苑平台之游，拟斯巨丽，未为远过"。《池北偶谈·谈异·故藩址》："青州衡藩故宫，乱后尚存望春楼及流觞曲池，上有偃盖松，盖数百年古物。予顺治丙申饮于此，甘橘、绣球尚数十株"。衡王府东花园名"西园"，内有宋代古油松（*Pinus tabulaeformis*）2株、白皮松（*Pinus bungeana*）4株，清末时白皮松尚存。《益都县图志·古迹》："紫薇园，《旧志》：在府治西南隅。旧有六松，衡藩所植。北二株长鬣，俗名油松；南四株身白，叶似针，有子，相传为宋时物，不始于衡藩也。北二株为居民所伐。今四松尚存"。

衡王府西园中有心寺，万历二十六年（1598），衡端王建。万历《青州府志》："心寺在府西南，商河王万历戊戌建：门二座，大佛殿一，莲花池二，毘庐殿四，禅堂二，伽蓝祖师殿二，钟鼓楼

图2.51 衡王府石牌坊（冯广平 摄）

二”。衡端王自制碑记：“余朽夫也，无用于世，无补于时，滥膺长爵，冒享厚禄，君恩亲恩二无一报，夙夜惭惶，如负芒刺……欲报二恩，须凭兰若，遂于戊戌之秋，特割西园内修心寺”。寺成，延诣名僧，不称主持，不专庵主，“但令云来禅纳有德者居其中”。

衡王府遗址有石牌坊南、北两座（图2.51），均为四柱三门式，由28块巨石雕刻成。牌坊东西宽11.5米，南北深2.78米，中高7.25米，须弥状基座高1.2米，宽1米。分上中下三层，下层刻兽足状案底纹和仰莲纹，中层刻牡丹、荷花图案，上层刻为狮子、麒麟、缠枝牡丹、莲花。四柱上方共有三块横匾，中间匾上为浮雕二龙戏珠和斗拱图案。南坊横匾为“乐善遗风”、“象贤永誉”，北坊横匾为“孝友宽仁”、“大雅不群”。1990年，石牌坊被列为青州市重点文物保护单位。1992年，被列为山东省重点文物保护单位。此外，衡王府大门遗物包括石狮一对、万历十二年（1584）铁仙鹤一对、崇祯十二年（1639）铜钟，今存青州博物馆。

4. 德王府

德庄王朱见潾（初名朱见清，1448－1517），明英宗庶二子，景泰三年（1452），封王荣王；天顺元年（1457），改封德王。初建藩德州，以德州贫瘠，改济南。传七世七王，向下依次为：懿王祐榕（1521－1539）、恭王载墱（1541－1574）、定王翊錧（1578－1588）、端王常洁（1591－1632）、宋由枢嗣。崇祯十二年（1639），被清军俘虏。崇祯十三年（1640），其弟由栎（？－1644）嗣。崇祯十七年（1644），降清，薨。

德王府在济南城中部，东至县西巷，西至芙蓉街，南至今泉城路，北至后宰门街。清乾隆《历城

图2.52　山东巡抚大堂（任昭杰 摄）

县志·故藩》：“德府，济南府治西，居会城中，占城三之一”。其王城、宫城、正殿规制如明史所述。王府西部依托珍珠泉辟建花园，泉上建渊澄阁，阁西有白云亭和观月亭，阁后为孝友堂和燕居斋。濯缨湖广约数亩，自南而北绕过假山，出宫墙，入大明湖。

崇祯十二年，清兵破济南，俘德王，焚毁王府。清康熙五年（1666），山东巡抚周有德（字彝初，？－1680）于德王府旧址重建巡抚部院署，并拆毁衡王府，取木石材料、名花异石。院署占地110余亩，分七进院落，大门前立“齐鲁总制”木坊，坊后影壁高大，再北大门面阔三间，施琉璃瓦。院署大堂面阔五间（图2.52），进深四间，前为卷棚顶引厅，后为悬山顶正殿，施绿琉璃瓦。康熙、乾隆南巡，皆以巡抚院署为行宫。民国间，先后改作山东民政长署、山东都督府、巡按使署、督办公署、山东省政府。1930年，韩复榘拆影壁及木坊。1937年，日军陷济南，院署建筑多毁于火；大堂损毁严重。1951年，重修大堂。1979年，大堂被列为济南市文物保护单位。

德庄王成化三年就藩后，奉时于大明湖北岸北极阁祭祀，捐资修庙。正德九年（1514），穿感应井。懿王祐榕袭爵后，于北极阁后建启圣殿四楹（《真武庙启圣殿记略》），又名净乐宫，内祀庄真武神父母。清·范坰《竹枝词》：“玄武台高踞水滨，风雷呼吸聚天神。閟宫净乐怀明发，想见藩王锡类仁”。诗注：“德王从道家言，谓神乃净乐王子，于殿后别构四楹，祀神父母，名净乐宫”。

此外，还有泾简王府，在今临沂城考棚街西巷。泾简王朱祐橓（1485－1537），宪宗第十二子，弘治四年（1491）封。弘治十三年（1500），娶东城兵马指挥曹铉女。弘治十五年（1502），就藩沂州（今临沂市）。在藩兴修水利，捐资修寺，宝泉寺、东岳行宫、其山寺、城头寺等皆受其资助。嘉靖九年（1530），曹妃薨，葬沂州蒙山（今费县薛庄镇王林村云台崮麓）。子朱厚焓未封而卒，国除。

5. 泉林行宫

位于陪尾山下泗河发源处（图1.39），始建于康熙二十三年，乾隆二十一年（1756）重建。清末兵毁，仅存古泉、石舫。行宫坐北朝南，有亭台宫殿共114间，占地24 298平方米。南起玉带河，上跨三桥，中为御桥，左文右武。桥北百米为大宫门，门面阔五间。再北为二宫门，门内十米即泗水源珍珠、黑虎、涛糜、雪花等泉，泉东流折而北，再折而西出行宫。泉北十米有御碑亭，内立康熙二十三年、满汉文对照御制《泉林记》，碑阴勒乾隆皇帝御制《泉林二首并记》诗：“乾隆二十一年，岁在丙子，春三月祭告孔林，礼成，旋驻跸。此乃康熙甲子皇祖临驻地也，因成二律敬镌碑后。（其一）修禊昨才过上巳，禁烟今已近清明。绿浑草色轻风拂，红润花光宿雨晴。老幼就瞻由次第，泉林苍秀正逢迎。碑亭赑屃先钦读，益识文谟望道情。（其二）奎章明喜尼山近，我自尼山祭罢来。旧日行宫重修葺，暮春曲水足追陪。泗源叠出似之矣，陪尾传讹久矣哉。林色泉声欣始遇，得教散志一徘徊。”。亭北临河有正殿三间。过河为内宫门（垂花门），前院正殿五间，为皇帝寝宫，左右净房各一。殿前东、西游廊各有值房三间，两院前后以游廊相连。寝宫左右分别为东、西宫，结构与寝宫略同。

二宫门至临河正殿间为宫前风景区，有横云馆、近圣居、镜澜榭、九曲彴、古荫堂、在川处等6景，皆乾隆帝御题，大多景观集中于景区东部。泉东高阜即陪尾山，山顶建观山亭，后改横云馆，馆三楹硬山，如横云间，故名。乾隆帝《泉林行宫八景·横云馆》：“（泉东平冈迤逦，盖陪尾支干。虚堂闲敞，肤寸触石，滃起砚席间。）陪尾西来一垂尾，三楹闲馆建于斯。谁知听乳窦鸣处，恰是看岩云起时。”东有石洞“朝阳洞”。西南山脚有“子在川上处”碑。乾隆二十一年，乾隆帝于碑阴勒御制诗《在川处》：“（川为泗水之源，旧传即子在川上处。原泉混混，默喻化机，想见至人会心不远。）绰楔伊谁勒屿巅，四周乔木俯临泉。既称夫子在川处，安藉释迦教别传（右有招提曰泉林寺，名与地殊不相副，故戏及之）。责实循名又奚必，枕流漱石且云然。从今横尾一拳石，来往何仿著寸田。”山南有繁星、白石、莲花、双睛等泉，汇为紫锦湖。湖心建镜澜榭，以榭在镜湖上，波光粼粼，故名。《镜澜榭》：“（滦流环绕，带以回廊疏轩，临池澄澈见底，锦石斑璘，漪澜縠绉，信可乐也。）荇藻翠若梳，鳞介纷可数。出墙为泗川，西流自终古。” 镜澜榭至北湖岸架九曲鱼梁，名九曲彴。《九曲彴》：“（循山麓东南行，诸泉奔汇。而西彴屈折宛转，因以武夷仙源目之。拳石介中间，左右泉无数。出墙汇为川，始遵泗河路。）拳石介中间，左右泉无数。出墙汇为川，始遵泗河路。墙内左者高，亦不向右注。地灵迹必奇，伊谁知此故。溶溶开镜湖，彼岸多古树。我欲揽其秀，曲彴可通步。”鱼梁东、湖北岸有石舫，长20米，宽5米，至今犹存。繁星泉左有观泉亭。御碑亭西北有殿三间为“近圣居”，以尊孔得名，殿后丛植淡竹。《近圣居》：“（泉林去曲阜百里而近，逾昔可至。依泉为行殿，皇祖经临处也。澄观静契，如覩羹墙。） 去圣如斯近，纡銮未至遥。林烟锁寒食，泉声漾虚寮。翰墨于焉挹，嚣尘一以消。潜求应不舍，家法具神尧。”近圣居西院，原有便殿，前有银杏（*Ginkgo biloba*）古树，后改“古荫堂”。《古荫堂》：“（西偏古木，大数十围，轮囷垂荫，不让诗礼堂唐槐，南华大年未足语古。）（一）灌木不论名字，古干各具精神。经几春风秋月，适逢美景良辰。千载以来伯仲，百尺之上轮囷。偶坐爱斯嘉荫，缅怀植者何人？（二）树古由来荫亦古，银树栉栉满庭铺。重经此复固遐想，种树人还识此无?”

此外，尚有红雨亭、柳烟坡二景，合称“行宫八景”。寝宫西院有殿三间，原名方亭，因四周遍植文杏（*Prunus vulgaris*）树，春风拂过，落英如红雨霏霏，乾隆帝题额“红雨亭”。《红雨亭》：“（方亭四敞，药栏苔径，致颇清雅，适文杏盛放，春雨初霁，红湿弥鲜。）（一）芳郊胜值寒食，岳云初泮朝烟。绿明堤隈柳疑暗，红湿山花更燃。（二）一亭文杏四邻围，寒勒花枝未染绯。却忆去年临上巳，垂帘红织雨霏霏。”行宫南遍植垂柳，春季柳絮翻飞如白纱轻罩，因名“柳烟坡”。《柳烟坡》：“（桥南草亭，映带疎柳，朝烟新绿，悠然有浴沂风雩乐趣。） 嫩条才吐叶丝丝，弱自弗胜踠地垂。偏是晓烟能缀景，白纱轻罩绿罗帷。”

2.6.2 宗祠

明清时期，孔、孟、颜等大姓皆有官建祠庙。民间宗族管理也比较兴盛，宗祠开始大量出现，如曲阜汉下户颜氏家祠、曲阜防山户颜氏家祠、滕州级索镇颜氏宗祠。迭经战乱，多有毁坏。“文化大革命”间，破坏殆尽，保存较为完好者甚少。

1. 孙氏宗祠

位于枣庄市薛城区周家营镇牛山村（图2.53），始建于明弘治元年（1488），初为草堂，由孙氏三世祖孙圮（字儒侨）建造。清康熙四十七年（1708）重修为家庙。道光二十三年（1843）扩建为祠，依从太原中都（平阳）孙氏堂号为“映雪堂”。宗祠坐北朝南，三进两院，轴线建筑有门楼、享堂、大殿、英烈堂、文史堂，均为砖木结构，楹柱间距、高低尺寸皆遵清代规制。大门南十米有影壁；门东有明代古井。门楼三间，额题“孙氏宗祠”。前院正中为享堂，额匾题“恪遵世德”，为乾隆四十三年进士、峄县令张玉树题赠；有联“周宗盟异姓为后，我先君新邑于兹”。前院东侧有乾隆三十六年（1771）乾隆圣旨碑，赐封孙振魁父母为儒林郎、安人，孔子第七十一代嫡孙、衍圣公孔昭焕（字显明，号尧峰，1743－1782）撰文；此碑原在徐州利国，后被拆毁作桥，孙氏近年访得，移至于此。后院正面为大殿，匾题“德垂奕禩”，殿正中奉祀孙氏始祖、姜老太君及一至五世列祖列宗神位，两侧依次排列各支祖神位。后院配房东为“英烈堂”载录为国捐躯孙氏族人生平；西为“文史堂”，载录牛山孙氏历史渊源及相关史料。宗祠内有古银杏4株，前后院各3株，植于弘治元年，树龄524年。孙氏宗祠为鲁南苏北唯一保存完整、规模较大的古代宗法章制建筑。2006年，被列为山东省重点文物保护单位。

图2.53 孙氏宗祠（孙柏红 提供）

2. 李氏宗祠

位于章丘市绣惠镇茂李村村南，始建于清咸丰初年。宗祠坐北朝南，分二进院落，中轴线建筑南起依次为“李氏先祠”大门、过厅、东来堂。过厅面阔五间、12.5米，进深二间、8.5米，高6米，灰瓦硬山顶。厅前有古油松2株。过厅东西有拱门，东侧额匾“柱史遗迹”、“迪维前光”；西侧额匾“世德作求”、“紫满函关”。拱门内有古龙爪槐2株，号“卧龙槐”，树龄为济南之冠。东来堂面阔五间，灰瓦硬山顶，规制与过厅同；正中悬“百世同堂”匾，堂内供奉祖先木主。宗祠前原有影壁，影壁内西侧有“卧龙石”。《李氏族谱·宗祠记》：“过影壁西侧有大青石，平坦如床，人呼为‘卧龙榻’。人言明太祖朱元璋微时在此牧牛，夏日尝倡卧其上，枕杆仰卧，舒布四肢，如‘天’字之形。朱元璋登九五后，石突绽一角如蟠龙婉蜒，远近来观，叹为奇异，因共呼为‘卧龙榻’。石上原刻有‘卧龙榻’三字及诗二首。”李氏宗祠今为济南市文物保护单位。

宗祠西北为李氏祖茔。李氏始迁于元代，一世祖李净渊迁自河北枣强。其三世祖李亨鲁（字秉礼）为明太祖布衣交，擢为谏院右正言，卒于官，归葬祖茔西。《大明太祖高皇帝实录》：（洪武十四年）“以文学李亨鲁为谏院右正言，赐以冠带”。1931年《李氏族谱》：“李氏元代由河北枣强迁至章丘茂李村。三世租秉礼公亨鲁，少年时与明太祖为布衣交，幼读儒书，品端学粹。洪武二年，特旨征授左正言，诰授谏议大夫，封赠二代……后殁于官，诏遣御前大臣抚柩归里，葬于祖茔西”。李氏祖茔原有26亩，遍植侧柏、柿树、梧桐、海棠（*Malus micromalus*），寓意“百世同堂”。今存李氏一世祖净渊公神道碑1通。

2.6.3 官学书院

明初，政府重视官学发展，书院一度沉寂，恢复的书院仅有尼山书院。正统、景泰以后，书院开始恢复，至嘉靖间达到高潮，建于成化间的书院6所、嘉靖间的16所，数量居明代各朝之冠。万历、天启间两度下令废毁天下书院，书院发展受阻。有明一代，山东新建书院87所，重建9所，总计91所；年代可考者81所。岱岳地区总计39所，其中新建32所，重建7所（表2.1）。岱岳地区是山东书院最为富集的区域，书院数量占山东的43%，新建数量占山东的37%，重建数量占山东的78%。岱岳地区书院集中分布于济南府历城周边、兖州府曲阜周边、青州府临淄周边3个区域，前者是新兴的政治、经济和文化中心，后二者一直是齐鲁文化中心，也是岱岳地区的文化中心。

清代，山东各地共创建书院216所，其中新建180所，重建36所。岱岳地区共有书院70所，其中新建56所，重建14所（表2.2）。岱岳地区显然是书院密集分布的区域，其书院总数占山东全境的32%，新建数量占山东全境的31%，重建数量占山东全境的39%。在时间分布上，集中于康熙（18所）、乾隆（14所）、光绪（14所）3个时期。这和清政府的文化政策变化密不可分。清初，满汉关系紧张，清政府禁绝书院，以防止知识分子利用书院进行反清活动。顺治九年（1652），顺治帝诏令儒学师生按照经义实践，不得创建书院。顺治一朝，仅重修白雪书院、伏生书院、云门书院3所。康乾间，儒学被确定为国家的理论基石，开始进入大规模整理典籍的时期，出现了《古今图书集成》、《四库全书》这样的鸿篇巨著。崇儒尊孔活动达到鼎盛，书院发展也在皇帝的直接推动下进入空前繁盛的时期。康熙四十二年（1777），康熙帝东巡过济南府，“书‘学宗洙泗’匾额、令悬省城书院”（《圣祖仁皇帝实录》）。雍正十一年（1733），雍正帝诏令各省督抚于省会各建书院一所（《钦定学政全书·书院事例》）。乾隆元年（1736），乾隆帝颁诏，肯定“书院即古侯国之学也”（《清高宗实录》），积极鼓励书院发展。清中期，岱岳地区相对稳定，书院发展速度虽放缓，但数量增加仍然可观，嘉庆、道光间新增书院12所。清朝晚期，太平天国起义和捻军起义先后被镇压，处于统一思想、恢复统

表2.1 明代岱岳地区书院名录

名称	位置	新（重）建时间	创建人	备注
尼山书院	曲阜县东南八十里	永乐十年（1412）	–	重建
中庸书院	邹县县城东南隅	正统间	–	重建
性善书院	滕县学宫东	成化十年（1474）	知县马文盛	重建
沧浪书院	诸城县治西	成化十一年（1475）	知县阙鼎	新建
公冶长书院	安丘县西南八十里	成化十三年（1477）	知县陈文伟	新建
文正书院	邹平县西三十五里	成化十八年（1482）	知县李兴	新建
长白书院	邹平县东七里铺长白祠	成化十八年（1482）	知县李兴	新建
松林书院	青州府府治西南隅	成化间	知府李昂	重建，弘治间废弃
洙泗书院	曲阜县东北八十里	弘治七年（1494）	衍圣公孔弘泰	扩建
泰山书院	泰安府城内	弘治间	–	重建
闵子书院	沂水县西北闵公山下	正德八年（1513）	知县江渊	新建
正学书院	济宁州治南	嘉靖二年（1523）	主事杨抚	新建
白鹤书院	历城小清河南畔	嘉靖四年（1525）	知县周居岐	新建
章贤书院	滋阳县治东	嘉靖八年（1529）	知县刘梦待	新建
朐山书院	临朐县儒林坊南	嘉靖十一年（1532）	县褚宝	新建
丽泽书院	长清县学宫西	嘉靖十一年	知县张嘉会	新建
中山书院	蒙阴县	嘉靖十四年（1535）		新建
大成书院	肥城县南二十里	嘉靖二十年（1541）	知县刘赞	新建
郑康成书院	淄川县	嘉靖二十四年（1545）	知县王琮	重修，汉郑康成读书处
金峰书院	肥城县牛山	嘉靖二十九年（1550）	进士尹庭	新建
勉学书院	兖州府学西南	嘉靖间	–	新建
养正书院	兖州府	嘉靖间	–	新建
东山书院	蒙阴县东八里	嘉靖间	–	新建，原推官李灿然读书处
沂水书院	沂水县	嘉靖间	–	新建，原副使杨光浦读书处
李公书院	朐县县治西南	嘉靖间	–	新建，传为李靖读书处
范公书院	青州府颜神镇	嘉靖间	–	新建，范仲淹读书处
至道书院	历城大明湖旁	嘉靖间	主事邹善	新建，又名湖南书院，光绪三十年改山东客籍高等学堂
观礼书院	莱芜县中明亭旁	隆庆间	知县傅国璧	新建，又名垂杨书院
见泰书院	长清县	万历元年（1573）	知府罗近芳	新建

续表

名称	位置	新（重）建时间	创建人	备注
同川书院	肥城牛山寺	万历三年（1575）	都御史李邦珍	新建，李邦珍号同川
云门书院	青州府卫街	万历四十年（1612）	副使高第等	新建，后为试院
历山书院	历城城内趵突泉旁	万历四十二年（1614）	山东巡盐御史毕	新建，天启初废
愿学书院	长清县王遇岭东	万历间	提学副使邵善	新建
育英书院	肥城县南	天启间	赵氏	新建，原为赵家私塾
槐荫书院	淄川县周村	明中期	–	新建
麓台书院	潍县西南二十里	明代	尚书刘应节	新建，汉公孙弘读书处
白鹿洞书院	益都县西五十里公峪	明代	进士曹凯	新建
颜子书院	滋阳县城南颜子祠	明代	–	新建，原为颜子祠旧址
承训书院	滋阳县	明代	–	新建

表2.2　清代岱岳地区书院名录

名称	位置	新（重）建时间	创建人	备注
白雪书院	历城内白雪楼遗址	顺治十一年（1654）	山东布政使张缙彦	重建，康熙二十五年增修，改旧名历山书院
伏生书院	邹平县伏生墓旁	顺治十七年（1660）	知县王君	重建，元至正间始建
云门书院	益都	顺治间	–	重建，乾隆四十二年重修
闵子书院	沂水县西北闵公山下	康熙六年（1667）	训导陈经纶	重建
正率书院	莱芜县城西	康熙十二年（1673）	知县叶方恒	新建
公冶长书院	安丘县西南八十里	康熙十五年（1676）	知县胡端	重修
文在书院	滋阳县	康熙二十二年（1683）	河道总督张鹏翮	新建
少陵书院	滋阳县少陵台旁	康熙二十二年	赵惠芽	新建。道光二十年重修，改东鲁书院
注经书院	平邑县阎家庄	康熙二十八年（1689）	庠生阎不茂	新建
般阳书院	淄川县明伦堂西	康熙二十八年	知县周统	新建
文正书院	邹平县两三十里	康熙二十九年（1690）	知县程素期	重修
松林书院	青州府府治西南隅	康熙三十年（1691）	知府金标	重修，乾隆十五年重修
长白书院	邹平	康熙三十年	知县程素期	重修
阳邱书院	章丘县	康熙三十五年（1696）	知县戴瑞	新建
青岩书院	泰安城西灵芝街	康熙五十年（1711）	巡抚陈锡檄等	新建，明代为青岩社

续表

名称	位置	新（重）建时间	创建人	备注
徐公书院	泰安城刘将军庙西	康熙五十一年（1712）	邑人共建	新建，纪念徐知县建义学
汪公书院	益都	康熙五十五年（1716）	邑人共建	新建
振英书院	历城东城根	康熙五十七年（1718）	按察使黄灿	新建，乾隆四十一年重修，改嵩庵书院。道光二年重修，改景贤书院
荣保书院	益都	康熙五十八年（1719）	–	新建
稷门书院	临淄县西门	康熙间	–	新建
颜子书院	滋阳县	康熙间	知府郑方坤	重修
东山书院	费县蒙山之麓	雍正七年（1729）	郭翘楚等	元东山书院在贯庄，迁至新建
泺源书院	历城西门内大街	雍正十一年（1733）	巡抚岳濬	移址重建历山书院，改此名
峄阳书院	峄县台庄	雍正十二年（1734）	知县杨文喜	新建
宏远书院	益都城东	雍正间	按察使黄炳等	新建
泰山书院	泰安府城北五里	乾隆五年（1740）	知州石健	重建
思乐书院	潍县城内敬一亭东	乾隆六年（1741）	知县张端亮	新建
天台书院	平邑县天台山北孙家楼村	乾隆九年（1731）	庠生孙天民捐建	新建
道一书院	滕县城内西南隅	乾隆十年（1745）	–	易址重建性善书院
潍阳书院	潍县县治南	乾隆十四年（1749）	知县韩光德等	新建
琅琊书院	沂州府城内	乾隆二十四年（1759）	知府李希贤	新建
敖山书院	新泰县学后	乾隆三十八年（1773）	知县胡叙宁	新建
泗源书院	泗水县县治东	乾隆三十八年	知县福明	新建
石门书院	曲阜县东北石门山下	乾隆四十年（1775）	–	新建，祀孔子
两学书院	曲阜县	乾隆四十三年（1778）	知县张万贯	新建
岱麓书院	泰安岱庙东	乾隆五十七年（1792）	知府徐大榕	新建
龙章书院	历城珍珠泉旁	乾隆间	巡抚李树德	新建
范泉书院	博山县东	乾隆间	–	新建
近圣书院	邹县城东	乾隆间	知县李时乘	新建
绣江书院	章邱县治西	嘉庆七年（1802）	邑人共建	新建
济南书院	历城城西	嘉庆九年（1804）	巡抚钱保	新建
玉泉书院	费县上冶河玉泉观	嘉庆十年（1805）	监生吴子衡	新建
朐阳书院	临朐县县治南	嘉庆十二年（1807）	知县黄思彦	新建

续表

名称	位置	新（重）建时间	创建人	备注
五峰书院	长清县城内	嘉庆二十一年（1816）	–	新建，又名石麟书院
崇文书院	县驷马街北	嘉庆二十五年（1820）	知县胡世琦	新建
鸾翔书院	肥城县署署西	道光二年（1822）	知县刘宇昌	新建
昌平书院	曲阜县城后街	道光四年（1824）	知县冯鹓	新建，光绪二十八年改曲阜中学堂
梁邹书院	邹平县	道光八年（1828）	知县李文耕	新建
岱南书院	肥城县	道光十四年（1834）	芜湖道唐鉴等	新建
汶源书院	莱芜县文庙内	道光间	知县纪淦	新建
奎山书院	长清县	道光间	–	新建，又名福山书院
怀德书院	新泰县楼德镇	咸丰三年（1853）	泰安通判许莲君	新建。光绪二十一年改楼德高等小学堂
明志书院	沂水县东城内	咸丰七年（1857）	知县吴树声	新建
尚志书院	历城西关金线泉	同治八年（1869）	巡抚丁宝桢	新建，又名金泉精舍
平阳书院	新泰县县治东	同治九年（1870）	知县李溱倡	新建
闻韶书院	临淄县城内龙华寺西	同治十二年（1873）	知县卫桂森	新建
性善书院	滕州	光绪元年（1875）	知县洪用舟	重建
圣邻书院	宁阳县	光绪八年（1882）	知县陈文显	新建
崇正书院	滋阳县	光绪十六年（1890）	知县周衍恩	新建
东蒙书院	蒙阴县	光绪十八年（1892）	知县陶振宗	新建
仰德书院	泰安	光绪二十六年（1900）	–	新建
张公书院	青州	光绪间	–	新建
西山书院	临朐县	光绪间	–	新建
饶公书院	泗水县	光绪间	–	新建
东山书院	宁阳县	光绪间	–	新建
后山书院	肥城县牛山后书堂峪	光绪间	栾氏	栾氏家塾改建
东湖书院	肥城县东湖屯庄	光绪间	–	新建
凤山书院	肥城县凤凰山玉皇阁	光绪间	–	新建
孝堂书院	肥城县孝堂山上	光绪间	–	新建
金峰书院	肥城县牛山	光绪间	御史尹勋	重建

治的需要，清政府鼓励书院发展。光绪二十七年（1901），清政府宣布废科举，书院普遍改为学堂。1900年以后，国家内忧外患严重，民不聊生，岱岳地区书院多受兵燹而废毁。

1. 公冶长书院

位于安丘市庵上镇孟家旺村城顶山前。原址传为春秋时期公冶长（字子长、子芝，前519－前470）读书处。明万历三十五年（1607），安丘令孙振基立碑“先贤公冶子长读书处”。书院始建时间不详，明成化十三年（1477）重修。陈文伟《公冶长书院记》：“成化丁酉前二月壬申，因公务往沂水，道经其地，驻马止宿，往寻其迹，至则四壁俱废，一址独存，遂计匠作工役，不日告成，谢君（前任安丘令谢缜）之心为不负矣”。弘治六年（1493），御史赵鹤龄移建公冶长祠于今址。正德十年（1515）重修。正德间，安丘县人巩氏于祠西“寿升寺”故址建青云寺。清康熙十五年（1676），安丘知县胡端捐资重修，勒立《重修公冶子长祠堂记》碑。乾隆二十七年（1762），知县宫懋让重修墓祠。道光九年（1829）、道光二十九年（1849）重修祠寺。1943年，书院毁于兵燹。1989年重修。书院正殿三间，内祀公冶长。院内有古银杏2株及明清碑碣4通。

2. 尚志书院

位于济南市趵突泉东北部李清照纪念馆南侧（图2.54），清同治八年（1869），山东巡抚丁宝桢（字稚璜，1820－1886）创建，名取“崇尚仁义”之意，又名金泉精舍。书院有南北厅各三间，东西曲廊相连，北亭为尚志堂。院内小溪横穿，溪北“待月峰”宋代遗石，瘦细多窍，“一年三十六轮月，变幻具在此石中”。书院除招收儒生外，还招收天文、地理、算术学者，后相继改为校士馆、师范传习所、存古学堂。书院刻书颇多，1925年，刻书73种。

图2.54　尚志书院（任昭杰 摄）

2.6.4 寺观庙宇

明代崇佛，洪武间设州僧纲司于泰山普照寺。宣德三年（1428），高丽僧满空来泰山住持竹林寺、普照寺。成化至崇祯间，泰山周边重修、扩建寺院70余处，如福慧禅林、万寿寺、石峪寺、兴隆庵、准提庵、水潮庵、三圣堂等。万历、崇祯二帝在泰城“敕建”圣慈天圣宫、智上菩萨宝刹。衡王崇佛，青州佛教得以兴盛，“益之寺观，较房舍十之二”。据嘉靖《山东通志》载，明代山东全省新建和重修寺院152座，青州有19座。

明代，岱岳地区道教兴盛。泰山和沂山仍然是两个中心，仅济南一地就有道观136座。洪武十五年（1382），设泰安州道纪司于岱庙，岱庙住持由朝廷任免。明神宗的鼓励和支持，将岱岳地区道教推向全盛。神宗封其母李太后为九莲菩萨，命全真道士周云清扩建洞真观，“创构宫宇，横殿岿崇。金碧辉煌，号称极盛”，建九莲殿以奉李太后，改洞真观为“保国隆寿宫”。万历二十七年（1599），神宗颁《道藏》于岱庙、洞真观各一部。万历十七年至二十七年（1589－1599），神宗宠妃郑贵妃四次派人祭拜圣母娘娘，“仍命三阳观住持、全真道士昝复明于玄阁修醮”（万历《皇醮碑记》）。三阳观经过万历朝多次重修，“四方道俗，香火醮祀，岁月无虚。而是观之胜，几与岳帝之庙比雄而埒胜焉，可谓非常之创述矣”。武当派祖师张三丰（本名通，字君宝，1247－1458）曾于泰山、青州传道，推动了泰山和沂山道教的发展。

清代崇奉喇嘛教，以碧霞元君为代表的民间神祇崇拜勃然兴起，传统的道教式微，佛教也日趋衰落。佛教和杂神崇拜出现混合的趋势，济南地区出现“五里一庵，十里一寺”的情景。清末，济南地区有寺庙300余座。较著者如甘露寺、抱厦庙、慈仁院、伏魔庵、大悲庵、观音院、龙泉寺等。青州、济宁、临沂佛教情形与济南略类。宣统《山东通志》载：山东全省有寺院377座，济南府58座，泰安府33座，兖州府33座，济宁直隶州15座，沂州府25座，青州府32座。清代，长清灵岩寺、益都法庆寺、诸城侔云寺、五莲光明寺并称山东四大禅寺。

明初，明太祖诏旨保护穆斯林，伊斯兰教渐兴。泰山、沂山、尼山地区，成为发展和传播的中心。明弘治元年（1488），陈玺任济南伊斯兰教掌教，陈玺获明廷礼部“扎付”（文书官职）和冠服。济南清真寺建设开始兴起，主要有清真北大寺和南大寺、南关清真寺、堤口清真寺、党西清真寺、党东清真寺、大冶清真寺等。青州地区，穆斯林聚落大多建清真寺。明末清初，常志美（字蕴华，1610－1670）创立中国伊斯兰教寺院经堂教育山东学派，重视《古兰经》和《圣训》波斯文原义的解译，对后世的影响很大。尼山地区伊斯兰教兴盛，明末有清真寺10座。清代，泰山、沂山、蒙山、尼山地区伊斯兰教进一步发展。青州东关清真寺成为山东省伊斯兰教活动中心之一。清末，泰山有清真寺30余座，尼山有清真寺20座。

明万历二十二年（1594），天主教传入岱岳地区，临朐县北石庙村信奉最早。万历三十三年（1605），传入青州。崇祯八年（1636），北京耶稣会（Jesuits S.J.）会长龙华民（Niccolo Longo Bardi，1559－1654）来济南传教。耶稣会渐次传入泰安。清顺治七年（1650），方济各会（F.M.Franciscans O.F.M.）传入。顺治十七年（1660），多明我会（Dominicans O.P.）传入。光绪六年（1880），圣言会（Society of the Divine S.V.D.）传入。至光绪二十六年（1900），分鲁南、鲁北、鲁东3个代牧区，有各级堂所1159处，以济南周边最多，有各级堂所640处。济南洪家楼天主堂为山东天主教总主教座堂。

清晚期，基督教始传入岱岳地区。同治十年（1871），苏格兰长老会（United Free Church of Scotland Mission）传入。同治十三年（1874），美国圣公会（American Church Mission）传入。同治十二年（1873），美以美会（Board of Foreign Missions of the Methodist Episcopal Church）传入。光绪元年（1875），英国浸礼会（Baptist Missionary Society）传入。光绪四年（1878），英国圣公会（Society for the Propagation of the Gospel）传入。光绪二十六年，英国圣道公会（United Methodist Church Mission）传入。光绪三十年（1904），美国北长老会（American Presbyterian Mission, North）。基督教在办教育和博物馆方面成绩卓著。光绪三十年，英国浸礼会决定和美国北长老会共同创建山东基督教共合大学，以合并广德书院大学部、会登州文会馆为潍县广文学堂。光绪三十二年（1906），两家合作于济南创办共合医道学堂；1917年，潍县广文学堂、青州共合神道学堂东迁济南，与共合医道学堂合并成齐鲁大学。光绪三十年，浸礼会创建广智院，成为我国最早的博物馆之一。

1. 斗母宫

位于泰山中路龙泉山下、经石峪东南，原名妙香院、龙泉观。明嘉靖二十一年（1522），德王重建中院大殿。康熙十二年（1673）重修，建观音殿。乾隆四十四年（1779），重修中院正殿，建听泉山房。乾隆五十五年（1790），建钟鼓楼。嘉庆、道光间重修。斗母宫属禅宗临济宗。

斗母宫分三个院落。前院正殿寄云楼，分上下两层，下层以条石砌成半地下室式；上层楼阁面阔五间、18.3米，进深一间、4.2米，通高7.9米，四柱十三檩十一架梁，四周环廊，仰瓦卷棚歇山顶。中院坐东朝西，正殿斗母殿面阔三间、10米，进深一间、 8 米，通高8.2米，灰瓦五脊硬山顶，檐下用莲花盆形支托，其上半部浮雕花卉人物图案。殿内祀斗母。“文化大革命”间，斗母像毁。今置地藏菩萨铜像。后院正殿规制于斗母殿相仿。西山门外有古槐巨枝伏地，如卧龙翘首，俗称卧龙槐。

2. 灵应宫

位于泰安城西南隅，蒿里山东，系碧霞元君下庙，始建时间无考（图2.55a）。明正德间（1506－1521）重建，为北京咸侯宫香火院，旧称天仙祠。万历三十九年（1611），敕令拓建，赐额“灵应宫”。清代重修。1916年火灾。1982年重修。灵应宫南北长153米，东西宽44余米，占地6000多平方米，规模为泰山碧霞元君三庙中最大；坐北朝南，二进院落，中轴线建筑自南而北依次为山门、穿宫门、崇台、元君殿。崇台上原有铜亭（金阙）（图2.55b），始建于明万历四十三年，原在岱顶碧霞祠，崇祯十六年（1643）移至遥参亭，顺治五年（1648）移入灵应宫，1972年移入岱庙。元君殿面阔五间、21.5米，进深三间、12.75米，通高6.75米，五脊灰瓦硬山顶。

图2.55a 泰安灵应宫（冯广平 摄）

图2.55b 碧霞祠金阙（冯广平 摄）

3. 三阳观

位于泰山凌汉峰西全真崖上，始建于明嘉靖三十年（1551），王阳辉（号三阳，？－1555）、昝复明（号云山）师徒创建。隆庆四年（1570）萧大亨《建立三阳庵记》：“嘉靖辛亥，三阳率其徒云山昝复明霞游岱岳，卜地修真……德藩承奉龙泉于公，复捐俸以益之”。嘉靖三十四年（1555）至隆庆四年（1570）重修，“德王殿下以为香火院，命典服松冈马公市庄宅一区，地三十亩。以为焚修道众衣粮之资”。万历元年至万历十年（1573－1582）重修玄帝殿。万历十七年至万历二十年（1589－1592）重修，规制宏丽，“入门三重，得磴道而上，有殿有阁，以奉□□，命曰混元，三官、玄武二殿翊其左右”（万历二十年于慎行《重修三阳观记》）；改名“三阳观”。万历二十年（1592）第三次重修。万历十七年（1589）、二十二年（1594）、二十四年（1596）、二十七年（1599），郑贵妃四次派人祭拜圣母娘娘。清雍正十二年（1734）重修三阳观泰山行宫。嘉庆九年（1804）重修。1923年重修。1977年，观毁，仅存混元阁、山门及碑碣。

三阳观分前、后、中三院。前院南北长31.6米，东西宽13.6米，存山门、影壁、禅房等。中院建于前院后3.2米高台基上，正殿混元殿分上下两层，下层前廊面阔三间、10.8米，进深一间、3.8米，后有两拱形门洞。上层混元阁面阔三间、8.8米，进深二间、5.8米，通高5.6米，方石砌墙，顶发横石券，三层叠涩冰盘式出檐，施黄琉璃瓦，硬山顶。后院建于10米高台基上，正殿面阔三间、13.1米。

4. 南大寺和北大寺

清真南大寺，俗称礼拜寺，位于济南市市中区永长街南口，始建时间不详，原在历山顶乌满喇巷，元元贞元年（1295）迁今址。《济南府历城县礼拜寺重修记》：“礼拜寺旧在历山西南百许步，厥始莫详。大元乙未春，山东东路都转运盐使司都使木公八剌沙，奉命撤寺，建运盐司，乃徙置于泺源门西，锦缠沟东”。明正统元年（1436）重修，建礼拜殿。弘治七年（1492）扩建大殿、立南北讲堂、僻静所、沐浴室等。嘉靖三十三年（1554），重修，建教化楼。万历间重修。清康熙五十四年

（1715）、嘉庆十五年（1810）重修。道光十三年（1833）、二十五年（1845），重修，建仿木构砖雕影壁。同治十一年（1872）重修，建南北讲堂。1914年重建班克楼。“文化大革命”间，毁坏严重。1991、1998年重修。

寺坐西面东，占地6630余平方米，分两进院落，中轴线建筑东起依次为照壁、邦克楼、望月楼、礼拜殿。礼拜殿建于4.1米高台基上，面阔五间，进深十间，由抱厦、前殿和后殿三部分组成。抱厦建于清末，前列明柱，进深三间。前殿建于清中期，进深四间，黑瓦歇山顶。后殿建于明晚期，进深三间，黑瓦庑殿顶。后殿南北各有六扇硬木门扇，两个巨型圆窗，扇窗棂雕《古兰经》经文，雕工精致。1992年，被列为山东省文物保护单位。

清真北大寺位于永长街81号，始建于清乾隆三十年（1765），乾隆三十四年（1769）年建成。嘉庆十一年（1806）、道光、光绪及民国初年重修。1938年大修，接修大殿。“文化大革命”间，毁坏严重。

北大寺坐西朝东，占地5000平方米，中轴线建筑东起依次为影壁、大门、二门、礼拜殿。礼拜殿面阔五间，进深十三间；抱厦进深三间，单檐卷棚歇山顶；前殿单檐硬山顶，乾隆间建；中殿为四角攒尖顶楼阁，嘉庆间建；后殿单檐硬山顶，民国初建。寺中有古槐、古柏等古树。今为济南市文物保护单位。

5. 洪家楼天主教堂

全称洪家楼耶稣圣心主教座堂，简称洪楼教堂，位于济南市历城区洪楼广场北侧，东邻山东大学老校，双塔哥特式建筑，是华北地区规模最大的天主教堂（图2.56）。

十四世纪初，天主教传入山东。十八世纪中，山东天主教属于方济各会（Forsyth）。罗马教皇派来的首任主教为康和之（Bennardin della Chiesa），驻临清。十八世纪末，清政府禁止天主教传播，其残存一部于阳谷县坡里村。道光十九年（1839），山东独立主教区，方济各会法国人罗类思（Ludovicus Maria Besi）为首任主教。道光二十九年（1849），罗辞职，法国人江类思（Aloisius Moccagatta）任主教，以意大利人顾立爵（Eligius Cosi）为副。咸丰十一年（1861），第二任主教来鲁施教。同治八年（1869），江被委任山西教区主教，顾立爵为山东主教。同治九年（1870），顾立爵于济南东郊的洪家楼购地兴建教堂。光绪二十六年（1900），八国联军侵入北京，山东各地爆发义和团运动，洪家楼教堂受破坏。光绪二十八年（1902），荷兰籍主教申永福（Ephrem Giesen）得到庚子赔款，主持洪家楼新教堂，至光绪三十一年（1905）完工。教堂由奥地利修士庞会襄设计，孙村石

图2.56 济南洪家楼天主教堂（冯广平 摄）

图2.57　培真书院主楼（包琰 摄）

匠卢立成主持施工。教堂坐东面西，前窄后宽，建筑面积约为1625平方米。正面两侧为尖顶分立式钟楼，石砌方形，高48米，左右为穹窿式尖券顶。三正门尖拱型，层层雕花。教堂后端有两尖塔高约35米。主厅高大宽敞，穹窿顶绘宗教壁画。教堂南侧有二层环廊建筑群，方形尖顶钟塔高四层，原为华北总修道院。1966年，教堂被关闭。1985年，维修后开放。1992年，被列为山东省文物保护单位。2006年，被公布为全国重点文物保护单位。

6. 博古堂和广智院

浸礼会（Baptist Churches），又名浸信会，成立于1792年（乾隆五十七年）。道光十六年（1836）始传入我国。咸丰十一年（1861），英国霍尔夫妇始到山东传教，驻烟台。光绪元年（1875），李提摩太（Timothy Richard，1845－1919）始向山东内地传教。光绪六年（1880），英国人怀恩光（John Sutherland Whitewright，1858－1926）始入岱岳地区传教，驻青州。翌年，创建圣道学堂。光绪十三年（1887），增设师范学堂。光绪十九年（1893）迁入原东华门街（今潍坊教育学院北院）新建校舍，时称"郭罗培真书院"（图2.57），简称培真书院，分上馆神科和下馆师范科。光绪十三年（1887），于培真书院前创建展室，称"博古堂"，是为岱岳最早的博物馆。博古堂坐东朝西，东五间展厅，青砖灰瓦，门窗上额为拱形发旋，西洋式坎山。光绪二十九年（1904），展品移至济南，新建广智院。同时，博古堂和书院继续开放，光绪三十二年（1906），郭罗培真书院与美长老会神学班合并，名"青州神道学堂"，后于1971年并入齐鲁大学。宣统二年（1910），广智院建成。1913年，在今济南纬十二路大槐树庄军营附近设"军界广智院"。1917年，齐鲁大学在南圩子外建校，广智院纳入大学编制，为齐鲁大学社会教育科。1941年，日军关押广智院修士于潍县乐道院集中营，接管广智院，改“科学馆”。1946年，广智院重为英国传教士接管。1952年，为山东省自然科学研究所接收，改为山东博物馆自然陈列室。“文化大革命”间，博古堂正门坎山被毁。20世纪70年代，广智院建筑大部被拆毁。今仅存大门和博物堂。

广智院坐南朝北，平面呈长方形，结构呈“田”字形；前为博物堂，后为讲堂，两厢连以廊庑，当庭连以纵横廊庑。博物堂面阔五间，灰瓦重檐硬山顶，前接卷棚，山墙上部中央开圆窗，下左右有券门假窗；正门及两侧落地窗前左右各立六棱石柱；两侧有配房。中轴线建筑北起依次为大门、博物堂、讲堂、万国记史室、卫生图室、讲堂、学界体育室。广智院有近2万平方米展厅，陈列内容包括动物、植物、矿物、天文、地理、机工、卫生、生理、农产、文教、艺术、历史、古物等13个门类。1992年，广智院被列为山东省文物保护单位。

7. 济南道院

位于济南市历城区上新街51号（图2.58），始建于1934年，1942年竣工。道院坐北朝南，南北轴线长215米，东西宽65米，占地面积13975平方米，建筑面积4284平方米；分四进院落，轴线建筑南起依次为照壁、正门、前厅、正殿、辰光阁；正殿梁架、斗拱采用钢筋混凝土结构模仿宫殿大木作，是一座具有晚清建筑风格的大型宫殿庙宇混合式建筑群，也是济南近代建筑中规模最大的仿古建筑群。道院造园植物以西府海棠（*Malus micromalus*）、雪松（*Cedrus deodara*）为主。

1916－1917 年，滨县知事吴福林（字幼琴，道名福永）、驻防营营长刘绍基（字绵荪，道名福缘）和县署科员洪士陶（字亦巢）创立道院，“以提倡道德，实行慈善事业为宗旨，特命名为道院”。1921年3月经北京政府批准。1922年2月4日，举行成立大会，称“济南道院”，为世界所有道院母院，各国首都所设道院为总院。1924年，首次在东京成立道院，渐次发展为国际性民间机构。至1939年，国内各地建道院436处，香港、神户、新加坡等地建道院200余处。道院下属道德社和世界红十字会。1922年9月，世界红十字会在北京成立，以“促进世界和平、救济灾患”为宗旨，在全国各地设立分会，逐渐发展成国际性慈善救济机构。1928年，道院以红十字会名义开展救济活动。1937年，日军陷济南，道院唐仰杜、张星五等人出任伪职。1948年，红十字会被取消。1950年，世界红十字会中华总会支持抗美援朝。1953年2月，世界红十字会中华总会公开宣布自行解散。

图2.58 济南道院大门（冯广平 摄）

2.6.5 陵寝林墓

1. 鲁王陵

鲁王诸陵主要位于邹城市、泗水县、滕州市、平邑县境内。第一代鲁

图2.59　鲁荒王陵（糕柏红 提供）

王陵位于邹城市尚寨村，保存相对完好。第二代鲁王鲁靖王陵位于邹城市大束镇官厅村北五云山阳，约建成于成化二年（1466）。清初，地面建筑毁。1967年被盗。第三代鲁王惠王陵、第五代鲁王端王陵、第六代鲁王恭王陵位于泗水县，俗称“三王墓”，保存状况一般。第四代鲁王庄王陵位于滕州市南沙镇上营村后狐山南麓，建成于嘉靖四年（1526），早年被盗。2003年，发现墓门、墓室。第七代鲁王敬王陵位于丰阳乡东午门村北奎山，建成于嘉靖二十九年（1601），清末被盗，1972年再次被盗，出土《钦赐鲁敬王妃程氏圹志》，今藏平邑文管所。1984年，发现墓室。第八代鲁王宪王、九代鲁王肃王王陵位置不详。第十代鲁王安王墓一说在兖州城西前海乡丁家庄（《朱氏谱牒》，一说在城北谷村镇栗园（《滋阳县志·文物》）。末代鲁王葬于福建金门金城东门外西红山之阳，1959年被发现。此外，庄王子怀王当漩、孙悼王健杙，皆未嗣位而卒，两陵在平邑县白彦镇小山后村北毓秀山南麓，怀王墓在东，约建成于正德二年（1507），悼王墓在西，约建成于嘉靖元年（1522）。两陵陵园俱毁，1966年被盗，出土有两王圹志，藏县博物馆。

（1）鲁荒王陵

位于邹城市大束镇尚寨村九龙山南麓（图2.59），建于洪武二十二年。《邹县志》：“明鲁荒王园在九龙山”。鲁荒王陵为明代第一个亲王陵，成为明代亲王陵规制，洪武二十八年秦王朱樉薨，葬制“与鲁王丧礼同”。陵园南北长206米、东西宽80米；陵区分导引、外城、内城3部分。内城前部为长方形陵园，后为圆形墓冢。中轴线建筑南起依次为“鲁荒王之陵”牌坊（遗址）、外御桥、棂星门（遗址）、内御桥、陵门、祾恩门、享殿（遗址）、明楼等。方城明楼，通高13米，方城高7.5米，边长16.7米，砖石结构，下承须弥座，顶为正方台，东、南、西三面建女儿墙，北面建矮垣；上为明楼，高5.5米，边长11.3米，单檐歇山式顶，原有“勒封鲁荒王之陵”碑，今不存。墓室深20余米，通长20.6米，分前后两室；前室南北8.05米，东西5.25米，高4米，东西向券顶。后室南北8.2米，东西5.45米，高5.05米，南北向券顶。1970年，山东省博物馆发掘，出土文物1300余件。2006年，被公布为全国重点文物保护单位。

（2）三王墓

鲁惠王陵、端王陵、恭王陵位于泗水县圣水峪乡鹿鸣厂村西北，俗称“三王墓”，自东而西排列。《兖州府志·陵墓志》："鲁惠王园、鲁恭王园两墓在泗水县东南三十五里处九奇山"。《泗水县志·文化》："鲁端王葬于二歧山"。惠王陵约建成于成化十年（1474），早年被盗，今为平地，出土有鲁惠王及妃赵氏圹志各一通，藏于县文管所。端王陵约建成于嘉靖二十九年（1550），早年被盗，今残存封土高3米，南北长10米，东西宽14米。恭王陵约建成于万历二十二年（1595），规模最大，屡遭盗掘，残存封土高4米，长宽各14米。墓前原有陵园，园内有享殿、陵门、御桥、"鲁恭王之陵"石坊。明末清初，陵园毁。"文化大革命"间，石坊毁。今存御桥，长4米、宽3米，高2.5米。1986年，三王墓被列为济宁市文物保护单位。1992年，列为山东省文物保护单位。

2. 衡王陵

位于青州市王坟镇王坟村村北200米处三阳山。《益都县图志·古迹》："明衡恭王墓，在城西南三阳山。衡庄王墓，在尧山西南。衡康王墓，在城西马山南，今在九回山南。《旧志》在马山南，盖"为山"之讹。衡定王墓，在尧山南。衡宪王墓，在炉山之原。"墓封土高4米、底径18米，原有内外城墙，现不存，有盗洞。1992年，被列为山东省文物保护单位。衡宪王墓在临朐县石家河乡王坟沟村北50米处山坡上，东靠香炉山，1995年发掘。墓高7－10米，封土为覆斗形，封土周围原青石砌台阶式墙壁，封土西原有巨型石香炉、碑碣、石翁仲等。墓门西向，门楼绿色琉璃瓦顶，石雕斗拱，石制椽、板。门额正楷镏金字"钦建玄宫"。墓室地面距地表6.3米，墓室通长12.11米，前室长5.56米，宽3.27米，高4.24米，后室长6.55米，宽6.57米，高4.24米。早年被盗，墓志篆刻"大明定王第一子衡宪王圹志"。

3. 德王陵

位于济南市长清区五峰山街道青崖寨。道光《长清县志》："明德王墓（子济宁安僖王柠）、德懿王墓、德怀王墓、德恭王墓、德定王墓、德端王墓在县东南四十里青崖山之阳"。王陵七座，原有重垣、享殿，今皆毁。惟六号墓墙心尚存，南北长487.5米、东西宽286.5米、最高处约6米。四号陵为德庄王陵，明末清初被盗。1993年再次被盗。陵由墓道、墓门、雨道、前殿及两个并列后室组成。前殿长12米左右，宽约5.3米，高度6.5米，券顶。两后室及前殿右侧各置一石砌棺床。后室葬德庄王及刘妃。前殿葬其庶三子济宁安僖王朱祐柠（？－1512）。陵北有元都观（南观、玄都观）遗址，始建时间不详，民国间废毁。1995年，被列为济南市文物保护单位。2006年，被列为山东省文物保护单位。2013年，被公布为全国重点文物保护单位。

2.6.6 公共园林

1. 青莲阁

位于兖州市新兖镇三河村北泗河大堤上（原水利局宿舍院内），始建时间无考。明嘉靖间，李知茂重修，后倾圮。清嘉庆间重修。嘉庆十三年（1808）举人张性梓（字文麓）《青莲阁落成》："沉香亭子化为尘，花萼楼空草不春。独有仙人留胜地，为开画阁映通津。西江牛渚祠依旧，东鲁龙堤迹尚新。儿女一龛香篆霭，夕阳流水护诗神。"道光间，兖州令冯云鹓重建。光绪十二年（1886）《滋阳县志》："阁在黑风口龙王庙内，其地即李白诗所云'鲁东门'者。道光间邑令冯云鹓重建，以祀谪仙"。青莲阁面阔三间，进深一间，分上下两层，灰瓦硬山顶；二层前设廊，前有栏杆；阁内祀李白（字太白，号青莲居士，701－762）及其子伯禽、女平阳。1996年重修。1985年，青莲阁被列为济宁市文物保护单位。

李白寄家东鲁23年。开元二十四年（736）五月，李白携妻许氏移家任城。翌年，子伯禽生。同年，其六父任城令李在“三年秩满”，回长安。李白饯行，作《对雪饯任城六父秩满归京》。开元二十八年（740），许氏卒。李白继纳刘氏女。刘女与李白不和，不久离异。同年冬，与韩淮、裴政、孔巢父、张叔明、陶沔，同隐于祖徕山，纵酒酣歌，以学道为事。时号“竹溪六逸”。开元二十九年（741），纳邻舍鲁女，作《咏邻女东窗海石榴》，后生子颇黎。天宝元年（742），游泰山，作《游泰山六首》。同年，应玄宗召入京，在紫极宫遇太子宾客贺知章，贺知章见其《蜀道难》、《乌栖曲》等，赏叹再三：“此天上谪仙人也”。天宝三年（744），自长安放还。天宝四年（745），与杜甫同游曲阜、邹县。天宝五年（746），从兄瑕丘佐吏李冽、李凝帮助在瑕丘县城东门外泗水西岸沙丘旁置居室，又于泗水东岸南陵村置田十余亩以养子女。同年冬，游梁园，娶宗楚客孙女宗氏于河南睢阳宗家庄。天宝十年（751），李白离开任城北游，再未回过任城。乾元二年（759），接女平阳于楚地。寄家东鲁时期是李白创作的巅峰时期。据不完全统计，李白传世的980余首（篇）诗文中，作于岱岳地区或涉及岱岳地区风物的诗文约180首（篇），占18%。天宝八年（749），李白游金陵时作《寄东鲁二稚子》：“吴地桑叶绿，吴蚕已三眠。我家寄东鲁，谁种龟阴田。春事已不及，江行复茫然。南风吹归心，飞坠酒楼前。楼东一株桃，枝叶拂青烟。此树我所种，别来向三年。桃今与楼齐，我行尚未旋。娇女字平阳，折花依桃边。折花不见我，泪下如流泉。小儿名伯禽，与姐亦并肩。双行桃树下，扶背复谁怜。念此失次第，肝肠日忧煎。裂素写远意，因之汶阳川”。

2. 四松园

明清时期，岱岳地区公共园林声名最著者莫过于“四松园”。四松园遗址在青州城西南角，松林书院南。原为衡王府西园中的紫薇园。清乾隆间，处士谢子超（字仲昇）购得四白皮松，其兄子固购得二油松。谢隐士构屋松南，东西列植圆柏、淡竹，自号“四松先生”。清·李文藻《四松记》：“其后主人不能有，其地少价求售于能爱松者，而谢隐君仲昇得其四，四松遂闻于时……松北不半里为松林书院即王文正公矮松园……隐君屋在松南。屋东西，尊甫遁山翁旧植桧柏数行，翠竹百挺，蔚然与四松相掩映，而君独号‘四松先生’者，爱松也”。道光间，诗人钟世楷游园作《游郡城四松斋即景》：“偷闲游到古青城，一院幽深石径平。 四树苍松虬干古，千竿翠竹玉枝横。诗天酒地随时兴，曲榭长桥任意行。力倦归亭高处望，烹荣七碗浴心情”。咸丰九年（1859），知府毛永柏、知县徐顺昌辟为公园。光绪《益都县图志·古迹志》：“四松园，《咸丰府志》：在府治西南隅心寺街南。咸丰八年，知府毛永柏、益都县知县徐顺昌修，有碑记”。毛永柏《四松园记》：“咸丰戊午，余莅青。之明年，岁稔人和，郡庭无事。尝以其暇，搜访文献古迹。郡人陈雪堂给谏因为余言：‘城南谢氏园，四松甚古，数百年物也。’余闻之，欣然命驾往观。苍颜危立，翛然尘表，俨睹前朝遗耇。考其地，则胜国衡藩旧邸之紫薇园也。鼎革后废为民居，有亭今圮。谢氏之先，曾有以‘四松’名斋，刻倡和集，后亦无传之者”。

咸丰间重建后的四松园，松后建轩三间，号“云门山馆”，绕轩开池，种植莲、菱。松前建亭，名“四松亭”，前后杂植花木。四周建墙环绕。《四松园记》：“爰与益都宰徐君子信议，余首捐赀若干缗。向主人丐其地，并买东邻之隙地数弓，对松筑轩三楹，题曰‘云门山馆’，以云门一角与松映带，正在窗牖间也。前筑小亭，蔽亏于松下，沿旧名也。绕轩浚池，种菱藕之属。亭之前后，杂植花树。带以复室，缭以周垣。近倚雉堞，远挹岚翠。松阴晨润，山气夕爽。风涛雨籁既净乎，闻根竹韵，荷香复通于鼻观，兼之炉烟茗碗，酒榼棋枰，高人韵士，流览过从，居然郡中一胜概矣……先是，官此者慕四松之名，求之不获，别于西城外得古柏一株四干，筑亭其侧，名以‘四松’。今四松既显，似可易前亭为‘古柏亭’矣，而并以此为‘四松园’云”。张积中《松园讲学图序》：“绕以垣墙，新起台榭，非独侈为观美，抚兹旧物，读书养性，亦于此为宜。对松有堂，近松有亭，远乎松有阁，傍松为池，为桥，为栏。四松之间，杂置石櫈，松外种花通四时”。

民国初年，四松仅“二株尚存”，而游人不绝。1925年，康有为（原名祖诒，字广厦，号长素，185－1927）游四松园，作诗：“四括苍桑数百年，青籐老柳共风烟。公园应辟同民乐，逸兴遄飞说尹贤。”1935年，周贵德游园时，园已荒废，古松剩其一。《青州纪游》：“（二松）已枯其一，而东南隅之一株，又枯其半矣……（西南隅）尚存瓦房三间……断桥一座”。

2.6.7 私宅花园

明清时期，岱岳地区私邸造园活动甚盛。仅青州一地就有王沂公故宅、紫薇园、四松园、软绿园、未园、偕园、偶园等。

1. 奇松园

即今青州市人民公园，清代称偶园（图2.60a），俗称“冯家花园”，始建于弘治十二年（1499）。清·李焕章《织斋文集·奇松园记》：“奇松园，明衡藩东园之一角也……中有松十围，荫可数亩，尽园皆松也，故园以松名”。顺治三年（1646），衡王府因为抄家而败落。奇松园因地偏而幸免于毁坏，《织斋文集》：“迨府第毁后，兹园赖其地处偏隘”。康熙五年、六年（1666－1667），山东巡抚周有德在济南明代德王府旧址建巡抚衙门，拆解衡王府木石，衡王府彻底废弃。《池北偶谈·谈异·故藩址》：“后丙午、丁未间，周中丞有德另建抚署，乃即德藩废宫故址，移衡藩木石以构之，落成，壮丽甚，衡藩废宫鞠为茂草矣”。奇松园仿照宋艮岳和元西苑建造，以假山、曲水、松林为主。《织斋文集·奇松园记》“奇松园，明衡藩东园之一角也。宪王时以其府东北隙地，结屋数楹，如士大夫家，青琐绿窗，竹篱板扉，绝不类王公规制，盖如宋之艮岳，元之西苑也。中有松十围，荫可数亩，尽园皆松也，故园以松名，效晋兰亭流觞曲水，管弦丝竹，吴歈越鸟，无日无之，亦吾郡之繁华地……园亭池沼，颇有烟霞致。又老松虬枝霜干，日长龙鳞，故国乔木，人所羡仰”。

清康熙初，矮松园荒废，为青州府同知朱麟祥购得。康熙八年（1669），朱离任时转卖给文华殿大学士、吏部尚书、太子太傅冯溥（字孔博、易斋，1609－1691）。《织斋文集》：“郡丞朱公以其值买之，以饷四方之宾客。后朱公去转，售之今相府，深锁重关，游人罕至矣”。冯溥采集衡王府石材木料重修，掇山植树，取“无独有偶”之义，名“偶园”。清·咸丰《青州府志》：“冯溥既归，辟园于居地之南，筑假山，树奇石，环以竹树，曰偶园”。抄本《明衡藩录》引《青社遗闻》：“郡

图2.60a 偶园假山（冯广平 摄）

图2.60b 偶园衡王府遗石（冯广平 摄）

城内冯文毅公偶园山石皆衡宫假山园旧物”。咸丰、同治间，园主易姓。光绪初，冯氏复出资赎回，作为冯氏家祠财产。光绪七年“冯氏祠堂”碑：“约族众□金回赎此园。今无所属，共议捐入祠堂。园中所出亦为修碑……至俱载于竹园碑中，自今以后庶乎修补有备”。光绪时，“山石树木，大概虽存，而荒芜殊甚”，仅存为一山一堂一阁。1950年，偶园收归国有，南部花园部分改为“益都人民公园”，北部宅院部分改为“益都博物馆”，北部园林建筑和树木无存，南部假山上山茶房、卧云亭仅存有基础，大石桥为仅存明代建筑。“文化大革命”间，假山上松风阁旁明代古圆柏、中峰上两株明代古圆柏被伐。今名“青州市人民公园”，卧云亭原址重建。

偶园布局严谨，结构得体，集宅第、宗祠、园林于一体。《偶园记略》载：园中有一山（三峰假山）、一堂（佳山堂）、二水（洞泉水、瀑布水）、三桥（大石桥、横石桥、瀑水桥）、三阁（云镜阁、绿格阁、松风阁）、四池（鱼池、蓄水池、方池、瀑水池）、五亭（友石亭、问山亭、一草亭、近樵亭、卧云亭）。假山掇造出自明清之际造园名家张然（字南垣，时称山子张），浓缩北方山水空间意象，石峰参差，亭台错落，溪流蜿蜒，瀑高潭深，为目前仅存康熙朝假山。园中有太湖石13块，其中四块颇似“福、寿、康、宁”4字，原为衡王府贡品（图2.60b）。园中今存明代侧柏1株、迎春3株、桂花4株；清代侧柏、圆柏、丁香、牡丹数株。冯时基《偶园记》：“存诚堂，先文敏公居宅也。对厅之东门北向颜曰‘一邱一壑’。入门东转为‘问山亭’。再东即园门，西向颜‘偶园’二字。门内石屏四，镌明高唐王篆书，屏后石阑。依竹径东行达‘友石亭’。亭前太湖石，奇巧为一方之冠。石南鱼沼，沼南，竹柏森森，幽然而静。北出为‘云镜阁’。阁西而北，有幽室曰‘绿格阁’。北而东，楼台参差，别为院落。阁后，太湖石横卧，长可七八尺，为园之极北处。‘友石亭’西一小斋，斋西有池蓄鱼。亭东南，石台陡起，有阁曰‘松风’，下为暖室，乃冬月游憩处。循台而南，入‘�绿门’，大石桥跨方池，桥尽，西转即‘佳山堂’。南向正对山之中峰，堂前花卉阴翳，阴晴四时各有其趣。西十余武幽室，东向北有茅屋数椽曰‘一草亭’。亭前，金川石十有三，游赏者目为‘十三贤’。室南近‘樵亭’，饰以紫花石，下临池水，南对峭壁，引水作瀑，注于池，循山而

东流。水上叠石为桥，度桥入石洞，东行西南折，渐上至山腰，为山之西麓。东陟登峰顶，为山之主峰。近树远山，一览在目。峰东北，临水有石窟，俯而入，幽暗不辨物。宛转西行，豁然清爽，则石室方丈，由石罅中透入日光也。出洞南转，仰视有孔，窥天若悬壁。三面皆石磴，拾级而登，则中峰之东麓。东横石桥，下临绝涧，引水为泉，由洞中曲屈流出，会瀑布之水，依东山北入方池。涧北即山阿，为小亭，曰'卧云亭'。亭后，石径崎岖，攀援而升，为山之东峰。北下，山半有斗室曰'山茶房'。房前，缘石为径，北登'松风阁'。阁后，下石阶十余级，为'友石亭'之左"。

2. 峪园

位于诸城市皇华镇相家沟村西南，为清福建惠安知县、文学家、诗人丁耀亢（字西生，号野鹤，又号紫阳道人、木鸡道人、辽阳鹤等，1599－1669）别墅。四周由黄豆山、凤凰山和望海楼山环抱，三山成品字形，开口向北，龙湾溪自南而北流，绕村东而过，溪上有"野鹤桥"。峪园始建于天启四年（1624）。天启七年（1627）定居。崇祯元年（1628）建煮石草堂。丁耀亢《出劫纪略·峪园记》："计甲子至今三十年"。《出劫纪略·山居志》："因得城南橡槚沟一邱，甚幽，遂购筑焉……使奴仆种橡栗、松竹以自娱，数年而山之园圃粗就。因辟两山之间，筑舍三楹，依溪作垣，引泉为圃，中架小阁，书藏千余卷。至丁卯秋，遂移家居之。计数年，青李来禽，已开花结实，松竹成林，橡栗连山矣。戊辰之冬，筑舍五楹，曰'煮石草堂'，取唐人'归来煮白石'之句。是年，有友五人来山中结社"。崇祯十五年（1642），峪园兵毁。《出劫纪略·山居志》："壬午，入京游太学，移家归城。是年冬，乃有屠城之变。山林化为盗薮，浮海余生，流离南北，藏书散失，云封苔卧，而主人为逋客矣"。

峪园因山势水形建成开放性园林，在小溪西，面积30亩；以山为墙垣，沿溪植侧柏、圆柏、淡竹。在山西麓作屋宇三间为居所，居所以外尽为园林。《出劫纪略·峪园记》："诸邑城南，多佳山水……余园在两山之间，土地开旷。有溪自西南来，绕山而北，汇为曲潭。方石高下，淳泓相注，悬崖浅渚，槲叶汀蒲，互相映发。每于春夏之交，白鸟黄鹂，千百出两山云雾间。借山为垣，不别立园圃。沿溪以柏为墙，竹桧间之。两山相去，横可四百步，通计三十亩。因以为西麓作宅，而居宅之外皆园也"。园南部为菜园，植桃、李，周围以短墙，墙外植小片银杏、胡桃、栗。"南为菜圃，凿井调畦，菘韭之外，间植桃李，短墙护之。墙外植银杏三十株，胡桃、山栗不拘数。使各为区，不相乱也"。园东辟门"日涉沼柏"，植竹成林，林中有屋宇三间，周围植牡丹、芍药。"东有门，额曰'日涉沼柏'。径曲行入竹林，得屋三楹，左右各植芍药、牡丹百余本，杂花缀之"。南部辟小门，门外植油松26株，松旁构轩。"南出一小门，得长松二十六株，蟠如虬龙。轩楹高敞可憩，石几、石磴倚松而置，皆足啸饮"。溪东有巨石，与山崖相连，山麓植松，崖旁植杜鹃，山北有禅寺。"东过溪，横石半亩，凹折方棱，与崖石相倚。山花野茑，杂垂入涧。两崖出山数武。登山趾，植以松。修栈路而上，逶迤入小涧，两崖丛生映山红、杜鹃花有丈余者。每三月携酒赏之。过山之北，为明空所建之禅林在焉"。峪园是典型的自给自足山水庄园，所产物品丰富。"凡童稚、牛羊、柴门、鹅鸭，实自为一区。故十年山居，清乐自足，安知桃源忽为晋魏！计甲子至今三十年，松可数千株，竹已数亩，银杏、胡桃、山栗每年食不胜用。唯桃李梅杏渐老，因出山十年无新种者。柏桧成围，阴森塞径矣"。

第三章

树木景观

岱岳地区地处暖温带，本土造园树木以温带乔木和灌木为主。岱岳地区是我国的儒家文化发祥地，同时还是历代礼天告成之所，崇儒和礼天成为岱岳造园的主流，岱庙、三孔、三孟等园林突出的表现为前朝后寝、轴线明晰、布局对称严谨；以侧柏、圆柏为主的树木景观营造出庄严肃穆的氛围。同时，柏木四季长青，也是儒家比德式自然观的具体表达。岱岳地区泉池丰富，以大明湖和泉林行宫为代表的水景园林也是一大特色，宋金时期，大明湖水岸景观天下无双。泉林行宫则是清代少有的京畿以外皇家园林。

3.1　园林树木类型

山东有野生木本植物63科142属401种（包括变种、变型）。其中裸子植物3科4属6种，被子植物60科138属395种。被子植物除2科2属5种单子叶植物外，余皆为双子叶植物，种数占优势的科有：蔷薇科（72种）、蝶形花科（29）、杨柳科（24种）、鼠李科（19种）、壳斗科（19种）、榆科（15种）、葡萄科（15种）、忍冬科（14种）、木犀科（13种）、卫矛科（13 种）。岱岳地区是山东木本植物分布的中心区域，种数占优势的科有蔷薇科、蝶形花科、唇形科、榆科、杨柳科等。

3.1.1　树木种类

古树尤其是百年以上古树是研究古代园林植物造景的重要依据，也是古代园林的重要遗存。岱岳地区古代造园树木有41科67属95种（表3.1）。东部的沂山和鲁山地区，造园树木类型最丰富，潍坊地区有61种，数量为岱岳地区之最；淄博也有38种。沂蒙山区和尼山地区古代造园树木种类也较为丰富，临沂地区有34种，济宁地区有36种。泰山周边古代造园树木种类较为贫乏，泰安和莱芜都不超过20种。此种分布格局有自然原因也有人文原因。岱岳地区东部和南部接近黄海，受海洋性气候影响，植物种类相对丰富，可选择的造园树木种类较多。同时，这些区域历代都是佛寺道观和私宅园墅集中的区域，在造园上有较大的灵活性。而泰山地区则是古代礼天的核心区域，礼制约束下的造园活动严谨而单调，选择的树木种类相对较少。

岱岳地区普遍选择的造园树木包括银杏、油松、侧柏、圆柏、黑弹树、栗、柿、君迁子（*Diospyros lotus*）、槐、紫藤（*Wisteria sinensis*）、元宝槭、黄连木、流苏（*Chiomanthus retusus*）、楸等。其中，槐、侧柏、银杏占绝对优势。青州有古树248株（处），其中槐206株（处），占83%；侧柏35株（处），占14%。淄博有古树497株，其中槐226株，占45%；侧柏75株，占15%。莱芜有古树116株，其中槐62株，占53%；侧柏25株，占22%。南部地区则稍有不同，银杏也处于优势地位。临沂有古树478株，其中银杏158株，占33%；槐126株，占26%；侧柏56株，占12%。

表3.1 岱岳地区古代造园树木类型

科	种	泰安	济南	莱芜	淄博	潍坊	临沂	济宁	枣庄
银杏科	银杏 *Ginkgo biloba*	1	1	1	1	1	1	1	1
松科	油松 *Pinus tabulaeformis*	1	1	1	1	1	1	0	0
	赤松 *Pinus densiflora*	1	0	0	1	1	1	0	0
	白皮松 *Pinus bungeana*	0	1	1	1	0	0	0	0
	日本五针松 *Pinus parviflora*	0	0	0	1	0	0	0	0
柏科	侧柏 *Platycladus orientalis*	1	1	1	0	1	1	1	1
	圆柏 *Juniperus chinensis*	1	1	1	0	1	1	1	1
三尖杉科	三尖杉 *Cephalotaxus fortunei*	0	0	0	0	0	1	0	0
蜡梅科	蜡梅 *Chimonanthus praecox*	1	0	0	0	0	0	1	0
金缕梅科	枫香 *Liquidambar formosana*	0	0	0	0	0	1	0	0
榆科	榆树 *Ulmus pumila*	0	0	0	0	1	1	0	0
	大果榆 *Ulmus macrocarpa*	0	1	0	0	0	0	0	0
	榔榆 *Ulmus parvifolia*	0	0	0	0	0	0	1	0
	黑弹树 *Celtis bungeana*	0	1	0	1	1	1	1	1
	朴树 *Celtis sinensis*	0	0	0	1	1	0	1	1
	大叶朴 *Celtis koraiensis*	0	0	0	0	0	1	0	0
	青檀 *Pteroceltis tatarinowii*	0	1	0	0	0	0	1	1
桑科	桑 *Morus alba*	0	0	0	0	1	0	1	0
	柘 *Cudrania tricuspidata*	0	0	0	0	1	0	1	1
胡桃科	胡桃 *Juglans regia*	0	1	0	0	1	0	0	0
	枫杨 *Pterocarya stenoptera*	1	0	0	0	1	0	1	0
壳斗科	栗 *Castanea mollissima*	0	1	1	1	1	1	0	1
	麻栎 *Quercus acutissima*	0	0	1	0	1	0	1	0
	槲树 *Quercus dentata*	0	1	0	1	1	0	0	0
桦木科	鹅耳枥 *Carpinus turczaninowii*	0	0	0	1	1	1	0	0
芍药科	牡丹 *Paeonia suffruticosa*	0	0	0	0	1	0	0	0
山茶科	山茶花 *Camellia japonica*	0	0	0	0	1	0	0	0
椴树科	糠椴 *Tilia mandshurica*	0	0	0	0	0	0	1	0
柽柳科	柽柳 *Tamarix chinensis*	0	0	0	0	0	0	1	0
杨柳科	毛白杨 *Populus tomentosa*	0	1	0	1	1	0	1	1
	抱头毛白杨 *Populus tomentosa* f. *fastigiata*	0	0	0	0	0	1	0	0
	旱柳 *Salix matsudana*	1	1	0	1	1	0	0	0
	馒头柳 *Salix matsudana* f. *umbraculifera*	0	0	0	0	1	0	0	0
	垂柳 *Salix babylonica*	0	0	0	0	1	0	0	0

续表

科	种	泰安	济南	莱芜	淄博	潍坊	临沂	济宁	枣庄
柿树科	柿 *Diospyros kaki*	1	1	1	1	1	1	1	0
	君迁子 *Diospyros lotus*	1	1	0	1	1	0	1	0
蔷薇科	西府海棠 *Malus micromalus*	0	0	0	0	0	0	1	0
	石楠 *Photinia serrulata*	0	0	0	0	1	0	0	0
	榲桲 *Cydonia oblonga*	0	0	0	0	0	1	0	0
	木瓜 *Chaenomeles sinensis*	0	0	0	0	1	1	1	0
	皱皮木瓜 *Chaenomeles speciosa*	0	0	0	0	1	0	0	0
	山楂 *Crataegus pinnatifida*	0	1	0	1	1	0	0	0
	杜梨 *Pyrus betulaefolia*	0	0	1	0	1	0	0	0
	白梨 *Pyrus bretschneideri*	0	0	0	1	1	1	0	0
	木香 *Rosa banksiae*	0	0	0	0	0	0	1	0
	杏 *Prunus armeniaca*	0	0	0	0	1	0	0	0
	桃 *Prunus perisca*	0	0	0	0	0	0	0	0
	李 *Prunus salicina*	0	0	0	0	1	0	0	0
	樱桃 *Prunus pseudocerus*	0	0	0	0	1	0	0	0
	山樱花 *Prunus serrulata*	0	0	0	0	1	0	0	0
含羞草科	合欢 *Albizia julibrissin*	0	0	0	0	1	0	0	1
云实科	皂荚 *Gleditsia sinensis*	1	0	0	1	1	1	1	1
	山皂荚 *Gleditsia japonica*	0	0	1	0	0	0	0	0
	猪牙皂 *Gleditsia officinalis*	0	0	0	0	0	0	1	0
蝶形花科	槐 *Sophora japonica*	1	1	1	1	1	1	1	1
	龙爪槐 *Sophora japonica* var. *pendula*	1	0	0	0	1	1	0	0
	黄檀 *Dalbergia hupeana*	0	0	0	0	1	0	0	0
	紫藤 *Wisteria sinensis*	1	1	0	1	1	1	1	0
千屈菜科	紫薇 *Lagerstroemia indica*	0	0	0	0	1	1	0	1
石榴科	石榴 *Punica granatum*	0	0	0	0	1	0	1	1
山茱萸科	梾木 *Cornus marophylla*	0	0	0	0	1	0	0	0
	毛梾 *Cornus walteri*	0	0	1	1	1	0	0	0
卫矛科	白杜 *Euonymus bungeanus*	0	0	0	0	0	0	1	1
	扶芳藤 *Euonymus fortunei*	0	0	0	1	0	0	0	0
鼠李科	枣 *Ziziphus jujuba*	0	0	0	1	1	0	0	0
	酸枣 *Ziziphus jujube* var. *spinosa*	0	0	0	1	1	1	1	0
葡萄科	山葡萄 *Vitis amurensis*	0	0	0	1	0	0	1	0
	地锦 *Pathenocissus tricuspideta*	0	0	0	1	0	0	0	0

续表

科	种	泰安	济南	莱芜	淄博	潍坊	临沂	济宁	枣庄
黄扬科	黄杨 *Buxus sinica*	0	0	0	1	1	1	0	0
大戟科	乌桕 *Sapium sebiferum*	1	0	0	0	0	0	0	0
	雀儿舌头 *Leptopus chinensis*	1	0	0	0	0	0	0	0
无患子科	栾树 *Koelreuteria paniculata*	0	1	0	1	1	0	1	0
	文冠果 *Xanthoceras sorbifolia*	0	0	0	1	0	1	1	1
槭树科	元宝槭 *Acer truncatum*	0	1	0	1	1	1	0	1
	三角槭 *Acer buergerianum*	0	0	0	0	0	1	0	0
漆树科	黄连木 *Pistcia chinensis*	1	1	0	1	1	1	1	1
	黄栌 *Cotinus coggygria*	0	0	0	1	1	1	0	0
	漆 *Toxicodendron vernicifluum*	0	0	0	0	1	0	0	0
苦木科	臭椿 *Ailanthus altissima*	0	0	0	0	1	1	0	0
	苦树 *Picrasma quassioides*	0	0	0	1	0	0	0	0
楝科	香椿 *Toona sinensis*	0	0	0	0	1	0	0	0
	楝 *Melia azedarach*	0	0	0	1	0	0	0	0
芸香科	花椒 *Zanthoxylum bungeanum*	0	0	0	0	1	0	0	0
	枳 *Poncirus trifoliata*	0	0	0	0	1	0	0	0
茄科	枸杞 *Lycium chinense*	0	0	1	0	0	0	1	0
紫草科	厚壳树 *Ehretia thyrsiflora*	0	0	0	0	0	1	1	1
马鞭草科	黄荆 *Vitex negundo*	0	0	0	1	0	0	1	0
木犀科	紫丁香 *Syringa oblate*	0	0	0	0	0	0	1	0
	白丁香 *Syringa oblate* var. *affinis*	0	0	0	1	1	0	0	0
	木犀 *Osmanthus fragrans*	0	0	0	1	1	1	0	0
	流苏 *Chiomanthus retusus*	0	1	1	1	1	1	0	0
紫葳科	楸 *Catalpa bungei*	0	0	0	1	1	1	1	1
	凌霄 *Campsis grandiflora*	1	0	0	0	0	0	0	0
忍冬科	金银忍冬 *Lonicera maackii*	0	0	0	0	1	0	0	0
合计		18	22	14	38	61	34	36	20

岱岳地区古代造园树木种类丰富是有其深刻历史渊源的。北魏永熙二年（533）至东魏武定二年（544），贾思勰完成了《齐民要术》10卷，系统总结了当时中国北方尤其是岱岳地区的农学成就，其第四、第五卷分别介绍了果树、树木的栽培和嫁接技术，成为我国也是世界上最早、最系统的农业百科全书。贾思勰曾任高阳（治临淄西北）太守，一说为高平（治微山县西北）太守，曾系统考察了今北方地区的农业生产状况，但岱岳地区的农业成就显然是其创作的基础之一。明崇祯九年

（1636）至清顺治十年（1653），桓台新城人、明浙江右布政使王象晋（字荩臣、子进、三晋，一字康候，号康宇，自号名农居士，1561－1653）辞官归里，辟建田园，筑“二如亭”，广种果蔬、花木、草药，修成《二如亭群芳谱》28卷。引起康熙帝的重视，命学臣汪灏等人增补为《御定佩文斋广群芳谱》，康熙四十七年（1708）成书。清·王培荀《乡园忆旧录》：“二如亭主人王方伯象晋，著《群芳谱》，流布士林，得呈御览。命学臣再加搜辑，名《广群芳谱》，可为荣幸”。《群芳谱》收载植物275种，其中树木112种。其所载60余种北方常见植物，如银杏、侧柏、油松、楸、石榴、枣、紫薇等皆是重要的造园树木。清代文学家蒲松龄在其《日用俗字》中提及40余种树木，皆是岱岳地区常见的造园树木。

3.1.2 生态型

岱岳地区95种古代造园植物中，乔木69种，占73%；灌木22种，占23%；藤本4种，占4%。据王象晋《群芳谱》和蒲松龄《日用俗字》、《花草章》等文献的记载，岱岳地区古代造园树木主要分为乔木、灌木和藤本3类，总计95种。①乔木类型包括银杏、松（油松）、栝（白皮松）、柏（侧柏）、桧（圆柏）、玉兰（*Magnolia denudata*）、辛夷（望春玉兰*Magnolia biondii*）、木兰（红色木莲*Manglietia insignis*）、楠（红楠*Machilus thunbergii*）、榆、拗榆（榔榆）、檀（青檀）、枫（枫香）、桑、柘、楮（构树*Broussonetia papyrifera*）、核桃、柜（枫杨）、柿、栗、槲（槲树）、橡（麻栎）、柳（*Salix* spp.）、杨（*Populus* spp.）、桦（白桦*Betula platyphylla*）、梨、杏、木瓜、楂（毛叶木瓜*Chaenomeles cathayensis*）、合欢、皂角、槐、桫椤（七叶树*Aesculus chinensis*）、赤椋（梾木）、杻（红椋子*Cornus hermsleyi*）、梧桐、枣、椿（臭椿）、油桐（*Vernicia fordii*）、香椿（*Toona sinensis*）、楝、无患子（*Sapindus mukorossi*）、栾树、文冠果、漆、楷树（黄连木）、白蜡（*Fraxinus chinensis*）、楸、梓（*Catalpa ovata*）等49种。②灌木类型包括蜡梅、山茶、牡丹、无花果（*Ficus carica*）、贴角（皱皮木瓜*Chaenomeles speciosa*）、林檎（花红*Malus asiatica*）、奈和苹果（*Malus pumila*）、垂丝（垂丝海棠*Malus halliana*）、海棠（*Malus spectabilis*）、海棠（西府海棠）、山楂、木香、玫瑰（*Rosa rugosa*）、荼蘼（香水月季*Rosa odorata*）、蔷薇（*Rosa multiflora*）、月季（*Rosa chinesis*）、梅（*Prunus mume*）、桃、李、樱桃、紫荆（*Cercis chinensis*）、金雀（*Caragna fruten*）、三川柳（柽柳）、瑞香（*Daphne odora*）、结香（*Edgeworthia chrysantha*）、黄杨、石榴、夹竹桃（*Nerium indicum*）、木芙蓉（*Hibiscus mutabilis*）、木槿（*Hibiscus syriacus*）、佛桑（朱槿*Hibiscus rosa-sinensis*）、紫薇、荆（黄荆）、栀子（*Gardenia jasminoides*）、黄栌、女贞（*Ligustrum lucidum*）、桂（木犀）、丁香、迎春（*Jasminum nudiflorum*）、绣球（天目琼花）等39种。③藤本有葡萄（*Vitis vinifera*）、猕猴桃（*Actinidia chinensis*）、藤（紫藤）、凌霄等3种。

岱岳地区古代园林中的树木生态型组合大体可分为两类。一是以乔木层为主，主要集中于坛庙和陵林，如岱庙、孔庙、孟庙、孔林、孟林等。岱庙几乎是侧柏和圆柏纯林，偶有银杏、槐等，汉柏院有汉柏连理、赤眉斧痕、岱峦苍柏、昂首天外等4株古侧柏，以及苍龙吐虬古圆柏（图3.1）。孔林以侧柏、圆柏为主，林中尚有桑树、榔榆、朴树、君迁子、合欢、槐、沙枣、黄连木、栾树、楸等（图3.2）。二是乔木、灌木、草本层和藤架组合，主要集中于府邸和私墅，如孔府、孟府、偶园等。孔府花园乔木层有侧柏、圆柏、槐、枣等，灌木层有西府海棠、紫荆、黄荆、紫薇、连翘（*Forsythia suspensa*）、紫丁香、牡丹、黄杨等，灌木层间有盆栽的柑橘（*Citrus reticulata*）、木犀等（图3.3）。草本层以芍药（*Paeonia lactiflora*）、玉簪（*Hosta plantaginea*）等花卉为主。西北隅植铁山，东北隅架紫藤。

图3.1 岱庙汉柏院（冯广平 摄）

图3.2 孔林（冯广平 摄）

图3.3 孔府花园（冯广平 摄）

3.2 树木景观类型

岱岳地区树木景观类型丰富，主要包括自然风景、庭园孤赏、假山花树、泉湖水景、花圃果林、陵墓疏林等。以自然风景树木和疏林封育而成的自然风景主要分布于泰山，泰山名松众多。庭园孤赏、假山花树、陵墓疏林等树木景观主要集中在青州、曲阜、邹城、宁阳等地。人工侧柏林和圆柏林为景观主体。泉湖水景以济南大明湖和泗水泉林行宫为代表。花圃果林以枣庄的冠世榴园和平阴玫瑰圃为代表。

3.2.1 自然风景

岱岳地区植被的次生性很强，天然林较少，除泰山、鲁山有少量天然植被外，其他地区天然林木和自然风景树较少。

1. 风景树

油松和侧柏是岱岳地区的乡土树种。油松自然分布广且不连续，主要分布于泰山、蒙山、鲁山和沂山等处。侧柏则分布于石灰岩山地、丘陵和平原上，除散生树外，很少有天然林。泰山代表性的风

图3.4a 泰山五大夫松（冯广平 摄）

景树主要有：普照寺六朝松、一品大夫松和对生松，御帐坪望人松和五大夫松，天烛峰天烛松，傲徕峰姊妹松，玉泉寺一亩松，后石坞卧虎松等。其声名最著者莫过于五大夫松。五大夫松原为一株天然散生油松树。秦始皇于二十八年首次封禅泰山时，曾于树下避雨，封其为五大夫，开创了为树木封爵的先例。唐以后原树及附近四株油松并称为五大夫松，明·嘉靖三十年（1551）和万历三十年（1602）先后毁于山洪。清·雍正间补种5株，后毁3株，今存其二。历代咏颂秦松的诗文28篇。古松附近立五松亭、真武庙，西侧有清光绪间摩崖石刻“秦松”、“东天一柱”、“抚松盘桓”等（图3.4a、b），摩崖上部即望人松。

图3.4b　五大夫松西摩崖石刻（冯广平 摄）

2. 天然疏林

岱岳地区受人为干扰强烈，天然林较少，面积较大、种类较多者为白石洞古林。白石洞位于淄博市博山区域城镇西域城村西，海拔585米。1937年《续修博山县志》：“白石洞，县西北十里，在西域城庄西，柿岩之北”。景区有百年以上古树87株，为天然次生林（图3.5），包括银杏1株、鹅耳枥4株、黑弹树3株、朴树5株、槐2株、苦木3株、楝3株、黄连木8株、黄栌3株、元宝槭11株、栾树2株、枣1株、山葡萄3株、毛梾25株、柿2株、流苏树10株、黄荆1株。

图3.5　博山白石洞古林（刘海明 摄）

3.2.2　庭院孤赏

礼天和崇儒是岱岳园林的主格调，油松、白皮松、侧柏和圆柏首当其选，以营造肃穆庄严的环境和表达坚贞高洁的品格。三孔、三孟、颜庙、周公庙、少昊陵、岱庙等重要园林中大量使用侧柏和圆柏。油松则主要分布于泰山、沂山、鲁山建筑群中。银杏、侧柏、圆柏也是佛寺、道观造园的主要选择，银杏的选择更为普遍，以岱岳地区南部的临沂为中心，绝大多数寺观或其遗址有古银杏遗存。在私宅园墅中，树木的选择更是表达主人情操的重要手段。清代，青州城隐士谢子超购得衡王府故园4株白皮松，构“四松斋”隐居。李文藻《四松记》：“四松偶立，亭亭不阿，如端人正士不可干犯……隐君屋在松南。尊甫遁山翁旧植桧柏数行，翠竹百挺，蔚然与四松相掩映，而君独号‘四松先生’者，爱松也。”银杏在宋代也成为私宅造园的选择对象，北宋宰相王曾故宅中有古银杏一株，至乾隆二十五年（1760）时已不存。光绪《益都县图志·古迹志》：“王沂公故宅在府城东门外棘儿巷，旧有鸭脚树一科，干甚古，树东南有井，其水甘冽。相传皆沂公宅中物，今已不存。乾隆二十五年，知县王椿刻石记之，久仆”。

1. 孔府和孟府桧

孔子创造了“比德”式自然观，倡导君子比德于松、柏。油松、侧柏、圆柏（桧）成为表达园林主人坚贞、高尚品格的重要载体。圆柏“松身而柏叶”，是居所造园的重要选择，从私宅到皇宫，多植圆柏。孔府大堂前圆柏成林（图3.6），最大两株分列甬道东西，胸径0.83－0.92米，植于明·洪武十年敕修孔府时，树龄635年；三堂前也有古圆柏两株，最大一株胸径1.08米，植于宋代敕修孔府时，树龄1000余年。孟府大堂前有古圆柏3株，胸径最大者0.96米，植于北宋末，树龄800余年。

2. 青州府古槐

青州府衙署原在青州西北隅，洪武五年迁城东南，洪武十四年再迁城东北。故址原有宋代古槐，于槐后构建“希范堂”，以纪念宋代青州知府范仲淹。光绪《益都县图志·营建志》：“正堂颜曰‘至道’，后为川堂，为印堂，颜曰‘希范’……于‘希范堂’后建宅门，内为三堂，颜曰‘镜心’”。康熙三十八年（1699），知府张连登（字瀛洲，号省斋）重修，希范堂西迁于大堂后，改三

图3.6 孔府大堂古圆柏（冯广平 摄）

图3.7　青州府治《古槐记》碑（冯广平 摄）

堂旧址为书房，在其东建槐荫轩。张连登《重修青州府治记》："康熙三十八年己卯，余来守青。入廨宇，见燕寝颓败，两厢湫隘……且三堂在东偏，大堂在西南，非制也……而以三堂旧址为判牍室，缭垣数堵。堂后，构室七楹……又东厢北为槐荫轩，楹凡五，以接宾僚"。内阁大学士、书法家翁方纲（字正三，一字忠叙，号覃溪，晚号苏斋，1733－1818）《青州府廨古槐歌》："我来方夏憩槐阴，初冬始读古槐记。梦到瞻辰之北轩，拱翼云蟠舞交翠。此槐不知几百年，轩名久已故老传。想见亲书伯夷颂，清风应在希范前（槐荫轩前有希范堂）"。康熙五十三年（1714），改"希范堂"为"景贤堂"。清末，青州府治和古槐尚存。乾隆五十七年（1792），青州知府沙峨（字晴岩）重修旧台轩，作《古槐记》及诗四首勒石："循十三贤堂而东，其偏隅有古槐一株，鼓柯振叶，荫蔽一庭数百年，嘉植也。退食之暇，仰瞩高云，平挹清籁，可以引凉，可以裁赋，瞻碧落而考星精，即浓阴而酬宾侣，辄为低徊久之，因以想见前人之摩挲荫樾于斯也，久矣。传曰：槐，怀也，盖咨询吏治之所系也。青居海岱之区，云门仙台之积翠，范富欧阳之遗泽，蜿蜒郁积以培护，而滋荣之斯槐之寿，宜矣。峨承乏守土于兹，幸际圣天子醲化衍沃，日与士民庆康功而歌燕誉，岂特眉山苏子所云？封殖之勤，槐阴满庭者耶。夫角弓之傅，青箱之堂，犹爱而勿谖也，况夫宣上仁而孚民莫益茂承于无疆者乎？予既葺十三贤堂，故并记此以为兹树享幸云"（图3.7）。山东粮道、书画家宋思仁（字蔼若，号汝和，1730－1807）作《青州府廨古槐歌》亦勒石。诗碑今存青州博物馆。

3. 灵岩寺摩顶松

灵岩寺千佛殿正前方、五花殿西侧有古台，台上有古侧柏，号"摩顶松"，胸径0.96米，树龄1300余年。考为唐咸亨二年（671）三藏法师义净由海路西行求法前的发愿树。明清时期，列为"灵岩八景"之一，以此为题的诗文13首，仅乾隆帝就有8篇。树下为石台，南面嵌史国珍《御书阁玉皇像记》碑及游灵岩寺诗碑2通。北侧、南侧分别嵌嘉靖十五年（1536）山东巡按监察御史张鹏所题“珠树莲台”（图3.8）、“名山胜水”大字石刻。清乾隆三十年（1765），乾隆帝考证摩顶松由来，作《写摩顶松放歌纪事》：“《大唐新语》称摩顶松在灵岩寺，为玄奘遗迹。夫唐时，建都长安，玄奘发轫自必由彼。而取经回，译经于弘福寺，亦今西安。《地志》乘班班可证，于此地无涉。或玄奘由此诣长安译经？事毕来居此？或长安亦有灵岩寺？均不可知。此当徐考耳。然松既以摩顶称即，予屡经吟咏，何尝不人谓之松而亦松之？兹于写其形，则知是柏，非松名。或可以假借？实难可与迁就去，易而成咏其亦有戒于斯夫。玄奘取经摩松顶，谓曰：将归当东指。因之《新语》传灵岩。今天是柏松非是，设云后人能传会。种松亦易何为耳？人谓之松亦松之。几度拈吟不可否，斯地斯事其然乎。故且置焉，徐证耳。虬枝东指则诚信，佛殿边旁特孤峙。千年以上岁斯历，玉节金幢入画理。我欲写形知是柏，顾名为松面先泚 。松之与柏实易辩，尚致淆讹有如此。贤否？万状目前陈。吁嗟！鉴别真难矣！”

4. 矮松园

青州松林书院原为北宋乡贤张震的私学。王曾幼年时曾受教于张震，于园中读书。《宋史·王曾传》：“王曾，字孝先，青州益都人。少孤，从学于里人张震”。咸平五年（1002），连中三元，成为大宋第二十七位状元。矮松园私学自此闻名。矮松园系因古松而建，成为齐地胜景。景祐三年（1035），王曾罢相，重游旧园，作《矮松园赋并序》：“齐城西南隅矮松园，自昔人之闲馆，此邦之胜概。二松对值，卑枝四出，高不倍寻，周且百尺，轮囷偃亚，观者骇目。盖莫知其年祀，亦靡记夫本源，真造化奇诡之绝品也！曾咸平中忝乡荐，登甲科，蒙被宠灵，践履清显几三十载。前岁秋，始罢冢宰，出守青社，下车之后，省闾里，访故旧。则曩之耄耋悉沦逝，童冠皆壮老。邑居风物，触目变迁，惟彼珍树，依然故态。窃谓是松也，匪独以后凋，克固岁寒，抑由臃肿支离，不为世用，故能宅兹皋壤，免于斤斧。向若负构厦之材，竦凌云之干，将为梁栋，戕伐无余，又安得促其天年，全其生理哉”。皇祐五年（1053），青州通判黄庶携幼子黄庭坚（字鲁直，自号山谷道人，晚号涪翁，又称豫章黄先生，1045－1105）游

图3.8 “珠树莲台”题刻（冯广平 摄）

矮松园，作《携家游矮松园》：“矮松名载四海耳，百怪老笔不可传。左妻右儿醉树下，安得白首巢其巅。”两矮松后毁，明清时期补植圆柏400余株（图3.9）。李文藻《四松记》：“松北不半里为松林书院，即宋王文正公矮松园，公所赋矮松者。后人觅矮松不得，植桧柏多至四百余株，而仍以‘松林’颜之”。

5. 四松园

青州城东南原有6株宋代古松，4株白皮松，2株油松。明代衡王因松建紫薇园。清初，乡贤谢子超购得四松，建“四松斋”。李文藻《四松记》：“四松当衡王时宜有层轩杰阁，朱栏雕榭在左右，王所偕游宜皆绯衣垂绶缙笏之人，杯筵照耀，优伎满前，歌舞日夕不罢，松之遇亦荣矣，乃其年寿愈久，礧砢鳞皴，夭矫挐空之状愈益奇，忽不幸而与茅檐相接，与荒烟蔓草相邻，虽狂野鄙猥如予者皆得坐卧于寒涛翠影之中，其困辱焉何如者”。清·咸丰九年，知府毛永柏、益都县知县徐顺昌以四松园旧址辟为公园。毛永柏《四松园记》：（咸丰九年）“尝以其暇，搜访文献古迹。郡人陈雪堂给谏因为余言：‘城南谢氏园，四松甚古，数百年物也。’余闻之，欣然命驾往观。苍颜危立，翛然尘表，俨睹前朝遗奇。考其地，则胜国衡藩旧邸之紫薇园也。鼎革后废为民居，有亭今圮。谢氏之先，曾有以‘四松’名斋，刻倡和集，后亦无传之者。而松之寂寞偃蹇，无人过而问焉者久矣。因思物之显晦，数也。既显矣，则不当使之复晦”。毛永柏等于四松后建轩“云门山馆”，松前筑亭，绕轩开池，池中植莲、菱，沿岸植花树。

6. 偕园松

青州万年桥西、阳水北岸原有明副都御史、清刑部侍郎房可壮（字阳初，一字海客，1578－1653）私园“偕园”，原名“西园”、“小西园”，夹岸植柳，园中植牡丹。光绪《益都县图志·古迹志》：“偕园，房海客都宪园也，在北关花巷口，有奇石数株，今尚存。都宪有《偕园诗草》，即以此园为名”。房为益都人、万历三十五年（1607）进士，万历朝官至御史，“弹劾奸邪，不遗余力”。天启朝，弹劾魏忠贤，下狱几被杀。放归后，于园中植松多株，作诗言志：“半亩蓬松地，何不命辟疆。只缘开径后，不觉种松长。春到群英艳，风回孤世芳。莫言花富贵，偏令侍君旁。”

图3.9 松林书院古圆柏林（冯广平 摄）

3.2.3 假山花树

1. 百花洲

大明湖正门牌坊以南为百花洲，又名百花汀、小南湖，珍珠泉、芙蓉泉、王府池泉水汇集而成。洲内建百花台，又名南丰台，遍植异木名花，营造世外桃园景象。曾巩《百花台》：“烟波与客同樽酒，风月全家上采舟。莫问台前花远近，试看何似武陵游。”明嘉靖、隆庆间，嘉靖二十三年（1544）进士、陕西按察司提学副使李攀龙（字于鳞，号沧溟，1514－1570）隐居百花洲，于湖中筑“白雪楼”，又名“湖中楼”，俗称白雪二楼，因嘉靖三十七年（1558）曾于济南城东鲍山建白雪楼，故名此为二楼。李攀龙在《酬李东昌写寄〈白雪楼图〉并序》：“楼在济南郡东三十里许鲍城，前望太麓，西北眺华不注诸山；大小清河交络其下。左瞰长白、平陵之野，海气所际。每一登临郁为胜观”。李攀龙为济南诗派“后七子”领袖，百花洲一时成为济南诗坛中心。王士祯（原名王士禛，字子真、贻上，号阮亭，又号渔洋山人，人称王渔洋，1634－1711）《边华泉诗集序》：“不佞自束发爱书，颇留意乡邦文献。以为吾济南诗派，大昌于华泉、沧溟二氏。而筚路篮缕之功，又以边氏为首庸”。清代，百花洲水中植白莲，岸旁栽杨柳。清·刘鹗《老残游记》：“家家泉水，户户垂杨”。百花洲南侧原有“曲水亭”，济南棋社纹枰论道处。有郑板桥题联：“三椽茅屋，两道小桥。几株垂杨，一湾流水”。 百花洲附近水中有“环波亭”。宋·苏辙《环波亭》：“南山迤逦入南塘，北渚岧峣枕北墙。过尽绿荷桥断处，忽逢朱槛水中央。凫鸥聚散湖光净，鱼鲨浮沉瓦影凉。清境不知三伏热，病身唯要一藤床。”

2. 偶园假山

偶园佳山堂南掇石为山，山有三峰，配植侧柏、圆柏、楸、花叶丁香。中峰正对佳山堂，峰顶有古侧柏（图3.10）。西峰下有四方亭“樵亭”，亭东有古圆柏一株，亭南有瀑布，汇水成溪，溪水沿山麓曲折东流，溪水北植紫丁香、侧柏。溪南中峰多侧柏古树，今有酸枣，应为野生而非刻意栽植。山体中有石洞二。东峰和中峰间，有山涧，山涧北东峰山阿有“卧云亭”。亭西悬崖有古一叶荻，疑似野生。东峰西北麓有古桧柏。山北、堂南辟为花池，四季有花。光绪《益都县图志·古迹志》：“大石桥跨方池，桥尽，西转即‘佳山堂’。南向正对山之中峰，堂前花卉阴翳，阴晴四时各有其趣……室南‘近樵亭’，饰以紫花石，下临池水，南对峭壁，引水作瀑，注于池，循山而东流。水上叠石为桥，度桥入石洞，东行西南折，渐上至山腰，为山之西麓。东陟登峰顶，为山之主峰。近树远山，一览在

图3.10 偶园古柏林（冯广平 摄）

图3.11a　大明湖东南岸（色玟　摄）

图3.11b　大明湖遐园（任昭杰　摄）

目。峰东北，临水有石窟，俯而入，幽暗不辨物。宛转西行，豁然清爽，则石室方丈，由石罅中透入日光也。出洞南转，仰视有孔，窥天若悬璧。三面皆石磴，拾级而登，则中峰之东麓。东横石桥，下临绝涧，引水为泉，由洞中曲屈流出，会瀑布之水，依东山北入方池。涧北即山阿，为小亭，曰‘卧云亭’。亭后，石径崎岖，攀援而升，为山之东峰。北下，山半有斗室曰‘山茶房’。房前，缘石为径，北登‘松风阁’”。

3.2.4　泉湖水景

岱岳地区泉池丰富，较著入济南泉群、章丘泉群、泉林泉群等。以大明湖和泉林泉群为代表的泉湖水景是岱岳地区较为独特的景观类型，以柳、莲为主要造景植物。

1. 大明湖

大明湖经历代经营，以水景为主体，湖岸植槐、柳（图3.11a），水中种莲。清・乾隆《历城县志・山水考四》：“湖光浩渺，山色遥连，夏挹荷浪，春色扬烟，荡舟其中，如游香国，箫鼓助其远韵，固江北之独胜也”。湖畔园中园众多，见诸诗文者2寺、3台、3祠、3馆、4园、5桥、5楼、11亭，历代咏颂诗词760余首。宋金时期，济南楼观天下无双，历下亭周边有环波、鹊山、北渚、岚漪、水香、水西、凝波、狎鸥等亭，百花台、芙蓉台，百花桥、芙蓉桥，静化堂，名士轩。金・元好问《济南行记》：“至济南，辅之与同官权国器置酒历下亭故基。此亭在府宅之后，自周齐以来有之。旁近有亭，曰环波、鹊山、北渚、岚漪、水香、水西、凝波、狎鸥。台与桥同曰百花芙蓉，堂曰静化，轩曰名士。水西亭之下，湖曰大明，其源出于舜泉，其大占城府三之一，秋荷方盛，红绿如绣，令人渺然有吴儿州渚之想。大概承平时，济南楼观天下莫与为比，丧乱二十年，惟有荆榛瓦砾而已”。金末多毁于兵燹。

铁公祠始建于明中期，清代重修，祠西为湖山一览楼，东有佛公祠。祠西南为小沧浪亭，建于乾隆五十七年。祠内乔木以油松、侧柏、垂柳为主，灌木以杏梅、海棠、淡竹为主，林下布曲径湖石，景色清幽肃穆。小沧浪亭周围沿岸种柳，水中栽莲，采用借景手法纵览四面湖光山色。清·嘉庆九年（1804），山东提督学政、历史学家刘凤诰与山东巡抚、书法家铁保于此宴饮，刘氏即席赋得“四面荷花三面柳，一城山色半城湖”，一语括尽明湖景色；铁保即席书丹勒石。

遐园誉称“济南第一标准庭院”、“历下风物，以此为盛”（图3.11b）。宣统元年（1909），山东提学使罗正钧倡议兴建，仿宁波天一阁。大门东向，原有楹联“湖山如画，齐鲁好文”。内掇假山，上建“朝爽台”，台上立“苍碧亭”；山北侧引湖水作池，池中种莲，池西岸建“明漪舫”船形亭。亭侧绕溪，溪水北流入湖，溪西岸建长廊，北端架跨溪拱桥“玉佩桥”，桥北开方塘，沿岸植垂柳，水中有荷花。园北侧建“读书堂”。堂东有山，山南有池，池岸有亭；山上立“浩然亭”，借大明湖“鹊华烟雨”景色。园内多植迎春、山杏、丁香、紫荆、连翘、郁李等，借喻春光满园。

2. 泉林行宫

泉林行宫依托泗水源、泉林诸泉兴建，是岱岳地区少有的清代皇家园林，也是在当时首都以外少见的集景式园林。宫中有横云馆、近圣居、镜澜榭、九曲彴、古荫堂、在川处、红雨亭、柳烟坡八景。行宫南夹河植榴，春季柳絮如烟，故名“烟柳坡”。寝宫前、二宫门内的宫前景区风景最为集中，导泉为溪，环绕宫前，两岸遍植淡竹；陪尾山为天然高阜，因山造“横云馆”。山南聚泉为紫锦湖；湖心建镜澜榭，镜澜榭至北湖岸架九曲鱼梁，湖北岸建石舫，依次为“镜澜榭”、“九曲彴”景观。御碑亭西北有“近圣居”，殿后植淡竹，殿前植梧桐。近圣居西院因古银杏树建“古荫堂”。寝宫西院有“红雨亭”，周围植杏树，春季落英如红雨。

3.2.5 花圃果林

岱岳地区开发较早，桑麻果蔬种植较早且面积较大，“齐、鲁千亩桑麻”，其资产与千户侯相等“此其人皆与千户侯等”。《史记·货殖传》：“齐带山海，膏壤千里，宜桑麻，人民多文采布帛鱼盐。临菑亦海岱之间一都会也……邹、鲁滨洙、泗，犹有周公遗风，俗好儒，备於礼，故其民龊龊。颇有桑麻之业，无林泽之饶”。琅琊金叶梨、鲁国颜渊李在汉代已闻名，曾进贡至汉上林苑。《西京杂记》卷一：“梨十……金叶梨（出琅琊王野家，太守王唐所献）……李十五……颜渊李（出鲁）”。宋代济南有著名的金杏品种，引种自汉上林苑，传为汉帝杏。《本草图经》：“（金杏）相传种出济南之分流山，彼人谓之汉帝杏，言汉武帝上苑植种也”。此外，岱岳地区的栗、石榴、玫瑰也都出名。

1. 冠世榴园

枣庄有古石榴群2处，古树36 270株。最大一处“冠世榴园”位于峄城区榴园镇（图3.12），面积12万亩，有石榴树48个品种，530余万株，年产量1125万千克。其中，树龄300年以上的古树35 620株，平均树高5米、基径0.25米。最大一株树高5米，基径0.55米，平均冠幅7.5米，树龄500余年，年产石榴150千克。石榴原产西域，张骞通西域后引入汉上林苑。峄城区榴园始建于西汉，传为汉乐安侯、丞相匡衡（字稚圭）引种自汉禁苑（疑即上林苑）。匡衡为东海郡承县（今枣庄市峄城区榴园镇匡谈村）人，建昭三年（前36）代韦玄成为丞相。建始元年（前32）免，卒于家，今贾庄村北有匡衡墓，榴园南部有匡衡祠。榴园内有万福园、青檀寺，万福园原名“园中园”，是石榴最早引种的地方，园中有圣水泉、滚锅泉、恩赐泉3泉，恩赐泉上有观天亭；青檀寺始建于唐代，寺内有古银杏、古青檀。

2. 平阴玫瑰

平阴玫瑰（*Rosa rugosa*）（图3.13）起源无稽可考，传唐代僧慈净曾植玫瑰于翠屏山（今平阴县玫瑰镇南）宝峰寺。明代，翠屏山和玉带河流域开始较大规模种植；并能利用玫瑰酿酒。清·顺治十一年（1654）《平阴县志·物产》载：平阴产玫瑰。清代，玉带河流域的南石硖、北石硖、赵台、夏沟、王桥涧等村广泛种植。清·朱世维《竹枝词》：“隙地生来千万枝，恰如红豆寄相思，玫瑰花放香如海，正是家家酒熟时。”光绪三十三年（1907），平阴玫瑰已成产业，年产量30万斤。民国《平阴乡土志》：“清光绪三十三年，摘花季节，京、津、徐、济客商云集平阴，争相收购，年收花

图3.12 枣庄冠世榴园（张建勇 摄）

图3.13　玫瑰（包琰 摄）

三十万斤，值白银五千两”。宣统元年（1909）和1915年，平阴玫瑰露酒分别获得莱比锡国际博览会金质奖章和巴拿马国际博览会银质奖章。平阴玫瑰花大、色艳、瓣厚、香味浓郁、品质优异。1958年，平阴玫瑰油产量居全国首位。1959年，保加利亚科学院芳香植物学家瓦·明·斯达伊科夫教授考察平阴县玫瑰。同年，成立平阴县玫瑰花研究所。1960年，夏沟公社改为玫瑰公社；1985年改玫瑰乡；1993年改玫瑰镇。1986年，侯学煜学部委员考察平阴玫瑰。1980年，全县玫瑰种植面积6855亩；1985年增至9300亩；1987年达到9681亩，年产花35.3万千克。2000年，国家林业局、中国花卉协会命名玫瑰镇为“中国玫瑰之乡”。陶庄村南有平阴玫瑰研究所玫瑰园，占地70亩，收集国内外玫瑰品种50余种，玫瑰种质100多个。其中，国外品种8个，国内品种40余个。

宝峰寺始建于唐天宝十一年（752），僧慈净创建，初名“保宁院”。金大定三年（1163）重修，改“宝峰寺”。明嘉靖元年（1522）、隆庆五年（1571）、万历十四年（1586）、万历二十二年（1594）重修。寺中有多佛塔，创建于贞观四年（630），八角13层青石塔，通高19.7米，底外周长18.5米；每层四周皆辟佛龛，内嵌石雕佛像，原有104尊，今存84尊。塔顶置铁制宝瓶冠刹，高1.9米，铸于嘉靖六年（1527）。2013年，被公布为全国重点文物保护单位。

3.2.6　陵墓疏林

自周代至清代，岱岳地区诸侯王、亲王、郡王数量众多，陵寝数量丰富。这些王侯级陵墓多因自然和人为原因湮灭无存，毋庸言树木景观了。岱岳地区作为儒家文化的起源和发育重心，儒家先贤的林墓因历代崇儒而得到较好的保护，形成大面积的人工林（表3.2）。

表3.2　岱岳地区重要陵墓疏林

古林名称	地理位置	面积/亩	林木数量/株	古树数量/株	古树种类/种	优势类群
孔林	曲阜城北	3 000	50 000	8 983	14	侧柏、圆柏、麻栎、黄连木
孟林	邹县城北	915	20 000	7 078	2	侧柏
孟母林	曲阜城南	578	12 844	4 558	4	侧柏
少昊陵	曲阜市旧县	125	395	356	1	侧柏
颜林	宁阳县	120	1 000			侧柏
梁公林	曲阜城东	20	600	239	6	侧柏

1. 孔子系林墓疏林

主要包括孔林和梁公林。孔林始建于春秋时期，周垣长5591米，占地3000亩，附有娃娃林12亩余。今有各种树木111种、50 000余株。自汉以来，历代对孔林重修、增修过13次，增植树株5次，扩充林地3次。孔子既葬，植松柏为志，诸弟子带四方树木杂植坟中。宋·孔传《东家杂记》："藏入地，不及泉。而封为斧之形，高四尺，树松柏为志焉"。北宋·李昉等《太平御览·礼仪部·冢墓四》："孔子冢在鲁城北便门外，南去城一里。冢茔方百亩，冢南北广十步，东西十步，高丈二尺。冢为祠坛，方六尺，与地方平，无祠堂。冢茔中树以百数，皆异种。鲁人世世皆无能名其树者。民云孔子弟子异国人，各持其国树来种之。孔子茔中不生荆棘及刺人草。伯鱼墓在孔子冢东，与孔子并，大小相望。子思冢在孔子冢南，大小相望"。两汉时期，于孔子墓前设坛祭祀，四周植林木，孔林地大一顷。南朝宋时，于孔林植树600株。北魏太和十九年（495），魏孝文帝封孔子裔孙崇圣侯，修孔林周垣，植柏树。《魏书·高祖纪》："又诏选诸孔宗子一人，封崇圣侯，邑一百户，以奉孔子之祀。又诏兖州为孔子起园柏，修饰坟垅，更建碑铭，褒扬圣德"。北宋宣和元年（1119），重修孔林，立神道石像生。《阙里文献考》：（宣和元年）"有司请于朝，命工镌刻石仪，五年成，峙于墓所"。元至顺二年（1331），曲阜尹孔思凯樵林难禁，始作周垣，建重门（今大林门）。明洪武十年（1377），里人居文约等以地56亩增广林田。永乐二十一年（1423），曲阜令孔克中重修林垣，周10余里。弘治七年（1494），孔弘泰重修林垣，建享殿，植松柏数百株。万历二十二年（1594）巡按连标、

图3.14　万古长春坊神道古柏（张伟 摄）

图3.15 梁公林享殿（任昭杰 摄）

巡抚郑汝璧立“万古长春”坊，神道两侧植柏数百株。清康熙二十三年（1758），扩地十一顷余。乾隆五十四年（1789）、道光二十八年（1848）植树3万余株（图3.14）。

梁公林位于曲阜城东防山以北（图3.15），为孔子父叔梁纥、母颜徵、兄孟皮墓，始建于周景王十年（前535）。《礼记·檀弓上》：“孔子既得合葬于防，曰：‘吾闻之，古也墓而不坟。今丘也，东西南北人也，不可以弗识也。”于是封之，崇四尺’”。北宋大中祥符元年，宋真宗“追封孔子父叔梁纥齐国公，母颜氏鲁国太夫人”（《宋史·儒林列传》）；于墓前立庙祭祀。金·孔元措《孔氏祖庭广记》：“今墓前有齐国公庙、廊庑祭亭凡二十余间……每岁时子孙祭飨焉”。蒙古乃马真后三年（1244），孔子五十一世孙孔元措修墓，勒立《圣考齐国公墓》碑。元至顺元年（1330），“齐国公叔梁纥加封启圣王，鲁国太夫人颜氏启圣王夫人”（《元史·祭祀志》）。后至元二年（1336），济宁路总管张亚中捐俸建石仪、石门、护坟墙、享殿等。明洪武二十八年（1395），曲阜令孔希范重修，勒立《圣兄伯尼墓》碑。清康熙十年（1671），孔毓圻修林垣，建享殿，植柏桧、楷、槲各种树木467株。享殿面阔五间，进深三间，单檐歇山顶，施绿琉璃瓦。“文化大革命”间，毁神道、林门两侧柏树119株。林墓南北200米，东西143.4米，占地63亩，有树木600余株，其中古树239株，侧柏203株、圆柏18株、黄连木14株、麻栎2株、栓皮栎1株、朴树1株。

2. 孟子系林墓疏林

主要包括孟林、孟母林、万章墓。孟林位于邹城市大束镇西山头村北四基山麓，墓原失考，北宋景祐四年，兖州知府孔道辅访得墓址，修林祠。历元、明、清，重修12次。孟林历代植柏，以宋、明两代植树活动最著。北宋元丰七，诏赐库钱30万增修墓庙，赐给祭田，广植柏桧。明嘉靖四十一年，邹县令章时鸾重修，植柏、桧3000余株。孟林占地915亩，有树木20 000余株，其中古树7078株，包括侧柏7000株、毛白杨78株，为全国面积较大的人工侧柏林之一（图3.16）。

孟母林位于曲阜城南凫村村东（图3.17），是孟子父母及部分后裔墓地，始建于前370年至前317年。唐天宝七年（748），立祠祀孟母。北宋景祐四年，兖州知府孔道辅访得墓址，修林建祠。元元贞二年（1296）重修，勒立孟母墓碑。延祐三年（1316），追封为邾国宣献夫人。明代重修多次，立《邾国公邾国宣献夫人神道碑》、《邾国公邾国宣献夫人碑》，置祭田，修神道。清代重修墓祠，建享堂。孟母林占地578亩，有树木12 844株，其中古树4558株，包括古侧柏4541株、黄连木10株、麻栎6株、毛白杨1株。

图3.16 孟林神道古侧柏（任昭杰 摄）

图3.17 孟母林古侧柏（张伟 摄）

孟子弟子万章于北宋政和五年（1115）被宋徽宗封为博兴伯，陪祀孟庙。其墓址未定，方志载有三处，分别在滕州、邹城、淄博。淄博市张店区卫固镇大河南村东南有封土高约15米，直径约120米，传墓前原有万章墓碑一通，今无存。清嘉庆《长山县志》："一在滕州，一在邹县西南十里，一在本县……战国先贤万章墓在卫固镇南六里，在万盛庄西北三里，其墓甚大，国朝初年，有山贼劫矿刨土至椁，土虽合，而成坎"。邹城西南北宿镇后万村东有万章墓，始建于明成化间。光绪《邹县续志》："明成化时，县令张泰于村东访得万章墓，此村即万章故居，或其子孙聚居于此，故村以万名"。林地南北100米，东西60米，林中古柏38株，多为清代所植。清道光九年（1829），建享殿三间，殿后为万章冢，高2米，直径5米。

3. 颜子系林墓疏林

主要包括费县颜盛林和宁阳颜林。颜盛林位于山东费县方城镇诸满村西北，始建于三国时期，复圣颜子第二十四代孙颜盛始迁琅琊，卒葬孝悌里，后裔聚葬，渐成林墓。唐建中四年建颜真卿、颜杲卿兄弟衣冠冢，称"二颜墓"。北宋元祐六年，颜真卿墓列入国家祀典。明万历间，拓修林地至82亩。民国时期，有林地82亩，古柏28株。"文化大革命"间，林墓毁。1996年重建。宁阳颜林位于宁阳县鹤山乡泗皋村西，始建于元代。复圣颜子五十二代孙颜仙、颜俊、颜和始迁宁阳，卒葬泗皋村，后裔聚葬成林，今有林地120亩，树木1000余株，以侧柏为主，间有黄连木、榔榆。

此外，苍山县兰陵镇东南有荀子墓。荀况（字卿，又称孙卿，前313？－前238）曾为楚兰陵令，卒葬兰陵。《史记·荀卿列传》："荀卿乃适楚，而春申君以为兰陵令。春申君死而荀卿废，因家兰陵。李斯尝为弟子，已而相秦……序列著数万言而卒。因葬兰陵"。曲阜市董庄乡东韦家庄水库南岸有汉扶阳侯、丞相韦贤（字长儒）家族墓，始建于西汉。韦氏主攻《诗经》，一门二相，官至二千石者十余人。《汉书·韦贤传》："韦贤字长孺，鲁国邹人也。其先韦孟，家本彭城，为楚元王傅，傅子夷王及孙王戊。戊荒淫不遵道，孟作诗风谏。后遂去位，徙家于邹……贤为人质朴少欲，笃志于学，兼通礼、尚书，以诗教授，号称邹鲁大儒……少子玄成，复以明经历位至丞相。故邹鲁谚曰：'遗子黄金满籯，不如一经'……宗族至吏二千石者十余人"。韦氏林墓占地68亩，有墓葬1000余座，墓碑100余通，树木500余株，"文化大革命"间，碑毁树伐。1978年修水库，夷为平地。

3.3 景观成因与寓意

岱岳地区园林和树木景观礼制特色突出，这与其特殊人文地理位置和其在东方文化中的特殊地位是分不开的，概括起来可分为礼天崇儒、慕古敬神、比德写意和救荒备灾等4方面的成因。儒家所倡导的礼制文化是其特殊树木景观形成的根本原因。

3.3.1 礼天崇儒

岱岳地区是儒家文化发祥地和历代礼天告成之地。《史记·封禅书》："自古受命帝王，曷尝不封禅？盖有无其应而用事者矣，未有睹符瑞见而不臻乎泰山者也……传曰：'三年不为礼，礼必废；三年不为乐，乐必坏。'每世之隆，则封禅答焉"。秦以降，泰山封禅和祭祀成为国家祀典。汉以降，崇儒尊孔也列入国家祀典。礼天崇儒为岱岳地区造园的主调。松柏为百木之长，且四季长青，是造园的首选。岱庙、三孔、三孟等园林的植物选择以侧柏、圆柏为主。岱庙有古树225株，其中侧柏202株，占90%。曲阜市有古树22 000余株，主要分布于三孔、颜庙、周公庙、梁公林、孟母林、少昊陵等地，侧柏占绝对优势。孔庙有古树共有古树1050株，其中圆柏517株，占49%，侧柏486株，占46%。少昊陵为侧柏纯林。

礼天崇儒的思想还体现在对于先贤封赐、手植的古树的保护方面，典型的例证为五大夫松和先师手植桧。五大夫松为秦始皇首次封泰山时封赐，唐代时讹传为五株，原封树及周边五株并称五大夫松。唐·陆贽《禁中青松》："香助炉烟远，形疑盖影重。愿符千载寿，不羡五株封"。明嘉靖、万历间，五松毁于雷火、山洪。清雍正九年（1731）补植五株，三株毁于复毁，今存其二。孔庙大成门有先师手植桧，传为孔子手植，原有三株；西晋永嘉三年（309）枯死。隋大业十三年（617）复生。唐乾封二年（667）复枯死。北宋康定元年（1040）复生。金贞祐二年（1214）毁于兵火。元至元三十一年（1294），教授张頵移栽东庑废址间萌生幼苗于故处。明弘治十二年（1499）受孔庙火灾枯死。清雍正二年（1724），毁于火。雍正十年（1732），复萌生幼苗，即今所见大树。明·孔贞丛《阙里志》："（手植桧）世谓之'再生桧'。晋永嘉三年枯死，隋义宁元年复生，唐乾封二年又枯死，宋康定元年复生，金贞祐甲戌，北虏犯祖庙，焚及三桧……（元至元）甲午春，东庑颓址壁陈间茁焉其芽，（教授张頵）躬徙复于故处……弘治巳未圣庙灾复燬，至今百余年，虽无枝叶，而直干挺然，状如铜铁"。乾隆《曲阜县志》："（雍正）二年六月癸巳，阙里孔子庙灾……火从先师大成殿吞螭吻间出……沿烧寝殿、两庑、大成门……（雍正）十年孔子手植桧复生新条"。

3.3.2 慕古敬神

古树是我国自然崇拜的一部分，以大树为神的自然崇拜可远溯至上古时期。《山海经》载：建木可以直通天地，众神以树为梯登天入地；桃木上驻有神荼、郁垒两神可驱鬼。四川省广汉市三星堆遗址出土有6株青铜神树，最大者高3.95米，树分九枝，每枝端各立一鸟，推测即“建木”或“扶桑木”。战国时期，著名的木匠石曾见到齐国的社树，是一株胸径约10米的麻栎树（一围＝1尺）。《庄子・人间世》：“匠石之齐，至于曲辕，见栎社树。其大蔽数千牛，絜之百围，其高临山十仞而后有枝，其可以为舟者旁十数。”古麻栎树是岱岳地区也是全国最早的古树记录。古树崇奉至清代达到高潮。乾隆十九年（1754），乾隆帝东巡兴京（今辽宁抚顺）永陵，作《神树赋并序》咏颂开启大清国运的古榆树：“永陵内肇祖帷藏衣冠。兴祖实奉安龙脉正中。景祖、显祖昭穆左右。兴祖宝鼎前生瑞榆一株，轮囷盘郁，园覆佳城，尊之曰神树。敬为赋以纪之”。

古树以其通古今、有灵性，往往成为造园的重要选择。明・计成《园冶》：“旧园妙于翻造，自然古木繁花……多年树木，碍筑檐垣；让一步可以立根，斫数桠不妨封顶。斯谓雕栋飞楹构易，荫槐挺玉成难”。因古树造园的现象在岱岳地区较为普遍。定林寺由南朝梁文学批评家刘勰创建，并于寺中出家。其所依从的正是一株当时树龄已2700余年的古银杏。浮来山古银杏号“天下第一银杏”，胸径5米，树龄3300余年（图3.18）。唐武周时期，迁岱庙于今址，庙内有西汉元封间封泰山时所植的侧柏和圆柏。《艺文类聚》引《泰山记》：“山南有太山庙，种柏树千株，大者十五六围，长老传

图3.18 定林寺古银杏（冯广平 摄）

云：汉武所种”。古莒县衙署内有古槐，传为西汉城阳王刘章手植。东汉时依槐立祠为祀。东汉·应劭《存城阳景王祠教》：“自琅琊、青州六郡，及渤海都邑，乡亭聚落，皆为立祠”。元初，祠毁，改作莒州衙署。《齐乘·古迹》：“州署内有古槐，半体如枯槎，而根叶繁茂，相传是章手植”。民国间，此槐尚存，长势旺盛。1936年，庄陔兰（字心如，号春亭，1870－1946）《重修莒志》：“而城阳独守臣节，保世传统，与西汉相终，章之遗泽孔长矣，迄今槐荫依然，孙枝郁茂，吊古者每过其下，摩挲流连不能去，曰：此前王所手植也。语云：思其人犹爱其树，岂不信哉！”“文化大革命”间，古槐被伐。

3.3.3 比德写意

孔子创立“比德”式自然观，倡导君子比德于松、柏。《论语·子罕》：“岁寒，然后知松柏之后凋也”。《艺文类聚》引《孙卿子》：“柏经冬而不凋，蒙霜不变，可谓得其真也”。宋代，松、竹、梅号“岁寒三友”，成为君子品格的化身。三孔、三孟府庙多植圆柏（图3.19），林墓多植侧柏，以表达儒家的君子精神。孔庙原有汉柏24株，儒家士子所崇敬。《宋书·武三王列传》：“鲁郡孔子旧庭有柏树二十四株，经历汉、晋，其大连抱。有二株先折倒，士人崇敬，莫之敢犯”。

青州府衙署西南有宋代古松6株，依托六松前后建明代衡王府紫薇园、清代四松斋和四松园等。此4株白皮松和2株油松为明清两代士人所推崇。清初隐士谢子超，购得四株白皮松，建4松斋隐居树下。李文藻称赞人、松气节两合。咸丰朝以前，出任青州的官员爱慕四松而不能得，于青州城西访得一本四干的古侧柏，指定为“四松”，并于其侧建“四松亭”。毛永柏《四松园记》：“先是，官此者慕四松之名，求之不获，别于西城外得古柏一株四干，筑亭其侧，名以‘四松’”。

图3.19 孟庙古圆柏林（冯广平 摄）

泰山普照寺菊林院有古油松名“一品大夫”、“师弟松”，传清代寺僧理修入寺时与其师华峰上人手植，理修以松为弟，与其日夜相伴，习文读经。普照寺有“将军梅”，为国民革命军陆军一级上将冯玉祥（原名冯基善，字焕章，1882－1948）手植，1933年和1935年，冯玉祥两度隐居泰山普照寺，手植蜡梅一株，以明坚贞孤立的气节。

3.3.4 救荒备灾

唐以降，岱岳地区频受水、旱、蝗灾，大饥荒多次出现，以元末和明末最为严重（表3.3）。槐、柿、栗等树种，叶、花、果均可食，为救荒的重要植物。岱岳地区村村多植槐树，除了纪念意义外，更多的是为救荒备灾。范仲淹知青州期间，令青州民遍植槐树以备灾。明初建齐王府时，府治迁青州城东北，前代古槐被保留，树北建槐荫亭，树南建希范堂。沂源县土门镇水么头村有古君迁子树，胸径0.6米，树龄约500年，植于明代建村时，因曾救人无数，故名“救命树”。

表3.3　9－20世纪初泰安地区饥荒状况

时间	地点	状况	文献
大和三年(829)	郓州	大饥	《旧唐书·令狐楚传》
至元六年(1269)	东平	饥	《续资治通鉴》卷一七九
至元二十九年(1292)	东平、泰安	饥	《元史·食货志》
至大元年(1308)	东平、泰安	大饥	《元史·武宗纪》
至大二年、三年(1309－1310)	东平	饥，赈米五千石	《续资治通鉴》卷一九六、光绪《东平州志·大事记》
致和元年(1328)	东平、泰安	饥，发钞赈济	《元史·泰定帝纪》
天历二年(1329)	泰安	大饥，赈以钱、粮	《元史·文宗纪》
天历三年(1330)	须城	饥	光绪《东平州志·五行》
至顺元年(1330)	泰安	大饥，饥民3000户	《元史·文宗纪》
至顺四年(1333)	泰安	大饥	《元史·顺帝纪》、康熙《泰安州志·舆地》
至正五年(1347)	东平路	大饥，人相食	《续资治通鉴》卷二〇八
至正六年(1346)	奉符、东平	大饥，民暴动	明《泰山志·祥异》、光绪《东平州志·五行》
洪武二十一年(1388)	东平	饥，发钞赈济	《明太宗实录》卷一八九
洪熙元年(1425)	泰安	饥，赈济	《国榷》卷十八
弘治四年(1491)	泰安	饥，饥民起事	许成名《崔公祠碑》
弘治五年(1492)	东平、肥城、新泰	大饥	光绪《东平州志·五行》、光绪《肥城县志·杂志》、光绪《新泰县志·灾祥》
弘治十七年(1504)	山东	大饥	《孝宗实录》卷二一一
嘉靖三十二年(1553)	泰山、东平、肥城	大饥，死者枕藉，民相劫夺	光绪《山东通志》卷七二《职官》、《明通鉴》卷六十
嘉靖三十三年(1554)	泰山一带	大饥，人相食	明《泰山志·祥异》
隆庆三年(1569)	东平	大饥	光绪《东平州志·五行》
万历十六年(1588)	泰山一带	大饥，人相食	康熙《泰安州志》、吕坤《去伪斋集·靳庄行》
万历四十三年(1615)	东平、肥城	饥	光绪《东平州志·五行》、光绪《肥城县志·杂志》
万历四十四年(1616)	山东	大饥，人相食	《明史·五行志》、公鼐《夏日行岱野书所见》
万历四十五年(1617)	肥城	大饥，人相残食	光绪《肥城县志·杂志》

续表

时间	地点	状况	文献
崇祯五年(1632)	东平	连岁饥馑，民卖妻儿以求活	侯方域《明东平太守常公墓志铭》
顺治八年(1651)	泰安、东平	水灾，饥	《泰安府志》卷首
康熙三十七年(1698)	泰安、宁阳	饥	《圣祖实录》、道光《泰安县志·建置》、《清史稿·灾异志》
康熙四十二年(1703)	泰安、东平、新泰	饥，以漕米2万石赈济	《圣祖实录》卷二一一、高克谟《李公祠记》
康熙四十三年(1704)	泰安、肥城、东平	大饥，人相食	《清史稿·灾异志》
雍正八年(1730)	泰安、东平、肥城	水灾，饥	《清史稿·灾异志》、道光《泰安县志·灾祥》
雍正九年(1731)	肥城	大饥，死者相枕藉	《清史稿·灾异志》
乾隆十三年(1748)	泰山、宁阳	大疫，饥	《清史稿·灾异志》
乾隆三十六年(1771)	肥城	大饥	《清史稿·灾异志》
乾隆五十一年(1786)	肥城、宁阳	大饥，人相食	《清史稿·灾异志》、光绪《肥城县志·杂志》
嘉庆十八年(1813)	东平、肥城	大饥	《清史稿·灾异志》、光绪《东平州志·五行》
道光十七年(1837)	肥城	蝗灾，大饥，死者横尸于路	光绪《肥城县志·杂志》
咸丰七年(1857)	肥城、东平	大饥，人相食	《清史稿·灾异志》

第二部分 分论

第四章

裸子植物（一）

4.1 银杏科 GINKGOACEAE Engler 1897

4.1.1 银杏属 Ginkgo Linn. 1771

银杏（《全芳备祖》） Ginkgo biloba Linn. 1784

1. 莒县定林寺古银杏

〖释名〗

位于浮来山定林寺，故名。以树龄奇古，号“天下第一银杏”、“银杏之祖”。

〖性状〗

位于日照市莒县浮来山定林寺前院中央（图4.1a）。树高26.3米，胸径4.10米，冠幅东西31米、南北36.4米，树龄约3300年。枝下高2米，主干分8大杈、13大枝。树下南侧有清顺治十一年（1654）《浮来山银杏树》碑：“浮来山银杏树一株，相传鲁公、莒子会盟处，盖至今三千余年。枝叶扶苏，繁荫数亩，自干至枝并无枯朽，可为奇观。夏月与僚友偶憩其下，感而赋此。大树龙盘会鲁侯，烟云如盖笼浮丘。形分瓣瓣莲花座，质比层层螺髻头。史载皇王已廿代，人经

图4.1a　莒县定林寺古银杏（包琰 摄）

图4.1b 《浮来山银杏树》碑（冯广平 摄）

仙释几多流。看来古今皆成幻，独子长生伴客游。先籍霍丘、世守三韩、莒守陈全国题”（图4.1b）。基部原萌生幼株3株，1959年，移植萌生干一株于树西20米处，今胸围0.32米。幼树旁曾立石：“此树非是果仁胎，祖树怀中移下来，从此古树有后代。一九五九冬”。碑石毁于“文化大革命”。树西今有北朝造像碑。三教堂前另有一株，号“唐银杏”（图4.1c），雌株，树高16米，胸径1.23米，冠幅东西19.8米、南北22.7米，树龄约1300年。基部萌生5株，西株胸径0.39米、北株胸径0.41米，主干分14大枝。树下有《登浮来山观银杏树》碑。

身历

六朝时期，因树而建定林寺。同治十三年（1874）《重修定林寺碑记》：“寺内有古铁佛遗像，其为六朝北魏时创建无疑”。

图4.1c 三教堂“唐银杏”（冯广平 摄）

诗文

明清时期诗篇众多。①嘉靖三十八年（1559）进士何思谨《游浮来山定林寺》："得意春风信马蹄，为看山色到郊西。桥横野水人争渡，花落柴门鸟乱啼。莒子台边芳草合，鲁公盟处晓烟迷。登临倦憩山头寺，古木阴阴覆院低"。②清顺治间莒州太守陈全国诗碑："大树龙蟠会鲁侯，烟云如盖笼浮丘。形分瓣瓣莲花座，质比层层螺髻头。史载皇王巳廿代，人经仙释几多流。看来今古皆成幻，独子长生伴客游"。③康熙朝侍读、名士李澄中（字渭清，号渔村、雷田，1630－1700）《定林寺银杏》："嘉树何年植，空王此旧台。秋声连莒子，山色满浮来。枝偃蛟龙蛰，风鸣雷雨开。鲁公盟会处，事往有余哀"。④乾隆间福建布政使张霖（字汝作，号鲁庵，晚自号卧松老衲，？－1713）《游浮来山观银杏树》："老树植何年，苍然见太古。相对不忍别，濛濛来细雨"。⑤李继芳（字怀白，1820－1899）《乙酉小春念日同墨谱游莒子墓》："封建依然齐鲁陬，玉鱼金碗葬王侯。当年弓剑随双履，故国山河剩一丘。松老虬枝明月影，涧为鹤水碧波流"。⑥咸丰十年（1860）台湾知县于湘兰（字香涛）《游浮来山》："青山旧有缘，日夕此中眠。老树留荒寺，乱峰锁碧天。无人论甲子，有客话云烟。泉石成幽兴，相看竟忘年"。⑦光绪间太常、大理寺正卿管廷鹗《莒陵怀古》："提封五十肇舆兹，故国山河几姓移。宿草牛眠燕将垒，枯槐鸦噪景王祠。疆邻齐鲁同盟地，史记春秋载笔时。拄杖层城重回首，荒陵烟树夕阳迟"。⑧衍圣公孔奉祀官府秘书长李炳南（名艳，字炳南，号雪庐，1889－1986））《登高杂兴》："西山遥望万峰秋，醉插茱萸忆旧游。不识云间六朝寺，九人依树为诗留"。⑨诸城人高坱《游浮来观银杏》："浮来山寺此登临，古树婆娑岁月深。铁干峻嶒留劲骨，虬枝纡曲结层阴。秦雲汉月通消息，春雨秋风自古今。应识灵根终不灭，亭亭独立伴高岑"。⑩武进人吕岳自《浮来山观银杏树作》："画屏新展春山晓，檐鹊声喧风日好。浮来大树久所闻，出郭携朋事幽讨。沙平草浅马蹄骄，行过西湖烟雨桥。尚觉峰峦云外远，已疑树影月中高。泉流细细通山麓，引我盘旋入岩谷。梵宇犹存古定林，校经慧地空遗躅。蓦看银杏树参天，阅尽沧桑不记年。汉柏秦松皆后辈，根蟠古佛未生前。相传其下敦槃会，此树亭亭若青盖。鲁史春秋第一公，再传方诧恒星悔。即今长荫鸽王庐，叶叶枝枝润不枯。不礙风霜缘性定，永辞剪伐有神扶。横柯直干摩挲久，断蘢凝立癡龙走。为诵坡公句惘然，人生安得如汝寿。"⑪阳湖人黄宾麟《浮来山银杏树歌》："浮来银杏山之巅，坯胎疑自羲皇前。吸日月光寂神跱，根蟠九地枝泰天。卧龙偃蹇怒蛟立，扶桑对影相新鲜。树下曾传旧坛坫，莒鲁歃血衰局年。朅来已越二千载，遗碣屹立徵麟编。同人游览属闲暇，相与环坐烹山泉。我思此树历千劫，楼桑社栎难随肩。若非神护鬼相守，安得石泐柯弥坚。斜阳晻暖树西匿，芒鞋欲别仍迁延"。

记事

①前715年，鲁隐公与莒子在浮来山会盟，《左传·隐公八年》记载："九月辛卯，公及莒人盟于浮来"。②浮来山怪石峪有摩崖篆刻"象山树"，五字题志不清，一说为"隐仕慧地题"，"慧地"即刘勰出家法号。《梁书·刘勰传》："遂启求出家，先燔鬓发以自誓。敕许之，乃于寺变服，改名慧地"。"象山树"指浮来山胜境，分别指佛造像、浮来山、银杏树。③同治三年（1864），兰山令长赓与同事游定林寺，于树下宴饮，决意重修定林寺。同治十三年

重修，长赓时为布政使衔山东按察使，撰文为记。《重修定林寺碑记》：“浮来山定林寺，即刘勰校经处。余与同治甲子十五月，署兰山令兼摄莒篆时，带弁男来大银杏下，席地饮令，嘉荫数□，睹殿宇摧残，窃为不可无以更新之。”

2. 兰山区诸葛城古银杏

[性状]

位于临沂市兰山区白沙埠镇诸葛城村沂河西岸（图4.2）。编号A53，雌株，树高22米，胸径3.42米，冠幅东西27.5米、南北26米，树龄1421年。枝下高1.8米，主干原正顶折断，遭受火烧，分11大杈，长势旺盛，覆荫1亩余。

[身历]

唐代，因树创鸿福寺。清嘉庆二十一年（1816）残碑：“沂郡东北中邱城东有鸿福寺院，创建于唐”。“金大定间，僧道信建”（《临沂县志》）。“文化大革命”间，寺毁。遗址今存古侧柏2株、石狮一尊、清代残碑1通。古侧柏两株位于古银杏东侧，南侧一株枯死，胸径0.54米；北株树高9米，胸径0.45米，冠幅东西8米、南北7.6米，枝下高2.7米，树龄约300年。

[汇考]

诸葛城始建于周桓王四年（前716），始名“中邱邑”（《左传·隐公七年》）。乾隆二十五年《沂州府志·古迹》：“诸葛城，亦名中邱城，在县东北三十里。《后汉志》琅琊临沂县有中邱亭，即此”。秦二世三年（前207），项羽救赵，败秦军，俘秦将王离。王离二子王元、王威，为避秦苛政“迁于琅邪，后徙临沂”。其四世孙王吉先居琅邪郡皋虞，后迁临沂县都乡南仁里。南仁里村南有八字山，东北方数里为诸葛城。西晋末年，永嘉之乱起，琅邪王氏大部南迁江左，南仁里遂寂寥。西汉元封五年（前106），置临沂县，治中邱城。南朝宋时，改名诸葛城。传“诸葛亮来居于此，亦名为诸葛城”。隋大业元年（605），并临沂、开阳、即邱为临沂县，治开阳（今临沂城），诸葛城渐废。遗址高台状，高2－3米，周长约4500米。东西两面有护城河遗址，东南角存一段城墙。遗址内采集到东周时期鬲、豆残片及汉代砖、瓦碎片。今为临沂市文物保护单位。

[诗文]

①明嘉靖二十年（1541）进士、刑部主事陈玉（字汝良，一字龙峰，？－1578）《诸葛武侯祠》：“鹿走人间汉鼎移，南阳山色草庐低。卧龙不起扶江表，瞒贼长驱到陇西。渭水古川春雨滑，丈原垒高阵云迷。年来独有祠前柏，岁照笼葱越鸟啼”。②明万历四十年（1621）进士、礼部主事周京《诸葛城》：“三分筹策已茫茫，鱼腹千秋战垒黄。马上欲寻卧龙处，空城斜日下牛羊”。

图4.2 兰山区诸葛城古银杏（冯广平 摄）

[记事]

1938年2月，日军坂垣第五师团主力坂本支队及伪军刘桂堂部约两万人自胶济线南犯临沂。庞炳勋部奉命坚守，庞部时有5个团，13 000余人，军部及第三十九师师部驻城南关的三乡师校园内；第一一五旅驻城东之相公庄；第一一六旅驻城北诸葛城；补充团于军部附近；骑师于相公庄以东地区。3月2日，庞炳勋部、海军陆战队沈鸿烈部与日军苦战于汤头，不敌而退。9日，陆军上将张自忠（字荩忱，1891－1940）率第五十九军急行军90千米增援临沂。14日，张自忠部强渡沂水，攻敌右侧背，庞炳勋部乘机反击，刘振三第一八〇师自诸葛城、大小姜庄渡沂河向徐家太平、大太平方向进攻；黄维纲第三十八师由朱家棚、船流渡沂河向张家庄、解家庄、白塔方向进攻。庞炳勋指挥第三十九师从正面向青墩寺、尤家庄方向进攻。17日，张自忠命令全军反攻；击毙联队长长野1名、牟田中佐1名及大队长1名。18日，庞、张两军一齐从东、南、西三面夹击汤头、傅家池、草坡一线日军，血战3日，全歼日军3个联队、4000余名，残敌大部逃向莒县，一部向北撤退。当日，第五十九军转进费县，以所部第114旅规庞炳勋指挥。23日，日军第10师团派一个联队增援第5师团，重新向临沂反扑；庞炳勋部伤亡巨大。25日，第五十九军会师增援，激战至29日，援军到达。30日，中国守军全线反击，日军再次北溃。第五十九军及增援部队奉调参加台儿庄会战，取得胜利。4月19日，日军再攻临沂，庞炳勋部与敌激战后，奉命撤离。

3. 苍山文峰山古银杏

[释名]

古银杏基部有树瘤，上生幼树，号“怀抱曾孙”。

[性状]

位于苍山县尚岩镇文峰季文子庙旧址前。雄株编号L01，树高9米，胸径3.2米，平均冠幅13米。传植于季文子卒年，树龄约2500年。基部瘤上银杏幼树树高10米，胸径0.27米，树龄50年。相距9米处有雌株，编号L02，树高25米，胸径1.8米，平均冠幅16米。植于唐代，树龄1000余年。光绪初，雌株曾受火灾，后渐茂盛；《临沂县志》：“清光绪初右株焚于火，焦灼无生气，數年后忽生，今已畅茂于故矣”。树后即季文子墓。

[身历]

季文子（即季孙行父，姬姓，季氏，谥文，？－前568），鲁国正卿，前601－前568年执政，辅佐鲁宣公、鲁成公、鲁襄公，驱逐公孙归父，稳定鲁国政局，厉行节俭，开初税亩，增加鲁国财富。《史记·鲁世家》：“家无衣帛之妾，厩无食粟之马，府无金玉”。季文子一生为廉吏楷模，采邑在鄫国（今苍山县向城西北）。季文子卒，鄫太子巫迎葬神峰山，山有鄫国神庙；季文子葬后，改名“鲁卿山”，后人称“文峰山”。清·杨佑廷《费邑古迹考》：“鲁卿山：山在抱犊崮东南。《齐乘》：‘季文子相宣、成二君，鲁人思其遗泽，为之立庙。’亦名季山，俗名神峰山（此山兰、峄志并载，为三县分界处，今隶兰境者多，然山上季文子庙犹元时费人所修，有碑记）”。季文子祠在墓侧，始建时间不详。元宪宗九年（1259），道士颜志佑主持重修；王良弼《重修季文子庙记》：“暨金明昌间，道士杜公于祠阴结茅为庐，开石引泉，以为栖寝之所”。至元二十四年（1287），御史台官王良弼被桑哥所害，《重修季文子庙记碑》被毁。元后期，沂州大阳观主宁志汝奉敕重修季文子庙，以颜志佑名义再刊《再修季文子庙记》碑。20世纪50年代，庙被拆毁。

[诗文]

元·王良弼《重修季文子庙记》：“夫费，公之食邑也，费人思公之功不能忘，筑祠祀之，历代以来，绵绵不绝。暨金明昌间，道士杜公于祠阴结茅为庐，开石引泉，以为栖寝之所。右有泉一泓，其味清冽，遂名’龙泉观’。世掌所祀。逮皇元诏忠臣烈士之祠有废者，官为之葺，是以公祠得而举也，厥后有道士颜志佑来掌其祠，见庙像为风雨所颓，乃集里人而告之曰：’维公之堂，自经中原板荡之后，间有修之，皆未可观，今欲崇其堂，民愿役者听。’佥曰：’维公之灵，邦人所赖以安。凡有水旱疾疫，祷之立应，蒙公之赐甚厚，敢不趋其事！唯命是从。’志佑于是鸠工斩木，自戊午冬始厥工，民之趋事犹子事其父也。越明年己未春，工毕，四方来祀之者，方可瞻仰。志佑一日告余曰：’堂既成矣，欲勒石以纪其事，於予为我志之？’余曰：’噫！公之忠烈著于天地，非鄙人俚语所能尽。’固辞之，弗得，而遂为之记”。

[附记]

文峰山有古侧柏一株，号“骑马松”，编号L08，树高13米，胸径0.84米，平均冠幅11米，树龄700年。

4. 新泰白马寺古银杏

[释名]

号“银杏之王”、“天下银杏第二树”

[性状]

位于新泰市石莱镇白马寺院内。共3株，最大一株树高36.7米，胸径3.06米，平均冠幅16.5米，树龄约2800年。树冠覆荫1. 28亩。

[身历]

白马寺始建于唐开元二十一年（733）（《白马寺碑》）。因山形酷似奔马，故名白马山，寺以山名。又名石城寺，原有山门、大雄宝殿、千手千眼观音殿等建筑。“文化大革命”间尽毁。今存有山门、钟鼓楼、金刚殿、千手观音殿、东西配殿、大雄宝殿等遗址。

[诗文]

清光绪间（1875－1908），泰安著名教育家郭璞山《游石城寺》：“几阵熏风上柳条，恰乘晴日好相邀。只怜求友寻萧寺，更为深山过板桥。作意莺啼偏恋客，迎人犬吠乍逢樵。殿前银杏堪留饮，吩咐衲僧奉酒瓢”。

5. 诸城后塔古银杏

[释名]

胸径为诸城之最，号“银杏王”。

[性状]

位于诸城市郝戈庄镇后塔村。编号H1，雌株，树高26米，胸径2.7米，平均冠幅24米，树龄1500年以上。枝下高2米，主干6股，枝叶繁茂，覆荫700平方米，长势旺盛；基部萌生幼株多丛。

[身历]

树旁原有寺，习称“寿塔寺”，寺中曾有一古塔名“寿塔”，建于南北朝。村名也因此而来，村东3千米有常山。据考，寿塔寺为普照寺。万历《诸城县志》：“普照寺，城西南，常山西，距城三十里”。

[附记]

树东原有古龙爪槐，树高4米，胸径0.6米，平均冠幅5米，树龄800余年。枝下高2.2米，长势一般。传此树原在郝戈庄镇夏河村，普照寺僧三次募化方得此树。1997年，诸城修建沧湾公园，复迁此树于公园内。

6. 河东区徐太平古银杏群

[性状]

位于临沂市河东区太平街道徐太平村（图4.3）。Ⅰ号，编号C04，树高24米，胸径2.7米，平均冠幅21米，树龄815年。主干分3大杈，分杈处有小枝下探后上仰，如象鼻，树冠圆形，长势旺盛。

[身历]

古树所在原有玉皇庙，始建时间不详，今毁。太平镇驻地，郭家街居中，王太平在北，申太平在南，徐太平在西。郭家街村东有鷗子台，王太平村西有凤台。传古有土岭名鷗子岭，又名太平岭。管仲相齐时，取土筑堤，疏导汤河，太平岭原为高埠，反成洼地，称东湖。湖中有台残余，鸭子栖息其上，俗称鸭子台。明初，山西汾阳郭义方始迁此建村，名“郭太平”。传五世，一支迁村西。康熙七年（1668），村落毁于郯城地震，此后重建有徐氏、申氏、王氏迁来，成周边太平村。

图4.3 河东区徐太平古银杏（李斌 摄）

[记事]

1938年3月14日拂晓，张自忠指挥部队向日寇发起攻击。刘振三第一八〇师由诸葛城、大小姜庄渡沂河向徐家太平、大太平附近日军进攻，在亭子头遭到一股日军的顽强抵抗；黄维纲第三十八师由朱家棚、船流渡沂河攻占张家庄、解家庄、白塔。由于日军600余名在飞机、大炮、坦克的掩护下拼命反击，该师被迫退回沂河西岸。同日，庞炳勋指挥的第三十九师正面推进至东西旺庄、东西沙庄。15日，第三十九师郑寨子、黄家屯、东西沈庄、柳杭头；第一八〇师攻克亭子头，第三十八师再渡沂河，占领沙岭。

7. 诸城青云古银杏

[性状]

位于诸城市林家村镇青云村。编号H2，树高26米，胸径2.6米，平均冠幅28米，树龄1500年以上。枝下高6米。1976年，火灾，两大枝烧掉。1987年冬，火灾，主干中间烧空，其后在树洞东侧长出一株幼树，成为“母子同株”。

[身历]

树北原有古寺，名“青云寺”。1964年毁佛像，1974年拆除。传寺建于唐代以前，原名“三清庙”，唐贞观间重修。明万历《诸城县志》：

图4.4　台儿庄区张塘古银杏（张建勇　摄）

"三清庙，县东雩泉乡，古迹，唐王游此庙，重修数次"。原有唐碑，20世纪50年代用作井台，下落不明。树植于唐代重修时，当地流传"唐王修庙不记（白）果"。树南侧大枝原有大铁钟，1958年毁于大炼钢铁。

[记事]

青云村主要有文、吴、郑三姓。明代文氏自武定府（今惠民县）迁来，后吴氏投亲至此，继而郑氏迁入。

8. 台儿庄区张塘古银杏

[释名]

胸径鲁南第一，当地号称"银杏王"。

[性状]

位于枣庄市台儿庄区张山子镇张塘村（图4.4）。编号枣古D001，一级古树，雌株，树高25米，胸径2.58米，冠幅东西24米、南北22米，树龄2500年。枝下高3米，主干分6大杈，覆荫645平方米。树干基部生北侧有2株幼树，胸径分别为0.33米、0.22米，树龄百余年，号称"怀中抱子"。东南侧枯干高3米处寄生构树1株，基径20厘米，树龄10余年。传树旁原有坷垃寺，无稽可考。百年前受雷击，南侧大枝开裂。1944年，树洞有胡蜂窝，有人点火烧胡蜂，主干失火，经村民奋力扑救方得幸存。1986年，支撑南侧大枝，并垒台养根。东南、正西以钢架支撑。东南枝以钢带固定。西南中空部分填以水泥。

[记事]

①张塘北侯孟前村和侯孟后村境内有幅军起义遗址穆柯寨山。咸丰八年（1858）春，刘平（原名刘平生，1812－1862）在侯孟村起义，响应太平军北伐，队伍迅速扩大到2000多人。咸丰

十年（1860）被太平天国封为北汉王。翌年，刘平军有10万余众，以阳城为根据地，与清军周旋。同治元年（1862），刘平军覆没，为侍卫所害。②1939年12月，八路军第一一五师进入鲁南山区，罗荣桓（1902－1963）批准创建八路军第一一五师运河支队，以峄、滕、铜、邳四县地方抗日武装为主体，孙伯龙（原名孙景云，字伯龙，1903－1942）任支队队长，朱道南（朱本部，1902－1985）任政委。1941年1月，建立黄邱根据地。支队全盛时超过2000人，艰苦年代仅有500人，作战数百次，毙伤日军近千人、伪军4000余人。1943年12月25日，新四军代军长陈毅参加延安"七大"，取道于此，作诗："横越江淮七百里，微山湖色慰征程。鲁南峰影嵯峨甚，残月扁舟入画图"。

9. 泗水安山寺古银杏

[释名]

同生雌雄两株，故名"夫妻银杏"。

[性状]

位于泗水县泗张镇安山寺院内（图4.5），35° 46′ N，117° 25′ E，海拔248米。雄株树高21.5米，胸径2.52米，冠幅东西21米、南北19米，树龄约2500年，传为孔子手植。枝下高2米，主干分为15大杈。雌株自基部分为南北两股，树高17.5米，北股胸径0.70米、南股胸径0.38米，冠幅东西13米、南北20米，树龄约2500年。每年可结果400多斤。

[身历]

安山寺始建于唐贞观间，原名"安山涌泉寺"，因寺旁有涌珠泉得名。明清三次重修，今存大雄宝殿、伽蓝殿、祖师殿、华佗殿等为清代建筑。寺东有五罗汉洞，内塑十八罗汉像，最大者洞高约4米，宽5米，深20余米。寺南万亩桃园。2003年，原址修复，中轴线有山门、天王殿、大雄宝殿、伽蓝殿、祖师殿、华佗殿、禅房等20余间，存有历代碑碣20余块。2001年，被列为济宁市文物保护单位。

图4.5　泗水安山寺古银杏（引自《泗水古树名木》）

10. 沂源安平古银杏

[释名]

基部萌生幼树两株，如一母携二子，故名"母子银杏"。

[性状]

位于沂源县鲁村镇安平村栖真观内。雄株，编号G02，树高24米，胸径2.5米，冠幅东西

30米、南北30米，树龄1200年。枝下高3米，基径4.3米，距地2米处有树瘤，直径0.4米，酷似佛头。树冠伞形，主干分15大杈。基部南北各生幼树一株，树高5米，胸径分别为0.5米、0.3米。主干有大枝伸向东南，上有锯痕，传重修庙宇时，村民欲伐掉此枝，见血水而止。

[身历]

栖真观，原名上真宫，始建于元代，至元十八年（1281）《仙公山建栖真观记》碑："大元开国，道教兴行。长春真人之徒有栖真大师道安子张志顺者，淄川人也……道安遂云水其游，追寻形胜，偶至于此，大惬其情。乃与其侣王伯和戮力开创，不日粗完。未几，朝廷普施湛恩，赐观额曰'栖真'焉，盖彰其号也"。明嘉靖元年（1522）、万历四十年（1612）重修。清代重修，至于极盛，占地8000余平方米。建筑布局分3路，各3进院落。东院轴线上依次为、山门钟鼓楼、魁星阁、玉皇阁、大殿。中院有灵官庙、奶奶殿、王母宫。西院有龙王、药王、山神、八腊、至公、火神、土地等神殿。后院是道众静室、丹房、仓厨等。今西院已废为农田，中院辟为学校和村办公室，东院尚存。今存玉皇阁3间为清代建筑，原面阔5间，重檐歇山顶，有元代彩绘壁画。今存历代扩建碑碣10余通，砌于校门两侧院墙上。栖真观西约200米"道士林"全真道墓群。

[记事]

①民谣"先有栖真观，后有蒙阴县"。栖真观所在曾属蒙阴县，皇庆二年（1313）复置蒙阴县，一说延佑二年（1315）。张养浩《元复置蒙阴县碑记》："当延佑乙卯春，中书具其事以闻。制曰可。于是以前高密县主簿武秀肇尹是邑"。②栖真观所在地原为"王村"，安平村东有至元二十五年（1288）《栖真宫常住地土四至下顷》摩崖："王村续买常住地土亩数条段四至"。栖真观南沂河对岸有东西两山形似棺材，号大寿器山和小寿器山。③1966年，杨得志将军亲自选址建设的山东人民广播电台618战备台。

11. 兰山区张王庄古银杏

[性状]

位于临沂市兰山区兰山街道张王庄社区（图4.6）。编号A19，树高27米，胸径2.48米，平均冠幅21米，树龄620年，此说非，据胸径推测此树应在1200年以上。枝下高2米，主干分8大杈，长势旺盛。

[身历]

清雍正十年（1732），于临沂城城外西北角建社稷坛，每年仲春、仲秋的第一个戊日祭祀。民国《临沂县志》："社稷坛在城外西北隅，基地八分，无房屋。雍正十年设，春秋二仲上戊日祭"。

[记事]

临沂古城始建于周敬王二十八年（前492），始名启阳邑。《左传·鲁哀公三年》："五月辛卯，桓宫、僖宫灾。季孙斯、叔孙州仇帅师城启阳"。西汉初，置启阳县，后避景帝讳改"开阳"。东汉建初五年（80），琅琊王刘京都于此。西晋太熙元年（290），司马睿（字景文，276－323），袭封琅邪王。永兴元年（304），琅琊王避八王之乱，迁琅琊，直至永嘉元年（307）渡江至建邺。隋大业元年，琅琊郡、临沂县皆治开阳。明洪武元年（1368）筑砖城。弘治四年，泾王朱祐橓封于沂州。万历十五年（1587），整修四门，添建城楼。万历三十六年（1608）《沂州志·城池》："南曰望淮，东曰镇海，西曰

图4.6　兰山区张王庄古银杏（李斌　摄）

瞻蒙，北曰宗岱”。清康熙七年（1668），震毁，“东门城楼仅存，余俱坍毁”。雍正十二年（1734）升沂州府，设附郭兰山县。古城几经增修，恢复旧观，平面呈椭圆形，东西稍长，南北略短，形如凤凰，俗称龟驮凤凰城；周围9里，高2丈5尺，阔1丈，垛口3782个，城堡50座，炮台4座；城楼4座，南门3层，余皆2层。清末民国间，临沂城迭经战乱，毁坏无存。

12. 郯城新村古银杏

[释名]

1979年，郯城县政府列为县级重点保护文物，立“银杏王”碑。当地号称“大神树”。

[性状]

位于郯城县新村乡政府院北官竹寺遗址（图4.7）。雄株，树高37.6米，胸径2.45米，冠幅东西20.1米、南北29米。植于西汉永光间（前43－前39），树龄2000余年。覆荫600平方米。最下边一枝，嫁接雌枝，今果实累累。古银杏生长期较其他银杏长1个月，载入《中国果树志·银杏卷》，为迄今发现最大的银杏雄树。

[身历]

古银杏南有官竹寺遗址，清康熙十一年、乾隆二十八年《郯城县志》：“广福寺，又名官竹寺，在县西南四十里新村”。官竹寺，又称观竹寺，旧名广福寺，坐西朝东，占地2100平方米。始建时间不详，一说建于北魏正光二年（521），唐代重修，重修碑载：“唐朝武德右府参军尉迟敬德重修官竹寺”。后重修，渐废毁。1992年重建。中轴线有2进院落，主要有大殿、后楼等建筑。大殿建筑时间最早，歇山顶。大殿前西侧有历代碑刻4通，东侧为钟鼓楼，楼

图4.7　郯城新村古银杏（钟铭 摄）

南北墙有嵌碑2通。“九女松”星布殿前。大殿西为关帝庙。

[诗文]

清·张敬葳《中秋既望观园》：“出门无所见，满目白果园。屈指难尽数，何止株万千。”

[记事]

新村为全国银杏之乡，截至2005年年底，有银杏采叶圃基地10 000亩、银杏苗木培植园15 000亩、银杏盆景园600亩、银杏结果园4400亩，为全国江北最大银杏苗木销售市场。官竹寺西有万亩古银杏园，保存百年以上古银杏5000余株，50年以上1.8万余株。郯城县有古银杏3.2万株，乾隆《郯城县志》列为重要特产。2009年7月28日，中国国家工商总局批准“郯城银杏”地理标志商标注册。

13. 费县城阳古银杏

[释名]

原树下原有碑，题“唐植银杏”，今有“城阳银杏树”石牌。

[性状]

位于费县薛庄镇城阳村（图4.8）。雌株，编号212，树高32米，胸径2.44米，冠幅东西22.5米、南北27.2米，树龄1300多年。枝下高4.57米，主干分4大杈，树冠浑圆，长势旺盛，丰年结果1500千克。1979年，被列为费县文物保护单位。树下立唐《韦陀画像碑》、清乾隆元年（1736）《重修观音堂碑》、嘉庆九年（1804）《重修观音殿碑记》、同治九年（1870）《重修观音院记》碑。1991年，古银杏被列为费县文物保护单位。

图4.8　费县城阳古银杏（冯广平 摄）

[身历]

①古银杏所在原为大圣寺，始建于唐初，有“韦陀画像碑”，村中出土有唐代素面镜。宋代重修。元代重建，改名“观音殿”。《重修观音院记》碑：“费邑城阳村北有古刹，名‘大圣院’，创自唐初，规模颇巨。相传尉迟公监理。迄宋有三省合修碑记。元及明仍其旧址，改为观音殿”。清乾隆元年、嘉庆九年重修。咸丰间兵毁。同治九年重修。今废毁。《重修观音院记》碑：“迨圣朝鼎定，有白埠孙氏，来居是村，输赀重修，于今又百余年矣……越十一年，南匪数扰，兵燹难堪……幸有四乡君子协助本村，重妆神像，更建山门，虽茅屋土壁，而光景聿新”。树西南原有僧舍利塔，今无存。树东侧大杈原挂大钟。②城阳原为费县旧治。北魏太和二十年（496），费县移治阳口山（今吉山），吉山在阳口村北1千米，有东吉山、西吉山两村。隋开皇三年（583），又移回旧治祊城。北宋·乐史《太平寰宇记》：“自汉费县移理祊城，后魏孝文帝太和二十年，又自祊城移费县理于今县城北四十里阳口山。隋开皇三年，复自阳口山移入祊城”。《费县志·古迹》：“县治东北三十里有薛庄集，集之南数里，有村曰城阳，土人因拟薛庄为薛固。虽然无城址，然揆之地势，似为近之”。

[记事]

①咸丰初，日照县拔贡、同治六年（1867）举人陈沛元曾来城阳村孙家私塾授课，期间与朋友游赏树下。同治九年重修时，捉笔撰碑文。《重修观音院记》碑：“咸丰初，余馆于孙氏家，诗赋之暇，尝与友生数人息游于银杏树树下，窃见北坐蒙山，南屏箕峰，西带巨河，东枕长岭，览地之胜，未尝不慨然慕之”。②2001年，

村前发现大汶口文化遗址，出土陶器文物200余件。村中及村北也曾发现周汉时期文化遗址，东西长1000米，南北宽500米，总面积500万平方米。

14. 泰山玉泉寺古银杏

[性状]

位于泰山玉泉寺大雄宝殿前（图4.9）。原有5株，清末一株枯死，今存4株，雌株，最大一株树高38米，胸径2.39米，冠幅东西33米、南北25米，树龄1300余年，植于唐代。枝下高4米，基部萌生幼株多株，覆荫0.5亩，长势旺盛。

[身历]

玉泉寺位于泰山北坡佛谷，又名“谷山寺”、“谷山玉泉寺”、“佛峪寺”，俗称“佛爷寺”。始建于北魏，由高僧意云创建。清·聂剑光《泰山道里记》：“有寺额曰‘谷山玉泉禅寺’，元魏时僧意（云）降锡处”。明永乐《御制神僧传》：“（僧意云）元魏中住太山朗公谷山寺”。寺两侧有东、西佛脚山，有大脚印嵌于石中。寺南为佛谷，谷南是恩谷岭，又南是谷山，俗名定南针。寺东苹果园内玉泉，俗称“八角琉璃井”，常年泉水不断，大旱不涸，水质纯净，清冽甘甜。泉旁有石碣勒“玉泉”二字，为金翰林学士承旨、文学家、书法家党怀英（字世杰，号竹溪，1134－1211）所书。金泰和元年（1201），僧善宁重建；党怀英撰书并篆额《谷山寺记碑》：“粤自兵乱，荒山重泽，残扰殆遍，废置始末不可详究……继有僧善宁，远涉荒梗，首至谷山旧址，破屋废圮而已……日益办具，凡三十余年，则谷山初祖也”。泰和六年（1206），金章宗赐额“玉泉禅寺”。元海迷失后二年（1250），寺僧普谨重修，散曲家杜仁杰（原名之元，又名征，字仲梁，号善

图4.9　泰山玉泉古银杏（申卫星 摄）

夫，又号止轩约1201－1282）撰《谷山寺记》碑。至元二十一年（1284），僧普谨建七佛阁，武宗朝中书平章政事阎复（字子靖，号静轩、静山，1236－1312）撰《七佛阁记》碑。道光二十三年（1843）、同治六年（1867）、光绪五年（1879）、光绪十年（1884），寺僧华峰上人（名毓梅）和理修（名杲伦）主持重修。后寺废。“文化大革命”间尽毁。1993年原址重建。寺存历代碑碣10块。四周有古板栗20余株。

[诗文]

清光绪十二年，贾鹤斋（字友仙）撰《华峰上人重修谷山寺记碑》：“岱之北有谷山寺，即所谓佛峪寺也……此寺独据胜于岱阴，游者咸称奇绝，曰‘寺中形胜非语言所能罄’。尤足异

者，有银杏三株簇生，每大二十余围，诚旷世所罕见，闻而慕之”。

[记事]

玉泉寺金代重建时，因莲花峰发现的石罗汉而建，寺中玉泉也发现于此期。《谷山寺记碑》：“尝有猎人行猎莲花峰，遇罗汉像，而终日无所获，每遇之必然。猎夫怒，将积薪焚之。明日，迁坐于高险，薪燎不可及。猎夫愕百悔谢。是夕，山下老稚三四，梦异僧久隐莲花峰，有猎者之厄，或问为谁，盖曰意云。耆老十余辈更相诱，率凡一再。行当石掩奥处，查访得之，乃扶舆而下，至今所，忽重不可动。而峰岭重复掩抱，可兴寺场，众悟，遂止焉”。

15. 沂源中庄古银杏

[性状]

位于沂源县中庄乡中庄村沂河岸边。雄株，编号G01，树高22米，胸径2.3米，平均冠幅15米，树龄约1200年。基径2.5米，主干部分中空，枝下高2.5米，树冠分10大杈，7杈断落。基部垒以石台，中有清光绪间石碑，碑文载：不知何朝何代栽植。村民奉为“神树”。

16. 诸城马连口古银杏

[性状]

位于诸城市山东头乡马连口村小学院内。雌株，树高22米，胸径2.3米，平均冠幅20米，树龄800余年。枝下高1.1米，主干分2大股，大枝斜展，树冠球形，长势旺盛。

[身历]

马连口村始建时间不详。明洪武二年，周氏自南京水西门月牙桥螳螂村迁此。彼时古银杏已存在。

17. 蒙阴麻店子古银杏

[性状]

位于蒙阴县桃墟镇麻店子村。编号F01，树高32米，胸径2.26米，平均冠幅20米，树龄1300余年。基部萌生幼株，日久渐融于主干，呈现十棱；主干有两主杈高挑，树冠伞形，长势旺盛。主干分杈处西侧萌生构树一株。

18. 沂水灵泉寺古银杏

[性状]

位于沂水县龙家圈镇上萧家沟村西南的灵泉寺森林公园、上岩寺林场上岩寺遗址。5株，最大一株雄株，号“神州第二银杏雄株”，树高35米，胸径2.2米，树龄1300年，一说2000余年。

[身历]

灵泉寺又名上院寺、上岩寺、上元寺，始建于唐代贞观间，传为五台山昌弘禅师创建。寺中有泉水，常年不枯，传可延年，故名“灵泉”。北宋重修，勒立九龙碑。元至元十五年（1278）重修。明清两代重修。民国间，寺毁。后山塔林有明正德十一年（1516）广公寿域宝塔。寺左近有雄师崖、观音洞、韩湘洞、朝阳洞、五大夫松、飞来石等，寺中有五百罗汉堂，墙壁上塑五百罗汉，相貌各异、栩栩如生。

19. 长清区洞真观古银杏

[释名]

雌雄银杏树长成一体，号称“雌雄同体银杏”。

[性状]

位于长清区五峰山洞真观玉皇殿后东侧平台、清冷泉边（图4.10）。2株，一雌一雄，树高35米，胸径2.23米，冠幅东西22米、南北20米，树龄传2000年。覆荫1500余平方米，长势旺盛。1998年3月31日夜，西南侧大枝突然断落，断落时偏向东南，落入玉皇殿东侧狭窄巷道内，玉皇殿毫发无损。今以落枝形如虬龙，设为一景。

[考辨]

临沂文庙古雄株银杏胸径2.10米，植于北宋政和五年（1115），生长量1.17毫米/年。河南嵩县白河乡下寺古银杏，1988年实测胸径1.18米，实测树龄422年，生长量1.4毫米/年。据此推测，洞真观古银杏树龄至少800年。考虑到当前古银杏分布比上述两株更北，水热条件相对较差，生长更为缓慢。参照大定二年（1162）重建"万寿院"的碑文记载，按照建观植树的习俗，当前古银杏树龄850年。

[身历]

玉皇殿始建于金代，明清时期重修。西厢为龙王殿，正统十三年重修，殿内有泉。东厢为虎神殿，万历三十七年建。殿后古银杏应为建观时植。玉皇殿前西壁有元好问《金洞虚宫记》。殿前有大定十年《礼部牒碑》、元定宗二年（1247）《真静崔先生画像赞》碑。《真静崔先生画像赞》碑最著。碑身勒沈士元单线条刻画的崔道演盘膝坐像，画像上端勒元好问、刘祁、杜仁杰的像赞诗各一首。此碑出自各名家之手，诗、书、画、刻俱佳，为历代金石家所著录。崔道演（字玄甫，号真静，1141－1221），金代人，全真七子刘长生弟子，以医传道，"弟子刘志桓请布金山昊天观居焉"。原在蒙古哲里木东境，贞祐间南下寓居五峰山。杜仁杰《真静崔先生传》："先生姓崔氏，讳道演，字玄甫，观之蓓人，真静其号也。赋性雅质无俗韵……去家为道士，师东海刘长生，甚得其传……假医术筑所谓积善之基，富贵者无所取，贫窭者反多所给，是以四远无夭折，人咸德之"。创建洞真观的丘志圆、范志明、王志深、李志清皆道演弟子。

图4.10　长清区洞真观古银杏（任昭杰 摄）

[诗文]

①明·孔毓圻《仙人台》："仙台迢递见瀛州，古观云根入冥搜。驭鹤人依孤树息，步虚声远曲径留。青山阅尽千年事，羽客能轻万户候。若向海天长啸罢，还能东望小齐州"。②清·邵承照《题隆寿宫》："金作楼台玉作横，九重宫阙比增城。洞真旧勒遗山记，隆寿犹题万历名。四面峰峦朝碧殿，诸天旌节拥丹楹。秦皇不识神

图4.11a　曲阜孔庙古银杏（冯广平 摄）

仙境，空遣韩徐泛海行。”③清·邵承照《游五峰山记》：“泉旧名志仙，树琴协撰题名‘清泠泉’。亭西有银杏、楸各一，皆大数十围，与丛柏相间，如西方化人之入僬侥国也”。

20. 曲阜孔庙古银杏

[性状]

位于曲阜市孔庙诗礼堂前东南侧（图4.11a、b），35° 3′ N，116° 55′ E，海拔67米。编号1000892，树高15米，胸径2.18米，冠幅东西13.1米、南北15.9米，树龄约1000年。主干仅东侧大枝存活，周围萌生许多新株，最粗一株胸径0.48米，西侧两株较大，其干已融于主干之中。诗礼堂前西南侧也有一株宋银杏，然较本树而言长势较弱，体型较小。

[身历]

孔子九世孙孔鲋（本名鲋甲，字子鱼，亦字甲，约前264－前208）入秦不仕，召为鲁国文通君，拜少傅。与与魏名士张耳（前264－前202）、陈余（？－前204）友好，以弟子叔孙通仕秦。秦始皇三十四年（前213），李斯议焚书。陈余言于孔鲋：“秦将灭先王之藉，而子为书籍之主，其危矣哉！”孔鲋言：“吾为无用之学，知吾者唯友，秦非吾友，吾何危哉？吾将藏之，以待其求”。遂收家藏《论语》、《尚书》、《孝经》等书，藏于旧宅壁中，隐居嵩山。汉景帝初元三年，鲁恭王刘馀毁坏孔子旧宅，扩建府邸，听到钟磬琴瑟之声，于鲁壁中获得秦代孔鲋藏书。《汉书·景五王》：“恭王初好治宫室，坏孔子旧宅以广其宫，闻钟磬琴瑟之声，遂不敢复坏，于其壁中得古文经传”。儒家由此形成古文学派和今文学派。鲁壁藏书为古文，俗称蝌蚪文。《尚书》序：“（鲁共王）于壁中得先人所藏古文虞、夏、商、周之书，及传、论语、孝经”。后人于藏书处建金丝堂以为纪念，北宋大中祥符元年（1008），宋真宗谒孔庙，驻跸金丝堂，于堂前植银杏。清·孔继汾《阙里文献考》：“诗礼堂本孔子旧宅，宋真宗幸鲁，尝御此堂，回次兖州，仍赐本家为斋厅”。北宋天禧二年、天禧五年，扩建孔庙。乾隆《曲阜县志》：“正殿东庑门外曰燕申门（今承圣门），其内曰斋厅，厅后曰金丝堂，堂后则家庙”。时为单檐三间，穿心有廊，与斋堂相联。金代重建。明弘治十三年，重修孔庙，迁金丝堂于孔庙西路，于原址建诗礼堂，以纪念孔子教育孔鲤学《诗》、《礼》，而命名为“诗礼堂”；并于堂后增建鲁壁。明弘治十七年（1504）、清康熙十六年（1677）、嘉庆二十一年（1816）、1959年、1987年重修。“诗礼堂”匾额为乾隆皇帝御笔。1994年，列入世界文化遗产名录。

[诗文]

①北宋翰林学士、诗人、散文家王禹偁（字符之，954－1001）《鲁壁铭》："在天成象，壁星主文。圣人藏书，所以顺乎天也。噫！乾坤不可以久否，故交之以泰；日月不可以久晦，又继之以明。文籍不可以久废，亦受之以兴。我夫子当周之衰则否，属鲁之乱则晦，及秦之暴则废，遇汉之王则兴。其废也，赖斯壁而藏之；其兴也，自斯壁而发之。矧乎三坟，言大道也。述于君，则尧舜禹汤文武之业备矣，述于臣，则皋夔稷契伊吕之功尽矣；济乎世，则六府修矣；化乎人，则五教立矣。向使不藏鲁壁，尽委秦坑，焰飞圣言，灰竭帝道。则后之为君者，不闻尧舜禅让之德，禹汤征伐之功，文武宪章之典，将欲化民不亦难乎；后之为臣者，不闻皋之述九德，夔之谐八音，稷之播百谷，契之逊五品，伊之翊赞，吕之征伐，复欲致君不亦难乎。世不知六府，则无火食之人，卉服之众，与夷狄攸同矣；人不知五教，则忘父子之慈孝，兄弟之友恭，与鸟兽无别矣。欲见熙熙之国政，平平之王道，不亦远乎。呜呼！金有籯，玉有椟，防之以关键，固之以缄滕，必有窃而求之者，盖重利也。斯壁藏君臣之道、父子之教，人无求而行之者，盖轻义也。天恐坏斯壁、毁斯文，命恭王以坏之，伏生以诵之，使天下皎然知上古之道，其大矣哉！铭曰：据山高兮为秦城，凿池深兮为秦坑。城之高兮胡先坏，池之深兮胡先平。伊斯壁兮藏家书，历秦乱兮犹不倾。坏之者恭王，诵之者伏生。发典谟训诰之义，振金石丝竹之声。如天地兮否而复泰，如日月兮晦而复明。秦之焚兮未尽，我不为烬；秦之坑兮未得，尔灭其国。江海涸竭，乾坤倾侧，唯斯

图4.11b　曲阜孔庙古银杏（包琰 摄）

文兮，用之不息。”②明·孔贞栋《咏鲁壁》：“蝌蚪出从古壁中，至今大地书文同。秦人遗下六经火，三月咸阳焰尚红”。

[记事]

①清乾隆帝九次谒孔庙。乾隆二十一年（1756）三月，乾隆帝三谒孔庙，。作《诗礼堂赞二首》其一：“昔者趋庭，诗礼垂训。维言与立，伊谁不奋。九仞一蒉，愿勉乎进。御堂听讲，景仰圣舜”。其二：“书堂殿左陲，进讲忆于兹。以立应惟礼，为言必在诗。义因陈亢发，名自伯鱼垂。益切重来慕，还教欲去迟。唐槐宋银杏，今日昔斯时。望道吾何见，徒存景仰思”。《鲁壁赞》：“故井前头绰楔碑，传闻鲁壁响金丝。经天纬地存千古，岂系恭王坏宅时”。②乾隆三十六年（1771）二月，乾皇帝奉母崇庆皇太后东巡，六谒孔庙。向孔子行三跪九叩礼，命大学士于敏中祭崇圣祠，“特令仿太学之例，颁赐内府所藏姬朝铜器十事……以副朕则古称先至意”（《曲阜县志·通编》）。作《诗礼堂》：“趋庭那有异闻奇，亦日学诗学礼宜。闻一得三陈亢喜，似知之却未知之”。《金丝堂赞》：“礼乐诗书，金丝万古。岂系鲁恭，广宅斯举。在左移西，亦惟其所。悬瓮乃神，夫子不语”。③乾隆四十一年（1776）三月，大小金川平定，乾隆帝奉母崇庆皇太后东巡泰山，七谒孔庙。作《诗礼堂》：“当日陈亢问伯鱼，学诗学礼两相余。教传万古唯如是，以立以言共勉诸”。④乾隆五十五年（1790）三月，乾隆帝，九谒孔庙。作《诗礼堂》：“敦诗说礼，圣人教子。及与门庭，共知可事”。⑤诗礼银杏，孔府宴中传统菜。《孔府档案》载：孔子教育其子孔鲤学《诗》习《礼》时曰：“不学诗，无以言；不学礼，无以立”，事后传为美谈，其后裔自称“诗礼世家”。孔府宴中的银杏便是诗礼堂前的宋代银杏所结，故而将这道菜取名“诗礼银杏”。

21. 苍山小池头古银杏

[性状]

位于苍山县二庙乡小池头村。雄株，树高10米，胸径2.17米，平均冠幅10米，树龄2000余年，此说非，临沂文庙古银杏年生长量1.1686毫米/年，据此推测，小池头古银杏树龄应为900余年。

[身历]

二庙村以二郎庙得名，庙建于于元初，明嘉靖间重修。1949年以后简称“二庙”，属层山乡。1971年，独立成“二庙公社”。1984年撤社建乡。特产以银杏为代表，有百年以上银杏古树1000余株。

[附记]

1938年4月1日，日军坂本支队增援台儿庄，被国民革命军第52军关麟征部第25师阻击在兰陵以北地区。韩梅林团全歼傅庄日军。2日－3日，日军绕道杨楼、底阁，企图继续南下，被第2师、第25师包围，溃退至肖汪，又被包围。6日，日军向北溃退。兰陵阻击战以中国军队胜利为结束。

22. 平邑海螺寺古银杏

[性状]

位于平邑县保太镇海螺寺内。编号J08，树高36.6米，胸径2.14米，平均冠幅10米，树龄300余年，此说非，参照临沂文庙古银杏生长量，本株树龄应为900余年。长势旺盛。1995年，被列为平邑县文物保护单位。

[身历]

海螺寺始建于宋代，一说始建于明代。光绪十年（1884）重修。1995年重建。中轴线建筑依次为山门、天王殿、大雄宝殿、药王殿。药王殿祀唐代医圣孙思邈。寺后古寨门前有天目泉；大望山山上有巨石，高约3米，号“立岭碑”。

23. 临沂文庙古银杏

[性状]

位于临沂市兰山路109号文庙内（图4.12）。Ⅰ号东株，编号A20，雄株，树高30米，胸径2.10米，冠幅东西20米、南北24米，县志载：植于北宋政和五年（1115），树龄898年。枝下高4米，主干分4大杈，北杈独大；树冠卵形，长势旺盛。Ⅱ号西株，编号A21，雌株，树高22米，胸径1.25米，冠幅东西12米、南北13.4米，据东株生长量推测，树龄535年。基部萌生幼株16株，北株最大，胸径0.11米；树冠长椭圆形，长势旺盛。植于金代，树龄900年。

图4.12 临沂文庙古银杏（冯广平 摄）

[身历]

临沂孔庙始建于金代。元末遭兵燹，仅存故址。明洪武二年（1369），知州罗希孟重建。清代又多次增修。《临沂县志·秩祀》：“孔子庙，在县治西，旧在东南，宋靖康毁于火。金守臣高召，卜迁今地，其后再毁再葺，元末兵燹，故址仅存。明洪武二年，知州罗希孟重修。正统年间，知州贺祯再修。弘治间，知州张凤、吴寅，正德年间知州朱衮，相继增修。嘉靖三十五年，东兖道任希祖见庙庑圮坏，呈请拆经府殿房重建。清乾隆初，知府李希贤、道光十五年知府熊遇泰、光绪九年知府锡恩，重加修缮。其制：中为大成殿。东西为两庑。庑北为神厨、神库。南为戟门。南门为泮池，上有石梁；东门南为照壁。庙后迤东为崇圣祠”。1914年，改孔子庙。孔庙南北长155米，东西宽45米，总面积7000平方米；分前、中、后三进庭院，中轴线建筑自南而北依次为照壁、棂星门、泮池、戟门、大成殿。孔庙东有崇圣祠。“文化大革命”间，孔子庙毁坏严重。今轴线建筑南起依次为大门、照壁、大成殿、集柳碑亭、宏艺轩（明伦堂）。1992年6月，被列为山东省重点文物保护单位。

24. 兰山区大姜庄古银杏

[性状]

位于临沂市兰山区枣沟头镇大姜庄村。编号A16，树高33米，胸径2.09米，平均冠幅36米，树龄500余年，此说待考，据胸围推测应植于金元时期。树冠圆形，长势旺盛。

［身历］

大姜庄始建于明宣德十年（1435）。1949年以后，以芦河为界析成西河南、东河南、围子里、北东楼4村。万历间，一支迁东北建小姜庄。清顺治元年（1644），一支迁白沙埠东建大姜村，1981年更名北大姜村。

25. 河东区于埠古银杏

［性状］

位于临沂市河东区九曲街道于埠村（图4.13）。Ⅰ号位于艾家于埠，编号C03，树高23米，胸径2.07米，平均冠幅16米，树龄265年。树冠浑圆，长势旺盛。Ⅱ号位于孙家于埠，编号C06，雌株，树高22米，胸径1.59米，平均冠幅11米，树龄315年。枝下高4米，主干分3大杈，基部萌生幼树数株，长势旺盛。

图4.13 河东区于埠古银杏（李斌 摄）

［身历］

树旁有庙殿三间，灰瓦硬山顶。村北为王家于埠，村西为孟家于埠。王家于埠西为彭家于埠，再西为孙家于埠，5村相连，始建于明洪武二年（1369），四川张氏、欧氏迁此建村，因村北有古榆形状古怪，故名“榆埠”；后改“榆”为“于”成今名。村东产铁矿。宣德三年（1428），彭忠袭父职，改任沂州卫，遂定居临沂，为河东彭氏一世祖。彭父彭二以战功授北平都指挥使，建文元年（1399）反对燕王靖难被诛。

［记事］

①崇祯二年（1629），彭氏十一世祖彭文炳（字虎臣，号泰岩，？－1629）随巡抚王元雅、山海关总兵赵率教守遵化，与清军战，城破身没，全家殉国者40余口，朝廷赠中府都督，谥号武节，赐一门忠烈，立祠为祀。彭宏春介绍说，敕赐堂在今彭家于埠村北，正堂三间，占地1亩，内祀彭文炳、其母亲颜氏、其子彭遇飆、夫人韦氏。清光绪间，东迁100余米。20世纪70年代，祠堂被毁。彭文炳舅、山西长治令颜习孔（字心臬）作诗，勒石立彭氏宗祠：“四野笳声万马横，挥戈誓与悍孤城。苍天无意留飞将，遍地何人呼救兵。霜鬓慈闱先就灭，冰操内子亦捐生。道旁坠尽人行路，谁向君王说姓名”。②天启二年（1622），白莲教起，徐鸿儒连克峄县、滕县、郓城等地。明廷擢彭文炳妹夫杨肇基（字太初，号开平，1581－1631）为山东总兵，

率众平叛。杨肇基于沂州城一战克敌，进而收复郯城、费县、平邑等地。③彭氏十二世祖彭遇飏（字君万），授官为兵部主事、浙江巡按，先后事福王、唐王。清顺治四年（1647），鲁王起兵长垣，彭遇飏攻漳州27县以响应鲁王。顺治六年（1649），桂王擢为福建布政使，怒斩吴三桂招降使，城破自刎。清廷谥号文庄，葬福建。康熙十一年（1672），其孙彭梓迁葬故里。

[附记]

孙家于埠村北、沂河边有柳杭头村。村中有古银杏，编号C02，树高22米，胸径1.34米，平均冠幅13米，树龄415年。主干分4大杈，每杈分4－5大枝。树冠圆形，长势旺盛。

26. 沂南界湖古银杏

[性状]

位于沂南县界湖街道沂南县计生委院内。编号G20，树高31米，胸径2.04米，冠幅东西23米、南北19米，树龄810年。

[身历]

古银杏所在原为三皇庙，始建于北宋（《重修三皇庙记》）。明末清初，改作粮仓。康熙《沂水县志·仓储》："沂水县旧设官、儒二仓……官民之所系赖者独有豫备一仓，在县治西三皇庙焉，吏一员"。

[附记]

北寨汉墓群位于沂南县城西3千米北寨村，已探明古墓6座，发掘3座。一号墓为已发现画像面积最大、保存最完整的汉画像石墓，坐北向南，由墓道、墓门和前、中、后三主室及东三侧室、西二侧室组成，各室间有门相通；用石材280块，

图4.14　河东区后道古银杏（李斌 摄）

有画像石42块，画面总面积44.227平方米。中室画像以反映墓主人生活为中心，东壁上横额刻乐舞百戏图，南壁横额刻丰收图和庖厨图。南壁上横额西段和西、北壁上横额刻车骑出行归来图。室顶刻莲花纹、方格纹和圆饼纹。画像气势恢宏，刻工精丽，线条纤劲流畅，具有较高的艺术价值和历史研究价值，是汉画像石最富代表性的作品。1977年，被列为山东省文物保护单位，2001年，被公布为全国重点文物保护单位。

27. 河东区后道古银杏

[性状]

位于临沂市河东区梅埠街道后道村（图4.14）。编号C01，树高28米，胸径2.04米，平均冠幅29米，树龄815年。枝下高4米，主干分5大杈，北杈最长，树冠卵形，略偏北，长势旺盛。

28. 费县丛柏庵古银杏

[性状]

位于费县费城镇南峪村丛柏庵内（图4.15）。

图4.15 费县丛柏庵古银杏（引自《临沂古树名木》）

图4.16 兰山区甘露寺古银杏（李斌 摄）

雌株，树高45米，胸径2.04米，冠幅东西26米、南北25米，树龄约1300年，长势旺盛。树下有井，名“响水泉”，冬暖夏凉，清澈如镜，称“醴泉”。下有小桥“仙人桥”。再下有“八卦池”。1981年，被列为费县文物保护单位。树洞中生紫藤一株，号“古树生藤”。

[身历]

丛柏庵始建于隋，因四周柏树密集，故名丛柏庵。明嘉靖十六年（1537）至三十七年（1558）重修（嘉靖三十九年《玉环山丛柏庵碑记》）。清康熙五十三年（1714），贡生郭勋捐地重修；光绪《费县志》：“丛柏庵在邑西南三十里玉环山前，擅水木之胜，康熙间岁贡郭勋重施庙地”。后多次重修。民国间，兵匪横行，庵堂渐废毁。“文化大革命”间，碑碣毁坏殆尽。丛柏庵原有玉皇殿、泰山殿、关公殿、灵官殿、金姑殿等。今多废毁。1988年重修大雄宝殿、三圣殿。

[诗文]

丛柏庵东有“仙人洞”，分上下两层、南北两个洞口，洞极深，可容千人。明天启二年（1622），吏部尚书、武英殿大学士张四知（？－1646）曾在洞中避暑，作诗：“四面青山一线天，古洞深藏峭壁间，远隔咸阳三千里，避秦何必进桃源？”

[附记]

丛柏庵四周崖壁有几十株唐代古侧柏，树高10－26米，形成“苍松挂壁”景观。西南山崖上有两柏同根双干，高7米、9米，号“连理柏”、“姊妹柏”。

29. 兰山区甘露寺古银杏

[性状]

位于临沂市兰山区义堂镇官庄村甘露寺内（图4.16）。编号A36，树高22米，胸径1.94米，平均冠幅12米，树龄1125年。主干中空，南侧补以水泥。距地2米处，有大杈西伸，杈下立水泥桩支撑；再上有大杈东伸。树冠偏西北，长势旺盛。

身历

甘露寺始建于南北朝，盛时方圆40余亩。传乾隆下江南时，见寺四周露雨蒙蒙，云雾缭绕，赐名“甘露寺”。今存乾隆间重修大殿山门，大雄宝殿面阔五间，重檐歇山顶，寺存碑1通。

30. 罗庄区白沙沟古银杏

性状

位于临沂市罗庄区册山镇白沙沟村。编号B01，雌株，树高24米，胸径1.93米，平均冠幅20米，树龄454年。距地2米处，主干分3大杈，树冠浑圆，长势旺盛。

身历

古银杏所在原为永寿庵，始建于明正德间（1506－1521）。《临沂县志・秩祀》：“永寿庵，县西南四十里沙沟，明正德年建”。

记事

白沙沟村位于沂河岸边，南接房沙沟村、义和村，北接顾沙沟村。五沙沟原为一村，名“大沙沟”（1909年《山东省地图》），始建于明，始迁祖顾大来，今房沙沟为其原址。明末清初，白氏迁来建白家沙沟；顾氏迁来建顾家沙沟；陆氏迁来建陆家沙沟，1948年改“义和村”。大沙沟东北有唐沙沟和刘沙沟村，刘家沙沟始建于明洪武间，凌氏所建，原名“凌家沙沟”，后因刘姓旺而改今名；唐家沙沟由唐氏建于明末清初。

31. 沂水圣水坊古银杏

性状

位于沂水县黄山铺镇圣水坊村。编号H02，雄株，树高39米，胸径1.91米，平均冠幅26米，树龄650年。覆荫半亩，长势旺盛。此树北、东、南三面15米处有8株合抱粗雌株，当地称“九仙落圣水”。树下有天启二年（1622）石雕观音祠，外壁勒：”济南府莱芜县薛野保芦地王鹰，因棍徒事曹刑，圣水脱险，捐修。天启二年孟冬秋月”。

身历

圣水坊始建时间不详，明天启间重修。清康熙十年（1671）、康熙二十七年（1688）重修。院落内有圣水池泉，又名圣水龙宫，道光《沂水县志》：“圣水池泉，县三十里，出双崮前圣水坊洞”。圣水龙宫上方原有龙王庙建筑群，今已无存，惟余三元洞府石筑小屋，屋顶由39块石灰岩板组成。院内有历代重修碑4通。

诗文

明成化五年进士、山西按察司副使杨光溥（字文卿，号沂川）《游圣水坊》：“路入仙境万虑轻，无边佳景足怡情。峰头树带烟霞色，洞口泉流日夜声。隔浦泥融闻燕语，傍林松淳觉风生。因来疑问前村酒，元晏先生倒履迎”。《重游圣水坊》：“仙境无人久寂寥，从来山色解相招。烟霞笼树春还在，苍草熏人酒易消。洞口寒泉飞作雨，水边仆柳卧成桥。担头正苦诗囊重，却被东风也上挑”。

32. 沂源唐山寺古银杏

释名

基部萌生幼树，如慈母怀中抱子，故称“母子树”。

[性状]

位于沂源县东里镇九顶莲花林场唐山寺观音阁遗址。编号G06，雌株，树高25米，胸径1.9米，平均冠幅25米，树龄600余年。枝下高3米，基径2.2米。树冠伞形，覆荫1000平方米，主干分5大杈，其中一枝向西探出15米。基部萌生一株，树高23米，胸径0.35米。

[身历]

九顶莲花山别名唐山、塔山，寺因山得名。唐武德二年（619），平徐圆朗，拨银建寺，名“弥陀寺”。武周时期，重修弥陀寺，建观音阁、三圣堂。唐中宗李显复国号唐后，改“唐山寺”，沿袭至今。今原址重建，占地1730平方米，主体建筑包括大雄宝殿、观音阁、九龙壁等。今存古碑10余通。

[记事]

①树旁有井，原为泉，后建为井，井壁尽皆银杏根，井中水虽浅而四时不竭。里人以井水能消病止灾。②唐山主峰南侧山腰悬崖上有隋唐摩崖造像，俗称“罗汉崖”，共有造像503尊，分刻于两处八个大小不同的佛龛中，其中高浮雕497尊，阴刻1尊，单独组5尊。佛龛距地面高1－1.5米，深约0.5米，佛像高约0.4米，多成行横向排列。整个造像前方有一组独立雕像，高100厘米，披坚执锐，叉腰怒目，足踏4个伏地鬼魅，因位置较低，毁坏严重。这组雕像均为立像。造像生动逼真，神情姿态各异。2006年12月7日，公布为山东省重点文物保护单位。

33. 安丘公冶长书院古银杏

[释名]

传为孔子和公冶长手植，号“圣树”。

[性状]

位于安丘市庵上镇孟家旺村城顶山前公冶长书院内。2株。西株编号J1，树高29.5米，胸径1.86米，平均冠幅23.5米，树龄2500年。枝下高8米。东株编号J2，树高29.5米，胸径1.56米，平均冠幅23.5米，树龄2500年。枝下高8米。

[身历]

书院传为公冶长隐居读书处。公冶长是孔子女婿，孔门七十二贤第二十。《论语·公冶长》：“子谓公冶长，可妻也。虽在缧绁之中，非其罪也。以其子妻之”。唐开元二十七年（739），追封莒伯。北宋大中祥符二年（1009），追封高密侯。明嘉靖九年（1530），改封先贤公冶子。公冶长墓在诸城市马庄镇先进村（原名公冶长村）锡山（又名公冶山）东南麓。公冶长祠原立墓旁。明弘治六年，御史赵鹤龄移祠于墓南今址。正德间重修，并于祠西建青云寺。清康熙、乾隆、道光间重修。民国间，祠废。1989年重修。

34. 济南白云观古银杏

[释名]

因雌雄两株并生，当地称“夫妻”银杏树。

[性状]

位于济南市市中区十六里河镇纩（kuàng）村白云观院内（图4.17）。编号A2-0002，雌株，树高33.3米，胸径1.85米，基径2.5米，冠幅东西长25.2米、南北28.6米。传植于唐僖宗光启元年（885），树龄1300年。枝下高4米；主干分8大杈；分枝处形成深0.5米、直径3米的树池；最长枝南向偏西，长23.4米，树冠丰满，层次分明，覆荫1698平方米。20世纪90年代初，结果超过千斤。西侧有雄树一株，胸径0.75米，南北伸出两

图4.17　济南白云观古银杏（任昭杰 摄）

图4.18　沂源荆山寺古银杏（引自《淄博古树名木》）

大枝环抱雌株，南侧大枝被侵华日军砍掉。今为山东省重点文物保护单位。

［身历］

白云观始建于隋代，历代重修。原有三清殿、碧霞元君殿、怀公祠组成。今存三清殿为清代建筑，硬山顶，面阔五间，进深两间；供奉玉清元始天、太清道德天尊、上清灵宝天尊。三清殿东有二仙堂，以纪念隐居于此的明朝遗民翰林学士怀晋、张吉乐。据考，张吉乐为明清之际著名经学家张尔岐（字稷若，号蒿庵，1612－1678）。观内有明清碑刻13通。

［记事］

1644年，清军入关。怀晋焚衣毁冠，与张尔岐隐居白云观。张尔岐《蒿庵闲话》："历城叶奕绳，尝为怀丽明言强记之法云"。康熙十二年（1673），怀晋躬自撰《白云观蘸社三年圆满碑记》，以为居国、居家、居乡应各有其善，方能使世间风调雨顺。

35. 沂源荆山寺古银杏

［性状］

位于沂源县南麻镇付家庄村沂源园艺场院内（图4.18）。编号G05，树高20米，胸径1.8米，平均冠幅20米，树龄800余年。枝下高3.5米，基径2米。树冠伞形，主干分11大杈。分叉出生桑树，树龄30余年，长势旺盛。

［身历］

荆山寺始建于隋开皇十年（590），初名

“无相寺”。金大定三年（1163）敕命重修，改名“普安禅院”。大定九年（1169）敕建碑：“荆山寺自大隋十年立，名为无相寺，因国朝敏宗生太子，为庆贺，天下普度僧尼，大建寺庙，故重修，改名普安禅院……荆山有玉者未识也，其塔似岫，号曰荆岫，谓有泉流呼为荆溪，此三名也；庙院八面，众峰围绕，由中一掌平田，尽日迎阳，春华早发，秋深晚寒，冬生暖气，夏有凉风；东望临朐，南观沂水，西去新泰莱芜，北有淄川，缁素到时无不忻羡，故梵宇盛甲一方”。元代敕建，梵宇甚盛。明万历七年（1579）重修，“重修佛阁施财姓名，所建白衣观音阁为泰山老母行宫”（万历七年八棱碑）。明末寺废，清康熙十一年（1672）《沂水县志·建置寺观》：“荆山寺，县西北百七十里，敕建于元，梵宇之盛甲一方，今皆废圮，有敕建碑二，苔纹磨灭难辨。八棱碑一，尚极光润。砖塔十二层，上有铭记，今将倾圮，无敢攀跻者。东麓为老师庵，当年之尼姑院也，今惟茅庵尚在”。原有天王殿、千佛阁、大雄宝殿等建筑。民国时，大部圮毁。1952年辟建国营荆山园艺场，古建筑全部拆除。今存金敕建碑和八棱碑。

［诗文］

明正德间，知县汪渊《游荆山寺》：“闻说荆山胜，荆山此日游。灵泉同地脉，怪石出林头。老衲和云卧，昙花入夜浮。谁能解心思，我亦学藏修”。

［记事］

古银杏西有荆泉，古称“螳螂水”。道光《沂水县志·山记》：“县西北百七十里为荆山，山有元代梵宇遗址，螳螂水经其东麓”。溪流西有塔林，有僧墓塔十多座。其东有十二层砖塔，号“荆山三宝之岫”，密檐式砖木结构，高30余米，今存地宫。

36. 沂源西白峪古银杏

［性状］

位于沂源县燕崖镇西白峪村（图4.19）。编号G12，雌株，树高19米，胸径1.8米，平均冠幅35米，树龄500年。枝下高3米，基径2.3米。树冠伞形，主干分19大杈。年产银杏3000千克。

［身历］

明初建村时，杨氏先祖手植，杨家奉为“祖树”。

［记事］

1958年大炼钢铁时，上级命令伐树炼钢。家

图4.19　沂源西白峪古银杏（引自《淄博古树名木》）

图4.20a　泰安岱庙古银杏西株（冯广平 摄）

图4.20b　泰安岱庙古银杏东株（冯广平 摄）

族人获悉，当即召集附近所有铁匠，打造铁长钉300余枚，重约150千克，全部钉入树干。伐树人见铁钉布满树身，无从下锯，树因而幸存。至今铁钉清晰可见。

37. 泰安岱庙古银杏

[性状]

位于泰安市岱庙（图4.20a、b）。Ⅰ号古银杏位于宋天贶殿后、后寝宫东侧，编号A0009，雌株，树高23米，胸径1.75米，冠幅东西23.7米、南北22.2米，树龄900余年。高峻挺拔，长势旺盛，每年硕果累累。Ⅱ号位于宋天贶殿后、后寝宫西侧，编号A0127，雌株，树高17米，胸径为1.38米，冠幅东西23.2米、南北25.8米，树龄约900余年。树形、冠幅与东株相仿。两株古银杏同列入世界遗产名录。Ⅲ号位于宋天贶殿东侧，编号A0058，雌株，树高16米，胸径1.24米，冠幅东西18.9米、南北20.3米，树龄约900余年。Ⅳ号位于遥参亭西北侧，编号A0011，雌株，树高17米，胸径0.99米，冠幅东西14.5米、南北14.7米，树龄约500年。

[身历]

岱庙始建于唐代，北宋大中祥符间增扩为宫殿式庙宇。元·杜翱《延禧殿堂庑记》：“岱宗有祠，实自唐始。宋大中祥符肇建今祠庙，大其制一如王者居”。北宋绍圣四年（1097），宋哲宗诏令重修东岳庙，建大殿“嘉宁殿”。曾肇《东岳庙碑》：“哲宗皇帝推功神明……面命守臣往视（东岳）庙貌，撤而新之……中为殿三，曰‘嘉宁’、‘蕃祉’、‘储佑’”。三株宋代古银杏应植于重修时。《岱庙政和嘉宁殿残碑》、《宣和重修泰岳庙碑》载：宋政和五年（1115）、宣和六年（1124）两次修葺嘉宁殿。金大定十九年（1179），重修，改“嘉宁殿”为“仁安殿”（《大金重修东岳庙碑》）金·张暐《大金集礼》：“（金大定二十一）闰三月一日，奏定（东岳庙）正殿曰仁安”。金贞祐年（1216），岱庙毁于盗。元至元三年（1266），“创构仁安殿，以妥岳灵”（元·杜翱《东岳别殿重修堂庑碑》）明永乐元年（1403）（《明太宗实录》）、天顺五年（1461）（李贤《重修东岳庙记》）、弘治三年（1490）（明《泰山志》）、弘治十五年（1502）（明孝宗《重修东岳庙碑》）、嘉靖三十三年（1554）（《明世宗实录》）等数次重修仁安殿。万历三十五年（1607），山东巡抚黄克缵重修改名为“峻极殿”，取义《诗经》“峻极于天”。清康熙六年（1667）（朱彝尊《重修东岳庙碑》）、康熙十六年（1677）（施天裔《重修东岳庙碑》）、康熙三十八年（1689）（《孔府档案》）、康熙五十二年（1712）（蒋陈锡《重修岳庙碑记》）、雍正九年（1731）（《岱宗坊碑》）、乾隆三十五年（1770）（清高宗《重修岱庙碑》）、嘉庆十九年（1814）（《重修泰安县志》）、嘉庆二十三年（1818）（蒋大庆《岱工增修小记》）等数次重修。1928，孙良诚改峻极殿为“人民大会场”。1931，山东省政府发布公文《岱庙天贶殿启事》，改岱庙正殿为“宋天贶殿”，直沿用至今。耿静吾《说岱》：“廿年（1931）省主席韩复榘补葺之，丹臒藻丽，额曰‘宋天贶殿’”。

[考辩]

今岱庙正殿“宋天贶殿”并非宋代所建之“天贶殿”。大中祥符元年（1008），宋真宗下诏于灵液池北“天书”再降之处建“天贶殿”，而宋代岱庙正殿为“嘉宁殿”。“宋天贶殿”之名源自《泰山道里记》的误记，为民国二十年岱庙重修时所沿用。

38. 兰山区庞家古银杏

[身历]

位于临沂市兰山区枣沟头镇庞家村（图4.21）。编号A15，树高23米，胸径1.75米，平均冠幅19米，树龄521年。距地0.6米处西北侧有树瘤，“文化大革命”间，西北大杈被锯断。

[身历]

庞家村始建于明洪武间，由庞氏创建。

图4.21　兰山区庞家古银杏（李斌 摄）

39. 费县北徕庄铺古银杏

[性状]

位于费县探沂镇北徕庄铺村村口朱龙河畔。树高40米，胸径1.74米，冠幅东西27米、南北26米，县志载植于唐初，树龄约1300年，一说500年，不确。长势旺盛。誉称“唐代银杏王”。

[记事]

徕庄铺村有陈家祖林，占地20余亩，四周青砖花墙，红漆大门，碑碣林立。陈姓始祖陈晋于明万历间自湖南经商至此，开基建村。

40. 肥城大寺古银杏

[性状]

位于肥城市石横镇大寺村西端正觉寺。雌株，树高22.15米，胸径1.72米，基径3.3米，冠幅东西长21.3米，南北15.5米，树龄千年以上。主干之上有4个大的分枝，直径均在1米左右，虬枝繁茂，遮荫近亩，年年果实累累。

[造园]

正觉寺始建于唐代，本名“三教堂”。金大定十年（1170），邳州僧宗明买下该寺，更名“正觉寺”。寺后张智纯墓前有金明昌元年（1190）佛顶尊胜神咒经幢，上刻佛像八尊，碑阳镌刻“善友张智纯之墓”。元大德二年（1298），重修。明清时期，多次重修。寺西原有塔林，“文化大革命”间毁坏。更西一箭之地，有“先贤左丘明墓”和古都君庄（舜帝成都处）。

[记事]

左丘明（姓丘，名明，世代为左史官，史称左丘明，前540－前452），其祖父倚相为楚国左史。鲁定公四年（前506），周率诸侯伐楚，楚昭王出逃。倚相携《楚史记》，举家北迁鲁国肥邑都君庄（今石横镇衡鱼村）。其子丘成、孙丘明相继任鲁国史官。孔子曾与左丘明一起入周观史，修《春秋》，《孔子家语・观周》：“孔子将修《春秋》，与左丘明乘，入周，观书于周史。归而修《春秋》之经，丘明为之传，为表里”。孔子逝世后，左丘明为正解《春秋》本义，作《春秋左氏传》。左丘明所作《国语》为我国现存最早国别史。唐贞观二十一年（637），太宗颁《左丘明等二十一人配享孔子庙诏》，封左丘明为“经师”，从祀文庙。宋大中祥符元年（1008），真宗追封为“瑕丘伯”，授其四十七代孙丘芳衣巾，以主祀事。政和元年（1111），徽宗追封为“中都伯”。明嘉靖九年（1530），明世宗追封为“先儒”，敕建墓门坊。并亲书“先儒之墓”。崇祯十五年（1642），明思宗追封为“先贤”。清雍正三年（1725），为避孔丘讳，丘姓均改写为“邱”。乾隆十六年（1751），礼部确认丘明之嫡孙为世袭奉祀生。

左丘明墓记载始见于三国时期，《魏书・地形志》：“富城（今肥城）有左丘明冢”。明天启二年（1622），王惟精《左传精舍志》：“先贤左子墓在肥城西南五十里正觉寺之西，墓右都君庄系左子故里。其后裔丘氏族众世居于此”。左丘明墓历代重修，明嘉靖间，敕建墓门坊一座。天启间，肥城令王惟精重修。1949年，石牌坊、石象生尚存。“文化大革命”间，左墓尽毁。1999年，原址重修，墓台长60米，宽40米，墓地直径20米，墓高8米，左丘明墓碑高8米，前有墓门坊，高10米，有重修左丘明墓碑文。

41. 峄城区青檀寺古银杏

［释名］

雌雄并生，前雌后雄，号“夫妻银杏”。

［性状］

位于枣庄市峄城区榴园镇王府山村青檀寺院内（图4.22）。编号B008，树高27米，胸径1.72米，冠幅东西22米、南北18米，树龄1200年。树冠伞形，长势旺盛。树东6米有“跑堂井”。

［身历］

青檀寺始建于唐代，原名云峰寺，后因青檀树群遍布全山而改名青檀寺。光绪三十年（1904）《峄县志·山川》：“城西七里曰青檀山，亦名云峰山，旧有云峰寺，唐时立，今圮。与汉王山对峙，高峻相亚。青檀寺在北岩下，为邑八景之一‘青檀秋色’。檀皆生石上，枝干盘曲如虬龙，数百年物也。寺后为‘金界’楼，世传岳武穆曾驻兵于此，不可考”。之后历代重修，清末民初，寺毁于兵火。现为1985年重建。轴线建筑起自青檀秋色牌坊，依次为山门、天王殿、大殿。大殿西北有药师塔、岳飞养眼楼。2006年，被列为山东省文物保护单位。

42. 台儿庄区郭庄小学古银杏

［性状］

位于枣庄市台儿庄区泥沟镇郭庄小学院内（图4.23）。编号D004，雌株，树高26米，胸径1.72米，冠幅东西18米、南北20米，树龄1300余年。主干中空，干生树乳，基部20年前曾遭火烧。地表有裸根7条，最长10米。

图4.22 峄城区青檀寺古银杏（张建勇 摄）

图4.23 台儿庄区郭庄小学古银杏（张建勇 摄）

[身历]

古银杏所在为大明寺遗址。大明寺又名“吴寺”。树南百米余有古井。村左近原有寺僧塔林，今倾废。传清乾隆间，寺僧祸害乡里、奸淫妇女，刘墉返乡时闻知，将寺僧埋入地下，以长齿耙处死，村民称快。

43. 沂水塔涧庵古银杏

[性状]

位于沂水县院东头镇塔涧村塔涧庵遗址。树高28米，胸径1.71米。树龄1000年。

[身历]

塔涧庵始建于宋，村北有北宋时期的塔涧庵摩崖石刻。清光绪元年（1875）、光绪二十年（1895）重修。1920年重修。民国后期废毁。今存历代碑碣3通。庵址东摩崖刻于纵1.3米，横6.6米石灰岩石上，内容多漫灭不清，可辨识的内容有：“时大宋乾德元年十二月五日，此山出碑，匠人李延希”；“时大宋绍圣四年三月初十日，于此山取寿塔石，匠人樊存、匠人郭升”。石刻字形随意，应为采石匠人的题记。从上述内容看，塔涧庵碑刻、僧舍利塔等石材取自此山。

44. 诸城井丘古银杏

[性状]

位于诸城市孟疃镇井丘一村。雌株，树高26米，胸径1.7米，平均冠幅18米。村中张氏祖上所植，树龄500余年。枝下高5米，树冠椭圆形，长势旺盛。

[身历]

井丘建村时间不详。明洪武二年，刘氏始祖刘彦成自四川内江县玉带溪村迁潍县司马庄，后有一支迁井丘。明万历间，万历四十三年（1619）进士、户部督饷主事吕一奏（字九初，号鸣韶）父购得匡山。崇祯三年（1630），吕一奏题“洗耳”泉。吕致仕后隐居匡山。

45. 沂水王峪古银杏群

[性状]

位于沂水县诸葛镇耿家王峪和东王峪。Ⅰ号位于东王峪村，树高27米，胸径1.7米；Ⅱ号位于耿家王峪村，树高24米，胸径1.7米。两株树龄1000年。

46. 沂南青驼寺古银杏

[性状]

位于沂南县青驼镇青驼寺村。雌株，树高22米，胸径1.7米，冠幅东西3.5米、南北3.5米。传植于唐代，树龄1000余年。

[身历]

青驼寺村原为汉“仲丘城”，城中“点将台”为汉墓。青驼寺始建于唐，原名兴隆寺。建寺时发掘出汉代天禄一对，俗称青驼，寺也因此而得俗名。兴隆寺后改清风寺、三官庙。兴废时间不详。明代，青驼寺成为重要的驿站；清康熙十三年《山东通志》载：明代有青驼寺驿。清代，正式设置青驼寺驿站的管理机构；康熙二十四年《蒙阴县志》：“顺治十年……蒙阴之置邮，实始于此。记蒙距沂州二百二十里，中设青驼寺一驿”。雍正十二年（1724），置青驼寺巡检司，添建衙署，派驻军队。乾隆十二年（1747），撤裁驿丞，驿站下放到各县管理，但保留青驼寺巡检司（《清高宗实录》）。1913年，北洋政府撤销驿站，青驼寺驿废。1940年7月26日，山东根据地各界代表联合大会在沂南召开，8月1日，选举产生山东省临时参议会和山东省战时工作推行委员会（简称“战工会”）。“战工会”办公地点设在青驼寺内，寺内有古银杏2株。日伪军进犯时，烧毁庙宇及1株古银杏。解放后，立碑纪念。1945年，战时工作推行委员会正式改为山东省人民政府。1990年，山东省政府重修旧址，辟为纪念馆，立《山东抗日民主政权创建纪念碑》。1997年，列为山东省重点文物保护单位。汉代天禄今存村委院内。

[诗文]

①清康熙七年（1668），清代词人、骈文作家、翰林院检讨陈维崧（字其年，号迦陵，1625－1682）与伶郎徐紫云私奔，曾盘桓青驼寺，遇到“明末四才子”冒襄之子冒青若。康熙十八年（1679），陈维崧进京参加“博学鸿词”科考试，再过青驼寺，触景生情，作《虞美人·过青驼寺感旧，寄示冒子青若》：“鲁山更比吴山翠，路入青驼寺。乱峰怪石甃围墙，墙里人家一半枣花香。当初有个卿家燕，与汝天涯见。晓风残月忆从前，不道因循过了十多年”。词后自注：“昔年云郎随予北上，于此地遇青若”。②康熙四十五年（1706）进士王苹（字秋史，号蓼谷山人，自称七十二泉主人，1661－1720）《沂水山行即景》：“驴背寒销破帽温，鞭丝渐远雪泥痕。乱山一路青驼寺，多少东风到店门”。③侍读学士朱筠（字竹君，一字美叔，学者称笥河先生，1729－1781）《徐公驿》：“青驼二十里，徐公岭过半。上岭复下岭，驿马中间换。肩舆不留行，仆夫面已汗。连坡尽荒草，石田草中乱。此间山脊乾，不雨常苦旱。我行咨暑雨，对此转生赞。幸兹梁菽收，水绝天与灌。古人称逢年，用力必无玩。更从悟强恕，人喜我勿叹。西北风何来，推送健双骭。下岭亦不滑，高高睇前岸”。

[记事]

①《清圣祖实录》载，康熙二十八年（1689），康熙帝第二次南巡；正月二十日驻跸沂州青驼寺。次日沿驿道继续南行，巡向江苏。②青驼寺为蒙山东麓贸易重镇，丝织品生意影响全国。乾隆间，吴中孚《商贾便览》卷八载：兰山县青驼寺、新泰之敖阳店、泰安之崔家庄都是较重要的茧绸集散市场。商人入山采买，贩鬻四方。③嘉庆四年（1799），宗人府主事李鼎元（字和叔，号墨庄，？－1812）奉诏为副使，出使琉球，三月十四日，路过青驼寺。李鼎元《使琉球记》：“（三月）十四日丙寅，晴。山行六十里，沂水县垛庄驿食……再行二十里，有坊曰‘琅琊古郡’，后题‘兰山令祁恕士新建’。连日逐沂水、傍蒙山行，颇有山水趣。又二十里，宿青驼寺。土人云：佛刹有青石驼，蹄腹陷于土，惟头及鞍尚可辨，或系大家墓道物。然驼之设于墓道，制亦未为久远”。

47. 莒县薛家石岭村古银杏

[性状]

位于莒县夏庄镇薛家石岭村小学院内。高27.7米，胸径1.69米，平均冠幅23米。传植于唐代，树龄约1100年。长势旺盛。

[身历]

古银杏所在原为佛寺，古银杏原在大殿前。传古银杏移栽自浮来山定林寺。

[记事]

山东省水利厅原副厅长、原党组副书记薛翰亭（名彦林，1911－1959）为薛家石岭村人。1938年莒县抗敌自卫团，并加入中国共产党。历任抗日民主政府区长、县民政科长、县抗日武装大队长、县长等职，曾瓦解并收编了驻临沂伪警备队官兵130多人，配合兄弟部队拔掉日伪据点、活捉伪区长、收复日伪占区。

48. 泗水泉林古银杏

[性状]

位于泗水县泉林镇泉林村，35°46′N，117°30′E，海拔121米。树高26米，胸径1.69米，基径2米，冠幅东西24米、南北22米，植于元初，树龄727年。枝下高6米，主干分4大杈，再分11大枝。西杈最粗，基径1.2米，长10米。

[身历]

泉林行宫始建于康熙二十三年，乾隆二十一年重建。清末兵毁。行宫中有古荫堂，位于近圣居西院，以古银杏改"古荫堂"。

[诗文]

乾隆帝御制《古荫堂》："（西偏古木，大数十围，轮囷垂荫，不让诗礼堂唐槐，南华大年未足语古。）①灌木不论名字，古干各具精神。经几春风秋月，适逢美景良辰。千载以来伯仲，百尺之上轮囷。偶坐爱斯嘉荫，缅怀植者何人？②树古由来荫亦古，银树栉栉满庭铺。重经此复固遐想，种树人还识此无?"

49. 博山区后峪古银杏

[释名]

村民传说古银杏所植之处有两眼泉，故称"镇泉树"。

[性状]

位于淄博市博山区夏家庄镇后峪社区梓胜园内（图4.24）。2株。Ⅰ编号C42，雌株，树高

图4.24 博山区后峪古银杏（冯广平 摄）

27米，胸径1.67米，冠幅东西23米、南北24米；主干通直壮硕，枝下高5米，北侧分3杈，南侧分4杈，西侧分3杈，树冠圆球形，长势旺盛。Ⅱ号编号C43，雌株，树高28米，胸径1.48米，冠幅东西17米、南北21米；主干通直，基部有空洞，枝下高5米，南侧分2杈，北侧分1杈，东侧分1杈，树冠圆球形，长势旺盛。两株植于金元之际，树龄800余年。

［身历］

古银杏所在原为兴隆观。兴隆观始建于金元之际，雍正七年（1729）《重修兴隆观碑》："后峪村兴隆观者……相传始自金元之间，迨今五百年矣，自有明以来，余先世主之而无碑殿可考，迩以荒圮"。明万历三十年（1602）、崇祯二年（1629）重修。明清之际废毁。清雍正七年、乾隆三十一年（1768）年重修。1934年，重修观前石桥。"文化大革命"间拆毁。1993年重建正殿三间，奉祀真武大帝，改称"梓胜园"。

50. 兰山区庙上古银杏

［性状］

位于临沂市兰山区兰山街道庙上村娘娘庙大殿前（图4.25）。编号A48，树高21米，胸径1.62米，平均冠幅20米，树龄421年。此说非，据胸径大小和正德间重修推测，此树树龄500余年。主干南侧大杈折断，距地2米处分3大杈。长势旺盛。村民奉以为神，年节于树下祭拜。1993年，被列为临沂市文物保护单位。

［身历］

娘娘庙坐西朝东，始建于北宋元丰间（1078－1085），原名艾山神祠，原祀山神，后讹传为唐传奇所载柳毅和洞庭龙女。《临沂县志·秩祀》："艾山神祠，在城西二十五里，建于宋元丰时，本祠山神及神夫人，后讹为柳毅、龙女，俗呼为'娘娘庙'，即以名村，有会"。明正德间（1506－1521）立村，名"朱乙村"。

图4.25　兰山区庙上古银杏（李試 摄）

清顺治间改称娘娘庙。康熙三十六年（1697）重修。1949年以后村改名庙上。“文化大革命”间，娘娘庙毁，今存正殿，面阔三间10.6米，进深二间9.4米，灰瓦悬山顶。庙前原有柳毅庙、关帝庙、钟楼、戏台等，今俱毁。

[诗文]

娘娘庙为祈雨胜处，康熙间兖东道徐惺作《艾山纪事》，记述祈雨灵迹。

[附记]

娘娘庙南南阳庄原有明代无梁殿，内祀关帝；崇祯七年（1634），邱尚义、真明道长创建。1940年兵毁，惟余无梁殿、奶奶殿。1950年改作学校。1989年，奶奶殿火毁。2007年重修无梁殿。

51. 兰山区花园古银杏

[性状]

位于临沂市兰山区枣沟头镇花园村祊河岸（图4.26）。编号A18，树高22米，胸径1.62米，平均冠幅22米，树龄321年。此说非，以建花园植树推测，树龄至少397年；以胸径推测，树龄不少于500年。枝下高2米，主干分两大杈，长势旺盛。

[身历]

花园村原为明河南按察副使全良范（字心矩，1550－1637）别墅。全良范治理汴口水患，政绩卓著，因母卒而回乡守孝。万历四十三年（1615），“东乡恶少刘好问果乘饥煽众，聚至两千余人，竖旗凤凰山”。全良范捐资守城，沂人尊为“中恪先生”。清嘉庆二十四年（1819），建村名“花园”。

图4.26　兰山区花园古银杏（李斌 摄）

[附记]

花园村东孟家村有古银杏。编号A07，树高21米，胸径1.21米，平均冠幅21米，树龄200年。孟家村始建于明万历间，由孟、贾二姓创建，始名“孟贾村”，后改孟家庄。若以建村植树推测，树龄400余年。

52. 兰山区泉口古银杏

[性状]

位于临沂市兰山区李官镇泉口村。编号A51，树高24米，胸径1.62米，平均冠幅16米，树龄约570年。长势一般。

[身历]

泉口村始建于明成化间（1465－1487），初名旷沂庄，继讹为诓爷庄，后因水源奇缺，村民望泉心切，更名泉口。

[附记]

李官镇粮管所有古银杏。编号A17，雌株，树高20米，胸径1.43米，平均冠幅16米，树龄141年，此说待考，以成化间建村植树计，树龄应500余年。枝下高7米，树冠浑圆，长势旺盛。李官村也建于成化间，李、官两姓创建；后官姓迁走，遂名“移官庄”，演作“李官”。

53. 沂南任家庄古银杏

[性状]

位于沂南县砖埠镇任家庄村。编号G25，树高25米，胸径1.62米，平均冠幅15米，树龄1150年。任家庄南孙家黄疃村一株。编号G24，树高25米，胸径1.23米，平均冠幅14米，树龄1010年。

[身历]

两株古银杏所在为古阳都故城遗址，秦始皇二十六年（前221），置阳都县。西晋永和十二年（356），徐州刺史荀羡破阳都，俘虏阳都侯王腾。阳都城自此废毁。阳都城遗址在古沂水境内沂河西、桑泉水（汶河）南五里，位于今孙家黄疃庄、任家庄之间的沂河西岸一级阶地上。故城遗址东西和南北各约长800米，面积近7万平方米；遗址出土有“阳”字古砖及汉画像石刻、铜镜、剑、戈、盔甲、汉币、汉碑、汉瓦、陶器等汉代遗物；遗址内发现汉代画像石墓座。1982年，阳都故城被列为沂南县文物保护单位。

阳城城为蜀汉丞相、武乡侯诸葛亮（字孔明，号卧龙，181－234）故里。陈寿《三国志·诸葛亮传》：“诸葛亮，字孔明，琅邪阳都人也”。康熙《沂水县志·乡贤》：“瑯琊阳都属城阳国，其地无考，世遂以今之沂州为孔明故里，夫沂州乃临沂非阳都也。据章怀太子注《后汉书》、郦道元注《水经》，则沂之南境即古之阳都也，况《齐乘》载：其近地有城名诸葛，其为孔明故里无疑矣”。1993年，孙家黄疃庄建诸葛亮故里纪念馆。

54. 沂源盖冶古银杏

[性状]

位于沂源县中庄乡盖冶村学校院内。两株。雄株编号G03，树高18米，胸径1.6米，平均冠幅20米，树龄1000年。枝下高3.5米，基径2.8米。树冠伞形，主干分8大杈。分杈有锥形树瘤，村民称为“仙瘤”。雌株编号G04，树高15米，胸径1.5米，平均冠幅16米，树龄1000年。枝下高3米，基径1.8米。树冠伞形，主干分5大杈。丰年产果1000千克。

[身历]

树下有碑，碑文载，此处在汉代有冶铁房，唐代建三教寺。村中耆老言，原有银杏多株，历天灾人祸，仅存两株。

55. 诸城相州古银杏

[性状]

位于诸城市相州镇相州六村。树高24米，胸径1.6米，平均冠幅16米，树龄500年。枝下高4.5米，主干通直，长势旺盛。基部萌生幼树，胸径0.3米。

[身历]

古银杏所在为王氏祖茔，栗姓世代为其守墓，古树今为栗氏私产。

[汇考]

①相州王氏以秦将王离长子王王元为始祖，祖庭在诸城西小店子。明代，王庠始迁相州。王庠子王隆，孙王仁、王义、王智。自明万历间至

清道光间前后200余年间，王氏科甲相继，大多出长支、三支，多者有“一门四进士”、“一门六进士”；共有进士17人（武进士1人）、举人50余人（武举1人）、贡生（恩贡、拔贡、岁贡、附贡、副贡、例贡、廪贡等）40余人、监生（附生、廪生等）248人、武生19人。县令以上官员130余人。有传世作品160余部。②王庠六世孙、长支王仁重孙王恢基后裔善弹琴，有《龙吟馆琴谱》抄本传世。其十三世孙王溥长（既甫，1807－1886）创立诸城龙吟琴派。③光绪三十年（1904），王庠十六世孙王凤翥（字景檀，1857－1930）创立王氏私立小学，当代4位著名作家均出此校，分别是王统照（字剑三，1897－1957）、王希坚（1918－1995）、王愿坚（1929－1991）、王意坚（笔名姜贵，1908－1980）。至1937年夏，学校有初小6个班，高小4个班，学生达500多人，教职员工25人。

56. 诸城管家河套古银杏

［释名］

当地俗称“白果树王”。

［性状］

位于诸城市百尺河镇管家河套村。雌株，树高24米，胸径1.6米，平均冠幅16米，树龄700余年。枝下高5米，主干分5大杈，树冠伞形，长势旺盛。

［身历］

管家河套村始建于明万历间。乾隆四十一年（1776）《管氏族谱》：“河套管氏，原籍海州（今江苏省连运港）。洪武二年迁居东来平度之古岘。明嘉靖初年，二世祖以避难故来诸邑东乡东公村。万历年间三世祖兄弟三人分居，长支翟家庄，三支蒋家屯，我二支河套居焉”。

［附记］

管家河套多书香世家。村民4000余人，1/4坚持写日记。管炳圣坚持写日记54年，主持创办“日记节”。

57. 兰山区大杏花古银杏

［性状］

位于临沂市兰山区南坊街道大杏花村（图4.27）。共9株。编号A25、A29－A35、A52，树龄400余年。最大一株编号A33，位于河北村，树高28米，胸径1.59米，平均冠幅26米，树龄400年。此说待考，据胸径大小和成化间建村推测，树龄500余年。主干分三大杈，每杈4－5大枝，树冠浑圆，长势旺盛。

［身历］

大杏花村位于柳青河西岸，始建于明成化间，因此地多杏花，故名。后以柳青河为界，析为河南、河北两村。大杏花南500米有小杏花村，始建于洪武间。清咸丰七年（1857），两庄修柳青河桥。1914年柳青河桥重修。《临沂县

图4.27　兰山区大杏花古银杏最大植株（李斌 摄）

志·桥梁》："柳青河桥……一在小杏花庄，咸丰七年修……一在城北二十里大杏花庄，民国三年郑希海等重修"。

58. 历城区淌豆寺古银杏

[性状]

位于济南市历城区港沟镇伙路村东淌豆寺遗址。雌株，树高32米，胸径1.56米，树龄约1000年。枝下高5米。树旁有淌豆泉。

[身历]

淌豆寺又名塘豆寺、龙泉寺，始建于唐代，传唐太宗李世民东征乏粮，石间黄豆、甘泉并出，后人立寺为记。清乾隆《历城县志》："李唐时屯兵于此，饷粮不给，忽于石隙间豆涌如泉，后人艳称其事，故号塘豆寺"。民国间寺废。1958年，改作伙路村小学。今已重建，寺存清碑1通。

59. 奎文区丁家村古银杏

[性状]

位于潍坊市奎文区北苑街道办事处丁家村。编号001，雌株，树高27米，胸径1.56米，平均冠幅19.3米，树龄600年以上；民国30年（1941），丁锡田《潍县志稿》："相传为明代初栽植，树龄620年"。主干分4大杈，枝下高3.5米，长势旺盛，每年结果50千克。主干东北基部有长2米、宽1.5米的珊瑚状留。

60. 费县苑上古银杏

[性状]

位于费县朱田镇苑上村（图4.28）。树高26米，胸径1.56米，冠幅东西20米、南北27.5米，

图4.28 费县苑上古银杏（王培晓 摄）

树龄约500年。树东有琴泉、百花泉、龙泉、珍珠泉、天境泉5泉。

[身历]

古银杏新南原为明光禄寺卿王雅量别墅。王雅量（字有容，号左海，又号襟海，1566－1633），费县人，万历三十二年（1605）进士。为官清正，爱民如子。万历四十年（1616），奉旨回乡侍养母亲；不久按察陕西。天启间（1621－1627），不附魏忠贤，致仕返乡。卒，朝廷赐葬，神位入"乡贤祠"。别墅当营建于致仕后的十余年间，今存园林石三块。古银杏树下为王雅量读书、纳凉之所。

61. 费县寺口古银杏群

[性状]

位于费县刘庄镇寺口村。3株，一雄双雌。

南株雌株，树高24米，胸径1.56米，冠幅东西19.4米、南北19.4米；东株雄株，树高22米，胸径1.46米，冠幅东西20.3米、南北18.7米；北株雌株，树高20米，胸径0.99米，冠幅东西18米、南北17米。树龄约700年。

[身历]

古树原在其山寺内。其山寺始建时间不详，五代后唐时同光二年（924），寺僧重建。寺后崖下原有五代后晋天福三年（938）僧墓塔，今不存。《费邑古迹考·祠庙部》："其山寺：寺在县治东南其山。后晋天福三年《塔记》云'寺主于唐同光二年卜居其山寺古基创造时不可考矣'"。明嘉靖六年至十年（1528－1531），泾王捐资重修。明·王时泰《重修其山寺记》："住持僧如云与典服杜公山谋撤而新之，来启泾王，殿下念切好生，慨然捐白金若干，承奉罗公肆及内外州卫县乡民刘苑等各出资帑有差，易其旧而更建焉……始事于戊子之秋，讫工于辛卯之春三月，首尾四年"。同治间，清军与幅军作战时火毁。寺后原有6座僧墓塔，今存其一，建于明代，九级石塔，塔基四方，塔身为莲座承六棱柱，塔顶为双层八角翘檐石，塔刹圆形，塔东有碑："故禅塔庶师铭"。原存石狮被盗。

[记事]

①其山原作旗山，讹传为箕山，产淡紫色石，可作金星砚，原有刘庄公社砚台厂。光绪《费县志·山川》："其山，县东南四十五里。《府志》作旗山，俗讹为箕山（有洞，详后）。自方山而东南起此山。顶平，长数里，石淡紫色，可作砚。山前有古寺。南、东俱濒于涑"。②山顶有八王寨，原为幅军大寨。咸丰十一年（1861），费县黑土湖村人孙化清、孙化祥（？－1863）兄弟受太平军影响，揭竿起义，占据旺山，与幅军宋三冈部打败东单圩团练长王殿麟的"围剿"，并乘胜占据旗山诸处。进而相继与幅军刘淑愈、李宗棠部会师，以旗山为幅军大寨。孙化祥为寨主，刘淑愈为军师。附近幅军响应者甚众，达10万人。同治元年（1862），驰援淄川幅军刘德培部，大败济南道吴载勋部。同治二年（1863），清署漕运总督吴棠（字仲宣，号棣华，1813－1876）派总兵陈国瑞（字庆云，？－1882）率洋枪队2000人进剿幅军，于仲村圩包围孙化祥部。孙化祥坚守待援，突围时阵亡。

62. 沂南黄石寺古银杏群

[性状]

位于沂南县孙祖镇皇上寺村黄山寺遗址龙王殿前。Ⅰ号位于龙井东，编号G07，树高23米，胸径1.53米，平均冠幅23米，树龄510年。Ⅱ号位于龙井东南，编号G08，树高35米，胸径1.4米，平均冠幅11米，树龄610年。Ⅲ号位于龙井东南，编号G09，树高25米，胸径1.21米，平均冠幅20米，树龄510年。长势旺盛。

[考辨]

三株古银杏树龄有两点可疑，三株树龄各异，胸径最大者树龄非最古。依据元代重修和胸径大小推测，3株应植于同期，树龄700余年。

[身历]

黄石寺又名黄山寺、开元寺、皇上寺，原名黄庭观。至迟唐开元间已存在。20世纪50年代曾出土有开元残碑。唐末，毁于泥石流。北宋重修。元至元十一年（1274）重修（元至元十一年《黄庭观记》）。光绪十九年（1893）重修，建观音殿，改佛寺（《重修观音殿碑》）1923年重修，建龙王殿。20世纪50年代，寺毁。1923年重修。盛时占地280余亩，分三进院落，轴线建筑南起依次为山门、天王殿、大雄宝殿、菩萨殿、龙王殿。另有黄石仙公殿，始建于开元间，祀黄石公。龙王殿前有方口井，又称龙泉、龙井，泉水甘冽。大门前右有戏台，左为碑林。

63. 市中区玉皇庙古银杏

[性状]

位于枣庄市市中区税郭镇玉皇庙村（图4.29）。编号A008，树高21米，胸径1.53米，冠幅东西16米、南北14米，树龄1200年。

图4.29　市中区玉皇庙古银杏（张建勇 摄）

[身历]

古树所在原为玉皇庙，始建年代不详，明中叶，兵部侍郎贾三近重修，今存《玉皇庙碑记》。光绪三十年《峄县志》：“玉皇庙，城东南四十里兰城店，明贾侍郎所重修也”。玉皇庙村西北有汉代古墓群。

64. 诸城贾戈庄古银杏

[性状]

位于诸城市郝戈庄镇贾戈庄村小学院内。2株，相距10米。西株雄株，树高20米，胸径1.5米，平均冠幅16米，传植于明万历前，树龄600余年。枝下高3米，长势旺盛。东株雌株，树高18米，胸径1.4米，平均冠幅20米，树龄600余年。枝下高3.5米，正顶折断，大枝横展。

[身历]

树旁原有石龙寺，始建于北魏正光间（530－525）。

65. 诸城相家沟古银杏群

[性状]

位于诸城市皇华镇相家沟村（图4.30）。雌雄2株。雄株编号H3，树高24米，胸径1.5米，枝下高3.5米；雌株编号H3，树高20米，胸径1.25米，枝下高4.5米。两株银杏植于明天启元年（1620），树龄393年。丁耀亢诗序：“山中银杏树，少年手植，四十有五年，今秋得果二石，予年六十有八”。树南60米有“野鹤桥”。“野鹤桥”全长20米，宽3米，单拱石桥，石34层，石长30厘米、弦长3米、弧高4米。桥建于天启三年（1623）。

图4.30　诸城相家沟古银杏（引自《诸城古树名木》）

[身历]

相家沟原名“橡槚沟”，因山多橡、槚树而得名，后按谐音沿称“相家沟”，始建于明天启初。银杏树北原有“东溪书舍”，建于明天启五年（1625），石墙茅顶，面阔五间，为清代文学家丁耀亢读书、著作处。后辟作相家沟小学校舍，今废。书舍西为牡丹园，园内为丁氏家塾。书舍东南200米处山巅悬崖之上有“卧云阁”俗称“东楼”。《卧云阁九日落成诗四首》：“草阁初成霜树边，淡烟微雨菊花天。收来红叶千林醉，偷得白云一榻眠。此日登高容泛酒，因时漫兴偶成篇。老人不作悲秋赋，倚枕加餐付岁年。”东山上有 “不答庵”、“东山寺”。今村委后为“煮石草堂”旧址。

[附记]

①丁氏始祖丁兴为明太祖将，其次子丁推始迁琅琊。《出劫纪略·族谱序》：“当元之末，始祖讳兴者，以铁枪归明太祖，从军有功，除淮安海州卫百户。于贯世袭。自海州而徙琅邪，则自兴之次子推始。然则，推固琅邪始祖也。自推而至吾之身，殆八世矣”。②丁惟宁（字汝安，号少滨，又字养静，1542－1611），嘉靖四十四年（1565）进士，官至四川道监察御史、湖广郧襄兵备道副使，为官精明强干、刚正不阿。万历十四年（1587）年，单骑平复郧襄道兵变，遭巡抚诬陷，贬官三级。翌年，辞官归隐九仙山丁家楼子。丁惟宁工诗文，善书法，为嘉靖朝鸿儒，与张肃、杨津、董其昌、张文时、张士则、臧惟一、陈烨等8人结文社，时称“东武西社八友”。③丁耀亢，清顺治九年（1652）拔贡；顺治十六年（1659）迁惠安知县，以母老不赴。著作丰富，诗歌、戏曲、小说，无所不工。代表作有：《出劫纪略》《陆方诗草》《椒丘诗》《归山草》《听山亭草》《醒世姻缘传》《天史》《续金瓶梅》《西湖扇》《化人游》《赤松游》《增删卜易》等。④相家沟村西南角500米处黄豆山之阳“老爷林”有丁耀亢墓，墓碑勒“丁氏八世先祖丁公耀亢之墓”。

66. 诸城张家沟古银杏

[性状]

位于诸城市桃林乡张家沟村西山崖上。树高26米，胸径1.5米，平均冠幅22米，树龄700余年。枝下高3.5米，主干分两大股，大枝众多，树冠球形，长势旺盛。

[身历]

树北20米为青云寺遗址。清嘉庆间，陈氏先祖与寺僧诉讼胜出，寺判作陈家田产。

67. 蒙阴南竺院古银杏

[性状]

位于蒙阴县蒙阴镇南竺院村。编号F02，树高20米，胸径1.5米，平均冠幅14米，树龄约1500年。枝下高5米，树冠伞形，长势旺盛。

[身历]

古银杏所在原为寿圣寺，嘉靖四十四年（1565）《蒙阴县城南银杏□歌行》碑："人知蒙山顶上石生茶，而不知寿圣寺□□可夸哉"。明《重修寿圣寺记》载：南竺园原有南北两寺，南为南竺寺，北即寿圣寺（亦称关帝庙），统称南竺寺。南竺寺始建于唐。明永乐六年（1408）重修。崇祯间，南京户部郎中公旬重修。南竺寺规模宏大，占地一百余亩，正殿北有十二层雁塔，塔旁有洗砚泉。清末寺毁于战乱。解放初，县党校、公安、医院设于南竺院，1948年迁今县城，俗传"先有南竺院，后有蒙阴县"。

[记事]

①嘉靖四十四年，蒙阴令赵显勒立《蒙阴县城南银杏□歌行》碑："茁其芽，芽荄年复一年，不禁牛羊樵采，□□如地……寿孳拱把久且难，何至五丈圆团栾。灵根蛇延遍方亩……时维四月浓荫绿，远扬坻垂正宜□，与童子六七冠者，……谷回忆花开红传。粉果结繁垂玉，少年应有探花郎也"。②礼部右侍郎、文学家、万历前期"山左三大家"之一公鼐（字孝与，号周庭，1558－1626）酷爱南竺寺，躬自撰文《重修寿圣寺记》；其《向次斋稿》收录描述南竺寺的诗26首。《南竺寺》："晚霞挂重塔，微月碧殿空。林壑松桧响，十里闻秋风"。《同陈、徐二生游南竺》："古殿瞻蒙岳，前当第一峰。朱甍藏翡翠，青峰削芙蓉。览胜晨登塔，参禅叩夜钟"。《南楼》："十二楼开列玉京，分明天上落层城。檐前寂寂三珠树，半夜鹤飞来上鸣"。《端阳日杜明府招游南竺》："策马度溪去，逢僧知径深。柳千章无暑，泉似出入林"。

68. 蒙阴大山寺古银杏

[性状]

位于蒙阴县垛庄镇大山寺村。编号F05，树高14米，胸径1.5米，平均冠幅15米，树龄500年。主干中空，树冠卵形，长势旺盛。

[身历]

大山寺始建时间不详，元末已经存在。元末，刘氏自海洲迁来建村。清嘉庆间敕修大山寺。2009年发现"圣旨"碑头。

[记事]

1947年，孟良崮战役期间，整编第74师和华东野战军第6纵队先后占领垛庄。5月11日，第1兵团司令汤恩伯以整编第74师张灵甫（原名张钟麟，字灵甫，1903－1947）部为骨干，在整编第25师、第83师配合，自垛庄、桃墟地区进攻坦埠。14日，粟裕"令六纵下午二时由观上急进界牌垛庄"。15日拂晓，六纵王必成（1912－1989）部攻占垛庄，切断整编第74师归路，完成对整编第74师的包围。

69. 莒县大沈刘古银杏

[性状]

位于莒县东莞镇大沈刘庄村。树高31.5米，胸径1.5米，冠幅东西29米、南北28米。枝下高3.6米。传刘勰手植，此说殆不可信。

[身历]

①沈刘庄刘氏始迁于元末，始迁祖刘宽，其五世祖刘兴原籍东海（海州），元初迁莒箕山阴徕庄，入赘窦氏，以功至莒密二州总管。二世、三世袭职。元末流离。②沈刘庄为汉箕城故址，汉城阳荒王子箕愿侯刘文封地，潍水流经庄前石灰岩破碎地带，没入地下，再出露地表，形成“潍水沉流”景观，古名“沈流庄”（元·于钦《齐乘》），明代改名“沈刘庄”（明末刘茂墓志）。

[考辨]

沈刘庄传为东晋文学评论家刘勰故乡。刘勰故里有三说，一说为日照东港区三庄，始见于乾隆二十三年（1757）“刘勰故里碑”：“梁通事舍人刘三公故里”。乾隆二十五年（1759）《沂州府志》、光绪十一年（1885）《日照县志》均以“刘三公庄”为刘勰故里。此说可疑，三庄不在古莒县范围，且刘勰孓然一身，无兄弟，三公之说非指刘勰。一说为沈刘庄，此说始于民间传说，1996年始出。沈刘庄古属东莞县而非莒县。此说也不可信。一说为莒县城，本自南齐《刘岱墓志铭》，1969年江苏句容县出土，铭文称“南徐州东莞郡莒县都乡长贵里”。刘岱为刘勰堂叔，墓志铭所指为莒县城。此说可信。

[附记]

①1985年，沈刘庄西1500米处西岭发现汉画像石墓，出土画像石21块，总计28幅画像。②1993年，大沈刘庄发现春秋晚期墓葬一座，发现有陶礼器、青铜兵器、车马器、石贝币等，墓葬规模较大。

图4.31 兰山区乜家庄古银杏（李斌 摄）

70. 兰山区乜家庄古银杏

[性状]

位于临沂市兰山区半程镇乜家庄村（图4.31）。编号A11，树高23米，胸径1.48米，平均冠幅15米，树龄281年，此说待考，依据胸径大小和宣德间建村推测，树龄约500年。

[身历]

乜家庄村始建于明宣德间，由乜氏创建。

71. 市中区甘泉寺古银杏

[性状]

位于枣庄市市中区齐村镇凤凰村甘泉寺（图4.32）。编号A005，一级古树，树高28米，胸径1.48米，冠幅东西22米、南北20米，树龄1000年。树下有明万历十五年（1587）《重修龙窝寺碑记》碑。

图4.32 市中区甘泉寺古银杏（张建勇 摄）

[身历]

甘泉寺始建时间不详，因寺中有甘泉而得名。又称伽蓝神庙、龙窝寺。元延祐六年（1319）重修。明嘉靖初尽废。万历八年（1580）、十五年（1587）重修。万历《兖州府志》：“甘泉寺在县西北四十里屏山之麓，寺中一泉，每夏秋水发，绕寺流出，冬则断流，其味甘冽，寺因以名，创自元延祐六年，国朝万历八年重修”。因寺中山石或隐或露，如数条石龙隐现，故俗称“龙窝寺”。万历十五年《重修龙窝寺碑记》：“龙窝寺距邑址三十余里，在平山之东麓，云谷山之前，境幽地胜……中有泉水甘冽异常，旧名甘泉寺。今易题额曰龙窝者，乃伽蓝神授，云寺甚古。始创无所考，元延祐间，梁家庄洪宽等重修之”。清嘉庆五年（1800）重修“重修殿宇，并于其旁建窑神庙”（嘉庆六年《创建窑神庙记》碑）。后废，至1949年已倾圮殆尽。1992年重建。轴线建筑有山门、天王殿、大雄宝殿、藏经楼。寺存历代碑刻12通。

[诗文]

韩邦亭《甘泉寺赋》：“甘泉才盈古井，茂树喜称公孙。润物无声，道脉长其宛转；接天有像，修枝错而纠纷。阅四时以迈古，经千载而标新。风移绿影，树隐微禽。光昭浩气，楼壮精魂。一山长栽宝树，万类无非游尘。赏碑碣于旧宇，传钟鼓之妙音。着意品茶，饮虚空而反朴;随缘入室，坐客堂以寻真”。

[记事]

①万历十五年，峄县硕儒、中大夫光禄寺卿贾梦龙，与其弟、山西泽州儒州儒学学正贾梦鲤（号笔峰居士），其友、陕西鄜州知州潘愚（字颜泉，号颜泉逸叟）重修龙窝寺，潘愚撰文《重修龙窝寺记》。《重修龙窝寺碑记》：至万历间，有双山村乡耆高贤者，悯其荒落，始发心重建之”。潘愚，五台令潘辂子，以乡荐守直隶卢龙令，擢守陕西鄜州，工诗文、书法，峄县远近记志题跋多出其手。②嘉庆元年（1796），晋商智泰祥与峄县人王深合伙开采煤矿，于龙窝寺祈福，后获利；遂于嘉庆五年重修龙窝寺，新建窑神殿。《创建窑神庙记》碑：“今于嘉庆元年，邑人王深与山西太古智太祥合伙采煤，未得之先，祷于龙窝寺，俟后遂意，重修殿宇，并于其旁建窑神庙……起于嘉庆五年四月”。

[附记]

枣庄古产煤，称“石炭”，《创建窑神庙记》碑：“熙宁东坡初到京，作《石炭行》。石薪、石炭即今之所谓煤也”。元至大元年（1308）开始开采。19世纪五六十年代，最终衰落。枣庄今存古煤井1253口。

72. 山亭区三清观古银杏

[释名]

根部萌生幼树，号“怀中抱子”。当地奉以为神，号“神树”。

[性状]

位于枣庄市山亭区北庄镇抱犊崮林场三清观（图4.33）。一级古树，编号C018，雄株，树高34米，胸径1.46米，冠幅东西12米、南北13米，树龄1200年。枝下高3米，南向大杈断落，朽空，今封以水泥。树西幼树高10米，胸径0.5米。幼树西南有幼苗，高1.2米，胸径0.04米。人称“三代同堂”。

[身历]

三清观位于抱犊崮西南麓深涧中，又名“巢云观”，观后有巢云洞，又名“云窟”，每日清晨有白云一团自洞中徐出。又因奉祀太清道德天尊，故名“三清观”。始建于唐代，为道家七十二福地之一。共两进院落，占地1000余平方米，有三清殿、碧霞阁、观音殿等殿。巢云观、与清华寺并为峄县八景之一，光绪三十年《峄县志》：“清华观、巢云观皆在君山麓，邑八景之一。俗所谓上观、下观也”。

[记事]

①1918年，邑人孙美珠、孙美瑶兄弟与族叔孙桂枝，不堪军阀混战、官府盘剥，揭竿起义，筑寨君山（即抱犊崮），聚集饥民七八千人。1920年，组建“山东建国自治军”，孙美珠任总司令。1922年7月15日，孙美珠阵亡于西集遭遇战，孙美瑶继为司令。北洋政府令山东督军田中玉率山东第五、第六混成旅和二十旅、老五师等部围剿抱犊崮。1923年5月6日，“山东建国自治军五路联军”于津浦铁路临城车站附近劫持京沪特别快车，掳获英国、美国、法国、意大利、墨西哥等29人、中国30人。西方列强乘机勒索北洋政府，扬言出兵干涉、共管津浦路；山东督军田中玉、兖州镇守使何锋钰被撤职，围剿部队撤离。1923年6月12日，北洋政府与山东建国自治军达成协议，停止围剿，接受改编；“山东建国自治军”3000人改编为“山东新编旅”，隶属第五师，孙美瑶任旅长。同年12月19日，山东督理郑士琦指使兖州镇守使张培荣于枣庄中兴煤矿公司设宴招纳孙美瑶、孙桂枝叔侄，枪杀孙美瑶。孙桂枝逃脱，率残部占山。②1938年5月，徐州沦陷。鲁南各地抗日武装组成第五战区人民抗日义勇总队，张光中任总队长，何一萍任政治委员。6月，改称苏鲁人民抗日义勇队第一总队，建立抱犊崮山区抗日根据地。1939年9月，罗荣桓率八路军一一五师师部、686团到达抱犊崮，建师部于山下大炉村。同年11月20日，成立峄县抗日民主政府，治所在山亭北庄镇南泉村，潘振

图4.33　山亭区三清观古银杏（张建勇 摄）

武任第一任县长。1940年6月，中共鲁南区党委成立，赵镈任书记。10月，八路军鲁南军区成立，邝任农任司令员兼政治委员，后张光中任司令员、赵镈任政治委员。同年，建立鲁南专员公署，治所在在山亭九子峪村。1945年8月，鲁南主力部队编为山东解放军第8师，警备第8、第9旅，民兵和自卫团发展到43万多人。1945年，解放滕县，取得鲁南抗战全面胜利。

73. 徂徕山玉皇阁古银杏

[释名]

一株分两干，且是雌株，俗称“姊妹银杏”。

[性状]

位于徂徕山礤石峪溪东岸隐仙观玉皇阁下50米。雌株，树高38米，基径1.45米，距地0.5米处干分两股，胸径分别为0.98米、1.02米，平均冠幅14米，树龄约1200年。

[身历]

因树建观。古银杏所在原为巢父庙。明万历间（1573－1620），道士于元虚（人称“蝉蜕真人”）于此创建全真教支派——蓬莱派，奉吕洞宾（原名岩，号纯阳子，796－？）和张三丰（本名通，字君宝，1247－1458）为祖师。清康熙间、嘉庆十六年（1811）、道光二十一年（1841）、咸丰四年（1854）多次重修扩建，成为徂徕第一道观。“茶石峪徂徕第一观也，自前明道士于元虚羽化登仙，其名尤著”。（道光二十一年《重修礤石峪碑记》）。今灵官庙、山神庙、六逸亭、辽仙桥均毁，现存建筑分东西两部分，东部为玉皇阁、三清殿，西部有吕祖堂、六逸堂。玉皇阁分上下两层，单檐硬山顶，上为木结构前廊式，下有石砌门，额题“金阙云宫”。观存清代碑碣4块，周边有“竹溪”、“云路”、“激湍”、“壁立千仞”、“桃园深处”、“仙洞灵府”等题刻20余处。

[记事]

1937年年底，日军相继攻陷济南、泰安。1938年1月1日，中共山东省委书记黎玉、泰安地下党负责人洪涛等在徂徕山大寺发动抗日武装起义，成立“八路军山东人民抗日游击队第四支队”，以隐仙观为重要营地。1月26日，在宁阳寺岭伏击日军，毙敌10余人，缴获马车一辆。2月17日，在四槐树村伏击，毙伤40余人，炸汽车2辆。数月发展为十二支中队，战士3000余人。4月8日，会师莱芜，正式编为“山东人民抗日联军独立第一师”，洪涛任师长。

74. 兰山区运输公司古银杏

[性状]

位于临沂市兰山区解放路6号临沂市交通运输公司院内（图4.34a、b）。Ⅰ号编号A23，雌株，树高20米。胸径1.43米，平均冠幅12米，树龄421年。主干中空、干枯，北侧、西侧大杈被锯掉，惟余一杈。基部萌生幼树10株。Ⅱ号编号A24，雌株，树高19米，胸径1.43米，平均冠幅10米，树龄421年。主干大部已枯，惟东南侧有树皮尚存活。基部萌生幼树2株。树身寄生枸杞数丛。

[身历]

古银杏处于古临沂城东门外偏南，接近古先农坛遗址。先农坛始建于清雍正四年（1726）。民国间改为临沂县农会试验场。《临沂县志·秩祀》：“先农坛，在城东门外，瓦屋三间，草房

图4.34a　兰山区运输公司古银杏左株（李斌 摄）

图4.34b　兰山区运输公司古银杏右株（李斌 摄）

两间，坛地一亩，藉田四亩，雍正四年建设。今改为县农会试验场”。

75. 历城区北道沟古银杏

[性状]

位于济南市历城区仲宫镇北道沟普门寺遗址。两株，一雌一雄，南北相距20米，雄株高32米，胸径1.4米，平均冠幅17米；雌株高23米，胸径1.2米，平均冠幅21米，两株古树树龄约300余年，长势旺盛。树旁有圣水泉。崇祯、乾隆《历城县志》和道光《济南府志》：“圣池泉在普门寺山门外，清冽澄洁，一方攸赖”。

[身历]

普门寺始建时间不详。元代重修，《普门禅寺记》：“昔至元五年，刻碑于寺”。元末兵毁。明洪武间，有高僧圆寂于西佛寺山半山石棚，四方信众以为吉兆，改寺所在村寨为“道沟村”。后为区别于邻近“倒沟村”，改名“北道沟村”。明成化间，临济宗第二十四代传人慧湛禅师重修（成化《普门禅寺记》）。明崇祯十年（1637），重修。山腰石棚北壁存三尊摩崖菩萨像，推测凿于明代。普门寺座西朝东，今废弃。寺中有官井、东井等泉。

76. 新泰将军堂古银杏

[释名]

古银杏上生栾树，又名灯笼花，故名“灯笼银杏”。

[性状]

位于新泰市龙廷镇将军堂亮峪风景区。两株，东西相距15米。东株雄株，树高20.4米，胸径1.4米，冠幅东西12.5米、南北冠幅16.8米，枝下高3.5米，冠高12.4米，主干分3大杈，东杈基径0.8米，西杈基径0.6米，北杈被截，基径0.5米；树干稍向北倾斜，距地1.5米处有火烧痕迹。分杈间生栾树，基径6厘米，胸径5.5厘米，长势旺盛。西株雌株，树高21米，胸径0.92米，冠幅东西14米、南北13.7米，枝下高3米，冠高16米，主干分两大杈，南杈基径0.2米，北杈基径0.24米，距主干1米处被截断。生长旺盛，年产果1000斤。

[身历]

古银杏所在为宝泉寺遗址，今已修复。山下有唐代韩将军墓，2010年被列入《泰安市第三次全国文物普查不可移动文物名录》。

77. 博山区韩庄古银杏

[性状]

位于淄博市博山区池上镇韩庄村观音寺遗址。原有2株，20世纪50年代一株被伐，今存其一。树高20米，胸径1.4米，平均冠幅22米，树龄900余年。

[身历]

观音寺位于摩诃山山腰，山形酷似象头，故以梵宇摩诃称此山。观音寺始建于唐代。北宋元符二年（1099）重修。元祐二年（1087）重修，建石塔。 清代重修。20世纪50年代，辟为小学校。1955年，寺中铜像3尊移县文管所。“文化大革命”间，寺尽毁。寺坐北朝南，中轴线建筑南起依次为金刚殿、观音阁、大熊宝殿。宋元符二年八棱碑（又名金代香炉柱）原在观音阁东配殿前，今存博山区文管所。寺西有北宋元祐二年建九层石塔一座，为淄博市仅有宋塔。观音寺遗址今为博山区文物保护单位。

[记事]

古银杏被伐时，王子虹时任山东省林业厅厅长，叮嘱博山县委领导不要再采伐，另一株才得以保留。

[附记]

大雄宝殿后有古侧柏，树高18米，胸径0.62米，平均冠幅13米，树龄300年。

78. 罗庄区后盛庄古银杏

[性状]

位于临沂市罗庄区盛庄街道后盛庄村。编号B02，树高24米，胸径1.37米，平均冠幅21米，树龄321年。枝下高6米，东向大杈最长，树冠偏斜，长势旺盛。

[记事]

后盛庄西北、罗庄区政府大院以北的护台植物园为龙山文化遗址，中心部位文化层堆积厚达3－4米，出土有罐、鼎、甗、鬶、盆、碗、杯、豆等陶器，包括迄今形制最大的灰陶甗，高116厘米、口径44厘米。1997年，辟为植物园，种植名贵花卉木30余种4万多株，形成金钟迎春、樱花烂漫、红叶傲霜、苍松映雪等十大景区。

79. 峄城区小坊上古银杏

[性状]

位于枣庄市峄城区古邵镇小坊上村（图

4.35）。编号B007，雌株，树高26米，胸径1.37米，平均冠幅26米，树龄1000年。树北有革命烈士纪念碑。东北3米有古井。正东有碑亭，内新立《银杏树》碑："树植于唐代，逾千年，雌性树，长五十一尺，合抱四围，荫面可达四百八十平方。其始有甘氏者，于伉俪日手植双蕙，以祈多子孙、共福寿。翌逢战乱，夫殁于峄县西青檀山，妻祭之灵，将雄者移于青檀山而返，哭告于此树北三步处，坠井而终，后淘井见金簪，甘氏物也。20世纪初，树生五瘤，治顽疾，日升东影映西湖，有识者寻踪而至，窃五瘤发迹，有异传人若遇难，树皆托梦告之避之，又云卜未来、知兴衰"。

身历

1989年，以银杏为中心建银杏公园。

80. 山亭区越峰寺古银杏

性状

位于枣庄市山亭区店子镇越峰寺村越峰寺内（图4.36）。编号C001，雄株，树高37米，胸径1.37米，冠幅东西13米、南北14米，树龄700年。传唐太宗东征时，于山上发现泉眼，赐名"龙泉"。唐将尉迟敬德闻知，与秦叔宝寻至。秦叔宝手植银杏、槐各一株。今存。此说无稽可考。

身历

越峰寺古称"灵泉寺"、因寺中有山泉一泓，名"灵泉"、"龙泉"。《滕县志·古迹》："灵泉寺，在越峰山，元至元间建"。寺始建于唐代，今山门两侧壁嵌唐代造像碑。金正隆二年（1157）重修。大定二年（1162），重

图4.35峄城区小坊上古银杏（张建勇 摄）

图4.36 山亭区越峰寺古银杏（张建勇 摄）

修，敕赐额“灵泉寺”。元至元间重建。今废，存历代碑碣10通。1993年，被列为枣庄市文物保护单位。

[诗文]

颜汝《秋杪游越峰山龙泉寺》：“高屐穷幽曲，行来古诗中。晴云盘岭白，秋树过山红。门静人声悄，山深樵径通。灵根天异植，抚玩倚西风。”

81. 莱城区志公寺古银杏

[性状]

位于莱芜市莱城区大王庄镇华山国家森林公园大舟院志公殿遗址前。2株，东雄西雌，相距10余米。雄株，树高23米，胸径1.35米，基径2.13米，冠幅东西27.5米、南北32米，树龄1500年。主干分15杈，最长枝基围0.8米，长18米，树冠覆荫880平方米。雌株，树高19米，胸径0.7米，冠幅东西15.9米、南北9.5米。主干分15杈，树冠覆荫123平方米。雌株基部生幼树，树高13米。

[身历]

华山林场位于大王庄镇东北，其东坡为大舟院。林场始建于1948年，原名“山东省莱芜县大舟院示范林场”。1958年4月，扩建，改名“莱芜县国营华山林场”；1984年，改称“莱芜市国营华山林场”；1993年1月，改名“莱芜市莱城区国有华山林场”，辖莱芜市4个林场。1998年12月，辟建山东省森林公园；2003年12月，建成国家级森林公园。大舟院外高内低，呈舟形，故名；现存有沿山脉垒砌的宽两米的石院墙遗迹。

大舟院占地千亩，寺庙坐北朝南，有正殿、副殿、藏经楼、法堂、禅堂、斋堂、钟楼等建筑，正殿为志公殿（《还大舟院庙田碑记》），奉祀南朝高僧、广济大师僧宝志（俗姓朱，又称“志公”、“保公”、“保志”，418－514）。寺有上院、下院，上院即大舟院，下院在今羊里镇院上村。传黄巢起义军曾驻兵于此，沿山垒砌院墙及寨门，寨门刻“大舟山寨”。清康熙、乾隆、道光、光绪间重修。“文化大革命”间，寺毁。

[记事]

①1940年9月，日军实施“治安强化”运动，加强对抗日根据地的扫荡。中共莱芜县委在大舟院举办“干部培训班”，实施反“扫荡”，2名县议员和一连战士全部阵亡。②1947年1月至2月23日，莱芜县政府临时迁至大舟院，保卫战中，时任县委书记李立修负伤。

82. 兰山区叠庄古银杏

[性状]

位于临沂市兰山区马厂湖镇东、西叠庄村。Ⅰ号位于西叠庄，编号A13，树高19米，胸径1.34米，平均冠幅17米，树龄221年。枝下高3米，主干4大杈，东北杈长11米，西南杈长5米。树冠浑圆，长势旺盛。Ⅱ号位于东叠庄，编号A37，雄株，树高40米，胸径0.93米，平均冠幅22米，树龄500余年。主干中空，距地2米处有2大杈。长势旺盛。树旁有古井，深15米，夏季奉水时，井水满溢。20世纪80年代，有人于树洞中点火，树身全燃，村民在县消防队帮助下扑救三昼夜才扑灭大火。村民以为古树必死，不料翌年重发新叶，长势更旺。

[身历]

东叠庄、西叠庄相距1千米，传为乾隆下江南时，尚衣坊叠衣处，此说非。民国《临沂县志》图示艾山和武德村西有东墠、西墠两村，与东西叠庄位置相符。墠为古代天子、诸侯祭祀远祖的平地。《礼记·祭法》："天下有王，分地建国，置都立邑设庙祧坛墠而祭之，乃为亲疏多少之数。是故王立七庙，一坛一墠……远庙为祧，有二祧，享尝乃止。去祧为坛，去坛为墠"。艾山东有古城村，村北为北魏北徐州城遗址，始建于北魏永安二年（529），北周时改作沂州治所。《临沂县志·古迹》："元魏即丘县，《魏书·地形志》有缯城、临沂城、即丘城、鲁山庙。《寰宇记》沂州治城，后魏北徐州城，庄帝永安二年筑，周武帝改为沂州"。东墠、西墠应于北魏移治北徐州有关。

83. 费县管疃古银杏

［性状］

位于费县刘庄镇北王管疃村巨龙山。树高30米，胸径1.34米，冠幅东西23米、南北23米，树龄约1300年。树冠浑圆，长势旺盛。西侧基生幼树一株。树下靠西有白云洞，洞口椭圆，宽1米，高1.2米，因洞口东向，又名"朝阳洞"。洞口有泉。

［身历］

古银杏西依悬崖，所在为道观，树北原有王母殿，今重建。庙前有重修碑6通，中有康熙三十年《重修巨龙山白云洞王母殿碑》。庙中香火旺盛。

84. 诸城孙村古银杏

［性状］

位于诸城市昌城镇孙村二村村委院内。树高20米，胸径1.3米，平均冠幅24米，树龄约600年。枝下高4米，树冠圆形，长势旺盛。

［身历］

古银杏所在原为隋家花园，树东北原有庙，1958年毁；树亦险遭砍伐，幸有关领导关照才脱难。天启六年（1626）（道口）《隋氏家乘》："隋氏之先登州之莱阳县人也，代远无谱可考"。明中期，隋氏十三世隋钦迁诸城县北二十里隋家老庄。二十世隋平（字无奇，一字悔斋，号昆铁，1646－1711）为清初著名诗人、诸城"石梁九老会"九老之一。二十一世隋楷官至永宁知州。

［汇考］

孙庄东南原有清乾隆元年进士、江西布政使范廷楷（字端植，号怡云，1705－1762）墓。

85. 山亭区化石岭古银杏

［性状］

位于枣庄市山亭区水泉镇化石岭村村南3千米龙泉山龙泉寺遗址（图4.37）。编号C009，一级古树，树高36米，胸径1.3米，冠幅东西18米、南北21米，树龄600年。树冠倒卵形，长势旺盛。树西南山上有泉。

［身历］

龙泉寺始建于元初，皇庆间（1312－1313）重修。明成化间重修。万历《滕县志》："龙泉寺，在龙峪，元初建，皇庆间重修，明成化中僧文诜再修。山麓回合，石径透迤，而入中乃开豁，始见僧居，而泉水围绕殿廊丈室周遍乃出。地极幽雅，惜其山不秀耳。教谕赵锪游龙泉寺诗：山木桥横野水塘，半临客舍半禅房；我来频扫飞花径，却笑闲僧也解忙。"清乾隆二十六年

图4-37 山亭区化石峪古银杏（张建勇 摄）

（1761）重修。咸丰间兵毁。同治初重建。1929年重修。1929年《龙泉寺碑记》：“山势蜿蜒，似龙之盘，水声潺湲，有泉可沿，寺名龙泉，取山水也。飞龙在天，西方佛爷来也，毒龙避地，性已修焉。恭性池大和尚号灵溪，当龙战于野，捻匪北窜而焚烧，及龙见在日，同治初年而补葺，荷锸植松，龙鳞未老，□杖藤柯如童……佛入中国，元之皇庆寺，经重修有倍辉煌矣”。今寺村重修碑2通。

86. 莱城区边王许古银杏

[性状]

位于莱芜市莱城区寨里镇边王许村关帝庙旁，海拔167米。雌株，树高28米，胸径1.27米，冠幅东西19米、南北19米，树龄约600年。当地称帝王树，奉为神树，于树下焚香攘灾。关帝庙后5米多有河湾，长约20米，宽10米，深约1米多的大湾，水终年不干。古银杏长势旺盛与此泓水相关。

[身历]

边王许村始建于明万历间，边永安及其三侄子边大涌（用）、边大江、边大渊，迁租徕山东北定居，取村名边家庄。村碑载：“边姓四户，明万历（年间由山西洪洞县大槐树下移民时迁来”。后边大用北迁莱芜寨里姜家庄西定居，邻村多以王许为名，遂改姜家庄为边王许村。关帝庙坐北朝南，五间庙屋，庙门阴刻“边王许关帝庙”。关帝庙东南有药王庙，坐南朝北药王庙，高约1.5米，东西长2米，内塑有药王及司药神像，高约40厘米，彩画工细。每年农历九月十五日药王庙会，信众大集。原有古柏2株，后被伐。村东有观音庙，坐南朝北，正殿三间，门西有古皂荚1株。1942年前拆除。1943年修围抗敌。围四角为三层楼，墙四面有瞭望孔和枪眼。

[记事]

①1914年，边王许、魏王许合办国民小学，两村拟伐观音庙、关帝庙两株银杏做课桌凳。边王许桥会董事们决定只伐雄树，而出京钱100吊买下雌树，勒石为证，此碑今村。②村西有边王许村遗址，1973年发现，遗址面积不详。石器有尖状器、砍砸器和斧、锛等。呈现旧石器时代晚期特征。遗址附近出土有大汶口文化高柄喇叭足白陶杯、新石器时代石铲、青铜剑、宋代瓷瓶、元代绿瓷罐等。1999年，被列为莱芜市文物保护单位，立碑为记。③1937年9月，里人边一峰、边丰甲等与水东村马宝田、刘文举等20余人，在温家庄村北金堂寺，成立“香山抗日游击队”，对外称“莱芜抗日保家自卫团”。队伍很快发展到60多人，推选马宝田任指导员，边丰甲任副指导员，景肇铃任队长。同年11月，自卫团召开动

员大会，景反水，抢夺枪械。起义受阻，中共山东省委指示“莱芜抗日保家自卫团”放弃起义，选两名代名参加“徂徕山起义”。自卫团推荐马宝田、刘文举于1938年1月3日赴泰安参加徂徕山起义。自卫团后被编入八路军四支队第四中队七班、八班。④1939年1月，八区、九区联合区委成立，以边王许小学为基地，边一峰任区委书记。1941年7月寨里区委建立，边华任区委书记，王英（曾用名王佃英，1897－1942）任区中队队长。⑤里人王英烈士，1939年加入中国共产党。1941年，寨里区成立武装中队，王英任区中队长，在韩王许村以弱胜强，打破敌人包围。1942年，王英率区中队配合八路军与日伪军战于仪封河，击毙日军小队长一名，毙伤汉奸十数人。区中队由15人发展至38人，配有35支步枪、3支手枪。1942年4月18日，王英率区中队，化装至杨庄镇东李村捉拿汉奸李武之。李逃走后纠集汉奸刘仲迪、郝会之等反扑，将王英部包围于韩王许村西。王英率众奋力搏斗，终因因寡不敌众，壮烈牺牲。

87. 兰山区余粮古银杏

[性状]

位于临沂市兰山区白沙埠镇余粮村东（图4.38）。Ⅰ号编号A27，树高23米，胸径1.27米，平均冠幅14米，树龄321年。Ⅱ号编号A39，树高21米，胸径1.0米，平均冠幅17米，树龄415年，此说非，两株立地条件相同，Ⅱ号胸径小于Ⅰ号，树龄至多与后者同，而不会超过后者。主干通直，长势旺盛。

[身历]

古树所在原为玉皇庙，Ⅰ号在无梁殿东，Ⅱ号在殿东南。玉皇庙始建于明代，分三进院落，自南而北依次有玉皇殿、无梁殿、菩萨殿。“文化大革命”间，庙毁。今存无梁殿，面阔三间，通体石砌，殿顶起券，灰瓦硬山顶。余粮村始建于宋中期，始名敬沂庄。明代，以村东无梁殿命名。1966年，改“余粮村”。

图4.38　兰山区余粮古银杏（引自《临沂古树名木》）

88. 市中区山阴小学古银杏

[性状]

位于枣庄市市中区光明路街道山阴小学（图4.39）。编号A003，树高20米，胸径1.27米，冠幅东西10米、南北10米，树龄1200余年。

[身历]

山阴村始建于唐代。清代建山阴社。山阴村武氏始迁于明初，峄县武氏族谱载：“明代建国之初，我先祖讳铭公自青来峄，卜居古方厢乡，

图4.39　市中区山阴小学古银杏（张建勇 摄）

即所语山阴村。此系我先祖来峄之渊源也”。族谱撰者武学璋（字明斋，1885－1948），毕业于北京大学堂、日本早稻田大学，早期同盟会会员，官至北伐军副师长，曾任山东省政府议员；创建峄阳中学，为峄县第一个私立中学，先后推荐20余人入黄埔军校学习。较为著名者如国民革命军陆军一级上将刘安祺（字寿如，1903－1970）。

记事

1938年4月14日，日军进犯峄县。峄城百姓二三千人逃难至山阴村西老和尚寺村，不幸遭日机轰炸，600余人遇难，1000余人受伤；同时，房屋50多间被毁，牲畜200多头死伤。史称“和尚寺惨案”。

89. 峄城区峨山古银杏

性状

位于枣庄市峄城区峨山镇（图4.40）。共2株。Ⅰ号位于后屯村，雌株，树高28米，胸径1.27米，平均冠幅18米，树龄800余年。树冠圆形，长势旺盛。Ⅱ号位于前屯村，编号B003，雌株，树高13米，胸径1.15米，平均冠幅17米，树龄700年。正顶折断，西南侧树皮脱落，西侧大枝1.5米处被锯断，长势一般。

身历

Ⅰ号旁原有庙，传为明初燕王将领肖、马、何三氏所建。Ⅱ号旁原有玉皇庙，始建时间不详。“文化大革命”间，两庙被拆毁。

汇考

峨山为西汉太子太傅疏广、太子少傅疏受故里。萝藤村和城前村间有“二疏城遗址”，又名散金台。二疏归隐二疏城，尽散家财，救济乡亲。去世后，里人于旧宅立祠为祀，勒立《散金台》碑。（《峄县志·古迹考》）遗址东西长约

图4.40　峄城区峨山古银杏（张建勇 摄）

图4.41 临朐东镇庙古银杏（冯广平 摄）

图4.42 兰山区赵家古银杏（李斌 摄）

180米，南北宽约160米，土台高约3米，为北辛文化至汉代文化遗址，目前探方800多平方米，出土石器、骨器、陶器、玉器、铜器等386件。1992年，被列为山东省文物保护单位。

90. 临朐东镇庙古银杏

［释名］

雌株上萌生雄树，称“母子连体连理银杏树”。

［性状］

位于临朐县沂山风景区东镇庙（图4.41）。雌株，树高20米，胸径1.26米，冠幅东西12.8米、南北14.8米；植于元初，树龄710年。枝下高5米，基径1.53米。树干中空，1989年萌生雄株，今已碗口粗细。原有古银杏2株，西雄东雌，北宋景祐三年（1036），宋仁宗祀东镇庙时手植。金代，雌株毁于雷击。元初原址补植雌株。清代，宋元银杏分别为胸径1.38米、0.96米的古树（1清尺＝31厘米），清·光绪《临朐县志·建置》：“大殿前杪白果二株，西雄东雌，雄围一丈四尺，雌围九尺七寸”。1968年，临朐县革命委员会伐掉雄株制作临朐县礼堂座椅。

［身历］

东镇庙始建于西汉。北宋建隆三年，移今址，因唐代凤阳寺立祠。以后历代重修。

91. 兰山区赵家古银杏

［性状］

位于临沂市兰山区半程镇赵家村（图4.42）。编号A38，树高22米，胸径1.26米，平均冠幅17米，树龄326年，此说非，据胸径和建寺时间推测，树龄约450年。树冠椭圆形，长势旺盛。

[身历]

古银杏所在原为弥勒寺，始建于明嘉靖间（1522－1566）。《临沂县志·秩祀》：“（弥勒寺）县北四十五里半程街，明嘉靖年建”。

[记事]

赵家村始建于清雍正十年（1723）。

92. 兰山区天齐庙古银杏

[释名]

村民奉为神树，以为树能满足各种心愿，誉称“心愿树”，树上遍挂心愿红布条。

图4.43　兰山区天齐庙古银杏（李斌 摄）

[性状]

位于临沂市兰山区茶山园艺场天晴旺天齐庙内（图4.43）。编号A42，树高21米，胸径1.21米，平均冠幅17米，树龄271年。枝下高5米，树冠浑圆，长势旺盛。树下有新立《重修茶山天齐庙碑记》。

[身历]

天齐庙始建时间不详，有说始于唐，无稽可考。清康熙间重修，残碑有文：“重修东岳天齐圣殿，大清康熙”。1938年，毁于兵火。2001年，由台胞赵景山捐资重建。庙分两进院落，轴线建筑南起依次为天齐府坊、山门、灵官殿、东岳殿；正殿祀东岳大帝，东配殿祀碧霞元君。

93. 苍山灵峰寺古银杏群

[性状]

位于苍山县下村乡山北头村灵峰寺内。共3株，均为雌株。Ⅰ号树高25米，胸径1.21米，平均冠幅12米，树龄1000年。Ⅱ号树高22米，胸径0.96米，平均冠幅12.5米，树龄600年。Ⅲ号树高22米，胸径0.96米，平均冠幅10米，树龄600年。

[身历]

灵峰寺位于抱犊崮东麓，元至正五年（1345），重修。明成化五年（1469）、万历十年（1582），重修。清雍正十三年（1735）、乾隆六年（1741）、乾隆四十一年（1776），重修。2002年重修。寺座北朝南，中轴线建筑为天王殿、大雄宝殿、观音殿、地藏殿等。正殿面阔五间14米，进深两间8米，额题“释迦文佛”，正殿及其东西配殿为雍正间建筑。寺存历代碑刻10余通。1991年，被列为县级重点文保单位。

94. 沂南盆泉古银杏

【性状】

位于沂南县双堠镇盆泉村。编号G05，树高32米，胸径1.21米，平均冠幅20米，树龄560年。

【汇考】

盆泉古名“分泉”（《春秋》、《左传》）、“喷泉”（《公羊传》）、“贲泉”（《穀梁传》），今作盆泉。因泉水喷涌得名，《公羊传·昭公五年》：“贲泉者何？直泉也；直泉者何？涌泉也。”杜预注：“鲁地即此”。鲁昭公五年（前537），鲁军败莒军于盆泉。《春秋·昭公五年》：“叔弓率师败莒师于分泉”。

95. 诸城寨里古银杏

【性状】

位于诸城市昌城镇寨里村小学院内。雄株，树高22米，胸径1.2米，平均冠幅14米，树龄420年。枝下高4米，树冠卵形，长势旺盛。20世纪70年代，遭雷击，几近死亡。

【身历】

诸城王氏十一世王映奎迁寨里。万历三年（1575）建祠，祠前植银杏。

96. 山亭区龙门观古银杏

【性状】

位于枣庄市山亭区皀城乡东小观村东龙门观遗址（图4.44）。编号C016，雌株，树高26米，胸径1.2米，平均冠幅18米，树龄600年。树冠伞形，长势旺盛。

【身历】

龙门观始建于宋，初名“白云庵”。明弘治、正德间重修。清代又修。清康二十四年《峄县志》：“龙门观在县北六十里沧浪渊西，以山为龙门故名。一名白云庵，俗传为唐供修炼之所……创自宋元间，及至明朝弘治、正德亦数加修葺”。龙门观原有两进院落，前殿祀三清，后殿祀玉皇。周边有白云庵、清闲庵、青竹庵、牡丹庵等庙宇。1931年，韩复榘入滕剿匪时，庙宇、神像俱毁。1958年，辟建枣庄市龙门观国营林场，面积2万余亩，树种30余种，以侧柏为主。2010年，成立龙门观省级森林公园。

图4.44 山亭区龙门观古银杏（张建勇 摄）

97. 沂南大冯家楼子古银杏

[性状]

位于沂南县青驼镇大冯家楼子村。编号G23，树高25米，胸径1.19米，平均冠幅19米，树龄310年。

[记事]

1940年2月，在大夫宁村（今属平邑县）成立费县抗日民主政府。8月，在大冯家楼子（今属沂南县）成立临费沂边联县，属鲁中行政区。

98. 长清灵岩寺古银杏群

[性状]

位于济南市长清区灵岩山南坡灵岩寺（图4.45）。共4株。Ⅰ号位于大雄宝殿月台西，雄株，高18米，胸径1.18米，冠幅东西7米、南北12米，树龄约500年，长势旺盛，树南北各萌一新株，南株胸径0.49米。Ⅱ号位于大雄宝殿月台前东侧，雄株，高18米，胸径1.11米，冠幅东西17米、南北16.7米，树龄约500年，长势旺盛。Ⅲ号位于大雄宝殿月台前西侧，雄株，高18米，胸径0.92米，冠幅东西13米、南北14.5米，树龄约500年，长势旺盛。Ⅳ号位于般舟殿前，编号K0728，雌株，主干已枯，胸径0.76米，北侧萌2新株，东北一株胸径0.45米，西北一株胸径0.37米；全株冠幅东西8.6米、南北12.5米。树下为石砌八面基台，台高1.43米，树连台共高12米，台每面各有一石刻。基台前面两侧各有一石经幢，台后东北侧为一金刚宝座塔，西北侧为一经幢。

图4.45　长清区灵岩寺古银杏（冯广平 摄）

[身历]

大雄宝殿原为献殿，北宋政和间（1111－1118），高僧仁钦创建（王荣玉等《灵岩寺》）。明正德间（1506－1521），鲁王捐塑三大士像于献殿内，遂改为大雄殿，清·马大相《灵岩志》："献殿为礼拜五花殿之前殿也。明正德中，鲁王捐资塑大佛像三尊于内。而五花殿反为所障，竟以此殿称灵岩之大殿矣"。此后历代重修，现为清代建筑。殿内原佛像已毁，1994年重塑释迦牟尼佛和菩萨像。Ⅰ号、Ⅱ号、Ⅲ号古银杏应为明代栽植。般舟殿始建于唐代中期，元泰定三年（1326）、明永乐三年（1405）重修。明万历十五年（1587），移般舟殿内三十二尊泥塑罗汉像至千佛殿。清顺治十六年（1659），祖居法师重修，清初博学鸿儒施闰章题写碑记。Ⅳ号古银杏应为此次重修时栽植。

99. 莱城区圣水庵古银杏

[性状]

位于莱芜市莱城区高庄街道办事处圣水庵村圣水寺内，海拔236米。雌株，树高23米，胸径

图4.46a 泰安灵应宫古银杏（冯广平 摄）

图4.46b 泰安灵应宫古银杏（冯广平 摄）

1.18米，冠幅东西25米、南北23米，树龄1200年。古银杏树有“圣水”泉，水旱不枯。泉下游有藕池，夏秋时节景色宜人。

[身历]

圣水寺始建于南宋绍圣三年（1096）。寺中有栖云洞，内有18罗汉雕像，其中16尊刻于南宋淳佑八年（1248）石匠陈会缘所刻，另2尊属刻于明代作品，为国内现存最完整、工艺最精湛的石刻珍品之一；今为山东省文物保护单位。明代重修，明末毁。清乾隆三十八年（1773）重修，改名“圣水庵”。今废。存历代碑刻2通。圣水寺左右有灰泉寺、仙人堂等胜迹。乾隆三十八年《重修圣水教堂碑记》：“（圣水寺）东临灰泉。灰泉寺，地僻幽静也。其南通新甫，瑞气霭霭，接连八卦云楼也。北枕朝阳，云雾蒙胧，彻绕九顶山也。西近仙人堂，足迹尚在也。此则庙四周大观。古足迹之所遗留甚远也。乃见其麓有泉，名圣水泉。临于泉上者，三教堂也。作庙者谁不知何年何朝建修何氏也，观其大明碑记，庙院已尽损坏，幸有官山妮僧广缘广明者，倡率重修使庙无恙”。圣水庵村建于清初；《莱芜县志》载：清康熙间，翟姓建村，相继有吕、王、亓、张、段、刘、毕、李、谭姓迁至本村。

[附记]

村中有古槐，树高17米，胸径0.92米，冠幅东西11米、南北9米，树龄400余年。主干东西两大主枝，西主枝于5米处折断。寺中有古柿树，树高13米，胸径0.49米，冠幅东西5米、南北6米，树龄120年。

100. 泰安灵应宫古银杏

[性状]

位于泰安灵应宫院内（图4.46a、b）。2株。Ⅰ号位于元君殿月台东侧，雌株，编号E0003，树高15米，胸径1.16米，冠幅东西9.6米、南北

9.5米，树龄500年。主干枯死，南侧幼株贴生于主干，胸径0.36米；东西两侧各萌生幼株，胸径分别为0.1米、0.15米。Ⅱ号位于鼓楼南侧，雄株，编号E0006，树高18米，胸径1.11米，冠幅东西15.8米、南北14.2米，树龄500年。枝下高3.9米，主干分南、中、北3大杈，树冠伞形，长势旺盛。

［身历］

灵应宫始建时间不详，明正德间重建，两株古银杏应为重建时栽植。

101. 兰山区船流街古银杏

［性状］

位于临沂市兰山区白沙埠镇船流街村。编号A28，树高23米，胸径1.16米，平均冠幅15米，树龄421年。主干通直，树冠浑圆，长势良好。

［身历］

船流街建村始建不详，村中陈氏祖茔有碑立于明万历三十三年（1605）。因村中义务摆渡行人，故名“义渡船流”，民国间简称“船流”。船流街南偏西接西船流村，传始建于清雍正八年（1730），初名张家官庄，后改西船流。西船流南接前船流村，始建于雍正间，初名孙家官庄，后改前船流。

102. 市中区龙子心中学古银杏

［释名］

传有士人赶考过树下，抚树休息，后中状元，故名“金榜树、状元树”。

［性状］

位于枣庄市市中区龙子心中学院内（图

图4.47　市中区龙子心中学古银杏（张建勇　摄）

4.47）。编号A011，树高26米，胸径1.16米，平均冠幅20米，树龄1200年。主干分3大杈，树冠卵圆形，长势旺盛。

［记事］

2006年10月9日，香港演员成龙捐资创建“龙子心中学”，为内地第一所龙子心中学。学校占地105.6亩，规模为24个教学班。

103. 兰山区东北园古银杏群

［性状］

位于临沂市兰山区东北园居委会。Ⅰ号编号A01，树高27米，胸径1.14米，平均冠幅25米；Ⅱ号编号A03，树高28米，胸径1.11米，平均冠幅25米；Ⅲ号编号A02，树高27米，胸径1.08米，平均冠幅25米。三株树龄均400余年。

104. 沂南尚庵寺古银杏

[性状]

位于沂南县鼻子山林场尚庵寺遗址。编号G03，树高21米，胸径1.13米，平均冠幅17米，树龄320年。树下有残碑："今尚庵寺之历久而常新者，岂仅自依之神感乎？抑亦葛仙翁飞升于此也"。

[身历]

尚庵寺始建于唐天宝四年（745）。又名长春庵，位于映旗山（古称王蝠鼻山）山腰。传为东晋道教学者、炼丹家、医药学家葛洪（字稚川，自号抱朴子，284－364或343）修炼处。民国《临沂县志・山川》："又东映旗山，山坳有长春庵，相传以为葛洪故宅。前有泉，名老子玉池"。历代重修。民国初年碑："尚庵寺，沂州之胜景也"。解放前废。今存古树4株，历代碑刻5通。

[附记]

寺中有古圆柏3株，最大一株树高11米，胸径0.94米，冠幅12米，树龄约520年，长势旺盛。

105. 苍山庄坞镇古银杏

[性状]

位于苍山县庄坞镇政府大院内。雌株，树高15米，胸径1.11米，平均冠幅12米，树龄800年。树形优美，长势良好。

[身历]

镇政府东南、河西村北楼有杨氏家祠，始建于乾隆四十年（1775），杨氏春江支系十三世祖杨永法（字世行）、杨永祺（字价福）、杨永馨（字瑶香）等集资修建，占地4500平方米，正殿五间，长17米、宽10.8米、高9.20米。东厢殿、西厢殿各五间，青砖灰瓦。杨氏始迁祖杨德胜于明永乐二年（1404）自安徽庐州府合肥县大隅首村迁至山东兖州府梁山，二世祖杨明迁友琅琊郡庄坞（今坞镇河西村），奉母养老。九世时分支，传十六世，有五品以上官员55人、进士和举人等学士390余人。

杨氏家祠前有"敕建例授儒林郎侯选州同杨绩继妻例封刘安人刘氏孝节坊"，始建于嘉庆十年（1805），太子少保、兵部侍郎刘凤诰（字丞牧，号金门，1760－1830）等奏请旌表杨氏十二世祖杨绩妻刘氏。刘氏守寡数十年，坊联称："三美全收卓矣大家风范；一清独抱蔚然女士之宗"。坊高9.6米，宽7.4米，4柱3间5层楼阁式，上下共六层横梁。横梁有五层石刻，一层刻二龙戏珠图，二层横匾为坊题，三层刻朝阳浮雕状元图，背浮雕八仙，四层两面分别刻"光阳彤史"、"节重清门"，五层刻丹凤朝阳图。最上层斗拱飞檐，中间镶嵌圣旨刻石。此牌坊为临沂现存三牌坊中雕刻精美、价值最高一座。2006年，被列为山东省重点文物保护单位。

村中武水河上有永济桥，始建于明弘治间。万历四十六年（1618），杨氏八世祖杨藩（字遇阳）筹资重修。清道光二十五年（1845），杨氏十四世祖杨廷扬（号静轩）、杨初（号省吾）叔侄二人主持重修。主桥长73米，宽3.9米，桥洞31孔。桥旁原有捐修碑6通，今亡佚。20世纪50年代，主桥增高70厘米，加南北引桥50余米。

106. 蒙阴北晏子古银杏

[性状]

位于蒙阴县野店镇北晏子村。编号F03，雌株，树高16米，胸径1.11米，平均冠幅12米，传植于唐代，树龄1200余年。枝下高3米。一度濒临死亡，经居民换土，久之逐渐恢复。

[身历]

北晏子周边地名多与晏子（晏婴，字平仲，前578－前500）有关，如路晏沟、南晏子等。民间传为晏子封地，此说非，晏子自律甚严，齐景公多次封邑，皆拒不受。北晏子村中原有三皇庙，始建时间无考，历代重修三次。“文化大革命”间毁坏。2007年重建。

107. 苍山西大埠古银杏

[性状]

位于苍山县卞庄街道办事处西大埠村。雌株，树高22米，胸径1.1米，平均冠幅15米，树龄600年。长势旺盛。

[身历]

古银杏所在原有石佛寺，始建于清代康熙年间。民国《临沂县志·秩祀》：“石佛寺，县南九十里大埠，清康熙年建”。今废。

108. 薛城区孙氏宗祠古银杏群

[性状]

位于枣庄市薛城区周营镇牛山村孙氏宗祠内（图4.48）。4株，2雄2雌，一级古树，Ⅰ号树高20米，胸径1.08米，冠幅东西19米、南北19米；Ⅱ号树高19米，胸径0.78米，冠幅东西14米、南北16米；Ⅲ号树高18米，胸径0.73米，冠幅东西16米、南北18米；Ⅳ号树高15米，胸径0.48米，冠幅东西11米、南北13米。植于明弘治元年，树龄524年。

图4.48　薛城区孙氏宗祠古银杏（张建勇 摄）

[身历]

牛山孙氏始祖孙泗于永乐间（1403－1416）自山西平阳府（今临汾市）迁居山东峄县西姜家营，后南迁三里建村，即今周营镇牛山村。传24世，族众48万余人。于清康熙四十七年、乾隆九年（1744）、嘉庆五年（1800）、道光十九年（1839）、光绪二十三年、1936年、1988年七次休族谱，排定12世至51世40字辈序：“毓肇葆承茂，景晋钟启延。秉则淑以慎，昭虔尚新传。桂兰德裕厚，光辉业继先。繁盛恒思本，运华树正廉”。康熙四十七年修族谱时，阖族227户、800余人，重修家庙。道光二十三年扩建为祠，名为“映雪堂”。孙氏宗祠历经兵燹人祸，完整保存至今，为苏北鲁南保存最为完整的宗祠，今被列为山东省重点文物保护单位。

[记事]

①牛山村有孙氏墓群，始建于四世祖孙逵

后期，划地38亩，遍植侧柏。道光二十三年，增扩58亩，续植侧柏外，新植毛杨树23株。1936年六修族谱时，墓地有侧柏764株、毛白杨23株。1948年11月，峄县、枣庄、薛城、韩庄、临沂、台儿庄、郯城等解放，国民党军队溃逃时烧毁韩庄铁路桥，与解放军隔河对峙。中共峄县县委派遣阴平区委书记兼武工队队长孙景德（1912－2009）负责采伐孙氏祖茔树木搭建韩庄铁路桥。孙氏族人震动，20余名耆老申述祖林不能伐，孙景德言："我们牛山孙素来爱族更爱国，这是咱为国家做贡献的最好机会。淮海战役是咱们同国民党反动派生死存亡的大决战，用咱老林上的树修这座桥，千人走万人行，胜利了，咱们牛山孙氏多光荣！咱们的老祖宗九泉有灵也会高兴"。孙氏祖林采伐历时一个月，取材500余立方米。②牛山孙氏在抗日战争和解放战争中功勋卓著，运河支队成立前，峄县6支地方抗日武装中有3支以孙氏族人组成，战斗英雄有孙承才、孙承惠、孙景德、孙伯龙、孙伯英、孙怡然、孙倚亭等。淮海战役中，牛山孙氏阵亡666人。

109. 沂源迎仙观古银杏

[性状]

位于沂源县燕崖镇牛郎官庄、大贤山北麓织女洞观音阁。两株，相距15米。南株，编号GO7，雌株，树高25.3米，胸径1.05米，冠幅东西18.5米、南北18.5米，树龄300余年。枝下高2.4米，基径1.15米。树冠圆形，主干分4大杈。每年5月开花，20%果实结在叶缘，又称"叶籽银杏"。性状特异，一说为新变种，一说为返祖现象。北株，编号G08树高20米，胸径0.8米，平均冠幅12米，树龄300余年。枝下高5米，基径0.86米。树冠圆形，主干分4大杈。

[身历]

沂源传为牛郎织女故事起源地。《诗经·小雅·大东》："维天有汉，监亦有光。跂彼织女，终日七襄。虽则七襄，不成报章。睆彼牵牛，不以服箱"。诗序言"谭大夫作是诗"。"谭"又作"郯"，一说为章丘，一说为郯城。牵牛织女故事起源应在山东。至迟在唐代，沂源地区已被公认为故事起源地，唐代建织女洞、牛郎庙，分居沂河两岸。明万历七年（1579）《织女洞重楼记》碑："志云唐人过谷，闻洞内札札机声，以故织女名。对岸并起牛宫，于是乎在天成象者，于地成形矣"。唐代道士张道通（890－1207）于此修炼，创迎仙观。康熙《沂水县志中·舆地》："（大贤山）北崖畔有织女洞，自顶至麓，逶迤三四里。旧名凤凰山……唐羽士张道通寿三百岁，作迎仙观，羽化于此。又洞有石鼓，击之有声，想当然耳。近塞其洞，内口无从确考"。北宋元丰四年（1081），重修。金贞祐元年（1213）重修，建七层石塔。明正德六年（1511）重修，建玉帝行祠。万历七年和十五年（1587）两次重修，建洞口二层楼阁式建筑，重修天孙神像，造暖阁于神后。清康熙间重修，改三王庙为三清楼。

织女洞又名"织女仙阁"，洞因溶蚀作用形成，呈裂隙状，内高8米、宽7米、进深10米许。洞中有洞，左右相连，东北有一小洞，深不可测，洞中有一石鼓，击之有声，音韵深沉。洞临沂河，位于40余米高的悬崖上。织女洞主要建筑有迎仙观、老君阁、三清阁、送子观音堂、三王庙、玉皇阁、奶奶庙、岳王庙，今存历代碑碣10余通。洞今为山东省重点文物保护单位。

[记事]

①树南5米处有泉，故称"天孙泉"，四时

水不竭、不冻，水质甘甜。②明·杨光溥《织女仙洞》：“金梭晓夜为谁忙，隔水桃花满洞香。万国尽沾尧雨露，九重欲补舜衣裳。绮罗光映云霞重，机杼声抛日月长。却笑天台有仙子，此生谁解忆刘郎。”③清嘉庆二十年（1815），邑人王松亭题《登织女台》律诗二首：“（其一）高盘石磴赴仙关，洞口如逢列宿还。仿佛星河垂碧落，依稀牛女降人间。纵知机杼此中有，那信鹊桥渡后闲。我欲乘槎谁接引，客星高视水潺潺。（其二）天孙台上望仙楼，危槛平临景物幽。山径南随林麓转，沂河东折古今流。泉溪声急晴疑雨，松柏风寒夏亦秋。但于此间得少趣，寻源何事问牵牛。”④光绪二十一年（1895）沂水知县白锡元《与山并永》碑：“故登此台也，仰拱山翠，俯送沂蓝，岚气云彩，侵我襟袖……沂阳胜景，惟织女洞称最也”。⑤织女洞口南侧崖壁勒刻光绪二十一年白锡元手书“钟灵毓秀”四字。

图4.49　滕州羊庄古银杏（张建勇 摄）

110. 滕州羊庄古银杏

[性状]

位于滕州市羊庄镇政府大院内（图4.49）。编号F018，雌株，树高23米，胸径1.04米，冠幅东西15.3米、南北15.2米。植于明初，树龄600余年。枝下高5.6米，主干分3大杈。

[身历]

明初，晋商刘理州于此兴建山西会馆，占地20余亩，中有大殿、钟鼓楼。1927年，羊庄小学迁山西会馆。抗日战争期间，兵毁。解放后，于遗址上建羊庄镇政府。会馆后有“乌龙泉”，又称二龙泉，水色如兰，1960年，在提水站前凿井，乌龙泉水被截，改从井中涌出。后加宽枣滕公路，提水站拆除，泉水经地下暗渠过公路向南折西流入温水河。

[记事]

1939年2月，中国共产党滕县委员会于现羊庄镇大赵庄成立。1944年4月，滕县县委，县政府在现羊庄镇庄里成立。

111. 泰山普照寺古银杏

[性状]

位于泰安市泰山普照寺（图4.50）。Ⅰ号古银杏位于大雄宝殿前西北，编号G0008，雄株，高22米，胸径1.02米，冠幅东西12.7米、南北19.9米。推测建于正德间重建时，树龄490年。长势旺盛，西南侧生一幼株。Ⅱ号古银杏位于大雄宝殿前东北，雄株，编号G0007，高22米，胸径1.07米，冠幅东西13米、南北11.8米，树龄490年。长势旺盛。

图4.50　泰山普照寺古银杏（冯广平 摄）

[身历]

明宣德三年，僧满空禅师重建普照寺。正德十六年、清光绪六年，两度重修大雄宝殿。寺东有石堂，左右勒诗僧元玉咏物诗12处。旁边有元玉舍利塔。《泰山道里志》："国朝康熙初崇川诗僧元玉，先后卓锡于此。寺东有元玉别构石堂，并自为铭，复大书'石堂'二字，左右题景一十二处，各系以长短句。旁为元玉塔，有太史、淄川唐梦赉塔铭"。

112. 邹城孟庙古银杏群

[释名]

致严堂西侧古银杏，根部有紫藤3株，原攀援树上，2002年所攀大枝折断，另设蓬架支撑紫藤。当地称"藤缠银杏"。

[性状]

位于邹城市孟庙院内（图4.51），35° 24′ N，116° 36′ E，海拔39米。Ⅰ号位于致严堂前西侧，编号00232，树高12米，胸径1.02米，冠幅东西15米、南北17米，植于元代，树龄680余年。枝下高3米。树冠分9大枝；正顶折断，长势旺盛。树下紫藤3株，基径0.21米，胸径0.22米，藤长19.5米，平均冠幅9米。Ⅱ号位于致严堂前东侧，树高13米，胸径0.97米，基径1.3米，冠幅东西17米、南北11米，树龄680余年。主干西北倾，顶部加铁箍保护。Ⅲ号位于泰山气象门前东侧，树高16米，胸径0.64米，基径0.76米，冠幅东西8.3米、南北8.8米，树龄400余年。Ⅳ号位于泰山气象门前西侧，树高15.3米，胸径0.48米，基径0.59米，冠幅东西9.2米、南北9.9米，树龄400余年。

图4.51　邹城孟庙古银杏（冯广平 摄）

[身历]

致严堂面阔三间，取意于“祭则致其严”，始建于元至顺三年（1332）。原名“斋宿所”，为孟子嫡系后裔祭祀前沐浴、更衣、斋戒处。两银杏栽植规整、大小相仿，应系建屋时配植。

[诗词]

①宋·叶聪《亚圣名祠》：“邹孟高风不可扳，闲来古庙挹遗颜。中流砥柱今何处？千古令人仰泰山”。②胡选《亚圣名祠》：“邹城南去有名祠，满地丰碑满壁诗。为辟异端扶正道，至今千载仰为师”。《孟庙题咏》：“邪说当时势已张，惟公踞墨力诛杨。阐扬圣道明如日，扶正人心凛若霜。论性七篇嘘烬火，斯文千载仰余光。迄今庙貌人瞻拜，英气犹同树色苍”。③廖海《亚圣名祠》：“岩岩亚圣挺天生，齐宋梁滕道化行。处士杨朱皆入苙，夷之墨者赖陶成。前朝历历曾褒赠，当代煌煌复宠荣。功业不归神禹下，万年庙食表尊名”。④顾俊《亚圣名祠》：“群雄功利正纷纭，命世当年为极焚。大辟异端明圣学，高谈仁义警时君。幽深庙貌风霜古，偃蹇松杉岁月分。宗子于今承祀享，雍和礼乐极情文”。⑤廖森《亚圣名祠》：“天生亚圣为斯文，驱逐邪诐入化钧。万世文章归道统，七篇仁义在彝伦。巍巍宫宇乡关旧，济济冠裳宠命频。仰止千年如一日，岩岩气象凛如新”。⑥元·刘浚（字济川）《谒孟子庙》：“异教纷纷势竞张，人非归墨即归杨。七篇仁义严王法，五霸桓文畏肃霜。泰岳岩岩原有象，精金焯焯世争光。道承洙泗传千载，古庙松篁尚郁苍”。《亚圣名祠》：“平生浩气共天长，庙祀千年古道旁。反掌已知卑管晏，峨冠犹欲讲虞唐。岩岩泰岳秋无际，焯焯精金日有光。浅薄应惭持教铎，幸客贤里挹遗芳”。“功高神禹淑人心，天下相传自古今。庙食不断千年祀，孟林深处柏阴阴”。⑦明·广东副使徐文溥（字可大，号梦渔，1480－1525）《谒孟子庙》：“冠佩岩岩耸太行，百年庙祀峄山阳。论功不在玄圭下，谈性应为阙里光。云护宫庭春杳杳，露涵松桧晓苍苍。于今战国风仍在，感慨祠前一瓣香”。⑧兵部尚书毛伯温（字汝厉，号东塘，1482－1545）《祇谒孟庙敬志一首》：“入邹祇谒孟夫子，浩气堂堂俨若生。尧舜以来惟此道，孔颜之后独高名。峄山秀色凌层汉，泗水清流绕故城。仰止高风惭后学，云松烟柏不胜情”。

[记事]

道光十四年（1834），邑人徐庭赞于石墙村获得东汉刻石，又称东汉中郎刻石，石长52.5厘米，宽30厘米，文11行。青石质，字面漫患残损，据精拓后可辩识43字，未识29字；碑文：“□欲志偈其身□□，□□□足孝信，□□□□及寿隐，□□□者藩昌，□□者得其□，□□见夜早□扬，□□故时伐寿，□□面堂护之蘖，□尔面者石工，□□君子中郎，□□□众放诸□君□”。道光十八年（1838），移入孟庙致严堂，继熏隶书题记：“道光十四年季春，古邦徐庭赞偕弟庭仰谨识于石墙村。戊戌岁小阳望日，移入亚圣孟子庙之致严堂。孟广均谨观。曲阜孔继熏题”。清代金石学家方若、陆增祥均有考证。东汉石墙村刻石今存孟府赐书楼院东屋。

113. 费县鸿胪寺古银杏群

[性状]

位于费县探沂镇王富村鸿胪寺。7株，4株分布在大雄宝殿前，3株在弥勒殿前。最大一株树高19米，胸径0.96米，平均冠幅19米，树龄约300年。天王殿前两株被风刮掉大枝，长势较弱。其余5株均长势旺盛。

[身历]

鸿胪寺始建于唐贞观间。光绪十五年（1890）、宣统元年（1909）重修。1929年重修。“文化大革命”间，尽毁。今存历代重修碑3通。2011年，重修。大殿重檐歇山顶，施黄琉璃瓦。大殿东建“弥陀村”，供居士修行。

114. 市中区傅相祠古银杏

[性状]

位于枣庄市市中区西王庄乡傅刘耀村傅相祠内（图4.52）。一级古树，雌雄两株。编号A008，雄株，树高27米，胸径0.96米，冠幅东西14米、南北12米；编号A009，雌株，树高27米，胸径0.92米，冠幅东西14米、南北12米。树龄2000年，一说1300余年。传为唐代僧人所植。当地奉作神树。

[身历]

传相祠始建时间不详，为传说后人所建，奉祀商王武丁宰相傅说。2005年重建，占地16亩，大殿高8.8米、建筑面积466平方米。

[附记]

陈刘耀村东南半里许有“刘耀遗址”，新石器时代龙山文化时期至商周遗址。分南、北两台，隔水库相望，相距约1.5千米。北台破坏严重，地表下为龙山文化遗址，陶器有鬲、豆、鼎等，以黑陶为主，纹饰有绳纹、附加堆纹等。石器有石刀、石镰等新石器。北台为古峄县八景之一，号“刘伶古台”。南台长、宽各约20米，保

图4.52　市中区傅相祠古银杏（张建勇　摄）

存较好，地面散见许多人骨、兽骨、陶器残片，有鬲足、豆把、罐口等。夹砂红、灰陶较多，泥质陶次之，饰绳纹、附加堆纹。1980年，被列为枣庄市重点文物保护单位。

115. 诸城柳树店古银杏

[性状]

位于诸城市皇化镇柳树店村北。2株，一雄一雌。雄株树高20米，胸径0.9米，平均冠幅14米，树龄600余年。枝下高4.5米，主干分9大枝，长势一般。

[身历]

树旁原有真武庙、娘娘庙。明万历《诸城县志》："真武庙，桃林店北，永乐年间乡民杨光先建"。

116. 淄川区华岩寺古银杏

[释名]

树形奇特，像"寿"字，当地称作"寿"树。

[性状]

位于淄博市淄川区磁村镇磁村村南华严寺内。编号B01，雌株，树高18米，胸径0.85米，冠幅东西13米、南北15米，树龄300余年。枝下高6米，基径1.2米。结果最多500千克。

[身历]

华严寺始建于隋，寺中原有隋塔数十丈高，称"隋文塔"。华严寺为全国仅存两座华严宗寺庙之一，也是古淄川县八大寺之一。唐开元元年（713）重修，传唐玄宗三次到寺礼佛。明嘉靖间重修，万历间寺毁。清乾隆、同治年间重修。鼎盛时有13个院落，占地100余亩，大雄宝殿祀南无阿弥陀佛。民国以后，寺废毁。"文化大革命"间，寺毁，今存玉皇阁、文昌阁、魁星楼及明代碑刻2通。

[记事]

唐代，磁村窑兴起，窑址在南北窑洼、华严寺和苹果园一带，面积较大。烧造瓷器以黑釉为主，釉色晶莹润泽，色黑如漆，品种主要是日用瓷，有瓶、壶、罐、炉、灯、碗及各类摆件玩具等，胎质坚实，雕、贴、镂等装饰技法已很普遍。也产白釉瓷和酱釉瓷，盛行白釉上点绿彩，开创北方彩瓷生产的先河。唐代晚期开始试烧雨点釉瓷器和茶叶末釉瓷器，窑址发现有迄今最早的雨点釉黑瓷和茶叶末瓷标本。古瓷窑遗址今为山东省文物保护单位。

117. 莱城区风炉古银杏

[性状]

位于莱芜市莱城区大王庄镇东风炉、西风炉两村交界处，海拔227米。雌株，树高22米，胸径0.84米，冠幅东西13米、南北12米，树龄500年。长势旺盛，覆荫0.7亩，已砌池保护。

[身历]

村北为黑脑山，传殷纣王时期，赵公明曾于此立风炉锻造兵器，于是得名"风炉"。此说殆不可信，然而东风炉村南有春秋时期冶炼遗址，风炉得名应与此有关。东风炉村始建于明末，周姓从周家洼（今寨里镇）迁来建村，村中以周、焉二姓最多。西风炉也建于明末，《薛氏谱》载：明末，薛氏从薛家埠（今寨里镇）迁此建村。东风炉村杨风沟北坡有古寺遗址，传始建于唐代，明末重修。民间传寺僧与寺洞内两巨蛇相

图4.53　青州培真书院古银杏（冯广平 摄）

伴，有南客设机关捕蛇，伤其一，另一忽不见。南客见势不妙，求救于寺僧，寺僧以大缸覆之。两蛇寻至，蟠卧缸上一时辰后方去。寺僧翻看，南客已成骷髅。后落石毁大殿，寺僧他去。

[记事]

1940年9月，日军设据点于东风炉村南猪石槽村。村民坚壁清野，移粮于山中。游击队频繁袭扰据点。1942年1月，日军被迫撤走据点。

118. 青州培真书院古银杏

[性状]

位于青州市潍坊教育学院老校区、培真书院北古楼前（图4.53），36° 40′ 39″ N，118° 28′ 12″ E。树高11米，胸径0.8米，冠幅东西14米、南北16米，植于光绪十九年，树龄119年。枝下高1.9米，主干分4大杈，无明显主干，树冠圆球形，长势旺盛。

[身历]

培真书院始建于清光绪七年（1881）。光绪十三年（1887），增设师范学堂。光绪十九年迁入原东华门街新建校舍，时称“郭罗培真书院”，简称培真书院，分上、下两馆，上馆为神科，下馆为师范科。院内建有讲堂、斋堂、小教堂等。光绪三十二年（1906）郭罗培真书院与美长老会神学班合并，取名“青州神道学堂”。

1971年秋，并入齐鲁大学。1978年，就其原址创建潍坊教育学院。书院今为青州市文物保护单位。

119. 山亭区东庄古银杏

【性状】

位于枣庄市山亭区北庄镇东庄村驻军大院内。两雌株。北株编号C023，树高25米，胸径0.8米，平均冠幅16米，树龄约350年，主干通直，树冠浑圆，长势旺盛。南株编号C024，胸径0.78米，平均冠幅16米，树龄350年，主干北倾，7大杈，长势一般。

【身历】

古银杏所在原为东庄寺，始建于唐代。2011年，东庄寺遗址被列为山亭区文物保护单位。

120. 费县塔山古银杏

【性状】

位于费县塔山森林公园管理处院内。树高15.6米，胸径0.72米，冠幅东西13.5米、南北13.5米，树龄500余年。传为明代孙姓道士手植。树东南有“东南庵子”，建于金代。

【身历】

光绪二十年（1894），德国传教士柏德禄、华德胜于塔山建三层别墅，边传教边造林。1944年，华德胜避乱远走。1946年，林地辟作“洋山林场”。“文化大革命”间改“反帝林场”。1977年，改“山东省费县塔山林场”。2000年，改“费县国有塔山林场”。2001年，改“山东省塔山森林公园”，有林地3365.8公顷。

4.2 松科 PINACEAE Lindl. 1836

4.2.1 松属 Pinus Linn. 1754

赤松 Pinus densiflora Sieb. et Zucc.1842

【释名】

因树皮橘红色，故名。别名日本赤松（《中国树木分类学》），灰果赤松、短叶赤松、辽东赤松（《东北木本植物图志》）。属名*Pinus*为松树拉丁语古名；种名*densiflora*意为“密花的”。

【性状】

乔木。树皮橘红色，不规则鳞片状块片脱落，树干上部树皮红褐色。一年生枝淡黄色或红黄色，微被白粉，无毛。针叶2针一束，横切面半圆形，树脂道4－6个。雌球花淡红紫色，单生或2－3个聚生，一年生小球果的种鳞先端有短刺。球果成熟时暗黄褐色，种鳞张开，不久即脱落，卵圆形或卵状圆锥形，种鳞薄，鳞盾扁菱形，通常扁平，稀具微隆起的横脊，鳞脐平或微凸起有短刺，稀无刺。种子倒卵状椭圆形或卵圆形，花期4月，球果翌年9月下旬至10月成熟。

[分布]

产黑、吉、辽、鲁（东）、苏（东北部）。日本、朝鲜、俄罗斯也有。

[入园]

始于清代。沂源神清宫有古赤松。

[记事]

①今存面积较大的天然赤松林位于辽宁仙人洞国家级自然保护区内，有14万株，面积234.1公顷；洪真营附近有10株树龄160年以上的赤松。②赤松为姓，赤松氏兴起于佐用郡赤松村。1277年，日本村上天皇皇侄六世孙赤松円心，最早以赤松（あかまつ）为姓。《太平记》和《尊卑分脉》称赤松氏出自村上源氏。

图4.54　沂源神清宫古赤松（《引自《淄博古树名木》）

121. 沂源神清宫古赤松

[释名]

树旁有龙虎殿，有大枝探出龙虎殿外8米，似探臂迎客，故名“迎客松”。

[性状]

位于沂源县燕崖镇西郑王庄神清宫院内（图4.54）。编号G14，树高17米，胸径1.2米，平均冠幅13米，树龄约1000年。枝下高8米。主干分6大杈。树北有鱼池，直径6米，正中有石桥，名半月池。

[身历]

神清宫正名“神清万寿宫”，始建于宋代，原名“青牛观”。元至正间（1341－1370）重修，改名“神清万寿宫”。道光《沂水县志》：“神清宫，县西北百六十里，青牛山前，宋名青牛观……元至正间，道人王道洁改名神清万寿宫”。明代为道教圣地，多次重扩建；清乾隆五年《沂水县神清万寿宫碑》：“神清宫者，沂水之仙区宅，元、明圣地也”。乾隆五年（1740）、嘉庆十二年（1807）、光绪二十四年（1898）、二十八年（1902）重修。此后渐毁。“文化大革命”间，毁坏严重。今原址重修，东西长80米，南北宽50米，占地面积6亩。建有正门、双屏风、七楼八阁十三殿、三十六院、七十二门。今为沂源县文物保护单位。

122. 沂水五口古赤松

[性状]

位于沂水县崔家峪镇五口村西岭。树高17米，胸径0.7米，平均冠幅19米，树龄约500年。树冠浑圆，长势旺盛。

［身历］

树旁有坟，坟上有碑，清代风格。村中刘、梁两姓居多。刘姓奉清吏部尚书、仁阁大学士、太子少保刘墉（字崇如，号石庵，1719－1805）为祖。

［附记］

2010年，五口村发现古苹果4000余株，有12传统中早熟品种，包括斑紫、林檎、海棠、大小花红和苹婆等。沂水苹果可前溯百年。

123. 沂源沟泉古赤松

［释名］

因两松并立，长势相当，树冠交叉，故名“兄弟松”。

［性状］

位于沂源县南麻镇沟泉村西山逯家坟地。2株，较大一株树高9米，胸径0.4米，冠幅7.5米，墓碑载：清嘉庆二十三年（1816）逯氏兄弟手植，树龄197年。长势旺盛。

［身历］

村边有狗跑泉，村以泉名，后改“沟泉”。传王公有两义犬形影不离，曾醉卧山坡，遇山火，两犬刨地出泉，力竭而死，而王公无恙。明万历间，村民捐资修庙，塑王公及二义犬像。蒙阴令董嘉谟勒立命人《古迹狗跑泉》碑，躬自撰文。

油松 Pinus tabulaeformis Carr. 1867

124. 莱芜埠东古油松

［性状］

位于莱芜市钢城区颜庄镇埠东村许家坟地。树高18米，胸径1.1米，冠幅19米，树龄约500年。树根部分外露，形如巨蟒长势旺盛。

［身历］

《花雨山庙记》载：埠东始建于明初，因址在一岭东端，故名埠东。村中以许、吴两姓居多。村南有北斗寨，峰顶较平缓，筑有石墙石屋。

［记事］

1939年8月中旬，颜庄区抗日民主政府在埠东村成立，亓华轩（原名亓宗夏）为区长，刘子元、刘美臣为副区长。12月21日，亓宗夏、刘美臣率区政府机关和区中队30余人与段明坤（1915－1939）率泰山特委第一大队十二中队20余人，与来袭日军300余人殊死搏斗。我指战员依托北斗寨有利地形击退敌人7次进攻，6人牺牲。日军自莱芜城调100人增援。段明坤指挥部队趁夜突围，自己与5名战士继续与敌斗争。翌日，4名战士利用山洞秘密转移，段明坤身中数弹牺牲。

［附记］

里人吴会美（1929－1947），女，17岁任村妇教会长，积极发动广大妇女磨军粮、做军鞋，动员青年参军，开展拥军优属。1947年11月20日，因叛徒出卖，被捕。11月27日，被敌人推下安仙矿井，壮烈牺牲；事迹载《山东英烈传》。

125. 蒙阴上茶局峪古油松

[释名]

传汉光武帝刘秀曾拴马树上，徐向前元帅曾于此指挥战斗，故名“将军树”。又因树形优美，号“齐鲁第一美松”。

[性状]

位于蒙阴县岱崮镇上茶局峪村北山坡，海拔600米。树高12米，胸径1.05米，基径1.3米，平均冠幅9米，树龄约1500年。覆荫近千平方米，大小树枝千余，匍匐斜展，树形优美，长势旺盛。树左近有民居，今以废坏，徐向前元帅曾驻此处。2006年，岱崮镇人民政府于树下立碑。2007年，被列为蒙阴县文物保护单位。

[记事]

①1939年6月，山东纵队在抗击日军扫荡战斗中，一支小分队18名指战员，在岱崮山抗击500多日军的进攻，弹尽粮绝后全部跳崖牺牲，誉称“十八勇士”。②1943年11月9日，日伪军万余人“扫荡”以大崮山为中心的北沂蒙山区抗日根据地。鲁中区党政军机关及主力部队及时转移到外线，以军分区第十一团第八连93名指战员坚守南北岱崮，阻击吸引敌主力。八连依托有利地形，坚守18昼夜，以微小代价，毙伤敌人300余名，拖住敌人2000余名，取得巨大胜利，荣获“英雄岱崮连”光荣称号。③1947年，国民党军在孟良崮战败后，继续进攻沂蒙山区。鲁中军区后勤监护营一连107名指战员，坚守岱崮42天，毙伤敌人250余人，荣获“第二岱崮连”称号。

126. 泰山一亩松

[释名]

树冠为泰山诸松之最，遮荫过亩，故名。

[性状]

位于泰山北坡玉泉寺北山坡（图4.55）。

图4.55 泰山一亩松（申卫星 摄）

树高9.5米，胸径1.0米，冠幅东西26.8米、南北33.5米，树龄800余年。树冠覆荫1.3亩。横展主枝8条，最大一条距地3.5米，东展，基径0.51米，长10米余。

[记事]

1987年，被列入世界文化遗产名录。

127. 泰安徂徕山古油松群

[释名]

原有六株，今存其三，分别为古龙松、古凤松和迎客松。嘉庆二十三年（1818）《徂徕重修三清殿碑记》：“鲁颂云‘徂徕之松’，惟此地仅有六株，虽未必即当年所植，而要之观此尚可证经文□实，亦未尝不益动谢东山之□□也”。

[性状]

位于泰安市岱岳区徂徕镇徂徕山中。古凤松位于徂徕山中军帐西南，树高7.5米，胸径0.97米，平均冠幅13米，南部侧枝跌入岩下十多米，树形如凤凰展翅。古龙松与古凤松紧邻，树高10.5米，胸径0.86米，平均冠幅16米，树龄1000年以。上主侧枝弯曲苍劲，顶部形成龙头模样。两株树龄1000年以上。迎客松位于中军帐入口台阶之上，树高8.2米，胸径0.67米，平均冠幅13米，树龄350年以上。树姿优美，与游客侧面相迎。

[身历]

传吴王伐齐时，中军设帐于此，故名“中军帐”。清康熙十二年（1673），道士韩太章（字养拙）创三清殿，建蓬莱观。《创修蓬莱观碑记》：“韩姓，名太章，字养拙者也……韩□首称谢，于是复归至山，踰月构草殿于上，供三清尊像……及告成之日，名其观曰蓬莱”。咸丰元年（1851）程燦策《重修蓬莱观碑记》：“康熙癸丑韩道士太章乞于七世祖六行翁暨叔祖六明翁、六宁翁，诛锄榛芜，创建三清殿为习静奉香火之所，易名曰蓬莱观”。嘉庆二十一年（1816），韩太章七世弟子刘教山重修三清殿。咸丰元年，重修。1920年，道士董至芳与地方善士募资重修，创建吕祖阁、灵宫殿。1995年，原址重建三清殿。今历代碑碣13块。

[诗文]

①徂徕美松，自古闻名。《诗经·鲁颂·閟宫》：“徂徕之松，新甫之柏。是断是度，是寻是尺。松桷有舄，路寝孔硕，新庙奕奕。奚斯所作，孔曼且硕，万民是若”。北魏·郦道元《水经注·汶水》：“汶水又西南流，迳徂徕山西。山多松柏，《诗》所谓徂徕之松也……《邹山记》曰：徂徕山在梁甫、奉高、博三县界，犹有美松，亦曰尤徕之山也。赤眉渠帅樊崇所保也。故崇自号尤徕三老矣”。②三清殿西为招军石，石壁上有嘉庆二十年（1815）王汝弼七言律诗，首句为：“仙山楼台面一寺，踞当中鼓吹松涛”。③嘉庆二十三年《徂徕重修三清殿碑记》：“前横以长溪，群山拱向左右作环抱势，形家每艳称之，碑载为程氏别墅，而韩养拙即其地以修真，草创三清殿。殿前两松古盖苍苍，偃蹇如棚阴，浓蔽天日，疑为数百年”。④清人题联：“万叠青松千涧月，一曲流水四周山”。⑤《中军帐重修三清殿创修吕祖阁灵官殿碑记》：“自光华寺、礤石峪而外，端推中军帐为名胜，蓋见其丹壁凌霄，溶溶云气，苍松蔽日，谡谡涛声”。

[记事]

三清殿东有升仙泉，西有坞旺泉。《中军帐重修三清殿创修吕祖阁灵官殿碑记》：“泉分左右，东则澄澈一涨煮茗，则清人诗脾，右则出而带浊，虽非比流觞，曲水而导，而引之灌园尤便”。

128. 临朐法云寺古油松群

[释名]

寺内外及左近有迎客松、蟠龙松、母子松、神叠松、栗抱松、连理松、探人松、览寺松、透明松、姊妹松“十大奇松”。

[性状]

位于临朐县沂山法云寺，海拔850米（图4.56）。① Ⅰ号“迎客松”位于药王殿前右侧，下临圣水泉，树高15米，胸径0.89米，冠幅东西14米、南北12米。传明嘉靖帝祭告沂山时所植，树龄400余年。侧枝东展9米余，似巨人招手迎客，故名。2006年枯死。② Ⅱ号“蟠龙松”位于药王殿左侧，又称“御松”，树高6.5米，胸径0.65米，冠幅东西10米、南北11.5米；传元成宗封告沂山时手植，树龄700余年；距地1.5米处分二杈。原有3株，今存其一。树干屈曲斜向下倾，酷似龙探颈吸水，枝干盘结迂绕，形似蟠龙，故名。③ Ⅲ号“母子松”位于法云寺南侧，树高5.5米，胸径0.5米，冠幅东西8米、南北9.5米。老干左右有幼松2株。三松如一母携二子，故名。④“神叠松”位于法云寺后沟，树高4米，胸径0.42米，冠幅东西6米、南北7米。主干南北三折如折尺，枝杈随主干翻转如四层垒叠，故名。

[身历]

法云寺，始建于东汉初；两晋时期重修，寺分东、西两院。宋以后渐废。

[汇考]

马应龙《沂山古寺》：“古寺荒村东镇前，回岩曲磴锁寒烟。光分落日星辰近，劈入浮云海

图4.56 沂山法云寺“蟠龙松”（冯广平 摄）

岱连。暧暧青松迷去路，幽幽碧涧转鸣泉。山僧吹罢参差曲，愁思偏惊鸿雁天。”

129. 泰山六朝松

[释名]

植于六朝时期，故名。《岱览》：“寺中古松童童，称六朝松”。清光绪间，铁岭曾瑞篆刻“六朝遗植”四字。

[性状]

位于泰山普照寺后院“摩松楼”前。树势高大、挺拔壮伟，主干向西南微弯，高11.5米，胸径0.86米，基径1.05米，树龄1600余年。距地2.26米处分为两枝，一枝东北向，一枝西南向，与主干几呈“丁”字形，东北枝长10米，西南枝长6.5米，树冠如大华盖。枝繁叶茂，疏密相间，日月光芒洒落在地，如碎金乱银。松旁有“筛月亭”，取意“长松筛月”。松旁有郭沫若《咏普照寺六朝松》诗碑。

[身历]

寺因树名，普照寺因六朝松而称六朝古刹。道光间，建摩松楼。

[诗文]

①1916年，近代政治家、思想家、学者康有为（又名祖诒、字广厦、号长素，1858－1927）游泰山，作《普照寺六朝松》：“岱宗尚有六朝松，凌汉峰下青未了。慎勿雷雨化龙去，折取一枝度群峭”。②1961年，郭沫若游普照寺，作《咏普照寺六朝松》：“六朝遗植尚幢幢，一品大夫应属公。吐出虬龙思后土，招来鸾凤诉苍穹。四山有时泉声绝，万里无云日照融。化作甘霖均九域，千秋长愿颂东风”。

130. 莱城区药王庙古油松

[性状]

位于莱芜市莱城区苗山镇南峪村东南、望鲁山山腰药王庙。树高10米，胸径0.66米，冠幅东西10.9米、南北12.8米；植于清同治元年（1862），树龄151年。距地1.2米处，树干略向西弯曲，主干分11杈，基径5－10厘米，长1.5－5米，分别向东、北、西南、西、南方向近水平伸展，树冠开阔呈扁平圆弧状。树下有碑：相传药王李常公系清初南峪村人……取周边山岭草药，配望鲁山一泓清泉，煎丹炼药为乡民义诊。某年某地瘟疫肆虐，他不辞辛劳，挽救众人生命，美名远扬，后积德成仙，被尊为“药王”。清同治元年同乡李文成专从泰山移来马尾松植于庙前，让其辅佐药王，使其万古长青。

[身历]

南峪村始建于明洪武二年（1369）；李氏墓碑载：明洪武二年，李姓由河北省枣强县迁此建村。因址在常庄村南山峪中，曾名常庄南峪。后简称南峪。清初，里人李常公为杏林妙手，医德高迈，被尊为“药王”。死葬村北祖坟，有旋风自新坟至山腰泉边，村民以李公显灵，集资于泉北修“药王庙”，名泉为“圣水泉”。同治元年，同乡李文成手植油松于庙前。1935年，重修。“文化大革命”间，庙毁。2000年，村民捐资重修。

[记事]

①1925年，刘黑七匪患起，村民于东北虫山建石寨以备寇。寨有南北两门，各设炮台，四周立垛口。抗日战争爆发，村民为防日寇占领，忍痛烧毁山寨。②1940年12月31日，日军偷袭南峪八路军兵工厂，兵工厂和居民闻讯大部转移到

村外。次日，日军分东、东南两路，分别从固山村、望鲁山庙子岭袭来，屠杀村民7人，纵火烧毁全村400多间房屋，强掠耕牛12头。

131. 泰山望人松

[释名]

大枝50厘米处有枝近90度折曲斜下，犹如一巨人，倾身伸臂，向游人挥手，故名“望人松”。

[性状]

位于泰山中天门以上的拦住山东侧（图4.57），海拔920米。背靠陡崖，根扎裸岩，傲然孤立。树高7.4米，胸径0.75米，树冠东西14米、南北17米，树龄500年。主干略向东南倾斜，距地3.3米处斜出一孤枝，长8米左右，基径约30厘米。

132. 泰山五大夫松

[释名]

位于泰山，因秦始皇曾于该树下避雨，而封其“五大夫”爵位，故名。

[性状]

位于泰山御帐坪西北五松亭前（图4.58）。现生两株，南北并立，相距9米。南株编号D0110，树高5.2米，胸径0.48米，距地3米处分3枝，一枝平伸向东，基径约25厘米，另2枝各向南、西北伸出，基径约20厘米，共同组成平台式盖状树冠。北株编号D0111，树高6.2米，胸径0.48米，距地3.2米处分3枝，一枝向南，基径20厘米，一枝向东，基径20厘米，一枝向西北，基径25厘米，共同组成平台式盖状树冠，与南面一株树冠略重叠。《泰安县志》载清钦差丁皂保植于雍正九年（1731），树龄281年。

[身历]

《史记·秦始皇本纪》载：“（秦始皇）二十八年，始皇东行郡县，上邹峄山。立石，与鲁诸儒生议，刻石颂秦德，议封禅望祭山川之事。乃遂上泰山，立石，封，祠祀。下，风雨暴至，休于树下，因封其树为五大夫”。“五大夫”是秦代第九品官阶，当时被封的松树仅为一株。唐·徐坚《初学记》：“小天门有秦时五大夫松，见在”。唐代后期，五大夫松讹传为5株。唐·陆贽《禁中青松》中有“不羡五株封”句，将“五大夫”误判为五株受封，后世以讹传讹。明嘉靖三十年，山洪冲走两株；明·汪子卿《泰山志》：“嘉靖三十年大水，漂没其亭，五松存者三焉”。明·于慎行《登泰山记》：“松有五，雷雨坏其三”。万历三十年，所剩两株又毁于山洪；《泰安县志》：“万历壬寅，泰山起蛟，遂失所在”。《泰安县志》、《岱宗坊两碑》载：清雍正九年钦差丁皂保于原处补植松树五株；乾隆后，毁两株；1983年又枯死一株，今存两株。因五大夫松而建五松亭，又名御帐，始建年代不可考，明清两代多次重修。

[诗文]

自唐以来文众多。①唐德宗朝中书侍郎同平章事陆贽（字敬舆，754－805）《禁中春松》：“阴阴清禁里，苍翠满春松。雨露恩偏近，阳和色更浓。高枝分晓日，虚吹杂宵钟。香助炉烟远，形疑盖影重。愿符千载寿，不羡五株封。倘得回天眷，全胜老碧峰”。②元和四年（809）进士、中唐诗人鲍溶（字德源）《闻国家将行封禅聊抒臣情》：“云雨由来随六龙，玉泥瑶检不乾封。山知櫄柞新烟火，臣望箫韶旧鼓钟。清跸

图4.57 望人松拍（王腾 摄）

图4.58 泰山五大夫松（冯广平 摄）

间过素王庙，翠华高映大夫松。旅中病客谙尧曲，身贱何由奏九重”。③乾宁四年（897）进士徐夤（字昭梦）《大夫松》：“五树旌封许岁寒，挽柯攀叶也无端。争如涧底凌霜节，不受秦皇乱世官”。④宋诗人钱闻诗《大夫松》：“秦皇昔上上霄峰，正恐行行憩此松。莫道大夫惟爵五，误恩疑更有加封”。⑤元礼部尚书段辅《题李白泰山观日出图》（节录）：“岱宗郁郁天下雄，谪仙落落人中龙，兹山兹人乃相从。气夺真宰悉丰隆，玉堂一任云雾封，长啸飞渡秦皇松。⑥玉山儒学教谕、文学家王奕（字伯敬，号斗山）《大夫松》：“立身地位本清寒，下界虚明孰敢干。惊驾不因风雨恶，到头犹守旧苍官”。《题泰山仁安殿壁》：“太极何年庭帝孙，中居岱岳镇乾坤。三千余载昭明代，七十二君来至尊。鲁甸齐邱雄地势，秦松汉柏护天门。兵尘不动绵香火，万里车书寿一元”。《新州枕上有感》之二：“岱岳名山天下无，老来游玩易嗟吁。帝孙池畔秦松老，圣母祠前汉柏孤。古篆蚀苔悲建武，漫碑宿草忆祥符。逢人不解从头数，牢记山名画作图”。⑦工部尚书贾鲁（字友恒，1297－1353）《秦松挺秀》：“野鹤孤云自往还，空名千载列朝班。奋髯特立云霄远，偃盖长留岁月闲。岱岳托根真峻地，赢秦承命却惭颜。四时秀色何曾改，桃李春风末许攀”。⑧明宣德五年（1430）进士吴节（字与佥，号竹坡）《泰山杂咏》之六：“曾与秦皇托旧恩，昂霄耸壑露盘根。可怜二世空尘土，不及寒松有子孙”。⑨礼部侍郎兼文渊阁大学士李东阳（字宾之，号西涯，1447－1516）《望岳》（节录）：“庙严王者象，植古大夫松。北阙身长系，东轺境暂逢。崖跻愁日观，谷啸想风从。”。⑩成化二年（1466）进士张文《大夫松》：“席卷乾坤事远游，登封曾此驻骅骝。大夫松在君安在，涧底湍声哭未休。风雨岩前卧六龙，青松赢得大夫封。扶苏漫有安秦策，不及当时半日功。玉立岩隈几树荫，君王怜汝汝无心。当时霸业灰飞尽，留得青青直如今”。⑪江西按察司副使、复古派“前七子”领袖李梦阳（初名莘，字献吉，号空同子，1473－1530）《问郑生登岱之一》：“昨汝登东岳，何峰是绝峰？有无丈人石，几许大夫松？海日低波鸟，岩雷起窟龙。谁言天下小，化外亦王封”。⑫著名学者、诗人、书法家胡缵宗（字世甫，原字孝思，号可泉，别号鸟鼠山人，1480－1560）《望庙》之二：“翛翛望岳丹霄上，飒飒乘风紫极边。半壁秦松悬日月，当空周观出云烟。峰期太华蹁跹起，影落扶桑袅窕骞。更度三溪见双鹤，忽从青帝接群仙”。《登岳》之三：“海天初纵目，八极思悠悠。太华弹丸出，扶桑勺水浮。秦松云不断，宋简玉空留。落日犹回首，黄河窈窕流”。⑬正德三年（1507）进士张璿《五松》：“岱岳中途笑祖龙，帝无三世纳降从。些须恩泽还颠倒，不在儿孙却在松”。⑭正德六年（1511）进士卢琼《秦松》：“大夫树下无遗泽，呜咽泉头常怨声。尺土不封乖父子，翻将恩典及无名”。⑮正德十二年（1517）进士张邦教《泰山杂咏》之八：“自称皇帝下封王，郡县新颁守令章。将相之馀皆省物，无情草木亦恩光”。⑯正德十二年进士刘淮《登岳》：“吾昔游岱宗，蹋云四十里。渤海入览明，日观下界起。步虚摩赤霄，回首极西晷。松下逢羽人，仙颜欣彼美。遗我千岁苓，食之可不死。松古尚秦封，风雨历年纪。金箧玉策存，谁探得生齿。登兹小天下，因风忆行趾”。⑰正德十二年进士蔡经《五松亭》：“岭畔行宫御帐开，翠华金辇此曾来。五松自拟流恩泽，二世谁知并草莱。惟有白云闲聚散，柢留青嶂尚崔嵬。雄图索寞空惆怅，古木呜禽声正哀”。⑱正德十六年（1521）状元杨维聪《秦松》：“五株松树何年植，传自秦皇早策勋。偃盖青葱存御幄，论脂沉郁结灵纹。翠华想驻云霞色，清警曾惊虎豹群。日暮悲风起鸟咽，秦声犹自不堪闻”。⑲正德十六年进士周琊《登岳》：“回薄千峰簇，逶迤万壑连。灵图标地纪，雄胜探封缠。露浥三芝秀，光凝八石藓。迎书悲宋事，封树忆秦年。冒险探遗迹，扪崖读古镌。时巡方旷绝，登禅几相沿。槛俯飞虹落，檐含倒景偏。奇观大无限，便拟谒真仙”。⑳正德间（1506－1521）泰安知州戴经诗：“野鹤孤云自往还，空名千载列朝班。奋髯特立云霄远，偃盖长留岁月闲。岱岳托根真峻地，嬴秦承命却惭颜。四时秀色何曾该，桃李春风未许攀”。㉑嘉靖二年（1523）进士萧璆《秦松》：“郁郁崖上松，爱护自神理。虬轸驾天门，翠盖无暑雨。扬志元冥端，那复羡金紫。顾蒙大夫号，千古负深耻”。㉒嘉靖五年（1526）进士李学诗《登封坛》：“燔柴想象明堂礼，沉璧荒芜日观峰。坛出白云犹汉瑞，亭盘翠盖岂秦松？谦冲旷见刘光武，听纳何如唐太宗?当宁圣明兼舜禹，夔龙自不献东封。”《大夫松》：“四海苍生憔悴尽，五株松树独封官。仁民爱物秦颠倒，何怪当年共揭竿”。㉓嘉靖八年（1529）进士周相《登岳》：“兖镇标神异，东方压岱宗。岁星辉八极，玄女降三宫。云气成双阙，炎精生赤虹。千年森汉柏，古道郁秦松。金箧昭灵秩，芝房照碧丛。唐碑旧纪历，汉勒几登封。入岭天门晓，停骖御帐空。丹霞迎紫盖，孤嶂削芙蓉。独瞰三千界，旋攀第一重。蜃楼明月观，圣水树莲峰。春址盘香火，禋坛纳化工。乘时挥玉策，周览极巃嵸”。㉔嘉靖十一年（1532）进士许应元《岱宗》之一：“岱宗肃肃标东纪，绝顶虚传不死庭。碑忆汉封三观迥，树留秦岱五松青。阳池日浴深能见，阴洞云流乍可听。此日风烟聊振袂，休将岘首叹沉冥”。㉕嘉靖十一年进士曾钧《泰山纪游》：“名山东峙独崔嵬，千丈灵光接上台。金削芙蓉迎日出，玉为楼阁倚天开。炉烟风暖浮秦树，石检年深锁汉台。一览乾坤空万劫，落霞飞彩入吟杯”。㉖嘉靖十一年进士刘玺《岱岳登望》之四：“幽兴殊未已，归途溯晚风。篮舆穿木末，鼓吹落云中。烟锁层峦翠，霞翻落照红。回头瞻御帐，犹见大夫松”。㉗嘉靖十三年（1534）举人、文学家、书法家方元焕（？－1620，字晦叔）《登岳》之二：“午月肩舆扳石径，火云袅袅散诸天。五松高倚仙人杖，三观寒飞玉女泉。蜃阁南蒸溟海气，胡尘西动雁门烟。不堪绝顶频回首，莫使浮云起日边”。㉘嘉靖十四年（1535）进士聂静《登岳》：“绝岳孤城外，山行听钟晓。空崖留汉碣，古道列秦松。石磴银河转，瑶台瑞霭重。未须愁落日，犹上最高峰”。㉙嘉靖十七年（1538）进士吕颙《大夫松》：“老松三代旧，不敢问行年。托脉青云表，呈华赤日边。自知仙可庇，常与鹤相怜。岂为封题在，清风自由妍”。㉚嘉靖十七年进士李嵩《叨从登岱》之四：“十年不到泰山巅，此日看登倍惘然。秦树摧残今几在？唐碑磨灭竟谁传！空馀绀宇临丹壑，不见青鸾驾紫烟。日暮高寒天路迥，更于何处访真诠”。㉛嘉靖二十三年（1544）进士陶钦皋《登泰山》之一：“南州秀色结衡庐，泰岳孤雄更不虚。此日仙灵来剑佩，中天楼观下庭除。青霞独拥秦松嶂，绛节双悬玉帝居。石室柢今迷往路，侍臣何地访丹书”。㉜嘉靖二十六年进士马三才《登岳》：“层峦万仞开新霁，乘暇登临逸兴偏。山出云重飞鸟外，林深春尽落花前。天门迢递丹霄路，海日苍茫碧树烟。十二齐疆何处觅，麦苗盈陇水盈川。览胜春游万里来，仙宫缥缈入云隈。秦松披拂仍余荫，汉帝登封空故台。石壁有辉骚客赋，岱宗无补使臣才。丹宸白发频回首，惆怅峰头各一回”。㉝嘉靖二十六年进士王遴《五大夫松》：“帝子去不还，大夫空自立。日暮北风吹，时向沙丘泣”。㉞嘉靖朝刑部尚书、“后七子”领袖王世贞（字元美，号凤洲，又号弇州山人，1526－1590）《登岱》之四：“尚忆秦松帝跸留，至今风雨未全收。天门倒泻银河水，日观翻旋碧海流。欲转千盘迷积气，谁从九点辨齐州。人间处处襄城辙，矫首苍茫迥自愁”。㉟嘉靖间广东道监察御史、诗人王绍元《登岱岳》之一（节录）：“驱车历齐鲁，东望玉女峰。瞻彼泰山岑，五岳专名宗。云霓贯雪峤，石磴萦蚕丛。东观掠扶桑，西眺弱海溶。上有玉髓泉，扬英接空濛。周流十二亭，中列蕊珠宫。秦松郁苍苍，汉柏参虬龙。”。㊱嘉靖间东莱司马高诲《登岳》之三（节录）：“桃花峪口路深邃，怪石磷绚悬若坠。五松啮汉吐紫姻，欲访仙人在何处？金泥玉检埋秋草，七十二编断遗藁。寒鸦啼上野棠枝，凉月娟娟山石老”。㊲嘉靖间山东巡盐监察御史裴绅《登泰岳》之一：“三十六盘何崄巇，晓来登眺自忘疲。眼看山顶疑无路，身在云端不自知。嬴氏五松宁故物，唐人千仞有磨碑。古今兴废只常事，金简玉函亦太奇”。㊳嘉靖间济南府同知王乾元《御帐古松》：“山盘御帐此穹窿，五树秦松倚碧空。汉阙唐宫成寂寂，洞云海雨尚濛濛。苍烟缭绕秋霜淡，黛影婆娑晓日红。意扣玄玄寻大药，茯苓根外种还童”。㊴嘉靖间太仆丞姚奎《五松歌用东坡韵》：“黑龙潭中蛇毋出，霜鳞剥落腥云湿。毵毵长髯十两针，挺挺直骨三千尺。神灵呵扩元气钟，驱霆战雨摇苍空。坚刚节操振今古，滥爵肯受秦王封。波涛满地阴风起，万籁飕飕成律吕。材堪柱国苦弗试，萧然遗弃空山里。青青颜色无秋冬，吞冰吐雪经磨砻。工归一日如相逢，终当献人蓬莱宫。蒙恬大将扶苏子，万里策勋封不与。却将官爵授五松，祖龙颠倒乃如此。咸阳一火二世亡，五松留得摩穹苍。真宗六龙昔巡幸，亦名御帐扬休光。猗欤松兮遇知己，伤哉处世多奇士。负才抗节竟沉沦，不及寒松反多矣。我来几度坐清影，绿阴满地苍烟冷。抚摩长顾发哀歌，空山落日愁奈何！”㊵万历朝兵部右侍郎、文学家贾三近（字德修，号石葵，别号石屋山人，1534－1592）《冬日登岱》：“游目高寒处，群山拥岱宗。登封迷汉柏，徙倚有秦松。万壑烟岚合，诸天紫翠重。肩舆明月下，上界已闻钟”。㊶万历朝礼部尚书、东阁大学士于慎行（字可远，又字无垢，1545－1608）《泰山绝顶对酒》：“茫茫今古事，欲问岱君灵。汉柏虚称观，秦松枉勒名。此生游已倦，何地酒能醒。杖底千峰色，依然未了青”。《登岱》：“玉阙朱楼万仞端，六龙撵道倚瓒岏。悬崖翠蹬云中转，叠嶂红泉树梢看。海色瞳砻三观晓，秋声萧瑟五松寒。天门咫尺君应见，比拟人间路更难”。《五大夫松歌为刘博士元阳赋》：“爵名五大夫，其数不必五。何知非二松，屑屑为之补。二松五松俱莫论，秦人已没沙丘魂。金椎驰道迹如扫，此中惟有松枝存。我观此松颜色古，干如虬龙质如土。鸾栖鹤舞几千秋，犹忆当年岩畔雨。自有此山即有松，百木之长五岳宗。秋声不断天门路，海气长悬日观峰。亦不为封荣，亦不为封辱。兴亡阅尽总无情，何况区区小除目。济北刘生达者流，题诗旧向松间游。岁寒岂欲连三友，道远还因寄四愁。君为博士挂冠早，松号大夫今欲老。浮云梦幻两茫茫，不须苦作秦松考”。㊷天启朝礼部尚书、书法家董其昌（字玄宰，号思白、香光居士，1555－1636）《望岳》：“百里看山眼，迢遥岱色分。应为天下雨，不断封中云。汉简千秋秘，秦松万壑闻。何当弛匹练，高揖碧霞君”。㊸胡伸《秦松》：“五松矗矗凌霄汉，千载犹蒙秦帝恩。草木喜瞻龙驭过，儒生翻自抱深冤”。㊹龙瑄《秦松》：“二世空为万国图，咸阳宫阙已荒芜。当年驻跸东封处，惟见苍髯五大夫”。㊺王贯《登泰山》：“绳牵布裹苹舆轻，险绝能消半日程。汉柏秦松空往迹，孔等孟语此经行。沿崖忽见逃亡屋，蹑蹬惭闻怨怼声。惟有七十二泉在，愿言常润汲王明”。㊻邵濬《游泰山》：“遥望天门碧落间，悬崖绝壁苦跻攀。秦封松树斜侵路，汉纪云氛昼出山。东海日华开远睫，长安风景逼颓颜。近天一步无高处，看尽奇观薄暮还”。㊼王俱《登岳》：“齐鲁名山仰岱宗，崚嶒万仞玉芙蓉。月明海旷连三岛，云净天空插数峰。白石馒留名士篆，苍松何用大夫封。我来不尽登临兴，更上丹崖第一重”。㊽江西布政司参议、侍读、诗人施闰章（字尚白，一字屺云，号愚山，媲萝居士、蠖斋，晚号矩斋，1619－1683）《登岱》之三：“群仙冉冉下青峰，回合虚无紫气重。日出天门当汉畤，云深御帐失秦松。双崖石裂惊龙斗，四月桃开积雪封。辇道荒芜民力尽，相如禅草且从容”。《五松下看流泉》：“我寻古松树，爱此岩下泉。横泻珠帘静，斜飞瀑布悬。积寒生石发，落日动山烟。辇道除荒草，长悲封禅年”。㊾潮州知府林杭学《秦松挺秀》：“辇道登封万骑还，苍髯因受紫泥斑。一朝栋梁俱何在，千载林泉独得闲。故节不秽唐宋号，枯枝犹傲雪霜颜。无端赭尽湘山树，留此干霄不可攀”。㊿康熙间小说家蒲松龄《秦松赋》：“泰山之半，有古松焉。遥而望之，苍苍然，郁郁然，槎枒黄山之岭，轮困曲盘之谷。俨五老之古装，悦四皓之伟步。骀背鹤发，龙翔凤翥，俛首类揖，曲躬似语，磬折伛偻，磅礴交互，不知此生，历经朝暮。云是秦时所封五大夫树，是未知其然也。乃其盘根错节，富饱霜经，繁枝刺干，雾护云蒸。皴肤带瘿，败甲含腥，屈警鸟去，涩受猱登。当必瑶池之花数卸，蓬莱之水三清，始得此苍柯磊落，古鬣鬅松，十枝百见，斜影千层。霞倚纹起，日焰斑生。乳与石而并古，色比黛而同青。若乃春雨垂丝，春风成片，绿树牵人，红花似面。萃林栖凤之竹，锦水藏莺之线，萋萋金谷之园，泛泛武陵之岸，无不艳艳争媚，英英数间。当是时也，沉寂邱阿，萧森岩畔，意调高骞，仪容惨淡。坚冰合，冷霰飞，锦残芳歇，蕙折兰催。洞庭波兮水下，羌摇落兮变衰。尔乃清标独耸，大盖孤垂。意挺挺而目若，似无喜而无悲。至如寄情语曲，戆至赋媚，月来当昼，暾上疑帷。龙鳞蜿蜒，蛇影离披，因风时舞，得雨欲飞，虬枝半横，棘刺全低。夜则涛声沸涌，昼则烟雨凄迷，止容鼠窜，未许禽栖，游子休装，行人息辔，颠倒围量，流连坐憩，悬想当年，太息不止。当夫翠华遥临，朱弦乍至，万骑云屯，千乘鼎沸，玉勒光天，金鞍耀地，冠盖旗旆，弥漫之际，阻风雨于二陵，借覆帱于五粒。因而喜动天颜，恩承上意，赐爵授官，恩奢冠异，可不谓迁合之隆，千载一日者哉。到于今，祖龙已止，河山屡易，杠鼎雄吾，歌风赤帝，玉帐妖姬，秩衣猛士，七叶金貂，千年举砺，一皆草腐烟消，香埋珠碑。独有大夫存昂藏之瘦骨，亘古今而不坠。予登岱过其下，摩挲而问之曰：大夫乎，大夫乎！秦之封其有乎，无乎？君亦为荣乎，污乎？徘徊良良，坐而假寐，梦一伟男告予曰：世呼我牛也，牛之；马也，马之。秦虽以为我大夫，我尝未为秦大夫也。为鲁连之乡党，近田横之门人，高人烈士，义不帝秦。秦皇何君，而我为其臣？山风谡谡，予忽警悟，拱立辣息，拜揖而去”。(51)乾隆十三年（1748），乾隆帝御制《咏五大夫松》：“何人补署大夫名，五老须眉宛笑迎。即此今兮即此昔，抑为辱也抑为荣。盘盘欲学苍龙舞，稷稷时闻清籁声。记取一枝偏称意，他年为挂月轮明”。乾隆三十六年（1771）御制《五大夫松》：“五松列峙泰山道，祖龙经锡大夫号。后世因以称秦松，其实嬴秦时已老。疾风暴雨何时无，何时郁菀何时枯。曩曰司工人补植，兹看磊砢龙鳞粗。异哉名实谁宾主，宾以名存今即古。何不谓之舜五臣，肆觐于斯同律度”。乾隆四十一年（1776）御制《五大夫松》：“郁葱盘道周，厥貌已入古。谓斯补古者，古不知几补。南苑双柳树，我曾赋其故。斯益遥与同，弗复重絮语。天数及地数，各得成于五。人岂必不然，大夫人之伍。参立岱岩阿，万劫宜所处”。乾隆四十一年御制《对松山》：“对松初不称孰对，万古之山万古松。面目本来正如是，小哉人世诩嬴封”。乾隆御制《登岱杂咏之对松山》：“对松自是人称谓，问彼童童者岂知。却惜五株永其号，非荣之也实卑之”。乾隆御制《登岱杂咏之对松山》：“古干今枝郁相扶，正看侧眄总堪图。个中尽有羲皇种，当得儿孙五大夫”。㊾清光绪十八年（1892）进士、濮州知州缪润绂（原名裕绂，字东霖，号钓寒渔人，1851－1939）缪润绂《登岱》之一：“十八盘南入坦途，秦皇遗事说模糊。乔柯那得遮风雨，虚受荣封五大夫”。《登岱》之二：“盘回石阶踏云行，汉柏秦松夹道迎。天亦助人游兴好，九秋风日正清明”。㊿当代文学家、剧作家、诗人、历史学家、古文字学家郭沫若（原名郭开贞，字鼎堂，号尚武，笔名沫若，1892－1978）《观五大夫松》：“人来看万松，雾至万松蒙。冠沐及时雨，襟披下岭风。拿云伸臂手，饮瀣溢心胸。磴道千寻尽，碧霞铁瓦红。”

【记事】

①秦松挺秀，五大夫松虬枝龙干，屈展蟠蜿，蔚为壮观，清人列为泰安八景之一。②1987年，被列入世界文化遗产名录。

133. 历城区赵家庄古油松

【性状】

位于济南市历城区西营镇赵家庄村朝阳寺遗址。树高22米，胸径0.69米，平均冠幅17.5米，树龄约300年，长势旺盛。

【身历】

朝阳寺始建于唐代。康熙《重修朝阳寺碑记》：“济南历城之东仙岩山，有寺曰朝阳，始创于唐，继修于宋，其来久已”。北宋大中祥符间，重修。明隆庆间、清康熙间、民国间数次重修。1958年，拆毁。今存历代重修碑碣3通。寺中有朝阳泉，有石砌圆池，池西有石坝拦水。

134. 泰山姊妹松

【释名】

两松并立犹如姊妹，故名。

【性状】

位于泰山后石坞青云庵西北角的半山崖上（图4.59）。两松比肩而立，一在东南，一在西北。东南一株树高6米，胸径0.48米，距地2.7米处南伸一枝探向悬崖，粗约25厘米，长5米。西北一株树高5.5米，胸径0.38米。两株树龄皆在600年以上。

【诗文】

1987年，国学大师范曾《题泰山姊妹松》：“婉约风姿少女身，纷纷雨雪入年轮。青山不老人寻遍，已逝花容有泪痕”。

【汇考】

1978年8月21日，泰安摄影界名人郑孝民发现并命名。1987年，国学大师范曾游泰山题诗。1988年，时任中共中央总书记胡耀邦题“泰山姊妹松”五字。第五版人民币五元币背面有姊妹松图案。

图4.59　泰山姊妹松（申卫星 摄）

135. 泰山对生松

[性状]

位于泰山普照寺大雄宝殿前院内（图4.60），东西各一株。东株编号G0009，树高7米，胸径0.48米，冠幅东西9.8米、南北11米，长势旺盛；西株编号G0014，树高5米，胸径0.39米，冠幅东西6.8米、南北10米，长势旺盛。两株树龄皆在600年以上。

[汇考]

朝鲜世宗李裪（字元正，1397－1450）执政时期（1418－1450）排佛。1421年3月3日（世宗三年八月二十七日），香山内院寺（位于今朝鲜平安北道、慈江道与平安南道交界处）僧人适休、信休、信淡、惠禅、洪迪、海丕、信然、洪惠、信云（满空禅师）乘船逃至辽东，信云辗转来到泰山，重建竹林寺和普照寺。经过满空二十余年经营，普照寺焕然一新，信众数千。明正德十六年《重开山记碑》："复睹普照禅刹颓零既久，乏人兴作，禅师遂驻锡禁足二十余载，以无为之化，俾四方宰官长者捐资舍贿，鼎建佛殿、山门、僧堂。伽蓝焕然一新，宇内庄严，绀像金碧交辉，僧徒弟子及湖海禅衲依法者，何止数千也"。天顺七年（1521），满空圆寂，临终留偈："吾年七十五，万物悉归土。光明照四方，无今亦无古"。其舍利塔遗址在寺东南。

图4.60 泰山对生松（任昭杰 摄）

136. 泰山一品大夫松

[释名]

清光绪二十二年（1896），湖北学者何焕章游岱至此，见树如华盖，题勒“一品大夫”于树下，故名。又名“师弟松”，传清代寺僧理修入寺时与其师华峰上人手植，理修以松为弟，与其日夜相伴，习文读经，并赋诗为纪：“僧栽松，松荫僧，你我相度如同生。松也僧，僧也松，依佛门，论弟兄”。

[性状]

位于泰山普照寺菊林院（图4.61）。高3米，胸径0.35米，冠幅东西10米，南北15米，树龄200余年。冠大如棚，主干浑圆光滑，微扭曲，略向西北倾斜。距地1.5米处弯曲，向西北平展8米。距地1.7米处，分东、南、西南、北4枝，长分别为7米、3米、8米、7米。

[诗文]

清道光朝浙闽总督、案察使衔分巡台湾兵备道徐宗干（字伯桢，又字树人，1796－1866）录僧元玉语为禅堂楹联：“松曰好青竹曰好绿，天吾一瓦地吾一砖”。联中之松即为一品大夫松。

137. 泰山天烛松

[释名]

位于泰山小天烛峰上，故名。

图4.61 泰山一品大夫松（申卫星 摄）

图4.62 泰安岱庙小六朝松（冯庆平 摄）

【性状】

位于泰山小天烛峰绝壁上。树高4.3米，胸径0.32米，平均冠幅5.7米，树龄约300年，长势旺盛。

138. 岱庙小六朝松

【释名】

传为宋代盆景，故名。

【性状】

位于岱庙盆景园（图4.62）。树高1.2米，基径0.1米，冠幅1.4米×1.9米，树龄800余年。

白皮松 Pinus bungeana Zucc. Ex Endl. 1847

139. 平阴于林古白皮松林群

[性状]

位于平阴县洪范池镇纸坊村于慎行墓神道两侧。原有62株，18株毁于“文化大革命”，今存44棵，树高18－20米，胸径0.51－0.83米，树龄400年。

[身历]

于慎行，官至礼部尚书，加太子少保兼东阁大学士；为明神宗万历帝师，万历帝书“责难陈善”四字赐之。万历十八年（1590），因提议建储开罪万历帝，辞官归里，创建私学“谷城山馆”。万历三十五年（1607）加太子少保，至京数日病逝。万历三十七年（1609），万历帝赐建陵园，工部侍郎刘元霖奉旨遣员建造。礼部尚书东阁大学士叶向高（字进卿，号台山，1559－1627）撰《大明资政大夫少子少保礼部尚书兼东阁大学士赠太子太保谥文定谷山于公墓志铭》：“于万历三十七年十二月十三日，赐茔在山监山洪范之原”。于林神道两侧有华表、石虎、石羊、石马、石翁仲各一对，墓前有“帝锡玄卢”石牌坊一座，勒刻“责难陈善”；坊两侧立历代碑刻13通。

140. 淄博三皇庙古白皮松

[性状]

位于淄博市博山区北博山镇朱家庄三皇庙后院。树高26米，胸径0.96米，树龄260余年。枝下高15米。树冠开展，长势旺盛。今为县级重点文物保护单位。清乾隆四年（1739），道士王来素（字朴庵）手植。旧《博山县志》：“三皇庙古松高数丈，周合围，亦王来素募得手植也”。

[身历]

三皇庙始建于明洪武初年，最初只有两间庙堂。嘉靖年间，重修并，建三皇大殿，新修东西配房、钟鼓楼、白衣阁等。清乾隆四年，道士王来素筹资建三清阁、文昌阁、吕祖阁及东西角楼和观景台。1951年，三皇庙改为学校，20世纪70年代拆除。

[记事]

王来素是清初道士，通晓炼丹术，主持兴修三教堂、三皇庙、织女洞、神清宫等道观。民国·王荫桂等《续修博山县志·人物志·仙释》：“僧王来素，字朴庵，居五云洞。道术颇神，能取石子置炉中，煅冶为银以济众，己则丝毫无所私。值岁饥，尝建筑三教堂、三皇庙、五云洞庙及沂水之神清宫、织女洞。又修交龙庄道大湾桥，皆以工代赈，全活甚多。寿八十二。殁时，集诸弟子嘱后事毕，乃端坐化去，人目为登仙云”。

141. 新泰东刘家上汪古白皮松

[性状]

位于新泰市泉沟镇东刘家上汪村。树高12米，胸径0.76米，平均冠幅11米，树龄约400年。距地3米处，分为四大杈，长势旺盛。

[身历]

迈莱河东岸有上汪村群，北为肖家上汪村、

中为陈家上汪村、南为李家上汪村。河西岸有东刘家上汪村和西刘家上汪村。诸村均以上汪寺而得名。上汪寺全名“上汪大明寺”，在鹤山（今泉沟镇河山子）之阳，始建于金大定五年（1165）；清顺治十五年（1658）重修。乾隆《新泰县志・寺观》：“大明寺，上汪鹤山阳。金大定五年建。顺治戊戌重修”。莲花山云谷寺，初名大明寺，为其下院。民谚“先有上汪寺，后有莲花山”。传上汪寺有牛九十九头，每于寺东南泉中饮水，而饮水有百牛，牛倌以红绳志牛角，识别新增者，以枪刺之，牛化作金光入莲花山为“探寺松”。元代，上汪寺僧众于莲花山创大明寺。明代中叶改“云谷寺”，又名“云孤寺”。明万历三年（1575）重修（《重修云谷寺佛殿暨关王祠记》）。明代，上汪寺祈雨甚盛，特制玉皇辇为法器，辇外形似宫殿，长宽各1米，木料考究，工艺精细，内奉玉皇大帝神位。旧辇日久损毁。1937年，当地望族聘木工原样仿造一座，今存寺中。

第五章
裸子植物（二）

5.1 柏科 CUPRESSACEAE Bartling 1830

5.1.1 侧柏属 Platycladus Spach 1842

侧柏 Platycladus orientalis (Linn.) Franch 1949

1. 沂南张庄古侧柏

[性状]

位于沂南县铜井镇张庄中学院内。树高15米，胸径2.1米，平均冠幅10米。传植于唐代，树龄1100余年。

[记事]

①1940年5月，八路军第一纵队供给部即派军需科副科长派周民、侯文升接收国民党专署张里元部铜井采金局。1941年5月，成立鲁中金矿局，周民任局长、侯文升任教导员的；辖铜井、金场、石桥庄三个分局，有力地支持山东抗战工作。②铜井有金矿，隋代已开始开采；且处地理要冲，经济、军事价值巨大。1937年“七七”事变后，日军大举入侵山东，1938年2月，日军陷沂水。翌年6月，于铜井筑据点，令日军渡边中队和伪军第二十一梯队驻守，以为久计。1940年9月12日，山东纵队二支队四团攻打铜井，二营四连、五连攻入城内，将日军压迫在炮楼内。激战一夜，未能歼灭日军。次日，驻沂水、苏村日伪军增援赶至，与打援一营、三营激战。指挥员见情况不利，命令突围。五连连长郭怀远牺牲，90余名指战员阵亡。战后，群众聚葬烈士。1944年春，峙阳区民主政府立《铜井烈士公墓碑》；③1942年1月4日，二团团长吴瑞林率部公再攻铜井。突击队化装巧多寨门，主攻部队迅速突进，两个小时内攻占6个炮楼，进而再破6炮楼。次日，肃清残敌，12小时内结束战斗。毙伤日军25名、伪军大队长以下270余名；俘伪军650余名，解救被押群众430余人；缴获机枪4挺，长短枪500余支。

2. 济南神通寺古侧柏

[名释]

因树顶九枝平展，号“九顶松”，俗称“灵柏”，又名“千岁松”。树下有《九顶松碑》。

[性状]

位于济南市柳埠镇柳埠林场神通寺四门塔北门（图5.1）。编号A5-0093，树高15米，胸径1.82米，基径2.5米，冠幅东西18.5米、南北18.9米。传植于汉代，树龄约1500年；清·聂剑光《泰山道里记》：“又东一台，有四门塔，极崇丽，皆石为之。塔前古柏一株，传云汉植”。枝下高3.1米，主干分12大杈，东侧3杈，北侧1杈，南侧3杈，西侧2杈，中央2杈直立，周围10杈斜展；西侧主干距地2.3米处有树洞，树冠球形，长势旺盛。

[身历]

“四门塔”之名始见于青龙山南坡宋绍圣五年（1098）石塔塔铭。塔建于隋大业七年（611），以青石砌成的亭阁式单层塔，平面作方形，边长7.4米。四面各有拱门。塔檐下出挑

图5.1 济南神通寺古侧柏（冯广平 摄）

叠涩五层，檐上叠筑23层，逐层收缩至顶部，构成四角攒尖式塔顶；顶端露盘上，四角置山华、蕉叶，中筑项轮至刹部。塔墙厚0.8米，墙壁刻几何花纹。塔心正中有石砌空心方形柱，柱上擎16条三角石梁，上置石板拱起，形成方形廊道。形体雄伟浑厚，线条简洁古朴，为单层塔之早期范例。《世界美术全集》："乃汉代制法之余波，此塔结构虽简单，却具有平衡之美，在石筑之单层塔中，可谓之无与伦比者"。塔心柱四面台上有四尊东魏武定二年（544）圆雕佛像，南面谓保生佛，北面谓微妙声佛，东面谓阿閦佛，西面谓无量寿佛。四尊造像神情端庄自然，造型洗练，刻工精湛。塔内有造像记两则，一在南面佛座下，《济南金石志》："武定二年，三月乙卯朔十四日戊辰，冠军将军司空府前西阁祭酒，齐州骠大府长流参军杨显叔，仰为亡考忌十四日，敬造石像四躯，原为亡考生常值佛"。刻石清末被盗，后流入日本（见《陶斋藏石记》）。另一则刻石，下落不明，文载《济南金石志》："维大唐景龙三年，岁次乙酉七月戊午朔四日甲寅，比丘尼无畏，沙弥尼妙法，奉为己过，比丘僧思之，敬造弥陀佛一铺：观世音、大势至、二圣僧。上为国王帝主师僧父母，下及全家眷属，法界苍生，咸同斯福"。1951年，塔身以三道铁箍加固。1961年3月4日，被公布为全国首批重点文物保护单位。1971－1973年，大修，依据拓本重刻东魏武定二年造像记。

[诗文]

清·董芸（字香草，号书农）《神通寺》："朗公精舍古神通，劫火残烧五代空，唯有四门孤塔下，长松九顶尚青葱。"

3. 泰安岱庙古侧柏群

岱庙有各种树木500余株，其中百年以上古树249株，大部分为侧柏和圆柏。岱庙八景中多为古柏，八景包括：挂印封侯（侧柏）、唐槐抱子、云列三台（圆柏）、汉柏凌寒（侧柏和圆柏）、百鸟朝岳、麒麟望月（圆柏）、灰鹤展翅（侧柏）、龙升凤落（圆柏）。有9株古柏入世界自然和文化遗产名录，包括汉柏院5株汉柏，分别为汉柏连理、赤眉斧痕、岱峦苍柏、昂首天外、苍龙吐虬；另有麒麟望月、灰鹤展翅、云列三台、龙升凤落等4株古柏。胸径最大者为Ⅳ号汉柏，胸径1.44米，树龄2100余年。

（1）汉柏院古侧柏群

[名释]

位于泰安市岱庙，汉武帝封禅泰山时栽植，同生六株，Ⅰ号至Ⅴ号为侧柏，Ⅵ号为圆柏。Ⅰ号汉柏同根双干，引班固《白虎通·封禅》："朱草生，木连理"之意，名"汉柏连理"，又名双干连理、汉柏翠影。Ⅱ号汉柏曾遭受赤眉军斧斫，至今仍能看出痕迹，名"赤眉斧痕"，北魏·郦道元《水经注》："泰山有上中下三庙……（下庙）墙阙严整，庙中柏树夹两阶，大二十余围，盖汉武所植也，赤眉尝斫一树，见血而止，今斧创犹存"。Ⅲ号汉柏虽经两千年风霜，依然枝繁叶茂，苍翠挺拔，名"岱峦苍柏"。Ⅳ号汉柏树势挺拔，豪气十足，顶生一枝高昂于天，名"昂首天外"。Ⅴ号汉柏树干有一瘤形似猴子，猴通侯音，名"挂印封侯"。

[性状]

Ⅰ号汉柏位于汉柏院西北角（图5.2a）。编号A0001，树高15米，基径1.65米，基部以上分为东西两股，西股胸径为0.93米，东股胸径0.72米，顶分东西两枝，东枝已枯，西枝长势一般，与汉柏"赤眉斧痕"处在同一石砌围栏内，居西。1928年，西股大干被时任山东省政府主席孙良诚部士兵烧死。石栏外有画家刘海粟（原名槃，字季芳，号海翁，1896－1994），题"汉柏"大字碑。树西南侧砖砌石台上有三通石碑，南侧一通为明崇祯十五年（1642）晋濩泽道庄陈昌言题、关中耀州左佩玹篆"汉柏图赞"碑，碑中阴刻"汉柏连理"，其下为89字"汉柏图赞"诗；北侧一通为清康熙四十九年（1710）文华殿大学士张鹏翮题"汉柏诗"碑；中间一通为乾隆皇帝"御笔汉柏之图"碑（图5.2b），碑阳阴刻"汉柏连理"，栩栩如生，碑阴和碑侧刻有乾隆皇帝赞赏汉柏的三首诗。Ⅱ号汉柏位于汉柏院西北角（图5.2c），编号A0002，树高13米，胸径1.34米，冠幅东西10.9米、南北7.9米，长势旺盛，与"汉柏连理"同一石砌围栏，居东。《艺文类聚》引《从征记》："泰山庙中柏，皆二十余围，侠两阶，赤眉尝斫一树，见血而止，今斧疮犹在"。Ⅲ号汉柏位于汉柏院东北角，编号A0003，树高8米，胸径1.11米，冠幅东西11.1米、南北9.3米，树身北倾，分为东北、西南两枝，西南枝较小，已枯，东北枝粗壮，长势旺盛。Ⅳ号汉柏位于汉柏院门口北侧（图5.2d），编号A0005，树高15米，胸径1.44米，冠幅东西10.2米、南北10.6米，树身向西南倾斜，枝干大部已枯，唯东侧一枝、北侧两枝存活，长势较弱。树南面为《宣和重修东岳庙记》碑，该碑为岱庙体量最大的一通，阴面刻有"万代瞻仰"四个正楷大字，系明万历十六年（1588）巡抚右副都御使中州李戴和巡按监察御史吴龙征题，起居住办事中书田东作书，泰安州知州刘从仁刻石。Ⅴ号汉柏位于正阳门内路东（图5.2e），编号A0006，树高10米，胸径1.32米，冠幅东西

图5.2a 岱庙古侧柏“汉柏连理”（冯广平 摄）

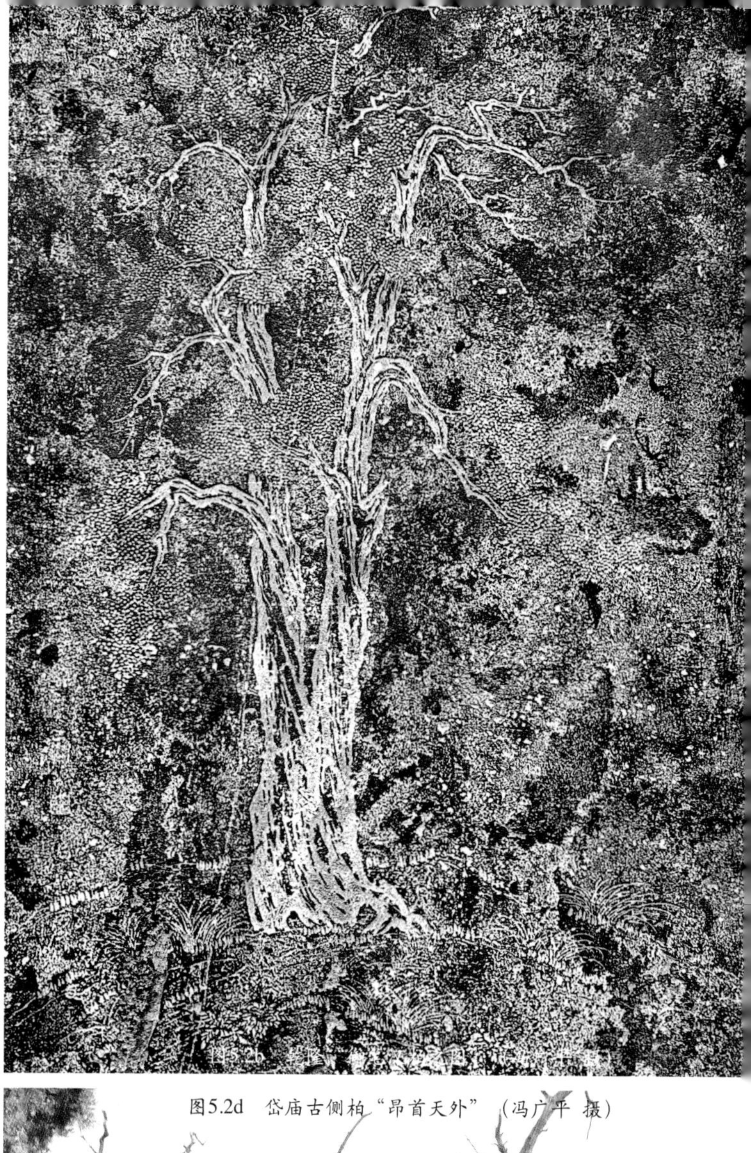

图5.2c 岱庙古侧柏“赤眉斧痕”（冯广平 摄）

图5.2d 岱庙古侧柏“昂首天外”（冯广平 摄）

8米、南北9米，树身南倾，顶枯，长势一般。5株古柏传为汉武帝刘彻（前156－前87）手植，树龄2100余年。《水经注》引《从征记》："泰山有上、中、下三庙，柏树夹两阶，盖汉武所植也"。唐·李吉甫《元和郡县图志》引汉代《郡国志》："庙前有柏树，汉武帝所种"。此外，位于汉柏院东北角还有一株，编号A0227，树高10米，冠幅东西9.1米、南北8.65米，自基部分为东、南、北三股，东股胸径0.78米，南股胸径0.55米，北股胸径0.5米，该树已枯，旁边生一新侧柏，长势旺盛。

[考辩]

古柏传为汉武帝手植。《水经注·汶水》："（环水）南流历中、下两庙间。《从征记》曰：泰山有下、中、上三庙，墙阙严整，庙中有柏树夹两阶，大二十余围，盖汉武所植也。赤眉尝斫一树，见血而止，今斧创犹存"。唐·徐坚《初学记》："山南有庙，悉种柏千株，大者十五六围，相传云汉武所种"。《泰山记》："泰山庙在山南，悉种柏树千株"。按《史记》载：元封元年（前110）、元封二年（前109）、元封五年（前106）、太初元年（前104）、太初三年（前102）、天汉三年（前98）、太始四年（前93）和征和四年（前89），汉武帝八次封禅泰山，并称赞泰山"高矣，极矣，大矣，特矣，壮矣，赫矣，骇矣，惑矣"。据古柏胸径推测，应为汉柏，汉武帝封禅泰山时栽植是可信的，而是否为汉武帝手植则不可考。

[身历]

"汉柏院"因汉柏得名，北部原有炳灵殿，旧称"炳灵宫"，奉祀泰山神三太子；北宋·王溥修《唐会要》："泰山有五子，其三曰至炳灵王，配永泰夫人"。殿始建年代不详，后唐长兴三年（932）殿宇已存在，北宋大中祥符元年（1008），增扩殿宇，并建灵威亭。南宋·马端临《文献通考》："炳灵公庙在泰山下，后唐长兴三年（932），诏以泰山三郎为威雄将军，大中祥符元年（1008）十月，封禅毕，亲幸，加封，令兖州增葺祠宇，又于庙北堧建亭，名曰灵威"。历代对炳灵殿皆有重修，至1929年殿毁，1959年在殿基之上建"汉碑亭"，亭内置汉"衡方碑"及汉画像石，1967年易汉碑为毛泽东诗词碑，亭亦改名为"汉柏亭"。宋景佑二年（1035）名儒孙复与徂徕先生石介于汉柏院南部筑室讲学，后岱庙扩建兼并之，金大定二十三年（1183）建鲁两先生祠，金·党怀英《鲁两先生祠记》记此事。1965年于此建茶室。院中央为1961年建造的八角石栏水池。此外，院内尚有张衡《四思篇》、曹植《飞龙篇》、陆机《泰山吟》、米芾《第一山》等碑刻90余通。

[诗文]

自元代以来诗文众多。①元文学家王奕（字伯敬，号斗山）《汉柏》："肤剥心杜岁月深，孙枝已解作龙吟。烈风吹起孤高韵，犹作峰头梁父音"。《题泰山仁安殿壁》，详见"泰山五大夫松"。《新州枕上有感》之二，详见"泰山五大夫松"。②少中大夫、诗人、学者王恽（字仲谋，号秋涧，1227－1304）《汉柏》："苍柏无城拥汉陵，閟宫遗树郁峥嵘。崔嵬不植明堂础，造化还通岳顶灵。万壑烟霏封杰干，半空风雨撼秋声。 白头会见东封日，秀映鸾旗一色青"。③监察御史贾鲁（字友恒，1297－1353）《汉柏凌霄》："东风玉辇不闻音，柏树犹能慰访寻。一代精神看翠霞，千年物色在苍林。水帘洞口风偏急，玉帐亭边雪正深。到底凌寒谁与共，老松郁郁是同心"。④明代正德间（1506－1521）泰安知州戴经："东封玉辇不闻音，柏树犹能慰访寻。一代精神看翠蔼，千年物色在苍林。水帘洞口风偏急，御帐坪边雪正深。到底凌寒谁与共，老松郁郁是同心”。⑤嘉靖间（1522－1566）广东道监察御史王绍元《登岱岳》之一，详见“五大夫松”。⑥万历朝兵部右侍郎、文学家贾三近《冬日登岱》，详见“泰山五大夫松”。⑦东阁大学士于慎行《泰山绝顶对酒》，详见“泰山五大夫松”。⑧明万历二十九年（1601）进士肃协中《汉柏唐槐》：“汉唐英主侈东封，并植灵柯古色浓。柏叶傲霜迎翠葆，槐枝结夏荫苍龙。虚疑神物同千载，自是仙根托九重。安得虎头携捐素，纵横仿佛写奇踪”。⑨崇祯七年（1634）进士、御史陈昌言（字禹猷，号泉山、斗筑居、中道庄主人，1598－1655）《汉柏图赞》：“有宛者柏，蟠株灵宇。植之何年，云自汉武。形寄青峦，巍峙崇阶。兄彼秦松，弟乃唐槐。飞润流津，函云漏月。乔柯孤引，修干高揭。亭亭偃盖，蔽芾侯甸。镇厥东土，荫兹下民。我来其下，徘徊徙倚。图以镌之，昕夕仰止”。⑩清初诗人徐栩野（？－1698）《岳庙汉柏》：“徂徕无一松，岳祠有遗柏。佶屈自何年，亲阅汉家历。铁干半摧残，枝损涛声瘠。数株争气运，绝非近代格。入门见法物，爱重如琼璧。火德宿危柯，皮裂苔纹赤。树下人鬼集，树上风雨宅。但作水龙吟，雷电不终夕。云开与岳青，月出桂烟白。苍根神所庇，终化空山石”。《汉柏》：“古松神王枝佶倨，石骨槎枒龙鳞涩。吞吐潮声二千年，细叶高柯云岌岌。秦松官热一身枯，尧松岁寒沂山隅。此松多为汉帝植，铁干樸棱五苍株。须臾金人已辞汉，唐宋六朝如惊电。世远化为白鹿游，天寒独与玉龙战。南株伛偻似老翁，短发偃蹇夕阳中。北株挐云势最豪，烟晴突兀见三峰。旁有两株作云顶，鸟声细出支离影。神庇既能免斧斤，年衰安得辞臃肿。日月无情松有情，一株更作水龙鸣。亲见汉皇封禅事，枝藏齐民怨嗟声。各饮冰霜清节见，鸟去鸟还人代变。曾受汉皇栽培恩，炎火焚身身不怨。人老形骸缩，松老枝叶秃。五松结为邻，吐云成一族。大不必十围，高不必千尺。离奇常为贯月槎，不然亦化空山石。旧闻老松树下产茯苓，□□虬根往往结琥珀。吾欲劚此合大□，远凌沧州兮我为主人岱为客”。⑪文学家施闰章《汉柏》：“根不必踞绝壁，枝不必摩苍天。婆娑岳庙眼前树，轮囷屈曲几千年。龙文蛇腹复猿臂，铁干蟠空少根蒂。岱宗玉女旌旗翻，百灵半夜风雨会。韦偃毕宏画不得，神物旁观空叹息。春暮天空鹳鹤悲，阴霞绕树沉云黑。崔嵬祠庙已频灾，唐槐灰烬秦松摧。武皇六龙誓不回，□□□□□□□。嗟尔古柏胡为乎在哉，令我哀歌矫首心徘徊”。⑫吏部尚书兼文华殿大学士张鹏翮（字运青，号宽宇，1649－1725）《汉柏》：“古柏千年倚碧峦，太平顶上觉天宽。晴空白鹤时来舞，云外逍遥得静观”。⑬林杭学《汉柏凌霄》：“西京杳邈柏梁音，岳观苍凉尚可寻。三户茂陵何处树，十围秦畤尚成林。炉峰黛色参天迥，龙窟苍根入地深。芝草琪花皆偶现，何为长保岁寒心”。⑭乾隆御制《汉柏》：“殿角阴森翠影拏，濛濛常自护云霞。子户学得赤松术，风度而今见汉家”。乾隆三十六年（1771）御制《谒岱庙》：“岱宗遥望谢重登，岱庙森严玉陛升。祇有丰年祈帝贶，愧无明德答神凭。唐槐汉柏形容古，时景民风气象增。迅矣三年成瞬息，向来欣戚总难胜”。乾隆御制《谒岱庙六韵》：“亿祀神庥永，百年庙貌新。佐天生万物，护国福烝民。庆落卜良日，展诚恰仲春。扶桑日突兀，炎汉柏轮囷。肃拜经九载，慈宁值八旬。抒忱颗有吁，介寿愿重申”。乾隆御制《题汉柏》：“遥望嵩山结昆仲，近临西院是云仍。大椿岁月犹虚拟，万古埢桓永瑞凝”。乾隆御制《岱庙》之二：“既成图画复吟诗，汉柏精神那尽之。碑堵却空留一面，待兹来补岂非奇”。乾隆御制《题汉柏》：“汉柏曾经手自图，郁葱映照翠阴扶。殿旁亭里相望近，名实主宾谁是乎”。乾隆四十一年（1776）御制《汉柏口号》：“历劫那知菀与枯，谓犹多事写形吾。不禁笑指碑图问，久后还能似此无”。乾隆五十五年（1790）御制《汉柏》：“既成图画复吟诗，汉柏精神那尽之。碑堵且空留一面，待兹来补岂非奇”。乾隆御制《寄题汉柏》：“遥阶汉柏盘童童，柏下吟情想像中。不及同时嵩岳树，受名曾其颖川冯”。乾隆御制《谒岱庙瞻礼》：“前岁维新奉祝釐，何当独谒值今斯。代天出震惟生物，行令巡南致叩礼。汉柏唐槐都好在，佑民福国赖延禧。于心更复无他吁，所吁屡绥旸雨时”。乾隆御制《望岱庙寄题》：“泉林取路向西移，敬仰崇祠一念驰。作镇配天首五岳，居方出震佑嘉师。唐槐汉柏应依旧，秋月春风又几时。香帛太常依例遣，祈年惟是祷无私”。⑮清乾隆四十九年进士成书《岳祠》，详见“泰山五大夫松”。⑯乾隆间诗人、画家宋思仁（字蔼若，号汝和，1730－1807）《汉柏》：“六朝九老松曾见，偃蹇栖霞古寺东。不及岱祠多汉柏，株株都入御图中”。⑰张绲《汉柏》：“古松栽何代？人传是汉时。虬枝连北斗，老干挂南箕。虹合双龙斗，风生六管吹。披襟堪醉酒，长卧可敲诗。衣冠随世改，文物伴星移。独此经离乱，依然迥出奇”。⑱书法家、画家诸可宝（字迟菊，号璞斋，1845－1903）《泮山双柏行用少陵古柏行韵和金山吴教谕同年山在郡庠之西北隅》：“昔来岱庙观汉柏，平台屹对樽桑石。威仪侠陛犹郎官，意气去天将咫尺。圣门端楷匹灵奇，别院唐槐同慨惜。飞来一凤毛羽青，结就六龙甲鳞白。昨来听鼓东吴东，馆娃访古无梧官。旧闻北宋沧浪在，胜地南园树石空。独留双柏忘年岁，几历三冬耐雪风。大德不孤必有偶，托身得所谁为功。此材何待充梁栋，泮山灵岳等珍重。葆我天真赖表章，阅他人世成迎送。要知错节更盘根，也视祥麟与威凤。吁嗟乎！吾乡尚有向南枝，太息精忠未酬用”。⑲今人刘海粟（槃，字季芳，号海翁，1896－1994）《题汉柏》之一：“临抚散盘琅琊笔，戏为汉柏一写真。苍波溜雨四十围，黛色参天三千尺。”之二：“一管擎天笔，千秋动地歌。贞心凝铁石，风雪发虬柯。”

[汇考]

①1987年，列入世界文化遗产名录。②汉柏院存历代碑碣90余块，汉柏亭台基四周嵌23块，1965年移置到院内东城墙内侧和汉柏亭东侧院墙上的历代名人诗文碑刻53块，院中立14块。其中，乾隆皇帝登泰山诗碑26块，诗30首。东城墙内嵌碑刻较为著名者有张衡《四思篇》、曹植《飞龙篇》等。东南院墙内嵌有陆机和谢灵运《泰山吟》。③景祐二年（1035），名儒孙复应奉符学者石介（世称徂徕先生）之邀到泰山讲学。先在东岳庙东南柏林地建信道堂为学馆，不久因岳祠拓建，北徙岱麓，改称泰山书院（宋·石介《泰山书院记》、金·党怀英《鲁两先生祠记》）。金大定二十三年（1183），泰安诸生在岳庙大门之东建鲁两先生祠，祀孙复、石介。④金天会八年（1130），李仪抗金义军攻入奉符县。同年，金立刘豫为帝，年号阜昌，国号大齐，在奉符县置泰安军，“泰安”之名始此。⑤南宋绍兴三十一年（1161）、金正隆六年（1161），完颜亮南侵，一路烧杀抢掠。耿京（？－1162）聚众起义，克莱芜县、泰安军、东平府，众至25万。耿京遂自称天平军节度使，节制山东、河北诸路抗金义军。翌年，耿京遣辛弃疾（原字坦夫，改字幼安，别号稼轩，

1140－1207）奉表南下；部将张安国等杀耿京降金；辛弃疾擒张安国，率部投奔南宋（《三朝北盟会编》卷二四九、《宋史·辛弃疾传》）。⑥洪武十五年（1382），泰安州设道正司于岳庙，设僧正司于冥福寺，分别管理道、佛事务（康熙《泰安州志·建置》）。⑦康熙二十八年（1689），康熙帝经泰安州，谒东岳庙。因见香火荒凉，命从香税钱粮内每年酌拨东岳庙与碧霞宫银两，供守祀费用（《圣祖实录》卷一三九、《康熙起居注》）。⑧乾隆十三年（1748），乾隆帝奉母东巡，驻跸泰安。祭岱庙，登岱顶祀元君（《清高宗实录》、《南巡盛典》、《清史稿·高宗纪》）。乾隆十六年（1751），乾隆帝奉母南巡回銮，幸泰安，祀岱庙。乾隆二十二年（1757），乾隆帝南巡回銮至泰安，谒岱岳庙，登岱顶礼碧霞祠。乾隆二十七年（1762），乾隆帝南巡回銮至泰安，谒岱庙，登岱礼碧霞祠。乾隆三十年（1765），乾隆帝奉母南巡，回銮至泰安，谒岱庙（《清史稿·高宗纪》、光绪《山东通志·典礼略》）。乾隆三十六年（1771），乾隆帝奉母东巡，至泰安，谒岱庙，登岱祀元君。乾隆四十一年（1776），乾隆帝奉母东巡，至泰安，谒岱庙，登岱祀碧霞祠。乾隆四十五年（1780），乾隆帝南巡至泰安，谒岱庙。乾隆四十九年（1784），乾隆帝南巡至泰安，诣岱庙行礼。皇子颙琰登岱，有《奉命登泰山恭纪》诗。乾隆五十五年（1790），乾隆帝东巡至泰安，谒岱庙，登岱祀碧霞祠。高宗前后共10次巡幸泰安，6次登临岱顶，共题泰山诗170余首（《高宗实录》、《泰山志》）。⑨乾隆五十七年（1792），岱庙有汉柏一株自焚（蒋坦《秋灯琐忆》）。⑩嘉庆二年（1797），泰安知府金棨撰《泰山种柏树记》，立石红门宫外。记其与山东布政使康基田3年内在泰山植柏2.3万余株。⑪光绪二十一年（1895）十二月，泰安大风，吹折岱庙凤凰柏，摧倒石碑1通（《重修泰安县志·灾祥》）。⑫光绪三十一年（1905），泰安学者王价藩（字建屏）等人在岱庙环咏亭创建图书社，知县李于锴捐俸百金助成其事。价藩后与其子亨豫合辑《泰山丛书》，为泰山文献集大成之作。⑬光绪三十二年（1906），留日学生、肥城人徐树人等捐款在岱庙门楼创设泰安博物馆，购置动、植物及生理学标本，并天文、植物等图谱。观览者耳目为之一新。却备受守旧者攻击，宣统元年（1909年）被知县张学宽取销（《重修泰安县志·教育》）。⑭1912年，泰安县首设商会，会址初在泰城岱庙遥参亭，后迁西武庙财神会馆。⑮1916年，泰安县知事沈兆伟在岱庙东御座创办通俗图书馆，将天书观小学藏书移入馆内，有经书类42种，并陆续购进通俗小说及少年丛书200余册。馆内设阅报所，每日阅报者数十人。⑯1928年5月3日，济南发生“五三”惨案，1.1万军民遭日军屠杀。泰安各界义愤填膺，开展抵制日货、烧毁日货的斗争。山东民众在泰城岱庙立“五三”惨案纪念碑。次年5月，又在遥参亭前立济南“五三”惨案纪念碑1通。⑰1930年，蒋介石、阎锡山中原大战祸及泰安。阎军傅作义部占据泰安，蒋军马鸿逵部攻陷泰安，俘虏阎部200余人。交战中，天贶殿西墙射入炮弹数枚，壁画多处被毁。后马部驻军唐槐院，唐槐被摧残迨枯。⑱1938年1月1日，日军北方军第二军矶谷廉介部占领泰安。1月28日，制造东良庄惨案，屠杀村民64人、伤6人，烧毁房屋650间。5月8日，伪山东省公署将泰安、新泰、莱芜、肥城、宁阳等县划属鲁西道。伪鲁西道尹公署设在岱庙。⑳1946年1月，泰安、莱芜、新泰、蒙阴、肥城、东平、东阿、平阴等8县的伪保安队集结泰安，编为“山东省第三保安旅”，设“泰兖警备司令部”于岱庙。以燃料不足为由，大肆砍伐岱庙及王母池等处的古树。

图5.2e 岱庙古侧柏“挂印封侯”（冯广平 摄）

图5.2f 岱庙古侧柏“孤衷柏”（冯广平 摄）

（2）钟楼古侧柏

[性状]

位于岱庙钟楼前，编号A0184，树高17米，胸径0.91米，冠幅东西9.8米、南北13.5米，树龄约900年。干中空，长势一般。

[身历]

岱庙钟楼始建年代不详。唐·段成式《酉阳杂俎续集·寺塔记上》：“寺之制度，钟楼在东”。这说明在唐代，钟楼也是寺庙必不可缺的建筑，因此，岱庙钟楼应始创于武则天移址。北宋初，大扩岱庙，重修钟楼，古树应为此时栽植。之后，钟楼多遭兵火，明弘治《泰安州志》记载了元代钟楼毁坏的情形：“暨钟楼、鼓楼、斋心、洗心堂、井亭、神库具备，元季毁于兵燹”。虽屡次重修，钟楼古建筑仍于清末毁坏，今钟楼为1987年重建，内藏明万历三十四年（1606）九月铸造的铜钟，同时复制一钟，用于举行各种活动。

（3）宋天贶殿古侧柏群

[释名]

Ⅰ号古侧柏因树干有一深达树心的疤痕，代指剖胸的孤衷之臣安金藏，故名“孤衷柏”（图5.2f）。Ⅱ号古侧柏形似仙鹤亮翅，树皮灰色，故名“灰鹤亮翅”。

[名释]

位于宋天贶殿周围。同生数十株，选其中

三株记之。Ⅰ号古侧柏位于宋天贶殿丹墀前甬道中央（图5.3e），编号A0068，树高10米，胸径0.85米，冠幅东西6.8米、南北10.9米，树龄约900年。长势一般，该树位于甬道中央可能是因为大殿改建，位置稍移的缘故。Ⅱ号古侧柏位于宋天贶殿丹墀前甬道西侧，编号A0139，树高13米，胸径0.86米，冠幅东西11.2米、南北12米，树龄约900年。长势一般。Ⅲ号古侧柏位于宋天贶殿后西侧，编号A0127，树高17米，胸径1.19米，冠幅东西17米、南北12.4米，树龄约900年。长势旺盛。

（4）唐槐院古侧柏群

性状

位于泰安市岱庙唐槐院门前。5株，最大一株编号A0222，树高12米，胸径0.76米，冠幅东西11.5米、南北4.45米，树龄约400年。长势旺盛。树北有石台，台上有宋真宗大中祥符六年（1013）所立大宋东岳天齐仁圣帝碑，碑阴有明万历二十四年（1596）山东巡抚张允济和巡按王立贤题书的“五岳独宗”四个大字。

身历

唐槐院原为延禧殿，建于金代以前；元·杜翱《延禧殿堂庑记》：“其内城西南隅有殿曰延禧，有堂曰诚明……金季俶扰，复毁于盗，唯斯殿与堂独存”。元至正十三年（1353）重修；杜翱《东岳别殿重修堂庑碑》：“至正十三年四月，提点东岳庙事范德清发起重修东岳庙延禧殿与诚明堂。次年告竣，殿堂廊庑焕然一新”。明代多次重修。李钦《重修东岳庙碑》：“嘉靖二十六年（1547）十二月，岱庙起火，正殿门廊具毁，仅存寝宫及炳灵、延禧二殿”。万历三十五年（1607），山东巡抚黄克缵重修东岳庙成，黄克缵《重修东岳庙碑》：“修复正殿一、宫三、小殿二、楼七、亭二、门十一、城百牒”。延禧殿亦得以重修，古树应为此时栽植。清乾隆三十五年（1770）岱庙大修，清高宗《重修岱庙碑》：“凡神像、大殿及各殿宇、廊庑、门垣皆拆改重修。”至清末，该殿逐渐废弃，因院内有唐代古槐一株，改名唐槐院。民国间，殿、堂、亭均毁，古碑碣大部凿毁散佚。1984年，在此建仿古卷棚歇山顶环形文物库房楼。

（5）仁安门内古侧柏

名释

因有一树瘤恰似麒麟伸头前望，而前方有一圆形疤痕似明月，故名“麒麟望月”。

性状

位于仁安门内阁老池东侧。编号A0107，树高15米，胸径0.65米，冠幅东西8.1米、南北7.3米，长树龄约350年。势较旺盛。

诗文

清·张所存《重修岱庙履历记事》：“大殿内墙，两廊内墙，俱用画工书像午门内栽柏树八十五株，杨树四十株，槐树三十二株，白果树二株。仁安门前栽柏树五十三株，槐树十二株。大殿左右丹墀，栽柏树五十九株，松树四株，白果树二株，杨树五株，槐树九株。后寝宫栽柏树三十一株，松树十八株，白果树二株，槐树五株，寝宫后栽榆树三百株。此皆东岳之灵，方伯之功，予所得艰苦经画于其间。今将所历时日，所费物力，所栽树植，所建殿楼墙宇，一一刻记于石，后亦以见重修之非易易也”。

4. 淄川区甘泉古侧柏

[性状]

位于淄博市淄川区黑旺镇蓼峨路甘泉村菩萨庙。编号B02，树高26米，胸径1.6米，冠幅东西16米、南北16米，树龄600年。基径2米。树冠伞状，主干分5大杈。长势旺盛，村民称作“吉祥树”。

[记事]

①树附近有水池，常年贮水，号“甘泉”，村由此得名。②村民奉树若神，往往于树下焚香许愿，节假日更是香客云集。

5. 钢城区花雨山庙古侧柏

[释名]

原有七株，传为七仙女化身，故名“姊妹柏”。两柏树下有碑，题“齐鲁柏王”。

[性状]

位于莱芜市钢城区颜庄镇澜头村花雨山庙，海拔569米。2株。南株树高30米，胸径1.59米；北株树高24米，胸径1.43米，树龄1000年。1938年，日军攻陷莱芜，强迫木工伐掉5株作碉堡。再伐时，锯口有血沫，木工拔锯而逃。今锯口犹见。村民奉为神树，往往绕树周匝，祈望福祉。

[身历]

村西南一里许有花雨山，又名万花山，传每年春天有72场浇花雨，故名。山脚有青灰色方形巨石，号“玉玺石”；石西南有“圣水井”。山腰有庙，山上古柏青葱。花雨山庙始建于明朝弘治间（1488－1505）。清乾隆间（1736－1795）、嘉庆间（1796－1820）重修。庙坐西朝东，占地800余平方米，四合院结构，正殿为玉皇大帝庙，面阔三间，硬山顶。南北两厢为王母阁。澜头村始建于清初，因河水绕村而过，取名拦头，后取谐音为澜头。《刘氏谱》：“清朝初年，吴姓由山西迁此建村”。

[记事]

民国初，村民筑石为寨，寨墙高约4米，宽约3米，设东、西、南、北四门。1926年8月18日，匪首景德泉率300余人围攻澜头寨，村民坚守一夜，弹尽寨破，68人被杀，200人被掳走；后140人被赎回，余皆病亡。1940年，日军一个大队攻澜头寨，寨破，村民仍与敌殊死搏斗，5人战死。日军于村内烧杀抢掠，无恶不作。

6. 曲阜洙泗书院古侧柏群

[性状]

位于曲阜市书院街道办事处书院村洙泗书院院内（图5.3），35°35′N，117°4′E，海拔68米。共13株，树高7－20米，胸径0.3－1.37米。最大一株树高20米，胸径1.37米，冠幅东西13米、南北10米，树龄676年。基径1.47米，枝下高7米，树冠广卵形，长势旺盛。

[身历]

洙泗书院原为先师讲堂，金末兵毁。元至元三年重建，最大古侧柏应植于此时。明弘治七年、嘉靖三年（1524）、天启七年（1627）重修。清顺治八年（1651）、顺治十三年（1656）、康熙三十八年（1699）、雍正十二年（1734）、道光二十九年（1849）重修。民国间重修。1988年大修。

7. 邹城孟庙古侧柏群

位于邹城市城南孟庙内，35°24′N，

图5.3 洙泗书院古侧柏（张伟 摄）

116° 36′ E，海拔39米。共66株。

（1）知言门外东墙古侧柏群

【释名】

柏中生槐，誉称“古柏抱槐”。

【性状】

位于知言门外东墙（图5.4a）。树高12米，胸径1.3米，基径1.35米，冠幅东西8.9米、南北10.9米，树龄600余年，此说非，启圣殿后侧柏实测生长量0.58毫米/年，则此株树龄1163年。枝下高2.82米，分东、中、西三大杈，西杈枯死。主干中空，距地0.5米处开裂，内生古槐一株，胸径1.1米，东南向主枝存活，距地3.1米、4.5米处有铁箍。东墙外外另有树龄600－900年者4株。最大者树高14米，胸径0.86米，基径1.28米，冠幅东西11米、南北9米，树龄900年。其余3株，平均树高12.6米，胸径0.78米，冠幅东西9.6米、南北7米。

【身历】

知言门内南侧有“省牲所”，始建于天启三年（1623）。天启三年《重修孟夫子庙碑》：“天启三年二月建祭器库、省牲房各三楹”。

（2）启圣殿古侧柏群

【性状】

位于孟庙东路启圣殿前院落。共27株。最大一株位于启圣殿月台东，编号00222，树高15米，胸径1.23米，基径1.27米，冠幅东西14米、南北10.7米，树龄700余年，据启圣殿后古柏实测生长量推测，此株树龄1057年。枝下高6米，长势旺盛。其余诸柏平均树高14米，胸径0.84米，冠幅东西7.1米、南北6.5米。

【身历】

启圣殿始建于明弘治十年（1497），面阔五间、12.4米，进深三间、10.06米，单檐歇山顶，内祀孟轲父“启圣邾国公”孟激，又称“邾国公殿”。殿内原有孟激像，“文化大革命”间，像毁。1986年重塑。元元祐三年（1316），尊孟轲父为邾国公启圣殿之后为孟母殿，创建与启圣殿同期，面阔10.98米，进深9.53米，殿内东侧神龛内有孟轲石像。《邹县志》载：此像为宋景祐间孔道辅修孟母墓时掘得，定名“孟子自刻为母殉葬石像”。殿内西侧有清乾隆十四年（1749）致祭碑。

[记事]

①宋代，加封孟母“邾国宣献夫人”。清乾隆三年（1738），加封“邹国端范宣献夫人”。②明洪武四年（1371），御史台下文禁止毁坏孟庙树木。万历三十九年（1611）《孟志》：“是年，御史台牒下按察分司，令出榜禁谕，军民人等，毋得非礼入庙宿歇，斫伐树株。如有违犯之人，令宗子陈告到官，依律究治”。

（3）启圣寝殿古侧柏群

[性状]

位于孟庙东路启圣寝殿前。共7株。最大一株位于启圣寝殿前甬道东，编号00263（图5.4b），树高9米，胸径1.23米，冠幅东西9.3米、南北13.8米，实测树龄1057年。主干北倾，枝下高2.8米，主干分东北、东、西3大杈，西南大枝基径0.3米，长1.8米。长势一般。启圣殿后、甬道东第一株，编号00260，树高6米，胸径0.72米，冠幅东西4.7米、南北5.6米，西侧大杈截断，正顶截断，惟南侧一枝存活，断面实测年生长量0.58毫米/年，实测树龄620年。

（4）寝殿古侧柏群

[性状]

位于孟庙中路寝殿前。2株。Ⅰ号位于甬道南部西侧（图5.4c），编号00245，树高15米，胸径1.15米，冠幅东西7米、南北13.4米，树龄990年。枝下高3米，主干南倾，分西南、南、北3大杈，北杈干枯，长8.3米，南杈顶枯，长势衰弱。Ⅱ号位于月台上东侧（图5.4d），编号00247，树高10米，胸径 0.82米，冠幅东西9.8米、南北9米，树龄900年。枝下高3.5米，主干北倾，南侧分大杈；长势一般。

（5）泰山气象门古侧柏群

[性状]

位于泰山气象门前院落。共36株。最大一株编号00019，树高20米，胸径0.89米，基径0.99米，冠幅东西10.1米、南北11.6米，树龄800余年。

[身历]

泰山气象门又称仪门，为孟庙第三道大门，位于亚圣庙坊之北，取自程颢：“仲尼天地也，颜子和风庆云也，孟子泰山之岩岩气象也”。门面阔三楹，前面立四根红漆柱，单檐歇山灰瓦顶，斗拱和门楣遍饰彩绘，门额悬“泰山气象”匾。门前两株古银杏树。

（6）承圣门古侧柏群

位于承圣门前院落。共27株。最大一株树高16米，胸径0.7米，基径0.75米，冠幅东西12.6米、南北7.6米，树龄800余年。

8. 长清灵岩寺古侧柏群

（1）文帝梦柏

[名释]

传汉文帝（前180－前157）梦见此处有柏千株，派人勘察见柏方萌芽。树东有万历三十六（1608）年四月朔日，长清县令王之士立《汉柏纪碑》：“此柏方萌芽，汉文帝梦灵岩庙左有千柏，命邓通往观之，至而惟见一萌芽，回以实报，文帝祭而祝曰‘当与此山并传不朽’，余以

图5.4a　孟庙古侧柏“柏抱槐”（冯广平　摄）

图5.4b　孟庙启圣寝殿古侧柏（冯广平　摄）

图5.4c　孟庙寝殿古侧柏Ⅰ号（冯广平　摄）

图5.4d　孟庙寝殿古侧柏Ⅱ号（冯广平　摄）

侯。按院查其地，在左上一枝东北向，叶食之可以延年，堪纪之，非敢为异谈也！”

性状

位于千佛殿东南（图5.5a），编号为K0007，树高11米，胸径1.29米，冠幅东西9.7米、南北12米，树龄约2200年，为泰山最古老的侧柏。长势弱。

身历

因树建寺。唐贞观三年（629），唐太宗手敕重建灵岩寺，僧惠崇迁建于今址，创建千佛殿和御书阁，汉柏时已800余年，正当御书阁前、千佛殿东，显然以汉柏为念。千佛殿始建于唐贞观间，原为大雄宝殿。清·马大相《灵岩志》：“故慧崇长老改迁今寺……唐宋时，（千佛殿）名大雄宝殿，为寺之大殿也”。北宋嘉佑六年（1061），重修，《灵岩志》：“宋嘉佑中，琼环长老，更拓广之，殿阁廊庑愈宏壮矣”。明嘉靖间（1522－1566），重修。万历十五年（1587）德王重修。清康熙五十三年（1714）、道光十四年（1834）、道光二十八年（1848）、同治十三年（1874）、光绪二十二年（1896）重修。1957年、1994年和1998年，维修。

图5.5a　灵岩寺文帝梦柏（冯广平 摄）

庆历间（1042－10448）始有“千佛殿”之名，张公亮《齐州景德灵岩禅寺记》：“千佛殿、般舟殿，辟支塔皆为古刹塔”。今存为万历十五年（1587）建筑，梁间有“时大明万历十五年岁次丁亥九月初八日德府重修”墨记。殿面阔七间，进深四间，单檐庑殿顶，绿琉璃瓦，出挑疏朗宏大，前檐8根石柱，雕刻精丽华美，檐下施重翘三昂九踩斗拱，因从唐宋风格。殿正中长方形石座，有3尊大佛，中为毗卢遮那佛，藤胎髹漆塑造，传北宋治平间（1064－1067），僧惠在钱塘制造运来。东为药师佛，铜铸，作于明成化十三年（1477）。西为阿弥陀佛，铜铸，作于嘉靖二十二年（1543）。周壁有数以千计高30厘米铜铸或木质小佛。殿东西及后壁台座上有40尊泥塑罗汉，北宋宣和间（1119－1125）宋齐古施舍，原在鲁班洞（辟支塔东）上“十王殿”中，清末移于千佛殿。每尊罗汉身高1－1.2米，泥塑上妆銮月朱砂红、黄丹、雄黄、石绿、大青、天蓝、茄批紫等矿物质颜料涂饰，衣袂发肤设色和谐精当，与身份神态相合。1922年7月，梁启超目泥塑罗汉为天下之最，题《海内第一名塑》碑，立于殿前。1987年，贺敬之作诗赞叹：“传神何妨真画神，神来之笔为写人。灵岩四十罗汉像，个个唤起可谈心”。

汉柏前为五花殿北宋嘉祐中（1056－1063），僧琼环创建。明正统间（1436－1449），僧志昂重建。清乾隆十一年（1746年），僧性端重修。殿又名五花阁，两层，上层祀毗卢、药师、弥陀3佛；下层祀圆通菩萨，龟首四出，回廊壮丽。清末，火毁。现仅存门前八棱石柱及复莲柱础。石柱上刻龙、儿童、牡丹花、宝相花、卷草等图案花纹，刻工精细。

（2）山道十里松

[名释]

灵岩寺山道两旁古柏众多，绵延十里，且古代“松”、“柏”不分，故名。

[性状]

位于济南市长清区灵岩寺山道两旁，古柏众多，选三株树势较大者记之。Ⅰ号古侧柏树高14米，胸径1.37米，冠幅东西12.5米、南北14米，树龄约1200年；树北侧伴生青檀、侧柏各一株，其中伴生侧柏距地2米处与主柏主干贴生融合，长势旺盛。Ⅱ号古侧柏树高14米，基径1.2米，冠幅东西10米、南北15米，树龄约1000年，距地1米处分为东北、东南、西北三股，东北股最粗，胸径0.76米，长势旺盛。Ⅲ号古侧柏树高10米，胸径0.86米，冠幅东西8.3米、南北12.9米，实测树龄657年，长势旺盛。在山道途中的新石桥背面的石壁上嵌有明万历二十年（1592）进士、书画家刘亮采（字公严）所书“十里松”大字石刻。

[诗文]

①北宋进士、吏部侍郎蔡延庆（字仲远，1028－1090）《游灵岩寺》：“灵岩川上白云深，十里青松昼自阴。远寺幽佳传已古，名山胜绝冠于今。群峰环翠凝秋色，危壁飞泉泻暮音。此景生为风月主，五湖应不起归心”。②鲜于颉《游灵岩》：“松门十里苍山曲，宫殿参差倚岩腹。盘盘一迳入云中，又登绝顶最高峰。石壁苍然起秋色，远溪深处时闻钟。磴道崎危达岩下，几派清泉在涧泻。月色朦胧出远山，忽惊星斗在簷前。倦客游来不知返，清光皎皎严霜寒。一出禅林复回顾，白云已满山头路”。③宋逸《登览灵岩》：“抖擞尘衣访古踪，扪萝涉险彻灵峰。寒堆泰岳千岩雪，清绕方山十里松。泉顶客回闻法鼓，云堂僧起动斋钟。如来元现因明处，直在人天第一重”。④明右副都御使陈凤梧《登灵岩有作》其二：“玉符千载记方山，传得图澄卓锡缘。佛口岩光初霁雨，辟支塔势欲参天。繁松十里风涛静，立鹤孤泉月影妍。北望少林同宝地，满山空翠锁云烟”。⑤济南知府徐榜《赋灵岩二十四景排律一首》：“寺创南齐久，山更岱岳连。灵岩高拂日，明孔远窥天。法涌金盘露，神开锡杖泉。袈裟遗此地，衣钵去何年？竹筛千竿影，松余十里烟。穷探般子洞，长眺朗公岩。贝叶藏千卷，云根隐小禅。宝鸡三喔喔，瑞鹤雨翩翩。置寺高僧定，般舟古佛舷。白云飞野洞，翠柏覆崖椽。龟喷灵源水，蜗涎断石镌。菩提无色相，盟证有真诠。绝巘峦林逸，浮屠斗星联。转轮千劫尽，摩顶一枝旋，骚客增吟兴，沙门杂管弦。胜游可再续，俚句强成篇”。⑥徐琳《游灵岩睹先人诗有感》：“朗公飞锡处，双鹤尚回还。十里松声远，三生塔影园。檐牙攒碧嶂，洞口泻寒泉。手泽灵碑古，相看涕泗涟”。⑦清康熙十八年（1679）进士于绍舜《狮山六首之巢鹤岩》：“尘踪长是羡飞鸿，巢鹤岩巅恰御风。十里松阴晴亦雨，千重烟霭色还空。列屏山似居连舍，放眼人如鸟脱笼。不因凭虚更搔首，恐耽诗句负青葱”。

（3）山门外古侧柏

[性状]

位于灵岩寺山门外广场中央，编号K0518，树高14米，胸径0.96米，冠幅东西11米、南北10米，树龄约670年，长势旺盛。

[身历]

古柏东南侧有元至正四年（1344）奉直大夫、山东东西道肃政廉访副使文书讷题“大灵岩寺”碑，碑阴有太中大夫、山东东路都转运盐使僧家奴撰、资善大夫、江南诸道行御史台中丞王异篆“书大灵岩碑阴记”。

（4）千佛殿前古侧柏群

[性状]

位于灵岩寺千佛殿前。Ⅰ号古侧柏，编号K0077，树高16米，胸径1米，冠幅东西7.9米、南北7.6米，树龄约950年，长势一般。Ⅱ号古侧柏，编号K0036，树高13米，胸径0.83米，冠幅东西9.2米、南北11.2米，树龄约500年，长势旺盛。Ⅲ号古侧柏，编号K0111，树高11米，胸径0.7米，冠幅东西10.4米、南北9.7米，树龄约500年，干东倾，长势一般。

[身历]

北宋嘉祐六年（1061），琼环长老重修千佛殿。Ⅰ号古侧柏应为此次重修时栽植。明成化十三年（1477），孙海通募施，用铜五千斤铸造千佛殿内卢舍那佛。正德间（1506－1521），鲁王捐塑三大士像于献殿，遂改献殿为大雄殿，而原大雄殿应于此时改为千佛殿。嘉靖间（1522－1566），寺僧重修千佛殿，Ⅱ号、Ⅲ号古侧柏应为此次重修时栽植。嘉靖二十二年（1543），贾信施资，用铜五千斤铸造千佛殿内释迦牟尼佛像。万历十五年（1587）德王重修千佛殿后，三十二尊泥塑罗汉由般舟殿搬至千佛殿。

（5）摩顶松

[名释]

传曾被玄奘法师摩顶受戒，古时松柏不分，且“柏”同“悲”音，故名。

[性状]

位于灵岩寺千佛殿正前方（图5.5b），为“灵岩八景”之一。树高14米，胸径0.96米，冠

图5.5b 灵岩寺摩顶松（冯广平 摄）

幅东西4米、南北5米，树龄约1300年，长势一般；其东侧伴生一柿树，高6米，胸径0.29米，冠幅东西3米、南北7米，长势旺盛；其西侧伴生一君迁子，高8米，胸径0.22米，冠幅东西4米、南北6米，长势旺盛。树下为石台，四周嵌明嘉靖间山东巡按监察御史张鹏鹂所题“珠树莲台”、“名山胜水”大字石刻，以及乾隆皇帝御书“摩顶松”字碑和御制图诗碑。

考辩

“摩顶松”源出玄奘法师（俗姓陈，名祎，602－664）；唐·李肃《大唐新语》：“元（玄）奘法师往西域取经，手摩灵岩寺松枝曰：‘吾西去求佛教，汝可西长；吾归，即向东。’既去，其枝年年西指，一夕忽东方，弟子曰：‘教主归矣！’果还。至今谓之摩顶松”。但据唐·僧慧立《大慈恩寺三藏法师传》、杨廷福《玄奘年谱》载，玄奘西行前一直在长安学法，未到过泰山灵岩寺，灵岩寺“摩顶松”之说应为误传。灵岩寺摩顶松或与三藏法师义净有关。义净为唐代齐州（今济南）人，七岁出家土窟寺（今长清境内四禅寺）；僧义净《南海寄归内法传》：“于土窟寺式修净居，即齐州城西四十里许”。咸亨二年，义净由海路入天竺求法。证圣元年（695），返回洛阳。历时24年，经历30余国，求得梵本三藏近400部，译经61部，239卷。义净求法前，有可能说法灵岩寺，为松摩顶。僧义净《求法诗》：“晋宋齐梁唐代间，高僧求法离长安。去人成百归无十，后者焉知前者难！路远碧天唯冷结，沙河遮日力疲殚。后贤若不谙斯旨，往往将经容易看”。

诗文

①明宣德八年（1433）进士、华盖殿大学士徐有贞（初名珵，字元玉，号天全，1407－1472）《灵岩行》（节录）：“灵岩奇绝闻天下，我欲游之久无暇。年来治水功已成，导山过此聊停驾。手托天书登上方，上方金碧生辉光。回旋弭节祈树傍，问谁建此古道场。后踞狮子前象王，文殊普贤相颉颃。山开由法定，松偃自玄奘。法定安在哉？况彼希有之如来。既不见两虎驮经去，又不见双鹤随锡回。但见白云千万堆，欲动不动空徘徊。金色界中多宝塔，青莲社里九层台”。②成化二十三年（1487）进士陈鎬（字宗之，号矩庵，浙江会稽人，？－1511）《再游灵岩五言律共赋四首之题摩顶松》：“西岩禅宇肃，嘉树翠当门。林影亏仍蔽，涛声静亦喧。风霜披万叶，铁石拥孤根。老衲摩挲久，唐僧曲故存。”③景泰二年（1451）进士、兵部尚书王越（字世昌，1423－1498）《灵岩行》：“前山俯伏如象卧，后山蹲踞如狮坐。东南朝拱朗公山，路接鸡鸣山下过。中间掩映梵王宫，五花宝殿高玲珑。石门深锁观音洞，峭壁叙生摩顶松。松枝遥指天门树，老僧始创开山处。面前涌出甘露泉，流将香积厨中去。香积厨中锡杖泉，黄龙白鹤相通连。又添平岸池头水，净洗菩提种福田。一重流水一重竹，竹边尽是山僧屋。上方下界知几重，银杏红椒满空谷。山僧汲水煮新茶，茶罢焚香看佛牙。莫言此事若虚诞，请君更看铁袈裟。袈裟不染世间尘，花落花开春复春。长碑短碣题名处，半是唐人半宋人。感怀我与观风客，兴阑举盏灯前说。今来古往自兴亡，依旧灵岩称四绝。晓来红日照檐楹，明孔光分曙光晴。千尺浮图清有彩，半空类鼓寂无声。连朝看尽山如画，为问山灵多少价。明春借我山上云，散作甘霖济天下。”④成化进士、济南府知府蔡晟《雨至灵岩》其一：“远赉丹诚拯亢焚，暂投名刹息尘纷。巉岩雨过苔生碧，曲径风来草欲熏。甘露有泉龙漱玉，老松摩顶鹤巢云。烦襟涤尽天光发，为写新诗纪所云”。⑤清乾隆二十二年

(1757) 御制《题灵岩寺八景之摩顶松》："高松西指为求经，般若真诠泯色形。假使虬枝解更向，定知糟粕是清宁"。乾隆御制《灵岩寺西入石路用唐刘长卿韵》二首之一："峰雪全皴白，蹊春未点苔。寒钟云表落，溅瀑涧边回。游目无暇接，悦心初度来。佛原不碍古，士亦得称开。境自符秦辟，松犹玄奘栽。石泉信清冽，便可试茶杯"。乾隆御制《灵岩寺叠前韵》："玉符祇苑由来久，岩有佛居合号灵。岂必吴中八面塔，请看历下五花亭。松因摩顶今听法，泉自渡杯古泻渟。别馆近旁堪一宿，清虚端足谧神形"。乾隆二十七年（1762）御制《再题灵岩八景之摩顶松》："长安辞阙求西竺，摩顶松何在鲁东。迂固犹然有踳驳，稗官奚怪语多空"。乾隆三十年（1765）《三题灵岩八景之摩顶松》："法师西域返关中，宏福译经阐梵风。何涉殿旁摩顶树，真成野语述齐东"。乾隆御制《写摩顶松图成复走笔赋比》："松以玄奘传古蹟，柏忽居之主逊客。谓柏即松松又非，却有指东枝历历。谓松即柏柏故是，那见五鬣可假借。以讹传真真已讹，真讹是非更滋惑。复思太古始制字，柏谓之松松谓柏。是非真讹究何辨，名循至竟奚实责。掷笔大笑有是哉，拘墟戏论终无益"。乾隆御制《灵岩寺礼佛作》："绅衿处处设经坛，祝椵同钦是所欢。绞缚黄棚称茂庆，便宜白社得施檀。泉因卓锡春犹喷，松为取经东向攒。安辇奉行益康健，瑞徵彤史得希看"。乾隆三十六年（1771）御制《四题灵岩八景之摩顶松》："是柏谓松松攘柏，谓松非柏柏成松。是非称谓诚何定，一笑真教辨莫从"。乾隆四十一年（1776）御制《五题灵岩八景之摩顶松》："或传东指验僧归，此日此言仍弗违。却看乔枝已四出，指何无定昔今非"。乾隆四十五年（1780）御制《六题灵岩八景之摩顶松》："西枝东指是谁为，僧自归来松岂知。设以此传玄奘异，质之玄奘定遭嗤"。乾隆四十九年（1784）御制《七题灵岩八景之摩顶松》："求经去实自长安，松树焉能摩顶看。却笑千秋耳食辈，弗如斯者转应难"。乾隆五十五年（1790）御制《灵岩寺七叠前韵（庚戌）》："叠韵每宗玉局法，输他落笔句称灵。道林继考远别域，僧寺原吟一个亭。东指老松仍此峙，重来乳窦镇斯渟。光阴五载一睫眼，作么生为色与形"。乾隆五十五年御制《八题灵岩八景叠甲辰韵之摩顶松》："顶自称摩松自安，底须唐史检重看。佛无来去人岂易，玄奘试询想答难"。

（6）鼓楼南古侧柏

[性状]

位于灵岩寺鼓楼南，编号为K0558，高18米，胸径0.84米，冠幅东西10米、南北11米，树龄约900年，树势高峻挺拔，长势旺盛。

[身历]

灵岩寺钟鼓楼为宋政和四年（1114）至金皇统元年（1141）间由妙空法师创建，此后历代重修，古树应为创建鼓楼时栽植，现存为清代建筑，鼓为1984年复制。

（7）天王殿西古侧柏

[性状]

位于灵岩寺天王殿西侧，编号为K0658，高16米，胸径0.76米，冠幅东西7米、南北7米，树龄约750年，长势旺盛。

[身历]

天王殿始建于金末元初，古树应为此时栽植，此后历代重修，现存为明代建筑，殿内塑像早已破坏，现在弥勒佛和四大天王像为1994年重塑。

9. 新泰吴山古侧柏

［性状］

位于新泰市汶南镇吴山村土地庙前。树高18米，胸径1.27米，平均冠幅11米，树龄约1000年。距地1.6米处分为东、西、南、北四大主枝，基径分别为42厘米、50厘米、67厘米、54厘米；西、南两大枝大部已枯。村民遇诸节日、丧事皆祭拜此树。树干基部膨大，东侧有多个树瘤，长势一般。树东100米处有一眼井，常年不枯。

［汇考］

树北原有土地庙，后拆毁。1998年村民集资重建。

10. 尼山孔子庙古侧柏群

［性状］

位于邹城市圣水峪镇父子洞村尼山孔子庙（图5.6），35° 30′ N, 117° 15′ E，海拔340米。共1548株，树高12－20米，胸径0.57－1.25米。最大一株树高20米，胸径1.25米，冠幅东西13米、南北14米，树龄650年。枝下高8米，主干分3大枝，树冠圆锥形，长势旺盛。

［身历］

尼山孔庙始建于五代后周显德间。北宋庆历三年扩建。金明昌五年重修；金末，庙毁。至元四年重建；元末，复毁。明洪武十年重建；永乐十五年重修。最大古侧柏应植于洪武间重建时。明弘治七年、万历十七年重修。清康熙十四年、康熙十三年、雍正二年、乾隆二十年、道光二十六年重修。

图5.6　尼山孔庙古侧柏（张伟 摄）

11. 济南九塔寺古侧柏

［名释］

号“灵柏”。明万历二十七年（1599）户部右侍郎周继刻石：“传闻势豪之家甘心图之以作寿器。不佞往往目覩剪伐寺观柏树，其恶报捷於影响，欲保全而末由也……大约植物年久，其神自灵，抑不佞有所感召而然耶？亦灵柏所托以保全耶”。

［性状］

位于济南市柳埠镇南灵鹫山腰九塔寺大殿

前。2株，树高16米、15米，胸径1.2米、1.1米，冠幅东西12米、南北11.5米。枝下高4.1米、3.8米。传唐将尉迟敬德手植。周继刻石："按山东通志所载，省会东南九十里是为柳铺。柳铺东南五里许有九塔寺在焉。乃唐尉迟敬德所造。殿前柏树亦公手植者"。

[身历]

九塔寺始建时间不详，唐天宝十一年（752）、大历十四年（779）重修。明嘉靖三十六年（1557）《重修九塔观音寺记》碑："历考寺碑，惟得唐天宝十一年大历十四年之文为古，然曰重修，则犹非始也。意必建隋梁之间而无稽据. 逮我皇明则有弘治十三年重修九塔观音寺之碑，而寺名有定徵矣"。弘治十三年（1500）重修，定名"九塔观音寺"，《重修九塔观音寺记》："其塔一茎上而顶九各出，构缔诡巧，他寺所未经有。又左有观音寺碑一座，与塔对峙，闇然古色，似始建所置。故寺名九塔观音，殆出于此"。正德八年（1513）、嘉靖三十六年重修。明万历以后渐次荒废，寺僧变卖寺产古柏。寺院东西长44米，南北宽25.8米，今存观音殿、僧房、九顶塔、唐柏2株、灵鹫山造像及明清碑7通。观音殿面阔三间，进深两间，硬山式，砖木石结构，殿内西山墙有壁画，已残缺不全。殿前墙门两侧各嵌碑1块。唐代摩崖造像两躯，共有佛像80余尊，多残缺不全。一躯造像题记："天宝十一载七月二十四日，李舍那上军都尉，为亡父母造阿弥陀佛一体"。寺下有"金鸡泉"水旺而甘洌。

九顶塔建于唐代，亭阁式砖塔，通高13.3米，平面八角形，塔基基塔身八棱柱状，磨砖对缝，塔身南面距地3.16米处辟拱门，内雕佛及胁侍菩萨，佛高1.2米，周围有壁画。塔檐叠涩外挑17层，内收16层。塔刹由9塔构成，八角筑方形三层金刚小塔8座，稿2.84米，中央塔高5.33米。1962年重修。1988年，被公布为全国重点文物保护单位。

[汇考]

①正德八年《重修观音寺记》："左立观音碑，右建九顶塔，前有圣水泉，后有石佛龛，青松桧柏，古基犹存，其山秀耸而景最于群山矣!"②万历二十七年，钦差、户部侍郎周继阻止寺僧变卖寺产，出资购买古柏庙产。周继刻石："万历二十六年十二月内，本寺僧人元焕率徒将山场房屋树株田土等项立券卖于不佞，知我者或以不伐保全此柏为言，不知者或以常情议之。大约植物年久，其神自灵，抑不佞有所感召而然耶？亦灵柏所托以保全耶？周氏子孙世世守之毋替云"。

12. 长清区于家盘古侧柏

[性状]

位于济南市长清区张夏镇于家盘村。树高13.5米，胸径1.2米，平均冠幅9米。主干分8大杈，树冠浑圆，长势旺盛。

13. 博山区三皇庙古侧柏

[性状]

位于淄博市博山区北博山镇朱家庄三皇庙前院。编号C106，树高16米，胸径1.2米，树龄500余年。

[身历]

三皇庙始建于明洪武初年，古柏系建庙时所植。

14. 青州西滴水张古侧柏

[性状]

位于青州市庙子镇西滴水张村，36° 35′ 20″ N，118° 16′ 39″ E。树高14米，胸径1.2米，平均冠幅14米，树龄600年。

[记事]

清同治元年（1862），临沂幅军两度入青，在滴水张庄附近被知府高镇、知县梅缵高击退。光绪《益都县图志·大事记》：“（同治元年）九月十六、七及十月初二、三、四等日，沂匪两次窜入县境，均经调集勇团，先后在西坡滴水张庄、三角地、唐庄等处接仗数次，匪势不支，始向临朐境内窜逃”。村东有商周至汉代文化遗址，2011年被列为青州市文物保护单位。

图5.7 孔府花园五柏抱槐（冯广平 摄）

15. 曲阜孔府五柏抱槐

[名释]

位于曲阜市孔府，侧柏一本五干，中生一槐，故名，又名“五君子柏”。

[性状]

位于孔府后花园（图5.7）。编号2001095，树高15米，基径1.9米，冠幅东西6米、南北11.7米，树龄约350年。树干于距地0.7米处分为5股，中生一槐，侧柏长势一般，槐树长势旺盛。

[身历]

孔府花园始建于宋代。明清时期几度增扩重修。花园占地五十余亩，假山、池水、竹林、石岛、亭台、水榭、花坞、曲桥、香坛、客厅等景观多样。明弘治十六年，吏部尚书、太子太傅，华盖殿大学士兼国史总裁李东阳（字宾之，号西涯，1447－1516）监修花园。李女为孔子六十二代嫡孙、衍圣公孔闻韶夫人。明嘉靖间，严嵩嫁孙女于孔子六十四代嫡孙、衍圣公孔尚贤，集名师、搜奇石，扩建孔府花园。清乾隆间，乾隆帝主持嫁于敏中女于孔子七十二代嫡孙、衍圣公孔宪培，并诏令修孔府花园。嘉庆间，衍圣公孔庆镕重修，移入大型铁矿石装点园景，取名“铁山园”。

[诗文]

清光禄大夫、衍圣公孔庆镕（字陶甫，一字冶山，1787－1841）《铁山园记》：“五干同枝叶，凌凌可耐冬。声疑喧虎豹，形欲化虬龙。曲径荫遮暑，高槐翠减浓。天然君子质，合傲岱岩松”。

16. 长清区洞真观古侧柏群

位于长清区五峰山洞真观内，共20株，最大一株胸径1.19米，树龄790年。

（1）玉皇殿古侧柏

[释名]

传植于秦代，俗称“秦柏”。又传清末曾卖给驻天津法国客商，竟漏伐，故称“天津客”。

[性状]

位于玉皇殿门前西南、虎神殿南侧（图5.8a），编号A6-0125，树高15米，胸径1.19米，冠幅东西17米、南北14米，树龄790余年。当为金代建玉皇殿时栽植，顶枯，东南侧大枝已枯，其他枝条长势极弱。树南有卧龙池，池中北侧有《五峰山重修洞真观记》碑，南侧石碑已无，仅剩碑座。

图5.8a 洞真观玉皇殿古侧柏（刘海明）

[身历]

玉皇殿始建于金代。金兴定间（1217－1221），道士王志深凿池引泉创建玉皇殿（民国《重修长清县志》）。

[诗文]

①元翰林侍读学士郝经（字伯常，1223－1275）《五峰五股穿心柏》：“拳如钗股直如筋，屈铁碾玉秀且奇。千年瘦劲益飞动，回视诸家肥更痴。②清·邵承照《游五峰山记》：“余谓灵岩之胜，胜以柏，胜以泉，胜以明孔、朗公诸峰。而五峰之仙峰，孤悬天际，志仙、会仙、望仙、聚仙诸峰拱列其旁，虽无灵岩之奇形怪状，而幽秀殊不少减。古柏千万株，流泉百道，与灵岩正南轩轾。所惜者，灵岩道场创自元魏，唐宋之碑碣林立，而五峰仅以金大定二年礼部牒为最古”。

（2）碧霄殿古侧柏

[性状]

位于碧霄殿前西侧。Ⅰ号编号A6-0135，树高13米，胸径0.99米，冠幅东西8.7米、南北8米，树龄600余年。枝下高2米，主干分北、东、东南、西南四大杈，东杈被锯掉，北侧和西南侧大杈皆枯，唯东南侧大杈尚存小枝，长势极弱，树西附生凌霄。Ⅱ号编号A6-0136，胸径0.76米，已枯，树东附生凌霄。

[身历]

碧霄殿始建于金代，以后历代重修。

图5.8b　洞真观古侧柏“十三太保”（刘海明）

（3）三官殿古侧柏

【性状】

位于三官殿。Ⅰ号位于三官殿门外东侧，编号A6-0149，树高12米，胸径0.8米，冠幅东西11米、南北10米，长势旺盛。Ⅱ号位于三官殿门外西侧，编号A6-0150，树高10米，胸径0.65米，冠幅东西5米、南北5米，长势一般。

【身历】

三官殿始建于元代，祀天官、地官、水官三位神仙。万历三十七年重修。明末清初，殿毁。顺治七年《重修五峰山碑记》：“有淡然子周法师，奏请神宗为保国隆寿宫创建三元殿”。

（4）午朝门古侧柏群

【性状】

位于洞真观午朝门内。共3株。Ⅰ号门内台阶上西侧，编号A6-0120，树高12米，胸径0.8米，冠幅东西12.1米、南北6.9米，树高2米处分为东西两股，长势旺盛。Ⅱ号位于门内甬道西侧，编号A6-0119，树高11米，胸径0.73米，冠幅东西10.7米、南北9.9米，长势旺盛。Ⅲ号位于门内甬道东侧，编号A6-0118，树高14米，胸径0.67米，冠幅东西9.9米、南北11.4米，长势旺盛。

（5）皇宫门古侧柏群

【释名】

原同生十三株，号称“十三太保”，后一株枯死（图5.8b）。

[性状]

Ⅰ号位于皇宫门前西侧，编号A6-0106，树高12米，胸径0.67米，冠幅东西10米、南北7.6米，长势旺盛。Ⅱ号位于皇宫门内甬道东侧，南起第一株，编号A6-0115，树高14米，胸径0.7米，冠幅东西5.3米、南北5米，干基东侧有宽约30厘米的沟，长势旺盛。Ⅲ号位于皇宫门内甬道东侧，南起第二株，编号A6-0116，树高12米，胸径0.57米，冠幅东西8.7米、南北10米，高4米处初次分枝，长势旺盛。Ⅳ号位于皇宫门内甬道东侧，南起第三株，编号A6-0117，树高12米，胸径0.73米，冠幅东西9.2米、南北10.8米，树干北倾，长势旺盛。Ⅴ号位于皇宫门内甬道东侧，南起第四株，编号A6-0114，树高12米，胸径0.57米，冠幅东西8.7、南北7.3米，长势旺盛。Ⅵ号位于皇宫门内甬道东侧，南起第五株，编号A6-0113，树高12米，胸径0.53米，冠幅东西9.2米、南北6.5米，长势旺盛。Ⅶ号位于皇宫门内甬道东侧，南起第六株，编号A6-0112，树高12米，胸径0.48米，冠幅东西5.4米、南北5.4米，长势一般。Ⅷ号位于皇宫门内甬道西侧，南起第一株，编号A6-0110，树高12米，胸径0.7米，冠幅东西11.6米、南北8.7米，干高4米处，分为东西南北四大股，长势旺盛。Ⅸ号位于皇宫门内甬道西侧，南起第二株，编号A6-0111，树高10米，胸径0.48米，冠幅东西4.5米、南北5.5米，主干东倾，长势一般。Ⅹ号位于皇宫门内甬道西侧，南起第三株，编号A6-0107，树高13米，胸径0.61米，冠幅东西6.5米、南北5.5米，长势一般。Ⅺ号位于皇宫门内甬道西侧，南起第四株，编号A6-0108，树高12米，胸径0.57米，冠幅东西8.8米、南北9.4米，树身东侧高2米处有一直径约30厘米的圆形树瘤，长势旺盛。树西北5米处，有清光绪三十三年立《重修玉皇殿三清宫碑记》碑。Ⅻ位于Ⅺ号西，编号A6-0109，树高12米，胸径0.4米，冠幅东西8.1米、南北5.6米，长势一般。以上12株古柏植于同一时期，据胸径推测应植于明万历晚期敕修时，树龄400余年。

[身历]

万历间，明神宗赐额“保国隆寿宫”，敕建“保国隆寿宫石坊”和三元殿。

17. 宁阳禹王庙古侧柏群

[释名]

Ⅰ号称“属相柏”。Ⅱ号称“虬枝岐柏”，为宁阳八景之一。

[性状]

位于宁阳项伏山镇堽城坝村北禹王庙（图5.9）。共9株，4株已枯。Ⅰ号位于大殿后甬道西北角，树高13米，胸径1.18米，冠幅东西9米、南北11.1米，树龄1000年；老根裸于地面，根系间新萌一株桑树，长势旺盛。Ⅱ号位于大殿后甬道西，南起第二株，树高12米，胸径1.05米，冠幅东西10米、南北7米，长势一般。Ⅲ号位于大殿前甬道西侧，北起第二株，编号N0052，树高13米，胸径0.92米，主干南倾，长势旺盛。Ⅳ号位于大殿后甬道东侧，树高11米，胸径0.89米，冠幅东西8.2米、南北9.3米，长势一般。Ⅴ号位于大殿前甬道东侧，编号N0050，高13米，胸径0.86米，冠幅东西10米、南北8米，长势旺盛。

[身历]

禹王庙始建时间不详，明成化十一年（1475）重建。咸丰《宁阳县志·秩祀》：“原名汶河神庙，在堽城坝，明成化十一年员外郎张盛建坝，因立庙”。清顺治十六年（1659重

图5.9　宁阳禹王庙古侧柏（任昭杰 摄）

修。禹王庙位于大汶河南岸，座北朝南，占地16 132平方米；中轴线建筑南起依次为庙门、虹渚殿、假山。正殿虹渚殿面阔五间、15.9米，进深二间、7.8米，高6.2米，灰瓦歇山顶，明间置券顶格棂窗；殿内奉祀大禹。庙内有明成化十一年《造堽城石堰记》碑、成化十三年（1477）《同立堽城堰记》碑。2000年，禹王庙被列为山东省文物保护单位。

［诗文］

①清顺治十六年《重修禹王庙记》："庭有桧柏，不见白日，后有一树作龙形，皆数百年物也"。②《宁阳县志》列宁阳八景，《虬枝歧柏》："神龙不合人相习，怪底苍然老树头。宛似飞来绛效日，矫如凿破孟门秋。露牙含雾晴犹湿，凤爪拿云夜不收。莫是明王亲捉得，相随到处镇安流。"

18. 邹城孟林古侧柏群

［性状］

位于邹城市大束镇西山头村北、四基山西南麓，35° 25′ N，117° 7′ E，海拔45米。7000余株，择较大7株为记。Ⅰ号位于孟林西北角，两株东北、西南向并立，树冠交合为一体，树高15米，东北株胸径1.13米，高1.5米处，分为东、西两大股，东南株胸径0.96米，高2.1米处初次分枝，冠幅东西18米、南北22米，树龄1000余年。两株长势皆旺盛。Ⅱ号位于孟林大门外神道西，树高13米，胸径1.11米，冠幅东西14.3米、南北12.9米，树龄约1000年。枝下高2米，顶枯，长势旺盛。Ⅲ号位于孟林大门外神道西侧，因主干扭拧而生，故名"拧拧树"。树高11.6米，胸径1.0米，基径3米，冠幅东西13.4米、南北10.2米，《孟子家世》载：植于北宋天圣十年（1032），树龄981年。枝下高2米，干高约5米处，寄生一株构树，顶枯，长势旺盛。Ⅳ号位于孟林西侧，号“三杈树”。树高14米，基径0.96米，距地0.8米处，分为西、东南、东北3股，西股胸径0.41米、东南股胸径0.53米、东北股胸径0.38米，冠幅东西8.9米、南北12米，树龄940年。长势旺盛。Ⅴ号位于享殿前，树高11米，胸径0.73米，冠幅东西15.1米、南北10.5米，树龄700余年。长势旺盛。Ⅵ号位于享殿前神道东侧，树高12米，胸径0.7米，冠幅东西12.4米、南北12.5米，树龄700余年。长势旺盛。Ⅶ号位于孟子墓前，树高10米，胸径0.54米，冠幅东西8.1米、南北8米，树龄500余年。树干西北侧枯死，东南侧长势一般，据孟氏后人讲“该树西北侧靠山，缺水，某年大旱，致使古树西北侧枯死。”其余诸柏平均树高8.8米，胸径0.60米，冠幅东西8.2米、南北6.7米。长势一般。

[身历]

北宋景祐四年，孔道辅访得孟墓，立庙为祀。孙复《新建孟子庙记》：“景佑丁丑岁夕……（孔道辅）访其墓而表之，新其祠而祀之，以旌其烈。俾其官吏博求之。果于邑之东北三十里有山曰四基，四基之阳得其墓焉。遂命去其榛莽，肇其堂宇，以公孙丑、万章之徒配。越明年春，庙成”。此后，孟庙两迁，而墓旁孟庙仍存。历代重修。

[诗文]

①南宋宰相、词人赵鼎（字元镇，自号得全居士，1085－1147）《谒先师邹国公祠》：“老诞佛夷惑后来，诸方宏构切云开。先师立教尊姬孔，其土一祠犹草莱”。②明邹县令知县桂孟《首谒亚圣公题》：“七篇述作振儒宗，绍圣恢宏盖代雄。杨墨已归王道正，齐梁未悟霸图空。书藏老屋苍苔雨，庙枕荒郊古木风。藻存一杯浇断础，拟将微力效前功”。③明代理学大师、河东学派创始人、南京大理寺卿薛瑄（字德温，号敬轩，1389－1464）《谒邹国亚圣公祠》：“邹国丛祠古道边，满林松柏带苍烟。远同阙里千年祀，近接宣尼百岁传。独引唐虞谈性善，力排杨墨绝狂言。功成不让湮洪水，万古人思命世贤”。④武功伯兼华盖殿大学士徐有贞（初名珵，字元玉，号天全，1407－1472）《谒先圣先师林庙爰赋泰峄之篇》（节录）：载访林庙，来观来游。爰暨藩参，亦有云孙。敬将释菜，频蘩苾芬。浩然之气，凛焉如在。尚畀予明，传心千载”。⑤翰林院编修罗璟（字明仲，号冰玉，1432－1503）《谒先师邹国亚圣公庙》：“夫子精神对越前，平生景仰在真传。功承三圣言皆正，王劝诸君事有权。大道已无榛棘塞，遗书终并日星悬。升阶再拜怀千古，三复知言养气篇”。⑥诗文家茅大方（一作毛大方，名辅，字大方）《谒孟祠敬赋一诗》：“鄹县城东有旧祠，冕旒遗像俨容仪。母贤昔著三迁教，子圣今为百世师。古里尚传羞俎豆，新碑还刻断机诗。焚香拜手登车去，千古无忘义利辞”。⑦孔子五十八世孙、曲阜洙泗书院山长孔公璜《谒先师邹国亚圣公庙有题》：“（一）历览遗踪眼界赊，有功严祀际亨嘉。纪侯故国啼山鸟，郕子荒城绣野花。 邹鲁斯文同一脉，古今乔木第三家。 缅怀性善称尧舜，千载人心泳圣涯。（二）大贤天挺出人寰，气象岩岩似泰山。 仁义高谈吾道重，纵横不主霸图闲。 千年灵秀钟凫峄，百代衣冠亚孔颜。 快睹我皇荣世翰，纶音飞下五云间”。

[记事]

明嘉靖四十一年（1562），邹城令捐资修孟林，督促孟氏族人植侧柏、圆柏3000余株。万历元年《重建亚圣林享堂记》：“嘉靖四十一年，青阳章公宰是邑，下车之始，他政未遑，遂设法区处，首葺庙庭暨子思书院……督谕族人，每人春领俸银二两，树柏桧三千余株，望之蔚然深秀，殆非昔比”。

19. 青州老山古侧柏

〖性状〗

位于青州市邵庄镇老山村，36°42′3″N，118°18′41″E。树高23米，胸径1.11米，平均冠幅10米，树龄800余年。枝下高2.5米，主干分两股，贴生至7米处，分7大杈，树冠圆球形，长势旺盛。

20. 济南怀晋墓古侧柏群

〖性状〗

位于济南市市中区十六里河镇镢村怀晋墓。共6株，其中一株主干横卧，延伸至2米处向上，其余5株均通直生长。树高10.8－15.6米平均13.2米；冠高8.8－14.55米，平均11.68米，胸径0.45－1.1米，平均0.775米，基径0.5－1.3米，平均0.9米。树龄400余年。分东西两侧各三株栽植，树冠近似圆形，远看如天然盆景。

〖身历〗

怀晋（字丽明），济南历城人，精《易》，著《易经辑要》。葬村东南拉塌岭（今月牙山）下。墓以石垒砌而成，长宽各6米，高1.1米，正面镶嵌《清故处士怀公暨妣房氏墓》墓碑。墓前有清碑3通，包括康熙三十六年（1697），康熙帝赐“龙凤碑”，题“惟孝能格”；康熙二十八年（1689），历城韩道隆立卧碑，题“一门节孝”；康熙二十八年，山东承宣布政使司卫既齐（字伯严，号尔锡，1646－1702）赠卧碑，题“攀柏永怀”。怀晋墓由其次子守孝六年，修建而成；《攀柏永怀碑》：“怀高士讳晋，字丽明，历下隐君子也，其子世昌悼父志之苦，痛母节之贞，庐墓修坟年经六载，哀鸣□□，攀柏以思父，闻雷以呼母者并传不朽云”。墓东有祠堂。墓两侧子孙墓3座。墓西南山腰有南泉一眼。今为区级文物保护单位。

21. 薛城区中陈郝古侧柏

〖名释〗

民间传古柏曾被鹊惠仙姑以阴阳乾坤壶仙水点化，每年发一杈，故名“阴阳乾坤柏”。

〖性状〗

位于枣庄市薛城区邹坞镇中陈郝村泰山奶奶庙中（图5.10）。编号E003，一级古树，

图5.10　薛城区中陈郝古侧柏（张建勇 摄）

树高13米，胸径1.1米，冠幅东西11米、南北12米，植于隋代，树龄1380年。主干距地3米处分4大杈，树冠分7大枝。长势弱，濒临死亡，40年前曾枯死。

[身历]

泰山奶奶庙始建年代不详，唐以来历代重修。清光绪《流芳不朽碑》："历览陈郝之神庙，自唐、宋、元、明、清及今屡经重修……惟泰山一庙，庙殿虽呈剥落而族祭宛如归市"。村中耆老言1949年尚有道士，后改学校。"文化大革命"间，庙内古碑4通下落不明。1985年，学校迁址。1998年，重修大殿和南房过廊。

[记事]

中陈郝古瓷窑遗址始于南北朝，延续至金元时期，以青瓷、白瓷、黑瓷烧造为主。瓷窑分布方圆四五平方千米。1987年，枣庄市文物管理站在文物调查时发现。1987年，山东大学历史系考古专业和枣庄市博物馆联合发掘。隋窑炉誉称北方民间第一窑。村中及村北为青瓷区，厚达3米，分为南北朝晚期、隋代、唐及五代、北宋等4时期，以实用器为主。村南为白瓷区，出土有金代房基，瓷器以生活用瓷为主，代表性器物有白釉黑花罐、白釉褐彩罐、三彩虎头枕等。村西为黑瓷区，主要为日用瓷，《兖州府志》载，明清时期黑瓷曾列为贡品。村东有许由泉，蟠龙河（又名捉白河、许由河）穿村而过。明清时期，中陈郝为镇，水路交通发达，瓷器贸易昌盛。1985年，被列为枣庄市文物保护单位。1991年，被列为山东省文物保护单位。2006年，被公布为全国重点文物保护单位。

22. 曲阜梁公林古侧柏群

[性状]

位于曲阜市防山乡梁公林村梁公林启圣公墓前，35° 38′ N，117° 6′ E，海拔70米。共203株，树高8－15米，胸径0.3－1.1米。最大一株树高15米，胸径1.1米，冠幅东西10米、南北12米，树龄约625年。启圣公墓前2株。Ⅰ号位于墓前东侧，高11米，胸径0.76米，冠幅东西6.5米、南北7.2米，长势旺盛。Ⅱ号位于墓前西侧，高13米，胸径0.73米，冠幅东西11米、南北9.5米，长势旺盛。两株树龄约342年。

[身历]

北宋大中祥符元年，开始于墓前立庙祭祀。元后至元二年，立石象生、林垣，建享殿。明洪武二十八年重修，最大古侧柏应植于此时期。清康熙十年，孔子第六十七代嫡长孙、衍圣公孔毓圻（字钟在，又字翊宸，号兰堂）重修，植柏。启圣公墓前古侧柏应植于此时。

23. 蒙阴尧山寨古侧柏群

[性状]

位于蒙阴县蒙阴镇尧山寨村尧山庙内。共5株。Ⅰ号编号F22，树高15米，胸径1.07米，平均冠幅15米；Ⅱ号编号F21，树高15米，胸径1.05米，平均冠幅9米；Ⅲ号编号F20，树高16米，胸径0.96米，平均冠幅8米；Ⅳ号编号F19，树高16米，胸径0.83米，平均冠幅7米；Ⅴ号编号F18，树高16米，胸径0.7米，平均冠幅8米。传植于唐代，树龄1500余年。传青州刺史梦游尧山，身历时见所见景物与梦境相合，遂修庙、植树。1979年，尧山寨古侧柏群被列为蒙阴县文物保护单位。

〔身历〕

尧山庙始建于唐代，历代重修。明清时期，大盛。“文化大革命”间，尽毁。

24. 沂南代庄古侧柏

〔性状〕

位于沂南县孙祖镇代庄村西庙遗址。编号G53，树高15米，胸径1.05米，平均冠幅8米，树龄410年。主干分5大枝，长势旺盛。

〔记事〕

1939年6月29日，徐向前（1901－1990）来到代庄。8月1日，中央批准组建八路军第一纵队，徐向前任司令员、朱瑞任政治委员，统一指挥山东和苏北的八路军各部队。1940年3月15日，设伏于九子峰，迎击来犯日军。翌日，击溃来犯日军，毙伤敌少佐小林以下190余名，缴获小车60余辆、战马5匹、枪20余支，极大鼓舞了抗日士气。至1940年6月，徐向前指挥鲁中八路军作战2000多次，毙伤俘日军松井山村中将以下近2万名，伪军2.5万余名。

25. 沂水庙岭子古侧柏

〔性状〕

位于沂水县院东头镇庙岭子村宗祠庙前。2株。西株树高10米，编号119，胸径1.02米，平均冠幅6米；东株树高7米，胸径0.83米。树龄约500年。长势旺盛。当地视为神树，树身缠满红丝带。

〔身历〕

宗祠庙又称总司庙、东司庙，始建于金大定八年（1168），残碑载：“金大定八年于此岭建庙，名曰宗祠庙”，初为道观。历代重修，后改佛寺。1937年废毁。今存残碑数块。村民新建三间红瓦房为祠。西株西南有土地小庙一座。

26. 费县东古口古侧柏

〔性状〕

位于费县马庄镇东古口村。树高10米，胸径1.02米，冠幅东西15米、南北10米，树龄约1300年，此说非，据古柏胸径及其所赋存的明代墓园推测应为明代古树。

〔身历〕

明前期山西喜鹊窝夏氏东迁此处建村，名夏家宅子。村西立墓园，古柏在墓园东北角。

〔记事〕

1958年，大炼钢铁，村民欲伐树炼钢，为当地领导制止。1977年至1978年，农业会战，原设计水渠穿树而过，经当地领导研究，水渠东移2米，古树得以幸存。

27. 曲阜颜庙古侧柏群

曲阜颜庙侧柏成林，共有侧柏144株，树高12－27米，胸径0.32－1.02米。胸径最大者为西门内Ⅰ号古侧柏，胸径1.02米。

（1）西门内古侧柏群

〔性状〕

位于颜庙西门内北侧（图5.11a），35° 35′ N，116° 35′ E，海拔67米。自南向北并立三株。Ⅰ号编号4001163，树高12米，胸径1.02米，冠幅东西5米、南北8.2米，树龄约700年，主干中空，因受雷击，

图5.11a　颜庙西门内古侧柏（冯广平 摄）

图5.11b　颜庙复圣殿古侧柏（冯广平 摄）

距地1.8米处分为两枝，北枝已枯，南枝长势弱。Ⅱ号编号为4001162，树高10米，胸径0.96米，冠幅东西8.8米、南北7.6米，树龄约700年，顶枯，长势一般。Ⅲ号树高10米，胸径0.86米，冠幅东西17.2米、南北8.2米，树龄约700年，长势一般。

[身历]

元天历二年颜庙于今址。明洪武十五年、景泰三年重修。成化二十二年、正德二年大修。万历二十二年、万历三十九年维修。清乾隆三十五年（1770）重修。嘉庆十三年大修。光绪间，两次维修。1930年兵毁严重。1934年重修。

[记事]

1930年7月1日，冯玉祥、阎锡、蒋介石集团中原大战期间，阎军二十三师周远建部强渡泗河，将蒋军十三师夏斗寅部围困在曲阜城中。在3个炮兵团的配合下，实行昼夜强攻，先后向城内发射炮弹800余发，东、西、北3城楼及城上大部垛口被炸毁，孔庙、颜庙及周公庙的建筑均受创伤，尤以颜庙及城东北隅民房破坏最为惨重，当地居民及双方士兵伤亡达3000余人。9日夜，城内守军即将弹尽粮绝之时，蒋军陈诚部驰援抵曲，在内外夹击之下，阎军于10日拂晓退往峪口、吴村、歇马亭、尧山口一线，与蒋军对峙10余日后再向泰安方向溃退。

（2）复圣殿前古侧柏

[性状]

位于复圣殿丹墀前（图5.11b），2株，一株位于丹墀前台阶西侧，胸径0.96米，已枯；

另一株位于丹墀前台阶东侧，树龄约700年，高16米，胸径0.68米，冠幅东西5米、南北6米，长势一般。

[身历]

元至顺元年（1330），颜子庙成清乾隆《曲阜县志》。此树应为颜庙大殿落成时栽植。明成化二十二年（1486）和正德二年（1507）大修颜庙，复圣殿的规制也有所增加。清初屡有修缮。嘉庆十五年（1810），大修复圣殿。1930年中原大战期间，复圣殿损毁严重，1934年重修。1978年至1980年，大修。

（3）正统碑亭东古侧柏

[性状]

位于正统碑亭东侧，颜庙古树名木，编号为4001176。树高9米，胸径0.8米，冠幅东西6.4米、南北5米，树龄约570年。长势弱。

[身历]

正统碑亭始建于明正统六年（1441），此树应为修建碑亭时栽植。据史料记载，成化二十二年（1486）因腐朽重修，弘治十五年（1502）倒塌，正德二年（1507）重修，清代于康熙四十九年（1710）和嘉庆十五年（1810）分别重修。建国后，1979年大修。现亭内存明英宗《御制兖国复圣公新庙之碑》。

28. 曲阜孟母林古侧柏群

[性状]

位于曲阜市小雪镇凫村北（图5.12），35° 30′ N, 117° 2′ E，海拔70米。总计4541株，树高11－25米，胸径0.5－0.72米，平均冠幅东西9米、南北10米。最大一株树高20米，胸径1.02米，冠幅东西6米、南北10米，树龄约600年。枝下高2米，主干分5大杈，最大杈基径0.5米，长4米。树冠卵圆形，长势旺盛。

[身历]

北宋景祐四年，兖州知府孔道辅访得墓址，修林建祠。元元贞二年重修。明清多次重修。今存历代重修碑刻数十通。林内有孟母墓，墓前立《启圣郕国公端范宣献夫人神位》碑。墓西南为孟仲子墓。享殿东北为孟氏中兴祖孟宁墓。1977年，孟母林被列为山东省文物保护单位。2013年，被公布为全国重点文物保护单位。

[记事]

孟母林原设值守一人，万历十六年（1588），邹县知县王自谨裁撤。万历二十三

图5.12　曲阜孟母林古侧柏（张伟 摄）

年（1595），新任知县王一桢（字柱明，？-1618）应博士孟彦璞之请，捐俸购地作为守林之资。万历二十五年《置地守林记》：“但自立墓以来，垣墉坚固，树木森蔚，斧斤毋侵，牛羊毋践……及职兹土，拜谒其墓，见墙则倾圮矣，木则残毁矣……予于是捐俸买地二十亩，给帖佃种。一切租税差役悉为蠲之，止令看守林墓。此地设而膳食有资，看守不致乏人。树木从此日培植，垣墉从此日修筑，一切牛羊斧斤莫复敢侵伐，庶几神灵赖以永妥”。

29. 泰山三义柏

[名释]

位于泰山，三株侧柏并立，似刘关张结义三兄弟，故名。

[性状]

位于泰山万仙楼前（图5.13）。Ⅰ号编号C0801，树高18.5米，胸径1.0米，树龄约500年；Ⅱ号编号C0802，树高17.7米，胸径0.85米，树龄约400年；Ⅲ号编号为C0803，树高17.5米，胸径约0.67米，树龄约350年。树下有光绪二十四年（1898）《三义柏》碑。三株古树苍翠挺拔，长势旺盛。

[身历]

万仙楼始建于明万历间，位于红门宫北，跨道门楼式建筑，殿内原祀王母，配以列仙，后增祀元君。今诸神像毁。殿墙嵌明代朝山进香碑63通。门洞东侧有隐真洞，门洞后额题“谢恩处”，传帝王登山封禅时，地方官员送驾至此而谢归。一说香客登岱回归至此无恙，即叩谢元君保佑之恩。楼北为革命烈士纪念碑，1946年建。碑载新四军一纵三旅转战南北壮烈事迹。环刻解

图5.13　斗母宫三义柏（申卫星 摄）

放泰城时708名牺牲烈士英名。纪念碑西侧有峭石挺立，清人题“拜石”。万仙楼、纪念碑间东溪内有樱桃园，又名桃花涧。纪念碑东侧有断崖，题记遍布。唐大历八年（773）泰山著名女道张炼师题记及元代镇压红巾军元将题名等依稀可辨。

[诗文]

清·杜曾《桃花涧》：“樱桃生涧底，石上多古苔。山下花已落，山头花未开”。

30. 历城区栗行古侧柏

[性状]

位于济南市历城区西营镇栗行村村南高崖上。树高10米，胸径0.99米，树龄约500年。枝下高2.3米。柏下有泉，名“栗行泉”，泉沿暗渠流

入封闭式蓄水池，再经输水管道流至街头1米见方石砌方池。

31. 莱城区东汶南古侧柏

[性状]

位于莱芜市莱城区高庄街道办事处东汶南村北，海拔180米。树高10.4米，胸径0.97米，基径1.43米，冠幅东西12米、南北15米，树龄800年。距地1.5米处分6大主枝，基径35－55厘米，长0.4－1.1米；主枝再分14枝，基径23－35厘米，长5－9米。树冠开张、浑圆，长势旺盛。村民奉为神树，树身结红丝带。今已筑台保护。古柏西原有另一株，民国间被伐。

[身历]

①东汶南村始建于明初，亓姓由江苏淮阴县迁此建村。墓碑载：张姓由河北枣强迁此建村。因村址在汶河南岸，取名汶南。清康熙间，曹姓迁入，以村旁尧王坟，改名“尧王”。《曹氏谱》载：清朝康熙年间曹姓由方下迁此建村，因村旁有大土堆，相传是尧王墓，故名尧王。②古柏所在有唐宋冶炼遗址，村民称“烧炸地”。遗址东西260米，南北250米，东南部有炼渣堆，高4米，北部断面可见耕土层下有2－3米文化层。曾有铁镢出土，遗址内暴露有炉渣、木炭；唐宋砖瓦、瓷片等。③古柏位于唐蔡国公杜如晦（字克明，585－630）衣冠冢上。封土原高近2米，1956年平整土地，夷为平地，墓碑亡佚。明嘉靖《莱芜县志》：“杜如晦墓，在汶河南十里，有碑题曰‘唐宰相杜如晦之墓’”。杜如晦墓今为莱芜市文物保护单位。

[附记]

明正德间，生姜（*Zingiber officinale*）始自南方引入。清末，村民耿所安自山西引入新品种。自此村中世代业姜，誉称“汶南姜”，质细无丝、味厚，亩产高达7000多斤。光绪二十年（1894），莱芜姜已经作为一种主要农作物征税。1960年2月13日，农业部、商业部，在莱芜召开八省二市姜、蒜、葱生产现场会间，东汶南大姜列为名贵产品。2000年，村中生姜种植面积达到500多亩，总产量1300吨。

32. 曲阜孔庙古侧柏

孔庙共有百年以上古树1250株，其中侧柏606株，圆柏597株。最大者为棂星门内古侧柏，胸径0.97米。

（1）棂星门古侧柏

[性状]

位于曲阜是孔庙棂星门内西侧（图5.14a）。编号1000038，树高17米，胸径0.97米，冠幅东西7.8米、南北5.8米，树龄约500年。自基部2.5米处，分为东、西两股，西股已枯，东股长势一般。

[身历]

棂星门始建于永乐十年（1412）重修孔庙时，其位置在今棂星门稍北。永乐十五年（1417）《御制重修孔子庙碑》：“（孔庙）庙宇历久渐见隳敝弗称瞻仰，往命有司撤其旧而新之”。孔尚任《阙里志》：“（永乐重修孔庙）添棂星门一座”。正德七年（1512），移城卫庙。嘉靖初，重修棂星门于今址，原为木质结构。古侧柏应植于此时。嘉靖十七年，于棂星门外建金声玉振坊；二十三年于门内建太和元气坊。清乾隆十九年（1754）重修孔庙时，改为石

图5.14a 孔庙棂星门古侧柏（张伟 摄）

图5.14b 孔庙圣时门古侧柏（冯广平 摄）

质结构。乾隆《曲阜县志》："（嘉靖十七年）巡抚胡缵宗建金声玉振坊……二十三年巡抚曾铣建太和元气坊……（乾隆）十九年衍圣公（孔昭焕）重修圣庙棂星门易以石"。"棂星门"三字为乾隆皇帝御笔。

（2）圣时门古侧柏群

［性状］

Ⅰ号古侧柏位于圣时门内西侧（图5.14b），编号1000181，树高14米，胸径0.77米，冠幅东西6.7米、南北8.9米，树龄约500年。分为东西两股，西股已枯，东股长势一般。Ⅱ号古侧柏位于圣时门内东侧，编号1000065，树高17米，胸径0.76米，冠幅东西6.4米、南北7.4米，树龄约500年。树干于离地2米处分为西南、东北两股，东北股已枯，西南股长势较弱。Ⅲ号古侧柏位于圣时门内路西，树高15米，胸径0.7米，冠幅东西5米、南北5米，树龄约500年。主干向东南倾斜，大部分枝干已枯，长势弱。

［身历］

圣时门为明代孔庙大门，始建于永乐十年，孔尚任《阙里志》："（永乐重修孔庙）又北增洞门三间"。其中"洞门"即圣时门，但位置在今圣时门前二丈处。明弘治十二年（1499），孔庙大火，圣时门亦遭焚毁，次年重修（乾隆《曲阜县志》）。崇祯补本《阙里志》："大门旧三间，新添二间，退后二丈，两傍各添八字墙，盖瓦同前。俱上等青绿间金妆饰"。其中大门即为今圣时门，此次重修后圣时门的位置一直延续至今，古树应为当时栽植。清康熙二年重修孔庙时，改大门为宣圣门。雍正八年（1730），改称“圣时门”，取《孟子》：“孔子，圣之时者也”之意（乾隆《曲阜县志》）。乾隆十三年（1748），“御书门榜联额悬大成殿诗礼堂及各门”（乾隆《曲阜县志》）。乾隆二十三年（1758）、嘉庆二十一年（1816）、光绪二十三年（1897）均重修圣时门。此后无大修。

33. 曲阜少昊陵古侧柏群

位于曲阜市防山乡旧县村少昊陵院内，35° 35′ N, 117° 4′ E，海拔68米。共395株，最大者胸径0.97米。

（1）神道古侧柏群

［性状］

位于少昊陵石牌坊前神道两侧。共48株，择2株为记。Ⅰ号位于神道东侧，北起第三株，树高12米，胸径0.97米，冠幅东西10.5米、南北8.3米，树龄600余年。枝下高2.6米，主干分13大枝，西侧4大枝截断；树冠卵圆，长势旺盛。Ⅱ号位于神道西侧，与Ⅰ号相对，树高8米，胸径0.83米，冠幅东西10.9米、南北9米，树龄400余年。枝下高2米，主干中空，分3大杈，已枯死。内生构树，胸径0.6米，分南北两大杈，长势旺盛。

［身历］

少昊陵始建于北宋大中祥符五年，天圣间火毁，旋即修复。政和元年重修，建万石山。金大定间重修。蒙古定宗皇后称制二年、元至正七年重修。元末火毁。清乾隆三年，辟建陵园。乾隆六年、乾隆十二年重修。

（2）陵门古侧柏群

［性状］

位于少昊陵石牌坊后、陵门前。共69株，择2株为记。Ⅰ号位于少昊陵石坊后甬道西南起第一行（图5.15a），树高10米，胸径0.83米，冠幅东西11米、南北9米，树龄400余年。主干分6大杈，西南杈截断，南杈正顶折断，东南杈干枯；分杈处生构树苗，长势旺盛。Ⅱ号位于陵门前甬道西侧，树高11米，胸径0.74米，冠幅东西10.9米、南北8米，树龄300余年。枝下高3.5米，主干分东、中、西3大杈，长势旺盛。

（3）享殿古侧柏群

［性状］

位于享殿前院落（图5.15b）。共111株，择2株为记。Ⅰ号位于享殿前西侧，树高10米，胸

图5.15a　少昊陵陵门古侧柏（冯广平　摄）

图5.15b　少昊陵享殿古侧柏（冯广平　摄）

径0.61米，冠幅东西6.7米、南北6.2米，植于乾隆十三年（1748），树龄265年。枝下高3米，主干分5杈，北侧2枝、南侧1枝截断。Ⅱ号位于享殿前东侧，树高10米，胸径0.51米，冠幅东西7.8米、南北7.8米，树龄265年。枝下高3米，主干分3杈，西南杈折断。

［身历］

享殿始建于明代，面阔五间，单檐歇山顶，施绿琉璃瓦。两侧配殿亦建于明代。

（4）万石山古侧柏群

［性状］

位于万石山和陵丘周围。共167株，择2株为记。Ⅰ号位于万石山前甬道西侧，北起第四株，树高12米，胸径0.61米，冠幅东西10米、南北9米，植于乾隆十三年，树龄265年。枝下高2.5米，分南北2大杈，北杈直立，南杈斜伸，长势旺盛。Ⅱ号位于陵碑东、北起第一株，树高9米，胸径0.56米，冠幅东西6米、南北7.5米，植于乾隆十三年，树龄265年。基部有树瘤，树冠倒卵形，长势旺盛。

［身历］

北宋政和元年建万石山。金大定间重修。蒙古定宗皇后称制二年、元至正七年重修。元末火毁。清乾隆三年，辟建陵园。乾隆六年、乾隆十二年重修。乾隆十三年，曲阜令奉诏植侧柏421株、桧柏4株。今存古侧柏多为乾隆十三年栽植。

34. 曲阜孔林古侧柏群

孔林有百年以上古侧柏7090株，数量具岱岳诸园之冠，胸径最大者0.97米。宋代古侧柏31棵，最大者树高17.12米，胸径0.85米，今列为国家一级文物。元代古侧柏408株，最大者树高17.69米，胸径0.93米，冠幅东西9.29米、南北11.52米。明代古侧柏608株，最大者树高14.5米，胸径0.97米，冠幅东西8.3米、南北5.4米。清代古侧柏6029株，树高14.2米，胸径0.66米，冠幅东西4.95米、南北9.08米。其中，位于孔令贻墓前东侧古侧柏（图5.16），树高10米，胸径0.43米，冠幅东西8.7米、南北7.7米，树龄约100年。长势旺盛。1919年，七十六代衍圣公孔令贻逝世，葬于孔林东北部，此树应为当时栽植。

35. 泗水琴柏古侧柏

［名释］

传植于秦代，故称“秦柏”，后讹为“琴柏”。

［性状］

位于泗水县杨柳乡前琴柏村。树高14.4米，

图5.16　孔令贻墓古侧柏群（冯广平 摄）

胸径0.96米，冠幅东西10.9米、那内14.4米，树龄约2200年，长势一般。枝下高4米，一级分杈处有树洞，内生桑树（*Morus alba*）苗。以胸径推测，此柏植于明代，绝非秦柏。或此地原有秦柏，此柏系后来补植。

[身历]

因树建村，琴柏村南有前琴柏村，北有后琴柏村，东有东琴柏村。琴柏、柘沟、仲都、小黄沟等遗址是泗水县重要的大汶口文化遗址。

36. 长清区大楼峪古侧柏

[性状]

位于济南市长清区张夏镇大楼峪村。树高14米，胸径0.95米，平均冠幅13米，树龄约500年。长势旺盛。树下有土地庙。

[附记]

大楼峪西山为莲台山，又名娄敬洞山，在丁庄村东北的小楼峪村村域内有洞虚观遗址，存元・杜仁杰《娄景洞洞虚观碑记》。碑载：金天兴元年曹志冲（1232），丘处机徒孙曹志冲创建洞真观。玉皇殿创基更早，山中道观群盛时“殿宇峻起，神像璀璨、金碧辉煌，山谷生色，到此者悦如人居天上，境入桃源”。嘉庆二十年（1815）十二月，长清知县李应会改道观为书院，名“五峰书院”。嘉庆二十二年（1817），复迁书院至县城内南门里，后改石麟书院。“文化大革命”，毁坏更甚。今存莲台胜境坊、蓬莱观、三元宫、张仙祠、玉皇殿等建筑。山多岩洞，大者有楼敬洞（又名白鹤灵芝洞）、青龙洞、王母洞、三清洞、八卦洞、风洞、云洞、仙姑洞、火龙洞（又名玉皇洞）、朝阳洞等。

建筑群起自莲台胜境石坊，坊东侧有洞虚观遗址，有元碑。再东为蓬莱观和三元宫，有白鹤泉及碑刻3通。东上至张仙祠，传汉留侯张良曾隐居此处。东北上至吕祖祠，祠西侧为清静别墅院。再东北有朝阳洞和老君洞。极顶有天台庵玉皇殿左近有八卦洞、火龙洞、仙姑洞。正殿内有原位山石开凿佛像，高两丈，为山中最大石佛，殿旁有白鹤洞和三清洞。主佛殿东、三峰山腰为娄敬洞，贯穿东西，“深约里许，宽一二丈，高十余丈”，为天然溶洞，洞内石笋石钟乳形态各异。传汉奉春君娄敬（赐姓刘，号草衣子）曾隐居洞中，故名。

37. 曲阜周公庙古侧柏群

[性状]

位于曲阜市周公庙院内，35° 35′ N，116° 55′ E，海拔67米。共119株，记较大2株。Ⅰ号位于成德门前甬道西，树高9米，胸径0.93米，冠幅东西14.6米、南北15米，树龄400余年。枝下高3.6米，主干分西、北、东3大杈，南杈分3大枝，顶枯。Ⅱ号位于元圣殿月台东侧（图5.17），树高13米，胸径0.83米，冠幅东西9.1米、南北9.4米，树龄400余年。枝下高4米，主干中空，分5大杈。其余诸柏树高8－16米，胸径0.35－1.4米，树龄400－500年。

[身历]

周公庙始建于北宋大中祥符元年。元至大间重修。最大古侧柏应植于至元间重修时。明成化、正德、嘉靖、万历间重修。清康熙、乾隆、嘉庆、道光间多次重修。“文化大革命”间，毁坏严重。1978年以后重修。

38. 蒙阴召子官庄古侧柏

[性状]

位于蒙阴县蒙阴镇召子官庄村玉皇庙遗址。编号F25，树高13米，胸径0.89米，平均冠幅7米，树龄300年。树冠伞形，长势旺盛。今列为蒙阴县文物保护单位。

[身历]

召子官庄村为汉穀城门候、山阳太守刘洪（字元卓）故里。村中有刘洪祠，始建时间无考，明成化间（1465－1487）改“玉皇庙”。

[记事]

刘洪，世称“算圣”，为鲁王刘兴六世裔孙，善于计算，“洪善算，当世无偶”。光和元

图5.17　周公庙古侧柏（冯广平 摄）

年（178），与议郎蔡邕（字伯喈，133－192）补续《汉书·律历志》。《续汉书·律历记》："光和元年中，议郎蔡邕、郎中刘洪补续《律历志》。邕能著文，清浊钟律；洪能为算，述叙三光"。建安十一年（206），审定《乾象历》。刘洪发明珠算，著《九章算术》。东汉·徐岳《数术记遗》："刘会稽，博学多闻，偏于数学……隶首注术，乃有多种……其一珠算"。

39. 历城区华阳宫古侧柏群

位于济南市历城区华阳宫内，共54株，最大一株胸径0.86米。

（1）四季殿古侧柏群

[释名]

传凤凰落四季殿前两柏上，一名"赐福柏"，一名"落凤柏"。

[性状]

位于四季殿前月台旁。Ⅰ号位于四季殿丹墀前台阶东侧，编号A5-0062，树高13米，胸径0.86米，冠幅东西10.4米、南北11米，树龄约600年，主干略西倾，长势旺盛。Ⅱ号位于四季殿前月台上西侧（图5.18），编号A5-0063，树高10米，胸径0.78米，冠幅东西11.3米、南北18米，树龄980年。主干分南北两大杈，号"赐福柏"。Ⅲ号位于四季殿前院甬道东侧，编号A5-0059，树高15米，胸径0.76米，冠幅东西8.3米、南北9.9米，树龄约600年，树干东侧有一道宽约15厘米的沟，长势旺盛。Ⅳ号位于四季殿前院甬道西侧，编号A5-0055，树高11米，胸径0.67米，冠幅东西7.5米、南北10.6米，树龄约600年，长势旺盛。

图5.18 济南华阳宫古侧柏"赐福柏"（冯广平 摄）

[身历]

四季殿台基高两米余，前有月台，十四级台阶，创建时间不详，嘉靖十一年（1532），巡抚袁宗儒维修。万历六年（1578），巡抚赵公又重修。清光绪三十一年（1905），募资修葺。2000年重修。

（2）二宫门古侧柏群

[性状]

Ⅰ号位于二宫门内西侧、孝祠前南侧，编号A5-0048，树高13.5米，胸径0.84米，冠幅东西10.8米、南北9.8米，树龄约600年，长势旺盛。树南3米处，有古井并汉白玉石栏。Ⅱ号位于二宫门内甬道西侧，南起第一株，编号A5-0054，树高17米，胸径0.72米，冠幅东西6米、南北7.2米，树龄

600年。枝下高8米，长势旺盛。Ⅲ号位于二宫门内甬道西侧，南起第二株，编号A5-0052，树高17米，胸径0.68米，冠幅东西6.7米、南北8.6米，树龄600年。枝下高10米，长势旺盛。Ⅳ号位于二宫门内甬道东侧，南起第一株，编号A5-0053，树高18米，胸径0.57米，冠幅东西5米、南北5米，树龄600年。枝下高5米，长势旺盛。

[身历]

二宫门面阔三间，进深一间，单檐硬山顶，始建时间不详，清光绪三十一年重修。2000年重修。

（3）泰山行宫古侧柏

[性状]

Ⅰ号位于地藏殿后、碧霞元君行宫前东侧，编号A5-0073，树高15米，胸径0.73米，冠幅东西9.4米、南北9米，树龄约600年，长势旺盛。树东有明崇祯五年夏志吉立《建醮碑记》碑。Ⅱ号位于元君殿行宫东侧、Ⅰ号东2米处，树高15米，胸径0.7米，冠幅东西7.6米、南北9.3米，树龄约600年，长势旺盛。树东有明崇祯十年立《碧霞元君泰山行宫醮社碑记》碑。Ⅲ号位于观音殿前东侧，树高14米，胸径0.64米，冠幅东西7.6米、南北6.9米，树龄约500年，长势旺盛。Ⅳ号位于观音殿前西侧，编号为A5-0075，树高13米，胸径0.51米，冠幅东西5.6米、南北6.2米，树龄约350年，长势一般。

（4）孝祠和孝祠古侧柏

[性状]

Ⅰ号位于四季殿西侧、孝祠前，编号A5-0057，树高12米，胸径0.72米，冠幅东西10.4米、南北9.7米，树龄约600年，长势旺盛。Ⅱ号位于四季殿东侧、忠祠前，编号为A5-0061，树高14米，胸径0.7米，冠幅东西8.7米、南北9.5米，树龄约600年，长势旺盛。Ⅲ号位于忠祠前南侧，编号A5-0060，树高13米，胸径0.68米，冠幅东西10米、南北9.5米，树龄约600年，长势旺盛。

[身历]

忠孝二祠为四季殿配殿，三开间，单檐硬山顶，始建时间不详，光绪三十一年重修。2000年重修。

（5）玉皇宫古侧柏

Ⅰ号号称“茶柏”，位于玉皇宫台阶起始处西侧，树高10米，胸径0.67米，冠幅东西7米、南北4米，树龄约600年，长势一般。Ⅱ号位于玉皇宫前西侧，树高10米，胸径0.43米，冠幅东西3米、南北3.5米，树龄约300年，仅西侧大枝存活，长势衰弱。

[诗文]

①唐·李白《昔我游齐都》：“昔我游齐都，登华不注峰。兹山何峻秀，绿翠如芙蓉。萧疯古仙人，了知是赤松。借余一白鹿，自挟两青龙。含笑凌倒景，欣然愿相从”。②清·董芸《华阳宫》：“当窗削出绿芙蓉，占断华阳第一峰。涧道远随流水去，岩扉疑有白云封。高歌且贳村中酒，短榻初闻定后钟。回首风尘空扰扰，几人林下得从容”。

[记事]

民国期间，国民党军队驻守华阳宫。济南解放后被山东化工厂征用。山东化工厂前身为济南新城兵工厂，1875年创办，生产火药、枪炮及修理军械，为清末济南最早官办企业和中国北方著名兵工企业，解放后改山东化工厂。

40. 平邑邢家庄古侧柏

[释名]

1941年3月8日，“姊妹剧团”成立，中共山东分局书记朱瑞（1905－1948）于树下召开表彰大会，命名两株古侧柏为“姊妹松”以嘉奖姊妹剧团团长辛锐（1918－1941）、辛颖姐妹。

[性状]

位于平邑县柏林镇邢家庄村（图5.19）共2株。东株编号J49，树高10米，胸径0.86米，冠幅东西12米南北12米，树龄300年。枝下高2.45米两株编号J50，树高8米，胸径0.62米，冠幅东西10米南北10米，树龄300年。枝下高2.2米。

[身历]

金大定间（1161－1189），玉虚观道长皇希全植松柏七百余株，东连玉虚观，西临蒙阳河。进士孔盈记、前任观主邓希庆、观主杨希言、副观主士杨希真等立碑为记。大定二十八年（1188）《玉虚观松柏林记碑》：“蒙山玉虚观，即祖师贾成公之遗迹焉。有门弟子三百余人，道正周公为上足。周公门弟子皇希全主灵显庙香火二十余年。先于大定三年间，谓同道曰：‘庙之前后，甚乏林木。’公遂发衷诚，手植松柏七百余株。东连玉虚观，西临蒙阳河，远近视之，若云气郁兴，数百步外，清风洒面，宛若洞宫仙府，不类人世也，为一境奇趣焉。公享年七十有九，于大定二十八年仲夏七日而仙化。公以淳古勤实，焚修持诵朝夕不怠，誉于一方。常行运气补脑之术，虽年及而不衰”。今柏林镇因此金代柏林而得名。

图5.19 “姊妹松”（冯广平 摄）

[记事]

1938年，辛锐与父亲辛葭舟、妹妹辛颖来到沂蒙山区抗日根据地，参加八路军。1939年1月1日，辛锐参与创办中共山东分局机关报《大众日报》。1941年3月8 日，辛锐创建姊妹剧团，自任团长，进行抗日救国宣传。1941年11月30日，辛锐丈夫、山东战工会副主任陈明在大青山阻击战中牺牲；同日，辛锐在猫头山遭遇战中负伤，被送至费县薛庄镇火红峪村山东纵队第二卫生所养伤。12月17日，日军搜山，辛锐拉响手榴弹与敌同归于尽，葬牺牲处鹅头岭东坡。1950年，沂南县双堠镇西梭庄建烈士陵园，移葬陈明、辛锐其中。1992年8月，章丘市辛寨乡创建辛锐中学，辛颖任校长，校园内立辛锐汉白玉像。

41. 兰山区诸葛城古侧柏

[性状]

位于临沂市兰山区白沙埠镇诸葛城村。2株，东株枯死。西株编号A60，树高9米，胸径0.86米，冠幅东西8米、南北7.6米，树龄271年。

枝下高2.7米，主干分4大杈，树冠圆形，长势旺盛一般。

［身历］

古柏所在原为鸿福寺，金大定间重建，古柏应为重建时所植，树龄800余年。灵岩寺古侧柏胸径0.86米，实测树龄657年，据此则鸿福寺侧柏亦应800余年。

42. 蒙阴桃墟镇大庙村古侧柏

［性状］

位于蒙阴县桃墟镇大庙村。编号F31，树高15米，胸径0.86米，平均冠幅5米，树龄500年。树冠伞形，长势旺盛。2007年，被列为蒙阴县文物保护单位。

［身历］

大庙村西北有鲁王台遗址，传为鲁宣公读书台。清宣统《蒙阴县志》：“鲁宣公读书台，大庙庄西，其上广约数亩，世传宣公来会齐侯，齐侯未至，公读书于此，尚有遗址”。大庙《王氏家谱》所载略同。遗址北靠山，南为断层，高出地面4－5米，系自然冲积小平台，面积7200平方米，文化层1－2米，出土文物有兽骨、陶片、豆柄、鬲足、铁钱等，属商周时代。1982年，被列为蒙阴县文物保护单位。

43. 泗水南华古侧柏

［性状］

位于泗水县大黄沟乡南华村东北小安山顶王母庙遗址。树高4.5米，胸径0.85米，平均冠幅3.5米，树龄约450年。树枝大部已枯，仅东北向侧枝存活，长势较弱。

［身历］

王母庙始建于明万历间，四合院结构，今废毁。庙宇地基正殿面阔三间，长10米，进深4.7米，配房长7.1米，宽3.8米。院中有残碑数通。

44. 蒙阴北莫庄古侧柏

［性状］

位于蒙阴县旧寨乡北莫庄村。西株编号F30，树高13米，胸径0.84米，平均冠幅8米。东株编号F29，树高12米，胸径0.73米，平均冠幅7米。两株树龄900余年。树冠浑圆，长势旺盛。

［身历］

古柏所在原为北麓书院，又名张子书堂，始建于元代，为清代蒙阴八景之一。清康熙二十四年《蒙阴县志》：“张子书堂，在城东北三十里莫庄之西北，即北麓书院也，久废，傍有洗砚泉”。书院创始人张埜，隐居不仕，变卖家产创办义学，穷家子弟入学概不收费。他教学严谨，成绩斐然（《沂州府志》）。明代，书院重修。清道光十年（1830）重修。清末，书院废毁。

45. 青州真教寺古侧柏

［性状］

位于青州市真教寺内（图5.20）。2株。Ⅰ号位于开天正教门南侧，编号YL2012-054，一级古树，树高17米，胸径0.83米，冠幅东西7.25米、南北9米，树龄500余年。Ⅱ号位于御碑亭北，编号YL2012-052，二级古树，树高13米，胸径0.53米，冠幅东西6.2米、南北6.1米，树龄约300年。

图5.20 青州真教寺古侧柏（冯广平 摄）

[身历]

明代，刘瓒（字廷璧）及子侄于成化、弘治、嘉靖间多次重修，古柏应植于成化间重修时。清雍正九年《新建二门碑记》：“从子刘绪增修于弘治壬子，嘉靖辛卯长公汝继同沙思仁等大为创建”。雍正九年，刘瓒后裔张永盛主持重修。《新建二门碑记》：“本刘姓侍御公谱系也，因邑庠生讳让，嗣岳公浚，赘张氏，而继志述事则未尝一刻忘也”。扩建后，张永盛复捐资修建二门（《新建二门碑记》）。乾隆二十三年，重修二门，阔建为三间。乾隆二十三年《重修真教寺二门记》：“惟有二门于雍正九年乡老张永盛号贵卿者捐资重修，年久削落，渐远倾圮，且旧制仅一间。新建之殿宇门庭，殊觉恢宏与狭隘迥乎其不伦也。于是阖寺同教公议重修，各捐囊资，以成盛举。”

46. 蒙阴中山寺古侧柏群

[性状]

位于蒙阴县坦埠镇中山寺。3株。Ⅰ编号F26，树高13米，胸径0.83米，平均冠幅7米，树龄约2000年。Ⅱ号编号F28，树高13米，胸径0.83米，平均冠幅7米，树龄约2000年。长势旺盛。Ⅲ号编号F27，树高15米，胸径0.72米，平均冠幅8米，树龄2000年。

[身历]

中山寺始建于隋，盛于唐。北宋乾兴元年（1022），增建栖真亭；宋真宗作“御制栖真亭响石”诗碑。《山东通志》：“其石颇巨，空透玲珑，击之声韵清远”。元丰间（1078－1085），重建。金大定二十八年（1188）铸铁钟，重达1吨多。今存大雄宝殿、文昌殿及历代碑碣3通。“中山晚照”为古蒙阴八景之一。

[附记]

寺内外有古树14株，包括古槐3株、古柏5株、古银杏3株，分别植于唐至明朝。古银杏最大者，树高15米，胸径0.75米，平均冠幅11米，树龄约500年，长势旺盛。

[诗文]

①唐白居易流连于此，《栖中山寺》：“闲泊池舟静掩扉，老身慵出客来稀。愁因暮雨留教主，春被残莺唤遗归。揭瓮始尝新熟酒，开箱试着旧生衣。冬裘夏葛相催促，垂老光阴速似飞”。康熙二十四年《蒙阴县志》：“白居易，号乐天。尝游中山寺，徘徊不去，栖息数月，吟咏最多，今只有七言一律刻响石上”。②北宋苏轼慕名游中山寺，作诗为记。“风流王谢古仙真，暂住空山五百春。金马玉堂余汉事，落花流

水失太人。困眠一塌春盈帐，梦绕千岩冷逼身。夜半老僧呼客起，支峰缺处涌冰轮”。

47. 费县五圣堂古侧柏

[性状]

位于费县大田庄乡五圣堂村杨树林沟。树高7.8米，胸径0.83米，冠幅东西8.8米、南北7.8米，树龄约1000年。距地2米处分3大杈，惟两大杈存活，另一杈枯死。

[身历]

村中有庙，始建于清顺治间（1644－1661），内祀孔子、孟子、颜子、曾子、子思子“五圣”，故名“五圣堂”。村以庙名。

[记事]

树下有碑，立于1999年10月1日，碑文称：“1941年8月，中国人民抗日军政大学第一分校由滨海区转移来此驻扎，校直机关及学院分别住在附近各村，常在这里召开大会，进行军政训练比武等集体活动。同年十一月初，为反日寇扫荡，学校由此转移到泰山根据地”。

48. 平邑巩固庄古侧柏

[释名]

当地人奉以为神，称“松仙树”；又因树身生刺槐，故名“抱槐古柏”。

[性状]

位于平邑县柏林镇巩固庄村三官庙遗址。编号J48，树高10米，胸径0.83米，平均冠幅8米，植于金天会十五年（1137），树龄875年。主干分9大枝，折曲平伸如龙，旁生侧枝，如幼龙待哺。仅一大枝存活，长势衰弱。1984年，距地2.2米、2.4米空洞中生刺槐2株。树下有碑：“松神槐仙，功德无量”。

49. 济南千佛山古侧柏群

[性状]

位于济南市历下区千佛山。密植成林，择其中10株较大者记之。Ⅰ至Ⅳ号古树位于历山院内一览亭南侧，自东向西，一字排列。Ⅰ号胸径0.82米，为宋代栽植，1984年枯死，附生爬山虎；Ⅱ号古编号BO-0172，树高10米，胸径0.5米，冠幅东西4米、南北3米，树龄约250年，长势一般；Ⅲ号编号BO-0173，树高8米，胸径0.48米，冠幅东西4米、南北3米，树龄约250年，长势一般；Ⅳ号编号BO-0174，树高9米，胸径0.47米，冠幅东西4米、南北4米，树龄约250年，长势旺盛；Ⅴ号位于唐槐亭东小广场中央（图5.38），树高10米，胸径0.61米，冠幅东西10米、南北12米，距地1.6米处，分为8股，最粗一股胸径0.38米，树龄约300年，树身系满用以祈福的平安福带，树下有石砌围栏，长势旺盛；Ⅵ号位于观音园北门口东侧，编号AO-0007，树高12米，胸径0.57米，冠幅东西8米、南北6米，树龄约300年，长势旺盛；Ⅶ号位于观音园北广场中央，编号AO-0005，树高11米，胸径0.57米，冠幅东西7米、南北6米，树龄约300年，下有石砌围栏保护，长势旺盛；Ⅷ号位于观音园东门路对面，编号AO-0008，树高14米，胸径0.54米，冠幅东西8米、南北8米，树龄约300年，长势旺盛；Ⅸ号位于观音园北路西，树高11米，胸径0.51米，冠幅东西6米、南北7米，树龄约250年，长势旺盛；Ⅹ号位于唐槐亭东路边，编号BO-0086，树高10米，胸径0.45米，冠幅东西6米、南北4米，树龄约230年，长势旺盛。

50. 青州偶园古侧柏群

[性状]

位于青州市偶园内。19株，较大者8株，Ⅰ号古侧柏位于佳山堂前假山顶（图5.21），编号YL2012-037，树高9米，胸径0.82米，冠幅东西5米、南北5米，树龄530年。长势衰弱，惟西侧大枝存活。Ⅱ号位于佳山堂月台东侧，编号YL2012-030，树高17米，胸径0.73米，冠幅东西8.6米、南北10.2米，树龄约400年。长势旺盛。Ⅲ号位于佳山堂前东侧，编号YL2012-036，树高10米，胸径0.61米，冠幅东西4.8米、南北5.8米，树龄约320年。Ⅳ号位于佳山堂西侧假山上，编号YL2012-047，树高12米，距地0.7米处分两股，西北股胸径0.3米，东南股胸径0.36米，冠幅东西5米、南北6米，树龄约320年。长势旺盛。Ⅴ号位于佳山堂前假山上，编号YL20120-040，树高13米，胸径0.56米，冠幅东西6米、南北5.2米，树龄约320年。长势旺盛。Ⅵ号位于佳山堂东，编号YL2012-031，树高20米，胸径0.54米，冠幅东西6.1米、南北8.6米，树龄约320年。长势旺盛。Ⅶ号位于佳山堂前，编号YL2012-051，树高20米，胸径0.54米，冠幅东西8米、南北8.6米，树龄约320年。长势旺盛。Ⅷ号位于佳山堂前假山上，编号YL2012-038，树高12米，胸径0.54米，冠幅东西4.2米、南北5.5米，树龄约320年。长势旺盛。

图5.21 青州偶园古侧柏（冯广平 摄）

[身历]

偶园，俗称“冯家花园”，原为明衡王府奇松园，始建于明弘治十二年。清康熙八年，文华殿大学士冯溥购作私宅，以衡王府山石重新掇山理水，改名“偶园”。康熙十年（1671），起松风阁。康熙二十一年（1682），冯溥致仕，起佳山堂。园内古柏、石桥多为明代旧物除怪石外，偶园门内石屏也是衡王府遗存，上勒明高唐王篆书。冯溥钟爱偶园，致仕后一直住在偶园，直至康熙三十年（1691）逝世；以“佳山堂”命名两部诗集，即《佳山堂集》、《佳山堂诗二集》。光绪《益都县图志·人物志九》：“辟园于居地之南，筑假山、树奇石，环以竹树，优游其中者十年”。其三子冯协一也钟爱此园，康熙五十六年（1717）以台湾知府卸任回乡，也居于偶园，直至乾隆三年（1737）去世。其《春日归怀》诗有“何当归去云门下，日在松窓自在眠”。

[诗文]

①冯溥《春日饮佳山堂》：“花树参差鸟燕娇，闲云浮动欲遮桥。高峰隐约含朝雨，小阁低回听晚箫”。②《喜曹州刘兴甫送花》：“君家近洛阳，名花实繁夥。我乞数株栽，君云无不可……策蹇君自来，惠我数百颗……花王领群芳，种植分右左”。③冯协一长孙冯时基有《偶园纪略》文，其三弟冯时陛长子冯钤有《蕉砚录》书。④康熙十八

年进士、诗人赵执信（字伸符，号秋谷，1662－1744）《冯文毅公别业古柏》：“公今游戏仙人乡，手折若木攀扶桑。却挥龙骑返故里，碧鬛苍鳞欲飞起。化为老树当庭蹲，排突云窟盘山根。要将直幹留天地，岂为清阴覆子孙。我来俯仰三叹息，何必新甫之颠锦官侧。吁嗟乎！门前几日不霜风，君看万柳何颜色。”

51. 沂水辛子山林场古侧柏

[性状]

位于沂水县院东头乡辛子山林场黄龙庵子。树高14.5米，胸径0.81米，树龄800年。

[身历]

古柏所在为玉皇庙遗址。庙始建于明初，清末三次重修。民国间废毁。今存历代重修碑记。

52. 淄川区青云寺古侧柏

[性状]

位于淄博市淄川区岭子镇槲林村青云寺。2株，较大一株树高15米，胸径0.8米，平均冠幅8米，树龄约400年，长势旺盛。

[身历]

青云寺位于槲林村北，始建于明正统间（1436－1449），初名上泉庵。正德间，恢拓规模，改名“青云寺”；于寺中创立私学，招纳名流。《淄川县志》：“（僧）园明，于西南山中创建青云寺者也。寺初名上泉庵。正统中，僧人净明结茅于此，舍身以为浮屠，开山为田，自耕而食，有徒日道通，再传日德山，皆苦身修行，垦田渐广，三传至园明，于正德六年出家，不数年遂成大刹。又于中建精舍数间，招名流读书其内，百余年来，文人墨士碑版题咏之盛，一时称最，至今述邑中名胜，以青云寺为称首焉”。此后，历代重修，有碑碣70余通。“文化大革命”间，庙宇碑林毁坏严重，惟存天王殿、祖师殿与古柏两株；蒲松龄撰《青云寺重修二殿记》，今存蒲松龄纪念馆。青云寺为淄川八大寺之一，列淄川二十四景之首。1997年重修，轴线建筑为天王殿（山门）、大雄宝殿（祖师殿）、观音殿、地藏王殿、碧霞元君行宫等。

[诗文]

清·蒲松龄《闰月朔月，青云寺访李希梅》：“诸锋委折碧层层，春日林泉物色增。山静桃花幽入骨，谷深溪柳淡如僧。崩崖苍翠云霞满，禅院荒凉鬼物凭。遥忆故人丘壑里，半窗风雨夜挑灯”。《重游青云寺》：“深山春日客重来，尘世衣冠动鸟猜。过岭尚愁僧舍远，入林方见寺门开。花无觅处香盈谷，树不知名翠作堆。景物依然人半异，一回登眺一徘徊”。《青云寺重修二殴记》：“青云寺，淄之奥区也。萦青缭白，幽入仙源；天小云深，画成方幅。蜡屐芒屩之侣，常携茶灶而来；担簦负笈之人，辄映毯车而去。物华天宝，人杰地灵，此之谓矣。数年来，祖师、天王两殿：椽割瓦缺，樵牧增悲；鼠窜狐栖，山光减色。丘子伯兴，孙子景贤，慨然倡善。且喜香花信士，共倾盆斗之诚；绵绣才人，不忘江山之助。遂使西林香谷，披妙鬓之风云；鸳瓦鱼鳞，睹琉璃之宫阙。金容满月，雅欲开颜；碧嶂流霞，居然展笑。非祇园之盛事、山灵之功臣与? 是不可以不记。”

[附记]

寺周槲林山谷有明代古树群，为淄博最大古树群，树种有：槲树、槲栎、元宝槭、红叶（*Cotinus coggygria* var. *cinerea*）、黄连木、流苏树（*Chionanthus retusus*）等。

53. 沂源吕祖洞古侧柏

[释名]

据考，古柏已历五朝，当地号“五代松”。

[性状]

位于沂源县土门镇芝芳村吕祖洞上方20米处山崖上。编号G73，树高12米，胸径0.8米，平均冠幅9米，树龄600年。枝下高1.5米，主干倾斜160度。树冠伞形，主干分4枝。

[身历]

吕祖洞始建时间不详，奉祀八仙之一“吕洞宾”。芝芳村原名“纸坊”，村中唐姓时代造纸为业。清末改名为芝芳村。

[记事]

1981年9月18日，沂源文物普查组在芝芳村东北骑子鞍山东山根、下崖洞南60米处发现猿人头盖骨化石。北京大学、山东大学、山东省博物馆、沂源县图书馆等单位联合发掘，获得猿人头骨1块，眉骨2块，牙齿8颗、肱骨、股骨、肋骨各1段及伴生动物骨骼化石10余种。经研究，确定为“沂源猿人”，又名“沂源人”。

54. 青州刘珝墓古侧柏群

[性状]

位于青州市高柳镇北河阳村刘珝墓（图5.22），36° 55′ 4″ N, 118° 31′ 37″ E。3株，最大一株树高15米，胸径0.8米，平均冠幅10米，明弘治三年（1490）修墓时所植，树龄522年。主干北倾，枝下高3.7米，主干分南北两大股，北股最大，树冠略呈圆锥形，长势旺盛。

图5.22　青州刘珝墓古侧柏（李宝垒 摄）

[身历]

明吏部尚书、太子太保、谨身殿大学士刘珝（字叔温，号古直，1426－1490），正统十三年（1488）进士；成化十一年（1475），以翰林学士，入内阁参预机务，宪宗称“东刘先生”，赐“嘉猷赞翊”印章一枚；主编《文华大训》；弘治三年卒，谥“文和”，改乡里为“仁孝里”，赐修墓。有《古直文集》、《青宫讲义》传世。

刘珝墓原为全国重点文物保护单位，“文化大革命”间破坏严重。今以重修陵园、神道碑、石象生，植柏千株。

55. 山亭区前徐庄古侧柏

[释名]

古柏两枝斜上，夹抱槐树，故名“拥抱树”。

图5.23 山亭区前徐庄古侧柏（张建男 摄）

[形状]

位于枣庄市山亭区徐庄镇前徐庄村李汉志墓北（图5.23）。编号C015，树高18米，胸径0.8米，冠幅东西11米、南北8米，树龄550年。左侧有古槐，60年前枯死，树高16米，胸径2.10米，冠幅东西10米、南北11米，树龄1000余年。

[记事]

1943年8月，费滕边实验县和边西县合并建立费滕峄中心县委；穆林任书记，王韬任副书记，刘剑任县长，委员有肖长桃（独立营营长）、杨广立（独立营政委）、刘德坤（组织部长）、霍建华（宣传部长）、邱焕文（统战部长兼枣庄办事处主任）、杜季伟（枣庄工委书记），靳怀刚（西集工委书记），中心县委辖两个工委（枣庄、西集）、八个区委。县委机关驻徐庄镇徐庄村或辛召。

56. 东平月岩寺古侧柏群

[性状]

位于东平县银山镇月岩寺大雄宝殿前。2株，一名“乌柏”，一名“血柏”。较大一株树高20米，胸径0.8米，平均冠幅15米；传为唐人所植，殆不可信，考其树龄约400年，应为万历间重修时所植。长势旺盛。

[汇考]

月岩寺位于银山镇昆山西麓半山腰。昆山，全名昆仑山，又名困山。光绪《东平州志》：“县治西北四十里，上有马跑泉。旧传，周王行狩至此，为寇所困，苦无水，马跑地得泉，因以‘困’名山。山东有蟾蜍峡、莲花沼，南有玉灵崖、石室洞，上有小虚观，塔下有饮马泉，学者多讲业其中”。寺始建时间不详，明万历七年（1579）重修，于大殿前建石质结构钟楼一架，高4.5米，四角攒顶。清道光十年（1830）重修大雄宝殿。光绪八年（1882）重修，建月岩阁，为双层石构藏经阁。月岩寺坐北向南，门朝西，面积约3000平方米；二进院落，今存大雄宝殿、钟楼、月岩阁及左右配殿。大雄宝殿面阔三间，长11米，进深7.1米，全高8米，硬山顶。大殿前有历代重修碑3通。院东有“马跑泉”石室洞，泉名为清康熙间地方名人马光远题。寺东北有小虚观塔，石质，高3.5米，八角形，瓦垄顶，塔内有宋代圆雕造像3尊，通体磨光，较为精美。今为济宁市文物保护单位。

[诗文]

①明·于慎行《游月岩寺》：“古木森阴碧殿凉，空阶朝玉引泉长。穿云衣泾莲花顶，对月经闯贝叶扬。野雀窥厨分争食，青龙驯钵伴禅床。远公白社何年事，应有闲引系客肠”。②山门廊下嵌石有清代·尹作霖诗：“陟步昆仑第一

峰，马跑泉上憩游踪。南来浩瀚环黄运，东去峻嶒朝岱宗。蚕尾争传名士集，骏蹄犹忆穆王封。月岩有寺原非梦，虎洞春生万壑松”。

[记事]

“古松筛月”为古东平八景之一。道光十年《重修月岩寺碑》：“月岩寺者，为东原八景之一，是我方之巨观也，尝有学士名流设馆肄业，骚人墨客登眺吟味，诚胜地下。

57. 邹城万章墓古侧柏群

[性状]

位于邹城市北宿镇后万村万章墓，35° 20′ E，116° 53′ E，海拔39米。共38株，树高7.3－10.2米，胸径0.04－0.68米。最大一株树高10.2米，胸径0.68米，冠幅东西8.9米、南北6.3米，树龄约400年。枝下高3.8米，主干分4大枝；树冠伞形，长势一般。

[身历]

万章墓始建于明成化十八年（1482），知县张泰（字世亨，1452－1513）访得万章墓基址，立碑为祀。清康熙十二年（1673）《邹县志》：“万章墓，在城南十里，有万村。成化十八年知县张泰立碑，至今祀之”。村中万姓多为万章后裔。“此村即万章故居，或其子孙聚居于此，故村以万名”。（光绪十八年《邹县续志》）。林地南北100米，东西60米，总面积为3200平方米。清道光九年（1829）建享殿三间，单檐硬山顶。享殿后即万章墓冢，封土高2.2米，直径6米。林内原有历代重修碑多通，今皆不存。

[汇考]

万章，齐人，孟子弟子。北宋政和五年（1115），宋徽宗诏封“博兴伯”，陪祀孟庙西庑。万章墓有3处，分别分布于滕州市、邹城市、淄博市。滕州万章墓无考，淄博万章墓在张店区卫固镇大河南村东南，有封土。

58. 宁阳颜林古侧柏群

[释名]

俗称“鸟灵柏”（图5.24）。

[性状]

位于宁阳县鹤山乡泗皋村颜林。上千株，最古者编号0130，树高8米，胸径0.68米，冠幅东西3.9米、南北4.2米，枝下高2.6米，树龄约600年。主干密被树瘤和短枝，主根裸露，距离原始地面以下0.5米。

[身历]

宋末元初，颜氏始迁泗皋。至元间，颜氏

图5.24 宁阳颜庙颜林古侧柏（冯广平 摄）

五十五代孙、滕县尹颜府立“颜氏之门”石坊。古柏在石坊西北，其所在为颜氏某世墓，碑文漫灭无考。

59. 安丘孟家庄古侧柏

[释名]

柏中生槐，俗称“柏抱槐”。

[性状]

位于安丘市关王镇孟家庄村。编号J71，树高12.3米，胸径0.67米，冠幅东西8米、南北11米，树龄500年。枝下高2.5米，主干中空，分4大杈，今已枯死。距地1.3米处，萌生槐树，树龄70年。

60. 淄川区禹王殿古侧柏群

[性状]

位于淄川区城南镇苏王村禹王山。两株。B133位于殿前，树高6米，胸径0.66米，平均冠幅9米，树龄300余年。主干分5大杈。B134位于殿后，树高7.5米，胸径0.4米，平均冠幅6米，树龄100余年。主干分2大杈。

[身历]

禹王庙始建于明代，清康熙间、宣统间重修。1995年，重修。有山门和禹王殿，山门额题“禹王圣祠”，禹王殿面阔9米，硬山顶。

[记事]

①1938年，游击队长翟超（又名翟丕超，字效升，1908－1940）率部在今白塔镇小海眼村伏击日军张博线小火车，毙敌10余名，缴获步枪13支、掷弹筒1个、炮弹3枚、轻机枪1挺。日军疯狂报复，烧光苏王村、七里、西楼三村的所有房屋。村民盖房几乎砍光山上所有树木。有人在古树上钉入铁钉，古树得以幸存。②1947年8月，国民党山东省主席王耀武（字佐民，1904－1968）率七十三军进攻解放区。中共博山县机关、博城区武工队和镇村干部及部分群众近二百人，撤至禹王山下；同期，淄川县、区、乡、村干部群众千余人也撤至禹王山。两县共同抗击来犯的敌新五军某团，毙伤敌70余人。泰山警备旅七团三营营长郭敬富（1920－1947）光荣牺牲，被追认为一级战斗英雄。

61. 历城区殷士儋墓古侧柏

[释名]

大杈分两丛，树冠略平，故名“平顶柏”。

[性状]

位于济南市历城区党家庄镇殷家林村、凤凰山南麓殷士儋墓墓顶。树高8米，胸径0.64米，树龄约400年。1979年，列为济南市文物保护单位。

[身历]

殷士儋（字正夫，号棠川，？－1582），历城人。嘉靖二十六年（1547）进士；隆庆二年（1568），擢礼部尚书；累官至武英殿大学士，加太子太保。隆庆五年（1572），受高拱排挤，辞官，“筑庐于泺水之滨，以经史自娱”，与名士边贡、李攀龙、许邦才并称“历下四诗人”。有《金舆山房稿》14卷、《明农轩乐府》传世。万历十年（1582）卒，葬于党家庄东凤凰山南麓。传蒲松龄《聊斋志异·狐嫁女》中“殷天官”即指殷士儋。殷士儋墓北靠大丘山，封土高4.5米，周围雕花莱州石砌成，须弥座13.7米见方。墓南200米处有石牌坊底座，神道宽4米，两旁原有石人、石羊、石狮、石马、石虎等，现仅存石羊、石虎各1对。墓西南70米处渠桥上有明隆庆元年（1567）制诰碑1通。1979年，被列为济南市文物保护单位。2007年，被列为山东省文物保护单位。

升任八大队三营营长。解放费县沙土集时，被敌包围，中弹牺牲，葬沙土集以北赵庄村。1950年4月3日，被山东省人民政府追认为革命烈士。

62. 莱城区何家庄古侧柏

［释名］

两柏相距5米，当地人称“姊妹柏”。

［性状］

位于莱芜市莱城区方下镇何家庄村北家庙内，海拔176米。北株树高14米，胸径0.57米，冠幅东西10米、南北7米；南株树高13米，胸径0.56米，冠幅东西10米、南北8米。两树为同时栽植，树龄300年。

［身历］

何家村始建于明景泰四年（1453）；何氏谱碑载：明景泰四年，何赵两姓自直隶枣强县迁此建村，原名赵庄，后何姓户数多，改称何家庄。今村中姓氏以何、李占最多。何家祖茔大10余亩，林木繁茂。

［记事］

里人何荣贵（1924－1947），1942年加入中国共产党。1943年11月15日，中共鲁南区党委书记兼鲁南军区政治委员王麓水（原名王崧斌，又名王培岳，1913－1945）指挥鲁南军区三团、五团围歼山东巨匪刘黑七（刘桂堂）。二营七连通讯员何荣贵率两名战士追击刘黑七，将其击毙于柱子山山套，为山东人民除一大害。延安新华广播电台连续3月、每3小时一次播发《山东我军击毙惯匪刘黑七》的重要新闻，《解放日报》发表题为《山东军民反扫荡胜利》的社论。1947年，何荣贵在莱芜战役中战功卓著，被授予一级战斗英雄称号。同年，

63. 淄川区齐家终古侧柏群

［性状］

位于淄博市临淄区齐陵镇齐家终村夫子庙。5株。Ⅰ号编号D04，树高20米，胸径0.57米，平均冠幅10米；Ⅱ号编号D02，树高14米，胸径0.49米，平均冠幅8米；Ⅲ号编号D01，树高9米，胸径0.48米，平均冠幅8米；Ⅳ号编号D05，树高15米，胸径0.47米，平均冠幅8米；Ⅴ号编号D03，树高14米，胸径0.42米，平均冠幅8米。5株树龄均300余年。

［身历］

夫子山庙在夫子山，山因正对齐都稷门，名稷山，孔子曾于山上操琴，又称夫子山。夫子庙始建时间不详，清末重修，今村古碑及新建石屋。

［记事］

①山上原有古柏200余株，为齐家终村先人纪念孔子所植。1958年大炼钢铁时，多数古柏被伐作薪炭。②齐家终村明代立村，今与明代立村的李家终村和元代立村的朱家终村合并为一村。三村均以终军墓得名，汉元鼎五年，汉谏议大夫终军（字子云，？－前112）请缨出使南越，说服南越王归顺，为南越相吕嘉袭杀，葬稷山北麓，齐陵街道齐家终村东南隅。墓高约6米，周长约60米。③村东有苍山寺遗址，兴衰无考。原有一塔，毁于“文化大革命”，有石佛高4.15米，重10吨，底座重21吨。1984年列为淄博市重点文物，1985年移存临淄区石刻艺术陈列馆。

64. 历下区开元寺古侧柏群

[性状]

位于济南市历下区千佛山东南佛慧山开元寺遗址。4株。Ⅰ号位于遗址南侧山路边，编号BO-0615，树高11米，胸径0.54米，冠幅东西8米、南北6米，树龄约270年。树上系有许多红色平安福带，树下堆垒许多用以祈福的石块，树周有石砌围栏，当地百姓视为神树，长势旺盛。Ⅱ号位于遗址前，编号BO-0613，树高12米，胸径0.46米，冠幅东西10米、南北8米，树龄约230年，长势旺盛。Ⅲ号位于遗址南侧山路边，编号BO-0616，树高10米，胸径0.34米，冠幅东西4米、南北6米，树龄约150年，长势旺盛。Ⅳ号位于南侧山路边，编号BO-0614，树高10米，胸径0.33米，冠幅东西3米、南北3米，树龄约150年，长势旺盛。

[身历]

开元寺初名“佛慧寺”，始建于隋代，寺址石壁有“大隋皇帝”字样（《续修历城县志·金石三》）。唐开元间（713－741）重修。北宋景祐间（1034－1038）重修，造巨佛头，以山为体，山改名“大佛山”。明洪武九年（1376），济南城中开元寺为官府所占，僧众徙居于此，改名“开元寺”。万历间，济南知府于山顶造文峰塔1949年以后废毁。寺东石洞有唐贞观间佛像，洞下有“长生泉”，元山东肃政廉访使察罕菩华命名；寺南有“滴露泉”，寺西有“卧云洞”，寺北石室有历代题记。开元寺原有正殿5间，东西配殿各3间，宋代丁香数株。

济南城中开元寺约北界明湖路、南至泉城路、东达县东巷、西在东更道。2003年，县东巷发现其藏经佛塔遗址，出土6尊北朝及隋代贴金彩绘石佛像、唐神龙二年（706）汉白玉经幢残件、北宋“《开元寺修杂宝经藏地宫记》碑。明初，济南府衙署迁寺中，寺废。续修历城县志》：“康和尚院在湖（大明湖）南岸，明初以开元寺为府，移钟楼于此，改名镇安院，又名钟楼寺……今其廛市犹名钟楼寺街”。

[诗文]

①明·刘敕（字君授，1560－1639）《大佛山》：“去郭十余里，山回石径幽。白云常覆寺，黄菊最宜秋。塔影尊前转，湖光望里收。甘泉几滴水，能解世人愁”。②明·樊献科《游大佛山记》：“（长生泉）东行十数步，有石窟如井，深百尺许。初窥之，黝窈沉沉，已乃冉冉有光，极底见泉穴，荡漾如滔涌，盖泉石激地洞中，微与日影争闪烁云”。

65. 济南清真南大寺古侧柏

[性状]

位于济南市市中区永长街南首礼拜寺街大殿台阶前北侧。编号A2-0029，树高14米，胸径0.54米，冠幅东西6米、南北7米，树龄约270年。树干倾西南，有钢架支撑，长势旺盛。

[身历]

清真南大寺俗称礼拜寺，原址在乌满喇巷，时间、地址俱不可考。元代元贞元年（1295），山东东路都转运盐使司都运使木八喇沙奉命改原寺为运盐司部，将寺迁今址。明宣德元年、正统元年（1436）重修，弘治七年（1494）扩建。清嘉庆十五年（1810）道光十三年（1833）及民国间，多次重修。南大寺坐西向东，两进院落，占地6330多平方米，中轴线建筑依次为影壁、邦克楼（正门）、望月楼、礼拜大殿。礼拜大殿台基高4.2米，由卷棚、前殿、后殿组成。大殿面阔五间，进深六间。殿前抱厦为清代扩建，前殿和后殿系明代建筑。寺存历代碑刻7通。20世纪80年代重修。今为山东省文物保护单位。

[记事]

1928年4月9日，蒋介石率刘峙第一军团总指挥、陈调元第二军团、贺耀祖第三军团、方振武第四军团，沿津浦路北攻张宗昌、孙传芳直鲁联军（奉军）。张宗昌求救于青岛登陆的日军福田彦助第六师团。日军3400余名乘机进入济南，占领济南医院、济南报社等地。5月1日，张、孙败逃，第四军团和第三军团四十军占领济南。日军为阻止国民革命军被伐，肆意寻衅。2日，枪杀第一军第二十三团一营营长袁济民等，随机开始捕杀中国兵民，杀害二十六军医院和五龙潭医院300多伤病兵民；在西顺河街（今五三街）杀害杀害了300余人。为避免事态扩大，国民政府派山东交涉署战地政务委员会外交处主任蔡公时（1881－1928）等前往交涉。蔡公时与交涉署庶务张麟书参议张鸿渐、书记王炳潭等怒骂日军暴行。日军将张麟书割掉耳鼻、斩断腿臂，乱枪打死蔡公时等17人。4日，蒋介石在珍珠泉召秘密会议，以第1军2师5团李延年（字吉甫，1904－1974）部、第41军91师2团邓殷藩（字篱五，号铁屏，1893－1955）两团守城，余部撤出济南，分五路渡河北上。7日，日军增兵至3万，蛮横要求国民革命军全部撤离济南；通牒得到蒋介石的批复。8日，日军不宣而战，偷袭第2军第8师。国民革命军奋起反击，四十二军十五团一营段培德连长率部全歼来犯50余名日军。第1集团军第31军军长金汉鼎（原名凤鼎，字铸九，1891－1967）率部反击来犯日军一个联队，毙敌百名。8日，日军以飞机和大炮协助攻城，5团、2团英勇抵抗，打退日军10多次疯狂进攻。9日，两团奉命撤离，此战阵亡900余人。11日，日军占领济南，开始灭绝人性的大屠杀，屠杀军民3900人。“济南惨案”间，中国军民17000余人被杀，2000余人受伤，5000余人被俘。1929年，3月28日，王正廷和芳泽谦吉在南京国民政府外交部签署《济南惨案协定》。1929年4月，日军撤离济南。

66. 济南清真北大寺古侧柏群

[性状]

位于济南市市中区永长街81号清真北大寺。3株位于前院大殿前。Ⅰ号居南，编号A2-0028，树高12米，胸径0.48米，冠幅东西6米、南北5米，树龄约240年。树干南倾，有钢架支撑。长势旺盛。树东南有民国三十一年《穆公华庭懿行纪念碑》、200年《成达师范学校碑》。Ⅱ号居北，编号A2-0026，树高12米，胸径0.45米，冠幅东西3米、南北6米，树龄约240年。树干东倾，长势旺盛。树下有1998年《伊光重显》碑。Ⅲ号剧中，编号A2-0027，树高13米，胸径0.42米，冠幅东西4米、南北5米，树龄约210年。主干西倾，长势旺盛。

[身历]

清真北大寺始建于清乾隆三十年（1765），嘉庆、道光、光绪及民国初年，多次重修。寺占地5000平方米。中轴线建筑自东而西依次为影壁、大门、二门、礼拜大殿。大殿分卷棚、前殿、中殿、后殿四部分，三勾连搭式，进深十三间。卷棚面阔五间。前殿单檐硬山顶，中殿望月楼重檐歇山顶，后殿单檐硬山顶。后殿系1932年增建。1990年重修，被列为济南市文物保护单位。1992年，沙特驻华大使馆捐资重修沐浴室六间。寺存历代重修碑5通。

[记事]

穆华庭（1876－1942），济南人，1921年自

费赴麦加朝觐；考察各国伊斯兰教发展情况。回国后，捐房产、土地于清真寺，开办民族教育。1925年，与马松亭、唐柯三、法静轩、家马跋生等人创办了“成达师范”。死后，济南穆斯林群众立碑为记。

67. 苍山朗公寺古侧柏

[释名]

传为小龙女化身，象征长生不老、永葆青春，号“万年松”。

[性状]

位于苍山县大仲村镇车庄村朗公寺，生红孩儿桥西巨石中，海拔257米。树高8米，胸径0.48米，平均冠幅2米，树龄2000年。

[身历]

朗公寺为临沂古代四大名寺之首，始建于东晋咸康五年（339），原名“大宗山朗公寺”。传晋永和十二年（356），王羲之题额“大宗山朗公寺”。隋开皇元年（581）重修。元贞元年（1295）重建，一说重建于延祐间（1314－1320），（民国《临沂县志・秩祀》）。明弘治三年（1490），扩建。清乾隆三十二年（1757）重修。1997年重建。朗公寺包括上寺、塔林、下寺三个建筑群。上寺分三进院落，轴线建筑南起依次为山门、天王殿、大雄宝殿。大殿两厢原有碑廊，存历代重修碑刻及游记碑碣数十通。上寺西约50米有塔林，原有僧塔七十八座，“文化大革命”间尽毁，今修复6座，中有元至大二年（1309）、明嘉靖六年（1527）塔铭。2003年，朗公寺被列为临沂市文物保护单位。

红孩儿桥始建于隋，重修于明弘治间。

68. 济南天齐庙古侧柏群

[性状]

位于济南市历城区柳埠镇柳东村天齐庙周边山坡上。300余株，平均树高10米，平均胸径0.42米，平均冠幅4米，树龄200－500年。长势旺盛。

[身历]

天齐庙始建于明隆庆四年（1570）。清乾隆四十六年（1781）重修。庙坐北面南，南北长13.8米，东西宽12.5米，总面积为172．5平方米。四合院结构，正殿面阔三间，进深二间，殿内墙有壁画。1985年，被列为长清县文物保护单位。

69. 淄川区蒲松龄墓古侧柏群

[性状]

位于淄川区洪山镇蒲家庄蒲松龄墓园。树龄百年以上者34株，其中蒲松龄墓周围12株较大，树高8－12米，胸径0.24－0.38米，冠幅东西3－6.6米、南北3.8－8.7米，树龄300年以上。其中最大一株编号B105，树高12米，胸径0.38米，冠幅东西5.8米、南北8.7米，树龄300年。基径0.47米，主干略北倾。

[身历]

康熙五十四年（1715），蒲松龄病逝，享年76岁，葬蒲家祖坟。雍正三年（1725），立墓表。1954年，建护碑亭。1966年，墓被红卫兵掘开，出土“蒲氏松龄”、“留仙松龄”、“留仙”、“柳树泉水图”等4枚印章，其余殉葬器物被掠。1979年重刻墓表，沈雁冰（茅盾，原名沈德鸿，字雁冰，1886－1981）撰书。1980年，蒲氏始祖蒲璋墓碑也移存墓园中。墓园东西长38米，南北宽40米，蒲松龄墓封土高2米。

5.1.2 刺柏属 Juniperus Linn. 1753

圆柏 Juniperus chinensis Linn. 1767

70. 沂源徐家庄古圆柏

图5.25 沂源徐家庄[illegible]（引自《淄博古树名木》）

〔性状〕

位于沂源县徐家庄乡中学院内（图5.25）。编号G18，树高13米，胸径2.3米，平均冠幅40米，树龄1200年。枝下高7米，基径2.4米。距地2米处，主干分为两大股。1958年大炼钢铁时，截去部分树干。

〔身历〕

古柏所在原为汇泉寺，始建于宋代，寺中有泉，水质甘洌。1964年，以汇泉寺旧址建沂源县红卫农中。1971年，更名为沂源县第十四中学为高中学校。1982年撤销高中班，更名为沂源县徐家庄中学。

71. 临沂人民医院古圆柏

〔性状〕

位于临沂市兰山区解放路、沂州路交汇处临沂人民医院院内。编号A65，树高21米，基径2.1米，平均冠幅12米，树龄约1100年。距地1.4米处分两大股，长势旺盛。

〔身历〕

古柏所在原为民宅。光绪三年（1878），美国人倪维思来临沂城传教，寓居张萁阶家。光绪六年（1880），牧师租用张宅建教堂。光绪十六年（1890）改建为美国长老会临沂支会医院。又有两处分院，每年收治14 000人（民国《临沂县志》）。1941年，医院被日本人侵占。抗日战争胜利后，改为山东省军区交际处，陈毅元帅和陈士榘将军曾在此办公。临沂城解放后，被滨海医院接管，后改称鲁中南第六医院、临沂专区中心卫生院、临沂专区人民医院、临沂地区人民医院。1995年，改称临沂市人民医院。

〔记事〕

①古柏西北约1000米，为东晋会稽内史领右将军、书法家王羲之（字逸少，号澹斋，303－361）故宅。王氏南迁后，舍宅建寺，唐代名“开元寺”，金代改“普照寺”。民国《临沂县

志》：“王右军故宅，治城西南隅普照寺。据集柳碑，诸王南迁，舍宅为寺，东有晒书台，南有泽笔池，一曰洗砚池，皆其遗迹……普照寺，县治西南，晋王羲之故宅。唐名开元，元金改普照”。②1938年4月20日，日军陷临沂，连续10日实施灭绝人性的屠杀奸淫。罹难同胞2840余人，仅西门里天主教堂前一处，就有700余人被害。同时纵火毁城，整个城西南隅化为灰烬，南关老母庙前、阁子内外房屋全被烧光。

[附记]

临沂支会医院旧楼北侧有古银杏，编号A22，树高19.7米，胸径0.8米，平均冠幅19米；光绪十六年，倪维思创建为美国长老会临沂支会医院时所植，树龄122年。枝下高5米，主干通直，有7大枝，长势旺盛。

72. 泰安岱庙古圆柏群

（1）苍龙吐虬

[释名]

因圆柏中空，内生侧柏一株，故名“古柏老桧”，又名“苍龙吐虬”。

[性状]

位于岱庙汉柏院西南角（图5.26），编号A0004，树高7米，胸径1.59米，冠幅东西11.3米、南北8.6米；植于汉代，树龄2000余年。树干中空，遍布树瘤，分为南北两大主枝，南枝已枯，挺拔向上，北枝在距地3米处，盘旋向西，长势较旺。中空树干中有侧柏一株，胸径0.7米，已枯。古柏西北侧砖台之上有三通石

图5.26　泰安岱庙“苍龙吐虬”古圆柏（冯广平 摄）

碑，自北向南依次为：中共山东省委原第一书记、书法家舒同（字文藻，又名宜禄，1905－1998）题“汉柏凌霄”大字碑。明正德六年（1511年）进士、嘉靖十四年（1535）山东左布政使张钦（字敬之，号心斋）题“观海”碑，原在岱顶，后移于此。浙江省博物馆名誉馆长、西泠印社原社长、西泠书画院原院长沙孟海（原名文若、字孟海，号石荒、沙村、决明，1900－1992）书杜甫《望岳》“荡胸生层云，决眦入归鸟”碑。1987年，被列入世界文化遗产名录。

【身历】

古柏南茶室原为“宋初三先生”孙复和石介在泰山筑室讲学处。景祐元年（1034），孙复落第，结识石介。当时，石介在泰山筑室，邀孙复去讲学，并与张泂等执弟子礼师事孙复。孙复居泰山八年，撰《易说》六十四篇、《春秋尊王发微》十二卷等著作，声名渐显于世。庆历三年至五年（1043－1045），孙复、石介支持范仲淹推行“庆历新政”变法，并重兴太学。金大定初，建鲁两先生祠。今辟为茶室。

（2）云列三台

【名释】

三组由茂密的枝叶组成的似云朵状的树冠，故名。

【性状】

位于岱庙北门内西侧、铁塔正北。编号为A0121，树高11米，胸径1.08米，冠幅东西9米、南北10.8米，树龄约900年。树干挺拔、中空，裂缝长3.7米。长势旺盛。

【身历】

古柏见于岱庙“宋天贶殿”《泰山神启跸回銮图》壁画中，泰山神玉辂前。《泰山神启跸回銮图》原画为北宋时作，后毁。清康熙八年（1669），重修岱庙时，民间画师刘志学等依据前代壁画创作。康熙十七年（1678）张所存撰《重修岱庙履历记事》碑：“大殿内墙，两廊内墙，俱用画工书像”。泰安大汶口《刘氏族谱》：“刘志学，善丹青，泰邑峻极殿壁画，即其所绘”。全图长62米，高3.30米，描绘东岳大帝出巡和返回的壮观场面。

【附记】

古柏南有明代铁塔，铸于明嘉靖十二年（1533），六角十三层，河南怀庆府内县清上乡张庆等金火匠所铸。塔原在天书观，1937年12月，日军轰炸泰安，塔被炸毁，仅存3级，1973年移此。

（3）龙升凤降

【性状】

位于宋天贶殿丹墀左右。3株。Ⅰ号位于丹墀西侧，编号A0133，树高8米，胸径0.93米，冠幅东西8.1米、南北9.2米，树龄700年。树干中空，主干分出南向、东北向、西北向三大侧枝，南向侧枝似凤头，而北侧两枝似一双凤翼，远看像一只凤凰正在下落，故名“凤降”。Ⅱ号位于丹墀东侧，与“凤降”相对，号“龙升”，已枯。Ⅲ号位于“凤降”北侧，编号A0132，高10米，胸径0.72米，冠幅东西7.53米、南北7.8米，树龄700余年。树干中空，长势一般。

[身历]

北宋大中祥符元年（1008），天书降泰山。宋真宗诏令建天贶殿答谢上天。南宋·王应麟《玉海·宫室》："祥符元年七月乙酉，诏泰山灵液亭北、天书再降之地建殿，以天贶为名"。大中祥符二年（1009）《大宋天贶殿碑铭》："（真宗）乃诏鲁郡，申饬攸司，爰就灵区，茂建清宇……云封崛起，迥对于轩檐；泉流洌清，载环于阶□。祗若天贶，表以徽名"。北宋天贶殿在泰山西麓灵液亭附近，因地出醴泉而建，醴泉遗址在今上河桥北端、东岳大街南侧。《大宋诏令集·建灵液亭诏》："泰山所建醴泉亭，宜以灵液为额"。据考，天书观即宋天贶殿。今所谓宋天贶殿考为元至元三年（1266）忽必烈创建的仁安殿。后改称"峻极殿"（岱顶天启间《灵佑宫记》铜碑）。明清之际，峻极殿倾废，康熙八年重修。《重修岱庙履历记事》碑："大殿琉璃脊兽瓦片，上层下椽板，俱已毁坏。墙根俱已碎塌。檩枋俱坏大半，惟梁柱可用"。乾隆间，泰山学者聂剑光及泰安知府朱孝纯指认峻极殿为宋天贶殿（朱孝纯《泰山图志·祠宇一》、聂剑光《泰山道里记》）。

[汇考]

①天贶殿左右汇集北宋大中祥符二年《大宋天贶殿碑铭》，背阴勒明天顺五年（1461）《东岳泰山之神庙重修碑》；金大定二十二年（1182）《大金重修东岳庙之碑》；清康熙十七年《皇清重修岱庙碑记》，背阴勒《重修岱庙履历记事》；乾隆三十五年（1770）重修岱庙碑，乾隆十三年（1748）、乾隆五十五年（1790）谒岱庙诗。②康熙八年重修峻极殿时，在殿周边植柏、松、银杏、杨等树。《重修岱庙履历记事》碑："仁安门前栽柏树五十三株，槐树十二株。大殿左右丹墀，栽柏树五十九株，松树四株，白果树二株，杨树五株，槐树九株"。③宋天贶殿、孔庙大成殿、故宫太和殿并称宫殿建筑三大殿，大成殿和太和殿脊兽均为10个，宋天贶殿脊兽9个，规格规格比前两者稍低。

73. 滕州大赵庄古圆柏

[释名]

主干中空，内生臭椿，故名"柏抱椿"。

[性状]

位于滕州市羊庄镇大赵庄村教堂内（图5.27）。编号F022，树高17.7米，胸径1.43米，冠幅东西12.8米、南北10.3米，树龄350年，此说非，据胸径推测，此柏至晚植于元代，树龄700年以上。主干中空，裂成两部分，中生臭椿（*Ailanthus altissima*），树高3.5米，胸径0.26米。

图5.27 滕州大赵庄古圆柏（张建勇 摄）

图5.28 宁阳禹王庙古圆柏（冯广平 摄）

〔身历〕

古树所在原为大圣寺，始建时间无考。传汉元帝时期王氏五侯后人曾迁此。有唐天宝十一年（752）残碑为记。万历十三年（1585）《滕县志·古迹·乡里》：“五侯家，在城东赵家庄。旧传汉元帝母兄弟之家。有天宝十一年断碑可据”。

74. 宁阳禹王庙古圆柏

〔释名〕

民间传为大禹夫妇化身，号“夫妻柏”，别号“齐鲁第一柏”。

〔性状〕

位于宁阳禹王庙庙门内（图5.28）。2株。东株编号N0055，树高14米，胸径1.43米，冠幅东西9.3米、南北8.7米，树身挺拔，虬枝老干，蔚为大观，顶枯，大部分枝条枯死，长势较弱。西株编号N0056，高13米，胸径0.96米，冠幅东西9.2米、南北8.4米。顶枯，树身南倾，东南和西南侧各有钢管支撑，长势旺盛。

〔诗文〕

清顺治十六年《重修禹王庙记》：“庭有桧柏，不见白日，后有一树作龙形，皆数百年物也”。

75. 青州河子头古圆柏

〔性状〕

位于青州市谭坊镇河子头村（图5.29），36° 38′ 50″ N, 118° 40′ 9″ E。两株，相距3.5米。东株树高15米，胸径1.33米，平均冠幅12米，树龄580年。枝下高6米，树冠伞形，大枝下垂，

图5.29　青州河子头古圆柏（李宝垒 摄）

图5.30　曲阜屈家古圆柏（张伟 摄）

顶部有枯枝，长势旺盛。西株树高18米，胸径1.2米，平均冠幅12米，树龄580年。枝下高7米，东侧枝条不旺，西侧大枝横伸，树冠呈旗形，长势旺盛。

[身历]

古柏所在原为五圣堂，始建于明代，清代重修，今废。2011年，被列为青州市文物保护单位。

76. 苍山马湾古圆柏群

[释名]

两树紧紧相拥如情侣，号“鸳鸯松”。

[性状]

位于苍山县庄坞镇马湾村。2株。Ⅰ号编号L15，树高13米，胸径1.32米，平均冠幅10米；Ⅱ号编号L16，树高13米，胸径1.05米，平均冠幅10米，树龄约1000年。长势旺盛。

[身历]

明中期，马湾焦氏自章丘刁镇迁来，以马湾村西为祖茔。明末，庄坞杨氏十二世祖杨泮娶妻焦氏。清乾隆八年（1743），焦氏亡。杨氏以马湾风水佳，葬焦氏于焦家祖茔。焦氏族长不满。东高尧村高尧寺主持从同调解。焦杨和解，于马湾村新南新开坟地十亩葬杨氏，以古圆柏连理为志，遗命两家世代和好。民国《临沂县志》：“高尧寺，县南七十八里东高尧村”。

77. 曲阜屈家古圆柏

[性状]

位于曲阜市石门山镇屈家村（图5.30）。树高18.5米，胸径1.3米，冠幅东西12.9米、南北8.4米，树龄800年。树冠伞形，长势旺盛。

[身历]

古柏所在为屈家林。宋代，屈氏迁此。明代，林墓规模很大。今残存一株古柏。

78. 邹城孟庙古圆柏群

孟庙有古圆柏192株，胸径最大1.28米，树龄最大900余年。

（1）东墙外古圆柏群

[性状]

位于孟庙东墙外。共38株。最大一株树高14米，胸径1.28米，基径2.08米，冠幅东西13米、南北10米，树龄700余年。枝下高7.5米，树冠圆锥形，长势旺盛。其余诸柏平均树高11米，平均胸径0.88米，平均冠幅东西8米、南北7米，树龄700余年。

（2）泰山气象门古圆柏群

[性状]

位于泰山气象门前院落。共34株。最大一株树高25米，胸径1.27米，基径1.43米，冠幅东西19米、南北11.8米，树龄800余年。枝下高15米。亚圣坊内甬道西一株，编号00055，树高12米，胸径1.0米，冠幅东西10米、南北8米，树龄500余年。枝下高2.5米，西侧距地2米处有树瘤，横径1.1米，主干分7大枝，长势旺盛。其余诸柏平均树高16.7米，平均胸径0.79米，平均冠幅东西12.2米、南北8.5米。

[身历]

泰山气象门始建于元代。明代重修。嘉庆元年（1796）重修。门前有古银杏2株，东雄西雌。

（3）棂星门内古圆柏群

[性状]

位于棂星门门第一进院落。共12株。最大一株位于棂星门内道西，编号0001，树高18.4米，胸径1.23米，基径1.46米，冠幅东西10.7米、南北13米，树龄约800年。枝下高4米，东侧距地1米、1.7米处有2树瘤，北侧距地2.5米处有树瘤，西北、南、东3大枝存活，长势衰弱。其余诸柏平均树高16.2米，平均胸径0.81米，平均冠幅东西7.95米、南北8.6米，树龄约700年。

[身历]

棂星门始建于清康熙间（1662－1722），4柱3洞，重檐斗拱，坊额楷书“棂星门”，同治十二年（1873）山东巡抚丁宝桢手书。门内东西两木坊相对，歇山转角、斗拱承托，东名“继往圣”，西名“开来学”。

（4）祧主祠古圆柏

[性状]

位于孟庙祧主祠前。7株。最大一株为甬道西南起第一株，编号00267，树高16米，胸径1.12米，基径1.31米，冠幅东西9米、南北5米，树龄900余年。枝下高5.5米，主干距地1.5米、2.5米处南侧有树瘤；树冠圆锥形，长势旺盛。其余各株平均树高14.5米，平均胸径0.74米，平均冠幅东西5.67米、南北6.2米。

[身历]

祧主祠为孟氏家庙，建于清道光十年（1830），面阔三间、10.06米，进深二间、8米，高7.45米，檐下悬“孟氏大宗祧主祠”竖匾，殿内奉祀孟氏大宗户五代以上至二世祖木主。

（5）亚圣殿古圆柏群

［性状］

位于亚圣殿前院落（图5.31a）。共38株，择3株较大者记之。Ⅰ号位于启圣殿月台东侧，编号00180，树高14米，胸径1.0米，冠幅东西7.5米、南北7.06米，树龄800余年。枝下高7米，大部枝干已枯，唯东南一枝存活。Ⅱ号位于Ⅰ号西，编号00179，树高13米，胸径0.76米，冠幅东西7.2米、南北8.4米，树龄800余年。枝下高6米，长势旺盛。Ⅲ号位于天震井东侧，编号00277，树高16米，胸径0.7米，冠幅东西8.9米、南北9米，枝下高5米，有大枝5，长势旺盛。基部有树瘤如耳形，号“侧耳听泉”。其余诸柏平均树高20米，平均胸径0.68米，平均冠幅东西9米、南北10.9米，树龄800余年。

图5.31a 孟庙亚圣殿古圆柏（冯广平 摄）

［身历］

天震井始建于清康熙十一年（1672），井旁碑记：“康熙十一年，庙前演戏，忽日中声震如雷，闻者环顾失色，见阶前陷有甓甃圆痕，熟视乃井也……十二年为修庙之用，额之曰天震井，砌之以甓，环之以石，并书其迹从志异云。六十四代孙孟尚锦识”。康熙三十三年（1694），邹县知县（字伯伏）应上级官员的要求，捐资立石，刻画天震旁古圆柏，并立石围栏。《孟庙古柏图跋》：“康熙三十三年，岁在甲戌，孟夏之□，江南□□部院台过邹，谒亚圣庙，见松楸森秀，流连弗置。于殿陛之左有柏尤称苍古，□□在意，无语而去。南抵界河，与东兖道宪余公□不能终，嘿其树可作奇观，当与至圣庙之桧，端木氏之楷，同一表彰焉。道宪解囊捐资，惓惓嘱予，予并出俸钱，命工求石，环以雕栏，锲图而赞之曰：道德为本根，仁义作柯叶。一元与弥纶，太和共调燮。千春承雨露，万载历冰雪。信夫能后凋，不朽具由蘖。苍郁川岳之精，卷舒虬龙之状。人杰地灵，直养自壮；绰裕英姿，屹然独尚。依稀乎，岩岩气象！”古碑今存启圣殿甬道东侧，已残，残高0.69米，宽0.5米，厚0.12米。道光十一年（1831）重修孟庙时建井畔石栏。

［诗文］

①明正统十四年（1449），山东布政司左参议黄仲芳《恭拜孟圣祠下僭述鄙句二律》：“姬辙东迁道日昏，天生亚圣阐微言。七篇仁义

摧杨墨，百世光华配孔门。庙古桧松涵雨露，碑明日月照乾坤。旬宣忝自斯文出，樗质无能答圣恩。”②景泰三年（1452），南京大理寺卿薛瑄（字德温，号敬轩，1389－1464）《道经邹县，谨书律诗一首于祠壁，以寓景仰之意》：“邹国丛祠古道边，满林松柏带苍烟。远同阙里千年祀，近接宣尼百岁传。独引唐虞谈性善，力排杨墨绝狂言。功成不让湮洪水，万古人思命世贤。”③弘治元年（1488），赵炯《谒亚圣庙》：“风送区区谒庙来，墨花偏向此时开。森森古柏啼幽鸟，落落残碑锁绿苔。气象泰山难料想，纲常大道孰修裁。圣贤门下莫云躁，欲带无言似未来。”④弘治十四年（1501），顾潜《谒先师孟子庙》：“城南松柏翠参差，崛起门墙亚圣祠。灵秀尚看山水在，大名长共日星垂。分明千载生贤地，辛苦三迁教子时。道德至今难尽述，且循阶下读穹碑。”⑤嘉靖五年（1526），张衮《谒亚圣庙敬赋》：“万古英贤孟夫子，浩然天地即吾庐。挈言学者操存要，不上侯王战伐书。庙貌风云犹色笑，墙阴桧柏挺扶疏。七篇配禹功非小，三圣承传道不虚。”⑥万历八年进士、兵部尚书黄克缵（字绍夫，号钟梅，1550－1634）《谒孟庙一首》：“峄山前峙势凌云，松桧阴森满庭芬。奔走自多千载士，遭逢莫问七雄君。身游上国瞻依近，书到穷荒习诵闻。今古人心从此正，世间邪说枉纷纷。”⑦南京礼部尚书、书画家董其昌（字玄宰，号思白、香光居士，1555－1636）谒孟庙，作《题孟庙吉桧一首》诗碑，碑长59厘米、宽32厘米、厚12厘米。行书6行，共40字：“爱此孟祠树，森然见典型，沃根洙水润，含气峄山灵，阅世磨秦籀，参天结鲁青。方知樗散寿，只入列仙经。翰林庶吉士董其昌书。”⑧清代诗人葛临绪《题天震井》：“古井澜翻近庙堂，天惊石破水泉香。汲来修绠原无底，洙泗渊源一脉长”。

图5.31b 孟庙寝殿古圆柏（冯广平 摄）

（6）寝殿古圆柏

[释名]

主干空洞中生枸杞三丛，号“桧寓枸杞”（图5.31b）。

[性状]

位于孟庙寝殿前院落。共16株，月台上1株最古，编号00246，树高13米，胸径0.98米，基径1.08米，冠幅东西55米、南北7.5米；《三迁志》载，植于北宋宣和间（1119－1125），树龄900余年。枝下高9米，长势旺盛。距地3米、4.3米、4.5米处，三个树洞中生枸杞3丛。其余诸柏平均树高18米，平均胸径0.67米，平均冠幅东西6.6米、南北6.6米，树龄800余年。

[诗文]

①明刘濬《谒孟子庙》：“异教纷纷势竞张，人非归墨即归杨。七篇仁义严王法，五霸桓文畏肃霜。泰岳岩岩原有象，精金焯焯世争光。

道承洙泗传千载，古庙松篁尚郁苍”。②清·孙成冈《孟庙古桧》：“老木直盈寻，风霜历永久。无叶复无枝，不荣亦不朽。却笑柏与松，多事成凋后。借问植何年？所植自谁手？苍茫不可寻，千秋此殿牖。”

（7）启圣殿古圆柏群

[性状]

位于孟庙东路启圣殿前院落。共7株。最大一株位于启圣殿前月台东侧，编号00259，树高13米，胸径0.94米，冠幅东西11米、南北10.4米，树龄。其余诸柏平均树高14.5米，平均胸径0.89米，平均冠幅东西7.55米、南北8.7米，树龄800余年。

[身历]

启圣殿、孟母殿始建于明弘治十年，历代重修。

（8）承圣门古圆柏群

[性状]

位于承圣门前院落。共39株，树龄800余年。知言门至养气门小路东头一株编号00119，树高16米，胸径0.88米，冠幅东西8米、南北7.8米，树龄400余年。树冠锥形，有大枝5，长势旺盛。1938年，日军轰炸邹城市时，树上挂住一颗炸弹，养气门外集市的百姓幸免于难，奉作功臣树、救命树、抗日树。其余诸柏平均树高17.4米，平均胸径0.69米，平均冠幅东西6.95米、南北10.15米。

79. 孔林古圆柏群

孔林共有古圆柏2864株，一般树高14－18米，胸径0.37－1.25米。最大一株胸径1.27米，树龄1000余年。

（1）万古长春坊古圆柏群

[性状]

位于孔林万古长春坊以北外神道两侧，35° 34′ N，116° 35′ E，海拔67米。9株较大，分列东西，最大者胸径1.27米。东Ⅰ号树高7米，胸径0.88米，冠幅东西7.2米、南北7.8米，老根裸于地面，干中空，北侧有铁网罩护，顶枯，仅南侧大枝存活，长势较旺，树冠南倾，有木桩支撑。东Ⅱ号位于东Ⅰ号北，树高7米，胸径1.02米，冠幅东西6米、南北5.9米，干高2米处分为东南、西、西北三大股，西、西北两股已枯，且被锯断，仅东南股存活，树干偏向东南，树干有两道铁箍，长势一般。东Ⅲ号树高8米，胸径1.16米，冠幅东西8.4米、南北11.3米，树身有三道铁箍，西侧无大枝，顶枯，树冠偏向东南，长势旺盛。西Ⅰ号树高7米，胸径1.27米，冠幅东西6.1米、南北7.1米，树干中空，干高2米处，分为南、北两大股，南股已枯，北股长势一般。西Ⅱ号位于西Ⅰ号北，树高7米，胸径0.99米，冠幅东西7.3米、南北5.1米，干中空，有铁网罩护，干高3米处有一道铁箍，顶枯，仅西、北两侧大枝存活，长势一般。西Ⅲ号树高7米，胸径1.05米，冠幅东西8.15米、南北7.6米，干高70厘米处，生一心形树瘤，干高4米处，有一道铁箍，干高3.5米处分为东、西两股，西股已枯，东股顶枯，长势一般。西Ⅳ号树高9米，胸径1.27米，冠幅东西9.9米、南北11.1米，顶枯，长势旺盛。西Ⅴ号树高6米，胸径0.99米，冠幅东西5米、南北6米，干中空，东西通透，有木板和铁网罩护，顶枯，长势一般。西Ⅵ号树高8米，胸径1.15米，冠幅东西5.6米、南北

8米，干高2米处，向南、北各发一大杈，与主干形成“三叉戟”状，姿态优美，南杈已枯，主干与北杈长势旺盛。9株古圆柏植于宋代重修孔林时，树龄1000余年。

［身历］

北宋宣和元年重修孔林，立石象生。元至顺二年，始作周垣，建大林门。明永乐二十一年、弘治七年，重修，弘治七年植松柏数百株。万历二十二年至二十三年，巡按连标、巡抚郑汝璧立“万古长春”坊，于坊两侧立《大成至圣先师孔子神道碑》、《阙里重修孔子林庙碑》，并于神道两侧植柏数百株。

（2）洙水桥古圆柏

［性状］

位于洙水桥牌坊东侧。树高12米，胸径1.15米，冠幅东西10米、南北13.5米，树龄约1000年。树势高峻挺拔，长势旺盛，树后有明代残碑，树东有乾隆三十四年（1769）《重浚洙水碑记》碑。

（3）神道古圆柏群

［性状］

位于享殿前甬道两侧，共24株，道东12株，道西12株，自南向北编号依次为东Ⅰ至东Ⅻ，西Ⅰ至西Ⅻ。东Ⅰ位于孔子墓甬道起始处大门内东侧，树高16米，胸径1.1米，冠幅东西7米、南北9米，树龄约1000年，应栽植于宋代。长势旺盛；东Ⅱ至东Ⅺ胸径依次为：0.51米、0.83米、0.38米、0.64米、0.49米、0.51米、0.49米、0.54米、0.71米、0.44米，长势皆旺，皆为明清两代栽植；东Ⅻ树高17米，胸径0.85米，冠幅东西7米、南北7米，树龄约650年；西Ⅰ至西Ⅻ胸径依次为：0.61米、0.54米、0.89米、0.33米、0.45米、0.61米、0.99米、0.35米、0.38米、0.81米、0.37米、0.55米，应为明清两代栽植，其中西Ⅳ为侧柏，长势皆旺。

（4）孔子墓甬道古圆柏群

［性状］

位于孔子墓甬道两侧，共15株，道东8株，道西7株，自南向北编号依次为殿后东Ⅰ至东Ⅷ，殿后西Ⅰ至西Ⅶ。东Ⅰ树高15米，胸径1.02米，冠幅东西6.6米、南北7.2米，主干东南倾，长势旺盛，树东北为子贡手植楷枯树桩，东为清代施闰章题“子贡手植楷”碑：“不辨何年植，残碑留至今。共看独树影，犹见古人心。阅历风霜尽，苍茫天地阴。经过筑室处，千载一沾襟”。东Ⅱ至东Ⅷ胸径依次为：0.48米、0.69米、0.96米、0.46米、0.69米、0.83米、0.66米，其中东Ⅲ、东Ⅴ已枯，东Ⅳ长势旺盛，其余长势较弱；西Ⅰ至西Ⅲ胸径依次为：0.78米、0.89米、0.79米，长势旺盛，西Ⅳ位于子思墓前东侧翁仲像北，高18米，胸径0.77米，冠幅东西6.8米、南北6.6米，长势旺盛，西Ⅴ、西Ⅵ胸径为0.61米、0.53米，长势旺盛，西Ⅶ位于子思墓东围栏缝隙中，高17米，胸径0.85米，冠幅东西4米、南北5米，长势旺盛。以上诸古柏植于宋代，树龄约1000年。

［身历］

北宋宣和元年（1119），宋徽宗诏令重修孔林，建立完备的陵寝建筑，并刻立石象生，宣和五年（1123）竣工。甬道古柏多为北宋宣和间所植。

[记事]

①孔子墓植树始于鲁哀公十六年，孔子下葬后，弟子从各地带来不同地方带来不同的树种种植在墓周围。《史记·集解》引《皇览》："孔子冢去城一里。冢茔百亩，冢南北广十步，东西十三步，高一丈二尺。冢前以瓴甓为祠坛，方六尺，与地平。本无祠堂。冢茔中树以百数，皆异种，鲁人世世无能名其树者。民传言'孔子弟子异国人，各持其方树来种之'。其树柞、枌、雒离、安贵、五味、毚檀之树。孔子茔中不生荆棘及刺人草"。②南朝刘宋文帝元嘉十九年（442），在孔子墓周围"植松柏六百株"。北魏孝文帝太和十九年（495），"帝幸鲁，亲祠孔子，诏兖州为孔子起园栽柏，修饰坟垅"。③明成化七年（1471），宪宗帝幸鲁，命在孔林及神道两旁广植树株，一年植树一千余株。④弘治七年（1494），六十一代衍圣公孔弘泰重修孔林，增植侧柏、桧柏数百株。⑤万历二十二年（1594），孔林神道两旁补栽柏树百余株。⑥清康熙二十三年（1684），在扩大林地之后，植侧柏五百余株。⑦乾隆五十年（1785）五月，对孔林树木进行分界清点，"通共四界共树三千一百六十二株"。乾隆五十三年（1788），在周垣内、红墙外种植柏、樟、楠万余株。同年，视学使者刘公会同地方诸官，出俸钱植树，"视诸隙地，亡者易之，缺者补之"，共植树五千余株。⑧道光二十八年（1848），林庙守卫司"百户官"组织人力在红墙内新栽柏树二百株；红墙以东新栽柏树一百五十二株；红墙以西新栽柏树二百二十六株；红墙以北新栽柏树一百二十四株；红墙以南至二门以内，新栽柏树三百九十九株；神道新栽柏树九十三株。共计新栽柏树一千一百九十四株。同年十二月十五日，经林头、林役"各按方界"，"挨次遍查数目，查得红墙内并四界，以及神道一切大小树株，总共一万七千二百八十五株"。⑨光绪二年（1876），冰雹成灾，孔林树木死一千余株。⑩1951－1963年，曲阜文物管理部门先后组织人力，除补植部分柏树、杨树外，栽植麻栎树五千余株、核桃树八百余株。此外还栽种了杜仲、黄檗等部分药材树种。⑪"文化大革命"间，毁林开荒、砍伐各类树木近万株。1976－1986年，陆续补栽各类树木3万余株。

（5）孔林墓门古圆柏

[性状]

位于孔林墓门外东侧。树高12米，胸径1米，冠幅东西7.3米、南北8.5米，树龄约1000年，应植于宋代。长势一般。

（6）孔子墓古圆柏群

[性状]

位于孔子墓上东南角（图5.32a），树高16米，胸径0.83米，冠幅东西7.1米、南北4米，树龄约600年，应植于明代。长势一般。孔林孔子墓前12株，自西向东、自南向北编号依次为Ⅰ至Ⅻ。Ⅰ号古圆柏，树高14米，胸径0.8米，冠幅东西4.7米、南北5米，树龄约600年；顶枯，长势一般。Ⅱ号为侧柏，胸径0.24米，长势旺盛。Ⅲ号古柏，胸径0.4米。Ⅳ号古圆柏位于孔子墓五供西侧，树高12米，胸径0.61米，冠幅东西5米、南北4米，树龄约350年。顶枯，长势一般；Ⅴ号到Ⅶ号古圆柏胸径依次为：0.51米、0.73米、0.51米，Ⅴ号、Ⅵ号长势旺盛，Ⅶ号已枯。Ⅷ号古圆柏位于孔子墓五贡东侧，树高14米，胸径0.58米，冠幅东西2米、南北2米，树龄约350年；仅一枝存活，长势弱。Ⅸ号至Ⅻ号胸径依次为：0.56米、

0.41米、0.52米、0.67米，XI号长势一般，其余三株长势旺盛。

[身历]

周敬王四十一年，孔子逝世，葬于鲁国都城北面泗水边上。之后历代修坟植树，增拓墓园，该古圆柏群除Ⅱ号侧柏为现代栽植以外，均为明清两代栽植。

（7）孔鲤墓古圆柏群

[性状]

Ⅰ号古圆柏位于孔鲤墓前东南（图5.32b），树高17米，胸径0.8米，冠幅东西6.5米、南北5.2米，树龄约600年。长势一般。Ⅱ号古圆柏位于孔鲤墓碑东，树高12米，胸径0.75米，冠幅东西7米、南北6.9米，树龄约600年。长势一般。两株古树后面即为孔鲤墓，墓前有两块石碑，前为“泗水侯墓”碑，后为“二世祖墓”碑。

（8）孔林享殿古圆柏群

[性状]

Ⅰ号古圆柏位于享殿前东侧，树高9米，胸径0.65米，冠幅东西9米、南北8.2米，树龄约500余年。长势一般。Ⅱ号古圆柏位于享殿前，树高12米，胸径0.7米，冠幅东西8.7米、南北9.55米，树龄约500余年。长势一般。Ⅲ号古圆柏位于享殿前西侧，高14米，胸径0.83米，冠幅东西5米、南北7米，树龄约500余年。长势旺盛。

[身历]

享殿始建于明弘治七年（1494），明正德《阙里志》和万历《兖州府志》均有记载；据孔

图5.32a 孔子墓古圆柏（冯广平 摄）

图5.32b 孔鲤墓古圆柏（冯广平 摄）

祥林《孔子志》，应为明弘治七年六十一代衍圣公孔宏泰创建。三株古树应为当时栽植。之后分别于明万历二十二年（1594）、清雍正九年（1731）等重修。

80. 曲阜孔庙古圆柏群

孔庙共有古圆柏653株，最大者为大成殿古圆柏，胸径1.21米；最古者为先师手植桧。

（1）大成殿古圆柏

[性状]

位于大成殿丹墀前东侧（图5.33a），编号1000771，树高14米，胸径1.21米，冠幅东西7.55米、南北10米，树龄约2100年，为“三孔”最古老的树木。树干中空，长势一般。汉高祖于十二年（前195）亲到曲阜祭孔。但汉初尊崇黄老，儒学没有得到重视，直至汉武帝时，罢黜百家，独尊儒术，儒学才得以大发展，而孔子的地位也进一步提升。古圆柏应为西汉初栽植。

[身历]

大成殿殿基高2.1米，大殿面阔45.69米，进深24.85米，高24.8米，重檐庑殿顶，9脊，脊兽10，雕龙石檐柱28根。唐代，大成殿五间，原在杏坛。北宋天禧五年（1021）迁今址，改七间重檐。崇宁三年（1104），徽宗赐额“大成”殿。北宋末火灾。金皇统九年重建，始用八棱刻龙石柱。贞祐二年（1214）兵毁。元大德四年（1300）重建。明成化十九年（1483）扩建为九间重檐。弘治十三年重建。清雍正二年毁于雷火；三年重修，重刻石柱，用黄琉璃瓦。今存者为雍正间建筑。

[记事]

①汉元始元年（1）汉元帝追谥孔子为“褒成宣尼公”。北魏太和十九年（492），孝文帝尊孔子为“文圣尼父”。北周大象二年（580），静帝追封孔子为“邹国公”。隋开皇元年（581），文帝尊孔子为“先师尼父”。唐贞观二年（626）尊孔子为“先圣”。乾封元年（666），高宗尊孔子为“太师”，“天下通祀，惟社稷与孔子”。北宋大中祥符元年（1008），真宗追谥孔子“玄圣文宣王”；大中祥符五年，改谥孔子“至圣文宣王”。元代，封孔子为“大成至圣文宣王”。清顺治二年（1645）封孔子“大成至圣文宣先师”；十四年改称“至圣先师”。②唐仪凤二年（677），勒立《大唐赠泰师鲁先圣孔宣尼碑》，碑阴刻武德九年（626）唐太宗封孔子后裔为褒圣侯诏书、乾封元年（666年）唐高宗赠孔子太师诏书、遣扶馀隆致祭祝文和皇太子李弘请立碑孔庙奏文。

（2）弘道门古圆柏群

[性状]

Ⅰ号古圆柏位于弘道门内西侧，编号1000456，树高23米，胸径1.13米，冠幅东西8.8米、南北4.5米，树龄约1000年。树干离地约1米处生一葫芦状树瘤，树势高峻挺拔，长势旺盛。Ⅱ号古圆柏位于弘道门内东侧，编号1000440，树高20米，胸径1.11米，东西6米、南北7米，树龄约1000年。长势一般。Ⅲ号古圆柏位于弘道门内路东，编号1000446，树高16米，胸径1.09米，冠幅东西6米、南北4米，树龄约1000年。树干中空，长势旺盛。Ⅳ号古圆柏位于弘道门内东侧，编号1000439，树高18米，胸径0.86米，冠幅东西5米、南北6米，树龄约635年。

图5.33a　孔庙大成殿古圆柏（冯广平　摄）

图5.33b　孔庙璧水桥古圆柏（冯广平　摄）

树倾东南，长势一般。Ⅴ号古圆柏位于弘道门内东侧，编号1000441，树高16米，胸径0.67米，冠幅东西6米、南北4米，树龄约500年。长势一般。

[身历]

北宋初孔庙扩建，吕蒙正《大宋重修至圣文宣王庙碑》："上（宋太宗）乃鼎新规革旧制。"Ⅰ号、Ⅱ号和Ⅲ号古圆柏应为宋初扩修孔庙时栽植。弘道门始建于明洪武十年（1377），当时为孔庙大门，乾隆《曲阜县志》："（洪武十）敕修衍圣公府邸……十一年（1378）阙里孔子庙成"。孔尚任《阙里志》：弘道门为"大门三间"，Ⅳ号古圆柏应于此时栽植。永乐十年（1412）敕修孔子庙，新增圣时门，而弘道门变为二门，孔尚任《阙里志》记载"又北增洞门三间"。弘治十二年（1499）阙里孔子庙大火，次年兴工重修，重修后"弘道门"扩为五间，崇祯补本《阙里志》"二门旧门三间，朽坏拆去，新修五间，高一丈七尺，阔五丈四尺，深二丈八尺，四周俱石柱，盖瓦铺砌同前，两傍又新添小门各一间。"Ⅴ号古圆柏应于此次重建时栽植。弘道门清初名"天阶门"，雍正八年（1730），清世宗据《论语》"人能弘道，非道弘人"意，"钦定孔子庙二门曰弘道"。乾隆十三年（1748），高宗题匾。之后分别于乾隆二十三年（1758）、嘉庆二十一年（1816）等重修。光绪二十三年（1897）重修，更换梁枋斗栱，之后弘道门无大修，现今之弘道门既是此次重修后的形制。

（3）同文门古圆柏群

[性状]

Ⅰ号古圆柏位于同文门前，树高18米，

胸径1.08米，冠幅东西5米、南北4米，树龄约1000年。已枯。Ⅱ号古圆柏位于同文门内西侧，编号1000676，高16米，胸径0.92米，冠幅东西10.3米、南北6.4米，树龄约1000余年。长势旺盛。Ⅲ号古圆柏位于同文门前，编号1000638，树高16米，胸径0.84米，冠幅东西6.5米、南北6.6米，树龄约635年。顶枯，长势一般。

[身历]

唐代孔庙仅有一道大门，孔尚任《阙里志》记载唐代孔庙形制："正庙五间，祀文宣王……庙后为寝庙……前为庙门"。宋初多次扩修孔庙，乾隆《曲阜县志》："（宋太平兴国）八年（983）修阙里孔子庙…（大中祥符）二年（1009）二月诏立孔子庙学舍…（天禧）二年（1018）命孔道辅修阙里孔子庙"。扩建后同文门成为孔庙大门，《东家杂记》："直外门曰前三门（即同文门），仁宗皇帝御书门榜之门"。Ⅰ号、Ⅱ号古圆柏应为宋初扩修时栽植。此后北宋历代多有修缮。北宋末年，金兵南下，焚毁孔庙，金代皇统、正隆、大定相继重修，至明昌二年（1191）孔庙大修，党怀英《重修至圣文宣王庙碑》："制度大备于历朝"。金末，蒙古入侵，孔庙又遭兵祸，后元代多次重修。明洪武十年（1357）重修，同文门仍沿用宋代旧制，《阙里志》记载洪武十年孔庙重修后同文门的形制："大中门内宋时旧庙门三间，谓之三门"。Ⅲ号古圆柏应该为此次重修时栽植。后永乐重修，仍为三间。至成化十八年（1482）重修，同文门扩增为五间，万历《曲阜县志》："成化十八年重修，规制有加"。崇祯补本《阙里志》载，弘治十七年（1504）重修后同文门形制依旧："（奎文阁）阁前门一座，五间，仍旧"。清初，同文门名"参同门"。雍正七年（1729），依《礼记·中庸》"今天下，车同轨，书同文，行同伦"之意，复改为"同文门"；乾隆《曲阜县志》："（雍正）七年改棂星门石坊宣圣庙至圣庙，奎文阁前之参同门曰同文门"。同文门门匾乾隆十三年乾隆皇帝御笔。之后同文门多有维修，1927年大修，并改换为黄瓦（孔祥林《孔子志》）。

[记事]

金明昌二年，开州刺史高德裔（字曼卿）奉旨监修孔庙。工匠于古泮池中掘得汉宣帝五凤二年刻石，石灰石质，长71.5厘米，宽38－40厘米，厚24.5厘米，似是石基，勒铭"五凤二年鲁卅四年六月四日成"。高德裔移石于孔庙同文门，后移入东庑，并作题记于碑侧："鲁灵光殿西南卅步，曰太子钓鱼池。盖刘余以景帝太子封鲁，故土俗以太子呼之。明昌二年，诏修孔圣庙，匠者取池石以充用，土中偶得之。侧有文曰'五凤二年'者，宣帝时号也。又曰'鲁卅四年六月四日成者，以《汉书》考之，乃余孙孝王之时也。西汉石刻，世为难得，故予详录之，使来者有考焉'"。

（4）璧水桥古圆柏

[性状]

Ⅰ号古圆柏位于璧水桥东南侧，编号1000324，树高17米，胸径0.89米，冠幅东西5.5米、南北7米，树龄约600年。长势旺盛。Ⅱ号古圆柏位于璧水桥西侧（图5.33b），树高11米，胸径0.96米，冠幅东西7米、南北8米，树龄约600年。长势旺盛。

[身历]

璧水桥始建于明永乐十三年（1415），孔尚任《阙里志》："（永乐重修孔庙）又北增洞门三间，其内修石桥三座”。石桥即璧水桥，两株古树应为修造璧水桥时栽植。明弘治十二年（1499），璧水桥重修，增加石栏、小墙等。崇祯补本《阙里志》：“石桥三座，中阔三丈三尺，长五丈。两傍各阔一丈，长各四丈，俱石栏。河岸俱石甃，上砌小墙”。清康熙十六年（1677）重修，小墙亦改为石栏。雍正三年（1725），维修璧水桥，以大成殿旧料更换部分栏板、栏柱。今存璧水桥为雍正间修后的原貌。

（5）杏坛古圆柏群

［性状］

Ⅰ号古圆柏位于杏坛后东侧，编号1000772，树高17米，胸径0.86米，冠幅东西5米、南北5米，树龄约750年。干中空，长势一般。Ⅱ号古圆柏位于杏坛后西侧，编号1000784，树高19米，胸径0.78米，冠幅东西7米、南北8米，树龄约750年。长势一般。

［身历］

杏坛始建于北宋乾兴元年（1022），宋孔传《东家杂记》：“本朝乾兴间…因增广殿庭，移大殿于后，讲堂旧基不欲毁拆，即以瓴甓为坛，环植以杏，鲁人因名曰杏坛”。从宋庙图看，杏坛当时为三层台。金代始于台上建亭（金·孔元措《孔氏祖庭广记》）。元至元四年（1267），重修；元·阎复《重建至圣文宣王庙碑》：“将图起废，奎文、杏坛、斋厅、黉舍即其旧而新之”。两株古树应为元代重修时栽植。明弘治十二年（1499），孔庙大火，次年重修，用绿琉璃瓦，崇祯补本《阙里志》：“杏坛，仍旧，用上等青绿间金彩画，盖瓦用绿色琉璃，朱红油漆”。明隆庆三年（1569）、清雍正七年（1729）、嘉庆二十一年（1816）、同治十一年（1872）及光绪三十四年（1908）重修，亭内有金党怀英篆书“杏坛”碑和乾隆皇帝御制“杏坛赞”碑。

［记事］

乾隆二十一年（1756），乾隆帝第三次谒孔庙。作《杏坛赞》：“忆昔缁帷，诗书授受。与有荣焉，轶桃轹柳。博厚高明，亦曰悠久。万世受治，杏林何有”。

（6）先师手植桧

［名释］

原树传为孔子手植，故名。

［性状］

位于大成门内石陛东侧（图5.33c），编号1000764，树高15米，胸径0.7米，冠幅东西9.4米、南北8.8米，树龄280年。长势旺盛，树下有理石护栏，栏内原有上代老桧根，高约2米，其上段于“文化大革命”期间被锯掉，现仅存底根。树东侧立有明万历二十八年（1600）监察御史杨光训题“先师手植桧”碑，碑后台阶有乾隆皇帝“手植桧赞”碑：“文栏肥壤厥有桧株，先圣攸植擎手泽余，几经枯荣左纽右圩，造物凭护孙枝扶束”。

［汇考］

先师手植桧之说始于唐代，永嘉三年（309），树枯死；唐·封演《封氏闻见记》：“兖州曲阜文宣王庙内并殿西、南，各有柏叶松身之树，各高五、六丈，枯槁已久，相传夫子手植，永嘉三年其树枯死”。此后历代文献均有记载，如南宋·孔传《东家杂记》、金·孔元措

图5.33c 先师手植桧（张伟 摄）

《孔氏祖庭广记》、《曲阜县志》。孔贞丛《阙里志》记载最为祥确："手植桧，两株在赞德殿前，高六丈，余围一丈四尺，其文左者左纽，右者右纽；一株在杏坛东南隅，高五丈，余围一丈三尺，其枝蟠屈如龙形，世谓之'再生桧'。晋永嘉三年枯死，隋义宁元年复生，唐乾封二年又枯死，宋康定元年复生，金贞祐甲戌，北虏犯祖庙，焚及三桧……元世宗至元三十年（1293），导江张頵来为教授，甲午春，东庑颓址壁陈间茁焉其芽，躬徙复于故处……弘治巳未圣庙灾复爇，至今百余年，虽无枝叶，而直干挺然，状如铜铁"。清雍正二年，孔庙火灾，先师手植桧火毁。雍正十年，重新萌发新苗，即为今天所见植株。乾隆《曲阜县志》："（雍正）二年六月癸巳，阙里孔子庙灾……火从先师大成殿吞螭吻间出……沿烧寝殿、两庑、大成门……（雍正）十年孔子手植桧复生新条"。

[诗文]

自北宋以来，多有诗文。①北宋书法家、画家、书画理论家米芾（字元章，号襄阳漫士、海岳外史、鹿门居士，1051－1107）曾赞手植桧曰："矫龙怪，挺雄质，二千年，敌金石，纠治乱，如一昔"。崇宁二年（1103），立石树旁。清代移至同文门下，1978年移至东庑。碑高1.49米，宽0.61米。②北宋孔舜亮《祖圣手植桧》："圣人嘉异种，移对诵弦堂。双本无今古，千年任雪霜。右旋符地顺，在纽象乾纲。影覆诗书府，根盘礼义乡。盛同文不朽，高与道相当。洙泗滋荣茂，龟蒙借郁苍。毓灵全木帝，钟秀极勾芒。气爽群居席，烟凝数仞墙。阴连槐市绿，子落杏坛香。布露周千尺，腾凌上百常。傍欺泮林小，远笑峄桐黄。屹若擎天柱，森如出日桑。风中雕虎啸，云际老龙骧。直欲惊魑魅，端疑待凤凰。鳞差阙巩甲，干错羽林枪。大节忠臣概，坚心志士方。鲁宫侵不得，秦火纵何伤。宣子休夸树，姬人漫爱堂。松卑虚视爵，花贱枉封王。谁念真儒迹，何当议宠章"。③金・党怀英《谒圣林》："鲁国遗踪堕渺茫，独余林庙压城荒。梅梁分曙霞栖影，松牖回春月驻光。老桧曾沾周雨露，断碑犹是汉文章。不须更问传家远，泰岱参天汶、泗长"。④元・冀国公郝经（初名儒，字伯常，1223－1275）《楷木杖笏行诗并序》（节录）："孔氏家庭手植桧，楷树相望阅千世。乱来秦火几番烧，土黑灰寒共憔悴。灵光殿基秋草深，牧童相唤穿坟林。青蛙乱聒颜氏井，饥乌落日啼白禽。佩玉长裾新进士，回视诗书等闲事。赭袍白马飞将军，阔剑长枪不识字。中原惨惨无神灵，白骨蔽野无苍生。只知下石谁手援，老夫有泪洪河倾。皇极厄会数流血，谁与澄清倒溟渤？摩挲东家扣胫杖，拂拭囊中击蛇笏。会当立圣躅袄昏，鞭击鱼龙起春窟。'"

⑤监察御史、诗人滕安上（字仲礼，1242－1295）《手植桧赞诗并序》：“友人石会源来自孔林，以手植桧见惠，且曰：‘是桧也，灰烬之余，根骨不朽，下达渊泉，取之而无穷，隐上之印章、遗山之圣像皆是物也。’余因其材而为赞，长踰二寸，许文章纠纆，膏泽芳润，端然而玉质横，铿然而金声振，信乎吾先圣之手泽也！幸而得之，以固吾发，知固吾心，以正吾冠，知正吾道，此又吾先圣托物示戒之遗意，终身佩服，有不尽者，谨拜手稽首而为之诗兼叙其所得之始末云。‘草木余灰烬，心真自岁寒。大成芳润在，具体至文完。潜掷金声振，横施玉质端。殷勤千载后，长与固儒冠。’”⑥明万历八年（1580）进士钟羽正（字叔濂）《先师手植桧歌》：“何人见荣落，终古傲青苍。元气收东岳，孤根接大荒”。⑦明末清初著名思想家、史学家、语言学家顾炎武（本名继坤，改名绛，字忠清，后改名炎武，字宁人，号亭林，自署蒋山傭，与黄宗羲、王夫之并称为明末清初三大儒，1613－1682）《谒夫子庙》：“道统三王大，功超二帝优。斯文垂《象》《系》，吾志在《春秋》。车服先公制，威仪弟子修。宅闻丝竹响，壁有简编留。俎豆传千叶，章逢被九州。独全兵火代，不藉届堂谋。老桧当庭发，清洙绕墓流。一来瞻阙里，如得与从游”。⑧清康熙十八年（1679）博学鸿儒李澄中（字渭清，号茵田，又号渔村，1630－1700）《先师手植桧》：“老桧依稀记手植，风霜剥蚀苔藓皮，旋纹屈蟠金铁骨，苍鳞怒茁虬龙枝”。

记事

①乾隆十三年（1748），乾隆帝奉母崇庆皇太后东巡，谒孔庙，入大成殿上香，行三跪九叩头礼。山东巡抚阿里衮、济东泰武道明德、衍圣公孔昭焕、举人孔继汾等扈从。作《先师手植桧赞三首》其一：“文栏肥壤，厥有桧株。先圣攸植，繄手泽余。几经枯荣，左纽右纡。造物凭获，孙枝扶疏”。其二：“松身还柏叶，拔地复拿天。龙角均无见，鸿名独尚传。真称卓立尔，那藉屈蟠焉。新干仍连理，太清空左缠。重看承瑞露，会得拂祥烟。遥忆缁帷叹，敦书励已千”。其三：“礼乐诗书地，星辰日月天。岂因树存没，直共道留传。补植谓多矣，重生或信焉。高低敷叶缬，左右互皮缠。蓂茆霑精气，焚檀引庆烟。真赢灵五百，即是字三千”。②乾隆二十一年（1756），乾隆帝第三次谒孔庙。作《先师手植桧赞》：“灵根欣得地，茂叶想参天。老匪仙名驻，名因圣值传。肉蒲今岂在，散木信虚焉。见说荣枯屡，宛看左右缠。不悽凡鸟雀，常拂瑞云烟。远谢大椿树，春秋徒八千”。

碑碣

①奎文阁东掖门下，有至正十七年（1357《复手植桧铭碑》。②《桧图铭记》碑，孔泾撰，弘治八年（1495），碑阴刻阙里图。③承圣门西廊有崇祯十四年（1641）《圣庙灵桧赞》，万历四十四年（1616）进士、山东巡抚王公弼行书。④乾隆二十一年（1756）、三十六年（1771），乾隆帝御书《圣迹殿赞》碑和《手植桧赞并桧赞碑》，立于圣迹殿及大成门内。

（7）圣时门古圆柏

性状

Ⅰ号古圆柏位于圣时门前东侧，编号1000035，树高17米，胸径0.75米，冠幅东西8.3米、南北7.5米，树龄约500年。长势旺盛。Ⅱ号古圆柏位于圣时门内路东，编号1000118，树高20米，胸径0.75米，冠幅东西8.6米、南北9.9米，树龄约500年，长势旺盛。

（8）游龙柏

[名释]

树干遒劲，树皮有游龙状突起，故名。

[性状]

位于奎文阁后东侧（图5.33d），编号1000694，树高12米，胸径0.61米，冠幅东西5米、南北4米，树龄约500年。主干西倾，长势一般。

[身历]

奎文阁本名御书楼，始建于北宋初，具体年代尚有争议。金明昌六年（1195）扩建，金章宗赐名“奎文阁”。之后至明初多次修缮。明弘治十二年（1499）孔庙大火，奎文阁犹存，但因“规摹不称”，故撤而新之，并且新增东西掖门；孔尚任《阙里志》：“奎文阁七间，三檐，高七丈四尺，阔九丈，深二丈五尺……阁两傍各建便门三间”。游龙柏应为此次扩修时栽植。据乾隆《曲阜县志》、民国《续修曲阜县志》、《孔府档案》文献等记载，清顺治十二年（1655）、康熙二年（1663）、雍正七年（1729）、乾隆二十三年（1758）、嘉庆二十一年（1816）、同治十一年（1872）、光绪三十四年（1908）修缮。1985年，奎文阁大修。

图5.33d　孔庙游龙柏（张伟 摄）

81. 莱城区北王庄古圆柏

[释名]

两柏相距40余米，大小相当，形如姊妹，当地称“姊妹柏”。

[性状]

位于莱芜市莱城区高庄街道北王庄村西北山角下，海拔215米。Ⅰ号树高11米，胸径1.21米，冠幅东西11米、南北12米，树冠似“蘑菇”，长势旺盛；Ⅱ号树高7米，胸径0.73米，冠幅东西10米、南北10米。两柏树龄约600年。清明前后，雄球花开放，花及花粉灰色，故名“灰柏树”。

[身历]

因树建村。北王庄村始建于清初，石姓由石家花园迁来，王姓早居，故名王家庄。后因与邻村重名，改称北王庄。南王庄由邵姓创建于清初。村北太平山顶有文昌庙，始建于清康熙间。“文化大革命”间，庙毁。今重建。张俊三、李宝武、吴延芝三烈士均出此村。

82. 曲阜颜庙古圆柏群

颜庙共有古圆柏6株，最大一株胸径1.21米。

（1）归仁门古圆柏

[性状]

位于归仁门内东侧。编号4001174，树高9米，胸径1.21米，冠幅东西9米、南北11米，树龄约700年。由于受雷击，主干于离地6米处分为南北两股，南股又分为东西两股，长势一般。

（2）仰圣门古圆柏

[性状]

位于仰圣门内，东西各1株。西株编号4001209，树高11米，胸径1米，冠幅东西4.2米、南北6.2米，树龄约700年。长势一般。东株已枯，胸径0.58米。

（3）复圣殿古圆柏群

[性状]

Ⅰ号古圆柏位于复圣殿前院东南侧（图5.34a），编号4001211，树高14米，胸径0.88米，冠幅东西5.2米、南北5.6米，树龄约700年。长势一般。Ⅱ号古圆柏位于复圣殿前院西南侧，编号4001205，树高16米，胸径1.04米，冠幅东西7.8米、南北7.3米，树龄约700年。长势一般。Ⅲ号古圆柏位于复圣殿前院东北侧，编号4001212，树高16米，胸径0.99米，冠幅东西6.9米、南北6.4米，树龄约700年。长势一般。Ⅳ号古圆柏位于复圣殿后西侧，高16米，胸径0.9米，冠幅东西6.9米、南北8米，树龄约700年。干中空，长势一般。

（4）乐亭古圆柏

[性状]

位于乐亭西侧围栏内。编号4001207，树高16米，胸径0.75米，冠幅东西6.2米、南北6.2米，树龄约500年。顶枯，长势弱。

[造园]

古树应为明弘治、正德间建乐亭时栽植，从《陋巷志》、《圣门志》等文献资料看，该亭本是井亭，弘治、正德间建乐亭。据孔繁银《曲阜的历史名人与文物》，现存应为晚清建筑。

（5）杞国公殿古圆柏

[性状]

Ⅰ号古圆柏位于杞国公殿前台阶正前方（图5.34b），编号4001196，树高12米，胸径1.08米，冠幅东西7.7米、南北7.9米，树龄约700年。长势旺盛。Ⅱ号古圆柏位于杞国公殿院门外正中，编号4001185，树高8米，胸径0.68米，冠幅东西5.3米、南北6.4米。顶枯，长势旺盛。该树与杞国公殿前圆柏处在同一直线上，位于杞国公殿院门外正中，这也应与明正德间改建有关，故此树应栽植于改建之前，树龄应在500年之上。

[身历]

杞国公殿始建于明正德二年（1507），正德四年《御制颜子庙重修碑记》：“前为复圣殿，西为杞国公殿”。元天历二年颜庙于今址重建，据《陋巷志》记载，新庙规模较小，尚无杞国公殿及寝殿的记载，而在今杞国公殿及寝殿位置上的是斋堂、神厨和后土祠。Ⅰ号古圆柏应为当时栽植，Ⅱ号古圆柏应栽植于改建杞国公殿之前，这两株古树都处在杞国公殿的中轴线上，可能就是与这次改建有关。据《孔府档案》记载，清嘉庆十五年（1810）大修杞国公殿。之后所有修缮，至1976年大修。

图5.34a 颜庙复圣殿古圆柏（张伟 摄）

图5.34b 颜庙杞国公殿古圆柏（冯广平 摄）

83. 泰山关帝庙古圆柏

[名释]

传为汉武帝封泰山时手植，树势峥嵘，于世少见，故名，因位于泰山登山起始处，又名“迎客柏”。又因树一干三枝，三枝形似刘备、关羽和张飞，所以又名“结义柏”。

[性状]

位于泰山前关帝庙门内南侧（图5.35），编号C0087，树高7米，胸径1.2米，冠幅东西13.5米、南北15.4米，树龄2000余年。枝下高0.8米，长势旺盛，其中东北一枝伸出墙外，盘旋于山道之上，枝下墙内嵌一石碣“汉柏第一”。树下立有戊辰（1988）岁首著名书法家欧阳中石先生手书的“汉柏第一”碑。1987年，列入世界文化遗产名录。

[身历]

泰山汉柏位于泰山登山起始处，见证了自汉武帝以来泰山2100余年的荣辱变迁，可谓是泰山文化和历史的第一见证者。

84. 淄川区华严寺古圆柏

[性状]

位于淄博市淄川区磁村镇磁村华严寺玉皇阁旁。东株编号B03，树高15米，胸径1.2米，冠幅东西11米、南北9米，树龄1000余年。枝下高6米，基径1.4米。西株编号B04，树高17米，胸径0.8米，冠幅东西11米、南北9米，树龄1000余年。枝下高7米，基径1.1米。

图5.35 泰山关帝庙古圆柏（冯广平 摄）

[身历]

华严寺在磁村正南，始建于唐开元间。明嘉靖间重修。传清乾隆帝曾游赏双柏。华严寺坐北朝南，今存建筑南起依次为魁星楼、文昌阁、玉皇阁。寺存明代碑刻2通。

85. 临朐东镇庙古圆柏群

[释名]

Ⅰ号树冠似凤凰展翅，故名“凤柏”。碑载Ⅲ号遇战乱、天灾时能吼叫，故名“吼柏”。

[性状]

位于临朐县沂山风景区东镇庙。共5株。Ⅰ号位于大殿前宋代祭台东侧（图5.36a），其南侧为明成化八年《东镇沂山寝庙成记》碑，编号K27，树高13米，胸径1.11米，冠幅东西10.8米、南北12米，史料载：植于北宋建隆三年（962），树龄1051年。Ⅱ号位于宋代祭台西侧（图5.36b），北接元大德二年（1298）《大元增封东镇元德东安王诏》碑，编号K24，树高14米，胸径0.90米，冠幅东西7.4米、南北7米，传为元翰林学士、太常寺卿王磐（字文炳，号鹿庵，1202－1293）代祀东镇时手植，树龄700余年。Ⅲ号位于甬道东侧、宋柏南（图5.36c），编号K25，树高13米，胸径0.88米，冠幅东西12.4米、南北9.4米，传汉太初三年，汉武帝东封沂山时手植，树龄2100余年。Ⅳ号位于甬道西侧、唐槐南，编号K26，树高14米，胸径0.86米，冠幅东西7.5米、南北10.6米，传植于汉太初三年，树龄2100年。木质部大部外露，击打时有金属音，故名“铁柏”。Ⅴ号位于Ⅲ号南，编号K27，树高13米，胸径0.77米，冠幅东西5.6米、南北7.2米，传植于汉太初三年，树龄2100年。因叶形有3种，故名“三岐柏”。

考辨

“吼柏”传植于帝尧时期，明·嘉靖《青州府志•礼典》卷十：“东镇庙西庑下有松，偃蹇剥蚀，相传为尧时所植”。清·光绪《临朐县志·建置》：“其乔木则大殿前柏之干霄者，凡十六株。而右一或云一本三株，其东株，每逢朝廷将遣祭至，辄有声如吼。远之，声在本；即之，声在末。递有验也。今二株尽矣！所存者，东一株也，身今欹向巽隅，腰支石柱，足巩培塿，围一丈三尺，世传为尧柏”。此说殆不可信，河南中牟县姚家乡岗王村泰山庙古圆柏，1988年实测胸径1.05米、树龄1075年，生长轮平均宽度0.49毫米/年，据此推测吼柏树龄898年，植于北宋政和间。其植于汉太初间之说也不可信。

诗文

明成化间礼部左侍郎黄景作《咏古柏诗并序》，诗文：“东镇庙前古柏，不知若干岁矣！一本分为三株，自根至杪，内枯外荣；枯者如铁，而荣者拥翠，中心血赤如苏木。然而向西一株，枯荣又析为二：盖荣者皮渐内卷，而枯者自然外出，初非人为。典庙羽流云：‘相传为尧时植，东一株每有声若吼，远听之则呜呜然起于本，即之则闻于末。如是者，朝廷必遣祭至，累验不爽。’噫！尧时事无可徵，惟其不析为三则不知几何抱矣！其生不于庙庭，不知几栋梁矣！若逢少陵则孔明庙前者，当不独见称也。然则古柏亦异矣哉！为诗颂之：半枯龙骨欲摩天，得地蟠根岁几千。高节自来擎日月，赤心终不变桑田；明廷有礼常先觉，好手无人独未传。材大三分何日是？沂山相对蔼秋烟”。

图5.36a 东镇庙宋柏（冯广平 摄）

图5.36b 东镇庙元柏（冯广平 摄）

图5.36c 东镇庙吼柏（冯广平 摄）

86. 临沂旦彰街古圆柏

[性状]

位于临沂市河东区汤河镇旦彰街。编号C11，树高13米，胸径1.1米，平均冠幅12米，树龄515年。枝下高3米，分7大杈，北杈长7米，南杈干枯折断。树冠椭圆，覆荫半亩，长势旺盛。村民奉为神树，为镇村之宝。枝叶通乳，多有产妇折枝煮汤。

[身历]

旦彰街始建于明初，刘氏自山西洪洞县老鹳窝迁此立村，因此处西倚丘陵，东临汤河，旭日东升时阳光璀灿，故名旦彰。

87. 河东区旦彰街古圆柏

[性状]

位于临沂市河东区汤河镇旦彰街村。树高13米，胸径1.1米，平均冠幅12米，树龄约515年。长势旺盛。

[身历]

古柏所在原为灵泉寺，始建于金大定四年（1164）。民国《临沂县志》：“灵泉寺，县东北汤泉之左。金大定四年，僧静觉建”。

[附记]

古柏西北有鲁国祝丘邑遗址，始建于周桓王十三年、鲁桓公五年（前707），《左传·桓公五年》：“夏，齐侯，郑伯如纪。天王使仍叔之子来聘。葬陈桓公。城祝丘”。祝丘又名“祝邱”、“即丘”。汉设即丘县。北魏时，县治西迁今临沂城西古城村。明洪武间，于故县旧址建张故县、赵故县、周故县、王故县4村。今张故县村北有汉即丘城遗址，东西长200米，南北最宽处为50米。1983年，遗址被列为县级文物保护单位。

88. 曲阜孔府古圆柏群

孔府一进院落共有古圆柏12株，最大一株胸径1.08米，树龄1000余年。

（1）孔府三堂古圆柏群

[性状]

Ⅰ号古圆柏位于孔府三堂前西侧（图5.37a），编号2001066，树高13米，胸径1.08米，冠幅东西6米、南北7.1米，树龄约1000年。树干中空，有三道铁箍固定，长势旺盛。Ⅱ号古圆柏位于孔府三堂前东侧，编号2001087，树高13米，胸径0.72米，冠幅东西7.6米、南北9.4米，树龄约500年。长势旺盛。

[身历]

三堂供衍圣公会见四品以上官员、申饬族规家法之用。三堂始建年代不详，据《孔子志》，整个建筑明显具有明代特点，堂前悬清乾隆二十二年（1757）御题“六代含饴”匾。Ⅰ号古圆柏植于宋代；Ⅱ号古圆柏应栽植于明初孔府初建之时。

（2）孔府大堂古圆柏群

[性状]

Ⅰ号古圆柏位于孔府大堂前东侧（图5.37b），编号2001057，树高13米，胸径0.92米，冠幅东西13.1米、南北8.5米，树龄约635年。长势旺盛。Ⅱ号古圆柏位于孔府大堂前东侧，编

图5.37a 孔府二堂古圆柏（冯广平 摄）

图5.37b 孔府大堂古圆柏（冯广平 摄）

号2001058，树高12米，胸径0.83米，冠幅东西7米、南北7米，树龄约635年。树干具六道铁箍固定，长势一般。Ⅲ号古圆柏位于孔府大堂前、重光门内西侧，编号2001063，树高14米，胸径0.59米，冠幅东西7米、南北7米，树龄约500年。长势旺盛。

[身历]

明洪武十年（1377），敕修衍圣公府后，府庙分开，大堂为五间，明正德《阙里志》记载："袭封衍圣公府在今家庙东，外门与今庙外东便门相邻，洪武十年宣圣五十六代孙袭封衍圣公孔希学创造。正厅五间"。Ⅰ号、Ⅱ号古圆柏应为此次敕造时栽植。弘治十六年（1503）敕重修衍圣公府第，大堂仍为五间，正德《阙里志》载："弘治十六年重修，稍移于东，在今衍圣公宅居前。"这次重修，奠定了孔府的规模，Ⅲ号古圆柏应为此次重修时栽植。据孔祥林《孔子志》，弘治重修后，明代嘉靖、万历间相继修缮，清代屡修。

89. 曲阜梁公林古圆柏

[性状]

位于曲阜市防山乡梁公林村梁公林大门内神道西侧（图5.38）。共18株，一般树高11－26米，胸径0.25－0.81米，树龄600余年。大门内神道西为最大植株树高13米，胸径1.05米，冠幅东西9.7米、南北11.4米，树龄约600年。枝下高3.6米，主干分2大杈。距地3米处，有一巨型树瘤；长势旺盛。

图5.38　梁公林古圆柏（任昭杰 摄）

[身历]

元代后至元二年重修时，建林垣、石象生、享殿。明洪武二十八年重修。古圆柏应植于元明之际。

90. 河东区东王庄古圆柏

[性状]

位于临沂市河东区太平街道东王庄村。编号C12，树高15米，胸径0.99米，冠幅东西14米、南北13米，树龄515年。枝下高2.5米，有2大杈伸向西南，长达8米。

[身历]

东王庄始建于北宋建隆间（963－967），王姓此立村，名王家庄。1981年改今名。

[附记]

①东王庄北有白塔街村，村中有白塔寺，又称西佛寺，始建于明成化十三年（1477）。《临沂县志・秩祀》："白塔寺，县东北八十里，明成化十三年建"。白塔实为僧舍利塔。明末建关圣帝祠。清康熙间建雹神庙。②村中邵氏始迁于费县朱田镇下窝村（今下湾村）。光绪二十九年费县邵氏谱碑："本族分出宗派星居备哉，以祥世系。黄落村，系洪武自下窝村分出……白塔、八湖二处未祥始分之祖，是系一支"。邵氏始迁祖无考，以嘉靖间邵玘为祖，而彼时邵氏已有五百户。赵德祥《沂州邵氏谱序》："白塔街邵氏，世传祖居河间府枣强县黄罗村（黄落村）……旧谱已失，相传以邵玘为始祖"。1935年《沂州邵氏谱》："考镇西佛寺碑，嘉靖三年施财者玘为首，春次之，良、信、恺又次之，当玘之世已有五户"。

91. 邹城孟府古圆柏

[性状]

位于邹城市孟府大堂前。3株。Ⅰ号位于月台前甬道西侧（图5.39），编号00325，树高13米，胸径0.97米，基径1.18米，冠幅东西11.7米、南北11米，枝下高3米，主干西倾，分12大枝，长势旺盛。Ⅱ号位于月台前甬道东侧，编号00324，树高6米，胸径0.66米，冠幅东西7米、南北7米，枝下高3米，主干东倾。Ⅲ号树高11米，胸径0.81米，冠幅东西9.2米、南北9.25米。三柏树龄800余年。

[身历]

孟府大堂始建于北宋宣和三年，以后历代重修。

图5.39 孟府大堂古圆柏（冯广平 摄）

92. 费县五圣堂古圆柏

[性状]

位于费县大田庄乡五圣堂村。树高12米，胸径0.9米，平均冠幅15米，树龄约450年。树下有“抗大一分校驻地遗址”纪念碑，长势一般。

[身历]

五圣堂村始建时间不详，清顺治间有庙，庙中奉祀五圣人，村亦以庙堂命名。儒家五圣指孔子、孟子、颜子、曾子、子思。

93. 长清灵岩寺古圆柏

[性状]

位于灵岩寺钟楼西侧（图5.40）。树高18米，胸径0.89米，冠幅东西10.8米、南北9.9米，树龄约900年。树势高峻挺拔，长势旺盛。

[身历]

灵岩寺钟鼓楼为宋政和四年（1114）至金皇统元年（1141）间由妙空法师创建，古圆柏应为此时栽植，以后历代重修，现为清代建筑。钟楼内现悬挂的铜钟为明正德六年（1511）正昂法师所铸造。

94. 青州南石塔古圆柏

[性状]

位于青州市高柳镇南石塔村儿童医院（图5.41），36°48′24″N，118°27′37″E。树高16米，胸径0.83米，平均冠幅10米，树龄580年。

图5.40 灵岩寺钟楼古圆柏（冯广平 摄）

图5.41 青州南石塔古圆柏（李宝全 摄）

主干分4大杈，树冠浑圆，长势旺盛。

[身历]

古树所在原为原为徐氏宗祠，残碑载，石塔徐氏于明洪武三年迁自徐州沛县五虎镇庄；宗祠始建于明洪武四年（1371）。北石塔《刘氏族谱》："刘氏自洪武四年自枣强县迁来立村"。村东有石塔寺，中有石塔，始建于汉代，盛于唐宋。今废。2011年，被列为青州文物保护单位。

95. 沂水云头峪古圆柏

[性状]

位于沂水县夏蔚镇云头峪村。树高16米，胸径0.8米，树龄400年。

[记事]

村东锥子崮。远望如锥子直插苍穹。1939年1月1日，中共山东分局机关报《大众日报》于此创刊。匡亚明（原名匡洁玉，又名匡世，曾用名匡梦苏、匡润之，1906－1996）任报社党委书记、社长兼总编辑。今存日报社印刷所办公室、发行室。1986年，沂水县人民政府辟作《大众日报》创刊地纪念馆。今被列为山东省重点文物保护单位。纪念馆西端有 "中共中央山东分局旧址"纪念碑；碑后为匡亚明墓。

96. 沂源安平古圆柏

[释名]

两株并肩而立，如孪生姊妹，号"姊妹松"。

[性状]

位于沂源县鲁村镇安平村栖真观遗址中院奶奶殿前。两株，编号G19，树高18米，胸径0.75米，平均冠幅10米，树龄300余年。枝下高8米，基径1.05米。树冠圆形，主干分5大杈。

97. 青州松林书院古圆柏群

[性状]

位于青州市青州一中院内（图5.42）。共41株，其较大13株分布于第二进和第三进院落（表5.1）。I号古圆柏最大，位于第二进院落甬道西侧，树高13米，胸径0.72米，冠幅东西7.1米、南北5米，植于康熙三十年（1691），树龄321年。其余古柏胸径0.38－0.75米，Ⅱ号古柏位于第三进院落甬道西侧，已枯死，树身攀附凌霄。

图5.42 青州松林书院古圆柏群（冯广平 摄）

[身历]

明万历八年，宋代矮松被伐，书院废弃。清康熙三十年（1691），观察使陈斌如、知府金标重建，植柏数十株。以后迭经重修。

[汇考]

①康熙三十八年（1699），青州饥荒，知府张连登（字瀛洲，号省斋）采用以工代赈的方法，重修青州府学、松林书院、范公亭等，使得青州人民得以渡过灾年。《益都县图志》："康熙三十八年，（张连登）知青州府。时属邑十余县，皆大祲，斗米千钱，死者枕路……于是以工代赈，修学宫、松林书院、范公亭、官廨、仓厫，民赖以苏"。②乾隆十五年（1750），裴宗锡（字午桥，1712－1779）授济南府同知，旋即擢升青州知州，非常关心松林书院发展，聘请严锡绥任松林书院山长，每逢考试必亲临指导，书院成绩斐然。乾隆二十二年（1757）离任时，书院学生立"去思碑"纪念。《益都县图志·官师志》："延安丘进士严锡绥主讲松林书院，凡遇课期必亲临扃试，一时肄业诸生常数十百人。数年之间，登贤、书贡、成均者十余人。二十二年调济南，青人攀辕遮留。立碑于北郭，曰'清正仁明'。诸生复于松林书院为立'去思碑'"。③杨峒（字书岩）精古文，时人称为"通儒"，知府李照、张玉树，先后折节订交，且延主松林书院。

[诗文]

①北宋·王曾《矮松园赋并序》：齐城西

表5.1　松林书院古圆柏群

序号	编号	树高/米	胸径/米	冠幅（EW）/米	冠幅（NS）/米	树龄/年	长势
Ⅰ	YL2012－015（W4）	13	0.72	7.1	5	320	旺盛
Ⅱ	（W6）	16	0.75	–	–	320	枯死，攀附凌霄
Ⅲ	YL2012－007（E6）	17	0.65	6.9	3.6	320	旺盛
Ⅳ	（W5）	16	0.65	–	–	320	枯死，攀附凌霄
Ⅴ	YL2012－008（E7）	17	0.57	4.9	6.3	320	仅东南小枝存活
Ⅵ	YL2012－017（E1）	14	0.53	4.7	5.6	320	旺盛
Ⅶ	YL2012－011（W2）	13	0.51	5.6	5.1	320	旺盛
Ⅷ	YL2012－014（E4）	15	0.47	4.5	4.8	320	大部已枯
Ⅸ	YL2012－010（W3）	16	0.47	5.1	3.9	320	旺盛
Ⅹ	YL2012－013（E5）	15	0.46	4.7	3.7	320	旺盛
Ⅺ	YL2012－016（W1）	15	0.4	4.1	3.5	320	旺盛
Ⅻ	YL2012－012（E2）	12	0.39	6.0	3.1	320	旺盛
XIII	YL2012－009（E3）	13	0.38	5.1	4.4	320	一般

注：W1指甬道西自南而北第一株，E1指甬道东侧自南而北第一株，其余序号同上。

南隅矮松园，自昔之闲馆，此邦之胜概。二松对植，卑枝四出。高不倍寻，周且百尺。轮囷偃亚，观者骇目。盖莫知其年祀，亦靡记夫本源，真造化奇诡之绝品也。曾显平中，忝乡荐，登甲科，蒙被宠，灵践履，清显几三十载。前岁秋，始罢象司，出守青社。下车之后，省闾里，访故旧，则曩之耆耋悉沦逝，童冠皆壮老。邑居风物，触目变迁。惟彼珍树，依然故态。窃谓，是松也，非独以后凋，克固岁寒，亦由臃肿支离，不为世用，故能宅兹皋壤，免于斤斧。向若负构厦之材，竦凌云之干，将为梁栋，戕伐无余，又安得保其天年，全其生理哉？感物兴叹，聊为赋曰：惟中齐之旧国，乃东夏之奥区。有囿游之胜致，直廛閈之坤隅。伟茂松之骈植，轶众木而特殊。上轮囷以天矫，旁翳荟而纷敷。广庭庑之可蔽，高寻常之不逾。枝拥阏兮横亘，根蹙缩兮盘纡。徒观其前瞻林岭，却枕康衢。宅宝势兮葱郁，据古地兮膏腴。类蟠蛰兮蛟螭，讶腾倚兮虎貙。将拿空兮未奋，忽伏窜兮争趋。色斗鲜兮欲滴，形诡俗兮难图。远而望之蔚兮，如搏鹏之出沧海；迫而察之默兮，如方舆之承宝盖。矗洞口之归云，堆岩阿之宿霭。谈挥尘兮何多？被集翠兮增汰。度朔吹兮飕飗，含阳晖兮晻蔼。吾不知其几千岁，起毫末而硕大。昔去里兮离邦，攀绿条兮彷徨。今剖符兮临郡，识奇树兮青苍。怵光景兮遄迈，嘉岁寒兮益彰。叶毵毵兮不改，情惓惓兮难忘。异古人之叹柳，协予志之恭桑。信矣夫！卑以自牧终焉。允臧效先哲之俯偻，法幽经之伏藏。愿跼影于涧底，厌争荣于豫章。鄙直木兮先伐，惧秀林兮见伤。幸高梧之垂荫，愧修竹之联芳。鸾乍迷于枳棘，鹖每误于榆枋。媲周雅之蹐地，符羲易之巽床。既交让以屈节，复善下而同方。自储精于甘实，不受命于繁霜。客有系而称曰：材之良兮，梓匠之攸贵；生之全兮，蒙庄之所美，苟入用于钩绳，宁委迹于尘滓。俾其天性而称珍，曷若存身而受祉。纷异趣兮，谁与归？当去彼而取此。②明景泰二年（1451）进士、山东参政江玭（字用良）诗："松林庙貌宋名臣，瞻仰多时企慕深。学力运筹经事略，仁恩推广爱民心。巍巍勋业光前后，耿耿精忠贯古今。从此春秋荣祭享，令人感慨动长吟。为谒贤祠去复来，一瞻神像几徘徊。生前贯彻天人学，没后追思将相才。谥号于今照汗简，功劳何必写麟台。英灵时享清时祭，定有文光烛上台"。③成化（1465－1487）山东佥事张珩诗："群公事业垂天地，文武全才孰与俦。出守青州兼使相，入持邦憲共谋猷。祠前翠柏四时秀，海内清名万古留。传与当时奸佞者，九原骨朽也含羞"。④弘治九年（1496）进士、山东左布政使陈凤梧（字文鸣）："万松承露郁森森，精舍门开傍绿荫。名宦勋华高北斗，乡贤声价重南金。两祠俎豆方崇德，一郡人文此盍簪。珍重山川清淑地，诸生他日望为霖"。⑤正德三年（1508）进士、江西左布政使黄卿（字时庸，号海亭）《矮松园》："数楹多士谈经处，满园苍松作雨声。皎皎月华舒鹤步，离离云影偃龙形。山空瀑下千寻急，江转崖高两岸平。拱把参天原自养，扶摇飘飒莫相惊"。⑥山东、河南巡抚胡缵宗（字孝思，又字世甫，号可泉，别号鸟鼠山人，1480－1560）《矮松园》："松林月出海云红，座下云门照雪宫。银烛金樽今昔共，杏花春雨昔年同。三龙矫矫惟青社，一凤翩翩自碧空。千首新诗各乘兴，黄钟逸响思沨沨"。⑦正德间，青州知府朱鉴（号岚溪）诗："松柏苍苍入望中，岿然庙祀宋诸公。乾坤无复经纶手，今古空存竹帛功。洋水潺湲流不返，劈峰苔藓峙无穷。特来祠下瞻依久，独鹤孤云静晚风"。⑧明正德三年（1508）进士、诗人冯裕（字伯顺，号闾山，1479－1545）诗："松林苍翠落霞红，共坐空堂铁笛风。苦忆曲江卅年别，故烧高烛一樽同。乾坤又见龙门子，蓬荜深惭鹤发翁。清夜沉沉明月上，来朝怅望海天鸿"。⑨正德三年进士刘澄甫（字子静）诗："乘风缥缈自崆峒，北海冬初晏雪宫。杏苑孤云怜我老，松林明月许谁同。夜谈樽俎安齐鲁，晓见旛旌动华嵩。绮席雕觞共流转，不知离合本西东"。⑩正德三年进士、"海岱诗社"创始人之一黄卿（字时庸，号海亭）诗："先朝首榜群英少，北海清樽四士同。剧语骚玄移鹤月，尽麾丝竹度松风。浮澌凝溜融融合，炬孛炉爊臭臭重。知是明朝经略急，迟廻酬酢兴无穷"。⑪户部尚书、礼部尚书和兵部尚书，加太子太保陈经（字伯常，号东渚，1482－1549）《松涛》："昔人曾筑读书台，台畔苍松次第栽。芸阁密围青玉幄，牙签深护翠云隈。长风夜撼千虬动，巨浪时喷万壑来。雨露尚须滋养力，庙堂今重栋梁才"。⑫嘉靖二十六年（1547）进士、河南都指挥佥事陈梦鹤（字子羽）《松林书院》："森森群玉府，郁郁万松围。黛色暗团户，涛声夜撼扉。蟠虬翻陆海，巢鹤湿云衣。谁识青商调，瑶华试一挥"。前人《矮松园怀古》："宰辅储青郡，堂深此读书。卑枝犹偃蹇，老干倍扶苏。事已成今古，人还访里闾。从来居此者，策励定何如？"⑬清康熙十八年（1679）进士、诗人、诗论家、书法家赵执信《题松林书院四首》之一："松风庙貌一时新，海水桑田几度春。六百年中漫迴首，晨星硕果十三人"。《题松林书院四首》之三："桧松寥落未成行，千载何心近斧斤。手把沂公遗詠读，召公可爱不关棠"。

[记事]

①明朝初期，青州社稷坛移至松林书院内，永乐五年（1407）复移城外。《嘉靖府志·祠庙》："社稷坛旧在城西五里，国初徙齐府城内，以宋矮松园为之，即今松林书院也"。②松林书院松涛为青州八景之一；嘉靖《青州府志》："青州

有八景，而书院松涛居其一”。

98. 青州偶园古圆柏群

[性状]

位于青州市偶园内。5株，较大者3株。Ⅰ号位于佳山堂前西侧（图5.43），编号YL2012-028，高17米，胸径0.64米，冠幅东西7.2米、南北6.5米，树龄约320年。顶枯，仅东、南两侧大枝存活，长势一般。Ⅱ号位于佳山堂前东侧，编号YL2012-032，树高20米，胸径0.61米，冠幅东西6.7米、南北7.3米，树龄320年。Ⅲ号位于佳山堂前近樵亭东，编号YL2012-050，树高17米，胸径0.57米，冠幅东西7.3米、南北6米，基部有心形树瘤，长势旺盛。

99. 泰山千三桧

[名释]

因生于海拔1300米处，故名。

[性状]

位于泰山南天门碧霞祠东。树高10米，胸径0.6米，冠幅6.4米，树龄约500年，长势一般。

[身历]

宋元之际建玉女祠。金代改称“昭真观”。明洪武间重修，号碧霞元君祠；成化、弘治、嘉靖间，拓建重修，正殿施铜瓦；万历四十三年（1615）铸铜亭（即“金阙”，今存岱庙）。清顺治间，增葺神门上歌舞楼及石阁；康熙间，庙毁于洪水，旋即重修；乾隆间，建御碑亭及钟鼓楼；道光十五年（1835）重修；同治间，建香亭。

图5.43　青州偶园古圆柏（冯广平 摄）

100. 青州真教寺古圆柏

[性状]

位于青州益都镇昭德街真教寺北学堂院内（图5.44）。两株。西株编号YL2012-053，树高13米，胸径0.57米，冠幅东西6.2米、南北6.8米，树龄约300年。东株编号YL2012-052，树高13米，胸径0.53米，冠幅东西6.2米、南北6.1米，树龄约300年。两株长势均十分旺盛。

[身历]

真教寺大门和二门之间甬道两侧有南北学堂，为儿童念经之所。雍正九年，张永盛主持重修真教寺，并捐资修二门。真教寺制度完备应于

图5.44　青州真教寺古圆柏（冯广王 摄）

图5.45　台儿庄区清真寺古圆柏（张建勇 摄）

此时，南北学堂建设不会早于此时期。古圆柏推测植于此次重修之时。

101. 台儿庄区清真寺古圆柏

位于枣庄市台儿庄区清真寺讲堂门前（图5.45）。2株，树高10.73米，胸径0.22米，平均冠幅4米。树身遍布弹痕。

[身历]

清真寺，俗称北大寺，坐北朝南；清乾隆七年（1742年），阿訇李中和主持兴建，占地3333平方米。1938年3月，台儿庄战役时，中国军队第二集团军31师张金照部186团指挥部设在清真寺内。1938年3月24日，日军濑谷支队2000多人在飞机、大炮和坦克配合下，大举进攻台儿庄北门。王震团长和姜常泰营长率186团1营与进攻北门的日军激战，在城北门外与日军展开白刃战，多次击退日军进攻，1营几乎全部阵亡。当晚，日军200人突破小北门，躲进泰山庙。王震团长亲率战士全歼泰山庙之敌。3月27日，日军炮轰台儿庄围墙，北城墙、小北门被毁，181团3营官兵牺牲殆尽。日军猛攻3天3夜，才冲进城内。中国军队与日军展开激烈巷战。清真寺成为双方争夺的焦点，拉锯战七天七夜，五千人战死此处。寺中4株古柏，2株兵毁。西侧小讲堂墙壁上弹痕累累。1988年10月，中国革命历史博物馆征集弹痕齐密集处80平方厘米砖墙用于陈列。日军溃败时，纵火烧毁寺内楼堂并殃及两棵苍柏。今存讲堂、房舍、古柏、门楼。“文化大革命”间，望月楼毁。1985年，重建大殿。清真古寺与中正门、火车站、新关帝庙及新建的台儿庄大战纪念馆等为台儿庄大战遗址纪念地。

[记事]

1937年12月13日和27日，侵华日军相继占领南京、济南，拟沿津浦铁路夹击徐州，以连贯南北战场，迅速灭亡中国。1938年3月，日本华北派遣军第5师团板垣征四郎部南攻临沂，第10师团矶谷廉介部攻滕县、临城、台儿庄，日军总兵力6.2万人。3月15日，日军攻滕县。中国军队10万人在第五战区司令李宗仁（字德邻，1891－1969）指挥下，开始在滕县、临沂、台儿庄三角地带与日军进行大规模会战。3月18日，日军攻破滕县；第112师师长王铭章殉国。日军第5师团则被第40军庞炳勋部和增援的第59军张自忠部阻止在临沂。3月24日，日军濑谷支队开始攻击台儿庄。3月28日，日军突破台儿庄北垣，被第31师池峰城部驱退。3月29日，日军占领台儿庄东半部。3月31日，濑谷支队完全被包围。坂本支队驰援台儿庄，被第52军、第75军围攻于向城、爱曲地区。4月3日，李宗仁下达总攻击令，第52军、第85军、第75军在台儿庄附近向敌猛攻。4月6日，李宗仁督战台儿庄，以第2集团军孙连仲部、第20军团汤恩伯部组成左右两翼全线反击日军，日军残部撤向峄城、枣庄方向。战役至此结束。

[附记]

1943年，王震任第30师师长。1945年6月，该师被裁撤。1946年，参加邯郸战役，被人民解放军重创于东西玉曹、冢王地区，师长王震被俘。

龙柏 Juniperus chinensis Linn. cv. Kaizuca 1767

102. 平邑裴家庄古龙柏

位于平邑县魏庄乡裴家庄。编号J68，树高13.8米，胸径1.02米，基径0.95米，平均冠幅14.5米，树龄500年。枝下高3.3米，树冠塔形，长势旺盛。

5.2 三尖杉科 CEPHALOTAXACEAE Neger

5.2.1 三尖杉属 Cephalotaxus Sieb. et Zucc. ex Endl. 1842

三尖杉 Cephalotaxus fortunei Hook. 1850

[释名]

别名头形杉（《中国裸子植物志》），藏杉、桃松（川），狗尾松、三尖松（鄂），山榧树（浙）。拉丁属名*Cephalotaxus*源自希腊语cephal（头）+拉丁语taxus（紫杉），意义“有尖头的紫杉”；种名*fortunei*的拉丁语原意为“愉悦的”。

[性状]

乔木，树皮褐色或红褐色，裂成片状脱落；枝条较细长，稍下垂。叶排成两列，披针状条形，通常微弯，先端有渐尖的长尖头，基部楔形或宽楔形，上面深绿色，中脉隆起，下面气孔带白色，较绿色边带宽3－5倍。雄球花8－10聚生成头状，径约1厘米，总花梗粗，基部及总花梗上部有18－24枚苞片，每一雄球花有6－16枚雄蕊，花药3，花丝短；雌球花的胚珠3－8枚发育成种子，总梗长1.5-2厘米。种子椭圆状卵形或近圆球形，长约2.5厘米，假种皮成熟时紫色或红紫色，顶端有小尖头。花期4月，种子8-10月成熟。

[分布]

特产我国。产于豫南、陕南、甘南、皖南、浙、闽、赣、鄂、湘、川、黔、滇、粤、桂。

103. 蒙阴雨王庙古三尖杉

[释名]

与古何首乌、古井并称雨王庙镇庙三宝。因是三尖杉分布最北界，故称“江北第一杉”。

[性状]

位于蒙阴县桃墟镇花果庄村西、蒙山森林公园雨王庙，海拔1000米。编号F49，树高5米，胸径0.1米，基径0.45米，平均冠幅4米树龄300余年。主干上部冻死，基生枝条及下部枝条茂盛。

[身历]

雨王庙始建时间不详，金明昌间（1190－1196）重修。承安五年（1200）祈雨，勒立《蒙山祈雨记碑》。正殿祀雨王，一般认为是赤松子。南厢祀观音菩萨，北厢供祀鬼谷子和黄大仙。

第六章

被子植物（一）

6.1 腊梅科 CALYCANTHACEAE Linn. 1759

6.1.1 腊梅属 Chimonanthus Lindl. 1819

腊梅（《本草纲目》） Chimonanthus praecox (L.) Link. 1822

1. 曲阜孔府古腊梅

［性状］

位于孔府忠恕堂前东侧（图6.1）。树高4米，基盘直径2.55米，萌23大枝，最粗者胸径0.13米，冠幅东西9米、南北10米，树龄约300年。长势旺盛。

［身历］

忠恕堂建于清初，衍圣公孔毓圻据《论语·里仁篇》中："夫子之道，忠恕而已矣"命名。忠恕堂为衍圣公学习会客之处，七十二代衍圣公孔宪培曾于此学诗学礼。堂位于孔府西路，是衍圣公学诗学礼之处。堂面阔五间，悬山顶，檐下用单昂三踩斗栱。

2. 泰山王母池古腊梅

［性状］

位于泰安市泰山王母池院内（图6.2）。树高7米，胸径0.1米，冠幅11米，树龄约300年，长势旺盛。1987年，被列入世界自然和文化遗产名录。

［身历］

王母池于北宋皇祐间纳入道家正规管理。明清多次重修。古腊梅应于清初重修时栽植。1932年，冯玉祥于此凿朝阳泉，勒立《泰山凿泉记碑》。

3. 泰山灵应宫古腊梅

［性状］

位于泰安市灵应宫元君殿前（图6.3）。共2株。东株树高5米，基部萌生13大枝，最粗者基径0.1米，冠幅东西5.3米、南北6米。西株树高5米，基部萌生9大枝，最粗者基径0.05米，冠幅东西4.3米、南北4.2米。树龄约300年。

图6.1 孔府古腊梅（冯广平 摄）

图6.2 王母池古腊梅（孟宪磊 摄）

图6.3 灵应宫古腊梅（冯广平 摄）

[身历]

元君殿始建时间无考，明万历三十九年重建，以后历代重修。今存者为1931年重修。

4. 泰山普照寺古腊梅

[名释]

冯玉祥将军手植，故名“将军梅”。

[性状]

位于泰山普照寺冯玉祥纪念馆院内（图6.4a）。树高4米，基部萌生12大枝，最粗者胸径0.09米，冠幅东西6米、南北5米，植于1932年，树龄81年。长势旺盛。

[身历]

冯玉祥曾于1932年和1933年两次退隐泰山。1933年，购得普照寺东荷花荡东崖，修烈士祠，效法史可法葬扬州梅花山故事，命名此地为“梅花岗”，题字“梅花岗”（图6.4b）。

[记事]

《韩复榘传》载：冯玉祥与夫人李德全及子女两次隐居普照寺，部分幕僚随员及旧部手枪团共500余人；于三阳观、红门关帝庙等处设立办事机构；经费主要靠韩复榘供给，包括每月5000元和500袋面粉。宋哲元每月送5000元，孙连仲每三五个月送1000元，鹿钟麟、孙良诚逢年过节各送500元；而将军薪金仅有800元。

图6.4a 泰山普照寺腊梅（钟蓓 摄）

图6.4b 冯玉祥题“梅花岗”（钟蓓 摄）

6.2 金缕梅科 HAMAMELIDACEAE R. Br.1818

6.2.1 枫香属 Liquidambar Linn. 1753

枫香（《南方草木状》） Liquidambar formosana Hance 1866

[释名]

别名欇（《尔雅》），枫（《史记》、《说文解字》），氾（《上林赋》），鸣风树（《西京杂记》），白胶香（《南中异物志》、《新修本草》）。拉丁属名*Liquidambar*源自liquamen（液体）+ambar（琥珀）；种名*formosana*源自formosus（美丽的），意为“台湾的”。

[性状]

落叶乔木，树皮灰褐色，方块状剥落；芽体卵形。叶薄革质，阔卵形；叶柄长达11厘米，常有短柔毛；托叶线形，游离，或略与叶柄连生。雄性短穗状花序常多个排成总状，雄蕊多数，花丝不等长，花药比花丝略短。雌性头状花序有花24－43朵，花序柄长3－6厘米；子房下半部藏在头状花序轴内，上半部游离。头状果序圆球形，木质；蒴果下半部藏于花序轴内，有宿存花柱及针刺状萼齿。种子多数，褐色，多角形或有窄翅。

[分布]

产秦岭及淮河以南各省份，北起豫、鲁，东至台，西至川、滇及藏，南至粤，亦见于越南北部，老挝及朝鲜南部。

[起源]

金缕梅科植物始见于白垩纪，枫香属花粉始见于南欧古新世地层。在我国，枫香粉（*Liquidambar pollenites*）化石见于黑龙江富饶古新世地层。华枫香（*Liquidambar miosinica*）叶化石见于山东山旺中新世地层。

[入药]

始于唐代，苏敬等《新修本草》：“枫香脂味辛、苦、平，无毒。主瘾疹风痒，浮肿，齿痛……所在大山皆有。树高大，叶三角，商洛之间多有”。

[入诗]

始于战国，屈原《楚辞·招魂》：

湛湛江水兮，上有枫。

目极千里兮，伤春心。

魂兮归来，哀江南！

唐人多有名篇，杜牧《山行》：

远上寒山石径斜，白云深处有人家。

停车坐爱枫林晚，霜叶红于二月花。

[入园]

始于西汉，上林苑植枫，《史记·司马相如列传》：“沙棠栎槠，华氾檘栌”。汉·崔骃《集解》引徐广：“氾，一作枫”。《说文解字》：“枫木厚叶弱枝，善摇，汉宫殿中多植之”。

图6.5 河东区王家戈古枫香（引自《临沂古树名木》）

[汇考]

①**除夕熏枫**，南朝时，除夕夜要熏苍术（*Atractylodes lancea*）、皂角（*Gleditsia sinensis*）、枫香，以辟瘟邪除阴湿，南朝·宗懔《荆楚岁时记·除夕》：“除夕宜焚辟瘟丹，或苍术、皂角、枫艺诸香，以辟邪祛湿，宜郁气，助阳德，即�空虚堂，亦无不到”。②**枫香调**，唐德宗贞元（758－805）间，僧善本创枫香调琵琶曲，冠绝天下。宋·王灼《碧鸡漫志·六么》：“贞元中，康昆仑琵琶第一手，两市楼抵斗声乐，昆仑登东采楼，弹新翻羽调绿腰，必谓无敌。曲罢，西市楼上出一女郎，抱乐器云：‘我亦弹此曲。’兼移在枫香调中，下拨声如雷，绝妙入神。昆仑拜请为师。女郎更衣出，乃僧善本，俗姓段……段师所谓枫香调，无所著见。今四曲中一类乎，或他调乎，亦未可知也”。③**枫香通神**，两晋时期，西南地区崇尚枫香，以为枫香能通神，巫师采取枫香树瘤，刻作法器。明·周嘉胄《香乘·白胶香》引《南中异物志》：“枫实惟九真有之，用之有神，乃难得之物，其脂为白胶香”。南朝梁·任昉《述异记》：“枫木之老者为人形，亦呼为灵枫，盖瘿瘤也。至今越巫有得之者，以雕刻鬼神，可致灵异”。④**佛香**，枫香也用作佛香。《香乘·白胶香》：“白胶香一名枫香脂，《金光明经》谓其香为须萨析罗婆香，枫香树似白杨，叶圆而岐分，有脂而香，子大如鸭卵，二月花发乃结实，八九月熟，曝干可烧”。

5. 河东区王家戈古枫香

[性状]

位于临沂市河东区郑旺镇王家戈村（图6.5）。编号C13，树高22米，胸径0.99米，平均冠幅14米，树龄215年。主干西倾，东杈折断，树冠椭圆，长势旺盛。

［身历］

王家戈原与仁里村、王家戈、墩子、躲水庄同为一村，始建于清光绪二十七年（1901），初名“离河村”。因村内有庙，西村人呼该村为东庙，东村人呼为西庙，南、北两村则呼为北庙、南庙，无固定村名。1964年始称今名。

6.3 榆科 ULMACEAE Mirbel 1815

6.3.1 榆属 Ulmus Linn. 1754

大果榆（《河北习见树木图说》）Ulmus macrocarpa Hance 1868

［释名］

别名无姑（《尔雅》），姑榆（郭璞《尔雅注》），芜荑（《神农本草经》），山松榆（《说文解字》），山榆（《广雅》），白芜荑（《圣惠方》），黄榆（《中国经济植物志》），翅枝黄榆、倒卵果黄榆、广卵果黄榆、蒙古黄榆、矮形黄榆（《东北木本植物图志》），迸榆（冀），扁榆、柳榆（豫），山扁榆（辽）。拉丁属名*Ulmus*源自凯尔特语ulm或eltm，意为“榆树”；种名*macrocarpa*意为“大果的”。

图6.6　大果榆（冯广平 摄）

［性状］

落叶乔木或灌木，树皮粗糙，暗灰色至灰黑色，纵裂，小枝有时两侧具对生而扁平的木栓翅，间或上下亦有微凸的木栓翅，稀在较老的小枝上有4条等宽而扁平的木栓翅。叶形变化较大，倒卵状圆形、倒卵状菱形或倒卵形，稀椭圆形，具尾尖，基部偏斜或近对称，厚革质，两面粗糙，叶面密生硬毛，边缘重锯齿，或兼有单锯齿。花生于去年生枝上，成簇状聚伞花序，或散生于新枝的基部。翅果宽倒卵状圆形、近圆形或宽椭圆形（图6.6），较大，基部多少偏斜或近对称，微狭或圆，顶端凹或圆，果核部分位于翅果中部，宿存花被钟形，外被短毛或几无毛，上部5浅裂，裂片边缘有毛。花果期4－5月。

［分布］

黑、吉、辽、内蒙古、冀、鲁、苏、皖、豫、晋、陕、甘、青等省份。

［入药］

始于汉代。《神农本草经·中品》：“芜荑主五内邪气散，皮肤骨节中，淫，淫温行毒，去三虫，化食”。

6. 平阴云翠山古大果榆

[性状]

位于平阴县大寨山林场云翠山南天观遗址旁。树高9.5米，胸径0.5米，冠幅6米，树龄约300年，长势一般。

[身历]

南天观，初名天观，始建于元至大四年（1311），传丘处机曾于此修炼，弟子因旧迹筑观（清道光《东阿县志》）。元末兵毁。明·于慎行《云翠山天柱观记碑》：“元末（南天）观遭兵焚颓圮，化为仙禽野鹿之宫，来者无不慨叹”。明隆庆间（1567－1572）重扩建。道光《东阿县志》：“明隆庆间，道士许道先芟□山岩，大筑□观，为玉皇殿、□□阁、长春阁，宏敞壮丽，为邑奇观”。万历二十一年（1593），重修玉皇阁。清代屡次重修。1949年后渐废。“文化大革命”间，尽毁。今存历代重修碑10余通。

[诗文]

于慎行《云翠山天观和朱可大韵》：“碧山吾欲隐，双屐且随君。星斗岩前接，藤萝杖底分。泉声浑作雨，岚气稍成云。愁对仙坛月，鸾箫午夜闻。”《望云翠山绝顶》：“乾坤灵迹自何年，缥缈孤标斗际骞。矗立千寻疑挂日，削成一柱欲承天。苏房近傍瑶坛路，鸟道晴飞玉洞烟。岱岳西来如万马，千峰云气总相连。”

6.3.2 青檀属 Pteroceltis Maxim. 1873

青檀（《中国树木分类学》）Pteroceltis tatarinowii Maxim. 1873

[释名]

因树皮青色，木材坚硬，为良木，故名。《本草纲目·木部·檀》：“朱子云：檀，善木也。故字从亶”。《植物名实图考长编》：“檀木皮正青，滑泽”。别名檀（《诗经》），翼朴（《河北习见树木图说》），檀树（冀、豫、皖），摇钱树（陕），青壳榔树（川）。拉丁属名*Pteroceltis*源自[希]pteron（翅）+celtis（朴属），意为具翅的朴树；种名*tatarinowii*源自Tartaricus（鞑靼族），意为“鞑靼的”。

图6.7 青檀（冯广平摄）

[性状]

落叶乔木，树皮灰色或深灰色，不规则的长片状剥落；小枝黄绿色，皮孔明显。叶纸质，宽卵形至长卵形，先端渐尖至尾状渐尖，基部不对称，楔形、圆形或截形，边缘有不整齐锯齿，基部3出脉，侧出一对近直伸达叶上部，侧脉4－6对，叶背淡绿，脉腋有簇毛，其余近光滑无毛。翅果状坚果近圆形或近四方形（图6.7），直径10－17毫米，黄绿色或黄褐色，翅宽，稍带木质，有放射线条纹，下端截形或浅心形，顶端有凹缺，果实外面无毛或多少被曲柔毛，常有不规则的皱纹，有时具耳状附属物，具宿存的花柱和花被。花期3－5月，果期8－12月。

[分布]

辽、冀、鲁、晋、豫、陕、青、苏、徽、浙、闽、赣、湘、鄂、川、黔、桂、粤等省份。

[入药]

始于唐代。唐·陈藏器《本草拾遗》：“按檀树取其皮，和榆皮食之，可断谷。《尔雅》云：檀，苦茶。其叶堪为饮。树体细，堪作斧柯”。

[入诗]

始于周代，《诗经·魏风·伐檀》：

坎坎伐檀兮，置之河之干兮，河水清且涟漪。

不稼不穑，胡取禾三百廛兮？

不狩不猎，胡瞻尔庭有县貆兮？

彼君子兮，不素餐兮！

[入园]

始于周代，《诗经·郑风·将仲子》：“将仲子兮，无逾我园，无折我树檀”。

[汇考]

①**檀朴不分**，《毛诗草木鸟兽虫鱼疏》：“檀木皮正青，滑泽，与系迷相似，又似驳马……故里语曰：斫檀不谛得系迷，系迷尚可得驳马。系迷一名挈榼。故齐人谚曰：上山斫檀，挈榼先殚”。系迷指黑弹树。②**车轴木**，东汉·王充《论衡》：“树檀以五月生叶后，彼春荣之木，其材强劲，车以为轴”。③**宣纸**，青檀皮主作宣纸，唐代已盛。唐·张彦远（字爱宾，815－907年）《历代名画记》：“好事家宜置宣纸百幅，用法蜡之，以备摹写”。

7. 枣庄青檀寺古青檀群

[释名]

当地人依据古青檀形态分别命名为：千年古檀、怀中抱子、凤凰展翅、蛟龙腾空、迎客檀、生命赞、檀石一家、顶天立地、孔雀开屏、龙檀等。

[性状]

位于枣庄市峄城区榴园镇冠世榴园青檀寺内（图6.8）。共50余株，10株树龄千年以上，其余40余株树龄300年左右。明万历《峄县志》：“檀皆生石上，枝干盘曲如虬龙，数百年物也”。最大者树高12米，胸径1.37米，平均冠幅18米，树龄1000年以上。寺内碑文记载：“谷中阴翳蔽日，凉气沁骨，亭亭如盖者，即青檀树，棵棵扎根石罅，吸石而生，盘根错节，拔石而起，干如虬龙屈挐，枝叶似孔雀开屏，林林总总，千姿百态，令人惊叹不已，疑是木石之精魂，亦或人生之物化？引人遐思，催人奋进。”

记事

明嘉靖四十二年（1563），峄县硕儒贾梦龙（字应乾，晚年号柱山翁、石屋山人，又自号竹轩、绵吾、四休居士、贾泮东等，1511－1597）、贾三近（字德修，号石葵，别号石屋山人、兰陵散客、如如道人，1534－1592）父子告假归里。游青檀寺，贾梦龙倡议成立“青檀诗社”，同志者皆分居各地的峄县人，包括：桃源县丞王用贤、鄜州知州潘愚及其子汧阳县令潘继美、延平府检校吕存信、兵部武选司员外郎刘宗孔、云邱知县孙士奇、鸿胪寺序班孙士重、北直青县知县王九清、南直池州府照磨孙沂、工部营膳所司丞刘芝等人。勒《重九后三日再游青檀寺记》碑，记事集诗。万历间，重刊。所集诗二十余篇：①贾梦龙《青檀寺》：“耽山未办买山钱，每为看山一讨禅。灶侧分泉茶自煮，云中扫石鹿同眠。迩来寺主更新衲，旧处留题已十年。白发不消芳草绿，春风又到佛灯前”。②贾三近《游青檀寺》：“载酒寻诗傍岩涧，雾云树要足盘桓。他年欲献明光赋，此日聊登直率坛。石上振衣星斗近，溪过长啸海天宽。瀛洲有路终须到，鹏翅秋风网里抟”。③王用贤《九日后再游青檀山》：“四围古木总萧森，匹马穿云访旧岑。风促鹗横随舞叶，泉通龙窟作甘霖。十年面壁消尘虑，一是看山有远心。白石清樽留客久，归来明月满霜林”。④潘愚《九日后再游青檀山》：“重阳游已无余兴，今日登临游更欢。两度辞归明月径，几番啸彻碧云峦。菊萸竞发秋光灿，雕鹗高横眼界宽。春暖榴园风景别，莫忘载酒此盘桓”。⑤潘继美《题青檀寺》：“暂停严训侍登览，绿鬓红萸赏岁华。蚤挹胶庠芹藻秀，幸承诗礼桂兰芽。追随想应德星聚，谈笑宁知杲日斜。海岳深秋云路阔，香浮仙藉焕天葩”。⑥刘宗孔《九日后再游青檀山》：“檀社诗成记

图6.87 枣庄青檀寺古青檀（张建勇 摄）

盛游，逍遥蓦上碧云头。传家喜赖箕裘业，报国空怀廊庙忧。九日近寻谈偈处，十年前有炼丹楼。禅林一带俱秋色，黄菊红萸浸酒瓯”。⑦孙士重《九日后再游青檀山》：“胜日西山几度登，盘回深入乱云层。残碑断碣元朝寺，古木寒烟鲁国陵。鹤唳青霄吟落叶，龙蟠碧树挂枯藤。胜游莫遣成陈迹，且写新诗记我曾”。⑧王九清《九日游青檀山清》：“隐隐山坳寺，崎岖石路通。黄花围蔓草，红叶点霜枫。落日衔山影，征鸿没远空。登临无限乐，身在画图中”。

附记

①贾梦龙（字应乾，1511－1597），嘉靖三十四年（1555）以乡贡为河北内丘训导。隆庆二年（1568），贾梦龙、贾三近父子同中二甲进士；同为翰林院庶吉士，师从殷士儋、赵贞吉（字孟静，号大洲，1508－1576）。嘉靖四十二年（1563），倡议成立“青檀诗社”。隆庆四年（1570），封中大夫光禄寺卿。隆庆五年（1571），辞官归里。终老泉下。万历十一年（1583），辑《永怡堂词稿》，录诗280余首。②贾三近 （号石葵，1534－1592），隆庆二年（1568）进士。隆庆四年（1570），授吏科给事

中，迁中大夫光禄寺卿。隆庆五年（1571年）迁左给事中、谏议大夫、光禄寺卿。高拱擅政，贾三近上疏辞官，伴父归里。翌年复职。万历二年（1547），擢太常少卿。万历八年（1580），擢南京光禄卿。中途归乡，再度上疏辞官。居家筑造“光禄卿第”，亦称“都堂府”，时人称“贾都堂”。万历十五年（1587），拜大理寺卿，三度辞官归里。万历二十年（1592），擢兵部右侍郎。同年，病亡。葬峄县吴林贾庄村南。贾三近精文学，擅诗词，旁及佛道，著作甚丰，有《滑耀编》、《西辅封事》、《左掖漫录》、《东掖漫稿》等，其诗散见于《明诗踪》、《明诗纪事》、《峄县志》、《滕县志》等。今人考其以“兰陵笑笑生”作《金瓶梅》。万历十九年（1591），贾三近为荆棘山前石羊村（今峄城榴园逍遥村）龙王庙撰碑文，署“笑笑生”。此碑毁于“文化大革命”。

8. 长清灵岩寺古青檀群

[名释]

Ⅰ号、Ⅱ号古青檀，因两株并立，故名鸳鸯檀，且树龄超过千年，又名千岁檀。清马大相《灵岩志》：“灵岩古檀最多，虬居臃肿。昔千百年物，堪供图画。惜乎变乱，后摧作薪矣。仅有存者袈裟殿前，根盘石隙，状若游龙者，尚可观焉！”Ⅲ号古青檀，古枝纵横，盘根错节，状若云朵，称“云檀”或“银檀”。

图6.9a　灵岩寺古青檀（冯广平 摄）

[性状]

位于济南市长清区灵岩寺。Ⅰ号、Ⅱ号古青檀位于灵岩寺南院袈裟殿前，南北并生。Ⅰ号居北，树高7.5米，胸径0.6米，Ⅱ号在南，树高6.5米，胸径0.75米，树龄皆约1300年，两株古树树冠交错，冠幅巨大，长势旺盛。Ⅲ号位于御书阁前（图6.9a），编号K0257，树高8米，基围3.4米，冠幅东西13米、南北10米，树龄约1000年。破岩壁而出，生于半空中，基分十余股，盘根错节，蔚为大观，长势旺盛。Ⅳ号位于千佛殿正东，树高11米，基分两股，东股胸径0.75米，西股胸径0.28米，冠幅东西10米、南北15米，树龄约1000年。长势旺盛。Ⅴ号至Ⅺ号古青檀位于辟支塔东南侧（图6.9b），原皆沿壁而生，盘根错节，高3米到4米，树龄约200年，其中六株长势旺盛，一株较弱。

9. 曲阜观音庙古青檀

[性状]

位于曲阜市南辛镇大烟庄村南四基山观音庙内，35°28′N，117°10′E，海拔170米。共16株，最大一株树高15米，胸径0.5米，基径1.55米，冠幅东西9米、南北8米，树龄1000年。枝下高6.6米，树冠伞形，长势旺盛。最小一株树高10米，胸径0.4米，基径1.3米，冠幅东西5.5米、南北6米，树龄900年。

图6.9b 辟支塔古青檀（冯广平 摄）

[身历]

观音庙始建于明代，清乾隆二十五年（1760）重修玉皇阁。乾隆三十一年（1766）重修，建钟楼。东、西、南三面环山，北面为山口。庙坐北面南，分三进院落，轴线建筑南起依次为山门、二门、照壁、观音殿、玉皇阁，今皆废毁。观音殿遗址面阔三间，前有卷棚三间。1986年，被列为曲阜市文物保护单位。2006年，被列为山东省文物保护单位。

6.3.3 朴属 Celtis Linn. 1754

朴树（《尔雅》）Celtis sinensis Pers. 1805

[释名]

别名黄果朴（《中国高等植物图鉴》），紫荆朴（《湖北植物志》），小叶朴（《台湾植物志》）。拉丁属名*Celtis*原指一种产自非洲的植物；种名*sinensis*意为“中国的”。

[性状]

落叶乔木。叶卵形或卵状椭圆形，先端尖至渐尖，基部不偏斜，边缘近全缘至具钝齿。果近球形，常2－3枚生于叶腋，成熟时黄色至橙黄色（图6.10），直径5－7毫米，具4条肋，表面有网孔状凹陷。花期3－4月，果期9－10月。

[分布]

产鲁、豫、苏、皖、浙、赣、闽、台、鄂、湘、川、黔、桂、粤。

图6.10 朴树（冯广平 摄）

10. 诸城管家沟古朴树

[性状]

位于诸城市桃林镇管家沟村。编号H20，树高14米，胸径1.6米，基径1.8米，平均冠幅16米，树龄500余年。

[身历]

管家沟古称“龙门口”，村中丁氏始于琅琊丁氏六世祖丁纬，为琅琊丁氏第五十一支，迁自丁家花园村。

11. 诸城大营古朴树

[性状]

位于诸城市万家庄镇大营村。编号H19，树高16米，胸径1.2米，平均冠幅6.5米，树龄500年。枝下高4米，树冠扁圆，长势旺盛。

[身历]

大营村始建于明洪武二年，王彦明迁此建村。《续王门家谱》：“原籍山东省青州府诸城县，北大营老祖王彦明，长支新城，二支小营，三支大营，四支大营，五支范家庄，六支大营，七支大营”。古朴树所在为王彦明墓址，为王氏后人所植。

12. 曲阜梁公林古朴树

[性状]

位于曲阜市梁公林内（图6.11）。树高8米，胸径0.61米，冠幅东西8米、南北11米，树龄200余年。树身倾向西南方向，靠于南侧围墙之上，长势旺盛。

图6.11 曲阜梁公林古朴树（任昭杰 摄）

黑弹树（《中国树木分类学》）Celtis bungeana Bl.1852

13. 滕州渊子崖古黑弹树

〔性状〕

位于滕州市张汪镇渊子崖村刘氏祖坟上（图6.12）。树高14.7米，胸径1.18米，冠幅18.8米，树龄400年。树下有《清太学生刘太公继先字伯承暨配渐孺人之墓碑》，碑落款为“公元一八八一年小阳月上浣”。按一八八一年即清光绪七年，彼时尚未采用公元纪年，此碑疑似后人伪作。

〔身历〕

《古滕刘氏族谱》载：滕州刘氏始迁祖刘元（字正良，1327－1456）于洪武二年自山西洪洞县迁滕县西史相乡望冢社，后北迁至大坞镇大刘庄。滕州境刘氏皆出其后。

14. 沂源丝窝村古黑弹树

〔释名〕

当地俗称“八麻子”。

〔性状〕

位于沂源县三岔乡丝窝村李氏祖坟。树高12米，胸径0.6米，冠幅10米，树龄约200年，长势旺盛。

〔附记〕

丝窝村东北有二郎山，山上古迹众多。光绪《临朐县志》：“（二郎山）在县治西南九十里……山上有金大定碑，山阴有卧牛洞，廓如巨室，俗传孙膑饲牛于此，故名。其北崖为丝窠山，峭壁陡立，有松数百株……今划伐殆尽矣。山之阳亦有三洞，一名丝窠洞，广可容百人；一名花洞，又名玉皇洞，因洞作阁，上塑神像；一名老洞，在山东偏中，有石灶、石床，土人谓是孙膑修炼之所矣”。

图6.12　滕州渊子崖古黑弹树（张建勇 摄）

6.4 桑科 MORACEAE Link 1831

6.4.1 桑属 Morus Linn. 1753

桑（《神农本草经》）Morus alba Linn. 1753

15. 临朐殷家河古桑

[性状]

位于临朐县纸坊镇殷家河村。编号K147，树高8.8米，胸径1.2米，平均冠幅8.6米，树龄400年。

[身历]

殷家河始建于元代。至大四年（1311），完颜清始迁临朐，分四支，第四支居殷家河。“完颜王系完颜清裔”谱：“自元至大四年由益都迁居临朐张家亭子，分锦、衣、花、帽四支。锦居沂山庄、衣迁居外县、花居石埠子、帽居殷家河”。民国《临朐续志·氏族》：“王氏为邑著姓。达官、显仕、硕学、鸿儒代不乏人，族姓繁衍无虑数千家”。王氏即完颜氏，女真语中“完颜”意为“王”。

[附记]

殷家河村有古槐，编号K76，树高9.3米，胸径0.8米，平均冠幅6米，树龄630年。

6.4.2 柘属 Cudrania tréc. 1847

柘（《诗经》）Cudrania tricuspidata(Carr.)Bur. ex Lavallee. 1877

16. 兖州高庙古柘

[性状]

位于兖州市新兖镇高庙村卜家坟，35° 27′ N, 116° 41′ E，海拔48.5米。树高7.5米，胸径0.7米，冠幅东西4.4米、南北5.2米，树龄约570年。枝下高1.5米，主干中空，分南北2大杈，再分7枝；仅余1米宽树皮，长势衰弱。

[身历]

村原名“高卜村”，村北有卜家林，传卜子夏次子始迁此。清康熙十一年（1672）《滋阳县志》载有“进贤社，高卜村”。村东原有古冢，高五米余，周长约百米。村东北有汉墓，“文化大革命”间被掘，出土陶器、青铜器、铜缕玉衣，为王侯级墓葬。康熙间，兖州知府金一凤以为柳下惠墓，勒立“和圣柳下惠之墓”碑。汉墓上曾建庙宇，村以是改名。

17. 山亭区龙虎坡古柘

[性状]

位于枣庄市山亭区冯卯镇龙虎坡村刘万夫妇墓地（图6.13）。树高5米，胸径0.57米，冠幅2.8米，树龄约300年。主干呈顺时针扭曲中空，曾被火烧；距地2米处有树洞，径约0.4米；长势旺盛，周围萌生众多幼柘。

[汇考]

耆老言：明代，刘万夫妇乞讨至此，卒葬本里。1938年，其后人立碑墓前，有联："形葬地窘迫惸惸诚难忘，神归紫府乐洋洋信堪思"。

图6.13　山亭区龙虎坡古柘（张建勇 摄）

6.5　胡桃科 JUGLANDACEAE Richard ex Kunth 1824

6.5.1　枫杨属 Pterocarya Kunth 1824

枫杨（《中国植物志》）Pterocarya stenoptera C.DC.1852

[释名]

别名榉（《名医别录》、《植物名实图考》），榉柳（《本草衍义》），鬼柳（《本草纲目》），麻柳（鄂），蜈蚣柳（皖），元宝树、苍蝇树。拉丁属名*Pterocarya*源自希腊语pteron（翼）+karyon（胡桃）；种名*stenoptera*源自希腊语stenos（窄的）+pteron（翼）。

[性状]

落叶乔木。叶多为偶数或稀奇数羽状复叶，叶轴具翅至翅不甚发达；小叶10－16枚，对生或稀近对生，长椭圆形至长椭圆状披针形，先端常钝圆或稀急尖，基部歪斜，边缘有向内弯的细锯齿，叶面沿中脉及侧脉被星芒状毛。雄性葇荑花序单独生于去年生枝条上叶痕腋内，花序轴常有稀疏的星芒状毛。雄花常具1枚发育的花被片，雄蕊5－12枚。雌性葇荑花序顶生，花序轴密被星芒状毛及单毛，下端具2枚长达5毫米的不孕性苞片。雌花几乎无梗，苞片及小苞片基部常有细小的星芒状毛，并密被腺体。果序长20－45厘米，果序轴常被有宿存的毛。果实长椭圆形，基部常有宿存的星芒状毛；果翅狭，条形或阔条形（图6.14）。

分布

产鲁、豫、陕、苏、皖、浙、赣、闽、台、鄂、湘、川、黔、滇、粤、桂。

起源

枫杨属起源古近纪早期，在欧亚大陆和北美的古新世（*Paleocene*）地层多有其叶化石的发现，如我国新疆阿勒泰的细脉枫杨（*Pterocarya leptoneura* Guo），美国洛基山的无毛枫杨（*Pterocarya glabra* Brown）。

入药

始于晋代，《名医别录·下品》："榉树皮，大寒。主治时行头痛，热结在肠胃"。

图6.14 枫杨（冯广平 摄）

入诗

始于唐代，杜甫《田舍》：

田舍清江曲，柴门古道旁。
草深迷市井，地僻懒衣裳。
榉柳枝枝弱，枇杷树树香。
鸬鹚西日照，晒翅满鱼梁。

唐宋多有名篇，如戴表元《同陈养晦兵后过邑》：

搜山马退余春草，避世人归起夏蚕。
破屋烟沙飞飒飒，遗民须鬓雪毵毵。
青山几处杨梅坞，白酒谁家榉柳潭。
休学丁仙返辽左，聊同庾老赋江南。

考辨

唐·苏恭《本草拾遗》："多生溪涧水侧。叶似樗而狭长。树大者连抱，高数仞，皮极粗浓，殊不似檀"；所述特征与榉树相去甚远，而类枫杨。《植物名实图考·木类·榉》图示复叶轴具翅、小叶缘锯齿而基偏斜，为枫杨无疑。

入园

始于明代，古徽州黟县、歙县村落中多有树龄500年以上的古树。

18. 新泰后孤山古枫杨

性状

位于新泰市青云办事处后孤山村西南河北岸。树高14米，胸径1.6米，冠幅16米，树龄约500年，长势旺盛。当地奉为神树。

身历

树旁有土地庙，始建时间无考。

19. 青州石头沟古枫杨

[性状]

位于青州市王坟镇石头沟村，36° 43′ 8″ N，118° 17′ 36″ E。树高25米，胸径1.4米，冠幅29米，树龄约500年，长势旺盛。

20. 平邑明广寺古枫杨

[性状]

位于平邑县柏林镇明广寺。树高25米，胸径1.23米，冠幅东西25米、南北22米，树龄约100年。

[身历]

明广寺始建于元代，原名上元庵，后改明广寺。明成化四年重修。今已重修、包括山门、二门、大雄宝殿。院中有古银杏、古槐，院外有古楸。

21. 青州孟埠古枫杨

[性状]

位于青州市王坟镇孟埠村，36° 28′ 3″ N，118° 18′ E。树高25米，胸径1.11米，冠幅10米，树龄约600年。顶枯，长势一般。

6.6 壳斗科 FAGACEAE Dunmortier 1829

6.6.1 栗属 Castanea Mill.1754

栗（《诗经》）Castanea mollissima Bl.1850

[释名]

栗字甲骨文中已出现，象形树上枝头挂满果实。别名侯栗、榛栗、瑰栗、峄阳栗（《西京杂记》），板栗（《事类合璧》），凤冠栗（《续山传》），魁栗（冀），毛栗（豫），风栗（粤）。拉丁属名*Castanea*源自古希腊色萨利（Thessaly）地区地名Kastano，为希腊文栗子名；种名*mollissima*意为“被柔毛的”。

[性状]

落叶乔木。托叶长圆形；叶椭圆至长圆状，先端渐尖，基部圆形或近平截形，常一侧偏斜不对称，边缘有锯齿，齿端芒状，侧脉10－18对，新生叶叶背被灰白色星状伏贴短绒毛。雄花序穗状（图6.15a），直立，长10－20厘米，花3－5朵聚生成簇，雄蕊10－12；雌花1－3朵生于一有刺总苞内，雌花萼6裂，子房下位，6室，每室1－2胚珠，仅1枚发育，柱头顶生。壳斗球形，直径4.5－6.5厘米，小苞片锐刺状，长短、疏密不一（图6.15b）；坚果半球形或扁球形，暗褐色，高1.5－3厘米，宽1.8－3.5厘米。花期4－6月，果期8－10月。

[分布]

除青、宁、新、琼外，南北广布。

图6.15a 栗雄花序（冯广平 摄）

图6.15b 栗果实（冯广平 摄）

[起源]

栗属起源于古近纪早期。中间栗（*Castanea intermedia* Lesquereux）叶化石发现于美国科罗拉多州Middle Park古新世地层。翁格栗（*Castanea ungeri* Heer）果化石发现于格陵兰岛Atanekerdluk古新世地层。

[入药]

始于晋代。《名医别录·上品·栗》："味咸，温，无毒。主益气，浓肠胃，补肾气，令人耐饥，生山阴，九月采"。

[入诗]

始于周代。《诗经·鄘风·定之方中》：

定之方中，作于楚宫。

揆之以日，作于楚室。

树之榛栗，椅桐梓漆，爰伐琴瑟。

历代名篇很多，如北宋·梅尧臣《尹阳尉耿传惠新栗》：

金行气已劲，霜实繁林梢。

尺素走下隶，一奁来远郊。

中黄比玉质，外刺同芡苞。

野人寒斋会，山炉夜火炮。

梨惭小儿嗜，茗忆麤官抛。

此焉真可贶，遽尔及衡茅。

[入园]

始于周代。《诗经·郑风·东门之墠》、《诗经·唐风·山有枢》、《诗经·秦风·车邻》、《诗经·豳风·东山》、《诗经·小雅·四月》均载。汉上林苑植栗多个品种。

[汇考]

①**八月月令**，夏代以动植物物候表现作为一年内各季节农业活动的重要时间节点，梅、山桃、杏、梧桐、栗等为重要标志物。《夏小正》："八月栗零"。②**周人社树**，《尚书·逸篇》："太社唯松，东社唯柏，南社唯梓，西社唯栗，北社唯槐"。《论语·八佾》："哀公问社于宰我，宰我对曰：夏后氏以松，殷人以柏，周人以栗"。③**练祭木主**，周人葬后13个月再祭，称练祭，神主用"栗"，取战栗、谨教之意。《公羊传·文公二年》，"虞主用桑，练主用栗，用栗者藏主也"。④**黄雀在后**，庄周于雕陵见异雀落于栗林，近则见螳螂捕蝉，黄雀

在后。《庄子·山木》："庄周游于雕陵之樊，一异鹊自南方来者，翼广七尺，目大运寸，感周之颡而集于栗林……睹一蝉，方得美荫而忘其身，螳螂执翳而搏之，见得而忘其形；异鹊从而利之，见利而忘其真"。⑤**晋国表道**，至迟战国时期，栗已作行道树。前564年，魏庄子曾伐晋国行道栗树。《左传·襄公九年》："魏绛斩行栗"。杜预注："行栗，表道树"。⑥**冀山之栗**，燕山所产栗为天下名品，为果中三美之一。秦·吕不韦《吕氏春秋》："果有三美者，有冀山之栗"。陆玑《毛诗草木鱼虫疏》："五方皆有栗。……唯渔阳、范阳栗甜美长味，他方悉不及也"。⑦**千栗拟侯**，《史记·货殖列传》："安邑千树枣；燕、秦千树栗……此其人皆与千户侯等"。⑧**上苑名果**，汉上林苑植栗，且多名品，大者如鸡蛋、拳头。《西京杂记》卷一："栗四，侯栗、榛栗、瑰栗、峄阳栗（峄阳都尉曹龙所献，大如拳）"。《三辅黄图》卷四引《三秦记》："御宿园出栗，十五枚一胜"。晋·郭义恭《广志》："栗，关中大栗，如鸡子大"。⑨**拒栗明分**，汉光武帝曾赐群臣随意取栗、橘，严遵（字君平）以名分不清拒绝。三国吴·谢承《会稽先贤传》："光武诏严遵诸行在，蜀郡献栗、橘，上使公卿各以手所及取之。遵独不取。上问故，遵曰：'君赐臣以礼，臣奉君以恭。今赐无主，臣是以不敢取。'"⑩**护祠神树**，东汉左中郎将蔡邕（字伯喈，133－192）家祠前有古栗树，为人所伤，作《伤故栗赋》："人有折蔡氏祠前栗者，故作斯赋。树遐方之嘉木兮，于灵宇之前庭。通二门以征行兮，夹阶除而列生。弥霜雪之不凋兮，当春夏而滋荣。因本心以诞节兮，挺青蘖之绿英。形猗猗以艳茂兮，似碧玉之清明。何根茎之丰美，将蕃炽以悠长。适祸贼之灾人，嗟夭折目摧伤。"⑪**大荒神木**，《神异经》："木栗出东北荒中，有木高四十丈，叶长五尺，广三寸，名栗。其实径三尺二寸，其壳赤，其肉黄白，味甜，食之令人短气而渴也。……东方荒中有木，名曰栗，有壳径三尺三寸。壳刺长丈余，实径三尺。壳亦黄，其味甜，食之多，令人短气而渴"。⑫**掷栗占郡**，南朝宋尚书右仆射刘秀之（字道宝，396－464）于曾与从叔诸弟宴饮，以投栗入厅柱上穿孔占卜能否主政丹阳，秀之独中；大明元年（458）迁丹阳尹。《宋书·刘秀之传》："大明元年，征为右卫将军。明年，迁丹阳尹。先是，秀之从叔穆之为丹阳，与子弟于厅事上饮宴，秀之亦与焉。厅事柱有一穿，穆之谓子弟及秀之曰：'汝等试以栗遥掷此柱，若能入穿，后必得此郡。'穆之诸子并不能中，唯秀之独入焉"。⑬**战栗报赤心**，南朝梁金紫光禄大夫萧琛（一作萧瑮，字彦瑜，478－529）诙谐善变，曾与梁武帝对戏，武帝投以枣，萧琛报以栗，言臣以战栗报帝之赤心。《南史·萧琛传》："又经御筵醉伏，上以枣投琛，琛乃取栗掷上，正中面。御史中丞在坐，帝动色曰：'此中有人，不得如此，岂有说邪?'琛即答曰：'陛下投臣以赤心，臣敢不报以战栗'"。⑭**汝南贡栗**，北魏汝南郡产栗，比燕山栗小，却每年入贡。《水经注·汝水》："（汝南郡）城北名马湾，中有地数顷，上有栗园，栗小，殊不并固安之实也。然岁贡三百石，以充天府"。⑮**固安御栗**，唐代，河北固安出栗，品质上乘，列为贡栗，有御栗园。唐·李泰《括地志》："汉武帝果园栗，味甘而小，不如《三秦记》所云固安之栗，天下称之为御栗，因有栗园"。清·顾祖禹《读史方舆纪要》："栗园在县界……北魏孝昌三年，上谷贼杜洛周遣其党曹纥真掠蓟南，幽州刺史常景遣将干荣击破之于栗园，是也"。⑯**河东饭**，宋太宗曾急行军追击敌人，军粮不继，以栗替代。北宋·陶谷《清异录》："河东饭，晋王尝穷追汴师，粮运不继，蒸栗以食，军中遂呼栗为‘河东饭’”。⑰ **一栗之问**，宋工部侍郎杨亿（字大年，974－1020）与丞相王旦（字子明，957－1017）为空门友。杨贬官汝州时，寄山栗一秤以致问候。宋·吴处厚《青箱杂记》：“公与杨文公亿为空门友，杨公谪汝州，公适当轴，每音问不及他事，唯谈论真谛而已。余尝见杨公亲笔与公云：‘山栗一秤，聊表村信。’盖汝唯产栗，而亿与王公忘形，以一秤栗遗之，斯亦昔人鸡黍缟紵之意也”。⑱ **植栗报母**，北宋临淮令易延庆（字余庆）事母至孝，母生前嗜食板栗，遂于其母墓前植板栗二株，后竟连理。《宋史·孝义列传》：“母平生嗜栗，延庆树二栗树墓侧，二树连理。苏易简、朱台符为赞美之”。⑲ **辟谷仙药**，宋人王可交水上遇异人，食栗二枚成仙。《续神仙传》：“俄一人於筵上取二栗，付侍者与可交，令便吃。视之，其栗青赤，光如枣，长二寸许，啮之有皮，非人间之栗，肉脆而甘如饴，久之食方尽”。⑳ **范阳贡栗**，范阳（今北京）栗唐代已闻名，辽代于白云观西南辟“南京栗园”。元代昌平也有贡栗园。周篔（初名筠1623－1687）《析津日记》：“辽于南京置栗园司，萧韩家奴为右通进，典南京栗园是也。元昌平县亦有栗园，《彻里传》战于昌平栗园是也。苏秦谓燕民虽不耕作而足于枣栗，唐时范阳以为土贡，今燕京市肆及秋则以饧拌杂石子爆之，栗比南中差小，而味颇甘，以御栗名，正不以大为贵也”。

22. 莱城区独路古栗群

[性状]

位于莱芜市莱城区大王庄镇独路村“唐朝板栗园”内，海拔680米。共8000余株，其中树龄100－500年的6000株，树龄500年以上的2000株；树高10.5－13.5米，胸径0.88－1.42米。最大一株号称“齐鲁第一古栗树”，胸径3米，树龄约1200年。

[身历]

独路村始建时间无考，清初，曹姓迁此。因地处山区，北通章丘，只此一路，故名“独路”。

[汇考]

莱芜板栗历来有名，嘉靖《莱芜县志》：“莱盛产栗”。独路是栗林分布最集中的区域，历来栽培量变化不大，品种有明栗、毛栗、红栗、驴粪蛋、毛刺栗、红光、粘底板、无花栗等，以明栗、毛栗为多。今村周边植栗10万株，无论是古栗林还是现代栗林，均居山东首位。

[记事]

①独路村为抗战要地，四支队、山东统战工作委员会泰安专署、章历县县政府、香山区委、八路军泰安一分区机关及修械所、染布厂、兵工厂等均曾驻扎村中。②1943年秋，山东军区鲁中一分区司令员兼泰山专署专员（曾用名廖之秀，1912－1979）率部自长城岭天门关进驻独路村。

23. 平邑张里庄古栗群

[性状]

位于平邑县柏林镇张里庄村（图6.16）。树高9米，基部分6大股，北股最粗壮，已中空，基径1.91米，冠幅东西23米、南北20米。树龄900余年。兵工厂遗址附近一株，树高9米，胸径1.11米，冠幅东西13米、南北16米，树龄约500年。枝下高4.3米，正顶折断、主干虬曲上升。

图6.16 于邑张里庄古板栗（冯广平 摄）

图6.17 诸城潍东古栗（引自《诸城古树名木》）

24. 诸城潍东古栗群

[释名]

两大杈夹抱中间大枝，如夫妇合抱一子，号“幸福树”。

[性状]

位于诸城市昌城镇潍东村栗园内（图6.17）。共3600余株，最大3株。Ⅰ号编号H15，树高14米，胸径1.8米，基径1.2米，平均冠幅22米，树龄400年。枝下高1米，主干分2大杈，左杈再分一大枝，树冠浑圆，长势旺盛，每年结果360余斤。覆荫600平方米，故名“九分地”。传清体仁阁大学士刘墉（字崇如，号石庵，1719－1804）曾以此树果奉献乾隆帝，果大而甘美，遂列为贡果。Ⅱ号编号H16，树高12米，胸径1.2米，基径1.3米，平均冠幅14米，树龄400年。主干分4大杈，向外斜展，长势旺盛。1974年，受涝灾枯死，三年后复活。1993年，于东侧萌生幼树，号“祖孙树”。Ⅲ号编号H17，树高8米，胸径1.2米，基径1.3米，平均冠幅16米，树龄400余年。枝下高1.3米，树冠浑圆，长势旺盛，每年结果数百近。古栗所在原为昌城芦河西明园，为刘墉世家所有。

[身历]

栗园始建于明隆庆间，“垦植家栗，渐成大行”。清乾隆间，刘墉与诸城首富王家巴山村王氏拓建至数千亩。今栗园南北长达15千米，总面积23 510亩，核心区面积10 000亩，存明清古栗3600余株，50年以上栗树8000余株，年产板栗200余万千克，成为江北最大的板栗生产集散地。园内巴山海拔156米，潍河、百尺河双流交汇，有木本植物80多种，草本植物120多种，野生动物100多种。又有芦河明园、凤鸣坡、潍东明园、光阴寺、炳烛寺、天齐庙、康家古冢、歇马台遗迹、金沙滩、情人岛、观鹤崖等景点。

25. 沂水下岩峪古栗

[释名]

号称沂水县板栗王。

[性状]

位于沂水县院东头镇下岩峪村。树高15米，胸径1.75米，冠幅21米，树龄约500年。覆荫1.5亩，长势旺盛，年结果100千克。

[汇考]

1941年，日军调集五万人，与沂水、临沂、莒县、费县、蒙阴五县伪军配合围剿沂蒙山区，抗日军民严重缺粮，赖板栗果度日，群众称“救命果”。改革开放后，当地群众用古树种子和枝条育苗，大量种植板栗，发家致富，又称“摇钱树”。1998年入选《山东树木奇观》。

26. 历城区梯子山古栗

[性状]

位于济南市历城区西营镇梯子山村。树高6米，胸径1.6米，冠幅7米，树龄约1000年。树干腐朽严重，长势旺盛。村民奉为神树。

[身历]

梯子山始建于清光绪间，张氏由济南以西张家庄迁此建村，村中南泉、寒泉、洪泉等为锦绣川水源。梯子山自然村隶属上降甘村。北为南石灰峪村，再北为上降甘村，再北为下降甘村。上降甘村西为栗林沟，下降甘村西为后降甘村。降甘原名“箭杆”，传唐太宗驻军西营、南营时，于此操练骑射，故名。后讹传为“枪杆”（明崇祯《历城县志》）、“蒋杆庄”（清乾隆《历城县志》）。清晚期至民国间称“箭杆庄”。下降甘村村北清同治八年（1869）所立官地官居槐载为箭杆村。民国《续修历城县志》：“东庑乡南保全三：箭竿庄”。道光六年（1826），杨氏由上降甘西迁建栗林沟，初名“栗岭沟”，后沿称“栗林沟”。宣统间（1909－1911），下降甘蔡氏西迁建后降甘村，初名“蔡家沟”。

[汇考]

西营枣栗历来闻名。明崇祯《历乘》：“西营，城东九十里，亦有南营，皆出枣栗”。

27. 平邑大洼古栗

[性状]

位于平邑县卞桥镇大洼村大洼林场。树高16米，胸径1.5米，冠幅18米，树龄300余年，生长旺盛，开花结实。

[身历]

大洼地处蒙山龟蒙顶、云梦峰和三柱峰之间洼地，村中有玉皇阁，始建于唐天宝间，清雍正、嘉庆间重修。玉皇阁分上下两层，下层祀玉皇，上层祀西王母。大洼林场始建于1948年8月，总面积18236亩，林地11248亩，有松林、侧柏林、栎林、杨林、竹林、板栗林等。

[汇考]

①大洼地区传为鬼谷子出生地，中有鬼谷子村。鬼谷子峪有鬼谷子，新作仿古建筑三间，南北长8米，东西宽12米，坐北朝南，庑殿顶。讲堂东南有古槐，胸径1米。②三皇庙旧址路南有将军亭，抗日战争时期，八路军津浦路东支队司令彭雄、一一五师政委代师长陈光、政委罗荣恒、政治部主任萧华等曾于此处誓师杀敌。解放战争时期，华东野战军司令陈毅也曾在此庙前小山上讲演。

28. 费县杨家庄古栗群

[释名]

当地称“板栗王”。

图6.18　临朐法云寺古栗

[性状]

位于费县薛庄镇大古台村杨家庄。编号I58，树高5.5米，胸径1.46米，冠幅东西10.5米、南北9.5米；传植于明代，树龄约45年。主干中空。村中另有一株，树高5.5米，胸径0.8米，冠幅东西12.5米、南北13.5米，树龄320年。

29. 费县周家庄古栗群

[性状]

位于费县大田庄乡周家庄水库下。10株。最大一株树高8米，胸径1.34米，冠幅东西16米、南北16米，树龄约300年。最小一株树高9米，胸径0.51米，冠幅东西8米、南北7米，树龄150年。

30. 临朐马家沟古栗

[性状]

位于临朐县九山镇马家沟村。编号K33，树高9.5米，胸径1.1米，平均冠幅6.5米，树龄1000年。枝下高3米，主干中空，一侧已自基部开始开放，树冠卵圆，长势一般。

[汇考]

马家沟村北有东周古墓群，今被列为临朐县文物保护单位。

31. 临朐法云寺古栗群

[释名]

古栗主干中空，萌生油松一株，故名“栗抱松”。

[性状]

位于临朐县沂山法云寺大殿后台阶上。树高8米，胸径0.80米，冠幅东西12.2米、南北11米，树龄400余年。主干中空，内生油松一株，胸径0.11米，油松基部已完全被古栗树皮包被。基部萌生3幼株，东株胸径0.32米，西北株胸径0.29米， 北株胸径0.21米，号“四世同堂”（图6.18）。寺内古栗多株，最大一株树高15米，胸径1.2米，冠幅东西12米、南北9米，树龄900余年。枝下高1米，基径1.6米，长势旺盛。天麻园沟和北沟内有古栗50余株，考为宋代僧人植。天麻园沟内最粗一株树高10米，胸径1.1米，主干螺旋状生长，树冠略呈四面体，长势一般。

6.6.2 栎属 Quercus Linn. 1754

麻栎（《中国植物志》）Quercus acutissima Carr. 1862

[释名]

因其果实象斗，可染黑色，故名“皂斗”。《本草纲目·果部·橡实》：“栎，柞木也。实名橡斗、皂斗，谓其斗剂剜象斗，可以染皂也”。别名柞、棫（云梦秦简），栎（《诗经》），栩、杼（《尔雅》），柞（《西京杂记》），橡斗、皂斗（《说文解字》），栩、柞栎、杼、皂、皂斗、橡斗（《诗疏》），橡（《大戴礼记》、《新修本草》），栎梂、柞子、茅（《本草纲目》），栎、橡碗树。拉丁属名*Quercus*源自希腊语quer（优良的）+cuez（树木），为栎树本名；种名*acutissima*意为“极尖锐的”。

[性状]

落叶乔木，树皮深灰褐色，纵深裂。叶片形态多样，长椭圆状披针形，先端长渐尖，基圆形或宽楔形，叶缘有刺芒状锯齿。雄花序常数个集生于当年生枝下部叶腋，有花1－3朵，花柱3。壳斗杯形，包被坚果约1/2，连小苞片径2－4厘米；小苞片钻形或扁条形，向外反曲，被灰白色绒毛。坚果卵形或椭圆形，顶端圆形，果脐突起（图6.19）。花期3－4月，果翌年9－10月成熟。

[分布]

产辽、冀、鲁、豫、晋、陕、苏、皖、浙、赣、鄂、湘、川、黔、滇、粤、桂、琼、闽等省区。有2变种：北方麻栎（var. *septentrionalis* Liou 1936）、扁果麻栎（var. *depressinucata* H.W. Jen 1984）。

[起源]

栎属起源于古近纪。格陵兰栎（*Quercus greenlandica* Heer）等多个种的叶化石发现于格陵兰岛和美国洛基山和大平原的古新世地层。古果栎（*Quercus paleocarpa* Manchester）果化石发现于美国俄勒冈州中始新世（Eocene）Clarno组。渐新栎（*Quercus oligocenensis* Daghlian et Crepet 1983）花序化石发现于美国得克萨斯海岸平原（Texas Coastal Plain）Catahoula组。

[入药]

始于唐代，《新修本草》第十四卷：“橡实，味苦，微温，无毒。主下利，浓肠胃，肥健人。其壳为散及煮汁服，亦主利，并堪染用。一以栎为胜。所在山谷中皆有”。

[入诗]

始于周代，《诗经·秦风·晨风》

图6.19 麻栎（冯广平 摄）

鴥彼晨风，郁彼北林。未见君子，忧心钦钦。
如何如何，忘我实多！山有苞栎，隰有六驳。
未见君子，忧心靡乐。
如何如何，忘我实多！山有苞棣，隰有树檖。
未见君子，忧心如醉。如何如何，忘我实多！

[入园]

始于西汉，上林苑植栎，《西京杂记》卷三、《三辅黄图》卷三："五柞宫有五柞树，皆连三抱，上枝荫覆数十亩"。

[汇考]

①**社树**，匠石在齐国曲辕见大麻栎社树作《庄子·人间世》："匠石之齐，至于曲辕，见栎社树。其大蔽数千牛，絜之百围，其高临山，十仞而后有枝，其可以为舟者旁十数"。②**十二月政务树**，西汉时期，官员们的工作重点随着时令的变化而变化，用不同的树种来表达。《淮南子·时则训》："正月官司空，其树杨。二月官仓，其树杏。三月官乡，其树李。四月官田，其树桃。五月官相，其树榆。六月官少内，其树梓。七月官库，其树楝。八月官尉，其树柘。九月官候，其树槐。十月官司马，其树檀。十一月官都尉，其树枣。十二月官狱，其树栎"。③**无用之材**，语出《庄子·人间世》，言大麻栎社树因其诸般缺陷，才得以保存。《庄子·人间世》："散木也，以为舟则沈，以为棺椁则速腐，以为器则速毁，以为门户则液樠，以为柱则蠹。是不材之木也，无所可用，故能若是之寿"。宋·岳珂《桯史·周益公降官》："臣有愧积中，无阶报上。省諐田里，视桑荫之几何；托命乾坤，比栎材而知免"。④**强健之食**，孙思邈以橡子为益人嘉品。唐·沈既济《枕中记》："橡子，非果非谷而最益人，服食未能断谷，啖之尤佳。无气而受气，无味而受味，消食止痢，令人强健不极"。⑤**以树名邑**，河南禹州市古名"栎"，以树为名，是郑国别都。《春·秋桓公十五年》："郑伯突入于栎"。杜预注："郑别都也，今河南阳翟县"。山西也有古邑名"栎"。

32. 徂徕山礤石峪古麻栎群

[性状]

位于泰安徂徕山礤石峪。共1000多株，树龄150－300年。最大一株胸径1米，树龄约400年，长势旺盛。古树群为山东内面积最大的古麻栎林。

33. 安丘柳沟古麻栎

[性状]

位于安丘市凌河镇北流沟村。编号J10，树高8米，胸径0.8米，平均冠幅13.3米，树龄500余年。枝下高3米，主干中空，长势旺盛。2002年，村民于树洞中植桃一株，长势良好。

[身历]

曾有荒年，村民采食树叶，采后复萌繁8次，村民称作"八麻芽子"。

34. 曲阜孔林古麻栎群

[性状]

位于曲阜市孔林内。共825株，平均树高17米，平均胸径0.62米，树龄400－500年。最大一株树高22米，胸径0.9米，冠幅东西17米、南北17.5米，树龄500年。枝下高12米，树冠卵形，长势旺盛。

35. 曲阜孟母林古麻栎群

[性状]

位于曲阜市小雪镇南凫村孟母林。共6株，最大一株树高20米，胸径0.83米，基径0.99米，冠幅东西17米、南北15.5米，树龄300年。枝下高10米，树冠圆形，长势旺盛。

槲树（《本草纲目》）Quercus dentata Thunb. 1784

[释名]

因其树叶摇动时如人恐惧得发抖，故名。《本草纲目·果部·槲实》："槲，犹觳觫也……槲叶摇动，有觳觫之态，故曰槲也"。别名朴樕（《诗经》），金鸡树（《唐书》），槲实、大叶栎、栎子（《本草纲目》），柞栎（《中国高等植物图鉴》，波罗栎（《中国树木志》），大波罗叶（京），波罗叶。拉丁种名*dentata*，意为"具尖齿的"。

[性状]

落叶乔木，树皮暗灰褐色，深纵裂；小枝密被黄色星状绒毛。叶片倒卵形或长倒卵形，先端短钝尖，基部耳形，叶缘波状裂片或粗锯齿，叶背密被灰褐色星状绒毛，侧脉每侧4－10条；托叶线状披针形，叶柄密被棕色绒毛。雄花序生于新枝叶腋，花数朵簇生于花序轴上，雄花花被7－8裂，雄蕊通常8－10个；雌花序生于新枝上部叶腋。壳斗杯形，包着坚果1/3－1/2，小苞片革质，红棕色，外面密被褐色丝状毛，窄披针形，反曲或直立。坚果卵形至宽卵形，直径1.2－1.5厘米，高1.5－2.3厘米，有宿存花柱（图6.20）。花期4－5月，果期9－10月。

[分布]

产黑、吉、辽、冀、晋、陕、甘、鲁、豫、苏、皖、浙、台、鄂、湘、川、黔、滇等省。朝鲜和日本也有。

[入诗]

始于周代。《诗经·国风·召南·野有死麕》：

野有死麕，白茅包之。有女怀春，吉士诱之。

林有朴樕，野有死鹿。白茅纯束，有女如玉。

舒而脱脱兮！无感我帨兮！无使尨也吠！

历代皆有名篇，如唐·司空曙（字文明，或作文初）《雪》其二：

王屋南崖见洛城，石龛松寺上方平。

半山槲叶当窗下，一夜曾闻雪打声。

图6.20　槲树（冯广平 摄）

[入药]

始于唐代。《唐本草》："（槲树叶）主痔，止血，血痢，止渴"。

[入园]

始于宋代。南宋·杨万里《五月三日早起步东园，示幼舆子》："雨香不及露华香，竹液花膏馥葛裳。依与晓星成二客，更无人共上番凉。�箕苕帚两无踪，窃果畦丁职不供。老子不来才几日，松花槲叶满亭中。"

[汇考]

①**槲树自竖**，北齐咸阳王斛律光（字明月，515－572）骁勇善战，治军严明，屡胜北周。武平三年（572），北周将韦孝宽（名叔裕，字孝宽，509－580）以"槲树不扶自竖"儿歌行反间计，齐后主杀斛律光。唐·丘悦《三国典略》："孝宽因令岩作谣言曰：'百升飞上天，明月耀长安。'又曰：'高山不推自崩，槲树不扶自竖。'乃间谍遗其文于邺中，齐人用是而杀斛律光。明月，光字也"。②**倭国槲盘**，隋朝人很早就注意到倭国（今日本）以鸬鹚捕鱼，以槲叶为碗盘。《隋书》："（倭国）俗无盘俎，藉以槲叶，食用手餔之"。③**金鸡树**，万岁登封元年（696），武则天登嵩山封中岳，挂金鸡于封禅坛南的槲树上，宣布大赦。《太平御览》引《唐书》："万岁登封元年春，封嵩山，御朝觐坛，受朝贺。登封坛南有槲树，大赦日于其杪置金鸡，改名为金鸡树"。④**柞蚕**，鳞翅目大蚕蛾科柞蚕（*Antherea pernyi*）原产中国，以栎属树叶尤其是槲树叶为食，产柞蚕丝，手感柔软有弹性，耐热、耐湿，绝缘、强力、伸度、抗脆化、耐酸、耐碱等性能均优于桑蚕丝。但织物缩水率大，生丝不易染色。

36. 沂源红岭子古槲树

[性状]

位于沂源县燕崖乡红岭子村。树高6米，胸径0.8米，冠幅9米，树龄约500年，长势旺盛。槲树叶而清香，鲁中南地区多用其叶包粽子。

[身历]

红岭子始建于明初，张氏自莱芜迁来。《张氏家谱》："明初自莱芜徒居红岭子"。以村近山岭枫树多，深秋山岭一片红，以此得名红岭子。今村中有9姓，300余人。

37. 历城区西南峪古槲树

[性状]

位于济南市历城区仲宫镇绣川办事处西南峪村。高5米，胸径0.6米，树龄约350年，树干腐朽，树冠枯死，仅有一侧枝存活，长势较弱。

[身历]

西南峪村所在为纪家庄，始建时间不详，清康熙间，纪氏已定居于此。宣统间，杨氏自济南朱庵村迁来。村中有朱老庵兴教寺，始建时间不详，明清和民国间重修。今存正殿三间，历代重修碑3通，僧舍利塔3座，其中一座建于明天顺间（1457－1464）。殿前圣水泉为济南七十二名泉之一。

[汇考]

锦绣川因风光优美、河川锦绣而得名。清乾隆《历城县志》："清湍溶溶，四时不竭，川水两岸，峭壁云峰，俨若画屏；松柏掩映，生于石隙；禽鸟飞鸣，如在镜中；春涧野花，秋林红叶，望之如锦，故名锦绣川"。

6.7 芍药科 PAEONIACEAE Rudolphi 1830

6.7.1 芍药属 Paeonia L. 1737

牡丹（《神农本草经》） Paeonia suffruticosa Andr. 1804

38. 青州偶园古牡丹群

［性状］

位于青州市偶园牡丹园（图6.21）。共10丛，记三丛大者。Ⅰ号古树高1.6米，基径0.7米，冠幅东西3米、南北3.1米；Ⅱ号古树高1.5米，基径0.5米，冠幅东西2.8米、南北2.9米；Ⅲ号古树高1米，基径0.3米，冠幅东西2.6米、南北2.3米。三丛古树树龄皆约100年，长势旺盛。

图6.21 偶园古牡丹（冯广平 摄）

6.8 杨柳科 SALICACEAE Mirbel 1851

6.8.1 杨属 Populus L. 1753

毛白杨（《中国树木分类学》）Populus tomentosa Carr. 1867

39. 青州夏庄古毛白杨

［名释］

当地俗称“中华第一杨”。

［性状］

位于青州市王府街道办事处夏庄（图6.22），36° 38′ 4″ N, 118° 17′ 7″ E。树高22米，胸径1.5米，冠幅东西21米、南北24米，树龄420年。树下有石砌围栏保护，长势较旺。

［身历］

树下有本村邱氏先祖邱昆山及其四子墓，墓地位于南阳河上游，前临敬亭山，山上有八角寨，背依双葫芦顶。

40. 青州后饮马古毛白杨

［性状］

位于青州市高柳镇后饮马村。树高8米，胸径1.4米，平均冠幅4米，树龄400年。枝下高6米，长势衰弱。

［身历］

前、中、后饮马庄三村毗连，原为一村，传为齐国养马之所。至迟在北宋已成聚落，村中出土残碑有“大宋”字样。明万历初年修衡庄王墓，村前小溪为饮马处，得名“饮马庄”，讹为“仁马庄”。清雍正间，杨氏迁入，改名“杨仁马”（《杨氏族谱》）。清末曾称“杨马庄”。

［汇考］

2011年，后饮马汉代遗址被列入青州市文物保护单位。

图6.22　青州夏家庄古毛白杨（冯广平 摄）

41. 薛城区埠后古毛白杨

[性状]

位于枣庄市薛城区邹坞镇埠后村胡二公墓地（图6.23）。树高20米，正顶折断，胸径1.4米，平均冠幅20米，树龄约600年。主干中空，有两个树洞，曾遭火烧，东北侧大枝枯死。村中胡氏捐资修3米高大理石高墙予以保护。树下勒立《古杨永生碑》，立于1984年。

[身历]

后埠村始建于北宋末。1999年《枣庄市胡氏族谱（安定堂）》：“吾胡氏始迁祖胡二公，宋世人，南渡避金乱，迁于峄之埠后”。胡氏三世祖胡恭为永乐十五年进士，官至鸿胪寺少卿；卒葬村中。《峄县志》：“胡恭，永乐科举人，累官鸿胪寺少卿。然胡氏世居埠后村，苗裔兹兹，积数百年奉其祀不绝，亦可谓盛也……胡鸿胪恭墓，县北五十里埠后村。仕至鸿胪寺卿”。

[附记]

胡氏绵延27世，宋元族谱散佚，清乾隆三十一年（1766）重建《兰陵胡氏族谱》。宣统元年（1909）重修族谱。1999年重修。

42. 邹城孟林古毛白杨

[性状]

位于邹城市大束镇孟林神道（图6.24），35°15′N, 117°42′E，海拔39米。共28株，平均树高11米，平均胸径 1.11米，平均冠幅东西13.35米、南北19.8米，树龄300年。最大一株

图6.23　薛城区埠后古毛白杨（张建勇 摄）

图6.24　孟林古毛白杨（任昭杰 摄）

树高13米，胸径1.31米，基径1.48米，冠幅东西16米、南北27.7米。枝下高6米，树冠浑圆，长势旺盛。

［身历］

孟林始建于北宋景祐四年。元丰七年、政和四年重修。以后历代重修。古毛白杨应为清晚期重修时所植。

［附记］

孟林东北四基山北麓、曲阜市南辛镇大烟庄村有古毛白杨1株，树高19米，胸径1.18米，基径1.47米，冠幅东西14米、南北12米，树龄100余年。枝下高7米，主干分5大枝，长势一般。

43. 平邑龙湾村古毛白杨

［性状］

位于平邑县白彦镇朱龙湾村河边。树高18米，胸径1.3米，平均冠幅9米，树龄约500年，长势衰弱。

［记事］

①1940年，白彦区区长徐景山以道士身份开展抗日斗争，发展龙湾村人孙固珍入党并加入八路军。1947年，牺牲于龙湾村。②1943年3月23日，日军再度侵占白彦，在白彦、南径、官庄、陈家庄、夏家庄、小北山、小营等处修筑10余个碉堡。日军约30人驻白彦，伪区长孙秀珍部及伪军颜团一部驻小营。24日晨，日伪军500余人包围了皇崮区委和区中队驻地芦家沟，区长孟育民等率民兵与敌作战，抢占太皇崮，恃险激战半日，弹尽继以石，仅余九人。最后，孟育民、李广友、谢恒顺、谢学柱、谢法边阵亡，陈礼赞、王万产与敌同归于尽，公浩跳崖自尽，惟谢恒玉幸存于悬崖石缝中。

44. 曲阜孟母林古毛白杨

［性状］

位于曲阜市小雪镇凫村村东孟母林。树高20米，胸径1.27米，冠幅东西12米、南北13米，树龄100余年。枝下高6米，主干分米，主干分4大枝，东南枝最长，达18米，基径0.4米；树冠浑圆，长势旺盛。距地5米处，主干东北侧有树瘤，横径12厘米。

［身历］

清代重修孟母林墓祠，古毛白杨应为晚清重修时所植。

45. 费县陈埝古毛白杨

［性状］

位于费县探沂镇陈埝村姜家林。两株。一株编号I63，树高20米，胸径1.23米，平均冠幅17米，树龄300年。枝下高2.5米，主干倾东北，中空，梢部枯死，长势一般。另一株编号I64，树高19米，胸径1.15米，平均冠幅15米，树龄300年。枝下高2.5米，主干通直、中空，长势旺盛。

［身历］

古杨所在为姜家祖茔。

46. 寒亭区后仉庄古毛白杨

［性状］

位于潍坊市寒亭区寒亭镇后仉庄，36° 46′ N，119° 12′ E。树高19.6米，胸径1.21米，基径1.4米，平均冠幅15.1米，树龄500余年。枝下高2.5米，距基部2.3米处有树洞，长0.5米，宽0.15米；树冠广卵形，长势旺盛。

［身历］

前、中、后仉庄村相连，前仉庄在南，中仉庄在西，后仉庄庄在北，原为一村，始建于元代。《潍县志稿·民社志》：“仉姓一族世居潍县仉家庄”。《潍县志稿·金石志》引元《灵侯庙碑》：“助缘者有……仉庄张舍人”。明隆庆间，牟、张二姓由寒亭迁入。

图6.25a　山亭区张宝庄古毛白杨（张建勇 摄）

图6.25b　古毛白杨下的古蓄水池（张建勇 摄）

47. 山亭区张宝庄古毛白杨

［名释］

因两株古杨并生，相距3米，犹如兄弟，故名兄弟树。

［性状］

位于枣庄市山亭区桑村镇张宝庄村古蓄水池南岸（图6.25a）。东株编号C020，树高24米，胸径1.18米，平均冠幅15米，长势旺盛；西株树高22米，胸径1.11米，平均冠幅17米，干高半米处有0.4米×0.2米的树洞，树干中空，虫害严重，据村民讲该树于2007年7月受雷击，掉落一直径约0.4米、长约7米的大枝及长约2米、宽约0.35米的表皮。两株古树树龄皆约400年。

［身历］

树北有古蓄水池，建于清嘉庆间（1796－1820），为村民饮水池，蓄水量1万立方米，池旁有清代古碑2通（图6.25b）。村中另有清代古炮楼。2011年，均列为山亭区文物保护单位。

48. 台儿庄区旺庄古毛白杨

［性状］

位于枣庄市台儿庄区涧头集镇旺庄村王氏祖坟内。两株古树东西并生。西株树高27米，胸径1.1米，平均冠幅14米，干中空；东株树高25米，胸径0.73米，平均冠幅17米。两株古树树龄均约300年，长势旺盛。

［汇考］

为王氏后人纪念祖先而栽植。

6.8.2 柳属 Salix L.1753

旱柳（《中国植物志》）Salix matsudana Koidz.1915

49. 济南历下亭古旱柳

【性状】

位于济南市大明湖湖心岛历下亭南（图6.26）。编号B0-0455，树高8米，胸径1.5米，冠幅东西7.6米、南北9.6米，树龄约160年。距地2米处，主干分为东西南北四股，南北两股已枯，东股仅一小枝存活，西枝生长较为旺盛，树身南倾，南侧、东南侧各有一太湖石支撑，东南侧太湖石上刻有“寿”字和葫芦形吉祥图案。

【身历】

历下亭迭经兴废，明末已不存。清康熙三十二年（1693），山东盐运使李兴祖于今址重建历下亭，更名“古历亭”。乾隆十三年（1748），乾隆帝游大明湖，御题“历下亭”匾额。此后，“嗣都转罗公正、杨公宏俊，相继各有兴作”（陈景亮《重修历下亭记》）。道光二十一年（1841），里人杨方佰、庆琛筹款重修。咸丰九年（1859），山东盐运使陈景亮等重修，古柳当为此次重修时栽植。

50. 宁阳桥南古旱柳

【性状】

位于宁阳县堽城镇桥南村。树高8.5米，胸径1.3米，平均冠幅8米，树龄约100年。枝下高4.5米，长势旺盛。

【汇考】

古树为本地宋氏栽植，曾历经磨难。解放前夕，国民党某炮兵团，为筑碉堡、修栅栏，将全村树木砍伐一光，古树当时也被砍掉树头，在锯树身时，宋家人几经请求，古树方幸免于难，至

图6.26 历下亭古旱柳（任昭杰 摄）

今树下部仍有被锯过的痕迹。之后，古树顶部发出一个伞盖状树头，经宋氏家人修剪，发展为朝向不同方向的五个大枝，被誉为“福、禄、寿、吉、祥”和“五子登科”之意。1991年，桥南村因煤矿搬迁，仅留此树，古树也成为原桥南村的象征。

[身历]

桥南始建于唐代。《初修族谱序》：“宁氏自唐初为宁邑人，但世系源流原无谱牒，至元代延祐年间始立一谱碑，亦文字模糊不可辨识。康熙二十二年（1683）再立谱碑”。

51. 济南幸福柳

[名释]

1959年4月13日、9月 21 日，毛泽东主席两次到济南历城县东郊人民公社大辛庄，视察生产队麦田管理和间作套种情况；群众相竞与毛主席在柳树下握手，古柳遂称“幸福柳”。今辟为“幸福柳广场”。

[性状]

位于济南市历城区王舍人街道办事处大辛庄村。树高16.5米，胸径1米，冠幅15米，树龄约60年，长势旺盛。

[汇考]

大辛庄东南有商文化遗址，1935年发现，齐鲁大学林仰山（F. S. Drake）最早研究并公布。大辛庄遗址面积40余万平方米，出土有大批陶器、玉石器、青铜器、骨器、角器、蚌器，并发现一片甲骨卜辞，为一处商代高级贵族居住的城邑。2013年，遗址被公布为全国重点文物保护单位。

6.9 柿树科 EBENACEAE Gürke,in Engler and Prantl 1891

6.9.1 柿属 Diospyros L. 1753

柿树（《东观汉记》） Diospyros kaki Thunb. 1780

52. 临朐天井古柿树

[性状]

位于临朐县五井镇天井村。编号K136，树高25米，胸径1.2米，平均冠幅12米，树龄400余年。

[身历]

天井村始建于明代，以村西有天然地窟，水常年涌流，自然成井，故名。

[汇考]

天井村南300米有战国时期文化遗址。

53. 兰山区叠庄古柿树

[性状]

位于临沂市兰山区马厂湖镇东、西叠庄

村。位于西叠庄，编号A83，树高12米，胸径0.96米，平均冠幅13米，树龄151年。

54. 沂源丝窝村古柿树

〖性状〗

位于沂源县三岔乡丝窝村。树高15米，胸径0.9米，冠幅8米，树龄约300年，长势旺盛。

〖汇考〗

耆老言：清代本村先民遍植柿树以备灾，原周边成林，今仅存一株。

55. 苍山狄庄古柿树

〖性状〗

位于苍山县兰陵镇狄庄村东北。树高16米，胸径0.9米，平均冠幅12米，树龄约600年，长势旺盛。

〖汇考〗

兰陵酒始酿于商代。两汉时期，兰陵酒列为贡品，江苏省徐州市狮子山楚王墓出土有印有贡酒，封泥有“兰陵贡酒”、“兰陵丞印”、“兰陵之印”戳记，保存完整无缺。北魏·贾思勰《齐民要术》最早收载兰陵酒生产工艺。唐代，兰陵酒闻名天下。李白有诗：“兰陵美酒郁金香，玉碗盛来琥珀光。但使主人能醉客，不知何处是他乡。”北宋时期，兰陵美酒与阳羡春茶并称两大名产。米芾有诗“阳羡春茶瑶草碧，兰陵美酒郁金香”。明万历间，兰陵酒始载于药典。李时珍《本草纲目》：“兰陵美酒，清香远达，色复金黄，饮之至醉，不头痛，不口干，不作泻。共水秤之重于他水，邻邑所造俱不然，皆水土之美也，常饮入药俱良”。1954年，周恩来总理率团参加日内瓦国际和平会议，以兰陵美酒为“国酒”招待各国首脑，兰陵美酒自此世界驰名。

56. 费县张庄古柿树

〖性状〗

位于费县南张庄乡张庄村。2株，相距30米。东株高10米，胸径0.77米，冠幅东西12米、南北15米；西株高13米，胸径0.71米，冠幅东西13米、南北15米。两株树龄240余年。长势旺盛，年结果七八百斤。

〖身历〗

古柿树为孙氏柿树园残留。张庄孙氏传12世。

57. 博山区韩庄古柿树

〖性状〗

位于淄博市博山区韩庄村观音寺。同生两株，Ⅰ号古柿树高19米，胸径0.7米，冠幅13米；Ⅱ号古柿树高18米，胸径0.6米，冠幅14米。两株古树树龄均约300年，长势旺盛。

〖身历〗

观音寺清代重修。古柿树应植于重修时。

君迁子（《本草拾遗》）Diospyros lotus L. 1753

58. 青州东乖场古君迁子

［性状］

位于青州市王坟镇东乖场村。树高12米，基分三股，最粗一股胸径0.6米，平均冠幅15米，树龄约500年。长势旺盛。

［汇考］

①东、西乖场村毗连，西北接侯王村，再西北山中有黄巢洞；东接苏峪寺村，再东有黄巢关村。这些地名皆和唐末农民运动领袖黄巢（820－884）有关，唐僖宗乾符间，黄巢曾3次在沂州地区作战。乾符元年（874），濮州人王仙芝起义，黄巢响应，王黄联军东攻沂州，被平卢节度使宋威等击败。乾符三年（876），黄巢再攻沂州，克。乾符五年（878），王仙芝战死，余部归黄巢，推黄巢为黄王，号冲天大将军，建元王霸；黄巢军再次攻克沂州。广明元年（880），陷洛阳、长安，唐僖宗出奔成都。翌年，黄巢即位于含元殿，国号大齐，改元金统。中和四年（884），黄巢兵败狼虎谷（今山东莱芜西南），自杀。②黄巢洞位于玄阳山顶部，玄阳山古称郎公山，原为五胡十六国时期高僧驻锡处。明嘉靖《青州府志》：“旧传有僧名郎公者，以占侯发随慕容德来青州。尝居此。上有洞，名郎公洞，侧刻石佛像尚存”。黄巢军曾驻洞中，改名“黄巢洞”。洞高3米，深200余米，有大小十余间。第六间最大，中为大厅，四层台阶式座位清晰可见。厅下有地洞通向后山。洞内自然景观奇特，有日、月、龙、猪、马石。洞外有无梁石室建筑、帅旗眼、点将台、石臼等。

59. 青州南山古君迁子

［性状］

位于青州市邵庄镇南山村。树高8米，胸径0.7米，平均冠幅8米，树龄约500年。长势旺盛。

［汇考］

灾荒年份，古树果实救人无数，当地人奉为神树。

60. 沂源水么头古君迁子

［名释］

为避荒年而植，救人无数，故名“救命树”。

［性状］

位于沂源县土门镇水么头村南。树高10米，基径1米，胸径0.6米，平均冠幅13米，植于明代，树龄约500年。长势旺盛。

［身历］

水么头原名“水磨头”，始建于明初。《崔氏谱录》：“吾氏族籍冀州枣强县人，先人于明初迁至博邑石磨上庄、阁庄……二世祖分两支，长支去莱芜亮坡，二支居蒙邑水么头”。1961年以螳螂河为界分为水么头河北、河南两村。

6.10 蔷薇科 ROSACEAE de Jussieu 1789

6.10.1 山楂属 Crataegus L. 1753

山楂（《中国植物志》） Crataegus pinnatifida Bge. 1835

61. 费县胡山头古山楂

［性状］

位于费县石井镇胡山头村。树高8.5米，胸径0.83米，冠幅东西12米、南北13米，树龄约400年。

62. 沂源县四亩地古山楂

［性状］

位于沂源县徐家庄乡四亩地村。树高10米，胸径0.5米，平均冠幅11米，树龄约100年。每年硕果累累，长势旺盛。

［汇考］

耆老言：清末村中有大面积山楂林，后渐次毁坏，仅剩此一株。

6.10.2 榅桲属 Cydonia Mill. 1768

榅桲（《开宝本草》） Cydonia oblonga Mill. 1768

［释名］

因其果味香，故名。《本草纲目·果部·榅桲》："榅桲性温而气馞，故名。馞音孛，香气也"。别名文林郎（《本草拾遗》、《海药本草》），楔楂、比也（新），木梨（豫）。拉丁属名*Cydonia*源自希腊语kydonia（克里特岛的一个城市）；种名*oblonga*意为"椭圆的"。

［性状］

灌木或小乔木，高2.5－8米。芽小，有短柔毛，被有鳞片。枝多而丛生，小枝有绒毛，稍扭转。叶阔卵形至长圆形，长5－10厘米，全缘，下面密生绒毛。花与叶同时着生于嫩枝顶端，花径4－6厘米；萼片5，全缘，有绒毛；花瓣5，白色或淡红色，倒卵形；雄蕊20；子房下位（图6.27a）。梨果，梨状或苹果状，黄色，芳香，外被绒毛，径约7厘米，内含多数种子（图6.27b）。

［分布］

原产中亚细亚、伊朗、高加索、土耳其等地。在格鲁吉亚、阿塞尔拜疆、亚美尼亚、我国新疆等地果园中普遍栽培；在陕、冀、辽、赣、

图6.27a　榅桲花（冯广平 摄）

图6.27b　榅桲（冯广平 摄）

闽、黔、赣等省也有少量栽培。

[入药]

始于唐代。《本草拾遗》："文林郎味甘，无毒。主水痢，去烦热"。《植物名实图考长编》引《海药本草》："（榅桲）是味酸香，微温，无毒。主水泻，肠虚，烦热，并宜生食，散酒气也"。

[入诗]

始于北宋。皇祐元年（1049）进士文同（字与可，号笑笑居士，世称"文湖州"，1018－1079）《彦思惠榅桲因谢》：

秦中物专美，榅桲为嘉果。
南枝种府署，高树立婀娜。
秋来放新实，照日垂万颗。
中滋甘醴酿，外饰素茸裹。
彦思摘晨露，满合持赠我。
复侑以佳句，再拜极所荷。
珍之不敢尽，玩已即深锁。
兹焉遂名产，沙苑忽幺麽。

[入园]

始于西晋，《晋官阙记》："华林园有林檎十二株，榅桲六株"。

[汇考]

①**文林郎**，传入身形榅桲主文运，得此者可作文林郎。《本草拾遗》："（文林郎）子如李，或如林檎，生渤海间，人食之。云其树从河中浮来，拾得人身是文林郎，因此以为名也"。《植物名实图考长编》引《海药本草》："（文林郎）又南山亦出，彼人呼榅桲"。②**榅桲皱皮木瓜不辨**，榅桲自关陕引入中原，南方人见其性状与皱皮木瓜相类，以为同一种。《述异记》："江淮南人至北见榅桲，以为楂子"。

63. 苍山朱村古榅桲

[性状]

位于苍山县贾庄乡朱村河边。编号L26，树高5米，胸径1.22米，平均冠幅6米，植于清同治间（1861－1874），树龄130余年。枝下高2米，1980年，旁边大树刮倒，将正顶砸断，惟余南北两枝，北枝基径0.25米，长5米；南枝基径0.2米，长3.5米。

64. 平邑开福寺古榅桲

[性状]

位于平邑县流峪镇锅泉林场赤梁院分区开福寺。树高9米，主干已腐，侧干胸径0.4米，平均冠幅10米，树龄约800年，长势旺盛。

6.10.3 木瓜属 Chaenomeles Lindl.1822

木瓜（《诗经》） Chaenomeles sinensis (Thouin) Koehne 1890

[释名]

因其果大小如瓜，故名。别名楙（《尔雅》）。拉丁属名*Chaenomeles*源自希腊语chaino（裂开）和melon（苹果）；种名*sinensis*意为“中国的”。

图6.28a 木瓜花（冯广平 摄）

[性状]

落叶灌木或小乔木，无枝刺。小枝圆柱形，紫红色；树皮片状脱落，落后痕迹显著。叶片椭圆形或椭圆状长圆形，边缘具刺芒状细锯齿；托叶膜质，椭圆状披针形。花单生，花瓣倒卵形，淡红色（图6.28a）；萼裂片三角状披针形。梨果长椭圆体形，长10－15厘米，深黄色，具光泽，果肉木质，味微酸、涩，有芳香，具短果梗（图6.28b）。

图6.28b 木瓜（任昭杰 摄）

[分布]

产鲁、豫、陕、皖、苏、鄂、川、浙、赣、粤、桂。

[入药]

始于晋代，《名医别录·中品·木瓜果》：“味酸，温，无毒。主治湿痹邪气，霍乱，大吐下，转筋不止。其枝亦可煮用”。

[入诗]

始于周代，《诗经·卫风·木瓜》：

投我以木瓜，报之以琼琚。匪报也，永以为好也！

投我以木桃，报之以琼瑶。匪报也，永以为好也！

投我以木李，报之以琼玖。匪报也，永以为好也！

宋人多有名篇，如梅尧臣《次韵和王尚书答赠宣城花木瓜十韵》：

百菓各甘酸，或由人所植。
木瓜闻卫诗，赠好非玉色。
投此琼玖报，盖重车马饰。
贵贱今既殊，凌纸字翕赩。
一一如明珠，自得见安格。
复何备国风，庶亦见王泽。
捧之为重赐，诵已乃忘食。
幸资药品用，少助宣调力。
南土加文章，宣州异肥瘠。
公将和鼎餗，微意愿寻绎。

[入园]

至迟始于西晋，《晋宫阙名》："华林园木瓜五株"。

[汇考]

①**七品花**，《花经》："木瓜七品三命"。《瓶花谱》："木瓜九品一命"。②**女子揆木瓜**，唐御史大夫崔涓任杭州刺史时，于湖上宴请宾客。使者见席上木瓜，持归欲献皇帝。席间妓女预测木瓜脆弱易损，必遗弃。太守虚惊一场。《唐语林》："崔涓守杭州，湖上饮饯。客有献木瓜，所未尝有也。传以示客，有中使即袖归，曰：'禁中未曾有，宜进于上'。顷之，解舟而去。郡守惧得罪，不乐，欲撤饮。官妓作酒监者立白守曰：'请郎中尽饮，某度木瓜经宿必委中流也'。守从之。会送中使者还云：'果溃烂，弃之矣'。郡守异其言，召问之，曰：'使者既请进，必函贮以行。初因递观，则以手掐之。此物芳脆易损，必不能入献'"。③**宣州花木瓜**，宋代宣城人剪纸花贴在木瓜上，久之果有花纹。《图经本草》："宣人种莳尤谨，遍满山谷。始实成则镞纸花粘于上，夜露日烘，渐变红，花文如生。本州以充土贡，故有宣城花木瓜之称"。

65. 苍山新庄古木瓜群

[性状]

位于苍山县兰陵镇新庄村。3株，最大一株编号L25，树高8米，胸径0.71米，平均冠幅5米，植于明正统十四年（1449），树龄563年。主干中空。树冠卵圆形，长势旺盛。

[身历]

明正统间举人孙氏手植。原有4株，今存其三，应为私宅观赏树。

66. 费县梨行古木瓜

[性状]

位于费县方城镇梨行村。树高7.5米，胸径0.59米，冠幅东西7米、南北6.5米，树龄350年。

6.10.4 梨属 Pyrus L. 1753

白梨（《中国树木分类学》）Pyrus bretschneideri Rehd. 1915

[释名]

因其药性利下，故名。《本草纲目·果部·梨》："震亨曰：梨者，利也。其性下行流利也。弘景曰：梨种殊多，并皆冷利，多食损人，故俗人谓之快果，不入药用"。别名梨（《尔雅》），快果（《名医别录》），果宗、玉乳、蜜父（《本草纲目》），白挂梨、罐梨（冀）。拉丁属名*Pyrus*意为"梨"；种名*bretschneideri*纪念俄国植物学家布雷茨尼捷利尔（E. Bretschneider，1833－1901）。

[性状]

落叶乔木，二年生枝紫褐色，具稀疏皮孔；冬芽卵形，先端圆钝或急尖，鳞片边缘及先端有柔毛，暗紫色。叶片卵形或椭圆卵形，先端渐尖稀急尖，基部宽楔形，边缘有尖锐锯齿，齿尖有刺芒，嫩时紫红绿色，两面均有绒毛，不久脱落，老叶无毛；叶柄长2.5－7厘米，嫩时密被绒毛，不久脱落；托叶膜质，线形至线状披针形，边缘具有腺齿，早落。伞形总状花序，有花7－10朵，苞片膜质，线形，先端渐尖，全缘，内面密被褐色长绒毛；花白色（图6.29a）；萼片三角形，先端渐尖，边缘有腺齿，外面无毛，内面密被褐色绒毛；花瓣卵形，先端常呈啮齿状，基部具有短爪；雄蕊20，长约等于花瓣之半；花柱5或4，与雄蕊近等长，无毛。果实卵形或近球形，基部具肥厚果梗，黄色（图6.29b）；种子倒卵形，微扁，褐色。花期4月，果期8－9月。

[分布]

产冀、鲁、豫、晋、陕、甘、青。在北方习见栽培，栽培品种众多，如河北鸭梨、蜜梨、雪花梨、象牙梨、秋白梨，山东在梨、窝梨、鹅梨、坠子梨、长把梨，山西黄梨、油梨、夏梨、红梨等。本种与秋子梨（*Pyrus ussuriensis* Maxim.）甚为近似，但秋子梨叶片基部圆形或近心形，锯齿刺芒较为显著，果实上具有宿存萼片。

[入药]

始于晋代。《名医别录·下品》："梨，

图6.29a 白梨花（冯广平 摄）

图6.29b 白梨（冯广平 摄）

味苦，寒。多食令人寒中，金创，乳妇尤不可食”。

[入诗]

始于晋代。晋·王讚《梨树颂并序》：

太康十年，梨树四枝，其条与中枝合，生于园圃。皇太子令侍臣作颂。

嘉木时生，瑞我皇祚。修干外扬，隆枝内附。
翌翌皇储，克光其敬。神启其和，人隆其盛。
降自玄圃，合体连性。时惟令月，躬亲北林。
乐在同人，如兰如金。木之期应，乃同其心。
而心之生，启自神明。在心斯动，于言斯形。
先民有则，称诗表情。惟永作歌，以休厥灵。

历代皆有名篇，南宋·杨万里（字廷秀，号诚斋，1127－1206）《咏梨》：

挂冠大谷肯于时，飣坐风流特地奇。
骨里馨香衣不隔，胸中水雪齿偏知。
卖浆碎捣琼为汁，解甲方怜玉作肌。
老子醉来浑谢客，见渠倒屣只嫌迟。

[入园]

始于西汉，上林苑植梨多个品种。《西京杂记》卷一：“梨十，紫梨、青梨（实大）、芳梨（实小）、大谷梨、细叶梨、缥叶梨、金叶梨（出琅琊王野家，太守王唐所献）、瀚海梨（出瀚海北，耐寒不枯）、东王梨（出海中）、紫条梨”。

[汇考]

①**仙果**，梨、桃、枣并为仙家所用，称仙果。《尹喜内传》：“老子西游，省太真王母，共食碧桃、紫梨”。南朝齐·祖冲之《述异记》：“北方有七尺之枣，南方有三尺之梨，凡人不得见，或见而食之，即为地仙”。《神异经》：“南方有树焉，高百丈，敷张自辅。叶长一丈，广六尺。名梨。如今之柤梨，但树大耳。其子径三尺，剖之少瓤，白如素。和羹食之地仙，衣服不败，辟谷，可以入水火也”。②**一梨出妻**，曾参因妻蒸梨不熟、小事且不用命而休妻。《孔子家语·七十二弟子解》：“参后母遇之无恩，而供养不衰。及其妻梨蒸不熟，因出之。人曰：‘非七出也’。参曰：‘梨蒸小物耳，吾欲使熟而不用吾命，况大事乎？’遂出之”。③**千梨拟侯**，汉代淮北和荥阳产梨，有梨千树，财富比千户侯。《史记》：“淮北、荥南、河济之间，千株梨……其人与千户侯等也”。④**含消梨**，汉武帝上林苑中有御宿园，产梨大而脆，名“含消梨”。辛氏《三秦记》：“汉武帝园，一名樊川，一名御宿。有大梨如五升瓶，落地则破。其主取布囊承之，名曰含消梨”。⑤**哀家梨**，汉秣陵人哀仲种梨实大而味美，入口便消释，时人称“哀家梨”。《东晋大将军桓玄（字敬道，一名灵宝，369－404）恨人不爽利，言得袁家梨而复蒸熟吃。《世说新语·轻诋上》：“桓南郡每见人不快，辄嗔云：‘君得哀家梨，当复不蒸食否？”⑥**孔融让梨**，汉“建安七子”孔融（字文举，153－208）四岁让梨，为兄弟友爱典范。晋·张隐《文士传·孔融》：“融四岁时，每与诸兄共食梨，辄取其小者。大人问其故，答曰：‘我小儿，法当取小者。’”⑦**伐梨中魇**，建安二十五年（220），曹操（字孟德，一名吉利，小字阿瞒，155－220）伐濯龙祠梨树，见血而止，受惊病故。《三国志》引《曹瞒传》：“王使工苏越徙美梨，掘之，根伤尽出血。越白状，王躬自视而恶之，以为不祥，还遂寝疾”。⑧**真定御梨**，河北正定雪花梨自古闻名，魏文帝曹丕曾诏令为御梨。《太平广记》引魏文帝诏：“真定御梨大如拳，甜如蜜，脆如菱，可以解烦、释悁”。《广志》：“洛阳北邙张公夏梨，海内唯有一树。常山真定

梨、山阳钜野梨、梁国睢阳梨、齐郡临淄梨。广都梨，又云钜鹿豪梨，重六斤，数人分食之”。⑨**置吏护梨**，晋宫有御梨树，设置守护者，此为为树执勤之始。《太平御览》卷六六九引《晋令》：“诸宫有梨守护者，置吏一人”。⑩**分梨均平**，释道安（俗姓卫，312－385）得习凿齿所赠十枚梨与众僧，人人得沾雨露。南朝梁·慧皎《高僧传》：“（习凿齿）‘四海习鉴齿’，安曰：‘弥天释道安’，时人以为名答。齿后饷梨十枚，正值众食，便手自剖分，梨尽，人遍无参差者”。⑪**高聪梨**，北魏安北将军高聪（字僧智，451－520）赋闲在家时种梨果美，号“高聪梨”。《北史·高聪传》：“聪遂废于家，断绝人事，唯修营园果，世称高聪梨，以为珍异”。⑫**大谷梨**、**承光柰**，北魏首都洛阳承光寺梨、苹果天下闻名。《洛阳伽蓝记·城南》：“（汉国子学堂）周回有园，珍果出焉。有大谷梨，承光之柰。承光寺亦多果木，柰味甚美，冠于京师”。唐·段成式《酉阳杂俎·物异》：“洛阳报德寺梨，重六斤”。⑬**青田御梨**，南朝宋时，青田产梨列为贡品，有专职守护，世人不知其味。南朝宋·郑辑之《永嘉郡记》：“官梨，青田村人家多种梨树，名曰‘官梨’，子大一围五寸，恒以供献，名为‘御梨’。吏司守视，土人有未知味者，梨实落至地，即融汁。”⑭**融峰梨**，融峰上有仙梨，大如斗，落地而碎，世人不知其味。唐·郑常《洽闻记》：“（融峰）有梨树，高三十丈，子如斗，至摇落时，但见其汁核，无得味者”。⑮**雪梨膏**，魏征母病咳，苦于服药，病情危重。魏母嗜梨，魏征以梨汁和药进食，魏母旋即病愈。⑯**榜眼果**，唐贞元间，中书舍人李直方以科第品评诸果，梨列第二。李肇《唐国史补》：“李直方尝第果实，若贡士者。以绿李为首，楞梨为二，樱桃为三，柑为四，蒲桃为五”。⑰**赐梨联句**，唐李泌辅佐肃宗有功而辟谷绝食，肃宗曾亲为烧梨，并与诸王联句成诗。唐·李繁《邺侯外传》：“肃宗尝夜坐，召颖王等三弟，同于地炉罽毯上食，以泌多绝粒，肃宗每自为烧二梨以赐泌，时颖王持恩固求，肃宗不与，曰：‘汝饱食肉，先生绝粒，何乃争此耶！’颖王曰：‘臣等试大家心，何乃偏耶！不然，三弟共乞一颗。’肃宗亦不许，别命他果以赐之。王等又曰：‘臣等以大家自烧故乞，他果何用？’因曰：‘先生恩渥如此，臣等请联句，以为他年故事。’颖王曰：‘先生年几许，颜色似童儿。’其次信王曰：‘夜抱九仙骨，朝披一品衣。’其次益王曰：‘不食千钟粟，唯餐两颗梨。’既而三王请成之。肃宗因曰：‘天生此间气，助我化无为。’”⑱**紫花梨**，会昌五年（845），唐武宗李炎（本名李瀍，814－846）患心热病，百药无效。青城山邢道士以青芝紫梨丹和梨汁治愈。《耳目记》：时有言青城山邢道士者，妙于方药。帝即召见之。道士以肘后绿囊中青丹两粒，及取梨数枚，绞汁而进之。帝疾寻愈。旬日之内。所赐万金，仍加广济先生之号。帝从容问其丹为何物，先生曰：“赤城山顶，有青芝两株。太白南溪，有紫花梨一树。臣之昔岁，曾游二山，偶获两宝，合炼成丹。五十年来，服食殆尽，唯余两粒，幸逢陛下服之。更欲此丹，须求二物也……帝遂诏示天下，有紫花梨，即时奏上。时恒州节度太尉公王达，尚寿春公主，即会昌之女弟。闻真定李令，种梨数株，其一紫花梨，……洎及秋实，公主必手选而进之。此达帝庭，十得其六七。帝多食此梨，虽不及邢氏者，亦粗解其烦躁耳……此梨自后以为贡赋之常物。县官岁久，亦渐怠于宝守焉。至天祐末焉，赵王为德明之所篡弑。其后县邑公署，多历兵戎。紫花之梨，亦已枯朽。今之真定，无复继种者焉”。⑲**五脏刀斧**，唐司徒李建勋（字致尧，872－952）镇豫章（今南昌），见老者教儿童于茅舍中。食梨解渴，而同行人以梨为五脏刀斧不宜多食。老者言实则“离为五脏刀斧”。北宋·僧文莹《湘山野录》：“李建勋罢相江南，出镇豫章……乃一老叟教数村童。叟惊悚离席，改容趋谢，而翔雅有体，气调潇洒。丞相爱之，遂觞于其庐……李以晚渴，连食数梨。宾僚有曰：‘此不宜多食，号为五脏刀斧。’叟窃笑。丞相曰：‘先生之哂，必有异闻。’……叟曰：‘见《鹖冠子》。所谓五脏刀斧者，非所食之梨，乃离别之离尔。盖言人之别离，戕伐胸怀，甚若刀斧。’遂就架取一小策，振拂以呈丞相，乃《鹖冠子》也。检之，如其说，李特加重”。⑳**所念惟梨**，唐邵伯恭为侍郎，家书中惟竹出笋时念家乡之梨。宋·范公偁《过庭录》：“邵伯恭侍郎守长安，既去久之，以书抵亲识曰：‘自去长安，唯酥梨笋时复在念，其他漫然不复记忆。’”㉑**消梨驱厄**，唐代有官员得热症，会诊为绝症，有民间医士以含消梨治愈。唐·顾陶《类编》：“一士人状若有疾，厌厌无聊，往谒杨吉老诊之。杨曰：‘君热症已极，气血消铄，此去三年，当以疽死’。士人不乐而去。闻茅山有道士医术通神，而不欲自鸣。乃衣仆衣，诣山拜之，愿执薪水之役。道士留置弟子中。久之以实白道士。道士诊之，笑曰：‘汝便下山，但日日吃好梨一颗。如生梨已尽，则取干者泡汤，食滓饮汁，疾自当平’。士人如其戒，经一岁复见吉老。见其颜貌腴泽，脉息和平，惊曰：君必遇异人，不然岂有痊理？士人备告吉老。吉老具衣冠望茅山设拜，自咎其学之未至”。宋·孙光宪《北梦琐言》：“（武陵医士梁新）仕至尚医奉御。有一朝士诣之，梁奉御曰：‘何不早见示风疾已深矣，请速归处置家事，委顺而已。’朝士闻而惶遽告退，策马而归。时有州马医赵鄂者，新到京都，于通衢自榜姓名云‘攻医术士’。此朝士下马告之，赵鄂亦言疾已危，与梁生所说同矣，谓曰：‘只有一法，请官人剩吃消梨，不限多少，咀□不及，捩汁而饮，或希万一。’……旬日唯吃消梨，顿觉爽朗，其恙不作”。㉒**多幸轻离**，北宋绍圣间（1094－1098）蔡京接待辽国使者李俨，俨以杏喻出使很久，蔡京以梨喻任重道远。南宋·陆游《老学庵笔记》：“绍圣中，蔡京馆院辽使李俨。盖泛使者，留馆颇久。一日，俨方饮，忽持盘中杏曰：来未花开，如今多幸。京即举梨谓之曰：去虽叶落，未可轻离”。㉓**液紫霜**，广安紫梨与紫藤粉作糕能醉人。明·孔迩述《云蕉馆纪谈》：“广安出紫梨，到口即化者为佳。取其汁和紫藤粉为糕，名云液紫霜，食之能却醉”。㉔**梨韵李洁**，梨花、李花均清白贞洁，为闲庭佳树。清·陈淏子《花镜》云：“梨之韵，李之洁，宜闲庭旷圃，朝晖夕蔼”。

67. 淄川双井古梨

[名释]

为现存最古池梨，号“池梨王”。

[性状]

位于淄博市淄川区口头乡双井村四分台。树高17米，胸径1.24米，平均冠幅10米，树龄约400年。长势旺盛，年产梨500千克左右。

[汇考]

博山池梨原产池板村，清代列为贡品。

6.10.5 苹果属 Malus Mill.1754

西府海棠 Malus micromalus Makino 1908

68. 济南珍珠泉古西府海棠

[名释]

传北宋熙宁五年至六年（1072－1073），曾巩知齐州时手植。

[性状]

位于珍珠泉公园内，原在今址东约50米处。编号A1-0018，树高7米，基部萌生12新干，胸围0.08－0.32米，冠幅东西8米、南北8米，树龄940年。树龄为全国之最。1954年整修海棠园时，花工范玉海发现古海棠树墩上萌生新干，遂移于今处。

[身历]

古海棠所在原有“名士轩”，曾巩建，原为二进院落，北靠濯缨湖，南北各为厅房。民国《续修历城县志》：“曾子固取杜诗济南名士多句作名士轩”。元初，金紫光禄大夫、山东行尚书省兼兵马都元帅、知济南府事张荣（字世辉）在此建府第，人称“张舍人园子”；其孙张宏建“白云楼”。明初，改为都司署。成化间，辟建德王府。民国《济南市山水古迹纪略》：“白云楼，明初为都司署，成化间，建德藩府第”。清初改为山东巡抚署衙，“康熙年间，改建龙章书院于此，雍正初又改为龙神庙”（《济南市山水古迹纪略》）。民国时期，改为山东民政长署，继为山东都督府、巡按使署、督办公署及山东省政府。1937年，日军入侵山东，山东省主席韩复榘弃守济南，并下令烧毁省政府，仅存清代巡抚大堂等少数古建筑。1951年改建为省级机关第一招待所。1954年重建，改名“海棠园”。1979年，为山东省人大常委会驻地。2002年，对外开放。

[汇考]

“白云雪霁”为济南八景之一，此说始于元代。白云楼位于珍珠泉、濯缨湖（今王府池子），元大都督张宏建，雪后登临晴光四野、景色仰止。

69. 曲阜孔府古西府海棠群

[性状]

位于曲阜市孔府花园。共5株，最大一株树高10米，胸径0.32米，冠幅东西8米、南北7.5米，树龄300年。枝下高5米，主干分5大枝，树冠伞形，长势旺盛。

6.10.6 蔷薇属 Rosa L. 1753

木香（《群芳谱》）Rosa banksiae Ait.1811

[释名]

明·王象晋《群芳谱》："木香，灌生条，长有刺，如蔷薇。有三种花，开于四月，惟紫心白花者为最香馥清远，高架万条，望若香雪"。别名木香花、锦棚儿（《花镜》），七里香（川）。拉丁属名*Rosa*源于希腊语，为爱神厄洛斯（Eros）略称，是玫瑰花本名；种名*banksiae*以纪念英国J.Banks夫人。

[性状]

攀援小灌木，小枝有短小皮刺，老枝上的皮刺较大。复叶互生，小叶3－5，稀7，连叶柄长4－6厘米；小叶片椭圆状卵形或长圆披针形，先端急尖或稍钝，基部近圆形或宽楔形，边缘有紧贴细锯齿，上面无毛，深绿色，下面淡绿色，中脉突起，沿脉有柔毛；小叶柄和叶轴有稀疏柔毛和散生小皮刺；托叶线状披针形，膜质，离生，早落。花小形，多朵成伞形花序，萼片卵形，先端长渐尖，全缘，萼筒和萼片外面均无毛，内面被白色柔毛；花瓣重瓣至半重瓣，白色（图6.30），倒卵形，先端圆，基部楔形；心皮多数，花柱离生，密被柔毛，比雄蕊短很多。花期4－5月。

[分布]

产川、滇。全国各地均有栽培。

[入诗]

始于唐代。邵楚苌（字待纶）《题马侍中燧木香亭》：

春日迟迟木香阁，窈窕佳人褰绣幕。

淋漓玉露滴紫蕤，绵蛮黄鸟窥朱萼。

横汉碧云歌处断，满地花钿舞时落。

树影参差斜入檐，风动玲珑水晶箔。

宋人多有名篇，如宋庆历六年（1046）年进士刘敞（字原父，号公是，1018－1068年）《木香》：

粉刺丛丛斗野芳，春风摇曳不成行。

只因爱学宫妆样，分得梅花一半香。

[入园]

始于唐代，宋时入禁苑。宋·朱弁《曲洧旧闻》："木香，京师初无此花，始禁中有数架，花时民间或得之，相赠遗，号禁花，今则盛矣"。

图6.30 木香（任昭杰 摄）

图6.31 孟府古木香（冯广平 摄）

[汇考]

《本草纲目·草部·木香》："时珍曰：木香，草类也。本名蜜香，因其香气如蜜也。缘沉香中有蜜香，遂讹此为木香尔。昔人谓之青木香。后人因呼马兜铃根为青木香，乃呼此为南木香、广木香以别之。今人又呼一种蔷薇为木香，愈乱真矣"。《花镜》："木香一名锦棚儿，藤蔓附木。叶比蔷薇更细小而繁，四月初开花。"

70. 邹城孟府古木香

[性状]

位于邹城市孟府院内（图6.31）。共2株，最大一株树高5.5米，基径0.8米，冠幅东西8米、南北9米，冠高3米，树龄约110年。

71. 曲阜孔府古木香

[性状]

位于孔府内宅大门内（图6.32）。树高4米，基径0.52米，基分4枝，最粗一枝胸径0.12米，冠幅东西5.7米、南北5.6米，树龄约150年，长势旺盛。

图6.32 孔府古木香群（张伟 摄）

第七章
被子植物（二）

7.1　含羞草科 MIMOSACEAE Brown 1814

7.1.1　合欢属 Albizia Durazz. 1772

合欢（《神农本草经》） Albizia julibrissin Durazz. 1772

1. 河东区郭圪墩古合欢

[性状]

位于临沂市河东区八湖镇郭圪墩村。编号C14，树高19米，胸径1.08米，基径0.64米，平均冠幅18米，树龄100年。枝下高3米，主干分4大杈，树冠偏东北，长势旺盛。

[身历]

郭圪塔墩始建于清顺治间，郭姓来此建村，因村旁有一高墩，故名郭圪塔墩，又名西圪塔墩、郭家塔墩。

7.2　云实科 CAESALPINIACEAE Hutch. Et Dalz. 1928

7.2.1　皂荚属 Gleditsia Linn. 1753

皂荚（《神农本草经》） Gleditsia sinensis Lam. 1786

2. 青州财政局古皂荚

[性状]

位于青州市财政局院内。树高6米，胸径1.1米，冠幅3.4米，树龄约300年，长势旺盛。

[身历]

古树所在原为明齐王府旧址，清光绪间尚存。民国以后辟为民居。20世纪80年代末，改建为青州财政局。

7.3　豆科 FABACEAE Lindl. 1836

7.3.1　槐属 Sophora. 1753

槐（《神农本草经》） Sophora japonica Linn. 1767

3. 沂源崮东万古槐

[释名]

当地奉为神树，俗称“槐树仙”，逢年节于树下上香攘灾。

[性状]

位于沂源县西里镇崮东万村。原有3株，

图7.1 诸城孟家屯古槐（引自《诸城古树名木》）

图7.2 山亭区上龙庄古槐（张建勇 摄）

1999年大风刮倒一株，今余2株。Ⅰ号编号G28，树高13米，胸径3.0米，平均冠幅16米，主干中空，分3大杈，正顶折断，后萌新枝，长势一般。Ⅱ号编号G27，树高18米，胸径2.0米，平均冠幅20米，枝下高4米，主干分4大杈，长势旺盛。两株树龄500年，此说非，泰安南淳于古槐与当前两株胸径相仿佛，植于北魏，则此两株树龄也不小于1600年。树下有1999年勒立《古槐传》短碣。

［身历］

因树建村，崮东万村始建于明代，当时古槐已千年。

4. 诸城孟家屯古槐

［性状］

位于诸城市贾悦镇孟家屯村东南部（图7.1）。树高14米，胸径2.7米，平均冠幅12米，树龄2000余年。枝下高2 米，主干中空、左旋，大杈折断，有后萌大枝形成新树冠，长势一般。

5. 山亭区上龙庄古槐

［性状］

位于枣庄市山亭区水泉镇上龙庄村（图7.2）。编号C008，树高8米，胸径2.67米，平均冠幅6米，树龄1100年。主干中空，可容一人，正顶折断，南北两股有萌生枝条。20世纪80年代，大风折断5米高处大枝。长势衰弱。

6. 泰安南淳于古槐

［释名］

传植于北魏，号“魏槐”。《泰安县志》载：北魏建武顶寺，槐植于寺遗址中，故传为北魏之物，故称魏槐。

［性状］

位于泰安市岱岳区满庄镇南淳于村村委院内武顶寺遗址。高20米，胸径2.5米，平均冠幅11米，树龄约1600年。主干中空，正顶折断，唯一侧萌生枝存活，长势一般。

［身历］

武顶寺建于东魏武定年间（543－550），树下有造像残碑。明正德间、清乾隆间重修，有重修碑2通。

［记事］

①满庄镇西北约500米处有龙山文化至商周时期文化遗址，1957年发现，面积10 000平方米，堆积厚度1－2米。遗址东北部断崖剖面可见灰坑、墓葬和红烧土痕迹。采集到龙山文化时期夹砂褐陶扁形鼎足、尊形器残片、质蛋壳黑陶片，岳石文化泥质褐陶带子母口器盖，商周时期残豆盘等。今为岱岳区文物保护单位。②中淳于村西南有西汉名医、齐太仓令淳于意（前205－前140）墓，又称“救女坟”，1956年发现。《泰安县志》：“淳于意墓：在中正区淳于韩姓茔北。墓方十二步，高八尺。清光绪间施植柏树七株，颇壮观”。墓地面积324平方米，墓高约4米，1979年，被列为泰安县文物保护单位。1996年，被列为岱岳区文物保护单位。

7. 周村区西马古槐

［性状］

位于周村区南闫镇西马村米河桥北。树高5.5米，胸径2.5米，平均冠幅6米，传为唐槐，树龄1000余年。主干中空，正顶折断，断处萌生小枝条。今于空洞内枝幼槐一株，号“怀中抱子”。树前立有“唐槐碑”。1976年，树高达30米，冠幅东西30米、南北20米，后后由于工业污染，古槐树枝逐渐断落。

［身历］

明代，因树建村，原称“西马庄”，清康熙五十五年（1716）属长山县东路心字约（澄心）。西马村龙灯远近闻名，总长25米，共9节；由两条龙组成 “青龙”布雨，“红龙”振雷、喷火、降魔。

8. 博山区赵庄古槐

［性状］

位于淄博市博山区池上乡东赵庄村赵庄。树高25米，胸径2.43米，平均冠幅26米，传植于唐代，树龄1300年。长势旺盛。

［身历］

赵庄始建于元代，原名“耩庄”，分上下两村。《王氏谱系图》：“始祖守信，元初迁此定居”。明初洪灾村毁，村民于原址东新建“找庄”，后沿称“赵庄”。1982年，赵庄、东赵庄合并为东赵庄村。

9. 沂源白峪古槐

［释名］

因古槐树势巨大，故名“国槐王”。

［性状］

位于沂源县燕崖镇白峪村，树高16米，基径3.1米，胸径2.4米，冠幅12米，古树为明洪武年间，该村先祖从山西洪洞县移民至此携带而来，树龄约650年，长势旺盛。

10. 费县昌国庄古槐

[释名]

当地俗称“唐槐”。

[性状]

位于费县方城镇昌国庄村小学校内。树高10米，胸径2.39米，主干受雷击，分为东西两半。1979年，被列为费县文物保护单位。

11. 淄川响泉古槐

[性状]

位于淄博市淄川区峨庄乡响泉村。共2株。Ⅰ号古槐树高13米，胸径2.1米，冠幅13米，树龄约2000年，干直立，长势旺盛；Ⅱ号古槐树高11米，胸径1.4米，冠幅11米，树龄约1000年，长势一般。

[记事]

明永乐间（1403－1424），修北京、开运河、征蒙古等大规模活动耗资巨大，山东赋税最重。永乐十八年（1420），蒲台县（今属博兴县）唐赛儿率众起义抗税，据卸石棚寨，众五百余，后被平灭。卸石棚寨，又称唐三寨、髻髻寨、卸石寨、石棚寨，位于今峨庄乡与青州交界处。清顺治四年（1647）谷应泰（字赓虞）《明史纪事本末》：“成祖永乐十八年三月，山东蒲台县妖妇唐赛儿作乱……往来益都、诸城、安州、莒州、即墨、寿光诸州县，煽诱愚民。于是奸人董彦杲等各率众从之，拥众五百余人，据益都卸石棚寨为出没……鳌山卫指挥王贵亦以兵一百五十人击败贼众于诸城，尽杀之，山东悉平”。

12. 山亭区徐庄古槐

[性状]

位于枣庄市山亭区徐庄镇徐庄村（图7.3）。编号C014，树高16米，胸径2.1米，平均冠幅11米，树龄1000年。主干西北倾，中空，正顶折断，有东西两大枝，基径1米，中空。传为唐槐。民国间，土匪曾砍树。

[汇考]

①徐庄原有观音堂，始建于明代，今废为遗址。2010年，被列为山亭区文物保护单位。②梅花山南面悬崖下有《滕县县长赵景文暨清乡副主任黄馥棠纪恩碑》和《后来其苏》，刻于1932年，记载时任滕县县长赵景文、清乡副主任黄馥棠组织剿匪及筹款赈灾经过；“深盼此后来耕战自守，各勤厥职，慎勿以暂安而忘旧日之惨痛也”。摩崖长约12米，宽约3.5米，两幅900余字，民国书家黄以元书丹。2010年，被列为山亭区文物保护单位。③徐庄“元德堂”药店旧址位于徐庄村李朝印家，已经翻新重建。1936年秋，中共苏鲁边区临时特委派郭子化带王寿山在徐庄

图7.3　山亭区徐庄古槐（张建勇　摄）

开设元德堂药店。发展陈永元、陈正轩、孙茂喜等入党，组建了中共徐庄支部。④中共峄滕边县委成立地旧址在徐庄村，地点旧址不详，1938年6月中旬成立。李乐平任书记，周南任组织部长，杨继元任宣传部长。隶属鲁南中心县委。1938年9月撤销。⑤费滕峄中心县委机关旧址在徐庄村，具体地点不详，1943年8月成立。书记穆林，副书记王韬，刘剑任县长，中心县委辖两个工委（枣庄、西集）、八个区委。

13. 安丘赵家古槐

释名

传清末时，古槐曾三年不发芽，后复苏，俗称“老槐仙”。

性状

位于安丘市新安街道赵家村。编号J11，树高10.5米，胸径2.0米，基径1.8米，平均冠幅16.5米，树龄700余年。枝下高4.3米，主干中空，西侧有长方形树洞，长1米，宽0.8米；树冠圆形，长势旺盛。村民奉为神树，凡嫁娶，贴喜帖于树上；挂红布条于树上祈福去病。建“古槐园”刻意保护古树。

身历

因树建村。赵家村东北贾戈村村碑载：“明洪武年间，孙氏由河北枣强县迁此，在村中井上建一小阁子，取名井阁庄。后演变为井戈庄”。赵家村原有大坟7座，为赵氏祖坟。

14. 泰安岱庙古槐群

岱庙槐树众多，树龄900年以上者3株，包括两株唐槐和一株宋槐，最大一株基径1.92米。

（1）唐槐院古槐

释名

原树1951年枯死。翌年，补植新株于原树树干空洞内，若母亲怀中抱子，故名“唐槐抱子”。

性状

位于唐槐院中央，延禧殿遗址前（图7.4a）。明·萧协中《泰山小史》：“唐槐在延禧殿前，大可数抱，枝干荫阶亩许”。编号A0007，原树基径1.92米；新株树高9米，胸径0.51米，冠幅东西14米、南北14.4米，长势旺盛。树下有石砌围栏，围栏南侧有石碑2通，西侧为明万历十五年（1587）甘一骥题“唐槐”大字碑（图7.4b），东侧为清康熙四十九年（1710）文华殿大学士张鹏翮《唐槐诗》碑（图7.4c）。树西侧为乾隆十三年（1748）乾隆皇帝御碑（图7.4d）。金代造延禧殿时，Ⅰ号唐槐已是300年古树，延禧殿选址显然考虑了古槐的因素。1987年，古槐被列入世界文化遗产名录。

身历

延禧殿为于岱庙西南隅，今唐槐院内。《大明一统志·山东济南府·祠庙》：“其中三殿，正曰仁安，东南曰诚享，西南曰延禧”。弘治《泰安州志·祠庙》：“延禧殿、诚明堂在庙城西南隅”。殿始建于金大定二十一年（1181），原名“广福殿”。《大金集礼·岳镇海渎·杂录》：“大定二十一年正月十二日奉敕旨：东岳宫里盖来地五大殿、三大门撰名。闰三月一日，奏定正殿曰仁安，皇后殿曰蕃祉，寝殿曰嘉祥，真君殿曰广福，炳灵王殿曰威”。贞祐四年（1216），岱庙兵毁，仅存延禧殿、诚明堂（《金史·宣宗本纪》、元好问《东游纪略》）。至正七年（1347），重修岱庙。元·杜翱（字云翰）《东岳别殿重修堂庑碑》：“（岱庙）内城西南隅有殿曰延禧，有堂曰诚明……至正丁亥岁，值覃怀范君德清来提点庙祀，则曰：国家为社稷生灵计，岁遣近臣代祀其所，以涓洁精诚者在是，今乃摧毁弗治，可乎？遂疏谒诸好礼者，捐廪挥金，咸乐施弗爱。于是抡材召工，未阅岁而殿堂廊庑灿然一新”。元末兵毁。明清时，于其废址建环咏亭、藏经堂、鲁班殿等。民国年间殿、堂、亭均毁。1984年，建仿古卷棚歇山顶环形文物库房楼。

[诗文]

①明万历二十九年进士肃协中《汉柏唐槐》，详见“汉柏连理”。②清康熙九年张鹏翮《唐槐诗》：“潇洒名山日正长，槐□为侣是徜

图7.4a 岱庙唐槐（冯广平 摄）

图7.4b 明甘一骥“唐槐”碑（冯广平 摄）

图7.4c 清张鹏翮《唐槐诗》碑（冯广平 摄）

图7.4d 清乾隆帝御制唐槐诗碑（冯广平 摄）

徉。谁能歆忱清风夜，一任槐花落地香。”③乾隆帝御制唐槐诗：“兔目当年李氏槐，枒槎老干倚春阶。何当绿叶生齐日，高枕羲皇梦亦佳”。《岱庙三咏之上唐槐》：“柏槐根本不相同，他植较来品又崇。院各东西世唐汉，忘年友意在其中”。《谒岱庙瞻礼》、《望岱庙寄题》，详见“汉柏连理”。④清末书法家、画家诸可宝《泮山双柏行用少陵古柏行韵和金山吴教谕同年山在郡庠之西北隅》，详见“汉柏连理”。

[记事]

①金贞祐四年（1216），红袄军郝定（？－1216）自称大汉皇帝，率部抗金，破泰安州，金将严谨败红袄军，复泰安州。岳庙被焚，仅存延禧殿与诚明堂。②元泰定元年（1324），泰定下旨泰山东岳庙住持张德璘，保护岱庙园林、田产，及时修理庙宇，并以香钱入官。清·顾炎武《山东考古录·录元圣旨》：“《元史·泰定帝本纪》有即位一诏，文极鄙俚，盖以晓其本国之人者。今岳庙有二碑，其文亦然，可发一笑。然其曰：‘每年烧香的上头得来的香钱物件，只教先生每收掌者。’则是时香钱，固未尝以入官也。后世言利之臣，盖元之不如也已。”至正四年（1344），元顺帝再度下旨，内容与泰定旨略同。泰定碑、至正碑原立延禧殿前，清乾隆十二年（1747）修庙时被毁。③《五岳真形图碑》原在延禧殿旁，清乾隆间移置县署土地祠，1979年复移置岱庙院，1983年移置岱庙碑廊。碑高126厘米，宽74厘米，圆首。碑阳刻《张宣慰登泰山记》，碑阴刻《五岳真形之图》。其右上部刻东岳泰山真形图，图说10行80字；右下部刻南岳衡山真形图，图说8行56字；左上部刻北岳恒山真形图，图说9行62字；左下部刻西岳华山真形图，图说9行58字；中部刻中岳嵩山真形图，图说11行66字。下部刻五岳称号5行50字。最下部刻《抱朴子》节录。

（2）寝宫古槐

[性状]

位于寝宫东配殿前。编号A0115，高9米，胸径1.15米，冠幅东西14.4米，南北12.4米，树龄约900年。主干中空，长势较旺盛。

[身历]

寝宫始建于北宋大中祥符二年（1009）。宣和六年（1124）《重修泰岳庙记碑》：“凡为殿、寝、堂、阁、门、亭、库、馆、楼、观、廊、庑，合八百一十有三楹”。绍圣四年（1097）重修，古槐应为此时栽植。金大定二十一年重修。贞祐四年兵毁。元明清重修。乾隆帝题额“权与造化”。

15. 滕州清泉寺古槐

[性状]

位于滕州市西岗镇清泉寺村清泉寺旧址（图7.5）。编号F001，树高15.5米，胸径1.91米，平均冠幅18.9米，传为汉光武帝手植，树龄1900余年，一说2800年。主干西北倾，分北、西北2大杈；主干中空，上部枯死。2002年，儿童放鞭炮引发火灾，大火蔓延一夜，村民以为古槐必死；不意出来发芽，村民欣喜异常，奔走相告。村民集资修建护栏、支架、凉亭。树下有2000年勒立《清泉古槐志》碑。

[身历]

古槐所在为古清凉台，原为汉光武帝驻跸处。万历《滕县志》：“光武曾一幸蕃，其驻跸所耳，清凉台今为清凉寺”。其原址为薛国会盟

图7.5 滕州清泉寺古槐（张建勇 摄）

图7.6 临朐柞家庄古槐（李福昌 摄）

台，后孟尝君归薛重筑的“逍遥台”。明万历十三年《滕县志·古迹志》“（逍遥台）一在薛城南十里，春秋鲁庄公三十一年筑台于薛，即此，疑亦盟会之台。尝君废归薛，更筑而名之欤?”建武三十二年（56），光武帝刘秀封禅泰山过滕州。成武孝侯刘顺（字平仲）于台北修行宫。清道光《滕县志·古迹志》：“汉宫在城南二十里，按汉武帝尝幸泰山琅琊诸郡国，皆除道缮治宫观，此或刘顺为公丘侯所缮治望幸宫也，又光武帝曾一幸蕃清凉台，今为清凉寺”。今清泉寺村北偏东2千米有汉宫村，疑似与行宫有关。《滕县乡土志》：“汉宫村，有清凉寺，在清凉台上，五代时建间重修”。清凉寺始建于五代唐明宗时期（926－933），光绪二十九年（1903）《重修清凉寺赋》：“忆滋寺之建置兮，肇自后唐；值沙陀主中夏兮”。之后，金、明两代两次大修（万历《滕县志》）。1921，住持僧性忍及其徒弟海存募捐重修。

16. 临朐柞家庄古槐群

[性状]

位于临朐县辛寨镇柞家庄村（图7.6）。3株。Ⅰ号编号K72，树高12米，胸径1.9米，基径2.9米，平均冠幅16.5米，树龄610年。枝下高2.5米，主干中空，分2大杈，长势旺盛。Ⅱ号编号K71，树高12.5米，胸径1.1米，基径1.3米，平均冠幅10米，树龄610年。枝下高2.5米，长势旺盛。Ⅲ号编号K70，树高8.8米，胸径0.7米，平均冠幅8.5米，树龄610年。至西高3米，长势旺盛。

[考辨]

Ⅰ号古槐树龄存疑待考。章丘市柳塘口村古槐基径1.5米，植于明洪武二年，生长量1.16毫米/年。

据此推测，Ⅰ号古槐树龄约800年。

[身历]

柞家庄始建于明代，原名“杏花村”。居民以伐柞烧炭为业，习称“柞家窑”，后改今名。

[汇考]

柞家庄西龙门山产龟石，为制砚良材。光绪《临朐县志》：“龟石产龙门山天池寺下溪涧中，状如龟，瀑之，自分底盖，中有池，小加雕琢，脱材天然如龟，肌腻而润，蓄墨数日不枯”。

17. 临朐涝洼古槐

[性状]

位于临朐县九山镇涝洼村。编号K75，树高12米，胸径1.9米，基径2.6米，平均冠幅6米，树龄610年。枝下高3.5米，主干中空，大杈正顶折断，长势一般。

[考辨]

古槐树龄存疑待考。据章丘市柳塘口村古槐生长量推测，古槐树龄约800年。

[身历]

涝洼建村于明嘉靖十二年（1533），显然依树建村。

18. 滕州甄洼古槐

[性状]

位于滕州市鲍沟镇甄洼村。树高13米，胸径1.9米，冠幅东西8米、南北7米，树龄约1750年。长势一般。

[汇考]

①甄洼村正北1千米左右有前、后鞋城村，甄洼村与前鞋城村间为汉薛县遗址。鞋古读为靴，薛因近靴而讹，薛城渐演为鞋城，沿用至今。城呈正方，边长500米。万历、康熙《滕县志·古迹》：“鞋城，县西南十二里。横仅半里，纵倍之。俗以形为鞋，故名。兴筑无考”。前鞋城村原有古三官庙，始建时间不详，光绪间重修，今废毁，存重修功德碑。村中原有古槐，传植于唐代，20世纪90年代倒伏被伐。村东有春米石臼，长80厘米、宽60厘米、高80厘米，重约1吨，传为唐遗物。②后鞋城村西北有西周至汉代墓葬群，长400米，宽300米，发现有西周至汉代陶片。

19. 邹城孟庙古槐

[释名]

Ⅰ号主干顶部原大杈断落，基部腐蚀成空洞，孟子五十六代孙孟希文曾于洞中看见明月，题“洞槐望月”。

[性状]

位于邹城市孟庙孟庙内。Ⅰ号位于焚帛池西（图7.7a、b），编号00277，树高8.3米，胸径1.83米，基径3.3米，冠幅东西14.5米、南北20米，树龄1100年。主干中空，斜倚在围墙上，正顶折断，有3枝萌生枝，最长8.3米。基部萌生2幼株，高于主干。Ⅱ号位于亚圣殿前院落（图7.7c），编号00190，树高9米，胸径1.43米，冠幅东西12.7米、南北10.1米，树龄1300余年。枝下高4米，主干中空，正顶折断，北侧后萌5枝。

图7.7a 孟庙古槐“洞槐望月”（冯广平 摄）

图7.7b 洞槐望月（冯广平 摄）

图7.7c 孟庙古槐（冯广平 摄）

[身历]

古槐植于唐代，建庙时已成古树。焚帛池建于清道光间，院正中有方形垣墙，内有须弥座砖台，上置石雕方池，为孟氏祭祀焚烧祭文之所。

[诗文]

清乾隆四十三年（1778），唐洪绪就任邹县知县。在职期间，作《谒亚圣庙有作》："槐音送远道，柏翠滴雨楹。一介吴阿蒙，载揖鲁诸生。中有孟氏子，战国贤云初。自言右文代，庙貌崇河滨。下车整冠带，濯涧荐蘩蘋。感喟尚功利，邹峄毓伟人。自非三迁母，何以垂令名？美璞良工斫，翘秀巧匠成。断机有遗址，吟眺白云横。勉旃念庙祖，谁谓迹已湮？"

20. 沂源王庄古槐群

[性状]

位于沂源县张家坡镇东王庄和西王庄。共6株。Ⅰ号位于西王庄，距东王庄仅200米，树高8米，胸径1.8米，平均冠幅12米，树龄约2000年，树下有水泥柱支撑，干中空，长势旺盛；Ⅱ号位于东王庄，树高18米，胸径1.2米，平均冠幅10米，树龄约550年，长势旺盛；Ⅲ号位于东王庄，树高10米，胸径1.2米，平均冠幅5米，树龄约550年，东向主枝枯死，长势一般；Ⅳ号位于东王庄，树高10米，胸径1.1米，平均冠幅8米，树龄约550年，干中空，长势一般；Ⅴ号位于东王庄，树高12米，胸径1米，平均冠幅16米，树龄约550年，干中空，长势旺盛；Ⅵ号位于东王庄，树高8米，胸径0.8米，平均冠幅5米，树龄约550年，干中空，长势一般。

[身历]

西王庄南接林前存，东北接宋王庄村，再东接东王庄村。四村张氏皆出西王村，村始建于明洪武元年（1368），村碑载"王氏祖由临朐卧铺迁此建村"。其后张氏迁入，渐成大姓。清乾隆三十七年（1762），张氏迁东王村。林前村后花崮子山，上有庙宇古林；元至元间刘氏建村。清宣统间，张氏迁入。宋王庄始建于明万历间，宋氏由前瓜峪迁此立村。

21. 临淄区单家古槐

[性状]

位于淄博市临淄区辛店镇单家村。编号D08，树高16米，胸径1.8米，平均冠幅12米，树龄约700年。长势旺盛。

[身历]

单家村始建于明初。《单氏族谱》载：明初，单氏先祖从山西洪洞县大槐树迁移至此，为纪念故土和先人，遂从洪洞县携带一株槐树栽植于此，现为单氏后人祭祀祖先的重要地点和寻根问祖的重要依据，被奉为"神槐"。

22. 周村区辛庄古槐

[性状]

位于淄博市周村区王村镇辛庄村东头。树高14米，胸径1.8米，平均冠幅14米，树龄300年，此说待考，临淄区单家古槐与此株大小相仿，而树龄700余年。即使按建村植树推算，此树树龄也已600年。主干中空，正顶折断，断处有后萌大枝2条。

[身历]

辛庄原名"郭家新庄"，明代郭氏自直隶枣强迁此定居。1958年，讹称"辛庄"。

23. 莱芜马家庄古槐

[性状]

位于莱芜市莱城区牛泉镇马家庄村。树高20米，基径2.52米，胸径1.79米，树龄约2000年。长势一般。胸径、树龄为莱芜居莱芜之冠。

[身历]

马家庄原名下庄，金泰和六年、南宋开禧二年（1206）已存在（嘉靖《莱芜县志》）。明隆庆间（1567－1572），马氏迁入，衍成大族，村遂改名马家庄。

24. 宁阳湖村古槐

[性状]

位于宁阳县华丰镇湖村。树高12米，胸径1.73米，平均冠幅12米，树龄约800年。长势旺盛。

[身历]

湖村始建于唐代。清咸丰元年《宁阳县志・疆域》：金泰和元年（1201）邑人谭洪所立碑记，碑阴所列各村名称，即有"胡村"。村南灵山有灵山寺，本名"秒峰寺"，始创年代不详，寺中有唐上元元年（674）石塔。（咸丰元年《宁阳县志：灵山寺》）。元至治元年（1321）重修大雄宝殿。元末兵毁。明宣德间重建。嘉靖三十九年（1560）重修。清康熙十四年（1675）创建玉皇阁。灵山寺坐北向南，整体呈椭圆形，南北长64.5米，东西宽49.5米，分前、中、后3个院落。中院正殿大雄宝殿面阔五间、14米，进深二间、9.5米。2006年，被列为山东省文物保护单位。

[汇考]

湖村东南和灵山以北有隋代瓷窑窑址，面积约25万平方米。隋代在村东建窑，唐代移村南，一直到宋代。村东发现隋代黄绿釉、青绿釉小平底碗、高柄豆、盆、器盖和三角支垫、窑柱等支烧窑具。村南和灵山北瓷片堆积厚达1.5米以上，出土的器物有青、黄、白釉和淡黄釉碗、复式系罐和盆等，部分器物施护胎釉，釉色光亮润泽。窑址今被列为宁阳县文物保护单位。

25. 博山区北博山古槐

[性状]

位于淄博市博山区北博山村。2株。Ⅰ号编号C109，树高16米，胸径1.72米，树龄1000年。枝下高3米，长势旺盛。Ⅱ号编号C110，树高13米，胸径1.12米，树龄300余年。枝下高6米，长势旺盛。

[身历]

北博山村始建于元代，原名"兴隆观"。村旁辰巳山古称"博山"，"辰巳山，居辰巳方向故名。山南为南博山庄，山北为北博山庄"（康熙九年《颜神镇志》）。元天历二年（1329），创建兴隆观。乾隆十八年（1753年）《博山县志》："兴隆观，在城南五十里辰巳山，创自元文宗天历二年"。明初，王氏迁入。《王氏族谱》："明洪武初，吾始祖玉爵自直隶枣强迁于山东青州府益都县孝妇乡之北博山，遂居焉"。

26. 历下区下井庄古槐

[性状]

位于济南市历下区下井庄村原址（图7.8）。

图7.8 历下区下井庄古槐（任昭杰 摄）

编号A1-0012，树高8米，胸径1.7米，冠幅东西9.3米、南北8.1米，树龄约1600年。枝下高3米，分为东西2大杈，东杈已枯，正顶折断，距地0.5米、2米处各有一道铁箍；距地1.8米、3米处各有一道直径约1厘米铁条。树干东北侧已枯，中空，内有水泥填充。树北、西、南三侧有石砌围栏，东侧为石砌围墙，树下为石铺地面，树北0.5米处有古井，水质清澈。

[身历]

树旁原有五圣祠，又名五圣堂，始建年代不详。康熙十年（1671）《重修五圣祠功德圆满记》："济郡历邑迤东南十一里，南保泉地方下井庄，旧有古庙一所"。庙内奉祀关帝。康熙五十八年（1719）《重修五圣堂碑记》："下井庄僻野关帝五圣神，感应至灵，凡有所求，必敬必应，保护一方风调雨顺、国泰民安"。康熙十年、康熙五十四年（1715）、康熙五十八年、乾隆四十一年（1776）、嘉庆二年（1797）、道光二十四年（1844）重修。光绪三十二年（1906）重修，掘井。1921年重修。"文化大革命"间，拆毁。2012年6月，济南市历下区政府重新整修古井、古槐所在地，建成"文昌园"。

27. 滕州大康留古槐

[性状]

位于滕州市官桥镇大康留村村东古薛城遗址上（图7.9）。编号F003，树高9.2米，胸径1.7米，冠幅13米，树龄1000年，树干中空，曾被火烧，所烧之洞可容两人，长势旺盛。

[身历]

古槐位于古薛城遗址上。万历《滕县志》："薛城，在薛河北，县南四十里，周二十八里，盖古奚仲所封国城。则田文所增筑。《齐乘》云'其城高厚无比，以抗楚、魏。'至今望之，犹岩岩也"。

图7.9 滕州大康留古槐（张建勇 摄）

28. 青州上院古槐群

[性状]

位于青州市弥河镇上院村，36° 34′ 31″ N，118° 29′ 16″ E。共3株。Ⅰ号位于村中一条巷子里（图7.10a），编号潍QZI-007，高10米，胸径1.67米，冠幅东西11米、南北7.5米，树龄约1800年，长势一般；Ⅱ号位于村内修真宫门口（图7.10b），编号潍QZI-008，高11米，胸径1.2米，冠幅东西12.7米、南北12.7米，树龄约600年，树干西倾，长势旺盛；Ⅲ号位于Ⅰ号正西约15米处，编号潍QZI-006，高13米，胸径1.04米，冠幅东西14.5米、南北13.3米，树龄约500年，长势旺盛。

图7.10a 青州上院古槐（冯广平 摄）

图7.10b 青州修真宫古槐（冯广平 摄）

[身历]

上院村原名圣水峪村，坊间传言宋太祖赵匡胤曾在村中养病，得到村姑护理，称帝后敕封此村为“养老园”，赐“万岁牌位”（龙牌），后称养老院。20世纪50年代，牌毁。清初，村东又立小东养老院。1950年后按地势高低划分为上、下两院，本村居上，故称上院。Ⅰ号古槐应植于汉代，修真宫中原有汉代古柏。明末重修残碑：“其秦松汉柏、古碣龙碑，盖不知建于何时云”。Ⅱ号应为明正德间重修时植。

29. 历城区黑龙峪古槐

[性状]

位于济南市历城区港沟镇黑龙峪村。树高20米，胸径1.65米，平均冠幅15米，树龄约400年。主干中空，主干分3大杈，2杈横展，梢部折断。长势一般。

[身历]

黑龙峪村始建于明晚期。万历四十一年（1613）建观音堂。观音堂院中有古银杏，树高10米余，胸径0.6米，树龄约400年。天启间（1621－1627），王氏迁入。《王氏家谱》：王氏于明天启间自王家楼迁此。因在黑龙寨山峪处，沿称黑龙峪。

30. 长清区胡林古槐

［性状］

位于济南市长清区孝里镇胡林村。树高17米，胸径1.6米，平均冠幅22米，树龄约1800年。长势旺盛。

［附记］

①孝堂山郭氏祠，位于长清区孝里镇孝堂山，孝堂山原名巫山，因郭氏祠而得今名，《水经注》："今巫山之上有石室，世谓之孝子堂"。郭氏祠传为祀东汉孝子郭巨而建，实则为东汉章帝、和帝时期（76－105）墓地祠堂，是中国目前保存最完好、时代最好的地上房屋式建筑，全部石构，墙壁上有石刻画像。1961年，孝堂山郭氏祠被公布为全国重点文物保护单位。②郭巨（文举），生于西汉末，隆虑（今河南林县）人，二十四孝子之一，因家贫，为节粮奉母，欲掘坑埋子，得天赐黄金一坛，康熙《蒙阴县志》："汉有郭巨，家贫，有子三岁，母尝减食与之。巨谓妻曰：贫乏不能供母，子又分母之食，儿可再有，母不可复得。巨挖坑三尺余，忽见黄金一釜，上有字云：天赐郭巨，官不得取，民不得夺"。

31. 临朐宋家王庄古槐

［释名］

古槐分杈处树洞中生黑弹树，俗称"槐抱朴"。

［性状］

位于临朐县九山镇宋家王庄村。编号K48，树高12米，胸径1.6米，基径2.1米，平均冠幅14.3米，树龄700余年。枝下高5米，主干中空，分3大杈，斜展，一杈顶部折断；长势旺盛。

［身历］

①树旁原有关帝庙，有前殿、大殿。每年6月24日庙会。今毁。②宋家王庄始建于元代，王姓立村，初名"王家庄"。明洪武二年，宋氏自直隶枣强迁入，衍成大族。崇祯十二年（1639），改今名。今村中有30姓，宋姓人口占80%。清光绪十九年（1893），宋氏一支南迁建"宋家王庄南山"。1986年改"南沟"。1925年，宋氏一支西迁，建"宋家王庄西沟"。

［汇考］

①1973年于村西南1千米建淌水崖水库，总库容600万立方米，流域面积22.5平方千米，控制灌溉面积1.8万亩。1978年，水库建成后，十多个国家水利专家代表团到此参观。"淌水黑松涛震谷"为临朐新八景之一。②淌水崖水库西0.5千米有万亩黑松林，始建于20世纪50年代，董兴义、宋法钧、宋法言等带领村民连年植黑松（*Pinus thunbergii*），林地近万亩。1956年，森林工业部授予"全国育苗先进单位"称号。1959年国务院授予"绿化祖国，实现大地园林化"锦旗1面。1979年元旦，原林场场长李本善，出席"全国农业、财贸、教育、卫生、科研战线先进单位和劳动模范大会"，受到华国锋等党和国家领导人接见。

32. 临朐申明亭古槐

［性状］

位于临朐县龙岗镇申明亭村（图7.11）。2株。Ⅰ号编号K79，树高16米，胸径1.6米，基径2米，平均冠幅16米，树龄641年。枝下高5米，主干东倾，中空，长势旺盛。Ⅱ号编号K78，树高12.5米，胸径1.5米，基径1.8米，平均冠幅

图7.11 临朐申明亭古槐（李福昌 摄）

11.7米，树龄641年。枝下高3.5米，长势旺盛。

[身历]

①申明亭始建于明洪武五年（1372）二月，为明太祖创制的全国各地基层管理机构。本里百姓推举德高望重的里甲老人主持，里老人主要职责：一为“掌教化”，一为“理词讼”。《闽书》：“老人之役：凡在坊在乡，每里各推年高有德一人，坐申明亭，为小民平户婚、田土、斗殴、赌盗一切小事，此正役也”。②清末民初，耶律氏后裔迁申明亭。清《山东临朐谷氏宗谱》：辽亡后，耶律氏改谷氏。明初，谷楠任威海卫指挥。其四世孙谷德明由丰县（今江苏丰县）迁于三河（今河北三河），再迁海丰（今山东无棣），为谷氏东支始祖，亦即临朐谷氏一世祖。清中期，第十世谷宝玉、第十二世谷常信由寿光迁居临朐城东南，立村“谷家沟”。第十七世谷茂荣由寿光迁居临朐上林蔡园村（今申明亭村）。申明亭村北有周代文化遗址。

33. 郯城郯子庙古槐

[性状]

位于郯城县归昌乡郯庙村郯子庙遗址。树高2米，胸径1.6米，平均冠幅4米，树龄约1600年。主干中空，基部有空洞，2004年大风吹断主干，仅剩2米高的枯干，后又侧生主枝，长势较弱。

[身历]

郯子庙，为纪念郯子而建，始建年代不详，历代屡有重修。乾隆《郯城县志》：“郯子庙在城南十五里寨子社，创建无考，万历三十二年，乡民朱运重修，康熙七年地震倒塌，道人杨守性募修”。庙北1000米处为郯子墓，历代修缮。乾隆六年（1741），郯城县儒学教谕曹枏发起大修，并栽树一千余株，《重修郯子墓》碑：“（郯子墓）自明万历重修，岁久坍塌，其陵木亦尽凋零，无复存者。邑诸生因积庙地之余租，鸠工加筑，增高一丈，周十丈，巍峨改观。墓地计六亩许，第不可无树木以荫墓地而妥厥灵。予闻之，欣然而乐输，与曹君暨诸等各捐百树，共千余株”。1915年重修。日伪时期，伪军头目孔瑞武（当时群众称孔团）伐林变卖，后孔得重病，遂发愿重修郯子庙。新中国成立后，郯城县人民政府曾出资重修郯子庙。“文化大革命”间，郯子墓冢被扒平，仅剩一石碑，郯子庙被彻底拆毁。

[汇考]

①郯子，春秋时期郯国国君，少昊氏之后，姓氏有偃、盈、嬴、己等多种说法，《史记》：

“秦之先为嬴姓，其后分封，以国为姓，有徐氏、郯氏”，《汉书》：“郯，故国，少昊后，盈姓”。《山东通志》：“郯，己姓，少昊之后”。②鲁昭公十七年（前525），郯子朝鲁，谈少昊氏以鸟名官的原因，孔子听后大为信服，而求教于郯子，《左传》：“昭公十七年，秋，郯子来朝，公与之宴。昭子问焉，曰：‘少皞氏鸟名官，何故也？’郯子曰：‘吾祖也，我知之……我高祖少皞挚之立也，凤鸟适至，故纪于鸟，为鸟师而鸟名……仲尼闻之，见于郯子而学之’。”③郯子以鹿乳奉亲，列入二十四孝。《增订绘图孝经白话句解》卷首《二十四孝图》：“周郯子，性至孝。父母年老，俱患双眼，思食鹿乳。郯子顺承亲意，乃衣鹿皮，去深山，入鹿群之中，取鹿乳以供亲。猎者见欲射之，郯子具以情告，乃免”。

34. 山亭区越峰寺古槐

[性状]

位于枣庄市山亭区店子镇越峰寺村越峰寺内（图7.12）。编号C002，树高12米，胸径1.6米，平均冠幅7.6米，树龄800余年。距地0.5米处分南北两大杈，北杈枯死，南杈顶枯，新萌枝条旺盛。光绪二十八年重修碑载：此槐谚称唐槐乃实所稽考，南宋后期属实焉。

35. 淄川区南股古槐

[性状]

位于淄博市淄川区淄河镇南股村。编号B24，树高12米，胸径1.59米，平均冠幅10米，树龄600余年。枝下高2.5米，正顶折断，萌生新枝3大枝。

[身历]

南股村建于明代，明末李氏一支南迁北场村，今已传十一世。

36. 平邑梁家崖古槐

[性状]

位于平邑县卞桥镇梁家崖村。编号J32，树高7米，胸径1.58米，平均冠幅7米，树龄约1600年。中干中空，部分侧枝已枯死，树周有砌石保护，长势一般。

[记事]

1925年，山东军务督办兼山东省省长张宗昌以第65白俄独立师聂卡耶夫部进驻卞桥、资邱一带剿匪，白俄军大肆烧杀抢掠，民众苦不堪言。

图7.12　山亭区越峰寺古槐（张建勇 摄）

白俄独立师由张宗昌招募于绥芬河，以沙俄时代官吏、军官、地主、商人为主，分第1团罗金部、第3团莫尔恰诺夫部、第105步兵团涅恰耶夫部，以及独立工兵团、骑兵旅、骑兵卫队、飞行队等，共5000余名，凶残好战。1928年，北伐军攻占济南，张宗昌兵败，白俄独立师被遣散，以恶迹斑斑，被殴杀者甚众。

【附记】

卞桥镇已探明石膏储量15亿吨，誉称“中国石膏之乡”。

37. 淄川区许家庄古槐

【性状】

位于淄博市淄川区昆仑镇许家庄村。编号B23，树高11.5米，胸径1.53米，平均冠幅17米，元代建村植树，树龄约600年。主干中空，正顶折断，长势旺盛。

【记事】

清光绪三十二年（1906），张博铁路德国巡警无故毒打淄川县昆仑一农民，激起公愤，昆仑附近27个村庄民众组成“共和社”，痛打德国巡警及帮凶，并同前往镇压的官兵相抗。

【汇考】

①昆仑山色为古淄川八景之一。②村北三台山有明代道观，今已重修，2006年被列为淄博市文物保护单位。

38. 淄川区西坪古槐

【性状】

位于淄博市淄川区东坪镇西坪村。编号B25，树高25米，胸径1.53米，平均冠幅20米，树龄600余年。主干分东、南、北3大杈，树冠圆形，长势旺盛。

【身历】

耆老言，建村时已有此树。西坪村东连东坪村，卫生院南邻为兴云寺，俗称“南寺”，始建于明末清初。寺兴云寺占地1124平方米，殿宇大多为砖石发券无梁结构，现有三圣殿、观音殿、圣母殿、碧霞祠、顺天姑殿等。

39. 青州三贤祠古槐群

【释名】

三株古槐号“宋槐”。Ⅰ号古槐树下有“宋槐”刻石。

【性状】

位于青州范公亭公园三贤祠，36° 40′ 28″ N，118° 27′ 9″ E。共3株。Ⅰ号位于范公井北侧（图7.13），树20米，胸径1.53米，冠幅东西20米、南北23米，植于北宋皇祐间，树龄960年；王辟之《渑水燕谈录》：“环泉古木茂密，尘迹不到，去市廛才数百步而如在深山中”。主干正顶折断，惟余西侧大杈，东侧萌生4大枝，树身有两道铁箍。树冠倒卵形，长势旺盛。Ⅱ号位于三贤祠门外，树高14米，胸径1.15米，冠幅东西10、南北15米，树龄约900年。主干中空，长势一般。Ⅲ号位于澄清轩后，树高9米，胸径1.15米，平均冠幅13米，树龄约800年，长势旺盛。

【身历】

范公亭始建于北宋皇祐四年。明天顺五年扩建为祠。清乾隆三年重建为“三贤祠”。

图7.13 青州三贤祠古槐（包琰 摄）

40. 苍山张庄古槐

［性状］

位于苍山县卞庄街道张庄村。编号L07，树高4米，胸径1.53米，平均冠幅6米，树龄1300余年。长势一般。

［附记］

张庄东南柞城村和柞城西村之间有东周至西汉柞城遗址。故城分大城和北廓2部分。大城周长3915米，南垣845米，东垣1070米，北垣905米，西垣1095米。北廓略成正方形，称为“小城”。有南城里、北城里、椅子圈3个自然村。故城中有古文化遗址，东西长280米，南北宽40－60米，有夹砂灰陶鼎足、灰陶绳纹高足、素面灰陶豆等文物出土。故城内出土战国时期“荼大夫之玺”铜印。1980年，城中出土11件汉代窖藏铜洗，其中6件有“永元二年（90）堂狼造”、“蜀郡董氏造宜侯”等铭文；铜壶3件，1件有铭：“元和四年（87），江陵黄阳君作”。北部高台部分为商代遗址。1992年，柞城遗址为列为山东省文物保护单位。

41. 费县余店子古槐

［性状］

位于费县辛庄镇余店子村。Ⅰ号树高9米，胸径1.53米，冠幅东西9米、南北8米，树龄约1200年。主干朽腐，仅余其半，顶生8大枝。2003年，被暴风刮倒。Ⅱ号树高8.5米，胸径1.43米，冠幅东西9米、南北8米，树龄1200年。主干中空，分4大杈，唯一杈存活。

［身历］

Ⅰ号原在关帝庙院内，庙始建时间不详，清嘉庆间重修，碑中称古槐“世之胜，世之古”。

42. 历城区王家庄古槐

［性状］

位于济南市历城区西营镇王家庄。树高24米，胸径1.5米，平均冠幅9米，树龄约1600年，长势旺盛。

［身历］

王家庄始建于清初，康熙七年（1668），王氏由河南省泌阳迁此建村。

［汇考］

①西营境内有齐长城遗址7段，总长805米。

其中，一大部分分布于藕池、王家庄两村。城墙高约2米，形似石堰，外面陡峭，内面平缓，由粗加工石块砌成，石块间夯土。齐长城，始建于春秋，完成于战国，西起黄河，东至黄海，经过十三县，长达千余里。《竹书纪年》："周显王十八年（前350）齐筑防以为长城"。《史记·楚世家》正义引《齐记》："齐宣王乘山岭之上，筑长城，东至海，西至济州，千有余里"。齐长城修筑时间最早，地面遗迹最多，今被公布为全国重点文物保护单位。②王家庄南、锦绣川发源处有孟姜女庙遗址，始建时间无考；祀孟姜女。孟姜女原为齐国大夫杞梁妻。鲁襄公二十三年（前550年），齐国大夫杞梁（一作杞殖）突袭莒国，被俘而死。传其妻孟姜哭夫十日，城墙为之倒塌。《左传·襄公二十三年》："莒子亲鼓之，从而伐之，获杞梁。莒人行成。齐侯归，遇杞梁之妻于郊，使吊之"。西汉·刘向《烈女传》："杞梁战死，其妻收丧，齐庄道吊，避不敢当，哭夫于城，城为之崩，自以无亲，赴淄而薨"。唐代始出现孟姜女哭秦长城的故事。贯休《杞梁妻》："秦之无道兮四海枯，筑长城兮遮北胡。筑人筑土一万里，杞梁贞妇啼呜呜。上无父兮中无夫，下无子兮孤复孤。一号城崩塞色苦，再号杞梁骨出土。疲魂饥魄相逐归，陌上少年莫相非。"

43. 沂源西郑王庄古槐

[性状]

位于沂源县燕崖镇西郑王庄村。树高12米，胸径1.5米，平均冠幅12米，树龄约700年。主干中空，长势旺盛。村民奉为本村"标志物"。

[身历]

①西郑王庄村西有神清宫，始建于宋代。②西郑王庄村始建于明泰昌元年（1620），始名"郑旺"，以期郑氏人丁兴旺。《郑氏家谱》："郑氏先祖于明泰昌年间迁此居住"。与本村相接的东郑王庄建村更早，《樊氏家谱》："吾樊氏于明洪武年间迁此定居"。

[汇考]

烈士侯成安（1926－1948）出东郑王庄，1942年参军入国民革命军第51军，1944年参加八路军。1947年任东北野战军第三纵队七师二十四团三营九连二排排长，参加保卫临江战役，获"七月英雄"称号。1948年，牺牲于闻家台。部队追赠"毛泽东奖章"1枚，命名二排为"侯成安排"。

44. 沂源赤坂村古槐

[性状]

位于沂源县大张庄镇赤坂村。树高20米，胸径1.5米，平均冠幅12米，明代建村时栽植，树龄约500年。长势旺盛。

45. 莱芜茶业口古槐

[性状]

位于莱芜市莱城区茶业口镇茶业口村。树高16米，胸径1.5米，冠幅东西14米、南北18米，树龄约1300年。树干中空，长势一般。

[身历]

村碑载：明中期，于、胡两姓迁此立村，因在茶芽河口（俗称茶中口），曾名茶芽口，后谐音成茶业口。村北有龙湾庙，祀龙王，为古时上下王庄、上下茶业、上下法山、吉山、茶业口八村联合修建，后历代修缮，每年古历正月十六日，九月九日，举行庙会，交流物资。“文化大革命”间，拆毁。

[记事]

①1940年7月24日，驻章丘文祖日军一部及伪军500余人，向茶业口一带“扫荡”。抗日军民与敌激战，毙日伪军40余人，活捉伪军60余人，缴获步枪60余支，子弹上千发。②1941年9月18日，敌军“扫荡”茶业口，烧光茶业口所有房屋，抢掠不计其数。③1943年1月，日军“扫荡”茶业口村，民兵于地雷上作草人、纸人，图画日军形象，9名日军被炸死。

46. 青州偶园街古槐

[性状]

位于青州市偶园街与昭德街交口西南角处（图7.14），36° 40′ 27″ N，118° 28′ 12″ E。编号YL2012-061，树高15米，胸径1.5米，冠幅东西9米、南北10.2米，植于明初青州府学迁建时，树龄640年。主干中空，距地13米处，分为南北两大股，南股生有巨型树瘤。树枝大部枯死，仅有东、北侧小枝存活，长势极弱。树下有石砌围栏保护。

[身历]

古槐所在原为青州府学前。青州府学原在青州城西北隅，元大德间建。明洪武五年移建于府治西南。嘉靖《青州府志·人事志》：“府儒学旧在府治西北，国朝洪武四年诏建齐藩，知府李仁徙建西南”。

[记事]

①明万历二十二年（1594），青州大饥荒，“民食树皮皆尽”，饥民聚众劫掠，官府弹压。②崇祯十二年（1639），旱灾，半年不雨，大饥，人相食。③清顺治元年（1644），李自成军将领姚应奉率部驻青州城，被刺杀。清兵进驻青州，地入于清。④嘉庆二十五年（1821），青州大地震，初震一日八次，自此，一月数震，数月一震，连续十年，房屋倒塌，压死多人。⑤同治五年（1866），外国基督教会在青州办学、办医，后发展为广德书院、广德医院。⑥1923，中共创始人王尽美（原名瑞俊，字灼斋，1898－1925）来青州传播马列主义。翌年，中共创始人邓恩铭（1901－1931）来青州传播马列主义。1925，中共青州党支部成立。1926，中共益都地

图7.14 青州昭德街古槐（冯广平 摄）

方执行委员会成立，宋伯行（原名宋孟宣，字伯行，1892－1928）任书记，下辖城关、涝洼、圣水三个支部。1927年4月，中共青州地方执行委员会成立，辖益都、寿光、临朐、临淄、广饶、昌乐六县党组织。⑦1932年5月，中共益都县委重新建立，段亦民（原名段明光，字耿文，化名吴尚，吴浩然、王子健，1900－1933）任书记，8月，发动“益都暴动”，失败，段亦民、耿贞元（原名耿之贱，又名耿精一，化名周汉臣，1890－1932）等被捕遇难。⑧1945年8月，日本投降，第一次解放青州城，陈锡德任市委书记，冯毅之任市长。1946年6月，国民党第八军占领青州，“还乡团”残害群众。1947年2月，解放军二次解放青州城；同年7月，国民党第九军占领青州。1948年3月，青州第三次解放，8月，青州市重新成立，归华东局领导，12月，青州市并入益都县。

47. 临朐西宋庄古槐

【性状】

位于临朐县冶源镇西宋庄村。编号K39，树高18米，胸径1.5米，基径2.2米，平均冠幅9.7米，树龄1300余年。枝下高4米，主干中空，长势一般。

【身历】

宋庄始建于元末，因树建村，今分为西宋庄和东宋庄。

【记事】

1945年1月，中共临东县委、临东县抗日民主政府成立。6月20日－22日，八路军鲁中军区二团包围冶源，毙伤日军33名、伪军300名，击毙伪军副中队长马万德（外号马大牙）。8月，中共临朐县委、县政府机关由九山迁至宋庄。8月19日，八路军收复临朐城，县委、县政府迁临朐城。

48. 费县胜良古槐

【释名】

俗称“八里槐”。

【性状】

位于费县方城镇方城镇胜良庄村南。树高6.5米，胸径1.5米，冠幅东西4米、南北5米；植于唐代，树龄1300余年。方志载原高20米，胸径约2米，覆荫半亩。2002年，被列为费县文物保护单位。

【身历】

胜良宋氏，始迁祖海受，明初洪武间自济南府长青县迁往琅琊石龙山，后世再迁杭头。六世宋仲，偕妻子迁胜良庄定居。

49. 蒙阴中山寺古槐

【性状】

位于蒙阴县坦埠镇中山寺。编号F15，高15米，胸径1.5米，冠幅10米，树龄约1200年。树冠伞形，长势旺盛。

50. 诸城玉泉寺古槐

【性状】

位于诸城市吴家楼乡张家岳旺村。树高12米，胸径1.5米，平均冠幅14米，树龄1300年。枝下高4米，主干中空，上部折曲横伸，如龙探身。

[身历]

树北有古寺三，其一为玉泉寺，始建于唐贞观七年（633）。明正德元年（1506）重修。万历《诸城县志》："玉泉寺，西北荆山社，距城五十里，唐贞观七年建，正德元年重修"。

51. 山亭区别庄古槐

[释名]

古槐南萌有一株楝树，故名"槐抱子"。

[性状]

位于枣庄市山亭区冯卯镇别庄村。编号C005，树高7.6米，胸径1.5米，平均冠幅5.1米，树龄约1300年。古树曾于50年前和30年前两次被风刮断，仅靠北部1/4的树皮存活，长势弱。古树南1.5米处有楝树，高约10米，胸径0.2米。树后原为张姓祠庙，"文化大革命"间拆毁。

[记事]

英雄岭位于冯卯镇别庄村东。1938年年底，日军沿津浦铁路南侵，在滕县、平邑县一带设立了多个据点。1939年12月19日，滕县日军为庆祝1940年元旦，出动92辆牛车往平邑据点运送军需品和过节礼品。八路军115师鲁南纵队提前一天派出一个营，从微山湖地区直插英雄岭北侧进行埋伏。当12月19日，日军进入伏击圈之后，我军发起猛烈攻击，经过近两个小时的战斗，除4名日寇狼狈逃回滕县据点外，包括少尉佐佐木一郎在内的其余100余名日军全部被击毙，我军缴获日军迫击炮63门，冲锋枪256挺，迫击炮弹数千发，棉被、棉衣和食品等一大宗，取得完胜。

52. 莱芜上法山古槐

[释名]

距地2.2米分枝处萌生榆树，故名"槐抱榆"。

[性状]

位于莱芜市莱城区茶业口镇上法山村。树高21米，胸径1.47米，基径1.79米，冠幅东西20米、南北19米，树龄约1300年。距地2.2米处，主干分东北、南、西南三大杈，长势旺盛。榆树树高12米，胸径0.32米，主干略弯曲，树冠与古槐融为一体，树龄约90年，长势旺盛。

[身历]

上法山西偏南依次为中法山、下法山。清康熙《莱芜县志》载：三法山村具属石城保。三村之中以中法山建村最早，1989年村碑载：明永乐间（1403－1424），李氏迁此建村，原名"刷干"。嘉靖间（1522－1566），王氏建"下刷干"（《王氏谱》）。成化间（1365－1487），孙氏建"上刷干"。上法山村中原有小庙，内有王母娘娘、观音菩萨、如来佛、霹雳大仙，有阎王爷、土地神等几十尊神像，1949年后拆毁。

[记事]

①1942年10月17日，泰安、济南、淄博、章丘、莱芜日伪军5000余人合围泰山军分区司令部及泰山地委、专署机关，泰山军分区警卫连副连长许开绍（1921－1942）率部向茶业口紧急转移，在茶叶口、法山两地受日军围堵，在吉山被日军包围，全连英勇杀敌，全部阵亡。②1953年，村民成立本村的莱芜梆子剧团，人称"民间戏剧之乡"，演出剧目有《铡美案》、《长板坡》、《樊里花征西》、《全

家福》等20多出。

[附记]

中法山有古槐2株，俗称“父子槐”。“父槐”在村中，高10米，胸径1.91米，主干中空，枝下高3米，原分4大杈，1974年被锯。“子槐”村西石碾旁，高10余米，胸径1.2米。

53. 周村区苏李古槐

[性状]

位于淄博市周村区王村镇苏李村。编号E12，树高24米，胸径1.47米，平均冠幅16米，树龄300余年。主干分3大杈，南杈折断，西杈顶部一枝向北横展；树冠伞形，长势旺盛。

[身历]

苏李村建村于明代以前，早期有苏氏、李氏定居，故名“苏李”。明建文间（1399－1402），王友亮自直隶枣强先迁莱阳城东灰泉庄，再迁淄川城西苏李庄。万历十四年（1586），其五世孙王政、王敬双双进士及第。万历四十二年（1614），其子创建王氏家祠“时思堂”，大门原在西南隅。清乾隆间于家祠西创建族学。道光二十年（1840），十二世王应宿募资购得祠东王秀伦宅基，欲改建大门未果。同治七年（1868），改建大门于今址。王氏家祠南起大门，向北依次为影壁、时思堂，时思堂面阔三间，进深一间，灰瓦硬山顶。王氏文教昌盛，明清两代凡8进士，包括：隆庆五年进士王教（字子修，号秋澄）、万历十四年进士王政和王敬、万历二十六年王崇义（字子由）、崇祯十年进士王昌荫（字周祯，字七襄）、顺治三年进士王鼎荫（字公鼐，号六符）、顺治六年武进士王新荫（号九皋）、康熙三十九年进士王一元（字生一，号善庵）。

[诗文]

恩贡生王永荫（号八垓）与蒲松龄交厚。蒲松龄曾作《代王八垓与程县公》、《为王八垓与长山曲启》、《为王八垓赠于申兰》、《妾薄命，赋赠王八垓》、《王八垓烹羊见招，忽雪，因忆去年阻约，作后烹羊歌》、《八垓烹羊见招，阻雪不果往，戏作烹羊歌》等诗文。康熙十七年（1678），王永印探望蒲松龄，蒲松龄作《王八垓过访》：“玉案无缘寄所思，一朝握手喜翻悲。樽开风雨挑灯夜，人似池塘入梦时。不合世撄流俗怒，无他肠恃故人知。别来岁月曾多少？话到生平事每遗。”康熙二十七年（1688），王永荫七十岁寿诞，蒲松龄作《寄王八垓》：“香山酒客延高龄，七十颜色如童婴。昔日崛强犹不减，对客豪饮能干觥。我性疏狂君磊落，相逢不觉肝胆倾。十日不一见颜色，坐看梁月心怦怦。念我少君廿余岁，衰如病鹤空支撑。年来穷愁成块磊，素髭白发添数茎。可怜此身仅七尺，千烦百恼相煎烹！造物从来妒清福，我独何苦仍缠萦？努力加餐复常乐，行看 碧海黄尘生。”康熙三十七年（1698），王永荫八十大寿，蒲松龄作《为八垓王公八十大寿序》。

54. 罗庄区后焦邱庄古槐

[性状]

位于临沂市罗庄区付庄镇后焦邱庄村。编号B04，树高11米，胸径1.46米，平均冠幅11米，树龄475年。枝下高3米，主干中空，正顶折断，树冠广卵形。长势一般。

[身历]

古槐所在原有清凉寺，始建时间不祥，金代

重修。《临沂县志·秩祀》："清凉寺，县南焦邱村，金代重修"。前焦邱、后焦邱位于南涑河西岸，唐代甚至更早建村。明清时期，为焦邱社驻地。

55. 莱芜砟峪古槐

[性状]

位于莱芜市钢城区辛庄镇砟峪村。树高20米，胸径1.43米，树龄约1300年，长势旺盛。

[汇考]

砟峪村始建于明代。《张氏家谱》：明末张氏自河北省枣强县迁此，魏姓早居，因峪中有一巨石如凤，故名凤凰峪；后巨石炸裂，改称张家砟峪，左近有路家砟峪、齐家砟峪、段家砟峪3村。村北有"三府山"，以东临临沂府、北接淄博府、西属泰安府而得名，山多泉水，谷多树木，今村古槐4株。

56. 淄川区上台古槐

[性状]

位于淄博市淄川区东坪镇上台村。编号B30，树高15米，胸径1.43米，基径1.9米，平均冠幅10米，树龄约700年。主干东倾，中空，正顶折断，萌4大枝；长势弱。

[身历]

上台村始建于元末，传因树建村。树南侧原有村庙，始建年代不详，"文化大革命"间，庙毁，现存遗址和两块石碑。

[汇考]

①上台村原有石寨以抵御强盗，辟四门。"文化大革命"间，东、西、北三门俱已拆除，现仅剩南门。②孟子山位于上台村，相传孟子曾登临此山，故名山为孟子山，山顶石碑记载："淄、博分界之交有山崛起，名孟子山，其命名之取义殊茫乎，其不可解，将毋孟子宿于昼时，曾一破闷至此乎。昼齐西南近邑，颇为近是惜遗意缺如焉"。

57. 周村区鹌子窝古槐

[性状]

位于淄博市周村区周村镇鹌子窝村，树高15米，胸径1.43米，平均冠幅9米，树龄300年以上。主干中空，东倾，内生榆树，胸径0.03米；正顶折断，断处后萌3大枝，长势旺盛。

58. 奎文区樱北古槐

[性状]

位于潍坊市奎文区梨园街道樱北村。2株，Ⅰ号编号A13，树高15米，胸径1.4米，基径1.6米，平均冠幅12米，树龄500年。枝下高2米，主干分东西2大杈，树冠圆形，长势旺盛。Ⅱ号编号A11，树高15米，胸径1.1米，基径1.3米，平均冠幅19米，树龄500年。枝下高2.5米，主干中空，树冠球形，长势旺盛。

59. 临朐山旺古槐群

[性状]

位于临朐龙岗镇山旺化石自然保护区，36° 30′ N, 118° 42′ E。共4株。Ⅰ号位于大山旺村（图7.15a），编号K43，树高8米，胸径1.3米，基径1.62米，平均冠幅5.6米，树龄1210年。枝下高4米，主干中空，正顶折断，长势一般。Ⅱ号位于

图7.15a 临朐山旺古槐Ⅰ号（李福昌 摄）

图7.15b 临朐山旺古槐Ⅲ号（李福昌 摄）

大山旺村，编号K42，树高10.5米，胸径1.1米，基径1.4米，平均冠幅9米，虎岭1210年。枝下高2.5米，主干中空，长势一般。Ⅲ号位于解家河村（图7.15b），编号K81，树高9米，胸径0.8米，基径1.0米，平均冠幅11米，树龄600余年。枝下高3米，主干中空，长势旺盛。Ⅳ号位于解家河村，编号K80，树高8米，胸径0.7米，基径0.8米，平均冠幅6米，树龄600余年。枝下高3米，长势衰弱。

[身历]

山旺村始建于明初，因村临尧山取兴旺之意，故名。1958年，山旺村东建小山旺村。洪武三年（1370），解氏于河边立村，故名“解家河”。

[汇考]

山旺古生物化石国家级自然保护区包括尧山周边的大小山旺村、解家河村等地，总面积120公顷，为中中新世（18Ma）化石保护区，已发现动植物400余种，植物化石有苔藓植物、蕨类植物、裸子植物和被子植物，动物化石有昆虫、鱼类、两栖类、爬行类、鸟类和哺乳类。山旺化石群发现于民国时期，号“万卷书”。民国《临朐续志》：“尧山东麓有巨涧，涧边露出矿物，其质非土非石，层层成片，揭视之，内有花纹，虫者、鱼者、兽者、山水、花卉者不一，俗名‘万卷书’”。1935年，中国地质调查所新生代研究室副主任家杨钟健（1897－1979）首次对山旺化石进行科学调查。1940年，北平静生生物调查所胡先骕（字步曾，号忏庵，1894－1968）与美国加利福尼亚大学（University of California）古植物学家钱耐（R.W. Chaney，1890－1971）合作出版《山东山旺中新世植物群》（*A Miocene Flora from Shantung Province, China*），最早系统介绍山旺植物化石。1978年，中国科学院组织召开山旺化石保护现场会。1980年，国务院批准建立山旺化石自然保护区。1982年，山东省人民政府创建山旺古生物化石博物馆。2001年12月10日，“山旺国家自然保护区”被国土资源部批准为国家地质公园。

60. 临朐天井古槐

[性状]

位于临朐县五井镇天井村。2株。Ⅰ号编号K61，树高10米，胸径1.4米，基径1.9米，平均冠幅12米，树龄610年。枝下高4米，主干中空，正顶折断，长势衰弱。Ⅱ号编号K62，树高18米，胸径1.0米，基径1.3米，平均冠幅5米，树龄640余年。枝下高3米，主干中空，长势旺盛。

[考辨]

Ⅰ号位于山麓，立地条件比Ⅱ号差，生长更为缓慢，且胸径也较大，树龄反而较小，存疑待考。临淄区辛店镇单家村古槐胸径1.8米，《单氏族谱》载植于明初，生长量1.29毫米/年。章丘市柳塘口村古槐基径1.5米，植于明洪武二年，生长量1.16毫米/年。据此推测，Ⅰ号古槐树龄约600年，Ⅱ号古槐树龄约430年。

61. 临朐福山集古槐

[性状]

位于临朐县冶源镇赵家庄村。标号K64，树高18米，胸径1.4米，基径1.6米，平均冠幅17.5米，树龄610年。枝下高1.9 米，长势旺盛。

[身历]

赵家庄建于明初，赵氏立村。同期，高氏于村北立高家庄。高氏于洪武二年自安徽池州青阳县迁临朐北关，再迁高家庄。衣氏自山东栖霞县迁赵家庄西建村，原名“衣家老庄子”，后迁高家庄北，因村依福山（今团山）得名“福山”。清末设集，遂为“福山集”。

[汇考]

赵家庄村东50米有宋代古墓。

[附记]

福山集村古槐编号K63，树高21米，胸径1.4米，基径1.7米，平均冠幅12米，树龄610年。枝下高2米，主干分2大杈，长势旺盛。

62. 薛城区奚村古槐

[性状]

位于枣庄市薛城区陶庄镇奚村。编号E001，树高7米，胸径1.4米，平均冠幅7米，树龄600年。主干东倾严重，横卧于水泥支柱上；分东西两大杈，西杈枯死，断裂。耆老言，西杈断裂时，树下十几人在乘凉，竟无一人受伤。

[汇考]

①夏禹车正奚仲封地在奚村，奚仲始造车，为薛国始祖。《滕县志·薛世家》：“薛之先祖出自黄帝，黄帝少子禺阳受封于任为任姓（《路史》）。后有禺号，禺号生淫梁，淫梁生番禺，是始为舟。番禺生奚仲（《山海经》）。奚仲当夏禹之时，封于薛，为禹掌车服大夫（《杜氏注》）。奚仲生吉光，吉光是始以木为车（《山海经》）。以木为车，盖仍缵车正旧职，故后人亦称奚仲造车云（《荀子》）。奚仲居薛，后迁于邳（《左传》）”。夏庄村西北有奚仲山，其西绣球山有奚仲墓，其侧有冉求墓。②奚村大汶口文化遗址位于奚村砖厂南部，大明河东岸，南靠河北庄西部田湾村北，河西岸是庞庄村，总面积约20 000平方米，出土文物有石斧、夹砂红陶鼎足、壶片、磨光黑陶残片等。③西周时期，奚村一带为“奚邑”，南常、沙沟一带为“常邑”，二邑隶属薛国。

图7.16a 薛城区何庄古槐（张建勇 摄）

图7.16b 槐仙楼（张建勇 摄）

63. 薛城区何庄古槐

[性状]

位于枣庄市薛城区常庄镇何庄（图7.16a）。编号E008，树高9米，胸径1.39米，平均冠幅12米，碑载：古槐植于东汉建安十年（205），树龄1808年。耆老言：原高27米，后正顶折断；且曾修避三年。主干中空，分东西两大杈，长势弱。距地2.5米处，有5厘米宽钢带捆绑，树下有钢架支撑，东北侧有水泥柱支撑，树周有大理石护栏，树南有牌坊，牌坊上有联："汉室神龛留墟跡，千年古槐郁葱荫"。额题"槐仙楼"（图7.16b）。今被列为枣庄市文物保护单位。

[汇考]

古槐为李氏先祖手植，族人奉若神明，逢年过节于树下祭拜，婚嫁于树上贴喜联。

64. 曲阜孔府古槐群

[性状]

位于曲阜市孔府。共3株。Ⅰ号古槐位于孔府大门内西侧（图7.17a），编号2001051，树高12米，胸径1.39米，冠幅东西15米、南北16米，树龄约500年。长势旺盛。Ⅱ号位于孔府大堂前西侧（图7.17b），编号2001065，树高7米，胸径1.0米，冠幅东西7米、南北8米，树龄约500年。

图7.17a 孔府大门古槐（冯广平 摄）

图7.17b 孔府大堂古槐（冯广平 摄）

主干中空，长势较弱。Ⅲ号位于孔府后花园东北角，树高7米，胸径0.85米，冠幅东西6米、南北6米，树龄约500年。主干大部已枯，仅东南侧大枝存活，长势一般。

[身历]

三株古槐应为明初重建衍圣公府时栽植。

65. 沂南大安古槐

[性状]

位于沂南县苏村镇大安村。编号G37，树高15米，胸径1.38米，平均冠幅10米，树龄410年。长势旺盛。

66. 费县丰厚庄古槐

[性状]

位于费县探沂镇丰厚庄村。树高7.8米，胸径1.37米，冠幅东西8米、南北7.2米，树龄约1000年。主干中空，大杈上部断落，分杈处萌生幼条，长势一般。

[身历]

1963年《张氏族谱原序》载，明末清初张氏始祖张流迁费县可沟村，后罹难于匪患。其三世祖张亮寄居丰厚庄。据此，丰厚庄于明代已建村。

67. 青州夏庄古槐

[性状]

位于青州市王府街道夏庄村。原生4株，泰山老母行宫门口两株，分别于1996年和1999年枯死，后因村中修路而砍伐。现存2株，Ⅰ号古树位于泰山老母行宫正殿后，树高5米，胸径1.35米，冠幅东西7.9米、南北8.6米，树龄约600年，干枯，中空，仅剩周皮，树身南倾，下有砖柱支撑，树顶折断，今存萌生小枝，长势衰弱；Ⅱ号古树位于行宫南古约500米，树高9米，胸径1.24米，冠幅东西7米、南北6米，树龄约600年，树干中空，空洞呈人字形，南北通透，树顶折断，长势一般，树北有一眼老井，水质清、水位浅。

[身历]

泰山老母行宫，古称泰山圣母行宫庙，始建于明代，道光二十五年《重修碑记》："圣母行宫建自前明。"两株古树应为明代建庙时栽植。清康熙八年（1669）、康熙十二年（1673）、乾隆五十二年（1787）、嘉庆三年（1798）、道光九年（1829）、道光二十五年（1845）重修，之后逐渐荒弃。"文化大革命"间，破坏严重，院内五株古松被伐。现存正殿、影壁、历代重修碑记及古井两眼等遗迹。影壁墙有对联一副，上联为“南峰松翠色，瑞星拱壁挡神户”，下联为“北山流光泽，佳气来临耀山门”。2010年重修。

68. 淄川宝泉村古槐

[性状]

位于淄博市淄川区东坪镇宝泉村。树高25米，胸径1.34米，平均冠幅8米，树龄约600年，长势弱。

[身历]

宝泉村始建于明代，因村东有宝泉而得名，宝泉现已干涸。树旁原有关帝庙，光绪三十年（1904），村民于庙东建义学三间。光绪三十年《义学碑记》：“文宣而后明春秋之义者，惟关圣人一人而已，是庄关帝庙之东，旧有隙地数尺。甲辰春，庄众辇石砌堰，以障河流，鸠工庀材，建屋三间，室既成名之曰‘义学’。盖欲俾后生小子藉此以明春秋之大义也。后之肄业其间者，倘能以忠孝相勗，不至见利忘义也，是则作室者所深望也夫！”

69. 博山区麻庄古槐

[释名]

推测树龄千年以上，故称“唐槐”。

[性状]

位于淄博市博山区源泉镇麻庄村头。编号C54，树高17米，胸径1.34米，基径1.57米，冠幅东西14米、南北12米，树龄500余年，一说1300余年。枝下高4.5米，主干中空，主干分4大杈，基径最大者0.65米；再分11枝，树冠伞形，长势旺盛。1997年，遭雷击焚烧。

[身历]

麻庄始建于金代，村中金泰和六年（1206）《土地庙碑》：“大金国淄州淄川县第六乡长流保麻家庄”。传村北原有洼地，利种麻，故名。村东山神庙建于万历十二年（1584）。清代，改成“麻庄”，乾隆十八年（1753）《博山县志》及1937年《续修博山县志》均沿称麻庄。

[汇考]

麻庄村东有轿顶山，俗称东封山，海拔680米。山腰有石蛤蟆洞，深30米，洞中有石蛤蟆。洞旁悬崖间有大圣老爷庙，始建于明代，奉祀孙大圣。“文化大革命”间，庙毁。

70. 博山区东池古槐

[性状]

位于淄博市博山区池上镇东池村。编号C55，树高8.5米，胸径1.32米，平均冠幅11米，树龄300余年，此说待考，据胸径及明早期建村推测，树龄约500年。长势旺盛。

[身历]

东池村为池上镇驻地，以淄河分为西池、东池两村，原名“池上庄”，始建于明初。《鹿氏族谱》：“元末之时，鲁地数遭兵燹，烽烟四起，疫病流行，人民死亡流离，遂致地旷人稀。吾二世祖纲、绅、瞻、睦四公于洪武七年迁来，居青州府益都县孝妇乡之东南隅，即今之博山县鹿疃庄也。七世掌财迁居池上庄”。明中晚期，赵氏、丁氏、焦氏相继迁来。《笼水赵氏族谱》：“始祖平，明洪武初由枣强迁居颜神镇。十四世绳祖迁居池上庄”。《丁氏宗谱》：“吾祖于洪武七年由枣强县迁于山东省淄川县道凯庄。十二世凤山迁居池上庄”。《焦氏族谱》：“吾祖之居此也，以十世应举祖为始，计今已四百余年矣……十五世学纯迁居池上”。村西北有“八卦池”，池边原有顺德庙。庙始建不详，崇祯元年（1628）重修。清光绪二十九年（1903），河水泛滥，分村为东西两片，遂称东池、西池。

71. 泰山龙凤槐

[释名]

同生两株，相传一株为唐高宗李治所植，故名“龙槐”，又名“李治槐”，另一株为武则天所植，故名“凤槐”，又称“武则天槐”，两株古槐合称“龙凤槐”。

[性状]

“龙槐”位于泰山前关帝庙拜棚门外东侧（图7.18a），编号C0082，高16米，胸径1.31米，冠幅东西14.4米、南北11.5米，树东有古碑四通；“凤槐”位于泰山前关帝庙拜棚门外西侧（图7.18b），编号C0081，高18米，胸径1.04米，冠幅东西15.8米、南北15.7米。两株古槐树龄皆约1350年，长势旺盛。

[身历]

清康熙二十二年（1683），建拜棚以祀“关帝”，当是依树而建。历代修葺。

图7.18a 泰山龙槐（冯广平 摄）

图7.18b 泰山龙凤槐（冯广平 摄）

图7.19 东镇庙古槐（包琰 摄）

72. 寒亭区西营古槐

[性状]

位于潍坊市寒亭区高里镇西营村。编号D3，树高15米，胸径1.31米，基径1.6米，平均冠幅15.8米，树龄770年。枝下高1米，主干中空；树冠广卵形，长势旺盛。《潍县志稿·疆域志》："古槐在西营庄内，高丈余，周数十围，相传唐植"。

73. 临朐东镇庙古槐

[性状]

位于临朐县沂山镇东镇庙宋代祭台前、甬道西（图7.19）。树高16.5米，胸径1.31米，冠幅东西16米、南北17米，据考植于唐嗣圣元年（684），工部尚书尹思贞（640－716）手植，树龄1329年。主干中空，正顶枯死、折断，西侧有大枝存活，长势一般。基部萌生2幼株，北株胸径0.29米，东株胸径0.19米。庙内原有3株，今仅存其一。光绪《临朐县志·建置》引张印立重修碑记："其龙虎殿前右，古槐一株，围一丈四尺三寸，今止存半身，枝叶犹东，偏绿。又西道房前槐一株，围一丈二尺。又道房西南隅槐一株，围一丈三尺三，槐世传为唐槐"。

[汇考]

古槐为唐凤阳寺遗物，凤阳寺始建于咸亨五年（674），传为北禅宗创始人神秀（俗姓李，606－706）提议创建。龙朔间（661－663），神秀来沂山明道寺说法，见五龙口汉五帝祠旧址山水形胜，提议建寺，而遭当地一豪绅反对；暗访后，知豪绅欲谋作私茔。神秀素知沂山多凤（环颈雉），遂生一计，言："吾夜得一梦，见凤凰栖於此处。如旬内凤来，则定地建寺，否则另行改址”。数日后，有迁徙环颈雉落树上，遂定寺址。会昌间，凤阳寺毁。长安四年（702），武则天遣使于凤阳寺西清泉谷建青竹庵。五代后周显德间，庵毁。

74. 沂南古城前古槐

[性状]

位于沂水县沂城街道古城前村。编号H10，树高14米，胸径1.31米，平均冠幅8米，树龄450年。

[记事]

古城前村北有前古城村，再北有西古城村、东古城村、东古城。古城所属时代未定，一说为南朝宋和北朝齐时期的发干县故城；一说为春秋时期防邑遗址。道光《沂水县志・舆地・古迹》：“防城，邑西北，春秋庄公二十九年，‘城诸及防’。杜预注：‘盖县东南有防城即此’。邑西北二十里，沂水北岸爆山（今跋山）南古城庄即古防城，遗址犹存”。

[附记]

前古城村有古槐，编号H22，树高22米，胸径0.25米，平均冠幅7米，树龄约450年。

75. 张店区店子古槐

[释名]

为陈氏先祖所植，现古树已成为陈氏祖先的象征，故名“老槐爷”。

[性状]

位于淄博市张店区湖田镇店子村。树高8米，胸径1.3米，基径1.5米，冠幅东西5米、南北5米，树龄约700年。枝下高2米，主干中空，曾受火烧，正顶折断；树冠伞形，长势一般。

[身历]

店子村始建于明初。《陈氏族谱》：“始祖自直隶枣强冀州迁此定居”。因村南有临淄通淄川大道，陈姓在此开店，故称“店子”。店子村建于明朝初期。据，陈氏店服务周到，店内常备轿舆，“陈家店”别称“轿杆村”。店子村北、商家庄以西、李家庄以南，古有红庙一座，且设有“红庙义集”，逢“五”排“十”为集期，市场规模很大，正常季节可招纳四五千人，最多时达上万人。红庙集的知名度很高，方圆百里的商客都慕名辐辏而至。

[记事]

1946年6月7日夜，解放军鲁中军区四师、九师在渤海警七旅的配合下，向周村、张店之国民党军发动攻势。经一夜激战，先后解放两城。守敌大部被歼，毙伤日军53人，俘3人，毙伤国民党军1970人，俘5221人，缴获轻重机枪200余挺，山炮2门，步枪5000余支。渤海解放区与鲁中解放区连成一片，淄博全境获得解放。

76. 沂源许村古槐

[释名]

1942年2月，陈毅（字仲弘，1901－1972）元帅率部入驻许村，拴马树上，故名“元帅拴马槐”。2月20日，许村民众于树下集结，组织担架队支前。

[性状]

位于沂源县南麻镇许村。树高10米，胸径1.3米，平均冠幅10米，树龄约600年。长势旺盛。

[身历]

许村始建于北宋，金正大三年（1226），隶蒙阴县北乡（社），正大四年至元皇庆元年（1227－1312）属新泰县，皇庆二年至“民国”，复属蒙阴县北乡（社）及岱崮区。1945年，属沂源县张庄区。1947年，属鲁村区。1958－1984年，属鲁村公社、区。1985－2001年，属沟泉乡（镇）。2001年，属南麻镇。

[汇考]

①许村村南有冯氏祖林，中央为明宋国公冯胜墓，墓前有明万历十四年（1586）“冯胜墓碑”：“明故祖冯讳胜之墓……现任世袭镇抚八世孙冯臣同立”。清康熙十一年（1672）《蒙阴县志》：“明冯国胜，封宋国公……失意暴卒。诸子皆不得封。至万历九年，九世孙冯乐王告袭，议降镇抚，以族人互争长，辄止。事载通纪，墓在许村”。林中另有冯胜曾孙冯景时与妻阴氏合葬墓墓碑。冯胜（初名国胜，又名宗异、胜，？－1395）为明代开国名将，与兄冯国用投明太祖。洪武三年（1370），随徐达平定沂州，镇守山东。《明史·吴祯列传》：“（洪武）二年，大将军平陕西还，祯与副将军冯胜驻庆阳。三年讨平沂州答山贼”。《明史纪事本末》：“十一月壬子，克沂州。（徐）达即日率师抵沂州，分兵急攻之。都督冯宗异令军士开坝放水，宣自度不能支，开门降”。冯胜墓碑：“洪武初镇守山东等处”。洪武二十年（1387），以大将军，协同傅友德、蓝玉等征辽东，降纳哈出，以战功封宋国公，遭明太祖忌恨，赐死。死前女眷皆毒死，义女冯秀梅、女冯文敏同时被害。《明史·冯胜列传》：“时诏列勋臣望重者八人，胜居第三。太祖春秋高，多猜忌。胜功最多，数以细故失帝意。蓝玉诛之月，召还京。逾二年，赐死，诸子皆不得嗣”。成化间，准予立祠为祭。清光绪《祥符县志》：“宋国公冯胜祠在新昌坊，祀明朝功臣冯胜。成化十一年建。有功于汴故祀之”。南明永历元年（1644），追赠宁陵王，谥武壮。清·王士禛《古夫于亭杂录》：“南渡后，始以给事中李清言，追赠丽江王，谥武靖。而冯胜亦赠宁陵王，谥武壮，又进祀于功臣庙”。②墓东一里有清源灵显妙道真君行宫，始建时间不详，元至元间重修。明成化二十三年（1487），冯胜孙冯慎捐资重修。正德十三（1518）《重修清源灵显妙道真君行宫记》：“是以许村之南有古刹清源妙道灵显真君庙堂一座。始创于前代，重修于至元。历年久已，经岁垦代。庙堂倾颓，神像雪相。其庙也，南瞻蒙山之耸翠，北靠东鲁之巍岩，西邻斜山楼真宫，东接荆山之仙境。其庙镇宝山，其下山明水秀，人罕修理。于是本庄前任千户冯胜之孙冯慎长男冯佐感于心焉。于念父子同心协力，谨率乡耆，请命工匠，镌立石碣，经营修理，不数月而庙堂及东西山神、土地庙宇、拜廊焕然而华表，装塑神像粲然而煌耀。目修理之余，祝祷雨泽也，则时雨之即降而冰雹之不施……南京英武卫冯胜六代孙镇抚冯通现配李氏”。

77. 沂源马庄村古槐

[性状]

位于沂源县石桥镇马庄村。树高18米，胸径1.3米，平均冠幅10米，树龄约600年。长势旺盛。

[汇考]

马庄村始建于明代，古树为建村时栽植。

[附记]

石桥镇东南有东、西北庄村，村中有古槐树

高12米，胸径1.2米，冠幅12米，植于明代，树龄约600年。

78. 安丘韩家庄古槐

[性状]

位于安丘市兴安街道韩家庄村、下小路东南侧。编号J23，树高9米，胸径1.3米，基径1.2米，平均冠幅12.5米，树龄400年。枝下高4米，主干中空，西北侧有树洞，长势衰弱。

[记事]

①明崇祯十五年（1642），阿巴泰率水、陆两路清军南下，先后陷莱州、昌邑、安丘等地，一路抢掠奸淫，如入无人之境。杀明鲁王朱衣佩及乐陵、阳信、东原、安丘、滋阳诸王、官吏等数千人，攻克3府（允州、顺德、河间）、18州、67县，共88城，降6城。掳掠黄金12 250两，白银2 205 270两，俘获百姓369 000名口，驼马骡牛驴羊共321 000有奇。②1938年8月1日，日军攻安丘，县公安局局长赵坤率60余人出城迎敌，赵阵亡，残部退回城内，与县府机关人员撤至西南山区。

79. 临朐东盘阳古槐群

[性状]

位于临朐县辛寨镇东盘阳村（图7.20）。3株。Ⅰ号编号K54，树高18米，胸径1.3米，平均冠幅11米，树龄670年。枝下高3米，主干中空，长势旺盛。Ⅱ号编号K112，树高9米，胸径1.0米，基径1.2米，平均冠幅15米，树龄350年。枝下高3米，长势旺盛。Ⅲ号编号K111，树高6.5米，胸径0.7米，平均冠幅2.8米，树龄300年。枝下高5米，正顶折断，长势衰弱。

[身历]

古般阳县始置于汉代，南朝宋时移至临朐县东南盘阳社，北齐废，隋复制，后废，唐复置，又废。明嘉靖二十年（1552）到清光绪十年（1884）为仁寿乡盘阳社。1952－1954年，隶临朐县盘阳区。1984－1993年，为－盘阳乡驻地。盘阳西南古城村为汉琅琊国所在，村中《重修泰山行宫碑记》：“西南数里有地隆起，盖汉代刘章封国也”。古城村有汉代遗址与墓群。

[汇考]

盘阳村南有龙山文化遗址，出土有石斧、石铲、石刀、石矛等细石器及大量黑陶片。村东有春秋时期纪国郱邑墓葬群。周边战国－魏晋墓葬群密集。东盘阳村东夏家庄西400米有战国墓。西盘阳正北大店子村有大店西战国晚期至汉代遗址。大店子西北土埠店村有汉代墓群。南张陆河村北出土东魏尼化生石棺。

图7.20　临朐东盘阳古槐（李福昌 摄）

80. 临朐石峪古槐

[性状]

位于临朐县五井镇石峪村。编号K60，树高19米，胸径1.3米，基径1.6米，平均冠幅18.5米，树龄630余年。枝下高4米，长势旺盛。

[身历]

石峪村始建于明代，王氏建村。清代，王氏一支迁西南建小石峪村。

81. 临朐大辛中古槐

[性状]

位于临朐县辛寨镇大辛中村（图7.21）。编号K74，树高10米，胸径1.3米，基径1.6米，平均冠幅10.5米，树龄610年。枝下高3米，主干东倾，中空，长势旺盛。

[身历]

大辛中村西北接小辛中村，东南望辛寨村，皆与魏晋名臣辛毗（字佐治，？－235）有关。辛毗先事袁绍子袁谭，后为丞相长史，魏文帝时赐广平亭侯，魏明帝时封辛毗颍乡侯。青龙元年（234），以大将军军师抵御蜀军，不久病逝。辛中原名“辛塚”，传为辛毗塚，辛寨传为辛毗驻军所在。辛中建村于明代，与辛毗关系不大，疑似与元武略将军辛世显有关，其父辛德禄为金朝大将，入元后授临朐令。明嘉靖《临朐县志·孝义》：“元辛世显，字伯荣，黑山里人，其先仕金，至孟州防御使、怀远大将军、金符亲军都尉。至元，授临朐尹”。

[汇考]

①大辛中村南下河村有古槐，树龄500余

图7.21　临朐大辛中古槐（李福昌 摄）

年，其村东南250米有战国－汉代文化遗址。②辛寨村西50米有龙山文化遗址。

82. 滕州西岗古槐

[释名]

因村中曾出文武两状元，故名“文武状元槐”。

[性状]

位于滕州市西岗镇西岗村永庆寺遗址。编号F002，树高11.5米，胸径1.3米，平均冠幅15米，树龄750年，长势旺盛。

[身历]

永庆寺，原为文书院，始建年代不详。万历《滕县志》：“永庆寺，在西南三十五里西堽集，本文书院也，建始年代无考”。后屡有维修，曾用作西岗办事处。

[诗文]

满秋石《府前古槐》：“府前古树经沧桑，新老枝条撞击狂。本是同根何反目，邪风摇动只悲伤。”

[考辨]

文武状元实是清代武榜眼满德坤和文举人满秋石，后人演绎为文武状元。满德坤（字载夫，1778－1838），柴里村人，清嘉庆五年（1800）乡试中武举人，翌年，殿试连捷，嘉庆皇帝钦点第一甲第二名武科榜眼，授二等侍卫，从二品，后升为头等侍卫。满秋石（字碧山，号若谷，别号断蔗山人，1749－1830），柴里村人，清乾隆三十九年（1774）举人，曾任浙江武义县令，著名诗人，著有《断蔗山房诗稿》《归雪楼近稿》、《为可堂文集》等。

83. 市中区雷村古槐

[性状]

位于枣庄市市中区光明路街道雷村（图7.22）。编号A002，树高10米，胸径1.3米，平均冠幅11米，树龄1150余年。主干中空，分4大杈，大杈正顶折断。长势旺盛。树下有2004年勒立《古槐铭记》碑：“依村史为据，唐代咸通年间为雷氏先人建村时手植”。

[身历]

古槐所在原有庙。“文化大革命”间，庙毁。

图7.22 市中区雷村古槐（张建勇 摄）

84. 山亭区西滴水古槐

[性状]

位于枣庄市山亭区凫城乡西滴水村。编号C022，树高14米，胸径1.3米，平均冠幅10米，树龄约850年，树干中空，可容一人，南侧有裂口宽60厘米，自基至梢；长势旺盛。

[身历]

西滴水村，因村中有滴水泉，故名。古树原有两株，树后原为关帝庙，始建年代不详，乾隆间曾重修，“文化大革命”间拆毁，同时伐掉另外一株古树。

85. 薛城区马公古槐

[性状]

位于枣庄市薛城区陶庄镇马公村南（图7.23）。编号E002，树高12米，胸径1.3米，平均冠幅7.5米，树龄900年。主干中空，正南自基部开裂，正顶折断，分西北、东南两大枝。长势一般。

[身历]

马公村始建于唐代，村中马、曾、白三氏，故名“马曾村”，后讹传为“马公村”。古槐所在原有土地庙，今辟为民居。

86. 泰山四槐树

[性状]

位于泰山中路回马岭壶天阁下、柏洞盘道两侧，海拔800米。原有4株，民国前，两株枯死；1987年，另有一株倒伏枯死，树龄实测为1240年，今基部萌生幼株。今存其一（图7.24），编号

图7.23 薛城区马公古槐（张建勇 摄）

图7.24 泰山四槐树（申卫星 摄）

8703－1401号，树高24米，胸径1.27米，冠幅东西25米、南北20米，测算树龄1266年。

[考辨]

4株古槐传为唐鲁国公程知节（字义贞，原名咬金，589－665）手植。据倒掉的8703－1401号古槐测算，4株古槐应植于天宝（742－756）初年。天宝元年（742），唐玄宗诏令所在州县官员祀泰山，庆祝改元。天宝七年（748），又令所在州县官员祀泰山，庆祝上皇帝尊号。四株唐槐与这两次活动有关，应植于此时期。

[身历]

壶天阁始建于明代，嘉靖间称“升仙阁”。清乾隆十二年（1747）拓建，改名“壶天阁”。清嘉庆六年（1801），泰安太守崔映辰题联：“壶天日月开灵境，盘路风云入翠微”。嘉庆二十一年（1816），泰安府事廷璐又题联：“登此山一半已是壶天，造极顶千重尚多福地”。1979年重建阁楼。壶天阁跨盘道而建，城门楼式；下层由12层条石砌成石台，面阔14.5米，进深7.95米，通高4.75米，门洞高3.1米、宽3.5米。拱脚角上施仰覆莲墀头石，东西有石阶通上层。台上建殿阁，面阔三间、10米，进深一间、5.4米，通高5.9米，黄琉璃瓦歇山顶。阁北有元君殿，面阔三间、11.5米，进深一间、7.2米，高7.46米，灰瓦硬山顶，内奉碧霞元君铜像。西北为回马岭坊。西为依山亭。东有乾隆皇帝御制《壶天阁》摩崖诗刻3首。

87. 淄川区岳阴古槐群

[性状]

位于淄博市淄川区淄水镇南、北岳阴村。Ⅰ号位于北岳阴村，编号B43，树高12米，胸径1.27米，平均冠幅10米，树龄700余年。主干中空，正顶折断，长势一般。Ⅱ号位于南岳阴村，编号B41，树高8米，胸径1.17米，平均冠幅6米；Ⅲ号位于南岳阴村，编号B42，树高5米，胸径0.85米，平均冠幅3米。两株树龄300余年。

[身历]

岳阴村始建于元代。《胡氏族谱》：“始祖自元代至元年间由枣强迁来淄川岳阴庄。缙祖自岳阴迁居南万山”。

88. 费县后花果庄古槐

[性状]

位于费县石井镇葛针园村后花果庄。树高9米，胸径1.27米，冠幅东西8米、南北7米，树龄1200余年。主干中空，大枝断落，惟南侧大杈有萌幼条。

[附记]

花果庄有天然溶洞，名王姑洞，山名王姑洞山。

89. 平邑黑风口古槐

[性状]

位于平邑县郑城镇黑风口村。编号J30，树高13米，胸径1.27米，平均冠幅8米，树龄500年。主干分两大杈，树冠浑圆，长势旺盛。树下立《黑风口古槐树》碑。

[身历]

树下有土地小庙，庙前有影壁。黑风口村始建于明洪武间，植槐以纪年迁自山西。

[记事]

2011年，山东省新枣线（S241）平邑县城南段改建工程中，古槐在拟扩建路基范围内。为保护古槐，重新调整规划，将路基东移两米。

90. 蒙阴贾庄古槐

[性状]

位于蒙阴县岱崮镇贾庄。标号F13，树高8米，胸径1.27米，平均冠幅8米，树龄约800年。主干中空，树形优美，长势旺盛。

91. 曲阜颜庙古槐群

[性状]

位于曲阜颜庙内（图7.25a、b）。2株。Ⅰ号位于归仁门内西侧，编号4001168，树高14米，胸径1.27米，冠幅东西13米、南北14米，长势弱；Ⅱ号位于复圣殿前西南侧，编号4001204，树高15米，胸径1.19米，冠幅东西13.3米、南北13.3米，长势旺盛。两株古树应为元天历二年（1329），颜庙于今址重建时栽植，树龄约684年。

92. 平邑五块石村古槐

[性状]

位于平邑县临涧镇五块石村。编号J44，树高11米，胸径1.26米，平均冠幅12米，树龄400余年。长势旺盛。村民奉为神树。

[身历]

五块石村始建无考，清乾隆晚期，邹县大柳峪村张民迁此，槐已成古树，正前百米有孤石五块，取村名“五块石村”。

图7.25a　曲阜颜庙古槐（冯广平　摄）

图7.25b　颜庙复圣殿古槐（冯广平　摄）

93. 莱芜祥沟古槐

[释名]

传黄巢死于树下，故名“将军槐”。民国《续修莱芜县志》：“僖宗中和四年，武宁将李师悦与尚让追黄巢至瑕丘，败之，巢走狼虎谷，为其甥林言所杀”。

[性状]

位于莱芜市莱城区牛泉镇祥沟村。树高15米，胸径1.25米，树龄约1000年，长势旺盛。树基四周石砌土台，台东西均有碑，西碑通高2米，宽80厘米，有碑帽。东碑无碑帽，碑文被砸，漫灭不详。

[身历]

唐中和三年（883），黄巢兵败长安，退向河南道。翌年，于陈州一战而全军覆没；仅有千人突围，后于瑕丘被围，残部不足百骑退向鲁中。徐州节度使时溥（？－893）围歼黄巢于虎狼峪，以功封王。其地遂称“黄巢落马处”、“降寇”。祥沟村前箭河对岸石壁有“中和”间题刻“黄巢落马处”。狼虎谷碑石载：“唐僖宗时，黄巢战败，潜入此谷而死，由此得名降寇，后改称祥沟”。《中国古今地名大辞典》：“（黄巢落马处）在山东莱芜西南三十里，接泰安县界，亦名狼虎谷”。村中关帝庙碑载，周姓始迁，张、雷、杜等姓继至。明洪武间，秦、亓两姓迁入。1949年，村名改称“祥沟”。

[汇考]

①祥沟村村南石桥下石梁上有“一步三眼井”，南北向排列，长约1.5米左右，每眼井直径约0.4米，每年七八月间，井内水自溢出。传黄巢退军至此时，天旱苗枯，黄巢搠枪于石梁上戳出三眼泉。②古树北40米处路西胡同，胡同内为明万历年间司衙官亓万选宅邸，三进院落，原有古楼一座，高十余米，楼东有跨院。凡亓氏后人结婚都要到古楼前叩拜。1937年拆掉一层。1958年拆毁。

[记事]

①万历间，李条庄亓诗教（字可言，号静初，晚号龙峡散人，1557－？）屡试未中，穷困潦倒。里人亓万选筹资助诗教再考，中万历二十六年（1598）进士。亓诗教官至都察院右佥都御史，擢万选入晋作司衙，后告归。诗教遂于槐北购地为万选建宅邸。②1937年，刘居英受中共山东省委指示，与秦云川（化龙）取得联系，以扛活为名到祥沟发展党组织，有8名青年加入中国共产党。1938年，参加徂徕山起义。

94. 苍山小古村古槐

[性状]

位于苍山县下村乡小古村村北小溪旁。编号L06，树高6米，胸径1.24米，平均冠幅10米，树龄2500年。主干中空，正顶无存，西侧和北侧大枝枯朽。长势旺盛。

[考辨]

传唐将尉迟恭监修灵峰寺，过此见古槐超凡，勒马观叹，遂有“敬德勒马看古槐”之说。此说殆不可信，敬德晚年赋闲长安，无监造寺观之说。山东、河南古槐、古柏多有与敬德相关者。

95. 滕州前村古槐

[释名]

传为张天师手植，故名“张天师手植槐”。又因主干空洞中复生刺槐，故名“槐抱槐”。

[性状]

位于滕州市东郭镇前村。编号F004，树高11.5米，胸径1.24米，平均冠幅13.5米，树龄约1000年。主干中空，30年前内生刺槐，今刺槐胸径0.83米，长势旺盛。

[考辨]

张天师即张道陵（字辅汉，34－156），丰县阿房村（今江苏徐州丰县）人，汉留侯张良八世孙，尊为“祖天师”。张天师生活于东汉，而据胸径推测，古槐树龄不超过1000年，张天师手植之说疑似后人附会。

96. 泗水官园古槐

[性状]

位于泗水县金庄镇官园村。树高6米，胸径1.24米，冠幅东西6米、南北6.4米，树龄620年。主干中空，树顶无存，惟东侧后萌枝存活，长势衰弱。村中另有一株，树高5米，胸径0.7米，冠幅东西4.5米、南北3.5米，树龄约400年。主干中空，长势衰弱。

97. 薛城区南常古槐

[性状]

位于枣庄市薛城区沙沟镇南常村。编号E011，树高9米，胸径1.23米，平均冠幅8米，树龄500年。主干中空严重，西北侧一半主干朽腐开裂。周围萌生幼苗多株。

[身历]

古槐所在原为褚氏家祠，始建于清康熙五年（1666），占地十余亩，殿舍共19间。“文化大革命”间辟为学校，祠前原有古槐4株，“文化大革命”间伐掉3株。今已重修。南常褚氏始祖褚五公，约于南宋末迁南常。清顺治十三年（1656），南常褚氏名人褚光镆《创修族谱序》中曰：“余家世居南常里，东有三清观，凡先世祖讳见于宋、元碑碣者，历可指数。明初有祖讳显忠，以武功封羽林指挥使，皆以世代辽远，未能详考……自五公祖而下迄于今，凡十世。此皆世系之可考者，则录而附之于后，其生卒居葬字讳职位咸详述焉。”其四世祖褚显忠明初为执金吾，擢羽林军指挥使。九世祖褚玳最贤，后裔崛起。《峄县志》：“褚玳，字南泉，多隐德，尝慕范文正公之为人，置义仓、义塾，勒石以垂家训。子二，长化鳌，为名诸生：次化鲲，官省祭。厥后为侍御者一，为尚书郎者二，为舍人者三，出为郡国史者二，簪缨相望，宦业表表，两代间亦何食报之厚也!”褚玳孙褚德培（字集禧，号嵩华，别号元在，1585－1637），崇祯元年（1628）进士，官至陕西道监察御史。崇祯六年（1633）钦赐御匾“抨摘奸回振鹭车之风采，肃清辇毂兴骢马之歌谣”；同时敕封褚德培父褚化鳌为文林郎、陕西道监察御史，其母曹氏、妻高氏为孺人。

[汇考]

南常村东北约600米有新石器时代瓮上遗址，面积0.8万平方米，出土器物有罐系、鬲腿、陶拍、豆盘等。

98. 莱芜磨石峪古槐

[性状]

位于莱芜市莱城区苗山镇磨石峪村。树高12米，胸径1.21米，冠幅东西10米、南北10米，树龄约450年。枝下高1.5米，主干中空，长势一般。树干空洞萌生火炬树，里人戏称火炬树古槐招赘的“女婿”。

[身历]

磨石峪村始建于明万历间（1573－1620），杨氏始迁并植槐，后遇贼罹难。清乾隆三十一年（1776），孙氏自淄川阴柳庄来此建村，因附近山石可加工成磨刀石，故名磨石峪。1926年，村民在村子西山用青石修筑高2米有余的寨墙，称西山寨，以躲避土匪刘黑七，现遗址尚存。

99. 章丘桑园古槐

[释名]

当地称“宋槐”，家有学生高考者多于树下许愿，别名“许愿进士树”。

[性状]

位于章丘市相公庄镇桑园村。树高18米，胸径1.2米，冠幅东西16米、南北16米，树龄约1000年。枝下高6.8米，主干中空，分4大杈；树冠伞形，长势旺盛。

[身历]

古槐所在为清乾隆四十九年（1784）进士、万县知县翟忠策（字殿飏，号清溪，1745－1815）故居。今存门楼，额题“进士第”，门内北房面阔三间，灰瓦硬山顶。

[汇考]

①明初，翟氏兄弟自山西迁来建村，当地桑树成林，故名“桑园”。②翟中策为清前期著名廉吏，《生平自叙》：“所历之境，所为之事，毕生甘苦何容默也。”。乾隆五十九年（1794），授选江苏省仪徽县令。“河决于徐州仪徽，中策设法疏导，四十余日，功乃成”。嘉庆四年（1799），改任江西省高安县令。嘉庆十八年（1813），授四川省万县令；嘉庆二十年（1815），卒于任，“万县民众痛悼如失父母”。

100. 济南千佛山古槐

[释名]

传唐胡国公秦琼（字叔宝，？－638）曾于Ⅰ号古槐拴马，故名“唐槐”。因树基萌一幼株，且与母株融合，又名“唐槐抱子”。

[性状]

Ⅰ号位于济南市千佛山唐槐亭西南侧（图7.26）。树高10米，基径1.2米，冠幅东西8米、南北15米，树龄约1400年。主干中空、开裂，距地0.5米处，分为东北、东南两大股，西北侧全枯，不存，东南股倾斜严重，下有石柱支撑，胸径0.41米，东北股胸径0.32米，古树南侧萌一新株，穿过母株南侧树皮而上，已与母株融合，胸径0.35米。树周有石砌围栏保护。母子古槐长势较旺。Ⅱ号位于历山院西门外台阶南侧、兴国禅寺东广场东侧，编号BO-0003，树高10米，胸径0.85米，冠幅东西12米、南北11米，树龄约400年。枝下高2米，正顶折断，西南侧生南、西、东三大枝，南枝胸径0.34米，西枝胸径0.29米，东枝胸径0.28米，长势旺盛。

[身历]

千佛山古称“历山”、“靡山”，燕山运动时期隆起成山。传为海中山，上有古代铁锁。《酉阳杂俎》：“齐郡接历山，上有古铁锁，大如人臂，绕其峰再浃。相传本海中山，山神好移，故海神锁之。挽锁断，飞来于此矣”。舜帝曾躬耕于历山，又称“舜山”、“舜耕山”。今

图7.26　济南千佛山古槐（冯广平　摄）

有舜井、舜祠、娥英祠等遗迹。《水经注》："（历城）城南对山，山上有舜祠"。隋开皇间，开窟造像，建千佛寺，山又名"千佛山"。道光《济南府志》："隋开皇间，因石作形镌成佛像，又名千佛山，建寺于上"。唐贞观间，千佛寺改"兴国寺"，宋元之际兵毁。明成化四年（1468）重修。此后历代重修。1987、2001年重修。千佛山除舜祠、兴国禅寺等古迹外，尚有观音堂、米勒胜苑、卧佛、万佛洞、碧霞元君祠、三清观等寺观。

［造园］

因树而建唐槐亭。唐槐亭始建于1957年，又称"半山亭"，匾额"唐槐亭"三字为大书法家舒同于1981年题写。

101. 沂源胡家庄村古槐

［性状］

位于沂源县中庄镇胡家庄村。树高12米，胸径1.2米，平均冠幅17米，树龄约650年。长势旺盛。

［身历］

胡家庄始建于明洪武年间，古树为建村时栽植。

102. 青州东店古槐

［性状］

位于青州市益都街道东店社区，36° 41′ 52″ N，118° 28′ 10″ E。树高15米，胸径1.2米，平均冠幅10米，树龄约600年。长势旺盛。古槐前原有三义庙，内供"刘关张"塑像，古槐原为三株，分别象征刘关张三兄弟，解放初期，"关"、"张"二株被伐，现存者为"刘备槐"。

［身历］

古槐所在原为法庆寺旧址，清初达法和尚建，初名"大觉禅院"，俗呼"丛林寺"。顺治三年（1646），查抄明衡王府，财产一半入寺，扩建并赐额"法庆寺"。光绪《益都县图志·营建志》："法庆寺，在城北二里许，国朝僧达法建，原额'大觉禅院'，顺治中，敕赐今名，并颁帑金五百两大其门庑"。嘉庆三年（1798），寺有房屋366间，土地667亩余。光绪年间，寺僧丽吉、中宝、天性相继重修。法庆寺有别院四座：丁家庙、东小庄宅、柳峪寺和地藏寺。丁家庙、东小庄宅地点不详。柳峪寺故址在青州城西五里镇赵家河村东北。地藏寺位于法庆寺东北400余米处。法庆寺与长清灵岩寺、诸城侔云寺、五莲光明寺并称山东四大禅寺。清代高僧"宏觉禅师"道文心（1596－1674）、"天岸和尚"本升（1620－1673）、"儒僧"元玉（1629－1695）均曾住持过法庆寺。1931年，益都县长杨九五改法庆寺为驻军营房。其后，寺毁。今存嘉庆三年法庆寺田产碑，存青州博物馆。

103. 临朐月庄古槐

[性状]

位于临朐县城关镇月庄村（图7.27）。编号K49，树高9米，胸径1.2米，基径1.5米，平均冠幅9米，树龄600余年。枝下高3米，主干中空，正顶折断，长势衰弱。

[身历]

月庄村始建于明初，跨沟立村，原名“逾沟庄”，别名“越沟庄”，后讹成今名。

[记事]

①1938年4月12日，窦来庚率国民军义勇队300余人攻临朐日伪军，克复临朐城。5月24日，日军700多名与伪军3000多名犯临朐，义勇队以粟山、朐山为制高点阻击，不敌后展开巷战，毙敌70余名，击毙日军指挥官1名；义勇队自身伤亡严重，突北门转移。②1947年7月23日，国民党第8军一〇三旅、一六六旅、独立旅一团及山东省保安第一师袭占临朐。7月24日－30日，陈毅司令员指挥华东野战军二、六、七、九纵队和特种兵部队，以及渤海军区部队围攻临朐，冒雨作战，突破敌外围阵地，将敌压缩至城内狭小区域，后因连续大雨、弹药和粮食补给困难，且敌增援3个师突破阻击阵地，攻击部队撤出战斗，向胶济铁路北和诸城地区转移。是役，毙伤国民党军队13800人，俘714人，缴获迫击炮12门，轻重机枪105挺，长短枪731支。华东野战军也伤亡万人以上。

图7.27 临朐月庄古槐（李福昌 摄）

104. 临朐吕庄古槐

[性状]

位于临朐县沂山镇吕庄村。2株。Ⅰ号编号K52，树高13米，胸径1.2米，平均冠幅10米，树龄620年。枝下高3米，主干中空，一侧开放，分2大杈，长势一般。Ⅱ号编号K51，树高12米，胸径0.8米，基径0.9米，平均冠幅6米，树龄620年。枝下高3米，主干中空，装饰衰弱。

[记事]

1939年3月29日，日军2000多名自益都分3路南犯，企图攻占穆陵关。国民革命军新编新四师吴化文（字绍周，1904－1962）驻穆陵关、铜陵关和桃花峪一带。30日，日军600余名入踞东蒋峪，300余名入踞西蒋峪。4月2日，新四师二团团长赵广兴率一营、三营夜袭西蒋峪，兵分六路：一路攻北门，二路攻南门，三路埋伏吕庄东岭，四路埋伏南店村北，五路于西蒋峪南山冈上构筑机枪阵地作掩护；六路守蒋峪北岭阻击临朐增援之敌。子夜开始攻击，以伤亡300余人的代价，全歼西蒋峪日军，打伤日军200名。东蒋峪日军增援，二团官兵两线作战，黎明脱离战斗。5日，临朐城日军增援蒋峪，被击退。11日，八路军山东纵队一支队配合新四师作战，破坏蒋峪以北公路15千米，炸毁县城南弥河大桥。13日，日军撤离蒋峪。1939年4月9日－23日，《大众日报》以《英勇悲壮的蒋峪战役》、《我军收复蒋峪》等标题多次报道这次战斗。

105. 诸城徐宋古槐

[性状]

位于诸城市贾悦镇徐宋村。树高14米，胸径1.2米，平均冠幅12米，树龄672年。至西高4米，主干中空，长势一般。

[身历]

古槐所在原为寿宁寺，始建于元至正元年（1341）。明万历二十八年（1600）重修。万历《诸城县志》："寿宁寺，城西徐宋，至正元年建，万历二十八年徐国闰重修"。

106. 曲阜孔庙古槐群

[性状]

位于曲阜市孔庙内。共17株，最大一株树高20米，胸径1.2米，冠幅东西17米、南北16米，树龄700年。枝下高6.5米，树冠圆锥形，长势旺盛。最小一株树高14米，胸径0.63米，冠幅东西10米、南北9.6米，树龄600年。枝下高3米。

诗礼堂前东侧有"唐槐"，树高10米，胸径0.91米，冠幅东西6.7米、南北7.3米，主干已枯，于南侧、西侧各萌一新株。

107. 峄城区大姚古槐

[释名]

传唐将薛礼征东时，曾拴马树上，故名"薛礼拴马槐"。

[性状]

位于枣庄市峄城区阴平镇大姚村（图7.28）。编号B006，树高10米，胸径1.2米，平均冠幅13米，树龄约1000年。主干分2大杈，长势旺盛，低矮如盆景。唐槐火毁，此为二代槐树。

[考辨]

唐右威卫大将军兼安东都护薛礼（字仁贵，

图7.28 峄城区大姚古槐（张建勇 摄）

614－683）于贞观（627－649）末、显庆二年（657）、乾封元年（666）三次征辽东（《旧唐书·薛仁贵列传》）。据此，薛仁贵最后一次征东距今1347年。拴马槐说疑似附会，或拴马树已枯，今为后萌之树。

108. 临朐阳城古槐群

[性状]

位于临朐县五井镇阳城村。共4株。Ⅰ号编号K56，树高11.5米，胸径1.2米，平均冠幅10.5米，树龄630余年。枝下高2.5米，长势一般。Ⅱ号编号K57，树高12米，胸径1.1米，平均冠幅7.9米，树龄630余年。枝下高2.5米，长势一般。Ⅲ号编号K58，树高9.5米，胸径0.9米，平均冠幅7米，树龄630余年。枝下高4.5米，长势旺盛。Ⅳ号编号K59，树高12米，胸径0.7米，平均冠幅6米，树龄630余年。枝下高7米，长势一般。

[身历]

阳城始建于明代。

109. 市中区柏山古槐

[性状]

位于枣庄市市中区齐村镇柏山村。2株。Ⅰ号编号A007，树高3米，胸径1.18米，平均冠幅3米，树下有砖砌支架支撑，长势较差；Ⅱ号编号A006，树高12米，胸径0.86米，平均冠幅11米，濒临死亡。两株树龄皆在1000年以上。

[身历]

两槐原在关帝庙前。"文化大革命"间，古庙毁；村民极力保护，古槐方得幸免。

[汇考]

齐村砂陶，又名齐村夹砂陶，始于北辛文化时期，形成于唐代，盛于元代，在凤凰岭、齐村、胡埠、柏山、渴口、钓鱼台等地发现多处古窑址。《峄县志》："一为土之属，亦殖黑坟不一状，而钓台山土尤有名，至齐村，许池诸岭，所产青垩、白垩，质坚性粘，作什器尤良……元时，钓台居民陶者甚多，作治什器贾数千里，获利尤厚。"现仅、柏山南部、钓鱼台西部的项氏家族砂陶作坊仍传承制作，制作工艺大致分为选料、踩泥、制坯、阴干、入窑、烘烧等十几道程序。

[记事]

1947年1月2日，华中和山东野战军在陈毅、粟裕指挥下，集中27个团的兵力，向鲁南国民党军队发起攻击。至4日，在马家庄、太子堂和卞庄地区歼灭国民党二十六师师部、四十四旅、一九六旅和第二快速纵队。11日，攻克峄县，活捉敌二十六师师长马励武。12日，攻占枣庄外围阵地。16日，攻占齐村。20日，攻克枣庄，俘获国民党五十一师师长周毓英及以下8千余人。是役历时18天，共歼灭国民党军53 000余人，缴获坦克24辆，美式榴弹炮48门，汽车474辆。此役，参战民兵、民工60多万人，用担架6300余付，大小车1500辆。

110. 周村区王家庄古槐

[性状]

位于淄博市周村区高塘乡王家庄村。编号E16，树高14米，胸径1.17米，平均冠幅12米，树龄300余年，此说待考，以胸径及建村植树为据，此树树龄不低于500年。主干通直，长势旺盛。

［身历］

明洪武间，王氏自直隶枣强迁此建村。

111. 历城区石瓮峪村古槐

［性状］

位于济南市历城区彩石镇石瓮峪村。2株，较大一株树高38米，胸径1.16米，平均冠幅18米，树龄约600年，长势旺盛。

112. 滕州掌大古槐

［性状］

位于滕州市官桥镇前掌大村和后掌大村。共2株。Ⅰ号位于前掌大村，编号F023，树高13.2米，胸径1.11米，平均冠幅14.4米，树龄约600年。Ⅱ号位于后掌大村，编号F024，树高6米，胸径0.7米，平均冠幅7.5米，树龄约300年。

［汇考］

掌大村两村毗连，前掌大在南，后掌大在北。前掌大村东有“前掌大商代墓地遗址”，南北2250米，东西1170米，总面积250万平方米。截至1994年，前掌大商周遗址发掘5次，初步断定商代东方薛国贵族墓地。1994年发掘商周薛国贵族墓葬11座，殉马坑2座，共出土各类青铜器200余件，漆器近20件，玉器70余件和较多的陶器、石器、骨器2000余件。青铜器有20件带有铭文。2件铜提梁卣、2件铜提梁壶和1件洞罍中装满清澈透明液体，推测为酒。18号墓内有随葬车，车轮直径达1.42米，轮间距达2.1米，车身长3米左右。其埋车葬式，在山东商至两周早期考古中尚属首次发现。2013年，被公布为全国重点文物保护单位。

113. 淄川磁村古槐

［性状］

位于淄博市淄川区磁村镇磁村西街。编号B63，树高12米，胸径1.1米，基径1.3米，冠幅东西10米、南北14米，树龄约500年。主干于2.6米处分为南北两大杈，南侧大杈横展9米，北杈直立；主干南侧距地0.9米处有树洞，北侧距地1.8米处有缝长1米余。长势旺盛。

［汇考］

磁村窑为山东重要民窑，始于唐代，延续至金元。明代称瓷窑务，嘉靖《淄川县志》：“瓷窑务，县西二十五里”。窑址面积较大，分为南北窑洼区、村内区、华严寺区和苹果园区四个区域。

［记事］

抗日战争时期，八路军与汉奸于树下遭遇，击毙其小头目于树下。

114. 沂源西南河村古槐

［性状］

位于沂源县东里镇西南河村。树高8米，胸径1.1米，平均冠幅10米，树龄约700年。主干中空，现填有混凝土，树周有石柱支撑，长势一般。

［身历］

西南河村始建于元代中期，古树为建村时栽植。

115. 沂源八仙官庄古槐群

[性状]

位于沂源县悦庄镇八仙官庄。共4株，平均株距10米。Ⅰ号编号G107，树高12米，胸径1.1米，平均胸围11米，主干中空，一侧自基至顶开裂，长势旺盛。Ⅱ号编号G106，树高8米，胸径1.0米，平均冠幅11米，主干中空，分3大杈，2杈正顶折断，唯存一杈及两条后萌大枝；长势旺盛。Ⅲ号编号G108，树高9米，胸径1.0米，平均冠幅8米，长势一般。Ⅳ号编号G109，树高5米，胸径1.0米，平均冠幅9米，长势一般。4株树龄均约300年。

[汇考]

八仙官庄，相传八仙曾路过该村，救死扶伤，扶危济困，并且顺手点化了这四株古树，后来村民为感谢八仙的恩惠，故而将村子改名八仙官庄。

[记事]

悦庄惨案，据《沂源县志》记载，"民国"十八年（1929）3月17日（农历二月初七），土匪尹世喜（号称团长）率匪200余人，通过"勾子"，里应外合，攻破悦庄围墙，杀死村民134人（本村87人，外村47人），伤40余人，虏走500余人（内有妇女150人），全村财物被洗劫一空。后放回100余人，逃跑30余人，杀死8人，其余用12.5万银洋赎回。

116. 安丘三十里铺古槐

[性状]

位于安丘市白芬子镇三十里铺村。2株。Ⅰ号编号J20，树高7米，胸径1.1米，平均冠幅10.8 米，树龄400年。主干中空，有树洞长1米、宽0.3米，长势旺盛。Ⅱ号编号J54，树高8米，胸径0.7米，平均冠幅8.7米，树龄300余年。枝下高2米，主干中空，有2树洞，长势旺盛。

[身历]

三十里铺始建于明初，村西南有张氏祖茔。道光《张氏族谱》载：张氏于明洪武间自直隶枣强迁山东青州府治下马驹岭（今属昌乐），后又分居安丘三十里铺、舒角埠庄（今属安丘金冢子镇）、东营、潍县张友家庄等。

117. 临朐贾家庄古槐群

[性状]

位于临朐县东城街道贾家庄村。4株。Ⅰ号编号K44，树高13.5米，胸径1.1米，基径1.4米，平均冠幅12.3米，树龄800余年。枝下高5.5米，主干中空，长势旺盛。Ⅱ号编号K45，树高12米，胸径1.0米，基径1.6米，平均冠幅12米，树龄800余年。枝下高7米，主干中空，一侧开放，长势旺盛。Ⅲ号编号K46，树高6米，胸径1.0米，平均冠幅2米，树龄500余年。枝下高5米，长势衰弱。Ⅳ号树高12米，胸径0.8米，平均冠幅6.3米，树龄500余年。枝下高4米，长势一般。

[身历]

贾家庄始建于明初，由贾氏立村。此说待考，日照贾氏钟麟族谱载：嘉靖七年（1528），贾氏一世祖贾钟麟（字振东，1507－1571）自江苏东海迁至日照九仙山南望石疃（今王世疃）。其六世祖贾登峰迁临朐县贾家庄。

118. 临朐朱位古槐

[性状]

位于临朐县东城街道朱位村（图7.29）。编

图7.29 临朐朱位古槐（李福昌 摄）

号K55，树高13米，胸径1.1米，基径1.2米，平均冠幅9.3米，树龄620年。枝下高6米，主干中空，长势一般。

【身历】

朱位村北有北朱，西接西朱。朱位建村时间不详，传帝尧子丹朱曾到此，故名。明嘉靖三十七年（1558），朱位马氏北迁建北朱。明代，朱位马氏一支复迁北朱西建西朱。

【汇考】

①朱位村东300米有明代昭勇将军墓。②北朱村西北80米有龙山文化－秦汉“北朱遗址”。③朱位村西南1.5千米有明代状元马愉墓，封土高2.5米，直径5米，翁仲残缺不全，石碑、墓土完好。1979年，被列为临朐县文物保护单位。

119. 临朐张家焦窦古槐

【性状】

位于临朐县东城街道张家焦窦村。编号K96，树高22米，胸径1.1米，基径1.3米，平均冠幅14米，树龄500余年。枝下高5米，长势一般。

【身历】

焦窦分东西两个相接的聚落群，西群南为丁家焦窦，中为吴家焦窦，北为刘家焦窦；东群南为张家焦窦，北为陈家焦窦。丁家焦窦村始建于元代，焦、窦两姓立村，故名焦窦。明初，丁氏迁。明初，吴氏迁丁家焦窦村北建吴家焦窦。明代，刘氏迁吴家焦窦村北建刘家焦窦。隆庆二年（1568），陈氏迁丁家焦窦村东建陈家焦窦。明末，张氏迁丁家焦窦村北建张家焦窦。

【汇考】

①张家焦窦村南50米有商周文化遗址。②丁家焦窦村西南700米有龙山文化遗址。

【附记】

吴家焦窦古槐编号K124，树高6米，胸径0.5米，平均冠幅6米，树龄200余年。枝下高2米，长势旺盛。

120. 临朐七贤店古槐

【性状】

位于临朐县东城街道七贤店村（图7.30）。2株。Ⅰ号编号K116，树高10米，胸径1.1米，基径1.6米，平均冠幅7米，树龄600余年。枝下高4米，长势一般。Ⅱ号编号K117，树高17米，胸径1.0米，基径1.4米，平均冠幅14.5米，树龄600余年。枝下高2.5米，主干中空，正顶折断，

图7.30 临朐七贤店古槐（李福昌 摄）

图7.31 诸城无忌古槐（引自《诸城古树名木》）

后萌2大枝，长势一般。

［身历］

七贤店始建于晋代，原有店铺在驿道旁。相传，竹林七贤之一嵇康（字叔夜，224－263）尝居店中，故名。

［汇考］

七贤店北20米有东周文化遗址。

121. 青州文昌宫古槐

［性状］

位于青州市云门山街道高园社区文昌宫旧址，36°41′10″N，118°28′28″E。树高8.5米，胸径1.1米，平均冠幅12米，树龄约500年，长势旺盛。

［身历］

文昌宫始建时间不详，乾隆间大修。《光绪益都县图志》：“文昌宫，在城东北隅会流桥北，建始无考。乾隆初，道士薛燦及县人黄大才、夏继先等增建奎光阁”。后渐荒废，今仅剩此古槐。

122. 诸城无忌古槐

［性状］

位于诸城市箭口镇无忌村（图7.31）。树高14米，胸径1.1米，平均冠幅11米，树龄600余年。枝下高3.3米，主干分2大杈，西弯而后回折，呈“S”形，长势一般。1994年，西侧8米长大枝断落，树下正在放映电影，无人受伤，村民奉以为神。

［身历］

无忌村始建于明初，洪武初，李氏迁此建村。当时已有此树。

123. 诸城东楼古槐群

［性状］

位于诸城市箭口镇东楼村村南1千米、东楼村旧址。共5株。Ⅰ号最西，树高11米，胸径1.1米，平均冠幅16米，树龄600余年。枝下高2米，主干中空，上分2大杈，长势旺盛。Ⅱ号最东南，树高10米，胸径0.9米，平均冠幅14米，树龄500余年。枝下高3米，主干分2大杈，长势旺盛。Ⅲ号最北，树高12米，胸径0.8米，平均冠幅16米，树龄700余年。枝下高3米，树冠球形，长势旺盛。Ⅳ号最南，树高8米，胸径0.8米，平均冠幅9米，树龄400余年。枝下高3米，树冠浑圆，长势旺盛。Ⅴ号最南第二株，树高14米，胸径0.7米，平均冠幅10米，树龄300余年。枝下高4米，树冠椭圆形，长势旺盛。

［身历］

Ⅲ号树旁原有天齐庙，始建时间无考。明成化间重修。民谚："先有天齐庙，后有无忌街"。万历《诸城县志》："天齐庙，无忌社，创建莫考，成化初年仅存其址，李铿重修"。

124. 滕州薛河古槐

［释名］

传唐太宗曾拴马树上，故名"拴马槐"。

图7.32　滕州薛河古槐（张建勇 摄）

［性状］

位于滕州市羊庄镇薛河村薛河大桥桥头（图7.32）。编号F005，树高10米，胸径1.1米，平均冠幅9.7米，树龄2000年。主干中空，曾被烧过，长势旺盛。村民奉为神树，祭树攘灾，年节常缠红丝带、红布于树上。

［汇考］

树北原有"曹王墓"，传为汉太尉曹嵩全家被杀后葬于此地。《魏晋世语》："嵩在泰山华县。太祖令泰山太守应劭送家诣兖州，劭兵未至，陶谦密遣数千骑掩捕。嵩家以为劭迎，不设备。谦兵至，杀太祖弟德于门中。嵩惧，穿后垣，先出其妾，妾肥，不时得出；嵩逃于厕，与妾俱被害，阖门皆死。劭惧，弃官赴袁绍"。

125. 泗水历山古槐

[性状]

位于泗水县泉林镇历山西村。树高6米，胸径1.07米，冠幅东西7米、南北6米，树龄约620年。

[汇考]

历山村西北500米有汉代至宋代遗址，遗址呈东北西南走向，长条形，东北长85米，西南宽25米，总面积2.1万平方米。

126. 张店区石村古槐

[性状]

位于淄博市张店区马尚镇石村。2株。Ⅰ号编号A08，树高10米，胸径1.05米，冠幅东西6米、南北4.5米，树龄300余年。基径1.33米，枝下高1.5米，主干正顶折断，长势旺盛。Ⅱ号编号A07，树高6米，胸径0.7米，官府东西3米、南北4米，树龄300年。枝下高2.5米，主干中空，树干南倾，距地0.4米处有长方形树洞；树冠卵圆形，长势旺盛。

[身历]

石村始建于元代，一说宋代。明代，官府拓修村中东西大路，沿路开设客店，村名“石村店”，沿称“石村”。明嘉靖四十四年（1565）《青州府志》：“长山城东石村、房镇，常有响马截人，设东路巡逻官防守”。村南有玉清宫，始建于元初，至正十八年（1281）重修。《玉清宫重修碑》：“长山县东一舍许，有村曰石村……旧有道人张信志始主道院，至至正十八年，王振善道人又增修之”。明成化二十一年（1485），道士李进善、邓道兴重修。清康熙四十九年（1710），王应统等人改建“高台寺”。乾隆二十九年（1764）重修。

[记事]

1946年，胶济工委委员李晓光在石村召集张店车站失业工人会议，成立工人工会，选举高会三担任工会主任，与国民党张店车站当局展开斗争。

127. 博山区南沙井古槐

[性状]

位于淄博市博山区北博山镇南沙井村。编号C111，树高10米，胸径1.05米，枝下高3.5米，树龄500余年。

[身历]

南沙井村始建于明初，因水源奇缺，于淄河沙滩上穿井，名“大井”，又称“沙井”。于富业自青州迁此建村。《于氏族谱》：“始祖讳明来，自明初由枣强迁居青州城。吾二世祖富业，自青州城再迁于孝妇乡盆泉社沙井庄”。《于氏祖宅墓碑》：“公讳达，字大道。青州益都巨族。父讳杰，娶王氏，生公于盆泉社沙井庄”。明正德间，张氏建西沙井庄。崇祯二年，栾氏建北沙井庄。清乾隆三十八年（1773）三村复淘井。《续井碑记》载：“且夫凿井而饮，因农家之份；造井得水，亦理势之常也。何以志为?褒杨而得之易者，三庄之义气也”。

128. 蒙阴东指古槐

[性状]

位于蒙阴县岱崮镇东指村城隍庙遗址。编号F11，树高15米，胸径1.02米，平均冠幅11米，树龄1800余年。

［身历］

东指村原有都城隍庙，传汉光武帝刘秀封张圣为都城隍，主管山东，代管河南。都城隍庙始建时间无考，原占地五十亩，坐北朝南，轴线建筑南起依次为戏台、山门、城隍殿、寝殿。1960年拆毁。

129. 平邑龙湾古槐

［性状］

位于平邑县白彦镇龙湾村下庄。编号J14，树高6米，胸径1.02米，平均冠幅8米，植于明末清初，树龄400余年。主干中空，长势一般。

［记事］

①1940年 2月14日，八路军一一五师六八六团、特务团和苏鲁支队等部克白彦、贾庄、刘庄等敌伪据点，歼灭伪军孙鹤龄部大部。2月下旬，一一五师民运工作建立白彦区抗日民主政府。3月12日，日伪军700余名从城后、大平邑（今平邑县城）、梁丘等地分三路进犯白彦；城后方向日伪军大部被歼，大平邑、梁丘方向日伪军攻入白彦。六八六团夜战白彦，歼敌大部，其残部溃逃。3月19日，日伪军2000余名分两路进攻白彦西北的官庄和西南的太皇崮高地；21日进占白彦和官庄。22日晚，六八六团、特务团、苏鲁豫支队一大队再次夜战白彦，歼敌大部，其残部逃脱。白彦争夺战，八路军共毙伤日伪800余人。②1942年6月，中共鲁南区党委决定以白彦为中心建立费滕边县（亦称实验县），成立工委和办事处。

130. 张店区文殊寺古槐

［性状］

位于淄博市张店区杏园街道办上湖村。编号A28，树高20米，胸径1.01米，平均冠幅17米，树龄300年。主干通直，长势旺盛。

［记事］

①烈士张雨田（又名张奎霖，1905－1939）出上湖田村，1937年秋，与中共地下党员刘玉玺组织桓台县第三高小和第九高小师生成立“抗日后援会”。1938年1月，率部与廖容标黑铁山起义部队会合，编为八路军山东纵队第三中队；任司令部机械科科长兼兵工厂厂长。1939年12月26日，被捕；31日晚就义。②上湖村烈士祠奉祀293位烈士。1938年，廖容标到上湖村募兵，全村不足1200人，有120人参军。抗日战争时期，全村约有200人参加八路军。

131. 淄川区菜园古槐

［性状］

位于淄川区松龄路街道办事处菜园居委会。编号B90，树高20米，胸径1.0米，基径1.2米，冠幅东西8.4米、南北7.2米，树龄300余年。枝下高2.7米，主干微东南倾，中空，距地1米、4米处有树洞；长势旺盛。传树皮入药，村民刮东北侧树皮殆尽。又传树洞中原有大蛇。

［身历］

树西原有小庙，“文化大革命”间被毁。菜园村始建于明末，因村人多种菜，初名“菜园角子”，后称“菜园”。《路氏族谱》载：路氏始迁祖名通，明洪武二年自直隶枣强迁山东，十二世孙路万才迁菜园村。

[汇考]

里人路鸿藻（字丽生、笠生，号大荒，1895－1972），1912年加入同盟会，反袁护国。1924年，任县保卫团团长、淄川赈灾委员会总理事。1938年，参加抗日游击队，被日伪通缉；易名“爱范”隐居历下秋柳园，直至济南解放。居济南期间，完成《蒲柳泉先生年谱》、《聊斋著书图》，开始蒲松龄的系统研究。1936年出版《聊斋全集》。1962年出版《蒲松龄集》。

132. 沂源南水沟古槐

[性状]

位于沂源县三岔乡南水沟村。编号G29，树高12米，胸径1.0米，平均冠幅20米，树龄300余年。枝下高4米，主干分4大杈，长势旺盛。

[身历]

南水沟村始建于清康熙间，李氏建村时植树。

133. 青州文殊寺古槐群

[性状]

位于青州市仰天山文殊寺，36° 27′ 26″ N，118° 16′ 27″ E。共3株。Ⅰ号树高22米，胸径1.0米，冠幅13米，树龄400年，长势旺盛；Ⅱ号树高15米，胸径0.8米，冠幅10米，树龄约400年，长势旺盛；Ⅲ号古树高8米，胸径0.6米，冠幅4米，树龄约300年。主干中空，长势弱。

[身历]

文殊寺始建于宋初，初名“普济禅院”，宋太祖以仰天山景象与梦境同，以为菩萨显灵，命人立寺。熙宁六年（1073），初成禅师“内青州□□安抚使给公牒”，为普济禅院第二任住持（《青州普济禅院初成禅师塔铭》）。元符三年（1100）重修，改名“文殊寺”（元符三年《重修仰天文殊寺龙王庙碑记》）。明嘉靖八年（1529）重修。1924年重修。2007年重建。文殊寺坐西朝东，轴线建筑东起依次为山门、佛殿、伽蓝殿、文殊阁、三教堂。寺存历代重修碑3通及残碑数块。三株古槐应为明代重修时栽植。

[附记]

文殊寺可见天然卧佛形象。九龙盘顶东北，由六座大小不等山峰组成巨佛形象，额、鼻、上下唇、下颚和颈部形象极为逼真。

134. 安丘田家管庄古槐

[性状]

位于安丘市兴安街道田家管庄村。编号J25，树高7米，胸径1.0米，平均冠幅16米，树龄400年。枝下高2米，主干自基部分为3大股，横展，然后合并为一向东南，长势一般。村中有老人患白内障，以树产槐米泡茶，竟痊愈。

135. 临朐石门坊古槐

[性状]

位于临朐县纸坊镇石门坊风景区崇圣寺遗址。编号K40，树高11.5米，胸径1.0米，基径1.3米，平均冠幅10.8米，树龄1000年。枝下高2.5米，主干中空，长势一般。

[身历]

崇圣寺原为逄公庙，传始建于唐代，奉祀殷商重臣逄伯陵。清光绪十四年（1888）《石门坊重修碑记》：“自唐迄元，殿宇巍峨，廊舍连云，僧僚动以百计”。唐以后历代重修。1935年建文昌殿。1938年，日军入侵临朐，兵毁。寺原存碑刻十多通，亦俱损坏。寺北石壁有唐天宝间摩崖造像，大小70余尊。寺西北石壁有3石龛，分别为寺主持聚公禅师、道明禅师卧化处，寺僧封以泥，改作寿堂。明·傅国《昌国艅艎》：“壁龛有僧骸二躯，相传为宋时人卧化于此，至今未朽，寺僧因附泥其上，遂如卧佛形”。崇圣寺西侧有石塔两座，西塔建于明宣德七年（1432），高约8米。东塔建于明天顺五年（1461），高约7米。文昌殿东崖石壁有清康熙四年（1665）御题“晚照”大字。1979年，石门坊被列为临朐县文物保护单位。

136. 临朐老崖崮古槐

【性状】

位于临朐县冶源镇老崖崮村。3株。Ⅰ号编号K92，树高12米，胸径1.0米，平均冠幅10米，树龄520年。枝下高2米，长势旺盛。Ⅱ号编号K91，树高11.8米，胸径0.6米，平均冠幅9.7米，树龄520年。枝下高3.8米，长势旺盛。Ⅲ号编号K122，树高9.5米，胸径0.6米，平均冠幅9米，树龄200余年。枝下高2.5米，长势一般。

【身历】

老崖崮村始建于明洪武三十一年（1398），村西沟崖有石窟数处，名“老崖窟”，沿称“老崖崮”。

【汇考】

①老崖崮西南深谷西壁有“轰雷溅雪”4大字石刻，旁边书谷泉老人题，无年月。民国《临朐续志》：“‘轰雷溅雪’四字，相传为雪蓑道人拟句，谷泉老人冯瑗遗笔”。1984年，被列为临朐县文物保护单位。冯瑗（字德韫，号栗奄，1572－1627），万历二十三年（1595）进士，明代散曲家冯惟敏（字汝行，号海浮，又号石门，1511－1578）孙，官至开原兵备道兼河南布政司。②老崖崮产红丝砚，为天下名品。光绪《临朐县志》卷八：“蟠红丝之灵采；红丝石产老崖崮黄质红纹，时作山水、草木、人物、云龙、鸟兽诸状，制砚微滑，其温润者不减端溪。砚谱载，天下之石四十余品，以青州红丝石为第一，此其类也”。

137. 山亭区辛召古槐

【释名】

20世纪70年代，树冠博大，横跨街道，故称“过街槐”。

【性状】

位于枣庄市山亭区徐家庄镇辛召村。编号C13，树高14米，胸径1.0米，平均冠幅8米，树龄800年。主干分东西两大杈，西杈旺盛，东杈顶枯。距地0.5米处有树洞，可容一儿童。

138. 滕州滕城古槐

【释名】

相传树皮可以治病，故名“神树”。

【性状】

位于滕州市姜屯镇滕城村文公台前（图7.33）。共2株，Ⅰ号位于文公台大门东侧，树高16.5米，胸径1.0米，平均冠幅13米，主干分3大杈，东杈中空，长势一般；Ⅱ号位于文公台大门西侧，树高12米，胸径0.95米，平均冠幅10米，长势一般。两株古树传植于唐贞观间，树龄约

图7.33　滕州滕城古槐西株（张建勇 摄）

1300年。因百姓偷取树皮，两株古树树皮斑驳，伤痕累累。

身历

文公台，又称灵台，下有灵池，为滕文公效法文王筑灵台、掘灵池而筑（万历《滕县志》）。传西周时台上有楼阁，为滕公寝殿，故后人称为“滕王阁”。后建真武庙于台上，又称滕公庙，明隆庆二年（1568）、万历十三年（1585）、崇祯三年（1630）重修。清同治三年（1864）重修，均有重修碑记。除真武庙外，文公台上还曾有过文昌楼、魁星阁等建筑（崇祯三年《重修真武庙碑》及同治三年《重修滕城庙碑》）。新中国成立后，文公台被辟为学校，学校搬走后，又改为生产队养牛基地，“文化大革命”间，遭破坏。之后成为私人仓库，20世纪八九十年代时，已破败不堪。1992年春，滕州市政府重修。

诗文

邑人龙敦孔《“文革”中游文公台》：“文公古台荆流西，历尽沧桑尚有迹。台上殿宇皆不见，两颗古槐门侧立。满目疮痍满目残，颓垣断壁碎瓦砾。今日有暇得一游，斜阳吊古空叹息。”

汇考

①文公台为古滕州八景之一。②文公台古碑林，文公台东侧，保存有自汉代以来大量古碑，最著为南宋《戒石铭碑》：“尔俸尔禄，民膏民脂；下民易虐，上苍难欺”，为宋太宗精简后蜀主孟昶《颁令箴》，警示百官律令。③东西滕城村周边为古滕国遗址，外城东西最长1450米，南北最宽1100米，周长4600米；内城位于外城南部，东界荆河，南界与外城重合，西至今西滕城村中，北界竞合故道南岸，东西960米，南北680米，周长3100米，内城东西墙与外城墙之间有一片洼地，为古滕国莲花湖所在，滕国曾誉称“两湖荷花，一城芙蓉”。文公台位于外城东北隅，台下有池，传为“灵池”。滕国始封于周初，文王子错叔姬绣为首任国君；战国初亡于宋，传国700余年。

139. 薛城区张庄古槐群

[释名]

Ⅰ号古槐传为唐将薛仁贵征东时手植，故称“薛仁贵手植槐”。Ⅲ号一虬枝逶迤入地2米后又蜿蜒向北伸出，形似卧龙，故称“卧龙槐”，1946年，新四军曾于此拴马，故又称“新四军拴马槐”。

[性状]

位于枣庄市薛城区沙沟镇张庄村（图7.34）。共3株。Ⅰ号编号E007，树高7米，胸径1.0米，平均冠幅11米，树龄1000年。主干中空，上分两大杈，西南杈伸向马路，犹如神龙探海，东北杈昂首挺立，长势旺盛，树周砌以石池，犹如一天然盆景。清嘉庆三年（1798）枯死；三年后复活，当地人崇为“神树”。Ⅱ号编号E013，树高7米，胸径0.8米，平均冠幅6米，树龄400年。Ⅲ号位于村民院内，编号E014，树高9米，胸径0.5米，平均冠幅10米，树龄约300年。主干北倾，虬枝入地再出如龙形，龙首、龙身相距6.25米。长势旺盛。当地人视为“神树”。

140. 薛城区城子古槐

[释名]

Ⅰ号古树为褚氏先祖懋滋诸公栽植，被褚氏后人尊为“懋昭槐”；Ⅱ号古树为孙氏先祖栽植，被孙氏后人尊为“望祖槐”。

[性状]

位于枣庄市薛城区沙沟镇城子村（图7.35a、b）。Ⅰ号编号E005，树高7.8米，胸径1.0米，平均冠幅8米，树龄约600年。主干中空，东向三枝枯死，压在一院墙上，长势一般，树下有褚姓六代族人捐资而立的《懋昭槐碑》；碑载：古树

图7.34 薛城区张庄古槐（张建勇 摄）

图7.35a 薛城区城子"望祖槐"（张建勇 摄）

图7.35b 薛城区城子"懋昭槐"（张建勇 摄）

为明末清初褚氏先祖懋滋诸公徙居城子村时亲手栽植，已历十四世，褚氏族人视其为先祖的象征，逢年过节祭拜。Ⅱ号编号E006，树高5米，胸径0.9米，平均冠幅6米，树龄约700年。主干中空，顶枯，长势弱。树基有大理石砌池围护，树下有2006年本村孙氏立《望祖槐碑》。碑载："此树永乐年孙氏祖所栽，历经沧桑，灵气未尽，今族众岁月丰隆，人丁兴旺，槐荫庇护。"碑上有联："古干虬枝传今载，湾环错落此古槐。从来村老知树古，乃为孙氏祖上载。"

[身历]

城子村始建于明初。永乐间孙氏始迁。明末褚氏继迁。

141. 台儿庄区杨庙古槐

[释名]

传古槐曾托梦于人，故名"槐神"；又传尉迟敬德勒马看古槐。

[性状]

位于枣庄市台儿庄区泥沟镇杨庙村村碑后。编号D006，树高11米，胸径1.0米，平均冠幅11米，树龄约500年。主干中空，分3大杈，树冠扁圆，长势旺盛。树身南侧有1米长裂口。2007年3月8日，村民砌围墙以保护古树，并《古树史记碑》："炎帝立世，衍传千秋，原基此处是一高坡，洪水过后斗星坠落，现出一尊铁佛女像，常有灵照。故当地愚民，捐资共建建铁奶奶庙，历经唐代，又建玉皇大帝庙在右方，且在门右侧植有一棵槐树（现存古槐）。唐代，相传有敬德勒马看古槐之说。又传明万历立碑为念，取名‘凤凰岭’。传说清乾隆年间，吾村一商人去金陵，到一布店闲谈，问及家乡，店主说正巧于我们同乡，现有一事相求，我一友在你村东寺内，已多载不见，甚念，有一封书信和鞋一双，勿必捎去。书鞋捎到后，和尚不解，甚是思索，方悟出槐树已失根，忙带众徒为槐树培土、浇水。当夜古槐就托梦感谢，居邻‘槐汉青’赠书，故出现南京城槐汉青捎书的故事。就此一事，当地居民都称神槐，大家给他披红挂彩。现古槐半身干枯，原因在新中国成立前，一乞丐在古槐根避寒，深夜烤火取暖，走时没有灭火，把树心烧着，发现时树心烧光，至今只保留外皮。 历经千余载，古槐饱经沧桑，仍枝繁叶茂，根深蒂固。为保一方平安，传万代千秋，吾村民共捐资万余元护理古槐为促我村发展、誉我村名望、扬古槐气节、树文明新风、特立此碑、以示后人。”

142. 莱芜赵家峪古槐群

【性状】

位于莱芜市莱城区高庄街道办事处赵家峪村。共4株，沿村内小河东西排列，最东一株最大，树高12米，胸径0.99米，冠幅东西13米、南北11米，树龄约500年，南侧主枝已枯，长势一般。

【身历】

村中原庙，始建于清光绪间（1875－1908），内有佛像及八洞神仙及仙女的画像，庙前有碑，碑前有一大核桃树，长势茂盛，树冠遮盖整个庙宇。“文化大革命”间，庙毁树伐。

143. 莱芜戴渔池村古槐

【释名】

因位于青龙桥南侧，故名“青龙槐”。

【性状】

位于莱芜市莱城区寨里镇戴渔池村，海拔169米。树高14米，胸径0.96米，冠幅东西9米、南北9米，树龄约600年。主干树皮脱落且有洞孔，长势较弱。

【身历】

戴渔池村始建于明初。玉皇庙碑载：明初戴、秦、谭三姓由山西省洪洞县迁此建村，因址在渔池泉西，曾名西渔池，后戴姓人丁兴旺，改称戴渔池。此外，在渔池泉周边还有大渔池村、东渔池村和郗渔池村，皆因泉而名。

【汇考】

①戴渔池村西南凤凰翅有战国时期古墓群，为一高台地，南北长约130米，东西宽约90米村民取土常挖到一些古墓和陶器、铜剑等随葬品。1984年3月，发现春秋中期至战国中期二椁一棺式竖穴墓，外椁室长3.3米，宽2.1米、高1.92米。椁外四周填0.18米至0.20米白泥。内椁和棺紧靠南椁壁，内椁室长2.08米，宽0.70米，高0.96米。棺室长1.80米，宽0.44米、高0.52米，棺盖顶部饰有一层米红色涂料。全系0.4米见方松柏木砌成，盖为四层，底部和四壁均三层。共清理出随葬品铜剑、玉器、陶器24件。墓主人是一位武将。此木椁墓规模和时代均居岱岳地区前列。②戴渔池村西南有羊丘山，传为晋钜平侯羊祜（字叔子，221－278）居地。嘉靖《莱芜县志》：“余试政都省，乃冬奉莱芜檄，入其境，望羊祜之巅”。清·牟愿相

（字亶甫，号铁李）《莱邑山水杂记》："（羊丘）山下有羊里庄，晋羊叔子隐焉"。其《羊里》诗："襄阳太守古通儒，带缓裘轻意绝殊。到处人争羊祜里，泰安新泰又莱芜"。羊丘山东侧有山谷遍布桃树，开花时节异常美丽。谷中有"桃花庵"尼庵，传为《桃花庵》故事发源地，详不可考。③戴渔池村西山脚下有大王寺，始建于西汉始元二年（前85）。宋代重建，明代敕修。明代重修碑载："大王寺院自汉代始有建修，宋代大王，路经此地后，勒令大修，今乃奉旨重修。"清康熙后荒弃，仅剩遗址。清重修碑载："大王寺始建于汉昭帝二年，后经历代重修，康熙年间，僧散寺空，现尚有其遗址。"④咸丰间（1851－1861），苏象坎拜师习罗汉拳，其子苏清霖秉承家传，大兴武学，修建武厅，学徒遍及周边各村。苏姓连续七代练武，光绪间（1875－1908），苏象坎七世孙苏曰庚中武生员。1937年后，武厅关闭。今武厅拳谱尚在，武器仅存长柄铙镰和大刀两件。

［记事］

羊丘山战斗，1948年1月18日，国民党王耀武部二二九团企图偷袭共产党泰山区党政军机关，驻扎唐王许村，把树砍光扎木寨，用桌椅家具修工事，把各家院墙都扒倒，粮食、畜禽抢劫一空。当天深夜，解放军鲁中军区警备一团奉命阻击敌人，抢先占领了戴渔池村西南的羊丘山。敌军自山南发起三次进攻，均被打退，我军乘胜冲入对方阵地，与敌肉搏，取得胜利。共打死打伤国民党军100余人，俘虏80多人，缴获六〇炮7门、火箭筒4具、步枪100余枝、轻机枪12挺。

图7.36　曲阜周公庙古槐（钟蓓 摄）

144. 曲阜周公庙古槐群

［性状］

位于曲阜市周公庙（图7.36）。共3株，一株位于大门外，另两株位于院内。最大一株树高16米，胸径0.96米，冠幅东西12.4米、南北16.1米，树龄300年，此说非，嘉靖二年、万历二十二年，两度重修周公庙，古槐应植于此时期，树龄480余年，这也与其胸径估测树龄相符。大门外一株树高8米，胸径0.76米，冠幅东西8米、南北8米，树龄400余年。

145. 诸城相州古槐

［性状］

位于诸城市相州镇相州五村。树高8米，胸径0.95米，平均冠幅6米，树龄400余年。枝下高3米，主干中空，正顶折断，长势一般。

［身历］

树旁原有天齐庙，始建于唐贞观元年（627），明万历二十七年（1599）重修。明万历《诸城县志》："天齐庙，相州集左，唐贞观元年建。万历二十七年重修”。古槐植于万历间重修时。

146. 滕州大宗古槐

[释名]

原有两株，号“双龙槐”。

[性状]

位于滕州市张汪镇大宗村玉皇庙前。编号F011，树顶断掉，现仅高6.5米，胸径0.95米，平均冠幅5.5米，树龄1400年，主干大部枯朽，主干仅存一部，现有支架支撑，周围有铁栅栏保护。

[身历]

玉皇庙始建于东汉。清康熙间重修，至清末香火依然旺盛。1938年仍有房舍38间。寺内古木林立，参天蔽日。“文化大革命”间全部拆毁，仅剩一座古牌楼，古木遭砍伐，仅剩古槐。2010年重修。

[汇考]

大宗村宗氏村民为纪念先祖抗金英雄、东京留守宗泽（字汝霖，1060－1128）而建宗泽园。明洪武二年（1369），宗泽后人由浙江义乌县来滕经商，于此定居成村，名“宗家村”。1958年因重名，更名“大宗村”。

147. 莱芜横顶村古槐

[性状]

位于莱芜市莱城区和庄镇横顶村玄武庙内。树高20米，胸径0.9米，冠幅东西10米、南北9米，树龄约450年，长势旺盛。

[身历]

横顶村始建于明末，温氏自直隶枣强想迁此立村，因坐落于淄河和汶河分水岭顶，故名。康熙《莱芜县志》：“杓山保横顶村。”一说宋代杨家将作战失利，被困村西深沟中，故得名杨家困，习称杨家岭，后改为杨家横，抗日战争时期改为横顶村。今村中有古井名“杨家横古井”。玄武庙，又名镇宫庙，始建年代无考。清顺治五年（1648）、康熙五年（1666）、嘉庆十年（1805）重修，后逐渐荒弃，2001年大修。玄武庙西400米处有泰山奶奶行宫，始建年代无考。顺治五年（1648）、康熙五年（1666）重修，庙中存有清代壁画，庙后30米处原有一圆形砂石，高2米，直径1米，貌似虎牙，1958年，大炼钢铁时因修路而去掉。

[附记]

周庄王十三年、齐桓公二年、鲁庄公十年（前684），齐军三十万伐鲁，战于长勺（今横顶村西南杓山附近地区）。《齐鲁文化大辞典》：“长勺，古地名，春秋鲁地。因商遗民长勺氏居此地而得名，故址在今莱芜东北”。鲁庄公采用曹刿（曹沫）计，按兵不动，待齐军三鼓力竭时，一鼓作气，打败齐军，杀公子雍；进而乘胜追击，直逼齐国国都（《左传·曹刿论战》）。

148. 沂源璞邱村古槐

[性状]

位于沂源县三岔乡璞邱村。树高25米，胸径0.9米，平均冠幅12米，张氏先祖植于明代，树龄约500年。主干中空，高大挺拔，为沂源县境内最高的古槐。

[身历]

璞邱村始建于唐贞观间，村碑：“唐贞观十三年，李氏在此建村，以山势取名曰坡口”。后沈氏、陈氏迁入。民国《临朐县志》：“沈氏家谱记有唐贞观年间自安徽宿州迁临朐南白沙，其支脉散居……璞邱等庄数百家；北关三官庙陈氏原籍山西洪洞县，其始祖坤者，明洪武才年迁居此其支脉散处。唯璞邱庄此姓三百户”。嘉靖二年（1523），潘氏自潘家埠迁来。万历间取吉祥义，改名“璞邱”。

[记事]

1918年5月，匪首于三黑率部由临朐窜至三岔店、璞邱等地，抢掠财物，掳去数十人。

149. 张店区卫固古槐

[性状]

位于淄博市张店区卫固镇。2株。Ⅰ号位于卫固村，编号A12，树高7米，胸径0.89米，冠幅东西12.5米、南北11米，树龄300年。枝下高2.5米，树冠伞形，长势旺盛。Ⅱ号位于傅山村，编号A10，树高7米，胸径0.7米，平均冠幅4米，树龄300年。枝下高4米，主干中空，正顶折断，长势一般。

[身历]

卫固村始建于战国，齐桓公曾在此屯兵，筑“点将台”，取保卫固守之意。齐国曾在此接受卫国赠送的石鼓，故名“卫鼓”。元代，卫固为长山大镇。卫固村西北接傅山村，西南接北河南村和大河南村。傅山始建于明洪武间，原名“盘龙山”，由山后影、康家庄、小庄、南傅山、北傅山5村合并而成，又名“傅家山”，1949年后简称“傅山”。河南村始建于明永乐间，邢氏自军屯村迁此建村，因位于沙河南岸，故名“河南庄”。明中叶，邢氏一支迁至沙河北岸立村，名“小河南”，后以村名不雅，改称“北河南”。

[汇考]

大河南村东南有万璋墓，封土高15米，直径120米，传说前原碑，今无存。清嘉庆《长山县志》：“战国先贤万璋墓在卫固镇西南六里，在万盛庄西北三里，其墓甚大”。1984年，被列为淄博市文物保护单位。

[记事]

①1938年1月，驻金岭镇日军20余名“扫荡”花山一带，窜至花山顶。2月11日，山东人民抗日救国军第五军第五中队包围花山，日军逃往万璋墓，复被包围，1名被击毙，余皆溃逃。②1938年7月，八路军三支队特务团二营在卫固镇南伏击日军，击毙10名，伤其一部，余敌溃逃。③1945年7月，桓台县大队和五区区中队夜袭卫固镇伪据点，全歼叛徒边道际等40余名，活捉日本特务胜田和翻译孟庆连。

150. 济南永庆街古槐

[性状]

位于济南市市中区永庆街一号院大门内南侧。编号A2-0001，树高10米，胸径0.86米，冠幅东西16米、南北15米，树龄约430年。距地2米处，主干分为东南、西北两大股，东南股下有砖柱支撑，西北股下有仿真树干支撑，树干北侧中空，内有水泥填充，有四道铁箍固定，东南、西北两大股亦各有两道铁箍固定，西北股于树高4米处，折而向东，整个树冠偏东，长势旺盛。树下有一米高土台，外有石栏，石栏之上有0.3米高铁围栏。

[身历]

永庆街原为一片荒地。清末，于氏设窑厂，

号“跻升堂”，习称“于家窑”。后街巷，取名“升平街”，后因与经三路升平街重名，更名“永庆街”，取文明、幸福之意。1934年《济南市政府市区测量报告书》亦称永庆街，沿用至今。

151. 滕州大庙古槐

[性状]

位于滕州市柴胡店镇大庙村福胜院遗址。编号F006，树高10.2米，胸径0.86米，冠幅10.4米，树龄约500年.主干中空，被雷劈裂，基部有一树瘤，长势弱。树下有2004年新立碑，勒刘可近《唐槐献瑞》：“唐槐岁月寿如松，枝繁叶茂仍从容。年逢佳花黄锦绣，子孙累累枝宝隆。千载古槐不服老，风舞枝叶向人颂。地灵物华人间福，槐献荣耀枝更生。丰衣足食春常在，岁同老槐寿似松。”

[身历]

福胜院始建于唐代。北宋太平兴国六年（981）、元封间重修。金大定元年（1161）重修，赐名“福胜院”。明成化间重修。万历《滕县志》：“（福胜院）唐时建，古碑毁于兵。金大定元年重修，赐名福胜。成化间，僧福喜重修”。古槐应为成化年间重修时栽植。福胜院俗称大庙，由福寿寺、白衣阁、天齐庙三寺庙合一而成。福寿寺二进院落，大殿五间，祀如来佛。白衣阁大殿和后堂屋各三间，祀玉皇、观音。天齐庙大殿间，祀东岳帝君、十殿阎君、关公。1938年，寺渐毁。1967年全部拆除，改建学校。

[汇考]

大庙村，原为“大宋国徐州滕县如市乡匡王村”。明初，姬氏迁来。《姬氏族谱》：“始祖于明洪武年间从山西洪洞县迁此定居”，仍称王村，后因村东大庙，俗称“大庙”。

152. 沂水前古城古槐

[性状]

位于沂水县沂水镇前古城村。树高11米，胸径0.85米，平均冠幅7.3米，树龄约450年。长势较弱。

[身历]

沂水县春秋时期为郓邑，汉代置县，治今古城村。道光《沂水县志》：“自春秋名郓，战国名盖，汉、魏、晋名阳都，名东莞、东安，慕容氏名团城，宋名东徐州，南青州，元魏名新泰，宇文周名莒州”。隋开皇十六年（596）改沂水县（乐史《太平寰宇记》）。沂水城墙始建于元至元三年（1337）。道光《沂水县志》：“沂水县城本东莞县治，元至元三年，县尹苑华修”。明永乐二十年（1422）复修。天顺间（1457－1464），知县陈孜修筑石墙面。正德六年（1511）兵毁，知县汪渊增敌台铺舍。万历二十一年（1593），知县魏可简重修。崇祯间，知县宋学程增修西北隅。清康熙七年（1668），地震，城颓。康熙十八年（1679），知县缪遂修。乾隆二十六年（1761）、二十八年（1763），知县陈汝聪、王醇前后修筑完成。乾隆五十六年（1791），知县陈廷杰复修。1949年后，渐次拆除。“文化大革命”间，尽毁。古树应为万历二十一年修城时栽植。

153. 泗水故安古槐

[释名]

八路军曾于树下伏击日寇，当地称“抗日槐”。

[性状]

位于泗水县苗馆镇西故安村。树高8.7米，胸径0.83米，冠幅东西8米、南北14米，树龄380年。

[身历]

1943年8月26日，八路军尼山独立营营长邢天仁率三、四连在泗水黄家岭北设伏击苗馆方向日军，毙敌5名，击毁汽车2辆。卞桥日伪军一个中队来援，又被四连击退。29日，日伪军300名复来犯。四连副连长李明德率三、四排迎击伪军于黄家岭村西，毙20余名，余众溃逃。连长杜嗣存、指导员刘涛率一、二排迎击进犯西故安日军，李明德率三排增援，全歼日军大寰小队长以下28名；连长杜嗣存、副连长李明德、三排长乔尚海牺牲。

154. 淄川区山西古槐

[性状]

位于淄博市淄川区东坪镇山西村。编号B29，树高10米，胸径0.81米，平均冠幅5米，树龄约500年。枝下高5米，主干中空，大部朽烂；基部劈裂，北侧主干树皮右旋愈合，成树中树，胸径0.3米，长势极弱。

[汇考]

山西村始建于明中期，先民为祈祷风调雨顺、人寿年丰，在村中建庙，并于庙旁栽植槐树。“文化大革命”间，村庙被毁，改为石碾棚，庙中石碑用做铺路石阶。

155. 淄川区上端士古槐

[性状]

位于淄博市淄川区峨庄乡上端士村云峰观。树高14米，胸径0.8米，平均冠幅21米，树龄约300年，长势旺盛。

[身历]

云峰观又名李继清纪念祠，始建于1913，奉祀当地善人李继清，他通医术、懂阴阳，扶危济困，修井救人，引种果树以利百姓。祠后毁弃，今已重修。

[汇考]

上端士村始建于明末清初，李氏自山西迁此建村。村中房屋、院落皆用青石建造，村中有正义祠、关帝庙、云峰观、武举楼、李氏祖茔碑刻。2013年，被列入中国传统村落名录。

156. 诸城后凉台古槐

[性状]

位于诸城市郭家屯镇后凉台村（图7.37）。树高16米，胸径0.8米，平均冠幅14米，树龄600余年。枝下高1.8米，主干分两大股，树冠卵圆形，长势旺盛。

[身历]

古槐所在原为董氏祠堂。明洪武二年，董氏迁此建村，后立祠植槐。

[记事]

1967年6月16日，凉台村发现东汉汉阳太守、侍御史孙琮墓，墓室分前、中、后三室，早年被盗，墓室画像石保存完好，分上下两段，上段为咒钳图，下段为乐舞百戏图。孙琮为汉司空孙朗（字代平）子，荆州刺史、安平相孙根（字元石，111－181）弟。

图7.37 诸城后凉台古槐（引自《诸城古树名木》）

157. 莱芜青石关古槐

[性状]

位于莱芜市莱城区和庄镇青石关村。2株，Ⅰ号树高10米，胸径0.78米，平均冠幅9米，基干树皮皴裂，部分树皮脱落，大部树枝已枯，仅顶端有几枝尚存，长势衰弱；Ⅱ号树高6米，胸径0.76米，平均冠幅6米，干中空，长势衰弱。传两树植于明万历（1573－1620），树龄约400年。

[汇考]

青石关村始于唐代，孙、李、韩三姓早居，后魏、王、焦、于、梁等姓陆续迁来。青石关原有围城、四门，门上均有阁楼，今存北门，门旁明万历年间《重修玄帝庙记》；南门东侧学校山墙嵌“青石关”题额，旁有清嘉庆间“奕世流芳”碑。

[汇考]

青石关为齐鲁要塞，东西两侧皆有齐长城遗址，誉称“齐鲁第一关”，“直淄之门，当南之冲，为出兵要路”。清《莱邑山水杂记》：“青石关者…两山高夹，其形如瓮，口中有路，直上百仞”。清·蒲松龄《青石关》：“身在瓮盎中，仰看飞鸟渡。南山北山云，千株万株树。但见山中人，不见山中路。樵者指以柯，扪罗自兹去。勾曲上云霄，马蹄无稳步。突然闻犬吠，烟火数家聚。挑辔眺来往，茫茫积早露。”

[记事]

1947年2月20日，国民党第七十三军七十七师由博山经博（山）莱（芜）公路南援莱芜，被预先设伏于青石关附近华东野战军第8、第9纵队主力一举歼灭，敌中将军长韩浚、少将副军长李琰、参谋长周剑秋等被俘。

158. 山亭区毛宅古槐

[释名]

树基部有26条一米多高、碗口粗细的根裸露在外，撑托古槐，故名“根托槐”。

[性状]

位于枣庄市山亭区北庄镇毛宅村熊耳山双龙裂谷南500米处。编号C032，树高11米，胸径0.75米，平均冠幅12米，树龄约300米，长势旺盛。

[汇考]

①1935年4月，张光中（又名张心亭、张耀华，1901－1984）、郭志远（又名郭子任）在熊耳山牛鼻洞创建鲁南第一个农村基层党组织——大北庄村党支部，为鲁南革命斗争播下了火种。②1936年，道士王士贤在熊耳山黄龙洞创办鲁峄北黄龙洞贫民私塾义务小学，为抗战期间抱犊崮

山区唯一一所学校。八路军宣传队经常到学校宣传革命道理，为革命培养了大批仁人志士。

159. 安丘十二户古槐

[性状]

位于安丘市兴安街道十二户村。编号J22，树高10米，胸径0.7米，平均冠幅16米，树龄400年。枝下高4米，主干中空，南侧有树洞，长势旺盛。民间奉为神树，树当交通要道，多有车祸发生而无重大伤亡，村民以为树神庇佑。每有嫁娶、生子，多于树下报喜。

[身历]

古槐所在原为贝家沟子，由贝氏创建于宋代。崇祯十五年，清军陷安丘，屠城，民间称“壬午之难”。贝家沟子为屯军之所，刀砍斧剁，伤痕累累。韩家埠村韩氏，扶危济困，乐善好施，人称“韩菩萨”，见田地荒芜，遂举家迁古槐北，渐有旁姓迁来，共12姓，遂改名“十二户”。

160. 费县侯家庄古槐

[性状]

位于费县梁邱镇侯家庄村。树高7米，胸径0.63米，冠幅东西8.1米、南北7.6米；明代当地举人手植，树龄约500年。主干弯曲如云罗伞盖，主干距离2.5米处，分4大杈。乾隆下江南时，曾于树下歇息。树西30米有乾隆御桥。

[记事]

革命烈士邱士全（1920－1950）出侯家庄，任志愿军廿军司令部处长，1943年牺牲于朝鲜。

161. 泰山卧龙槐

[释名]

树干平卧，南北相距8米，宛如卧龙翘首待飞，故名。

[性状]

位于泰山斗母宫侧门外（图7.38）。树高14米，胸径0.6米，冠幅18米，树龄约300年，长势旺盛。1987年，被列入世界自然和文化遗产名录。

[身历]

斗母宫，原为龙泉观，始建年代不详。明嘉靖二十一年（1542），德王重修，改名“斗母宫”。明·汪子卿《泰山志》：“龙泉观，又曰斗母宫……嘉靖二十一年，德府重修，济南陈钠记石”。卧龙槐应为当时栽植。原为道教宫观，清康熙初年改由尼姑主持，祀北斗众星之母，更名斗姥宫，又称妙院。清康熙十二年（1673）、咸丰五年（1855）、光绪元年（1875）重修。1914，末代衍圣公孔令贻与北洋军阀张勋（原名张和，字少轩、绍轩，号松寿老人，人称“辫帅”，1854－1923）捐资重修。

162. 青州东高庄古槐

[释名]

树下曾有一学校，老槐树像一位饱经沧桑的老人，看着千万个孺子成才，故名“鸿儒槐”。

[性状]

位于青州市益都街道东高庄（图7.39）。树高30米，胸径0.6米，平均冠幅9米，树龄约600年。长势旺盛。

图7.38 斗母宫卧龙槐（申卫星 摄）

图7.39 青州东高庄古槐（李亮亮 摄）

[汇考]

东高庄始建于宋景德年间（1004－1007）。元代，村中立有白佛寺，元末兵毁。明洪武二年，山西洪洞县移民复立村。永乐年间村民立庙、植槐以纪念祖先迁居，后于此地建学校。天顺间，村中崔氏迁今王母宫街道小崔家庄。

163. 诸城葛家同古槐

[性状]

位于诸城市贾悦镇葛家同村。树高13米，胸径0.6米，平均冠幅10米，树龄400余年。枝下高3.5米，主干中空，定梢干枯，长势一般。

[身历]

树旁原为庆宁寺，始建于金大定元年（1161），明万历元年（1573）重修。万历《诸城县志》："庆宁寺，城西北贾悦集南，金大定元年建，万历元年智松重修"。

164. 费县喜鹊窝古槐

[释名]

槐中生榆树，号"槐抱榆"。

[性状]

位于费县费城镇喜鹊窝村。树高5.1米，胸径0.57米，总冠幅东西13.5米、南北12.8米；树龄600余年。主干中空，内生榆树，树高17米，胸径0.45米，树龄50年。1958年，榆树被伐，今萌生条又成大树。

[身历]

喜鹊窝明万历间建村。古槐为李氏先祖手植。明末，山东兵患迭起，喜鹊窝李氏部分南迁洪泽湖区。

[记事]

村民奉以为神，节日往往于树下焚香祭拜。

165. 章丘柳塘口古槐

[释名]

纪氏始迁祖手植于关帝庙侧，纪氏后人认为关帝庙先祖庙，古槐为关圣帝君化身，故名"帝君槐"。

[性状]

位于章丘市柳塘口村关帝庙遗址。树高10米，基径1.5米，冠幅东西14米，南北12米，植于明洪武二年，树龄645年。枝下高1.5米，长势弱。

[汇考]

关帝庙始建时间不详。明洪武二年，纪氏自莱阳迁来，并于庙侧植槐。清道光十六年（1836）重修。道光十六年《重修关帝庙碑记》："柳塘口之东僻，有关帝庙一址，由来旧矣。明初洪武二年，吾纪姓祖自登州莱阳避难而来，暂居于此，幸得帝君护佑，子孙蕃衍，累世耕读，再造之恩，几同覆载。是吾先祖庙实赖夫帝君庙也，帝君庙不啻吾先祖庙也……传至吾辈，殿倾台塌，目不忍睹，遂约族人共倡重修。择吉兴工，不日而成，则工匠告竣而殿宇新，卉木向荣而古槐茂。一时，父老子弟往而观者佥曰：此圣君保护之灵应也，此吾先祖托足之始基也"。"文化大革命"间，庙毁。

[记事]

1941年7月13日夜，日伪军包围柳塘口，焚烧兴华学校，屠杀无辜百姓3人。

7.3.2 紫藤属 Wisteria Nutt. 1818

紫藤（《南方草木状》）Wisteria sinensis (Sims.) Sweet 1827

166. 青州东关古紫藤

[性状]

位于青州市云门山街道东关村青州长青液压件厂内。树高1.5米，胸径0.8米，冠幅2米，树龄约200年。树干大部已枯，长势一般。

[汇考]

东关，因位于南阳城东门（海晏门）而得名，古时为古青州最繁华的地段，历史上曾有过“宰相府”、“状元坊”、“软绿园”、“昭德阁”、“海岱阁”、“山西会馆”等名胜。其中“软绿园”为明万历二十六年（1598）状元赵秉忠（字季卿，1573－1626）别墅，位于北阁子南，青龙巷内，今已不存。“山西会馆”系清中期晋商所建，占地30亩，围墙高两米，院内古柏参天，浓荫洒地。1933年，晋人将会馆拆毁变卖，今已无存。

167. 宁阳曹寨古紫藤群

[释名]

传为宋神宗祭祀泰山时命人栽植，从藤基径、覆荫、藤龄三方面看，国内罕见，号称“天下第一藤”。又因古藤缠楝树，谐音为“古藤恋子”。

[性状]

位于宁阳县葛石镇曹寨村神童山森林公园观音庵西墙。古藤南攀8.4米古楝上，基径0.45米，距地40厘米处生出四股，上爬10多米向西南生长，藤冠面积300平方米，实测树龄800年。古楝胸径0.65米。观音庵周围150万平方米山林中，发现有大小紫藤1084株，胸径0.1至0.3米。藤下有《天下第一藤》碑，巨石底“龙腾泉”，四季清冽不断。

[身历]

观音庵位于神童山东南坡、双龙池北岸，原名刘家庵，明洪武元年（1368）神童山西刘家庄刘氏先人为纪念先祖赵王郎中刘盆子、野王令刘梁、建安七子之一刘桢而建。清乾隆、道光、光绪年间三次重修。后改为观音庵，正殿供奉观音、文殊、普贤菩萨，东殿供奉送子娘娘，西殿塑比干、范蠡、关公三财神。观音庵前傍双龙池，后依神童山。观音庵左下侧60米有节孝廊，周长96米，最高处6.4米，1999年建。

168. 青州范公亭古紫藤

[释名]

Ⅰ号古树，因树势巨大、雄壮，树姿优美，故名“齐鲁藤萝王”。

[性状]

位于青州市三贤祠门口（图7.40）。Ⅰ号基径0.44米，基分4大股，西股最粗，直径0.29米，东北股胸径0.21米，东股胸径0.21米，南股胸径0.17米，冠幅东西20米、南北21米，东侧两股分别攀援于侧柏、刺槐之上，其余攀援于藤架之上，架高3米，实测树龄220年，东北股、东股朽枯严重，长势一般；Ⅱ号在Ⅰ号北侧约3米

图7.40　青州范公亭古紫藤（冯广平 摄）

图7.41　孔府古紫藤（张伟 摄）

图7.42　泰山孔子登临处古紫藤（冯广平 摄）

处，基径约0.35米，基分两股，东股压扁，径0.56米，西股胸径0.15米，树龄约150年，长势旺盛。

169. 曲阜孔府古紫藤

[性状]

位于孔府后花园东北角（图7.41）。基分三股，最粗一股基径0.35米，藤架高3米，冠幅东西7米、南北12米，俯荫面积84平方米，树龄约200年，长势旺盛。

170. 泰山孔子登临处古紫藤

[性状]

位于泰山红门景区“孔子登临处”牌坊西侧（图7.42）。编号为C0001，基部分为南北两股，南股胸径0.23米，北股胸径0.2米，两股分别攀牌坊而上，至牌坊顶部西侧缠绕而东，横贯整个牌坊，冠幅东西9.1米、南北4.3米，树龄400余年，长势旺盛。

[身历]

“孔子登临处”古坊始建于明嘉靖三十九年（1560），巡抚山东地方都察院右副都御史万安朱衡、钦差总理河道都察院右佥督御史南昌胡植、巡抚山东监察御史襄阳刘存义同立，嘉靖八年（1529）状元罗洪先提额“孔子登临处”及联“秦王独步传千古，圣主遥临庆万年”，惜联语于1967年被凿毁。古紫藤应为当时栽植。坊前东侧有明嘉靖四十三年（1564）济南府同知翟涛题、青社载玺书《登高必自》碑；坊前西侧为明嘉靖年间巡按山东监察御史李复初书《第一山》碑，碑阴刻有道家秘文符篆“入云有路”。

[汇考]

1987年，被列入世界文化遗产名录。

171. 邹城孟庙古紫藤

[性状]

位于邹城市孟庙致严堂。藤长39.5米，胸径0.22米，冠幅东西6米、南北12米。原攀援于元代银杏上，2002年银杏承托枝断落，遂设蓬架引至宋代圆柏上。

7.4 石榴科 PUNICACEAE Horaninow 1834

7.4.1 石榴属 Puninca Linn. 1753

石榴（《中国植物志》） *Punica granatum* Linn. 1753

172. 峄城区冠世榴园古石榴群

[性状]

位于枣庄市峄城区榴园镇冠世榴园内（图7.43）。同生35620株，树高平均5米，胸径平均0.25米，树龄平均300年。最大一株，号称“石榴王”，树高5米，基径0.55米，冠幅7.5米，覆荫50平方米，年产石榴300斤，树西侧建有“榴王亭”。

图7.43 峄城区冠世榴园古石榴（张建勇 摄）

图7.44 薛城区张庄古石榴（张建勇 摄）

[记事]

冠世榴园东西长45千米，南北宽6千米，面积12万亩，有石榴树500万株，48个品种，年产石榴2250万斤；始建于西汉成帝时期，距今已有2000多年的历史，入选“大世界吉尼斯世界之最”。

173. 曲阜孔府古石榴

[性状]

位于曲阜市孔府后堂楼。共9株，最大一株树高5米，胸径0.3米，冠幅东西5米、南北5米，树龄300年。枝下高3米，长势旺盛。最小一株树高2.4米，胸径0.26米，冠幅东西2米、南北2.5米，树龄约200年。

174. 济南万竹园古石榴

[性状]

位于济南市趵突泉公园万竹园内李苦禅纪念馆玉兰园内。树高5米，胸径0.3米，冠幅东西5米、南北6米，树龄约150年。长势旺盛。

[身历]

万竹园为民国初年山东督军张怀芝私宅，又名张家花园。1980年重修。1985年复建西花园，恢复“万竹园”名。1986年，于园中设李苦禅纪念馆。1996年，并入趵突泉公园。2002年，于园内设仇志海黑陶艺术陈列馆。

175. 薛城区张庄古石榴群

[性状]

位于枣庄市薛城区沙沟镇张庄村榴园（图7.44）。650余株，树高3米，胸径0.25米，树龄约360年。最大一株号称“石榴皇太后”，编号E004，树高7米，平均冠幅10米，覆荫数十平方米，树龄600余年，其果圆、籽大、味甜，因其枝繁叶茂，又称九股十八杈。1997年4月于树前立碑，以石砌池并挂牌保护。

[汇考]

《张氏谱牒》：张氏先祖讳彩，字还白，明初官至南京刑部郎，辞官后，将从宫廷内所携石榴树植于此，即今之“石榴皇太后”。

7.5 大戟科 EUPHORBIACEAE de Jussieu 1789

7.5.1 乌桕属 Sapium P. Br. 1756

乌桕（《唐本草》） Sapium sebiferum (Linn.) Roxb. 1832

[释名]

因乌鸦喜食其种子，故名。《本草纲目·木部·乌臼木》：“鸦臼，乌桕，乌喜食其子，因以名之……或云：其木老则根下黑烂成臼，故得此名”。别名鸦臼（《本草纲目》），腊子树（浙），桕子树（川），木子树（鄂、赣）。拉丁属名*Sapium*为拉丁语乌桕原名；种名*sebiferum*意为“蜡质的”，指乌桕种子外被白色蜡质。

图7.45a 乌桕花序（包琰 摄）

图7.45b 乌桕果（包琰 摄）

性状

落叶乔木，各部均具乳白色汁液。叶互生，纸质，菱形或菱状卵形，具尾尖，基部阔楔形，全缘。托叶顶端钝。花单性，雌雄同株，顶生总状花序，雌花通常生于花序轴最下部，雄花生于花序轴上部或有时整个花序全为雄花（图7.45a）。雄蕊2枚，伸出于花萼之外，花丝分离，与球状花药近等长。子房卵球形，平滑，3室，花柱3，基部合生，柱头外卷。蒴果梨状球形，成熟时黑色，具3种子（图7.45b），种子扁球形，黑色，外被白色、蜡质的假种皮。花期4－8月。

分布

产黄河以南各省，最北达陕、甘一带。

入药

始于唐代。《唐本草》："乌臼木，根皮味苦，微温，有毒，主暴水症结积聚"。《本草拾遗》："乌臼叶好染皂，子多取压为油，涂头令白变黑，燃灯极明。服一合，令人下痢，去阴，下水气"。

入诗

始于南北朝，南朝乐府《西洲曲》：

忆梅下西洲，折梅寄江北。
单衫杏子红，双鬓鸦雏色。
西洲在何处？两桨桥头渡。
日暮伯劳飞，风吹乌臼树。

历代皆有名篇，如南宋·陆游《醉归》：

乌桕阴中把酒杯，山园处处熟杨梅。

醉行蹀躞人争看，踏尽斜阳踏月来。

[入园]

始于唐代。明代，江浙一带广泛栽植。明礼部尚书、文渊阁大学士徐光启（字子先，号玄扈，教名保禄，1562－1633）《农政全书》：“（乌桕）江、浙人种者极多、极大，或收子二、三石……临安郡中每田数亩，田畔必种臼数株……（江浙）两省之人，既食其利，凡高山、大道、溪边、宅畔，无不种之，亦有全用熟田种者”。明·冯时可（字元成，号文所）《蓬窗续录》：“桕树冬初落叶，结子放蜡，每颗作十字裂，一丛有数颗，望之若梅花初绽。枝柯诘曲，多在野水乱石间，远近成林，真可作画，此与柿树俱称美荫，园圃植之最宜”。

[汇考]

①《**霜柏山鸟图**》，宋代国画，作者不详，现藏于北京故宫博物院。②**乌桕油**，存在于乌桕胚珠外壳的蜡质油脂，和存在于胚珠壳内的液状油脂，可食用、照明，亦可用于工业。北魏已开始使用乌桕油。贾思勰《齐民要术》：“（乌桕）其实如鸡头，迮之如胡麻子，其汁味如猪脂”。《本草拾遗》：“（乌桕）子多取压为油，涂头令白变黑，燃灯极明”。《农政全书》：“压取臼油，造蜡烛。子中仁压取清油，燃灯极明，涂发变黑，又可入漆，可造纸用”。③**乌舅金奴**，乌桕油和油灯，用以讥讽吝啬者。宋·陶谷（字秀实，本姓唐，903－970）《清异录》：“江南烈祖素俭，寝殿烛不用脂蜡，灌以乌臼子油，但呼乌舅。案上捧烛铁人，高五尺，云是杨氏时马厩中物。一旦黄昏急须烛，唤小黄门：‘掇过我金奴来。’左右窃相谓曰：‘乌舅、金奴正好作对。’”

176. 青州冯家岭子古乌桕

[释名]

当地俗称“油种子”。

[性状]

位于青州市庙子镇冯家岭子。2株。Ⅰ号树高10米，胸径0.9米，平均冠幅6米，树龄约500年，长势旺盛。Ⅱ号树高15米，胸径0.5米，平均冠幅12米，树龄约450年，一侧大枝枯死，长势弱。树下有冯家岭子村民于2007年立功德碑。

[身历]

冯家岭北有冯家台子村，再北为西坡村。村中有“冯氏祖茔”碑：“尝考谱史云，我冯氏原来临朐冶源，宗系乃明代正德戊辰进士，讳裕闾山公之后也。至十七世祖于万历年间始迁于冯家岭庄”。

[汇考]

冯裕（字伯顺，号闾山，1479－1545），原籍临朐县仁寿乡（今盘阳一带），明正德三年（1508年）进士，累迁贵州按察司副使，“官抗直，有裁断”，且不谋身家，不讨好他人。致仕归家后，与挚友8人结“海岱诗社”，诗作合辑为《海岱会集》。裕存诗128首，后曾辑为《方伯集》，其曾孙冯琦又将冯裕诗作分别编入《五大夫集》和《北海集》。

7.6 漆树科 ANACARDIACEAE Lindley 1830

7.6.1 黄连木属 Pistacia L.1754

黄连木（《植物名实图考》）Pistacia chinensis Bunge 1833

[释名]

因其树芽味苦，故名。《植物名实图考·木类·黄连木》："春时新芽微黄红色……味苦回甘如橄榄，暑月可清热生津"。别名楷（《淮南子》、《说文解字》），楷木（《酉阳杂俎》），黄楝树（《救荒本草》），胜铁力木（《峤南琐记》），黄鹂芽（《植物名实图考》），黄连头树（《广阳杂记》），木黄连、黄连芽（湘），木蓼树、田苗树、黄儿茶（鄂），鸡冠木、烂心木（台），鸡冠果、黄连树（滇），药木（甘），药树（陕），茶树（滇、陕），凉茶树（黔），岩拐角（川），黄连茶（滇、闽、鄂、苏、鲁），楷木（湘、豫、冀）。拉丁属名*Pistacia*源自希腊语pistake，意为"阿月浑子"；种名*chinensis*意为"中国的"，因黄连木模式标本采自北京。

图7.46 黄连木（包球 摄）

[性状]

落叶乔木。树皮暗褐色，呈鳞片状剥落。奇数羽状复叶互生，有小叶5－6对；小叶对生或近对生，纸质，披针形或卵状披针形或线状披针形，先端渐尖，基部偏斜，全缘。花单性异株，圆锥花序腋生（图7.46），雄花序排列紧密，长6－7厘米；雌花序排列疏松，长15－20厘米。雄花花被片2－4，大小不等，雄蕊3－5；雌花花被片7－9，大小不等，子房球形。核果倒卵状球形，略扁，成熟时紫红色。

[分布]

产长江以南各省区及华北、西北。菲律宾也有。

[起源]

漆树科植物至迟在古近纪已经出现。在我国，黄连木属叶化石始见于四川理塘波拉热鲁寨始新世晚期地层。

[入药]

始于明代。明·朱橚（1328－1398）《救荒本草》："蒸芽暴晒，亦可作茶煮饮"。叶芽、叶或根、树皮入药。《中华本草》："苦；涩；寒。清暑；生津；解毒；利湿。"《中国中药资源志要》："叶芽，苦、涩，寒。清热解毒，止渴。用于暑热口渴，霍乱，痢疾，咽喉痛。口舌糜烂，湿疮，漆疮初起。树皮，苦，寒。有小毒。清热解毒。用于痢疾，皮肤瘙痒，疮痒。”

[入诗]

始于宋，魏了翁（1178－1237，字华父，号鹤山）《费华文挽诗二首》：

谨厚传燕国，宽和似蜀公。
材献今世楷，论建古人风。
阅世心犹壮，忧时鬓已翁。
芸芸今有尽，归去得全终。

宋元多有名篇，如方回《再送王圣俞戴溪》（节录）：

宇宙喜一统，于今三十年。
江南诸将相，北上扬其鞭。
书生亦觅官，裹粮趋幽燕。
青原有王老，历世羲献贤。
自浙而江淮，北理彭城船。
不上郭隗台，不饮卢沟泉。
问之果何往，往陟泰山巅。
观古封禅碑，讨究秦汉镌。
森森楷木林，上香先圣前。
滕州孟子庙，邹县有墓田。

[入园]

始于春秋，孔子卒，子贡守墓，手植楷。今存古树桩、康熙“楷图碑”、施闰章《子贡植楷》诗碑。明·谢肇淛《五杂俎·物部二》：“曲阜孔林有楷木，相传子贡手植者。其树十余围，今已枯死”。

[汇考]

①**天下楷模**，周公制定礼仪、孔子删定六经，成为天下儒林法式，其冢上封树称为“模”、“楷”，汉·刘安《淮南子·草木训》：“模树生周公冢上，其叶春青，夏赤，秋白，冬黑，以色得其正也；楷木生孔子冢上，其干枝疎而不屈，以质得其直也”。唐·段成式《酉阳杂俎·广动植之三》：“楷，孔子墓上特多楷木”。②**孔子夫妇楷木像**，像高60厘米，孔子长袍大袖手捧朝笏，亓官夫人长裙垂地，形象生动。一说子思雕刻，一说子贡所刻。原奉孔庙。北宋靖康间，金灭宋，衍圣公孔端友（字子交，1078－1132）负像南渡。宋高宗赐居衢州，圣像奉祀于孔氏家庙。抗日战争时期，日军两次陷衢州，企图劫夺圣像。国民政府令南宗奉祀官孔繁荣转移圣像至龙泉、庆元。孔繁荣藏真像于衢州深山区，携赝品转移。1960 年，圣像北还曲阜孔庙。③**子贡手植楷**，曲阜孔林有子贡手植楷，此说始于明代，明·谢肇淛《五杂俎·物部二》：“曲阜孔林有楷木，相传子贡手植者。其树十余围，今已枯死。其遗种延生甚蕃，其芽香苦，可烹以代茗，亦可乾而茹之。其木可为笏枕及棋枰云。敲之，声甚乡而不裂，故宜棋也。枕之无恶梦，故宜枕也。此木殊方不可知，以余所经他处，未有见之者，亦圣贤之遗迹也。而守土之官，日逐采伐制器，以充馈遗，今其所存寥寥，反不及商丘之木，以不才终天年。不亦可恨之甚哉！”④**楷茶**，明代，用黄连木嫩芽茶，称“黄连头”。《五杂俎·孔林楷木》：“其芽香苦，可烹以代茗，亦可于而茹之，即俗云黄连头”。⑤**曲阜楷雕**，楷木雕刻工艺品源自西汉曲阜孔家，与碑帖、尼山砚并称为“曲阜三宝”。《大清一统志》：“楷木出曲阜县孔林，文如贯线，有纵有横，可以为杖”。

177. 沂源璞邱村古黄连木

[性状]

位于沂源县三岔乡璞邱村。树高24米，胸径1.6米，冠幅18米，树龄约600年。长势旺盛，树形匀称美观。

图7.47 梁公林古黄连木（张伟 摄）

图7.48 孔林古黄连木（张伟 摄）

178. 曲阜梁公林古黄连木群

［性状］

位于曲阜市梁公林西南角（图7.47）。共14株，一般树高7－19米，胸径0.37－1.2米，树龄400－500年。最大一株树高18米，胸径1.37米，冠幅东西15.9米、南北21.4米，树龄600余年。枝下高2米，主干分4大杈；长势旺盛。

179. 蒙阴边家城子古黄连木

［性状］

位于蒙阴县联城镇边家城子村。编号F37，树高18米，胸径的1.34米，平均冠幅20米，树龄2000年。枝下高4米，主干中空，分3大杈；树冠伞形，长势旺盛。

［汇考］

据考，秦名将蒙恬（?－前210）出边家城子村。祖蒙骜、父蒙武皆为秦国名将。蒙恬世家出身，东破田齐，北逐匈奴，修筑长城，辅佐扶苏，誉称“中华第一勇士”。1995年，蒙阴县人民政府立“蒙恬故里碑”于联城乡，并修“将军亭”。2000年，临沂市人民政府立蒙恬像于临沂广场，列为临沂“十大历史名人”之一。

180. 孔林古黄连木群

［性状］

位于曲阜市孔林（图7.48）。共747株，择其较大3株为记。Ⅰ号树高18米，胸径1.23米，冠幅东西20米、南北19米，树龄500年。枝下高7米，主干分5大杈；树冠伞形，长势旺盛。Ⅱ号树高15米，胸径1.15米，冠幅东西14.2米、南北12米，树龄500余年。枝下高3.3米，树身遍布树瘤，长势旺盛。Ⅲ号树高15米，胸径0.99米，冠幅东西18.1米、南北17.4米，树龄500余年。枝下高3.2米，长势旺盛。林中最小一株树高8米，胸径0.34米，冠幅东西12米、南北13米，树龄400年。

181. 曲阜周公庙古黄连木群

[性状]

位于曲阜市周公庙院内（图7.49）。共17株，最大一株位于制礼作乐坊内，树高18米，胸径1.21米，冠幅东西14.5米、南北15米，树龄730余年。枝下高3.6米，主干分西、北、东3大杈，南杈3枝干枯；树冠球形，长势旺盛。

182. 历城区东沟古黄连木

[性状]

位于济南市历城区仲宫镇高而办事处东沟村子房庙侧。树高22米，胸径1.15米，平均冠幅19米，树龄约1000年，长势旺盛。

[汇考]

子房洞传汉留侯张良隐居处。乾隆《历城县志》：“扶山，一名南扶山，有洞曰子房。洞深里许，下有地河，好奇者每探之闻水声潺潺，则不敢渡矣”。洞坐北朝南，洞门由青石券成，额嵌清光绪间“汉留侯子房隐仙洞”题刻，东西两侧，各有明隆庆、崇祯和清康熙年间碑刻。洞周围林木繁茂。洞下有子房庙和双虎泉，子房庙始建年代不详，明清多有重修，庙中光绪重修碑记载：“子房庙者，不知创自何年，经前明嘉靖、隆庆、崇祯以后，国朝康熙、乾隆、嘉庆等年相继重修。”崇祯九年（1636），曾修建“子房五帝阁”。子房庙洞一山峪中有三座石砌长方形古墓，相传为张良、尹宗、黄石公墓。

183. 沂源双石屋古黄连木

[释名]

因两株古黄连木树距较近，年深日久，主干合二为一，故名“姊妹连体黄连木”；因树势苍劲，根干古拙，状若游龙，号称山东黄连木之首。

图7.49 周公庙古黄连木（张伟 摄）

〔性状〕

位于沂源县三岔乡双石屋村，树高15米，胸径1.1米，冠幅18米，树龄约600年。主干分6大杈，树冠浑圆，长势旺盛。

〔汇考〕

双石屋为两个相连的天然洞穴，大者约40平方米。清乾隆五十二年（1787），张氏先祖迁居建村。解放战争期间，石屋曾为中共沂源县委驻地。村中有泉，泉水清冽，因村中多出研究生，故名“博士泉”。

184. 宁阳颜林古黄连木群

〔性状〕

位于宁阳县鹤山乡泗臯村颜林中。50余株，择较大2株为记。Ⅰ号位于颜林入口，树高10米，胸径1.1米，冠幅东西10米、南北10米，树龄约750年，已大部干枯。Ⅱ号位于Ⅰ号西南，编号190，树高12米，胸径0.68米，冠幅东西13米、南北13米，树龄400余年。枝下高3.2米，树冠圆球形，长势旺盛。

〔身历〕

颜林始建于元代，有元代“颜氏之林”石坊。

185. 苍山上园古黄连木

〔性状〕

位于苍山县贾庄乡上园村。编号L18，树高13米，胸径1.0米，平均冠幅18米，树龄400年。枝下高3.2米，主干分3大杈，长势旺盛。

〔身历〕

上园，原称尚苑，即后花园。村中有四方鱼池，约36平方米，以龙王塘山泉为源，清澈见底，池内有红、黄、黑、白、青五色金鱼，约有1500尾。传明将夏思贤、夏思农随永乐帝平定北方，夏思农以兵部尚书还乡，建园于尚苑，永乐帝赐五色金鱼一池。

7.6.2 黄栌属 Cotinus (Tourn.) Mill 1754

黄栌（《植物学报》） Cotinus coggygria Scop. 1772

186. 郯城株柏古黄栌

〔性状〕

位于郯城县沙墩镇株柏一村。树高12米，胸径1.0米，基径3.14米，平均冠幅6米，长势旺盛。

〔身历〕

株柏村始建于元代。至正年间（1341－1368），庞、何、李三姓相继迁来建村，因村东路旁有株古柏，故称“株柏村”。明洪武初，张氏迁入。张氏族谱：“余为南邳四户村旧族，于明洪武初年，始祖讳斡迁入山左，卜居琅琊郡南，沂左东岸株柏村”。因沂河河床东移，村址逐年东迁。正德间（1506－1521），张氏一支迁建“乱墩”村。

7.7.1 楝属 Melia Linn. 1737

楝（《神农本草经》）Melia azedarach Linn. 1737

释名

因其叶可以练物，故名。《本草纲目·木部·楝》：“罗愿《尔雅翼》云：楝叶可以练物，故谓之楝”。别名练（《庄子》），苦楝（《本草图经》），苦楝子、金铃子（罗愿《尔雅翼》），楝树、紫花树（苏），森树（粤）。拉丁属名*Melia*源于古希腊语，原指欧洲白蜡树（*Fraxinus excelsior* L.），林奈因楝树与欧洲白蜡树叶形相似，故以*Melia*为楝属属名；种名*azedarach*源自波斯语 āzād（贵族的）+ dirakht（树），法语中为azédarac，意为“自由树”。

图7.50 楝（冯广平 摄）

性状

落叶乔木。二至三回奇数羽状复叶，小叶对生，卵形至披针形，顶生一片通常略大，先端渐尖，基部楔形、偏斜，边缘具钝齿。圆锥花序约与叶等长，花芳香，花萼5深裂，裂片卵形至长圆状卵形，花瓣淡紫色，倒卵状匙形，雄蕊管紫色，管口有2－3裂狭裂片10枚，花药生于裂片内侧且与裂片互生，10枚，长椭圆形，子房近球形，花柱细长，柱头头状，顶端具5齿。核果球形至椭圆形（图7.50），种子椭圆形。花期4－5月，果期10－12月。

分布

较广泛分布于黄河以南各省。

起源

楝科植物起源于古近纪。英格兰早始新世地层中发现有楝科果实化石。

入药

始于汉代。《神农本草经》：“楝实味苦、寒。主温疾、伤寒、大热、烦狂，杀三虫、疥疡，利小便水道”。

入诗

始于唐代，温庭筠《苦楝花》：

院里莺歌歇，墙头舞蝶孤。
天香薰羽葆，宫紫晕流苏。
晻暧迷青琐，氤氲向画图。
只应春惜别，留与博山炉。

宋代多有名篇，如陈师道（字履常，一字无己，号后山居士，1053－1102）《楝花》：

密叶已成荫，高花初著枝。
幽香不自好，寒艳未多知。
会见垂金弹，聊容折紫绫。
粉身非所恨，犹复得闻思。

［入园］

始于春秋，齐国在二等土壤“五位土”上种植楝树。《管子·地员》：“五位之土……种木胥容，榆、桃、柳、楝”。明·高濂（字深甫，号瑞南，钱塘人，1573－1620）《草花谱》：“苦楝发花如海棠，一蓓数朵，满树可观”。

［汇考］

①**凤凰食**，传凤凰只栖梧桐，只吃楝树果。《庄子·秋水》：“夫鹓鶵发于南海而飞于北海，非梧桐不止，非练实不食，非醴泉不饮”。《康熙字典》：“楝实，凤凰所食”。②**七月月令花**，《淮南子·时则训》：“七月，其官库，其树楝”。南朝宗懔《荆楚岁时说》：“始梅花，终楝花，凡二十四番花信风”。唐·韩鄂《四时纂要》：“一月二番花信风，阴阳寒暖，冬随其时，但先期一日，有风雨微寒者即是。其花则：鹅儿、木兰、李花、杨花、桤花、桐花、金樱、鹅黄、楝花、荷花、槟榔、蔓罗、菱花、木槿、桂花、芦花、兰花、蓼花、桃花、枇杷、梅花、水仙、山茶、瑞香，其名俱存”。③**蛟龙畏楝**，传说蛟龙畏惧楝树叶，南朝梁·吴均（又名吴筠，字叔庠，469－520）《续齐谐记》：“屈原五月五日投汨罗江而死，楚人哀之。每至此日，竹筒贮米，投水祭之。汉建武中，长沙欧回，白日忽见一人，自称三闾大夫，谓曰：‘君当见祭，甚善，但常所遗，若蛟龙所窃。今若有惠，可以楝树叶塞其上，以五彩丝缚之。此二物，蛟所惮也。’回依其言，世人作粽，并带五色丝及楝叶，皆汨罗之遗风也”。④**楝椽**，楝树早期生长迅速，三五年即可作椽。《齐民要术》：“以楝子于平地耕熟作垄种之，其长甚疾，五年后可作大椽。北方人家，欲搆堂阁，先于三五年前种之。其堂阁欲成，则楝木可椽”。⑤**楝城**，北宋天禧间（1017－1021），泉州晋江人、书画家尤叔保迁武进（今江苏常州），居许舍山，山中多虎，尤叔保沿山种楝，数年而成林，成城以避虎。清康熙《无锡县志》：“许舍山中多虎，童男女昼不出户。尤待制叔保居之，使人拾楝树子数十斛，作大绳，以楝子置绳股中，埋于山之四围。不四五年，楝大成城，土人呼为楝城，乃作四门，时其启闭，虎不敢入”。⑥**楝亭**，清康熙间，曹雪芹（名沾，字梦阮，号雪芹、芹圃、芹溪居士）曾祖父曹玺（原名尔玉，？1620－1684）当庭植楝，筑“楝亭”。清·叶燮（字星期，号已畦）《已畦文集·楝亭记》：“其初至也，手植一楝树于庭，久之，树大可荫，爰作亭于其下，因名之曰楝亭”。其子曹寅便以楝亭为字，并著有《楝亭集》。

187. 济南中山公园古楝

［性状］

位于济南中山公园内旧书市场门口。树高15米，胸径1.05米，冠幅东西11米、南北10米，树龄约110年，树身有两道铁箍固定，其东南侧有仿真树干支撑，树西北侧已枯，中空，内有填充物，树周有石砌围栏，长势旺盛。

［身历］

济南中山公园，原名商埠公园，始建于清光绪三十年（1904），为济南最早的公园。民国《续修历城县志》：“（光绪）三十年开济南商埠”，商埠规划中，确定经三路与经四路、纬四路和小纬六路之间建商埠公园。古树为建公园时栽植。1925年，孙中山（名文，字载之，号日新、逸仙，化名中山，1866－1925）逝世，为纪念这位伟大的革命先行者，商埠公园改名中山公园。1948年，济南解放，改名“人民公园”。1986年11月12日，孙中山诞辰120周年，复名“中山公园”。

7.8 紫草科 BORAGINACEAE de Jussieu 1789

7.8.1 厚壳树属 Ehretia L. 1759

厚壳树（《中国植物志》） Ehretia thyrsiflora (Sieb. et Zucc.) Nakai 1922

【释名】

别名大红茶、大岗茶、松杨、苦丁茶（桂）；土名梭椤树。拉丁属名*Ehretia*以纪念德国植物学家G. D. Ehret（1708－1770）；种名*thyrsiflora*意为“聚伞圆锥花序的”。

【性状】

落叶乔木，具条裂的黑灰色树皮；枝淡褐色，平滑，小枝褐色。叶椭圆形、倒卵形或长圆状倒卵形，先端尖，基部宽楔形，稀圆形，边缘有整齐的锯齿，齿端向上而内弯，无毛或被稀疏柔毛。聚伞花序圆锥状，被短毛或近无毛；花多数，密集，小形，芳香；萼片卵形，具缘毛；花冠钟状，白色，裂片长圆形、开展；雄蕊伸出花冠外，花药卵形，花丝着生花冠筒基部以上0.5－1毫米处；花柱分枝长约0.5毫米。核果黄色或桔黄色，直径3－4毫米；核具皱折，成熟时分裂为2个具2粒种子的分核。

【分布】

产桂南、华南、台、华东及鲁、豫等省区。日本、越南有分布。

【起源】

厚壳树属起源于古近纪，此属果实化石发现于英格兰早始新世地层。

【入药】

始于现代。《中国中药资源志要》：“（厚壳树）枝：苦，平，收敛止泻，用于泄泻；心材：甘、咸，平，破瘀生新，止痛生肌，用于跌打损伤，肿痛，骨折，痈疮红肿；叶：甘二微苦，平，清热解暑，祛腐生肌，用于感冒，偏头痛”。

【入园】

始于周代。孔子逝世后，弟子带四方异木植林中，其中有厚壳树。段玉裁《说文解字注》：“（孔子）冢茔中树以百数，皆异种，传言弟子各持其方树来种之”。曲阜颜庙中尚有一株古厚壳树。

188. 河东区耿斜坊古厚壳树

【释名】

当地称“红叶树”。

[性状]

位于临沂市河东区九曲街道耿斜坊村耿家坟。编号C10，树高17米，胸径0.89米，平均冠幅10米，树龄330余年。主干分7大杈，树冠稀疏蓬松，广卵形，长势旺盛。

[身历]

耿家斜坊始建于明嘉靖三十七年（1558），耿氏自山西洪洞县迁来建村。耿氏三世祖耿世珏进京赶考，路过曲阜时，将树苗带回，栽植于祖坟，后耿氏历代奉为神树，精心呵护。

[汇考]

在山东和岱岳地区，厚壳树仅零星栽培于临沂和济宁地区，有百年以上古树11株，300年以上者仅4株，分布于莒南县石连子乡西旱丰村、临沂市河东区九曲街道耿家斜坊、郯城市沙墩乡栋桥村、曲阜姚村镇保安村，树高都在10米左右，胸径0.3－0.98米。

189. 曲阜颜庙古厚壳树

[性状]

位于颜庙杞国公殿丹墀东南角（图7.51），高12米，胸径0.81米，冠幅东西9.5米、南北8.3米，树龄约700年。距地2.5米处寄生枸杞，长势旺盛。

图7.51　颜庙厚壳树（冯广平 摄）

190. 章丘梭庄村古厚壳树

[释名]

当地称“梭罗树”、“胭脂树”。

[性状]

位于章丘市相公镇梭庄村李氏宗祠大殿前西侧。树高5.5米，胸径0.55米，平均冠幅4米，植于清顺治间（1644－1661），树龄350余年。枝下高1.6米，主干分2大杈，长势旺盛。

[身历]

李氏宗祠在梭庄村东南隅，前身私宅花园“啸园”，明万历四十年（1612）改为宗祠，俗称“家庙”。宗祠坐北朝南，大门俗称“南阁”，面阔一间，石砌墙面，二层为戏台。正殿“君子堂”面阔五间，进深三间，灰瓦硬山顶。祠中有古龙爪槐1株，清代石碑2通。2000年，被列为章丘市文物保护单位。

[汇考]

宋金之际，李氏始迁梭庄。李氏祖上曾于福建延平府为官，离任时带回厚壳树植于宗祠中。村中文物众多。原有明崇祯八年（1635）“节孝可风”牌坊。村西南田中有清康熙五十年（1711）《李氏宗谱》碑。村北有石钟亭“元音楼”，传始建明代；元音楼东为文昌阁，清嘉庆、道光间重修；阁东为药王庙，“文化大革命”间毁坏。

7.9 木犀科 OLEACEAE Hoffmannsegg et Link 1813－1820

7.9.1 丁香属 Syringa Linn. 1753

紫丁香（《花史左编》）Syringa oblate Lindl. 1859

191. 曲阜孔府古紫丁香

【性状】

位于曲阜市孔府（图7.52）。共3株，Ⅰ号位于孔府忠恕堂前西侧，树高4米，基径0.7米，基部以上分为两股，一股胸径0.32米，另一股胸径0.25米，冠幅东西4米、南北5米，树龄约350年，长势旺盛。Ⅱ号位于西花厅，树高5米，胸径0.51米，冠幅东西6米、南北5米，树龄300年。枝下高2米，长势旺盛。Ⅲ号位于孔府安怀堂背面影壁墙北侧，树高5米，胸径0.27米，冠幅东西3米、南北2米，树龄约150年，长势旺盛。

192. 青州偶园古紫丁香群

【性状】

位于青州市偶园内（图7.53）。10余株，择二大者记之，Ⅰ号位于偶园文毅堂院门内东侧，树高4.4米，基径0.38米，胸径0.26米，干高1.4米处分为四大股，冠幅东西3.9米、南北5米；Ⅱ号古树位于文毅堂院门内西侧，基径0.29米，胸径0.33米，干高1.2米处分为东西两股，东股径0.22米，西股径0.15米，冠幅东西5米、南北4.1米。据Ⅰ号古树断面实测，生长量1毫米/年，两株古树树龄约150年，长势旺盛。

图7.52 孔府古紫丁香（冯广平 摄）

图7.53 青州偶园古紫丁香（冯广平 摄）

7.9.2 木犀属 Osmanthus Lour.1790

木犀（《郭橐驼种树书》） Osmanthus fragrans (Thunb.) Lour. 1790

[释名]

因其木纹如犀角，故名。清·顾张思《土风录·木犀花》：“浙人呼岩桂曰木犀，以木纹理如犀也”。别名菌桂（《楚辞》），筒桂（《新修本草》），木樨（《墨庄漫录》），岩桂（宋代俗称），小桂、箘桂（《本草纲目》），桂、梫、岩桂（《花镜》），桂花。拉丁属名*Osmanthus*源自希腊语osmē（香味）和anthos（花），意为“香花的”；种名*fragrans*意为“芳香的”。

[性状]

常绿乔木或灌木。单叶对生，革质，椭圆形或椭圆状披针形，长4－10厘米，先端急尖或渐尖，基部楔形或阔楔形，全缘或上部有细锯齿。花簇生叶腋或成聚伞状，花柄纤细；华冠黄白色、黄色、淡黄色或橘红色，浓香，4裂几近基部，先端圆（图7.54）。核果椭圆形，长1－1.5厘米，紫黑色。花期9－10月上旬，果期翌年3月。

图7.54 木犀（包琰 摄）

[分布]

原产我国西南部，现各地广泛栽培。

[起源]

木犀科植物出现于古近纪早期。

[入药]

始于汉代，《神农本草经上品》：“菌桂，味辛，温。主百病，养精神，和颜色，为诸药先聘通使。久服轻身不老，面生光华，媚好常如童子。生山谷”。

[入诗]

始于战国，屈原《离骚》：

昔三后之纯粹兮，固众芳之所在。
杂申椒与菌桂兮，岂惟纫夫蕙茝。

唐宋多有名篇，如宋·李清照《鹧鸪天》：

暗淡轻黄体性柔，情疏迹远只香留。
何须浅碧深红色，自是花中第一流。
梅定妒，菊应羞，画栏开处冠中秋。
骚人可煞无情思，何事当年不见收。

[入园]

始于西汉，汉初引种于宫苑。西汉·司马相如《上林赋》：“行乎洲淤之浦，经乎桂林之中”。《西京杂记》：“初修上林苑，群臣远方各献名果异树……白俞杜桂蜀漆树十株”。唐宋以后，栽培盛行。

[汇考]

①**嫦娥奔月**：语出战国初年，《归藏》："昔嫦娥以西王母不死之药服之，遂奔月为精"。西汉·刘安《淮南子》引证更为详尽，且言嫦娥化为蟾蜍，月宫因此而称"蟾宫"。②**吴刚伐桂**：隐喻阴晴圆缺，唐·段成式《酉阳杂俎》："旧言月中有桂，有蟾蜍。故异书言，月桂高五百丈，下有一人常斫之，树创随合。人姓吴名刚，西河人，学仙有过，谪令伐树"。③**蟾宫折桂**：喻科举及第，《晋史·卷十》载郄诜答武帝："臣今为天下第一，犹桂林一枝"。北宋僧仲殊词："花则一名，种分三色，嫩红、妖白、娇黄。……许多才子争攀折。常娥道：三种清香，状元是红（丹桂）、黄为榜眼（金桂）、白探花郎（银桂）"。④**人间月宫**，南朝陈后主陈叔宝（字元秀，553－604）曾为贵妃张丽华建人间月宫，有门如圆月，庭园惟植一桂花树，张丽华素衣牵兔，宫中呼"张嫦娥"。唐·冯贽《南部烟花记》："陈后主为张贵妃丽华造桂宫于光明殿后，作圆门如月，障以水晶。后庭设素粉罘罳，庭中空洞无他物，惟植一桂树。树下置药杵臼，使丽华恒驯一白兔。丽华被素袿裳，梳凌云髻，插白通草苏孕子，靸玉华飞头履。时独步于中，谓之月宫。帝每入宴乐，呼丽华为'张嫦娥'"。⑤**香山植桂**，白居易曾引种杭州天竺寺桂花到苏州，作《东城桂》："遥知天上桂花孤，试问嫦娥更摇无？月中幸有闲田地，中央何不种两株？"⑥**桂斋**，南宋绍兴二年（1132），金紫光禄大夫平章政事李纲（字伯纪，1083－1140）李纲因力主抗金被贬，改知潭州，后改洪州，不久又改福州。《过崇兴祠》序："旧岁新皇，充嗣宝历。予被命拜相，献恢复中原之策，上不采用。两阅月，予以观文殿学士知潭州，今改洪州、夏，又改福州"。李纲在福州期间，命名居所为"桂斋"，以明孤芳不与众草合的情操。道光九年（1829），江宁布政使林则徐（字元抚，又字少穆、石麟，1785－1850）在福州西湖皇华亭故址重建李纲祠以供后世瞻仰。祠堂"前后六间，厂其旁三间为桂斋"，当庭植桂花两株。⑦**木樨香**，桂香劲透绵远，息心宁神。黄庭坚曾跟随北宋临济宗宝觉禅师祖心（俗姓邬，号晦堂，1025－1100）参悟佛法，祖辛以桂香为喻。南宋·释晓莹《罗湖野录》："黄鲁直从晦堂和尚游时，暑退凉生，秋香满院。晦堂曰：'吾无隐：闻木樨香乎？'公曰：'闻。'晦堂曰：'香乎？'尔公欣然领解"。⑧**地以树名**，"桂林"多桂花，语出《山海经》"桂林八树"。晋·郭璞注："八树成林，言其大也"。但此桂指樟科的肉桂而非桂花。"桂林"以多桂花得名，恐系后世讹传。《名医别录》："桂生交趾、桂林山谷岩崖间。无骨，正圆如竹"；所指即桂皮。秦始皇三十三年（前214）置桂林郡，《史记·南越列传》："置桂林、南海、象郡，以谪徒民，与越杂处十三岁"。⑨**花好月圆**，桂花象征团圆、美满。旧历八月，桂开、月圆，故称八月为桂月，宋·吕声之有诗："独占三秋压众芳，何夸橘绿与橙黄。自从分下月中秋，果若飘来天际香。"宋·朱淑真有诗："月待圆时花正好，花将残后月还亏。须知天上人间物，同禀清秋在一时。"⑩**市花**，合肥、铜陵、黄山、马鞍山、杭州、桂林、苏州、泸州、广元、老河口、恩施、南阳、信阳、台南、宿迁、南阳、衢州、六安、中山等19个城市市花。

193. 费县彩山前古木犀

[性状]

位于费县薛庄镇彩山前村（图7.55）。树高7米，基径0.59米，冠幅东西7.2米、南北8.4米，

图255 费县彩山前古木犀（冯广平 摄）

树龄200余年。距地0.2米，主干分6大枝，东枝胸径胸径0.9米，南枝胸径0.24米，西枝胸径0.20米。《彩山花园记》："中有桂树一株，高六米、冠径七米，挺拔俊秀，蓊翁郁郁，以二百余龄矣，每届金秋，繁花满树，香飘十里，远近赏花者络绎于途，诚沂蒙一大胜概也"。

［身历］

①费县王氏始于明初费县儒学训导王桓，世居费县县衙后宅，习称"费县宅后王家"。十世人才辈出，有右户部侍郎王雅量、靖州州判王建中、北京兵马司指挥王赐命、陇州知县王赐衮、凤阳县丞王贞度、鸿胪寺序班王赐恩等。明万历间，王桓九世孙王恬迁彩山前建村。清同治九年（1870），王炳光、王道三拟定王氏世代名字，起自二十一世，"立法全宜正，长遵乃可从，相承同继步，尚在著昌隆。"②古木犀所在原为晚清王氏旧园，背山面水，跨壑为园，沟谷上游植淡竹、栀子、山茱萸，两岸植油松、桧柏、杜仲、栗、丝兰，临水植皂荚、旱柳、芦竹，舍旁植石榴、枳、皂荚，山阿平地植桃，石上植仙人掌。造园植物中西合璧，

［记事］

1940年11月初，罗荣桓、陈光率八路军一一五师司令部转移至费北县岳家村。陈光以中共华北局委员指挥围歼来犯日伪军，进而在摩天岭战斗中全歼刘黑七部特务团。同年11月上旬，司令部及主力一部移驻费东聂家庄至毛沟一线。罗荣桓组织人员到白埠、永目、刘家庄、聂家沟、安家沟、彩山前等村庄调查社会情况，宣传和发动群众，开辟根据地。

194. 青州偶园古木犀群

［性状］

位于青州市偶园内。同生6株，为明代衡王府盆景。Ⅰ号古树为金桂，高2.52米，基径0.14米，嫁接处直径0.22米，胸径0.13米，冠幅东西2米、南北2.4米；Ⅱ号古树为金桂，高2.63米，基径0.16米，嫁接处直径0.19米，胸径0.12米，冠幅东西1.8米、南北1.9米；Ⅲ号古树为金桂，高2米，基径0.16米，嫁接处直径0.28米，胸径0.14米；Ⅳ号古树为金桂，高2米，基径0.19米，嫁接处0.19米，胸径0.17米，冠幅东西1.6米、南北1.8米；Ⅴ号古树为金桂，高2米，基径0.15米，嫁接处直径0.19米，胸径0.18米；Ⅵ号古树为莲子桂，高2.48米，嫁接处直径0.32米，嫁接处之上分为三股，最粗一股直径0.14米，次0.08米，又次0.07米，冠幅东西1.4米、南北1.66米。6株古树树龄皆约500年，长势旺盛。

7.9.3 流苏树属 Chionanthus Linn.1753

流苏树 Chionanthus retusus Lindl. et Paxt.1852

195. 苍山孔庄古流苏树

【释名】

当地俗称“油锦树”。因树龄古老、树势巨大，故称“齐鲁流苏王”。

【性状】

位于苍山县下村乡孔庄村。编号L20，树高12米，胸径1.91米，平均冠幅12米，树龄1200年。主干中空，分南、西两大杈，有大枝11条，树冠浑圆，长势旺盛。

【记事】

1938－1939年，杜若堂勾结日、伪，盘踞孔庄。1939年11月10日，胡大荣（原名火荣，1914－2004）率一一五师特务连、运输连、师部二连和教导大队4个连和边联县的一部分自卫团来取孔庄，喊话谈判无效。11月11日拂晓，强攻失利。11月12日，八路军以上百只鸡浇油火攻，活捉杜若堂，缴获步枪百余支，机枪4挺。

196. 淄川区小范古流苏树

【性状】

位于淄博市淄川区磁村镇小范村村委大院内。树高13米，胸径1.2米，冠幅东西12米、南北12米，树龄约800年。树冠稍向东北方倾斜，距地1米处有树洞，阴雨时向外流树油。

【身历】

大范村和小范村原为一村，始建于明代，张氏自直隶枣强迁此建村。村东原有三教寺，始建于清康熙初年。蒲松龄《募修三教堂疏》：“淄西范村之东，旧有聚善庵，面山临壑，景色秀野。康熙初，居人起阁祠文昌，因其于前建崇殿，肖三圣焉”。

【记事】

康熙间，里人李翠石捐资修龙泉桥，淄川令张嵋作“名高月旦”匾以褒奖。《聊斋文集·龙泉桥碑》：“范村李君翠石，其为人，敦笃乐善，一乡称长者，忽发慈悲，锐任之，捐其产，泻其囊，数年始竣。费金几盈千，而将伯之助予，盖十而三之。壬戌，工既九仞，唐太史为作《记》，未遑寿山，而翠石先朝露”。

197. 平邑前西固古流苏树

【释名】

当地称雪萝树，奉为神木。

【性状】

位于平邑县地方镇前西固村。编号J62，树高13米，胸径1.11米，平均冠幅15米，树龄1260年。主干分4大杈，树冠浑圆，覆荫143平方米，长势旺盛。每年四、五月间，此树花开烂漫，如霜如雪，香气袭人。1990年，被列为平邑县文物保护单位。

〔身历〕

树下为明处士马崇之墓，传马崇生前爱花，死后墓上生流苏树。清乾隆三年（1738），贡生李彦伦为立碑。《明故处士马三公之墓》碑："公讳崇，字濬南，其生殁年月无可考稽，里人传其生平最爱花木，如古人之爱菊莲，盖其天性然也。相传公去世数日，冢上生小树一株，百年后已大数围，高三丈余，枝叶繁茂，遮天蔽日，此树与他木迥异，名曰雪萝，每逢春日，花开烂漫，如雪如云，微风袭来，如泣如诉，游人见后无不如醉如痴。呜乎，生前所好，死后犹存，可想见公清高之至美。大清乾隆三年二月十七日清明谷旦戊辰拔贡眷晚生李彦伦顿首"。

198. 莱芜草庙头古流苏树

〔释名〕

以树龄、胸径较大号"江北第一流苏树"。当地称"牛筋子"、"茶叶树"。

〔性状〕

位于莱芜市莱城区和庄乡草庙头村。树高20米，胸径1.08米，基径1.78米，冠幅东西21米，南北22米，树龄约500年。主干上有4个半球形树瘤，长势旺盛。树龄、胸径均居莱芜之冠。

〔身历〕

树下为袁氏祖坟，古流苏传为明中期袁氏先人袁龙、袁虎为纪念祖先而栽植。袁氏祖坟内另有明代袁氏先祖所植油松1株，树势高大。草庙寺始建于明初，因村中有草庙寺而得名。草庙寺始建时间不详，清嘉庆（1796－1820）间重修，去草换瓦，原有古松1株，古柏4株。1949年以后改作学校，碑刻垒于墙内，古树皆伐。村西四里有泉曰"老泉"，终年不竭，原为村民饮水，皆出于此。

199. 青州石头沟古流苏树

〔性状〕

位于青州市王坟镇石头沟村。树高19米，胸径0.9米，平均冠幅19米，树龄约700年，长势旺盛。

〔汇考〕

石头沟村后山山腰处有子房洞，传为汉留侯张良隐修处。洞坐北朝南，镶嵌在石崖之中。门口用方正青石砌成，门楣镌刻着"子房洞府"四个大字。门内有重修碑刻，碑文已模糊不清，传为明嘉靖间所立。洞深约八米，高、宽各约五米，由外及里，逐渐变窄，最里有泉，冬春近枯涸，夏秋水涌。

200. 青州南李村古流苏树

〔性状〕

位于青州市庙子镇南李村。树高12米，胸径0.9米，平均冠幅16米，树龄约650年，长势旺盛。

〔身历〕

南李村始建于明代。正德元年（1506），李氏自临朐西安村迁此建村，名"李家庄"。因北边有村重名，1982年改今名。

201. 淄川区土泉古流苏树

〔释名〕

传为齐桓公为庆贺用计脱险取得齐国王位后宴请群臣时栽植，故名齐桓公手植流苏树。当地

图7.56 青州雀山古流苏树（冯广平 摄）

人奉为神树。

[性状]

位于淄博市淄川区峨庄乡土泉村小南林。树高14.5米，两干连理，一干胸径0.8米，另一干胸径0.6米，树龄约1000年，枝繁叶茂，长势旺盛。树侧有泉曰“流苏泉”。

[考辩]

齐桓公确曾于今峨庄一带活动，然考其树龄与齐桓公时代相去约1700年，故此树不是齐桓公手植，或为手植树再萌之株，详不可考。

202. 淄川区青云寺古流苏树

[性状]

位于淄博市淄川区岭子镇槲林村青云寺。树高8米，胸径0.8米，平均冠幅8米，树龄约400年，长势旺盛。

203. 沂源县土门镇政府古流苏树

[性状]

位于沂源县土门镇政府院内。树高14米，胸径0.8米，冠幅8米，有树池维护，树龄约500年，长势旺盛。

[汇考]

上土门村土门镇政府所在地原为龙王庙，始建时间及废毁时间无考。上土门东1千米为下土门河南、下土门河北两村，原为一村，以村西土崖似门状得名“下土门”，始建于元至顺间（1330－1333）。《戴氏家谱》：“祖居青州，先人于元朝至顺年间迁此建村”。1956年，以河为界，分下土门河北、河南两个村。

204. 青州雀山古流苏树群

[性状]

位于青州市邵庄镇刁庄村东雀山上（图7.56），海拔528米。58株，1株位于白云洞洞口，余皆在路边山坡上。择10株大者记之，Ⅰ号位于白云洞洞口，树高15米，胸径0.8米，平均冠幅20米，树龄约800年，长势旺盛。Ⅱ号树高13米，胸径0.54米，冠幅东西15米、南北13米，树龄约200年，长势旺盛；Ⅲ号树高10米，胸径0.53米，冠幅东西12.2米、南北14米，树龄约200年，长势旺盛；Ⅳ号树高11米，胸径0.51米，冠幅东西10.5米、南北12.5米，树龄约200年，长势旺盛；Ⅴ号树高10米，胸径0.48米，冠幅东西8.5米、南北11.7米，树龄约200年，长势旺盛；Ⅵ号树高10米，胸径0.48米，冠幅东西11米、南北12米，树干有空洞，树龄约200年，长势旺盛；Ⅶ号树高12米，胸径0.48米，冠幅东西8.5米、南北10米，树龄约200年，长势旺盛；Ⅷ号树高10米，胸径0.48米，冠幅东西13.6米、南北13.2米，树龄约200年，长势旺盛；Ⅸ号树高12米，胸径0.45米，冠幅东西8米、南北15.3米，树龄约200年，长势旺盛；Ⅹ号树高10米，胸径0.41米，冠幅东西7米、南北9.3米，树龄约200年，长势旺盛。古流苏林为山东省最大面积野生流苏林。

［身历］

白云洞高、宽各10米左右，深达300多米，传为北宋代州刺史、右领军卫大将军杨业（932－986，人称杨无敌）部将任道庵修道处。洞口残碑载："青郡城西四十里，刁庄东，雀山白云洞，是任道庵修仙处"。宋以降屡经扩修。古流苏树应为后人重修时栽植。

［考辩］

任道庵，评书《杨家将》中的人物，未见于正史，故任道庵修仙处之说当为后人附会。

205. 费县桃园古流苏树

［性状］

位于费县费城镇桃园村。树高20.7米，胸径0.8米，冠幅东西12米、南北14.2米，植于乾隆五十一年（1786），树龄226年。

［身历］

乾隆五十一年，程氏先祖自梁邱逃荒至此定居时手植，今程氏人丁兴旺，有300余人。

206. 莱芜南峪古流苏树

［释名］

当地称"油梗子树"。

［性状］

位于莱芜市莱城区苗山镇南峪村。树高10米，胸径0.76米，冠幅东西8米，南北10米，树龄约500年，长势较弱。

［身历］

南峪村始建于明洪武二年（1369）。李氏墓碑载：明洪武二年，李氏自河北省枣强县迁此建村。因址在常庄村南山峪中，曾名"常庄南峪"。后简称"南峪"。民国二十四年《续修莱芜县志》："崮山乡·南峪"。

［记事］

抗日战争时期，八路军山东纵队兵工厂以及我泰山专属机关和泰山时报社设在南峪村。自1940年夏季开始，日军先后偷袭南峪13次。1941年元旦制造"南峪惨案"。1940年12月31日，获悉日军将于次日偷袭，兵工厂及大部村民转移。1941年元旦拂晓，日伪军分别由瓦全、黄崖、南邢、崮山、下周、常庄合击南峪。黄崖村方向之敌将隐藏在望鲁山、庙子岭下的200多名群众押到村东河滩上，屠杀村民4人。纵火烧毁全村400多间房屋，3名老人被活活烧死。民兵队长刘振林击毙日军1名，日军随即撤退，沿途于常庄、下周、崮山、黄崖、瓦泉等村烧杀抢掠。此次，日军屠杀村民11人，抓青壮年120余人。被抓人中，30多人在南博山脱逃，50余人死于张店、济南、北平，余皆押送东北作苦力，仅有10人侥幸逃回。

207. 博山区白石洞古流苏树群

［性状］

位于淄博市博山区白石洞。10株。Ⅰ号树高20米，胸径0.64米，平均冠幅14米，树龄约300年；Ⅱ号树高12米，胸径0.62米，平均冠幅13米，树龄约300年；Ⅲ号树高12米，胸径0.61米，平均冠幅10.5米，树龄约300年；Ⅳ号树高12米，胸径0.57米，平均冠幅10米，树龄约300年；Ⅴ号树高15米，胸径0.54米，平均冠幅15米，树龄约300年；Ⅵ号树高9米，胸径0.48米，平均冠幅8米，树龄约200年；Ⅶ号树高17米，胸径0.45米，冠幅东西8米、南北10米，树龄约200年；Ⅷ号树高10米，胸径0.45米，平均冠幅13米，树龄约200年；Ⅸ号树高14米，胸径0.36米，平均冠幅11米，树龄约150年；Ⅹ号树高14米，胸径0.34米，平均冠幅13米，树龄约150年，10株古树皆长势旺盛。

208. 邹城孟府古流苏树

［性状］

位于邹城市孟府赐书楼前院内（图7.57）。南北2株，编号00336，南株树高13.5米，胸径0.53米，冠幅东西13.5米、南北10.8米。北株树高13.5米，胸径0.51米，冠幅东西15米、南北14米，树龄约600年。枝下高1.5米，主干分2大杈，最长11米，基径0.45米；共分7大枝，基径最大0.1米。

［身历］

赐书楼位于世恩堂后，为存放皇帝钦赐墨宝、圣旨、诰封、古籍文献和家族档案之所，建于明代。楼系两层楼房，每层3间，前后出厦，灰瓦硬山式；上层前后对开3对较小楼窗，木制楼梯设于西山墙处。上层正中原有道光五年举人、邹县知事吴企宽书“赐书楼”横匾一块。

图7.57　孟府古流苏树（冯广平　摄）

7.10　紫葳科 BIGNONIACEAE de Jussieu 1789

7.10.1　梓属 Catalpa Scop. 1777

楸（《庄子》）Catalpa bungei C. A. Mey 1837

209. 青州三贤祠古楸

[性状]

位于青州市范公亭公园三贤祠内（图7.58）。2株，Ⅰ号树高18米，胸径1.29米，冠幅东西16米、南北12米，植于唐代，树龄1300余年。1998年被林学专家确定为“世界楸树王”。主干中空，南北两侧各有树洞。树下有“唐楸”石刻。另有一碑，刻冯玉祥将军1934年5月拜谒范公亭时联语：“兵甲富胸中，纵教他虏骑横飞，也怕那范小老子；忧乐关天下，愿今人砥砺振奋，都学这秀才先生。”Ⅱ号树高18米，胸径1.29米，冠幅东西16米、南北12米，树龄1300余年。主干东倾，树体布满树瘤。《中国主要树种造林技术》载：两株楸树皆为唐代栽植，树龄在1300年左右，号称世界最大的楸树。

图7.58　青州三贤祠古楸（冯广平 摄）

[诗文]

①明嘉靖二年（1523）进士黄祯（字德兆，号北海野人）《鸣楸行青州馆中作》：“青州馆中有老楸，根株轮囷枝相虬。种树老人不记岁，陨星铁石撑匹俦。夏日结子瓠瓜长，时有玄鹤巢树头。小楸几科似孙子，青苍亦傍松柏秋。我来何意与楸会，太守李邕知青州。当筵赠我双吴钩，徘徊不去悲旧游。虹霓干云日三舍，庭中有物如鸣牛。抑扬却自老楸出，仰摩霄汉风飕飗。细出笙簧大出缶，老龙夜吟东海湫。嗟哉此鸣主者谁，我将返驾归山丘。三老何来称季主，劝予且需歌莫愁。秦松尧柏古灵异，草木榎楸从类求。君乎行行此嘉繇，天子明明扬仄幽。”②黄祯《楸誓》诗并序：“楸誓，丁酉四月感楸鸣筵三老而作也。某自嘉靖十年辛卯坐武选火下狱免官，十六年丁酉叨征自田中，改除刑部郎中，秋八月调吏部考功郎中，明年秋八月调文选郎中，

膺考察，凡一典选，凡六。又明年，扈承天领行在印，绶册皇太子与选注东宫官寮盛典，秋八月以御史言复下狱免官。家居时乎，追忆三老之言，慨增悲咽，悔不回辕。噫嘻哉，楸乎楸乎，于时或又测之曰：十八秋也。此谶辞并志以为左验终篇焉。赫赫孟夏，作噩之岁。重华大章，皇帝嘉会。黄子应诏，北上青州。止于官舍，爰有树楸。囤囤膴膴，荫于中庭。野鸡三嗥，厥楸乍鸣。或抑或扬，载啸载奏。细若土鼓，巨出牛脰。日既出矣，有风自南。厥声下登，登闻于天。仆夫告予，或嘻或骇。黄子斋沐，宿夜作誓。再拜阼阶，其辞曰：于皇上帝，监我下人。惟谷福只，歼而酗淫。厥有兆先，闳贲式言。天何言哉，示之朕端。懵以异详，明德孽修。天人交际，藐一意求。小子何人，鬼神临上。亦既勤止，厥理何似。唯此两端，沉沉墨墨。有形垂垂，有声嘒嘒。予实观尔，莫察其微。先民有言，言莫予违。予违如何，而家而国。辟言则思，政言则拜。福我祸我，我祸我福。福犹儆存，福败于忽。无妄之来，是曰元命。君子绥之，小人弗性。人亦有言，失之东隅，收之桑榆，昔也则愚。子产我师，禆灶慎气。雉够鼎耳，训于祖已。昔我弗慎，自忝官箴。伊谁生我，我壬我林，我林我壬，肃有玉音。皇皇载命，惠予贱臣。不日死绥，岂曰孟明。丑予小子，曳尾涂泥。匪夜不思，荐是若牺。天颜在丘，既悚既悝。先民有言，报以国士。明神将之，将兹监兹。所不如兹，神质我辞。黄子既誓，有三老者过而问焉，曰祉祥哉，凡声出于天，夫气以先之，声以次之，征之以符。木命四时，草名一岁，故芓黄芑茜，椿榎从类，厥应在秋，爰有声名，扬于王庭。或然其不平邪，昔韩吏部有此文：岱有秦松，沂有尧柏，物久性灵，当一龟策。子其行哉，勿疑勿惧，勿斁乎憎言，勿尚乎嘉誉。黄子闻此，乃改辕而北。”③明嘉靖间，王仲山《鸣楸图歌并序》：“夫阴阳之气，可以类进退者也。国家将兴，其美祥先见者，类之相应而起也，试调琴瑟而错致之。鼓之则宫商比应矣。故圣哲之动，咸据祯祥，非独可列歌颂垂显庆，亦以考彰德信焉。海野先生被召戒途馆，楸鸣殷殷如雷，御者咸喜，先生举觞酹地曰：某之居东山几十年矣，主上贤而召我，是以复勤执事，今国家方急隆古之治，天休荐至，予惧弗戡而神告祥，敢不竭股肱之力，以承天贶。楸乃止。夫传有之，周有大赤鸟，衔谷之种而集王屋之上者，周公曰：懋哉懋哉，惧恃以怠政也。先生其有周公之心哉，乃作歌曰：云门古楸二千尺，日映瑶庭常五色。高干遥停沧海云，灵根横结琅邪石。庭阶络绎连雪宫，鸟雀昼静天无风。鏦鏦铮铮声在树，忽疑海底吟苍龙。回薄平林彻霄际，岱岳云雷一时起。散入齐南七十城，余响犹能啸山鬼。灵株应瑞非偶然，正值翘车入国年。卜商久擅西河席，安石复起东山田。秋院明刑颂声起，铨台悬鉴多髦士。愿将礼乐损周文，龙门倒挽天河水。举世嚣嚣如逐卢，天生豪杰履贞符。卿云沣水歌千载，不必临川悲凤图。”④清康熙间，青州知府张连登（字瀛洲，号省斋）《题楸树》：“布叶重荫一亩余，清斋聊复慰离居。若非六月凉飔至，何处偷闲读我书。”

210. 平邑山阴寺古楸

[性状]

位于平邑县白彦镇山阴寺村。编号J51，树高9米，胸径0.95米，平均冠幅6米，树龄100年。

[身历]

山阴寺，原名清水寺，始建年代不详。《平邑县志》：“山阴乡的山阴寺……均为清末以前庙宇。现庙宇古迹早已荡然无存，僧尼或还俗，或老死，佛教活动废止”。

211. 邹城孟庙古楸

[性状]

位于邹城市孟庙五进院东。树高14米，胸径0.82米，冠幅东西4.5米、南北7米，树龄约400年。主干南倾，中空，枝下高2.5米，大杈断落，惟余正顶，长势一般。

212. 枣庄东庄寺古楸群

[性状]

位于枣庄市山亭区北庄镇东庄寺遗址南，位于抱犊崮林场内。同生数十株，最大一株编号C30，树高30米，胸径0.68米，平均冠幅9米，清末寺僧所植，树龄130年。树干挺拔，长势旺盛。

[身历]

东庄寺始建于唐代。清末寺废毁，今为驻军场所。2011年，东庄寺遗址被列为山亭区文物保护单位。

[汇考]

抱犊崮顶南侧有洞，长6米，宽约3米，高约2.5米，内有唐宋石雕佛像，西壁开5龛，第四、第五龛有佛造像5躯，佛像下部有唐上元元年（760）造像题记1处。东壁有2龛。洞口有北宋宝元（1038－1040）题记1处。

参考文献

白新良. 1992. 明清山东书院述论. 齐鲁学刊, (2): 67－72
陈勇. 2003. 明代兖州鲁王和王府. 中州今古, (1): 8－16
崔大庸. 1997. 长清双乳山西汉济北王陵发掘成果的学术意义. 山东大学学报 (哲学社会科学版), (2): 56－59
刁统菊. 2004. 解读《创建窑神庙记》. 民俗研究, (1): 146－152
冯广平. 2013. 植物文化研究的回顾与进展. 科学通报, 58 (增刊): (发表中)
冯广平, 包琰, 赵建成, 等. 2012a. 北京皇家园林树木文化图考. 北京: 科学出版社
冯广平, 包琰, 赵建成, 等. 2012b. 秦汉上林苑植物图考. 北京: 科学出版社
冯广平, 赵建成, 王青. 2011. 北京植物学史图鉴. 北京: 北京科学技术出版社
盖云. 2009. 枣庄古树名木. 济南: 齐鲁电子音像出版社
韩善琪, 郑建芳. 2006. 明历代鲁王墓葬综述. 南京大学文化与自然遗产研究所. 世界遗产论坛 (二) ——世界遗产与城市发展之互动. 148－158
韩学义. 2006. 费县古树名木. 香港: 世界华商文化出版社
姜生. 2006. 栖真观碑记所见沂蒙山区早期全真道. 世界宗教研究, (6): 74－84
蒋铁生. 2011. 明初高丽僧人满空与泰山佛教的复兴. 泰山学院学报, 33 (5): 45－48
孔繁银. 2002. 曲阜的历史名人与文物. 济南: 齐鲁书社
孔祥林. 2007. 孔庙创建时间考. 孔子研究, (6): 119－126
清・孔毓圻. 2005. 孔宅志. 上海市地方志办公室. 上海乡镇旧志丛书・7: 珠里小志、孔宅志、盘龙镇志、西岑乡土志、金泽小志. 上海: 上海社会科学院出版社
李光雨, 张云. 2003. 山东枣庄春秋时期小邾国墓地的发掘. 中国历史文物, (5): 65－67
李宁, 岳冬梅, 田文霞, 等. 1996. 山东古树名木调查研究. 山东林业科技 (增刊): 1－52
清・李文藻. 2004. 山东府志辑: 乾隆诸城县志、道光诸城县志、光绪增修诸城县续志. 南京: 凤凰出版社
李忠民, 高安平, 郝敬友. 2000. 诸城古树名木大观 (内部资料)
临沂市创建省级园林程氏领导小组办公室. 2006. 临沂古树名木 (内部资料)
刘培桂. 2006. 孟子林庙历代石刻集. 济南: 齐鲁书社
刘文武, 宿启盛, 孔晓棠, 等. 1991. 济宁市的古遗迹林资源. 山东林业科技, (4): 74
刘旭光. 2010. 孟府档案的发现. 档案学通讯, (4): 93－95
鲁波. 1994. 济南市五峰山发现明德王墓. 文物, (5): 53
孟文镛. 2010. 越国史稿. 北京: 中国社会科学出版社
闵祥鹏, 王玮. 1996. 曲阜的古树名木. 植物杂志, (4): 42－43
裴敦和. 1990. 泰山汉柏. 植物杂志, (4): 1
钱培培. 2011. 中日神树信仰的比较研究. 宁波工程学院学报, 23 (3): 18－21
山东大学考古系, 山东省文物局, 长清县文化局. 1997. 山东长清县双乳山一号汉墓发掘简报, (3): 1－9, 26
山东省博物馆. 1972a. 曲阜九龙山汉墓发掘报告. 文物, (5): 39－43, 54
山东省博物馆. 1972b. 发掘朱檀墓纪实. 文物, (5): 25－36

山东省博物馆. 2013. 考古山东. 青岛: 青岛出版社
山东省文物局. 2013a. 山东文化遗产・重点文物保护单位卷. 北京: 科学出版社
山东省文物局. 2013b. 山东文化遗产・第三次全国文物普查重要发现卷. 北京: 科学出版社
山东省文物考古研究所, 临沂市文化局. 2005. 山东临沂洗砚池晋墓. 文物, (7): 4－37
山东省文物考古研究所, 山东省博物馆. 1982. 鲁国故城. 济南: 齐鲁书社
沈兆祎. 1917. 临沂县志. 台北: 成文出版社
泗水县绿化委员会. 2010. 泗水县古树名木 (内部资料)
宿白. 1998. 青州城考略——青州城与龙兴寺之一. 文物, (8): 47－56
宿白. 1999. 青州城考略——青州城与龙兴寺之二. 文物, (9): 37－42
泰安地方史志办公室, 泰安市电信局. 2001. 泰安五千年大事记. 济南: 山东省地图出版社
泰山风景名胜区管理委员会. 1989. 泰山古树名木. 济南: 山东科学技术出版社
田岸. 1982. 曲阜鲁城勘探. 文物, (12): 1－11
田立振, 解华英. 2006. 试论济宁地区的两汉诸侯王墓. 见: 汉代考古与汉文化国际学术研讨会论文集. 济南: 齐鲁书社. 221－233
万里. 2010. 兖州兴隆寺、塔建置沿革及名称演变考. 湖南科技学院学报, 31 (1): 1－11
王恩田. 1985. 诸城凉台孙琮画像石墓考. 文物, (3): 93－96
王冠卿. 2000. 张自忠与临沂战役. 史学月刊, (4): 73－76
王仁卿. 1987. 山东森林植被的基本特点及其改造利用. 资源开发与市场, 3 (3): 39－44
王锐, 冯广平, 包琰, 等. 2013. 徽州树木文化图考. 北京: 科学出版社
王秀亮. 1998. 古齐苑囿“申池”考. 管子学刊, (4): 93－95
王迅. 1994. 东夷文化与淮夷文化研究. 北京: 北京大学出版社
肖贵田, 王波. 2009. 兖州兴隆寺沿革及相关问题. 文物, (11): 75－83
清・许绍锦. 1976. 中国方志丛书・华北方志: 山东省莒州志. 台北: 成文出版社
杨林林. 2010. 明清山东书院的时空分布及其近代演变. 南京师范大学硕士学位论文
叶淑英, 林严华, 张延兴, 等. 2005. 莱芜市古树名木调查与保护. 山东林业科技, (1): 31－32
余同元. 1997. 明代衡王府庄田. 烟台大学学报 (哲学社会科学版) , (4): 66－68
日・圆仁. 顾承甫, 何泉达点校. 1986. 入唐求法巡礼行记. 上海: 上海古迹出版社
臧得奎, 曹帮华, 杜明芸, 等. 1997. 山东木本植物区系分析. 山东林业科技, (3): 23－26
清・张承燮. 2004. 中国地方志集成: 光绪益都县图志. 南京: 凤凰出版社
张德明. 2009a. 近代山东教会博物馆探究. 博物馆研究, (3): 23－29
张德明. 2009b. 英国浸礼会近代在山东活动及影响. 兰台世界, (13): 54－55
张龙海. 1990. 桓公台. 管子学刊, (2): 95
张肖马. 2006. 三星堆二号坑青铜神树研究. 四川文物, (6): 24－29
张学海. 1982. 浅谈曲阜鲁城的年代和基本格局. 文物, (12): 13－18
张延兴, 林严华, 叶淑英, 等. 2008. 莱芜市古树名木评价及分级保护研究. 山东农业科学, (4): 76－79

张永利, 张宪强, 王仁卿. 2005. 鲁中山区植物区系初步研究. 山东林业科技, (1): 1－5
赵芃. 2010. 蒙山道教初探. 中国道教, (3): 35－37
郑贵云, 李化斓. 2004. 淄博古树名木. 济南: 齐鲁书社
周振义, 袁国军, 于磊, 等. 2002. 曲阜市古树名木现状与保护对策. 河南林业科技, 22 (4): 49－50
《淄博市志》编纂委员会. 1995. 淄博市志. 北京: 中华书局
邹城市建设局, 邹城市园林管理处. 2003. 邹城古树 (内部资料)
邹卫平, 崔大庸. 2006. 近年来山东汉代考古的发现与研究. 山东大学学报 (哲学社会科学版) , (5): 47－54